실내건축
기사 필기

Ⅱ권 문제

예문사

CONTENTS • 목차

제1권 이론

PART 1

실내디자인 계획

PART 2

실내디자인 색채 및 사용자 행태분석

PART 3

실내디자인 시공 및 재료

PART 4

실내디자인 환경

제2권 문제

PART 5

과년도 기출문제

PART 6

CBT 모의고사

STUDY PLAN • 학습 계획

DAY 20 20일 스터디 플랜

1과목 실내디자인 계획	Day – 1	□ 실내디자인 기획
	Day – 2	□ 실내디자인 기본계획
	Day – 3	□ 실내디자인 세부공간계획
	Day – 4	□ 실내디자인 설계도서 작성
2과목 실내디자인 색채 및 사용자 행태분석	Day – 5	□ 실내디자인 프레젠테이션, 색채계획
	Day – 6	□ 실내디자인 가구계획
	Day – 7	□ 사용자 행태분석, 인체계측
3과목 실내디자인 시공 및 재료	Day – 8	□ 실내디자인 시공관리
	Day – 9	□ 실내디자인 마감계획 1(목공사, 석공사, 조적공사, 타일공사, 금속공사)
	Day – 10	□ 실내디자인 마감계획 2(창호 및 유리, 도장공사 및 미장공사, 수장공사, 합성수지)
4과목 실내디자인 환경	Day – 11	□ 실내디자인 자료 조사 분석
	Day – 12	□ 실내디자인 조명계획
	Day – 13	□ 실내디자인 설비계획
기출문제	Day – 14	□ 2024년 기출문제
	Day – 15	□ 2023년 기출문제
	Day – 16	□ 2022년 기출문제
	Day – 17	□ 2021년 기출문제
	Day – 18	□ 2020년 기출문제
	Day – 19	□ 2019년 기출문제
	Day – 20	□ 2018년 기출문제

PART 5

과년도 기출문제

Engineer Interior Architecture

2018년 1회 실내건축기사

1과목 실내디자인론

01 상품의 유효진열범위 내에서 고객의 시선이 편하게 머물고 손으로 잡기에도 가장 편안한 높이인 골든 스페이스의 범위로 알맞은 것은?

① 450～850mm ② 850～1,250mm
③ 1,300～1,500mm ④ 1,500～1,700mm

해설

상품 진열 시 가장 편안한 높이는 850～1,250mm이며 이 범위를 골든 스페이스(Golden Space)라고 한다.

02 시각적 중량감에 관한 설명으로 옳지 않은 것은?

① 밝은색이 어두운색보다 시각적 중량감이 크다.
② 크기가 큰 것이 작은 것보다 시각적 중량감이 크다.
③ 불규칙적인 형태가 기하학적 형태보다 시각적 중량감이 크다.
④ 색의 중량감은 색의 속성 중 특히 명도, 채도에 영향을 받는다.

해설

밝은색은 시각적 중량감이 작고 어두운색은 중량감이 크기 때문에 밝은색은 가볍게 느껴지고, 어두운색은 무겁게 느껴진다.

03 개방식 배치의 일종으로 의사전달의 커뮤니케이션과 작업흐름의 실제적 패턴에 의한 레이아웃을 기초로 하는 것은?

① 유니버설 플랜 ② 세포형 오피스
③ 복도형 오피스 ④ 오피스 랜드스케이프

해설

사무소 건축의 실단위계획
- 오피스 랜드스케이프(Office Landscape) : 기존의 계급, 서열에 의한 획일적 배치에서 벗어나 사무의 흐름이나 작업의 성격을 중요시하여 효율적인 사무환경의 향상을 위한 배치방법이다.
- 세포형 오피스 : 1～2인을 위한 개실규모는 20～30m^2 정도로 소수를 위해 부서별로 개별적인 사무실을 제공한다.

04 다음 중 좋은 디자인을 판단하는 기준과 가장 거리가 먼 것은?

① 재료의 선택
② 시대성의 반영
③ 기능성의 부여
④ 상징적 표현의 비율

해설

④ 불명확하고 비언어적 형태로 표현되므로 좋은 디자인의 판단기준과는 거리가 멀다.

디자인 판단 기준 : 기능적인 면과 더불어 환경적 · 심미적 · 경제적 면까지 함께 고려되어야 한다.

05 다음 중 주택의 실내치수계획으로 가장 부적절한 것은?

① 현관의 폭 : 1,200mm
② 세면기의 높이 : 550mm
③ 부엌 작업대의 높이 : 800mm
④ 주택 내부의 복도 폭 : 900mm

해설

국가기술표준원 기준 세면대 높이 : 798mm(800mm)

정답 01 ② 02 ① 03 ④ 04 ④ 05 ②

06 다음 중 단독주택의 현관에 관한 설명으로 옳지 않은 것은?

① 거실, 계단, 화장실과 가까이 위치하는 것이 좋다.
② 거실의 일부를 현관으로 만드는 것은 지양하도록 한다.
③ 현관의 위치는 도로의 위치와 대지의 형태에 영향을 받는다.
④ 주택 측면에 현관을 배치할 경우 동선처리가 편리하고 복도길이가 짧아진다.

해설

현관을 주택 측면에 배치할 경우 동선처리가 불편하고 복도길이가 길어진다.

현관 : 외부에서 쉽게 알아볼 수 있어야 하며 대문과 가까이 위치해야 한다.

07 업무공간의 책상배치 유형에 관한 설명으로 옳지 않은 것은?

① 십자형은 팀 작업이 요구되는 전문직 업무에 적용할 수 있다.
② 좌우대향(대칭)형은 비교적 면적 손실이 크며 커뮤니케이션 형성도 다소 힘들다.
③ 동향형은 책상을 같은 방향으로 배치하는 형태로 비교적 프라이버시의 침해가 적다.
④ 대향형은 커뮤니케이션 형성이 불리하여, 주로 독립성 있는 데이터 처리 업무에 적용된다.

해설

- 동향형 : 커뮤니케이션 형성이 불리하여, 주로 독립성이 있는 데이터 처리 업무에 적용된다.
- 대향형 : 면적 효율이 좋고 커뮤니케이션 형성에 유리하며 공동작업으로 자료를 처리하는 영업관리에 적합하다.

08 다음 그림과 같이 연속적인 주제를 연관성 있게 표현하기 위해 선(線)형으로 연출하는 특수전시기법은?

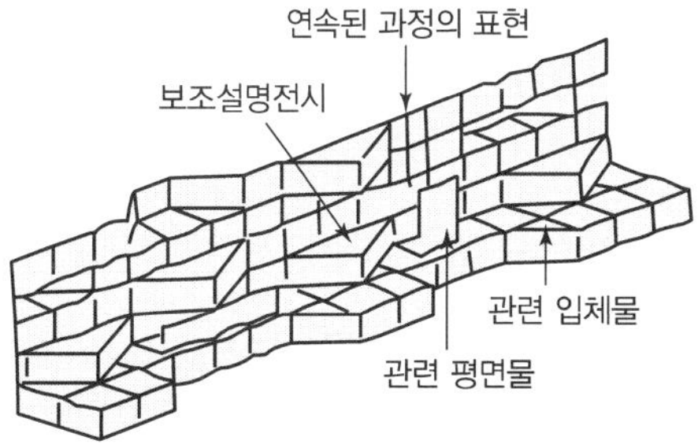

① 디오라마 전시 ② 파노라마 전시
③ 아일랜드 전시 ④ 하모니카 전시

해설

파노라마 전시
벽면전시와 입체전시가 병행되는 것으로 연속적인 주제를 표현하기 위해 선형으로 연출되는 전시기법이다.

09 선의 종류별 조형효과가 옳지 않은 것은?

① 수직선－위엄, 절대
② 사선－약동감, 속도감
③ 곡선－유연함, 미묘함
④ 수평선－우아함, 풍요로움

해설

④는 곡선에 대한 설명이다.

수평선의 조형효과 : 안정감, 균형감, 정적, 무한, 확대, 평등, 고요

10 실내공간을 구성하는 기본요소 중 바닥에 관한 설명으로 옳지 않은 것은?

① 천장과 더불어 공간을 구성하는 수평적 요소이다.
② 외부로부터 추위와 습기를 차단하고 사람과 물건을 지지한다.

정답 06 ④ 07 ④ 08 ② 09 ④ 10 ④

③ 바닥은 고저차가 가능하므로 필요에 따라 공간의 영역을 조정할 수 있다.

④ 인간의 시선이나 동선을 차단하고 공기의 움직임, 소리의 전파, 열의 이동을 제어한다.

해설

- 벽 : 인간의 시선이나 동선을 차단하고 공기의 움직임, 소리의 전파, 열의 이동을 제어한다.
- 바닥 : 실내공간을 구성하는 수평적 요소로, 다른 요소들이 시대와 양식에 의한 변화가 현저한 데 비해 매우 고정적이다.

11 질감에 관한 설명으로 옳지 않은 것은?

① 거친 질감은 빛을 흡수하여 시각적으로 가볍고 안정된 느낌을 준다.

② 촉각 또는 시각으로 지각할 수 있는 어떤 물체 표면상의 특징을 말한다.

③ 효과적인 질감 표현을 위해서는 색채와 조명을 동시에 고려하여야 한다.

④ 질감의 선택에서 중요한 것은 스케일, 빛의 반사와 흡수, 촉감 등이다.

해설

질감

- 매끄러운 재료 : 빛을 많이 반사하므로 가볍고 환한 느낌을 주며 주의를 집중시키고 같은 색채라도 강하게 느껴진다.
- 거친 재료 : 빛을 흡수하고 울퉁불퉁한 표면은 음영을 나타내며 시각적으로 무겁고 안정적인 느낌을 준다.

12 고정창에 관한 설명으로 옳지 않은 것은?

① 적정한 자연 환기량 확보를 위해 사용된다.

② 크기에 관계없이 자유롭게 디자인할 수 있다.

③ 형태에 관계없이 자유롭게 디자인할 수 있다.

④ 유리와 같이 투명재료일 경우 창이 있는 것을 알지 못해 부딪힐 위험이 있다.

해설

- 이동창 : 적정한 자연환기량 확보를 위해 사용된다.
- 고정창 : 열리지 않는 고정된 창으로 채광과 조망을 위해 설치하여 빛을 유입시키는 기능을 한다.

13 건축화조명에 관한 설명으로 옳지 않은 것은?

① 캐노피조명은 카운터 상부, 욕실의 세면대 상부 등에 설치된다.

② 광창조명은 광원을 넓은 면적의 벽면에 매입하여 비스타(Vista)적인 효과를 낼 수 있다.

③ 코니스조명은 벽면의 상부에 위치하여 모든 빛이 아래로 직사하도록 하는 조명방식이다.

④ 코브조명은 창이나 벽의 상부에 부설된 조명으로 하향일 경우 벽이나 커튼을 강조하는 역할을 한다.

해설

- 밸런스조명 : 창이나 벽의 상부에 부설된 조명으로 하향일 경우 벽이나 커튼을 강조하는 역할을 한다.
- 코브조명 : 천장, 벽의 구조체 안에 조명기구를 매입시키고 광원의 빛을 가린 후 반사광으로 간접 조명하는 방식이다. 조도가 균일하며 눈부심이 없고 보조조명으로 주로 사용된다.

14 천장에 매달려 조명하는 조명방식으로 조명기구 자체가 빛을 발하는 액세서리 역할을 하는 것은?

① 코브(Cove)

② 브래킷(Bracket)

③ 펜던트(Pendant)

④ 코니스(Cornice)

해설

펜던트

천장에 파이프나 와이어로 조명기구를 매단 방식으로 시야 내에 조명이 위치하면 눈부심현상이 일어나므로 휘도를 조절하거나 상하이동이 가능한 것이 좋다.

정답 11 ① 12 ① 13 ④ 14 ③

15 **다음 중 주거공간의 조닝(Zoning)방법과 가장 거리가 먼 것은?**

① 융통성에 따른 구분
② 주 행동에 따른 구분
③ 사용시간에 따른 구분
④ 프라이버시 정도에 따른 구분

해설

조닝방법
사용자의 특성, 사용빈도, 행동에 의한 구분, 사용시간, 프라이버시 정도에 따라 구분하여 공간을 조닝한다.

16 **상점의 판매형식 중 대면판매에 관한 설명으로 옳지 않은 것은?**

① 포장대나 계산대를 별도로 둘 필요가 없다.
② 귀금속과 같은 소형 고가품 판매점에 적합하다.
③ 고객과 마주 대하기 때문에 상품 설명이 용이하다.
④ 진열된 상품을 자유롭게 직접 접촉하므로 선택이 용이하다.

해설

- 측면판매 : 진열된 상품을 자유롭게 직접 접촉하므로 선택이 용이하다.
- 대면판매 : 진열장을 사이에 두고 판매하는 형식으로 진열면적이 감소하고 종업원의 정위치를 정하기 용이하다(소규모 상점 · 약국, 귀금속, 고가판매점).

17 **다음 설명에 알맞은 가구의 종류는?**

고대 로마시대 때 음식물을 먹거나 잠을 자기 위해 사용했던 긴 의자로 몸을 기댈 수 있도록 좌판의 한쪽 끝이 올라간 형태이다.

① 세티(Settee)
② 카우치(Couch)
③ 체스터필드(Chesterfield)
④ 라운지 소파(Lounge Sofa)

해설

카우치
침대와 소파의 기능을 겸한 것으로 몸을 기댈 수 있도록 좌면의 한쪽 끝이 올라간 형태로 고대 로마시대 때 음식물을 먹거나 잠을 자기 위해 사용했던 의자이다.

18 **디자인 원리 중 대비에 관한 설명으로 옳지 않은 것은?**

① 극적인 분위기를 연출하는 데 효과적이다.
② 상반된 요소의 거리가 멀수록 대비의 효과는 증대된다.
③ 지나치게 많은 대비의 사용은 통일성을 방해할 우려가 있다.
④ 모든 시각적 요소에 대하여 상반된 성격의 결합에서 이루어진다.

해설

상반된 요소의 거리가 가까울수록 대비의 효과는 증대된다.

대비 : 양적으로 전혀 다른 둘 이상의 요소가 동시적 혹은 계속적으로 배열될 때 상호의 특징이 한층 강하게 느껴지는 통일적 현상을 말한다.

19 **실내디자인 프로세스의 기본계획 단계에 포함되지 않는 것은?**

① 내부적 요구 분석
② 계획의 평가기준 설정
③ 기본계획 대안들의 도면화
④ 건축적 요소와 설비적 요소의 분석

해설

- 설계단계 : 기본계획 대안들의 도면화는 설계단계에 대한 설명이다.
- 기본계획 단계 : 내부적 요구 분석 계획의 평가기준 설정, 건축적 요소와 설비적 요소의 분석, 형태 · 기능을 다이어그램으로 표현한다.

정답 15 ① 16 ④ 17 ② 18 ② 19 ③

20 시스템가구에 관한 설명으로 옳은 것은?

① 기능보다 디자인 측면에서 단순미가 강조되어야 한다.
② 특정한 사용목적이나 많은 물품을 수납하기 위해 건축화된 가구이다.
③ 기능에 따라 여러 가지 형으로 조립 및 해체가 가능하여 공간의 융통성을 꾀할 수 있다.
④ 모듈화된 단위 구성재의 결합을 통해 다양한 디자인으로 변형이 가능해야 하기 때문에 대량생산이 어렵다.

해설

유닛가구란 특정한 사용목적이나 많은 물품을 수납하기 위해 건축화된 가구이다.

시스템가구
- 디자인 측면보다는 기능적인 측면을 강조함으로써 공간의 융통성을 도모한다.
- 모듈화된 단위 구성재의 결합을 통해 가구의 통일과 조화를 이루며 규격화된 부품을 구성하여 시공시간 단축과 대량생산이 가능하다.

2과목 색채학

21 JPG와 GIF의 장점만을 가진 포맷으로 트루컬러를 지원하고 비손실 압축을 사용하여 이미지 변형 없이 원래 이미지를 웹상에 그대로 표현할 수 있는 포맷 형식은?

① PCX ② BMP
③ PNG ④ PDF

해설

PNG
JPG, GIF의 장점을 합쳐 놓은 그래픽 파일 포맷으로 무손실 압축방식을 사용해 이미지의 변형 없이 원래의 이미지를 웹에서 그대로 표현할 수 있는 저장방식으로 8, 24, 32비트로 나누어 저장할 수 있기 때문에 풍부한 색상 표현이 가능하다.

22 광원에 따라 물체의 색이 달라 보이는 것과는 달리 서로 다른 두 색이 어떤 광원 아래서는 같은 색으로 보이는 현상은?

① 연색성 ② 잔상
③ 분광반사 ④ 메타메리즘

해설

조건등색(메타메리즘)
두 가지의 물체색이 다르더라도 어떤 조명 아래에서는 같은 색으로 보이는 현상을 말한다.

23 스칼라 모멘트(Scalar Moment)라는 면적 비례를 적용하여 조화론을 전개한 학자는?

① 오스트발트 ② 먼셀
③ 문 · 스펜서 ④ 비렌

해설

문 · 스펜서
"작은 면적의 강한 색과 큰 면적의 약한 색은 서로 어울린다."라고 설명하며, 스칼라 모멘트의 면적비례를 적용하였다.

※ **스칼라 모멘트** : 면적과 모멘트 암(Moment Arm)을 곱한 것으로 정의되는데, 모멘트 암은 순응점(N5)에서 하나의 색채까지 거리이다.

24 NCS 표기법의 "S2030 – Y90R"에 대한 설명 중 틀린 것은?

① NCS색 견본 두 번째 판(Second Edition)을 뜻한다.
② 20%의 검은 색도와 30%의 유채색도이다.
③ YR의 혼합비율로 90%의 빨강 색도를 띤 노란색이다.
④ 90%의 노랑 색도를 띤 빨간색을 뜻한다.

해설

NCS 표기법
㉠ 색을 표기할 때 크게 뉘앙스와 색상으로 나타낸다. 뉘앙스는 색의 속성 중 검은색(S, Schwarts), 흰색(W, Weib), 유채색(C, Full Chromatic Color)을 의미한다.

정답 20 ③ 21 ③ 22 ④ 23 ③ 24 ④

ⓛ S2030-Y90R
- S : NCS 색견본 두 번째 판(Second Edition)을 표시
- 2030 : 뉘앙스[(20 : 20% 검은색, 30 : 30% 유채색(순색)]
- Y90R : 색상의 기호로, Y에 90만큼 R이 섞인 YR를 의미

25 색채의 강약감과 관련이 있는 색의 속성은?

① 채도　② 명도
③ 색상　④ 배색

해설

① 채도 : 강약감, 경연감
② 명도 : 중량감
③ 색상 : 온도감

색채의 강약감 : 채도와 관련이 있으며 채도가 높은 색은 강한 느낌을 주고, 낮은 색은 약한 느낌을 준다.

26 빛의 강도가 바뀌거나 눈의 순응상태가 바뀌어도 눈에 보이는 색은 변하는 것이 아니라는 것을 경험하는 현상은?

① 색순응　② 암순응
③ 명순응　④ 무채순응

해설

색순응
눈이 조명 빛, 색광에 대하여 익숙해지면서 순응하는 것으로 색이 순간적으로 변해 보이는 현상이다.

27 다음 중 주택의 색채 조절에 있어서 조명이 가장 밝아야 하는 곳은?

① 거실　② 침실
③ 부엌　④ 복도

해설

① 거실 : 150~300lx
② 침실 : 50~150lx
④ 복도 : 50~150lx

※ **부엌의 조명**
- 고연색성 광원을 사용해야 하며, 국부조명의 적절한 활용으로 공간의 분위기를 고려해야 한다.
- 전반조명은 50~150lux가 적당하고 국부조명은 개수대와 가열대 부분에 설치하여 150~600lux가 적당하다.

28 오스트발트 색체계의 색채조화원리가 아닌 것은?

① 등백계열　② 등흑계열
③ 등순계열　④ 등명계열

해설

동일색상의 조화(등색상 삼각형의 조화)
등백색 계열의 조화, 등흑색 계열의 조화, 등순색 계열의 조화

29 다음 중 순색의 채도가 높은 것끼리 짝지어진 것은?

① 노랑, 주황　② 회색, 초록
③ 연두, 청록　④ 초록, 파랑

해설

채도
색의 선명하거나 흐리고 탁한 정도를 말하며 채도가 가장 높은 색은 순색이며, 무채색을 섞는 비율에 따라 채도가 점점 낮아진다.

30 비렌(Faber Birren)의 색채조화론에서 다음 중 가장 밝으면서 부드러운 톤은?

① Shade　② Tint
③ Gray　④ Color

해설

파버 비렌의 색채조화론
- Tint(틴트) : 순색과 흰색이 합쳐진 밝은색조
- Shade(색조) : 순색과 검정이 합쳐진 어두운색조
- Tone(톤) : 순색과 흰색 그리고 검정이 합쳐진 톤
- Gray(회색) : 흰색과 검정이 합쳐진 회색조

정답　25 ①　26 ①　27 ③　28 ④　29 ①　30 ②

31 색의 3속성 중 명도의 의미는?

① 색의 이름
② 색의 맑고 탁함의 정도
③ 색의 밝고 어두움의 정도
④ 색의 순도

해설

①은 색상, ② · ④는 채도에 대한 설명이다.

명도 : 색의 밝고 어두운 정도를 말하며 밝음의 감각을 척도화한 것이다.

32 먼셀기호 "5R 8/3"이 나타내는 의미는?

① 색상 5R, 채도 8, 명도 3
② 색상 5R, 명도 8, 채도 3
③ 색상 3R, 명도 8, 채도 5
④ 색상 5R, 채도 11, 명도 3

해설

먼셀 표색계

H V/C로 표시하며 H(Hue, 색상), V(Value, 명도), C(Chroma, 채도) 순서대로 기호화해서 표시한다.

∴ 5R 8/3 : 5R(색상 : Red) 8(명도)/3(채도)

33 다음 중 식당에서 식욕을 증진시키기 위한 색으로 사용하기 가장 적절한 것은?

① R－RP 계통의 명도 4 정도
② Y－GY 계통의 명도 4 정도
③ B－PB 계통의 채도 6 정도
④ R－YR 계통의 채도 6 정도

해설

색채－미각

식욕을 돋우는 색은 빨간색(R : Red), 주황색(YR : Yellow Red) 같은 난색계열이고, 식욕을 감퇴시키는 색은 파란색 같은 한색계열이다.

34 잔상이나 대비현상을 간단하게 설명할 수 있는 색각이론을 만든 사람은?

① 영 · 헬름홀츠
② 헤링
③ 오스트발트
④ 먼셀

해설

헤링의 반대색설

- 잔상과 대비와 같은 현상학적 근거를 기반으로 이론이 만들어졌다.
- 기본적인 네 가지의 유채색인 빨강－녹색, 파랑－노랑이 대립하는 이론이며 망막에 빛이 들어올 때 분해와 합성을 하여 반대의 반응이 동시에 일어나 그 반응의 비율에 따라 색이 보이는 것으로 보색대비 현상과 잔상을 발견할 수 있다.

35 어둠이 깔리기 시작하면 추상체와 간상체가 작용하여 상이 흐릿하게 보이는 상태는?

① 시감도
② 박명시
③ 항상성
④ 색순응

해설

박명시

명순응과 암순응이 동시에 활동하는 시점으로, 추상체와 간상체가 모두 활동하고 있을 때를 말한다.

36 관용색명 중 원료에 따른 색명으로 맞는 것은?

① 피콕그린
② 베이지
③ 라벤더
④ 세피아

해설

관용색명

- 피콕그린, 베이지 : 동물에서 유래된 색명
- 라벤더 : 식물에서 유래된 색명
- 세피아 : 광물 및 원료에서 유래된 색명

37 다음 색 중 무채색은?

① 황금색
② 회색
③ 적색
④ 밤색

정답 31 ③ 32 ② 33 ④ 34 ② 35 ② 36 ④ 37 ②

해설

무채색
색상과 채도가 없이 오직 명도의 차이만 가지고 있는 색으로 검은색, 회색, 흰색이 속한다.

38 다음 중 가시광선의 파장영역은?

① 약 380～780nm ② 약 300～600nm
③ 약 300～650nm ④ 약 490～900nm

해설

가시광선
380～780nm 범위의 파장으로 전자파 중에서 인간의 눈으로 지각할 수 있는 전자기파의 영역을 말한다.

39 망막에서 명소시의 색채시각과 관련된 광수용이 이루어지는 부분은?

① 간상체 ② 추상체
③ 봉상체 ④ 맹점

해설

추상체(원추세포, 원뿔세포)
망막의 중심와에 밀접되어 있으며 밝은 곳에서는 약 650만 개의 추상체가 존재하고 빛에 따라 다른 반응을 보이는 3가지 추상체 장파장(L/적), 중파장(M/녹), 단파장(S/청)이 존재한다. 또한 파장은 560nm에서 가장 민감하게 반응한다.

40 색채조화에 관한 설명 중 틀린 것은?

① 색의 3속성을 고려한다.
② 색채조화에서 명도는 중요하지 않다.
③ 색상이 다르면 색조를 유사하게 한다.
④ 면적비에 따라 조화의 느낌이 달라질 수 있다.

해설

색채조화
색의 3속성인 색상, 명도, 채도를 고려하여, 2색 또는 3색 이상의 다색 배색에 질서를 부여하는 것으로 통일과 변화, 질서와 다양성과 같은 반대요소를 모순이나 충돌이 일어나지 않도록 조화시키는 것이다.

3과목 인간공학

41 실내색채에 있어서 특히 천장에 적합한 반사율과 색으로 가장 적합한 것은?

① 반사율 약 50～60%의 청색, 남색
② 반사율 약 15～20%의 검정, 군청색
③ 반사율 약 15～30%의 녹색, 황토색, 회색
④ 반사율 약 80～90%의 백색, 상아(象牙)색, 크림(Cream)색

해설

천장의 반사율은 80～90%가 좋으나 최소한 75% 이상은 되어야 하며 백색, 크림색 같은 난색은 천장의 분위기를 밝고 부드럽게 해준다.

42 인체의 각 기관계와 해당하는 기관이 맞게 연결된 것은?

① 순환계 : 신경
② 호흡기계 : 후두
③ 순환계 : 위장
④ 호흡기계 : 림프관

해설

인체의 기관계
- 호흡계 : 인두, 후두, 폐
- 순환계 : 심장, 혈관
- 소화계 : 위장, 소장, 간

※ **후두** : 호흡계 계통으로 목 앞쪽에 위치하는 기관이며 말을 하고 숨을 쉬는 데 가장 중요한 기능을 담당한다.

43 눈의 시세포에 관한 설명으로 맞는 것은?

① 원추세포는 색을 구분할 수 없다.
② 원추세포의 수는 간상세포의 수보다 많다.
③ 간상세포는 난색계열의 색을 구분할 수 있다.
④ 사람의 한 눈에는 1억 3천만여 개의 간상세포가 있다.

정답 38 ① 39 ② 40 ② 41 ④ 42 ② 43 ④

해설

① 원추세포는 색을 구분할 수 있다.
② 원추세포의 수는 간상세포의 수보다 적다.
③ 간상세포는 흑백의 음영만 구분할 수 있다.

※ 눈의 시세포

원추세포 (추상체)	• 낮처럼 조도 수준이 높을 때 기능을 한다. • 색을 구별하며, 황반에 집중되어 있다. • 색상을 구분한다(이상 시 색맹 또는 색약이 나타남). • 카메라의 컬러필름
간상세포 (간상체)	• 1억 3,000만 개의 간상세포가 망막 주변에 있다. • 밤처럼 조도 수준이 낮을 때 기능을 한다. • 흑백의 음영만을 구분하며 명암을 구분한다.

44 물리적 자극을 상대적으로 판단할 때 변화감지역은 기준 자극의 크기에 비례한다는 법칙은?

① Fitts 법칙　② Miller 법칙
③ Weber 법칙　④ Norman 법칙

해설

Weber 법칙
- Weber는 물리적 자극의 강도 증가가 다른 자극 수준들에 걸쳐 일관된 방식으로 변한다는 것을 발견하였다.
- 음의 높이, 무게, 빛의 밝기 등 물리적 자극을 상대적으로 판단하는 데 있어 특정감각기관의 변화감지역은 표준자극에 비례한다는 법칙이다.
- 감각기관의 표준자극과 변화감지역의 연관관계가 있다.
- 원래 자극의 강도가 클수록 변화 감지를 위한 자극의 변화량은 커지게 된다.

45 인간 – 기계 체계(Man – Machine System) 분류 중 기계화 체계의 예로 적합한 것은?

① 자동교환기
② 자동차의 운전
③ 컴퓨터공정제어
④ 장인과 공구의 사용

해설

자동교환기, 컴퓨터공정제어, 장인과 공구의 사용은 자동체계에 속한다.

기계화 체계(엔진, 자동차, 공작기계)
- 고도로 통합된 부품들로 구성되어 있으며, 일반적으로 변화가 거의 없는 기능들을 수행하는 시스템이다.
- 운전자의 조종에 의해 운용되며 융통성이 없는 시스템이다.
- 동력은 기계가 제공하며, 조종장치를 사용하여 통제하는 것은 사람으로 반자동 체계라고도 한다.

46 "소음작업"은 1일 8시간 작업을 기준으로 얼마 이상의 소음이 발생하는 작업을 말하는가?

① 85dB　② 90dB
③ 95dB　④ 100dB

해설

소음작업
1일 8시간 작업을 기준으로 85데시벨 이상의 소음이 발생하는 작업을 말한다.

47 운전대에 대한 일반적인 설명으로 틀린 것은?

① 운전대의 직경은 35.6～38cm가 적당하다.
② 스포츠카 운전대의 경사도는 60～90° 사이가 이상적이다.
③ 버스나 화물차등의 운전대는 45～60° 정도로 기울어져 있는 것이 좋다.
④ 크고 무거운 차량의 동력조절 장치가 없는 운전대는 수직으로 설치한다.

해설

크고 무거운 차량의 동력조절 장치가 없는 운전대는 수평으로 설치한다.

※ **운전대의 직경** : 운전대의 직경은 35.6～38cm, 버스 및 트럭 운전대의 직경은 45～46cm가 적당하다.

48 인체에서의 열교환과정을 나타내는 열균형 방정식의 요소가 아닌 것은?

① 복사　② 대류
③ 전도　④ 증발

정답　44 ③　45 ②　46 ①　47 ④　48 ③

해설

열균형 방정식

$S = M - E \pm R \pm C - W$

여기서, S : 열축적, M : 대사
E : 증발, R : 복사
C : 대류, W : 한 일

49 인간공학에 대한 설명 중 틀린 것은?

① 인간요소를 고려한 학문으로서 일본에서 태동하였다.
② 실용적 효능과 인생의 가치 기준을 높이는 데 목표를 두고 있다.
③ 인간의 특성이나 행동에 대한 적절한 정보를 체계적으로 적용하는 것이다.
④ 물건, 기구, 환경을 설계하는 과정에서 인간을 고려하는 데 초점을 두고 있다.

해설

인간공학은 인간요소를 고려한 학문으로서 서구에서 태동하였다.

인간공학 : 인간이 만들어 생활의 여러 국면에서 사용하는 물건, 기구 혹은 환경을 설계하는 관점에서 인간의 특성이나 정보를 고려하여 편리성, 안전성 및 효율성을 제고하고자 하는 학문을 말한다.

50 안전색과 그 일반적인 의미의 사용 예가 바르게 짝지어진 것은?

① 파랑 – 지시 표지
② 노랑 – 방화 표지
③ 빨강 – 안내 표지
④ 녹색 – 방사능 표지

해설

안전색채의 용도

- 빨강 : 위험, 긴급표시, 금지, 정지(방화표시, 소방기구, 화학경고)
- 노랑 : 주의, 경고표시(장애물, 위험물에 대한 경고, 감전주의표시, 바닥돌출물 주의표시)
- 녹색 : 안전표시(구급장비, 상비약, 대피소 위치표시, 구호표시)

51 수평작업대 설계 시, 상완을 자연스럽게 수직으로 늘어뜨린 상태에서 전완을 뻗어 파악할 수 있는 영역은?

① 최대작업영역 ② 통상작업영역
③ 정상작업영역 ④ 대칭작업영역

해설

- 정상작업영역 : 상완을 자연스럽게 수직으로 늘어뜨린 채, 전완만으로 편하게 뻗어 파악할 수 있는 구역이다(35~45cm).
- 최대작업영역 : 전완과 상완을 곧게 펴서 파악할 수 있는 구역이다(55~65cm).

52 눈의 구조에 대한 설명으로 맞는 것은?

① 원추체 : 색 구별, 황반에 밀집
② 원시 : 수정체가 두꺼워진 상태
③ 망막 : 두께 조절로 초점을 맞춤
④ 명조응 : 동공 확대, 30~40분 소요

해설

②는 근시, ③은 수정체, ④는 암조응에 관한 설명이다.

※ **원추세포** : 낮처럼 조도 수준이 높을 때 기능을 하며 색을 구별한다. 600~700만 개의 원추체가 망막의 중심 부근인 황반에 집중되어 있다.

53 색채조절에 대한 설명으로 맞는 것은?

① 보통 기기에는 채도를 8 이상으로 유지해야 한다.
② 색을 볼 때 피로를 느끼는 것은 주로 명도에 영향을 받기 때문이다.
③ 기계류의 중요한 부분은 주의를 집중시킬 수 있는 색으로 두드러지게 한다.
④ 기계의 움직이는 부분과 조작의 중심점같이 집점이 되는 부분은 다른 부분과 비슷한 색채를 사용하는 것이 좋다.

해설

① 보통 기기에는 낮은 채도를 유지해야 한다.

정답 49 ① 50 ① 51 ③ 52 ① 53 ③

② 색을 볼 때 피로를 느끼는 것은 주로 채도에 영향을 받기 때문이다.
④ 기계의 움직이는 부분과 조작의 중심점같이 집점이 되는 부분은 다른 부분과 다른 색채를 사용하는 것이 좋다.

※ **안전색채** : 기계류와 핸들의 색을 주변과 다르게 함으로써 실수와 오류를 줄여 주며 위험개소는 주의를 집중시키고 식별이 잘되도록 주황색으로 명시하고 통로는 흰색 선으로 표시하여 생산효율의 향상을 높여준다.

54 일반적인 지침(指針)의 설계 요령으로 볼 수 없는 것은?

① 선각이 약 20° 정도 되는 뾰족한 지침을 사용한다.
② 지침의 끝은 작은 눈금과 맞닿고, 겹치도록 해야 한다.
③ 시차를 줄이기 위하여 지침은 눈금면과 밀착시킨다.
④ 원형 눈금의 경우 지침의 색은 선단에서 눈금의 중심까지 칠한다.

해설

지침설계
- 선각이 약 20° 정도인 뾰족한 지침을 사용한다.
- 지침의 끝은 작은 눈금과 맞닿게 하되 겹치지는 않도록 한다.
- 시차(時差)를 없애기 위해 지침을 눈금면에 밀착시킨다.
- 원형 눈금의 경우 지침색은 선단에서 눈금의 중심까지 칠한다.

55 사람이 정확하고 정밀한 동작을 수행하기 위해 근육들이 반대 방향으로 작용을 하며 정적인 반응을 보이는데 이때 근육의 잔잔한 떨림(진전, 振顫)이 일어난다. 진전을 감소시킬 수 있는 방법이 아닌 것은?

① 시각적인 참조
② 손을 심장높이보다 높게 함
③ 작업 대상물에 기계적인 마찰을 생성
④ 몸과 작업에 관계되는 부위를 잘 받침

해설

손을 심장높이와 같게 한다.

진전 감소방법
- 시각적인 참조
- 몸과 작업에 관계되는 부위를 잘 받친다.
- 손이 심장높이에 있을 때 손떨림현상이 적다.
- 작업 대상물에 기계적인 마찰이 있을 때이다.

56 감각기관을 통하여 환경의 자극에 대한 정보를 감지하여 받아들이는 과정을 무엇이라 하는가?

① 지각　　② 순응
③ 청각　　④ 반응

해설

지각
감각기관을 통해 들어온 정보를 조직하고 해석하는 과정에서 환경 내의 사물을 인지한다.

57 상하, 전진, 좌우운동을 탐지하는 귀 내부의 평형기관은?

① 고막　　② 외이
③ 중이　　④ 세반고리관

해설

세반고리반
내이에 있는 신체의 평형감각을 담당하고 있는 반원형의 기관으로, 직교좌표 형태로 연결되어 있다. 가속 및 감속에 반응하여 움직이며, 말초신경을 자극하여 신경충돌을 뇌로 전달하는 역할을 한다.

58 생체리듬에 관한 설명으로 틀린 것은?

① 육체적 리듬(Physical Rhythm)은 23일의 반복주기로 활동력, 지구력 등과 밀접한 관계가 있다.
② 위험일(Critical Day)은 각각의 리듬이 (−)의 최저점에 이르는 때를 의미하며, 한 달에 6일 정도 발생한다.
③ 지성적 리듬(Intellectual Rhythm)은 33일의 반복주기로 사고력, 기억력, 의지 판단 및 비판력과 밀접한 관계가 있다.
④ 감성적 리듬(Sensitivity Rhythm)은 28일의 반복주기로 신체 조직의 모든 기능을 통하여 발현되는 감정, 즉 정서적 희로애락, 주의력, 예감 및 통찰력 등을 좌우한다.

정답 **54** ② **55** ② **56** ① **57** ④ **58** ②

해설

위험일은 각각의 리듬이 (−)에서 (+)로, 또는 (+)에서 (−)로 변화하는 점을 말한다.

생체리듬 : 하루 24시간을 주기로 일어나는 생체 내 과정을 의미한다.

59 생리적 긴장을 나타내는 척도(지표)가 아닌 것은?

① 혈압 ② 심박수
③ 작업속도 ④ 호흡수

해설

작업속도는 심리적 긴장을 나타내는 척도이다.

활동척도
- 생리적 변화 : 혈압, 심박수, 부정맥, 호흡수, 박동량, 박동결손, 인체온도
- 심리적 변화 : 작업속도, 실수, 눈 깜빡수

60 연속적으로 변화하는 값을 표시하기에 가장 적합한 표시장치(Display)는?

① 계수형(Digital)
② 회화형(Pictogram)
③ 동목형(Moving Scale)
④ 동침형(Moving Pointer)

해설

시각적 표시장치 – 정량적 표시장치

동침형	• 눈금이 고정되고 지침이 움직이는 형이다(고정눈금 이동지침 표시장치). • 일정한 범위에서 수치가 자주 또는 계속 변하는 경우 가장 유용한 표시장치이다. • 지침의 위치로 인식적인 암시신호를 얻을 수 있다.
동목형	• 지침이 고정되고 눈금이 움직이는 형이다(이동눈금 고정지침 표시장치). • 나타내고자 하는 값의 범위가 클 때, 비교적 작은 눈금판에 모두 나타내고자 할 때 사용한다(공간을 작게 차지하는 이점이 있음).
계수형	• 전력계나 택시요금계기와 같이 기계, 전자적으로 숫자가 표시되는 형이다. • 출력되는 값을 정확하게 읽어야 하는 경우에 가장 적합하다(수치를 정확하게 읽어야 할 경우).

4과목 건축재료

61 미장재료의 경화작용에 관한 설명으로 옳지 않은 것은?

① 시멘트 모르타르는 물과 화학반응을 일으켜 경화한다.
② 회반죽은 물과 화학반응을 일으켜 경화한다.
③ 반수석고는 가수 후 20~30분에서 급속 경화하지만, 무수석고는 경화가 늦기 때문에 경화촉진제를 필요로 한다.
④ 돌로마이트 플라스터는 공기 중의 탄산가스와 화학반응을 일으켜 경화한다.

해설

회반죽은 기경성 재료로서 공기 중에서만 경화한다.

62 다음 시멘트 조성광물 중 수축률이 가장 큰 것은?

① 규산 3석회(CS) ② 규산 2석회(C_2S)
③ 알루민산 3석회(C_3A) ④ 알루민산철 4석회(C_4AF)

해설

수화열, 조기강도 및 수축률 크기
알루민산 3석회>규산3석회>규산 2석회

※ 알루민산철 4석회는 색상과 관계된 성분이다.

63 굳지 않은 콘크리트의 성질을 나타내는 용어에 관한 설명으로 옳지 않은 것은?

① 펌퍼빌리티(Pumpability)는 콘크리트 펌프를 사용하여 시공하는 콘크리트의 워커빌리티를 판단하는 하나의 척도로 사용된다.
② 워커빌리티(Workability)는 컨시스턴시에 의한 부어넣기의 난이도 정도 및 재료분리에 저항하는 정도를 나타낸다.

정답 59 ③ 60 ④ 61 ② 62 ③ 63 ③

③ 플라스티시티(Plasticity)는 수량에 의해서 변화하는 콘크리트 유동성의 정도이다.

④ 피니셔빌리티(Finishability)는 마무리하기 쉬운 정도를 말한다.

해설

③은 Consistency(반죽질기, 유동성)에 대한 설명이다.

※ Plasticity(성형성) : 구조체에 타설된 콘크리트가 거푸집에 잘 채워질 수 있는지의 난이 정도를 말한다.

64 목재의 건조방법 중 천연건조에 관한 설명으로 옳지 않은 것은?

① 비교적 균일한 건조가 가능하다.

② 시설 투자비용 및 작업비용이 적다.

③ 건조 소요시간이 오래 걸린다.

④ 잔적장소가 좁아도 가능하다.

해설

천연건조의 경우 자연적으로 건조하는 방법을 사용하므로 잔적장소(목재의 건조장소)가 커야 한다.

65 표준시방서에 따른 에폭시계도료 도장의 종류 중 내수, 내해수를 목적으로 사용할 때 가장 적합한 것은?

① 에폭시 에스테르도료

② 2액형 에폭시도료

③ 2액형 후도막 에폭시도료

④ 2액형 타르 에폭시도료

해설

에폭시계도료 도장 중 내수, 내해수를 목적으로 할 경우 가장 알맞은 것은 2액형 타르 에폭시도료이다.

66 대리석, 사문암, 화강암의 쇄석을 종석으로 하여 보통 포틀랜드 시멘트 또는 백색 포틀랜드 시멘트에 안료를 섞어 충분히 다진 후 양생하여 가공연마한 것으로 미려한 광택을 나타내는 시멘트 제품은?

① 테라초판　　② 펄라이트 시멘트판

③ 듀리졸　　④ 펄프 시멘트판

해설

대리석 등의 재료를 가공한 인조석 중의 하나인 테라초(판)에 대한 설명이다.

67 일종의 못박기총을 사용하여 콘크리트나 강재 등에 박는 특수못을 의미하는 것은?

① 드라이브핀　　② 인서트

③ 익스팬션볼트　　④ 듀벨

해설

드라이브핀(Drive Pin)

특수 강제못을 화약을 사용한 발사총을 써서 콘크리트벽이나 벽돌벽 강재 등에 박아대는 못으로서 주로 3~5cm의 얇은 판재를 박는 데 사용하는 특수못이다.

68 투명도가 높으므로 유기유리라는 명칭이 있으며, 착색이 자유롭고 내충격강도가 크고, 평판, 골판 등의 각종 형태의 성형품으로 만들어 채광판, 도어판, 칸막이벽 등에 쓰이는 합성수지는?

① 폴리스티렌수지　　② 에폭시수지

③ 요소수지　　④ 아크릴수지

해설

아크릴수지

투명도가 85~90% 정도로 좋으면서, 내충격강도는 유리의 10배 정도로 크며 절단, 가공성, 내후성, 내약품성, 전기절연성이 좋다.

정답　64 ④　65 ④　66 ①　67 ①　68 ④

69 목재의 역학적 성질에 관한 설명으로 옳지 않은 것은?

① 목재 섬유 평행방향에 대한 인장강도가 다른 여러 강도 중 가장 크다.

② 목재의 압축강도는 옹이가 있으면 증가한다.

③ 목재를 휨부재로 사용하여 외력에 저항할 때는 압축, 인장, 전단력이 동시에 일어난다.

④ 목재의 전단강도는 섬유 간의 부착력, 섬유의 곧음, 수선의 유무 등에 의해 결정된다.

해설

옹이
수목이 성장하는 도중 줄기에서 가지가 생기면 세포가 변형을 일으켜 발생되는 목재의 결함으로, 옹이가 있으면 목재의 압축강도가 저하된다.

70 목재를 조성하고 있는 원소 중 차지하는 비중이 가장 큰 것은?

① 탄소 ② 산소

③ 질소 ④ 수소

해설

목재의 조성원소
유기재로서 조성 중 탄소가 50%이며 수소가 6%, 질소 및 회분이 약 1% 정도로 구성되어 있다.

71 소성 점토벽돌에 관한 설명으로 옳지 않은 것은?

① 소성온도가 높을수록 흡수율이 작다.

② 붉은 벽돌은 점토에 안료를 넣어서 붉게 만든 것이다.

③ 소성이 잘된 것일수록 맑은 금속성 소리가 난다.

④ 과소품(過燒品)은 소성온도가 지나치게 높아서 질이 견고하고, 흡수율이 낮으나 형상이 일그러져 부정형이다.

해설

붉은 벽돌이 붉은색을 띠는 이유는 제조과정에 함유되어 있는 점토의 산화철 성분 때문이다.

72 다음 중 방청도료에 해당되지 않는 것은?

① 광명단조합페인트 ② 클리어 래커

③ 에칭프라이머 ④ 징크로메이트 도료

해설

클리어 래커
래커의 한 종류로서 목재면의 투명도장 시 사용된다.

73 콘크리트의 블리딩 현상에 의한 성능저하와 가장 거리가 먼 것은?

① 골재와 페이스트의 부착력 저하

② 철근과 페이스트의 부착력 저하

③ 콘크리트의 수밀성 저하

④ 콘크리트의 응결성 저하

해설

블리딩(Bleeding)
콘크리트 타설 후 시멘트와 골재입자 등이 침하함으로써 물이 분리 상승되어 콘크리트 표면에 떠오르는 현상으로서, 골재와 페이스트의 부착력 저하, 철근과 페이스트의 부착력 저하, 콘크리트의 수밀성 저하의 원인이 된다.

74 각 목재 방부제의 특징에 관한 설명으로 옳지 않은 것은?

① 크레오소트유 : 도장이 불가능하며, 독성이 적고 자극적인 냄새가 난다.

② CCA : 도장이 가능하고 독성이 없으며 처리제는 무색이다.

정답 69 ② 70 ① 71 ② 72 ② 73 ④ 74 ②

③ PCP : 도장이 가능하며 처리제는 무색으로 성능이 우수한 유용성 방부제이다.

④ PF : 도장이 가능하고 독성이 있으며 처리제는 황록색이다.

해설

CCA(Chromated Copper Arsenate) 방부제는 독성 때문에 사용이 중단되었다.

75 일반 석재와 비교한 화강암의 성질에 관한 설명으로 옳지 않은 것은?

① 내구성 및 강도가 크다.

② 내화도가 낮아 가열 시 균열이 생긴다.

③ 조작재료로 매우 적합하다.

④ 절리의 거리가 비교적 커서 큰 판재로 생산할 수 있다.

해설

조작재료는 돌, 벽돌, 콘크리트 블록 등의 재료를 쌓아올려 구조체를 형성하는 조작공사(조적공사)의 재료이다. 화강암은 중량이 무겁기 때문에 쌓아올려 구조체를 형성하는 데 적용하는 재료인 조작재료로는 적합하지 않다.

76 온도에 따른 탄소강의 기계적 성질에 관한 설명으로 옳지 않은 것은?

① 연신율은 200~300℃에서 최소로 된다.

② 인장강도는 500℃ 정도에서 상온 강도의 약 1/2로 된다.

③ 인장강도는 100℃ 정도에서 최대로 된다.

④ 항복점과 탄성한계는 온도가 상승함에 따라 감소한다.

해설

인장강도는 100℃ 이상이 되면 강도가 증가하여 250℃에서 최대가 된다.

77 목재접합, 합판제조 등에 사용되며, 다른 접착제와 비교하여 내수성이 부족하고 값이 저렴한 접착제는?

① 요소수지 접착제

② 푸린수지 접착제

③ 에폭시수지 접착제

④ 실리콘수지 접착제

해설

요소수지

- 무색으로 착색이 자유롭고 내수성, 전기적 성질이 페놀수지보다 약하다.
- 일용품(완구, 장식품), 마감재, 가구재, 접착제(준내수합판) 등에 사용한다.

78 실리콘 수지에 관한 설명으로 옳은 것은?

① 평판 성형되어 글라스와 같이 이용되는 경우가 많으며 유기유리라고도 불린다.

② 물을 튀기는 성질이 있어 방습켜가 없는 벽체에 주입하여 습기가 스며 오르는 것을 막는 데 쓰인다.

③ 아미노계에 속하는 열가소성 수지로 내수성이 크고 열탕에서도 침식되지 않는다.

④ 발포제로서 보드상으로 성형하여 단열재로 널리 사용되며 건축용 벽타일, 천장재, 전기용품 등에 쓰인다.

해설

① 아크릴 수지에 대한 설명이다.
③ 실리콘 수지는 열경화성 수지이다.
④ 폴리에틸렌수지(PE)에 대한 설명이다.

79 강재의 부식과 방식에 관한 설명으로 옳은 것은?

① 전식은 공식보다 수명예측이 비교적 어려운 부식이다.

② 금속의 부식 형태 중 건식이 습식보다 부식에 대응하기 어렵다.

정답 **75** ③ **76** ③ **77** ① **78** ② **79** ③

③ 공식이란 강재 일부에 국부 전지를 형성하여 빠르게 부식하는 것을 말한다.
④ 강재 방식법으로 건축에서 널리 사용되는 것은 전기화학적 방법이다.

해설

① 전식은 공식보다 수명예측이 비교적 쉽다.
② 금속의 부식 형태 중 건식은 온도에 대한 제어조건만 충족하면 부식을 방지할 수 있어 습식보다 부식에 대응하기 용이하다.
④ 양극희생법 등 전기화학적 방식법은 건축보다는 토목(상하수도 관로)에 주로 적용한다.

80 **다음 중 미장바탕이 갖추어야 할 조건으로 옳지 않은 것은?**

① 바름층과 유해한 화학반응을 하지 않을 것
② 바름층을 지지하는 데 필요한 접착강도를 얻을 수 있을 것
③ 바름층보다 강도, 강성이 크지 않을 것
④ 바름층의 경화, 건조를 방해하지 않을 것

해설

바탕층은 바름층에 비해 강도, 강성을 크게 하여 구조체의 균열·거동 등에 대응하여야 한다.

5과목 건축일반

81 **학교 교실의 채광을 위하여 설치하는 창문 등의 면적은 교실 바닥면적의 최소 얼마 이상이어야 하는가? (단, 거실의 용도에 따른 기준 조도 이상의 조명장치를 설치한 경우는 제외한다)**

① 1/5 ② 1/8
③ 1/10 ④ 1/20

해설

거실의 채광 및 환기 기준(건축물의 피난·방화구조 등의 기준에 관한 규칙 제17조)

채광 및 환기 시설의 적용대상	창문 등의 면적	제외
• 주택(단독, 공동)의 거실 • 학교의 교실 • 의료시설의 병실 • 숙박시설의 객실	채광시설 : 거실 바닥면적의 1/10 이상	기준 조도 이상의 조명장치 설치 시
	환기시설 : 거실 바닥면적의 1/20 이상	기계환기장치 및 중앙관리방식의 공기조화설비 설치 시

82 **외벽 중 비내력벽의 경우 내화구조로 인정받기 위한 기준으로 옳지 않은 것은?**

① 철근콘크리트조 또는 철골철근콘크리트조로서 두께가 7cm 이상인 것
② 골구를 철골조로 하고 그 양면을 두께 3cm 이상의 철망모르타르 또는 두께 4cm 이상의 콘크리트블록·벽돌 또는 석재로 덮은 것
③ 철재로 보강된 콘크리트블록조·벽돌조 또는 석조로서 철재에 덮은 콘크리트블록 등의 두께가 4cm 이상인 것
④ 무근콘크리트조·콘크리트블록조·벽돌조 또는 석조로서 그 두께가 5cm 이상인 것

해설

무근콘크리트조·콘크리트블록조·벽돌조 또는 석조로서 그 두께가 7cm 이상인 것을 내화구조로 인정한다.

83 **주요 구조부를 내화구조로 하여야 하는 대상 건축물의 기준으로 옳지 않은 것은?**

① 문화 및 집회시설 중 전시장의 용도로 쓰이는 건축물로서 그 용도로 쓰는 바닥면적의 합계가 500m^2 이상인 건축물
② 창고시설의 용도로 쓰는 건축물로서 그 용도로 쓰는 바닥면적의 합계가 500m^2 이상인 건축물

정답 80 ③ 81 ③ 82 ④ 83 ③

③ 공장의 용도로 쓰는 건축물로서 그 용도로 쓰는 바닥면적의 합계가 1,000m^2 이상인 건축물
④ 운동시설 중 체육관의 용도로 쓰는 건축물로서 그 용도로 쓰는 바닥면적의 합계가 500m^2 이상인 건축물

해설

공장의 용도로 쓰는 건축물로서 그 용도로 쓰는 바닥면적의 합계가 2,000m^2 이상인 건축물을 내화구조로 하여야 한다.

84 건축물의 피난·방화구조 등의 기준에 관한 규칙에 따른 방화구조의 기준으로 옳지 않은 것은?

① 철망모르타르로서 그 바름두께가 2cm 이상인 것
② 석고판 위에 시멘트모르타르 또는 회반죽을 바른 것으로서 그 두께의 합계가 1.5cm 이상인 것
③ 시멘트모르타르 위에 타일을 붙인 것으로서 그 두께의 합계가 2.5cm 이상인 것
④ 심벽에 흙으로 맞벽치기한 것

해설

석고판 위에 시멘트모르타르 또는 회반죽을 바른 것으로서 그 두께의 합계가 2.5cm 이상인 것을 방화구조로 인정한다.

85 왕대공 지붕틀의 부재 중 인장재가 아닌 것은?

① ㅅ자보
② 평보
③ 왕대공
④ 달대공

해설

ㅅ자보는 압축재에 해당한다.

86 다음은 소방시설법령에 따른 연소(延燒) 우려가 있는 건축물의 구조에 해당되는 기준 중 하나이다. ( ) 안에 들어갈 내용으로 옳은 것은?

> 각각의 건축물이 다른 건축물의 외벽으로부터 수평거리가 1층의 경우에는 (A) 이하, 2층 이상의 층의 경우에는 (B) 이하인 경우

① A : 5m, B : 10m
② A : 6m, B : 10m
③ A : 5m, B : 12m
④ A : 6m, B : 12m

해설

연소 우려가 있는 건축물의 구조(소방시설 설치 및 관리에 관한 법률 시행규칙 제17조)

- 건축물대장의 건축물 현황도에 표시된 대지경계선 안에 둘 이상의 건축물이 있는 경우
- 각각의 건축물이 다른 건축물의 외벽으로부터 수평거리가 1층의 경우에는 6미터 이하, 2층 이상의 층의 경우에는 10미터 이하인 경우
- 개구부가 다른 건축물을 향하여 설치되어 있는 경우

87 한국건축의 조형 의장상 특징과 거리가 먼 것은?

① 친근감을 주는 척도
② 착시현상 조정
③ 자연과의 조화
④ 인위적인 기교

해설

한국건축은 인위적으로 기교를 구현하기보다는 자연과 친화적인 의장이 형성되도록 하였다.

88 숙박시설의 객실 간 경계벽의 구조 및 설치 기준으로 옳지 않은 것은?

① 내화구조로 하여야 한다.
② 지붕 밑 또는 바로 위층의 바닥판까지 닿게 한다.
③ 철근콘크리트조의 경우에는 그 두께가 10cm 이상이어야 한다.
④ 콘크리트블록조의 경우에는 그 두께가 15cm 이상이어야 한다.

정답 84 ② 85 ① 86 ② 87 ④ 88 ④

해설

콘크리트블록조의 경우에는 그 두께가 19cm 이상이어야 한다.

89 문화 및 집회시설 중 공연장의 각 층별 거실면적이 1,000m^2일 때, 이 공연장에 설치하여야 하는 승용승강기의 최소대수는?(단, 공연장의 층수는 10층이며, 8인승 이상 15인승 이하 승강기 적용)

① 3대 ② 4대
③ 5대 ④ 6대

해설

문화 및 집회시설 중 공연장의 승용승강기 설치대수
- 6층 이상 거실 바닥면적 합계기준으로 3,000m^2 이하는 기본 2대이며, 3,000m^2를 초과하는 매 2,000m^2마다 1대를 추가한다.
- 본 건축물은 10층이며, 각 층의 연면적이 1,000m^2이므로, 6층 이상의 연면적의 합계는 5,000m^2(6~10층)

∴ 3,000m^2 이하 기본 2대+초과 2,000m^2 1대=3대

90 소방시설 중 경보설비의 종류에 해당하지 않는 것은?

① 비상방송설비
② 자동화재탐지설비
③ 자동화재속보설비
④ 무선통신보조설비

해설

무선통신보조설비는 소화활동설비에 해당한다.

91 특급 소방안전관리대상물의 관계인이 선임하여야 하는 소방안전관리자의 자격기준으로 옳지 않은 것은?

① 소방기술사
② 소방공무원으로 10년 이상 근무한 경력이 있는 사람
③ 소방설비기사의 자격을 취득한 후 5년 이상 1급 소방안전관리대상물의 소방안전관리자로 근무한 실무경력이 있는 사람
④ 소방설비산업기사의 자격을 취득한 후 7년 이상 1급 소방안전관리대상물의 소방안전관리자로 근무한 실무경력이 있는 사람

해설

소방공무원으로 20년 이상 근무한 경력이 있는 사람이 해당된다.

92 목조건물의 내진(耐震)설계에 관여하는 요소 중 가장 중요한 것은?

① 기초의 구조형태
② 마감재의 형태와 치수
③ 가새의 배치법과 치수
④ 지붕의 구조와 형태

해설

지진은 수평력(횡력)으로 작용하므로, 수평력에 저항하는 가새의 배치법과 치수가 중요한 요소로 작용하게 된다.

93 다음 중 모든 층에 스프링클러를 설치하여야 하는 경우가 아닌 것은?

① 문화 및 집회시설(동 · 식물원은 제외)로서 수용인원이 100명 이상인 것
② 층수가 11층 이상인 특정소방대상물
③ 판매시설로서 바닥면적의 합계가 1,000m^2 이상인 것
④ 노유자시설의 용도로 사용되는 시설의 바닥면적의 합계가 600m^2 이상인 것

해설

판매시설로서 바닥면적의 합계가 5,000m^2 이상이거나, 수용인원이 500명 이상인 경우 모든 층에 설치하여야 한다.

정답 89 ① 90 ④ 91 ② 92 ③ 93 ③

94 다음 중 방염성능기준 이상을 확보하여야 하는 방염대상물품이 아닌 것은?

① 창문에 설치하는 커튼류
② 암막 · 무대막
③ 전시용 합판 또는 섬유판
④ 두께가 2mm 미만인 종이벽지

해설

방염대상물품에 두께가 2mm 미만인 벽지류가 포함되나, 벽지류 중 종이벽지는 제외한다.

95 수평면, 수직면, 수직선과 수평선 및 기본색을 근간으로 하여 순수 기하학적 추상주의를 표방하는 사조는?

① 신조형주의(Neo Plasticism)
② 요소주의(Elementalism)
③ 순수주의(Purism)
④ 절대주의(Suprematism)

해설

신조형주의(Neo Plasticism)
네덜란드의 미술가인 몬드리안을 중심으로 한 순수 기하학적 추상주의를 표방하는 사조이다.

96 널의 옆물림을 위하여 한 옆에는 혀를 내고 다른 옆은 홈을 파서 물린 형태로 보행의 진동이 있는 마루널깔기에 적합한 쪽매는?

① 제혀쪽매 ② 맞댄쪽매
③ 반턱쪽매 ④ 틈막이쪽매

해설

제혀쪽매
널 한쪽에 홈을 파고 다른 쪽에는 혀를 내어 물리게 한 것을 말한다.

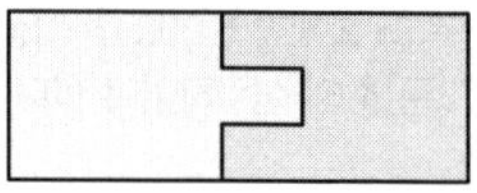

97 문화 및 집회시설 중 공연장의 개별 관람실의 바깥쪽에 있어 그 양쪽 및 뒤쪽에 각각 복도를 설치하여야 하는 최소바닥면적의 기준으로 옳은 것은?

① 개별 관람실의 바닥면적이 300m^2 이상
② 개별 관람실의 바닥면적이 400m^2 이상
③ 개별 관람실의 바닥면적이 500m^2 이상
④ 개별 관람실의 바닥면적이 600m^2 이상

해설

설치대상
- 제2종 근린생활시설 중 공연장 · 종교집회장(해당 용도로 쓰는 바닥면적의 합계가 각각 300m^2 이상)
- 문화 및 집회시설(전시장 및 동 · 식물원은 제외)
- 종교시설, 위락시설, 장례식장

98 건축물의 신축 · 증축 · 개축 등에 대한 행정기관의 동의 요구를 받은 소방본부장 또는 소방서장은 건축허가 등의 동의요구서류를 접수한 날부터 얼마 이내에 동의 여부를 회신하여야 하는가?(단, 특급 소방안전관리대상물이 아닌 경우)

① 3일 이내 ② 4일 이내
③ 5일 이내 ④ 6일 이내

해설

건축허가 등의 동의요구(소방시설 설치 및 관리에 관한 법률 시행규칙 제3조)
동의요구를 받은 소방본부장 또는 소방서장은 건축허가 등의 동의요구서류를 접수한 날부터 5일 이내에 건축허가 등의 동의 여부를 회신하여야 한다.

99 아파트가 특급 소방안전관리대상물로 되기 위한 기준으로 옳은 것은?

① 50층 이상(지하층은 제외한다)이거나 지상으로부터 높이가 200m 이상인 아파트
② 30층 이상(지하층은 제외한다)이거나 지상으로부터 높이가 120m 이상인 아파트

정답 94 ④ 95 ① 96 ① 97 ① 98 ③ 99 ①

③ 25층 이상(지하층은 제외한다)이거나 지상으로부터 높이가 100m 이상인 아파트

④ 연면적 20만 m 이상인 아파트

해설

특급 소방안전관리대상물

㉠ 50층 이상(지하층은 제외한다)이거나 지상으로부터 높이가 200미터 이상인 아파트

㉡ 30층 이상(지하층을 포함한다)이거나 지상으로부터 높이가 120미터 이상인 특정소방대상물(아파트는 제외한다)

㉢ ㉡에 해당하지 아니하는 특정소방대상물로서 연면적이 20만 제곱미터 이상인 특정소방대상물(아파트는 제외한다)

100 다음은 건축물의 구조기준 등에 관한 규칙에 따른 소규모건축물 중 조적식 구조의 구조안전을 확보하기 위한 규정이다. ( ) 안에 들어갈 내용으로 옳은 것은?

> 건축물의 각 층의 조적식 구조인 내력벽 위에는 그 춤이 벽두께의 ( ) 이상인 철골구조 또는 철근콘크리트구조의 테두리보를 설치하여야 한다.

① 1.0배　② 1.5배

③ 2.0배　④ 2.5배

해설

건축물의 각 층이 조적식 구조인 내력벽 위에는 그 층의 벽두께의 1.5배 이상인 철골구조 또는 철근콘크리트구조의 테두리보를 설치하여야 한다.

6과목 건축환경

101 다음과 같은 조건을 가진 실의 잔향시간은?

> • 실의 용적 : 10,000m^3
> • 실내 총표면적 : 3,000m^3
> • 실내 평균흡음률 : 0.35
> • Sabine의 잔향시간 계산식 이용

① 약 1초　② 약 1.5초

③ 약 2초　④ 약 2.5초

해설

Sabine의 잔향식

잔향시간$(T) = 0.16\dfrac{V}{A} = 0.16\times\dfrac{10{,}000}{3{,}000\times0.35} = 1.5$초

여기서, V : 실의 체적

A : 실의 흡음면적(실내 총표면적×실내 평균흡음률)

102 복사난방에 관한 설명으로 옳은 것은?

① 천장이 높은 방의 난방은 불가능하다.

② 실내의 쾌감도가 다른 방식에 비하여 가장 낮다.

③ 외기 침입이 있는 곳에서는 난방감을 얻을 수 없다.

④ 열용량이 크기 때문에 방열량 조절에 시간이 걸린다.

해설

① 수직적인 온도차가 작으므로 천장이 높은 방의 난방에 효과적이다.

② 실내의 쾌감도가 다른 방식에 비하여 가장 높다.

③ 대류방식이 아닌 복사방식을 활용하므로 외기 침입이 있는 곳에서도 난방감을 얻을 수 있다.

103 자연환기에 관한 설명으로 옳지 않은 것은?

① 개구부 면적이 클수록 환기량은 많아진다.

② 실내외의 온도차가 클수록 환기량은 많아진다.

③ 일반적으로 공기유입구와 유출구 높이 차이가 클수록 환기량은 많아진다.

④ 2개의 창을 한쪽 벽면에 설치하는 것이 양쪽 벽에 대면하여 설치하는 것보다 효과적이다.

해설

2개의 창을 양쪽 벽에 대면하여 설치해야 실내 전반에 환기효과가 발생할 수 있다.

정답　100 ②　101 ②　102 ④　103 ④

104 연속기포 다공질 흡음재료에 속하지 않는 것은?

① 암면 ② 유리면
③ 석고보드 ④ 목모시멘트판

해설

석고보드
소리에너지가 판의 운동에너지로 바뀌면서 흡음되는 판진동 흡음재료이다.

105 열이나 유해물질이 실내에 널리 산재되어 있거나 이동되는 경우에 급기로 실내의 공기를 희석하여 배출하는 환기방법은?

① 상향환기 ② 전체환기
③ 국소환기 ④ 집중환기

해설

전체환기와 국소환기
- 전체(희석)환기 : 유해물질을 오염원에서 완전히 배출하는 것이 아니라 신선한 공기를 공급하여 유해물질의 농도를 낮추는 방법으로서 희석환기라도 한다.
- 국소환기 : 오염도가 심한 구역 또는 청정도를 유지해야 하는 곳을 집중적으로 환기하는 방식이다.

106 실내 어느 한 점의 수평면 조도가 200lx이고, 이때 옥외 전천공 수평면 조도가 20,000lx인 경우, 이 점의 주광률은?

① 0.01% ② 0.1%
③ 1% ④ 10%

해설

$$주광률 = \frac{실내(작업면)의\ 수평면\ 조도}{실외(전천공)의\ 수평면\ 조도} \times 100$$

$$= \frac{200}{20,000} \times 100(\%) = 1\%$$

107 전기사업법령에 따른 저압의 범위로 옳은 것은?

① 직류 500V 이하, 교류 1,000V 이하
② 직류 1,000V 이하, 교류 500V 이하
③ 직류 600V 이하, 교류 750V 이하
④ 직류 1,500V 이하, 교류 1,000V 이하

해설

전기사업법령에 따른 전압의 분류

구분	직류	교류
저압	1,500V 이하	1,000V 이하
고압	1,500V 초과 7,000V 이하	1,000V 초과 7,000V 이하
특고압	7,000V 초과	7,000V 초과

108 음파는 파동의 하나이기 때문에 물체가 진행방향을 가로막고 있다고 해도 그 물체의 후면에도 전달된다. 이러한 현상을 무엇이라 하는가?

① 잔향 ② 굴절
③ 회절 ④ 간섭

해설

회절현상
음의 진행을 가로막고 있는 것을 타고 넘어가 후면으로 전달되는 현상이다.

109 열전도율에 관한 설명으로 옳은 것은?

① 열전도율의 단위는 W/m^2K이다.
② 열전도율의 역수를 열전도 비저항이라고 한다.
③ 액체는 고체보다 열전도율이 크고, 기체는 더욱더 크다.
④ 열전도율이란 두께 1cm 판의 양면에 1℃의 온도차가 있을 때 $1cm^2$의 표면적을 통해 흐르는 열량을 나타낸 것이다.

정답 104 ③ 105 ② 106 ③ 107 ④ 108 ③ 109 ②

해설

① 열전도율의 단위는 W/mK이다.
③ 열전도율의 크기 순서는 고체 > 액체 > 기체이다.
④ 열전도율이란 두께 1m 판의 양면에 1℃의 온도차가 있을 때 양면 사이를 흐르는 열량을 나타낸 것이다.

110 측창채광에 관한 설명으로 옳은 것은?

① 비막이에 불리하다.
② 천창채광에 비해 채광량이 많다.
③ 편측채광의 경우 실내 조도분포가 균일하다.
④ 근린의 상황에 의해 채광을 방해받을 수 있다.

해설

① 옆면이 개구부가 되므로 비막이에 유리하다.
② 천창채광에 비해 채광량이 적다.
③ 편측채광의 경우 실의 깊이에 따라 조도분포가 불균일해지는 특성이 있다.

111 광원의 광색 및 색온도에 관한 설명으로 옳지 않은 것은?

① 색온도가 낮은 광색은 따뜻하게 느껴진다.
② 일반적으로 광색을 나타내는 데 색온도를 사용한다.
③ 주광색 형광램프에 비해 할로겐전구의 색온도가 높다.
④ 일반적으로 조도가 낮은 곳에서는 색온도가 낮은 광색이 좋다.

해설

색온도는 주광색 형광램프(약 6,000~7,000K)가 할로겐전구(약 3,000~4,000K)보다 높다.

112 전열에 관한 설명으로 옳은 것은?

① 벽체의 관류열량은 벽 양측 공기의 온도차에 반비례한다.
② 벽이 결로 등에 의해 습기를 포함하면 열관류저항이 커진다.
③ 유리의 열관류저항은 그 양측 표면 열전달저항의 합의 2배 값과 거의 같다.
④ 벽과 같은 고체를 통하여 유체(공기)에서 유체(공기)로 열이 전해지는 현상을 열관류라고 한다.

해설

① 벽체의 관류열량은 벽 양측 공기의 온도차에 비례한다.
② 벽이 결로 등에 의해 습기를 포함하면 열관류저항이 작아진다.
③ 유리는 얇은 두께의 부재이기 때문에 유리 자체의 열저항이 미미하여 유리의 열관류저항은 그 양측 표면 열전달저항의 합과 거의 같다.

113 겨울철 벽체 표면 결로의 방지대책으로 옳지 않은 것은?

① 실내의 환기 횟수를 줄인다.
② 실내의 발생 수증기량을 줄인다.
③ 단열강화에 의해 실내 측 표면온도를 상승시킨다.
④ 직접가열이나 기류촉진에 의해 표면온도를 상승시킨다.

해설

실내의 환기 횟수를 늘려 절대습도를 감소시킨다.

114 배수트랩에 관한 설명으로 옳지 않은 것은?

① 트랩은 배수능력을 촉진한다.
② 관트랩에는 P트랩, S트랩, U트랩 등이 있다.
③ 트랩은 기구에 가능한 한 근접하여 설치하는 것이 좋다.
④ 트랩의 유효봉수깊이가 너무 낮으면 봉수가 손실되기 쉽다.

해설

트랩
배수관 내의 악취, 유독가스 및 벌레 등이 실내로 침투하는 것을 방지하기 위해 설치한다.

※ 배수능력을 촉진하는 것은 통기관의 역할이다.

정답 110 ④ 111 ③ 112 ④ 113 ① 114 ①

115 일반적으로 하향급수 배관방식을 사용하는 급수 방식은?

① 고가수조방식　② 수도직결방식
③ 압력수조방식　④ 펌프직송방식

해설

고가탱크(고가수조, 옥상탱크)방식
대규모 시설에서 일정한 수압을 얻고자 할 때 많이 이용되며, 수돗물을 지하저수조에 모은 후 양수펌프에 의해 고가탱크로 양수하여 고가탱크에서 급수관에 의해 필요한 장소로 하향급수하는 방식이다.

116 간접가열식 급탕방법에 관한 설명으로 옳지 않은 것은?

① 열효율은 직접가열식에 비해 낮다.
② 가열보일러로 저압보일러의 사용이 가능하다.
③ 가열보일러는 난방용 보일러와 겸용할 수 없다.
④ 저탕조는 가열코일을 내장하는 등 구조가 약간 복잡하다.

해설

간접가열식 급탕가열보일러는 난방용 보일러와 겸용하여 사용할 수 있다.

117 다음 설명에 알맞은 취출구의 종류는?

- 확산형 취출구의 일종으로 몇 개의 콘(Cone)이 있어서 1차 공기에 의한 2차 공기의 유인성능이 좋다.
- 확산반경이 크고 도달거리가 짧기 때문에 천장 취출구로 많이 사용된다.

① 팬형　② 웨이형
③ 노즐형　④ 아네모스탯형

해설

아네모스탯형 취출구(Anemostat Type)
- 콘(Cone)이라 불리는 여러 개의 동심원추 또는 각추형의 날개로 되어 있다.
- 풍량을 광범위하게 조절할 수 있다.
- 확산반경이 크고 도달거리가 짧다.

118 실내에서 눈부심(Glare)을 방지하기 위한 방법으로 옳지 않은 것은?

① 휘도가 낮은 광원을 사용한다.
② 고휘도의 물체가 시야 속에 들어오지 않게 한다.
③ 플라스틱 커버가 되어 있는 조명기구를 선정한다.
④ 시선을 중심으로 30° 범위 내의 글레어 존에 광원을 설치한다.

해설

시선을 중심으로 30° 범위 내의 글레어 존에 광원을 설치할 경우 눈부심(Glare)현상이 가중된다.

119 다중이용시설 중 대규모 점포의 실내공기질 유지 기준에 따른 이산화탄소의 기준 농도는?

① 1,000ppm 이하　② 1,500ppm 이하
③ 2,000ppm 이하　④ 3,000ppm 이하

해설

다중이용시설 중 대규모 점포의 실내공기질 유지 기준에 따른 이산화탄소의 기준 농도는 1,000ppm 이하를 준수하도록 하고 있다.

120 일사에 관한 설명으로 옳지 않은 것은?

① 차폐계수가 낮은 유리일수록 차폐효과가 크다.
② 일사에 의한 벽면의 수열량은 방위에 따라 차이가 있다.
③ 창면에서의 일사조절방법으로 추녀와 차양 등이 있다.
④ 벽면의 흡수율이 크면 벽체내부로 전달되는 일사량은 적어진다.

해설

벽면의 흡수율이 클 경우 일사열이 벽체 내부로 열이 전도되어 실내로 전달되므로 실질적인 일사량 전달량은 늘어난다.

정답　115 ①　116 ③　117 ④　118 ④　119 ①　120 ④

2018년 2회 실내건축기사

1과목 실내디자인론

01 다음과 같은 특징을 갖는 사무소 건축의 코어 유형은?

- 단일용도의 대규모 전용사무소에 적합한 유형
- 2방향 피난에 이상적인 관계로 방재/피난상 유리

① 양단코어 ② 독립코어
③ 편심코어 ④ 중심코어

해설

양단코어형
공간의 분할, 개방이 자유로운 형태로 재난 시 두 방향으로 대피가 가능하고 2방향 피난에 이상적인 관계로 방재, 피난상 유리하다.

02 버내큘러 디자인에 관한 설명으로 옳지 않은 것은?

① 디자인 과정이 다소 불투명하고 익명성을 갖는다.
② 디자인의 기능성보다는 미적 측면을 강조한 디자인이다.
③ 문화적인 사물에 나타난 그 지역의 민속적 특성을 일컫는 표현이다.
④ 전통적인 도구(도끼, 망치 등), 철물류(경첩, 자물쇠 등), 가사도구 등도 해당한다.

해설

버내큘러 디자인(Vernacular Design)
풍토적이고 관습적인 지역성이 짙게 반영된 디자인으로 사회구성원의 생활 속에서 자연스럽게 생겨난 자생적이고 토속적인 디자인을 말한다.

03 거실의 가구배치 형식 중 소파를 서로 직각이 되도록 연결해서 배치하는 형식으로, 시선이 마주치지 않아 안정감이 있는 것은?

① 대면형 ② 코너형
③ U자형 ④ 복합형

해설

코너형
두 벽면을 연결하여 직각이 되도록 배치하는 형식으로 공간의 활용도가 높다.

04 상점의 실내계획에 관한 설명으로 옳지 않은 것은?

① 고객의 동선은 가능한 한 길게 배치하는 것이 좋다.
② 바닥, 벽 , 천장은 상품에 대해 배경 역할을 할 수 있도록 한다.
③ 실내의 바닥면은 큰 요철을 두어 공간의 변화를 연출하는 것이 좋다.
④ 전체 색의 배분에서 분위기를 지배하는 주조색은 약 60% 정도로 적용하는 것이 좋다.

해설

상점의 실내계획
고객의 행동, 걷는 방향, 심리적 상태를 고려하여 바닥의 요철 및 단차이는 피하는 것이 바람직하다.

05 조명의 연출기법에 속하지 않는 것은?

① 스파클(Sparkle)기법
② 글레이징(Glazing)기법
③ 월워싱(Wall Washing)기법
④ 패키지 유닛(Package Unit)기법

정답 01 ① 02 ② 03 ② 04 ③ 05 ④

해설

조명의 연출기법
스파클기법, 글레이징기법, 월워싱기법, 그림자연출기법, 실루엣기법, 강조기법, 빔플레이기법, 후광조명기법, 상향조명기법 등이 있다.

06 실내디자인의 계획조건을 외부적 조건과 내부적 조건으로 구분할 경우, 다음 중 외부적 조건에 속하지 않는 것은?

① 입지적 조건 ② 경제적 조건
③ 건축적 조건 ④ 설비적 조건

해설

실내디자인 계획조건
- 외부적 조건 : 입지적 조건, 건축적 조건, 설비적 조건
- 내부적 조건 : 계획의 목적, 분위기, 실의 개수와 규모, 의뢰인의 요구사항과 사용자의 행위 및 성격, 개성, 경제적 예산

07 실내장식물에 관한 설명으로 옳지 않은 것은?

① 공간을 강조하고 흥미를 높여 주는 효과가 있다.
② 주변 물건들과의 조화 등을 고려하여 선택한다.
③ 개성을 표현하는 자기 표현의 수단이 될 수 있다.
④ 기능은 없고 미적 효용성을 더해 주는 물품을 말한다.

해설

실내장식물의 기능 및 역할
- 공간에 포인트와 악센트를 주어 통일된 분위기와 예술적 세련미를 나타낸다.
- 기능이 있고 미적 충족 및 극적인 효과를 내어 실내에 활력과 즐거움을 준다.
- 장식물을 선택할 때에는 실내 분위기를 좌우하는 가구, 벽면 재료, 색채와의 관계를 고려하여 결정한다.

※ **장식물의 종류** : 실용적 장식품, 감상용 장식품, 기념적 장식품

08 질감에 관한 설명으로 옳은 것은?

① 재료표면이 빛을 흡수하는 정도는 질감에 영향을 미치지 않는다.
② 시각으로 인식되는 질감과 촉각으로 인식되는 질감에는 차이가 없다.
③ 효과적인 질감 표현을 위해서는 색채와 조명을 동시에 고려해야 한다.
④ 질감은 재료의 표면상태에 대한 느낌으로 흡음성과는 상관관계가 없다.

해설

질감(Texture)
- 스케일, 빛의 반사와 흡수, 촉감 등이 중요하며 효과적인 질감 표현을 위해서는 색채와 조명을 동시에 고려해야 한다.
- 시각적 질감에 의해 윤곽과 인상이 형성되며 시각적 반응은 재료의 표면이 빛을 반사하거나 흡수하는 정도에 따라 다르다.
- 물질의 표면 질감에는 형성된 본질이나 구성 상태가 나타나는데, 이는 그것을 만드는 방법이나 재료로부터 나오게 되기 때문이다.

09 균형의 원리에 관한 설명으로 옳지 않은 것은?

① 크기가 큰 것이 작은 것보다 시각적 중량감이 크다.
② 색의 중량감은 색의 속성 중 명도, 채도에 영향을 받는다.
③ 불규칙적인 형태가 기하학적 형태보다 시각적 중량감이 크다.
④ 단순하고 부드러운 질감이 복잡하고 거친 질감보다 시각적 중량감이 크다.

해설

단순하고 부드러운 질감이 복잡하고 거친 질감보다 시각적 중량감이 작다.

균형(Balance)의 원리
- 사선이 수직선, 수평선보다 시각적 중량감이 크다.
- 작은 것은 큰 것보다 가볍고, 크기가 큰 것은 중량감이 크다.
- 밝은색은 시각적 중량감이 작고 어두운색은 무겁게 느껴진다.
- 불규칙적인 형태가 시각적 중량감이 크고 기하학적인 형태는 가볍게 느껴진다.
- 부드럽고 단순한 것은 가볍게 느껴지고 복잡하고 거친 질감은 무겁게 느껴진다.

정답 06 ② 07 ④ 08 ③ 09 ④

10 **유닛가구(Unit Furniture)에 관한 설명으로 옳지 않은 것은?**

① 고정적이면서 이동적인 성격을 갖는다.

② 특정한 사용목적이나 많은 물품을 수납하기 위해 건축화된 가구이다.

③ 공간의 조건에 맞도록 조합할 수 있으므로 공간의 이용효율을 높여 준다.

④ 규격화된 단일가구를 원하는 형태로 조합하여 사용할 수 있으므로 다목적 사용이 가능하다.

해설

- 붙박이가구 : 특정한 사용목적이나 많은 물품을 수납하기 위해 건축화된 가구이다.
- 유닛가구 : 고정적이고 이동적이며 공간의 조건에 맞도록 원하는 형태로 조합하여 공간의 효율을 높여준다.

11 **실내공간을 구성하는 기본요소 중 천장에 관한 설명으로 옳은 것은?**

① 천장의 형태는 실내공간의 음향에 영향을 주지 않는다.

② 내부공간의 어느 요소보다도 조형적으로 제약을 많이 받는다.

③ 천장의 일부를 높이거나 낮추는 것을 통해 공간의 영역을 한정할 수 있다.

④ 천장은 시각적 흐름이 시작되는 곳이기에 지각의 느낌에 영향을 주지 않는다.

해설

천장(Ceiling)

- 실내공간을 형성하는 수평적 요소인 소리, 빛, 열 및 습기환경의 중요한 조절매체가 된다.
- 형태, 패턴, 색채의 변화를 통해 공간의 변화를 줄 수 있다.
- 시각적 흐름이 최종적으로 멈추는 곳으로 내부공간요소 중 가장 자유롭게 조형적으로 공간의 변화를 줄 수 있다.

12 **미술관 전시실의 순회유형에 관한 설명으로 옳은 것은?**

① 연속 순회형식은 각 전시실을 독립적으로 폐쇄할 수 있다.

② 연속 순회형식은 각각의 전시실에 바로 들어갈 수 있다는 장점이 있다.

③ 중앙홀 형식에서 중앙홀이 크면 동선의 혼란은 없으나 장래의 확장에는 무리가 있다.

④ 갤러리 및 코리도 형식은 하나의 전시실을 폐쇄시키면 전체 동선의 흐름이 막히게 되므로 비교적 소규모 전시실에 적합하다.

해설

①은 중앙홀형, ②는 갤러리 및 코리도(복도)형, ④는 연속 순회형에 대한 설명이다.

※ **중앙홀형** : 중심에 큰 홀을 두고 그 주위에 각 전시실을 배치하여 자유롭게 출입하는 형식으로 중앙홀이 크면 동선의 혼란이 없으나 장래의 확장에 많은 무리가 있다.

13 **다음 디자인 원리 중 대비에 관한 설명으로 옳지 않은 것은?**

① 극적인 분위기를 연출하는 데 효과적이다

② 강력하고 화려하며 남성적인 이미지를 준다.

③ 모든 시각적 요소에 대하여 상반된 성격의 결합에서 이루어진다.

④ 상반 요소가 밀접하게 접근하면 할수록 대비의 효과는 감소한다.

해설

상반된 요소가 밀접하게 접근하면 할수록 대비의 효과는 증가한다.

대비 : 질적, 양적으로 다른 둘 이상의 요소가 동시적 혹은 계속적으로 배열될 때 상호의 특징이 한층 강하게 느껴지는 통일적 현상을 말한다.

정답 **10** ② **11** ③ **12** ③ **13** ④

14 형태의 지각 심리 중 도형과 배경의 법칙에 관한 설명으로 옳지 않은 것은?

① 형은 가깝게 느껴지고 배경은 멀게 느껴진다.
② 명도가 낮은 것보다는 높은 것이 배경으로 인식되기 쉽다.
③ 대체적으로 면적이 작은 부분이 형이 되고, 큰 부분은 배경이 된다.
④ 형과 배경이 순간적으로 번갈아 보이면서 다른 형태로 지각되는 심리의 대표적인 예로 '루빈의 항아리'를 들 수 있다.

해설

다의도형(반전도형)
동일한 도형이면서 두 가지로 달리 보이는 도형을 말하며 다의도형이라고도 한다. 도형과 배경이 동시에 도형으로 지각이 불가능하며, 특히 명도가 높은 것이 도형으로, 낮은 것이 배경으로 인식되기 쉽다.

15 다음 중 주택의 동선계획에 관한 설명으로 옳지 않은 것은?

① 가사노동의 동선은 가능한 한 남측에 위치시키도록 한다.
② 사용빈도가 높은 공간은 동선을 길게 처리하는 것이 좋다.
③ 동선이 교차하는 곳은 공간적 두께를 크게 하는 것이 좋다.
④ 개인, 사회, 가사노동권 등의 동선은 상호 간 분리하는 것이 좋다.

해설

주택 동선계획
단순하고 명쾌하게 해야 하며 사용빈도가 높은 공간은 동선을 짧게 한다.

16 뮐러 – 리어 도형과 관련된 착시의 종류는?

① 방향의 착시 ② 길이의 착시
③ 다의도형 착시 ④ 위치에 의한 착시

해설

뮐러 – 리어 도형(Muller Lyer Figure)
기하학적 착시도형으로 동일한 두 개의 선분이 화살표 머리의 방향 때문에 길이가 달라져 보이는 현상으로, 바깥쪽으로 향한 화살표 선분이 더 길게 보인다.

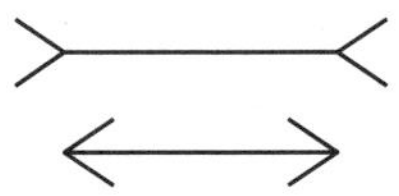

17 사무소 건축에서 개방식 배치의 한 형식으로 업무와 환경을 경영관리 및 환경적 측면에서 개선하여 배치를 의사전달과 작업 흐름의 실제적 패턴에 기초를 두는 것은?

① 아트리움(Atrium)
② 싱글 오피스(Single Office)
③ 스마트 시스템(Smart System)
④ 오피스 랜드스케이프(Office Landscape)

해설

오피스 랜드스케이프
기존의 계급, 서열에 의한 획일적 배치에서 벗어나 사무의 흐름이나 작업의 성격을 중요시하여 효율적인 사무환경의 향상을 위한 배치방법이다.

18 부엌에서의 작업순서에 따른 작업대의 효율적인 배치순서로 가장 알맞은 것은?

① 준비대 – 조리대 – 개수대 – 가열대 – 배선대
② 준비대 – 개수대 – 조리대 – 가열대 – 배선대
③ 준비대 – 배선대 – 개수대 – 조리대 – 가열대
④ 준비대 – 조리대 – 개수대 – 배선대 – 가열대

해설

부엌의 작업순서
준비대 → 개수대 → 조리대 → 가열대 → 배선대

정답 14 ② 15 ② 16 ② 17 ④ 18 ②

19 다음 설명에 알맞은 벽의 높이에 따른 공간구획방법은?

> 공간 상호 간에는 통행이 용이하며 자유로이 시선이 통과하므로 영역을 표시하거나 경계를 나타낸다.

① 시각적 개방

② 상징적 경계

③ 시각적 차단

④ 칸막이 벽체

해설

높이에 따른 벽의 종류

- 상징적 경계 : 600mm 이하의 낮은 벽, 담장으로 두 공간을 상징적으로 분리하여 구분한다.
- 시각적 개방 : 1,200mm 정도의 칸막이로 통행은 어려우나 시각적인 개방감을 준다.
- 시각적 차단 : 1,800mm 정도의 벽으로, 시각적으로 완전히 차단된다.
- 칸막이 벽체 : 건축물의 공간구획을 위한 벽체로 다양한 재료로 구성되어 있다.

20 상점의 디스플레이 기법으로서 VMD(Visual Merchandising)의 구성요소에 속하지 않는 것은?

① IP(Item Presentation)

② VP(Visual Presentation)

③ SP(Special Presentation)

④ PP(Point of Sale Presentation)

해설

VMD의 요소

IP (Item Presentation)	상품의 분류정리, 비교구매 (행거, 선반, 진열장, 진열테이블)
PP (Point of Sale Presentation)	한 유닛에서 대표되는 상품진열 (벽면 상단, 집기 상단)
VP (Visual Presentation)	상점 이미지, 패션테마의 종합적인 표현 (쇼윈도, 파사드)

2과목 색채학

21 디지털 이미지의 특징 중 해상도(Resolution)에 대한 설명으로 잘못된 것은?

① 동일한 해상도에서 큰 모니터가 더 선명하고, 작은 모니터일수록 선명도가 떨어진다.

② 하나의 이미지 안에 몇 개의 픽셀을 포함하는가에 대한 척도 단위로는 dpi를 사용한다.

③ 해상도는 픽셀들의 집합으로 한 시스템 내에서 픽셀의 개수는 정해져 있다.

④ 해상도는 디스플레이 모니터 안에 있는 픽셀의 숫자로 가로방향과 세로방향의 픽셀의 개수를 곱하면 된다.

해설

동일한 해상도에서는 크기가 작은 모니터에서 더 선명하고 큰 모니터일수록 선명도가 떨어지는데, 그 이유는 면적이 더 크면서도 같은 개수의 픽셀이 분포되어 있기 때문이다.

해상도 : 픽셀의 집합이므로 시스템 내에서 최소 단위의 픽셀 개수가 정해져 있지만, 일반적으로 모니터가 고해상도일수록 선명한 색채영상을 제공한다.

22 다음 중 색의 시인성을 높이기 위한 가장 좋은 방법은?

① 난색보다는 한색을 선택한다.

② 배경색과 명도차를 동일하게 한다.

③ 흰색 바탕의 빨간색을 흰색 바탕의 보라색으로 바꾼다.

④ 바탕색에 비하여 명도와 채도 차이를 크게 한다.

해설

시인성(명시성)

- 대상의 존재나 형상이 보이기 쉬운 정도를 말하며 멀리서도 잘 보이는 성질로 보색에 가까운 색상차가 있는 배색일수록 시인성이 높아진다.
- 바탕색에 비해 명도 차이를 크게 하며 흑색 바탕에는 황색>백색>주황색>적색 순으로 명시도가 높다.

정답 19 ② 20 ③ 21 ① 22 ④

23 다음 중 감산혼합에 대한 설명 중 틀린 것은?

① 원색인 시안과 마젠타를 섞으면 2차색은 파란색이 된다.
② 그 예로 인쇄 출력물 등이 있다.
③ 2차색들은 색광혼합의 3원색과 동일하다.
④ 2차색들은 명도는 낮아지고 채도가 높아진다.

해설

감산혼합(감법혼색, 색료혼합)

정의	색료혼합으로 시안(Cyan), 마젠타(Magenta), 노랑(Yellow)이 기본색이다.
특징	• 혼합하면 혼합할수록 명도, 채도가 낮아진다. • 색상환에서 근거리 혼합은 중간색이 나타난다. • 원거리 색상의 혼합은 명도, 채도가 낮아지고 회색에 가깝다. • 보색끼리의 혼합은 검은색에 가까워진다.

24 어떤 색이 같은 색상의 선명한 색 위에 위치하면 원래의 색보다 훨씬 탁한 색으로 보이고 무채색 위에 위치하면 원래의 색보다 맑은 색으로 보이는 대비현상은?

① 명도대비 ② 채도대비
③ 색상대비 ④ 연변대비

해설

채도대비
채도가 다른 두 가지 색이 배색되어 있을 때 생기는 대비로 어떤 색이 같은 색상의 선명한 색 위에 위치하면 원래의 색보다 탁한 색으로 보이고, 무채색 위에 위치하면 원래 색보다 맑은 색으로 보이는 현상이다.

25 저드(D. B. Judd)의 색채조화론과 관련이 없는 것은?

① 질서의 원리 ② 모호성의 원리
③ 유사성의 원리 ④ 친근감의 원리

해설

저드의 색채조화 4원칙
유사의 원리, 질서의 원리, 비모호성의 원리, 친근성의 원리

26 다음 색채배색 중 단맛의 느낌을 수반하는 배색은?

① 빨강, 핑크 ② 브라운, 올리브
③ 파랑, 갈색 ④ 초록, 회색

해설

미각
식욕을 돋우는 색은 주황색 같은 난색계열이고, 식욕을 감퇴시키는 색은 파란색 같은 한색계열이다.

단맛	빨간색, 주황색, 적색을 띤 노란색(난색계열)
신맛	녹색 느낌의 황색, 황색을 띤 녹색
짠맛	연한 녹색과 회색, 청록색과 회색, 연파랑
쓴맛	청색, 갈색, 올리브 그린, 자주색, 파랑(한색계열)

27 먼셀 색체계에 관한 설명 중 틀린 것은?

① 모든 색상의 채도 위치가 같아 배색이 용이하다.
② 색상, 명도, 채도의 3속성을 기호로 한 3차원 체계이다.
③ 먼셀 색상은 R, Y, G, B, P를 기본색으로 한다.
④ 한국산업표준으로 제정되고 교육용으로 제정된 색체계이다.

해설

모든 색상의 명도와 채도 위치가 다르기 때문에 배색을 체계화하는 데 어려움이 있다.

먼셀 색체계
• 색지각을 기초로 색상, 명도, 채도의 색의 3속성을 3차원적인 공간의 형태로 만든 것이다
• 색의 표기는 H V/C 표시하며 H(Hue, 색상), V(Value, 명도), C(Chroma, 채도) 순서대로 기호화해서 표시한다.
• 색상은 적(R), 황(Y), 녹(G), 청(B), 자(P)의 5가지 기본색에 보색을 추가하여 10색상으로 나누어 척도화하였다.

28 낮에 빨간 물체가 날이 저물어 어두워지면 어둡게 보이고, 또 낮에 파랗게 보이는 물체는 밝게 보이는 것은 무엇 때문인가?

① 연색성 ② 메타메리즘
③ 푸르킨예현상 ④ 색각항상

정답 23 ④ 24 ② 25 ② 26 ① 27 ① 28 ③

해설

푸르킨예현상
명소시에서 암소시로 갑자기 이동할 때 빨간색은 어둡게, 파란색은 밝게 보이는 현상으로 추상체가 반응하지 않고 간상체가 반응하면서 생기며 이 현상이 발생하는 박명시의 최대시감도는 507~555nm이다.

29 다음이 설명하는 색채조화론은?

- 과학적이고, 정량적인 방법의 조화론을 주장하였다.
- 균형 있게 선택된 무채색의 배색은 아름다움을 나타낸다.
- 동일 색상은 조화롭다.

① 오스트발트　② 비렌
③ 문 · 스펜서　④ 먼셀

해설

문 · 스펜서의 색채조화론
- 배색의 아름다움에 관한 면적비나 아름다움의 정도 등의 문제를 정량적으로 취급하여 계산에 의해 계량이 가능하도록 시도하였다.
- 균형 있게 선택된 무채색의 배색은 아름다움을 나타낸다.
- 동일색상은 조화롭다. 즉, 명도에 의한 색채변화도 아름다움을 나타낸다.

30 같은 색의 물체를 동일한 광원에서 보더라도 면의 크기가 변하면 색이 다르게 보일 수 있는 것은?

① 면적효과　② 색상대비
③ 연변대비　④ 메타메리즘

해설

면적효과
같은 색의 물체를 동일한 광원에서도 보더라도 면의 크기가 변하면 색이 다르게 보일 수 있다. 특히, 면적이 커지면 명도 및 채도가 증대되어 보인다.

31 수송기관의 대표적인 시내버스, 지하철, 기차 등의 색채설계방법으로 적합하지 않은 것은?

① 도장 공정이 간단할수록 좋다.
② 조색이 용이할수록 좋다.
③ 변색, 퇴색하지 않는 도료가 좋다.
④ 특수한 도료로 어렵게 구입되는 색료가 좋다.

해설

지역성과 예산을 고려하여 구매가 손쉬운 색료가 좋다.

수송기관 색채설계 : 대중교통은 도시를 대표하는 하나의 이미지로서 도시경관을 크게 좌우한다. 따라서 지역도시의 정체성을 지녀야 하며, 여러 시설물들과도 서로 조화로운 모습으로 색채계획을 해야 한다.

32 색채조화에 관한 설명 중 틀린 것은?

① 동일 · 유사조화는 강렬한 느낌을 준다.
② 보색배색은 색상대비가 크다.
③ 대비조화는 동적인 느낌을 준다.
④ 배색된 색채들의 상태와 속성이 서로 반대되면서도 모호한 점이 없을 때 조화된다.

해설

동일 · 유사조화는 안정적인 느낌을 준다.

문 · 스펜서의 색채조화론 – 조화

동일조화	같은 색의 조화
유사조화	유사한 색의 조화
대비조화	반대색의 조화

33 다음 중 Lab 색모델에 설명으로 틀린 것은?

① 균일 색모델(Uniform Color Model)이다.
② L은 밝기, a와 b는 색도 성분에 해당한다.
③ 균일 색모델에는 Lab, Luv 등의 모델이 존재한다.
④ Green에서 Magenta 사이의 색단계는 b축이다.

해설

Green에서 Magenta 사이의 색단계는 a축이다.

Lab 컬러모드 : 헤링의 4원색설에 기초하며 L*(명도), a*(빨강 · 녹색), b*(노랑 · 파랑)로 구성되고, 다른 환경에서도 최대한 색상을 유지시켜주기 위한 디지털 색채체계이다.

정답　29 ③　30 ①　31 ④　32 ①　33 ④

34 바나나의 색이 노랗게 보이는 이유는?

① 다른 색은 흡수하고, 노란 색광만 반사하기 때문
② 다른 색은 반사하고, 노란 색광만 흡수하기 때문
③ 다른 색은 굴절하고, 노란 색광만 투과하기 때문
④ 다른 색은 반사하고, 노란 색광만 투과하기 때문

해설

바나나가 노랗게 보이는 이유는 햇빛에 자외선보다 가시광선이 훨씬 많으며 빨강, 주황, 노랑, 초록, 파랑, 남색, 보라 등으로 구성된 가시광선 중 노란 가시광선이 물체에 흡수되지 않고 반사되었기 때문이다.

35 먼셀 기호로 표시할 때 5R 4/10이라고 표기한 색에 대한 설명이 틀린 것은?

① 색상은 5R이다. ② 명도는 4이다.
③ 채도는 4/10이다. ④ 5R 4의 10이라고 읽는다.

해설

먼셀 표색계
H V/C로 표시하며 H(Hue, 색상), V(Value, 명도), C(Chroma, 채도) 순서대로 기호화해서 표시한다.
∴ 5R 4/10 : 5R(색상 : Red) 4(명도)/10(채도)

36 오스트발트 색체계의 색상에 대한 설명이 틀린 것은?

① 24색상환으로 1～24로 표기한다.
② 색상은 헤링의 4원색을 기본으로 한다.
③ Red의 보색은 Sea Green이다.
④ Red는 1R～3R로, 색상번호는 1～3에 해당된다.

해설

Red는 1R～3R로, 색상번호는 7～9에 해당된다.

오스트발트 색상환
- Yellow : 1～3
- Orange : 4～6
- Red : 7～9
- Purple : 10～12
- Ultramarine Blue : 13～15
- Turquoise : 16～18
- Sea Green : 19～21
- Leaf Green : 22～24

37 채도에 따른 색의 구분을 할 때 명도는 높고 채도가 낮은 색은?

① 청색 ② 명청색
③ 암청색 ④ 탁색

해설

- 청색 : 무채색의 포함량이 적어질수록 고채도가 된 상태이다.
- 명청색 : 순색에 흰색을 섞어 밝고 맑은 느낌의 색으로 명도는 높아지고 채도는 낮아진다.
- 암청색 : 순색에 검정을 섞어 어둡고 무거운 느낌의 색으로 명도와 채도가 낮아진다.
- 탁색 : 색에 회색을 혼합하여 탁한 느낌이 있는 색으로 채도가 낮아진다.

38 색과 색의 상징이 잘못 연결된 것은?

① 빨강 : 정열, 사랑 ② 노랑 : 신앙, 소박
③ 파랑 : 젊음, 성실 ④ 초록 : 희망, 휴식

해설

색과 색의 상징
- 노랑 : 희망, 광명, 명랑, 유쾌
- 흰색 : 소박, 신성, 순결, 순수, 청결
- 보라 : 신앙, 고귀, 신비, 우아, 창조

39 관용색명인 '베이비핑크'와 관련이 없는 것은?

① 흐린 분홍 ② 5R 8/4
③ 7Y 8.5/4 ④ Baby Pink

해설

7Y 8.5/4 = 7Y(색상 : Yellow) 8.5(명도)/4(채도)

정답 34 ① 35 ③ 36 ④ 37 ② 38 ② 39 ③

40 **가시광선은 파장 380∼780nm의 전자파를 말하는데 380nm 이하의 파장을 갖고 있으면서 화학작용 및 살균작용을 하는 전자파는?**

① 적외선 ② 자외선
③ 휘선 ④ 흑선

해설

전자파

- 자외선 : 380nm보다 짧은 파장의 영역으로 살균작용과 비타민D 생성의 화학작용으로 화학선으로 불린다. 그 외에는 X선, 우주선 등이 있다.
- 적외선 : 780nm보다 긴 파장의 영역으로 열적 작용이 강해 열선으로 불리며 가열, 건조, 생체에 대한 온열효과 등이 있다. 그 외에 라디오전파 등이 있다.

3과목 인간공학

41 **고압환경이 인체에 미치는 영향과 가장 거리가 먼 것은?**

① 폐수종이 발생한다.
② 질소마취현상이 일어난다.
③ 울혈, 부종, 출혈 등이 발생한다.
④ 압치통 또는 부비강통을 호소한다.

해설

고압환경이 인체에 미치는 영향

- 기압차라도 울혈, 부종, 출혈, 동통을 일으킬 수 있다
- 귀, 부비강, 치아는 가압증가에 따른 압박장애를 일으킨다.
- 공기 중 질소가스는 마취작용을 나타내서 작업력 저하, 기분의 변화, 다행증이 일어난다.
- 시력장애, 현청, 정신혼란, 안면근육경련 등의 증상을 보인다.

42 **광원으로부터의 직사휘광 처리방법으로 틀린 것은?**

① 광원을 시선에서 멀리 위치시킨다.
② 광원의 휘도를 줄이고 수를 증가시킨다.
③ 휘광원 주위를 어둡게 하여 광속발산비(휘도)를 늘린다.
④ 가리개(Shield) 와 갓(Hood) 혹은 차양(Visor)을 사용한다.

해설

휘광원 주위를 밝게 하여 광속발산(휘도)비를 줄인다.

광원으로부터의 직사휘광 처리

- 광원의 휘도를 줄이고 광원의 수를 늘린다.
- 광원을 시선에서 멀리 위치시킨다.
- 휘광원 주위를 밝게 하여 광속발산(휘도)비를 줄인다.
- 가리개(Shield) 혹은 차양(Visor), 갓(Hood)을 사용한다.

43 **제품디자인에 있어 인간공학적인 고려 대상으로 볼 수 없는 것은?**

① 인간의 성능 향상
② 사용 편리성의 향상
③ 개인차를 고려한 디자인
④ 하드웨어의 신뢰성 향상

해설

제품디자인에 있어 인간공학적인 고려대상

인간의 성능 향상, 사용의 편리성 향상, 오류 감소, 생산성 향상, 개인차를 고려한 디자인

44 **신체 부위의 동작 중 그림의 "A" 방향에 해당하는 것은?**

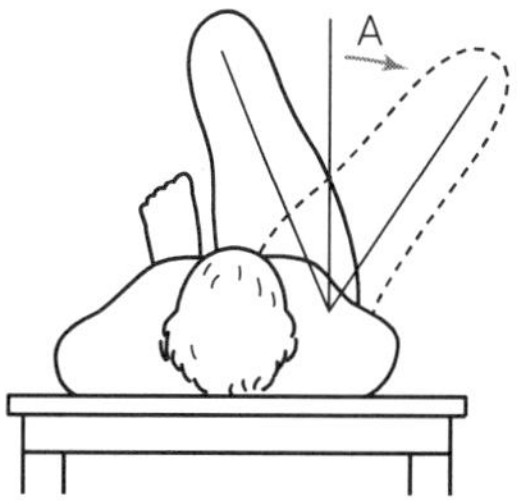

① 굴곡(Flexion) ② 하향(Pronation)
③ 외전(Abduction) ④ 내전(Adduction)

정답 40 ② 41 ① 42 ③ 43 ④ 44 ③

해설

신체 부위의 동작
- 굴곡 : 관절의 각도가 감소되는 동작
- 하향 : 손바닥을 아래로 향하는 동작
- 외전 : 인체의 중심선에서 멀어지도록 이동하는 동작
- 내전 : 인체의 중심선에 가까워지도록 이동하는 동작

45 바닥의 물건을 선반 위로 올려놓는 자세와 같이 팔을 펴서 위아래로 움직였을 때 그려지는 범위를 무엇이라 하는가?

① 필요공간　② 수평면 작업역
③ 입체 작업역　④ 수직면 작업역

해설

수직면 작업역
팔을 상하로 움직여서 그려지는 영역이며 이는 선반의 높이와 전기 스위치 등의 위치결정에 도움이 되며, 선반이나 수납고 등의 위치에 의한 안쪽 길이 등을 정할 경우에 참고가 된다.

46 음의 가청주파수 범위에서 최저 주파수(Hz)로 맞는 것은?

① 0　② 5
③ 20　④ 40

해설

사람의 귀로 들을 수 있는 가청주파수는 20~20,000Hz이다.

47 인간의 눈에 관한 설명으로 맞는 것은?

① 암순응이 명순응보다 빠르다.
② 원추세포는 색을 구별할 수 있다.
③ 수정체가 두꺼워지면 원시안이 된다.
④ 빛을 감지하는 간상세포는 수정체에 존재한다.

해설

- 암순응이 명순응보다 느리다.
- 수정체가 두꺼워지면 근시안이 된다.
- 빛을 감지하는 간상세포는 망막에 존재한다.

원추세포 : 눈의 망막에 있는 시세포로 색상을 감지하는 기능을 가지고 있으며 맹점이라 불리는 시신경 원반을 제외한 망막 전체에 분포되어 있다.

48 정신적 피로도를 평가하기 위한 측정방법과 가장 거리가 먼 것은?

① 대뇌피질활동 측정
② 호흡순환기능 측정
③ 근전도(EMG) 측정
④ 점멸융합주파수(Flicker)치 측정

해설

근전도(EMG) 측정은 생리적 피로도를 평가하기 위한 측정방법이다.

정신적 피로도 측정방법 : 대뇌피질활동 측정, 호흡순환기능 측정, 점멸융합주파수치 측정

49 실내표면의 추천 반사율이 낮은 것에서 높은 순서로 맞는 것은?

① 바닥 < 천장 < 가구 < 벽
② 가구 < 바닥 < 벽 < 천장
③ 천장 < 벽 < 바닥 < 가구
④ 바닥 < 가구 < 벽 < 천장

해설

실내표면 추천 반사율
- 바닥 : 20~40%
- 벽, 창문 : 40~60%
- 천장 : 80~90%
- 가구 : 25~45%

50 신장(키)과 상관관계가 가장 낮은 인체측정치는?

① 체중　② 앉은키
③ 오금 높이　④ 팔 길이

정답　45 ④　46 ③　47 ②　48 ③　49 ④　50 ①

해설

정적 측정(구조적 인체치수)
표준자세에서 움직이지 않는 피측정자를 인체측정기로 구조적 인체치수를 측정하여 기초자료에 활용한다.

51 소음에 의한 난청을 방지하기 위한 방법이 아닌 것은?

① 소음원을 격리시킨다.
② 주변에 차폐시설을 한다.
③ 주변의 배치를 재조정한다.
④ 소음원의 진동수를 4,000Hz 전후로 조정한다.

해설

청력 손실은 4,000Hz에서 크게 나타난다.

난청 : 질환의 이름이라기보다는 소리를 듣는 것에 어려움이 있는 증상으로 소음성 난청을 유발할 수 있는 85데시벨(A) 이상의 시끄러운 소리가 이에 해당한다. 특히, 90dB 정도에 장시간 노출되면 청력 장애를 유발한다.

52 밝은 곳에서 어두운 곳으로 이동할 때의 빛에 대한 감도변화를 무엇이라 하는가?

① 암순응 ② 가현운동
③ 자동운동 ④ 자극운동

해설

암순응
밝은 곳에서 어두운 곳으로 들어가면 앞이 제대로 보이지 않다가 시간이 흐르면 주위의 물체를 식별할 수 있는 현상이다.

53 모니터에서 나타내는 텍스트에 대한 가독성을 높이기 위한 방안으로 적절하지 않은 것은?

① 텍스트와 바탕 사이의 명도대비를 최대화한다.
② 한눈에 들어올 수 있도록 색상을 될 수 있으면 화려하게 한다.
③ 불필요한 정보를 피하며, 단어 배열을 간략하게 하여 표의 형식을 취한다.
④ 어두운 바탕에 진한 적색과 청색 또는 청색과 녹색 등의 텍스트를 사용하지 않도록 한다.

해설

한눈에 들어올 수 있도록 색상을 될 수 있으면 단순하게 한다.

모니터 가독성의 결정요인 : 해상도, 명암대비, 어른거림이 있다. 특히, 가독성을 높이기 위해서는 복잡한 문자를 단순화하는 것이 좋다.

54 학습(Learning)과 관련하여 틀린 것은?

① 학습 기간들 사이에 어느 정도 간격을 두는 것이 바람직하다.
② 일반적으로 부정적 유인(Negative Incentive)보다 긍정적 유인(Positive Incentive)이 효과적이다.
③ 학습의 단계로 보아 개념에 대한 학습이 먼저 이루어져야만이 다수에 대한 변별능력이 학습된다.
④ 업무와 관련된 내재적 유인(Intrinsic Incentive)이 외적 유인(External Incentive)보다 효과적이다.

해설

학습의 단계로 보아 개념에 대한 학습이 먼저 이루어지기보다는 개인별 능력에 따라 달라질 수도 있다.

학습방법 : 학습자 입장에서 동기유발을 하고 결과에 대한 지식 및 수행성과를 알려준다. 특히, 학습기간의 간격 및 분포를 적당하게 한다.

55 인간공학에 있어 자극들 사이, 반응들 사이, 혹은 자극 – 반응 조합의 공간, 운동 혹은 개념적 관계가 인간의 기대와 모순되지 않도록 하는 것을 무엇이라 하는가?

① 순응(Adaptation)
② 양립성(Compatibility)
③ 접근 용이성(Accessibility)
④ 조절 가능성(Adjustability)

정답 51 ④ 52 ① 53 ② 54 ③ 55 ②

해설

양립성(Compatibility)

자극들 간의, 반응들 간의, 자극-반응 조합의 관계가 인간의 기대와 모순되지 않는 것이다(인간이 기대하는 바와 자극 또는 반응들이 일치하는 관계).

56 정량적인 눈금이 정성적으로 사용될 수 있으며, 원하는 값으로부터의 대략적인 편차나 고도를 읽을 때 그 변화 방향과 변화율 등을 알아볼 수 있는 표시장치는?

① 계수형(Digital)

② 동목형(Moving Scale)

③ 동침형(Moving Pointer)

④ 묘사적 표시장치(Representational Display)

해설

동침형

- 눈금이 고정되고 지침이 움직이는 형이다(고정눈금, 이동지침 표시장치).
- 일정한 범위에서 수치가 자주 또는 계속 변하는 경우 가장 유용한 표시장치이다.
- 지침의 위치로 인식적인 암시신호를 얻을 수 있다.

57 청각적 표시장치가 시각적 표시장치보다 사용하기 좋은 경우에 해당하는 것은?

① 메시지가 복잡한 경우

② 한곳에 머무르는 경우

③ 나중에 참고가 필요한 경우

④ 즉각적 행동이 요구되는 경우

해설

①·③·④는 시각적 표시장치에 관한 설명이다.

청각적·시각적 표시장치

㉠ 청각적 표시장치
- 메시지가 간단하고 짧다.
- 메시지가 후에 재참조되지 않는다.
- 메시지가 시간적 사상을 다룬다.
- 메시지가 즉각적인 행동을 요구한다(긴급할 때).
- 수신장소가 너무 밝거나 암조응 유지가 필요시 사용한다.
- 직무상 수신자가 자주 움직일 때 사용한다.
- 수신자가 시각계통이 과부하상태일 때 사용한다.

㉡ 시각적 표시장치
- 메시지가 복잡하고 길다.
- 메시지가 후에 재참조된다.
- 메시지가 공간적 위치를 다룬다.
- 메시지가 즉각적인 행동을 요구하지 않는다.
- 수신장소가 너무 시끄러울 때 사용한다.
- 직무상 수신자가 한곳에 머물 때 사용한다.
- 수신자의 청각 계통이 과부하상태일 때 사용한다.

58 진동의 영향을 가장 많이 받는 것은?

① 시력

② 반응시간

③ 감시(Monitoring)작업

④ 형태식별(Pattern Recognition)

해설

진동이 인간성능에 끼치는 영향

- 진동은 진폭에 비례하여 시력을 손상시키며 10~25Hz의 경우 가장 심하다.
- 진동은 진폭에 비례하여 추적능력을 손상시키며 5Hz 이하의 낮은 진동수에서 가장 심하다.
- 안정되고 정확한 근육 조절을 요하는 작업은 진동에 의해서 저하된다.
- 진동수가 4~10Hz이면 흉부와 복부의 고통을 호소하며 요통은 특히 8~12Hz일 때 발생한다.

59 조종-반응 비율(C/R비)에 대한 설명으로 틀린 것은?

① C/R비가 클수록 조종장치는 민감하다.

② C/R비가 작으면 조정시간은 오래 걸린다.

③ 표시장치의 반응거리에 대한 조종장치를 이동한 거리의 비율이다.

④ 최적 C/R비는 조정시간과 이동시간의 합이 최소가 되는 점을 가리킨다.

정답 56 ③ 57 ④ 58 ① 59 ①

해설

C/R비가 작을수록 조종장치는 민감하다.

조종－반응 비율(C/R비 : Control－Response Ratio)
- 최적 통제비는 이동시간과 조정시간의 교차점이다.
- C/R비가 작을수록 이동시간은 짧고, 조종은 어려워서 민감한 조종장치이다.

60 사람의 근육은 운동(훈련)을 하면 근육이 발달하고 힘이 증가하는데 그 이유는?

① 지방질의 축적이 이루어지기 때문
② 근육의 섬유(Fiber) 숫자가 증가하기 때문
③ 근육의 섬유 숫자도 늘고 각각의 섬유도 발달하기 때문
④ 근육의 섬유 숫자는 일정하나 각각의 섬유가 발달하기 때문

해설

근육세포
새로 생성되는 것이 아니라 훈련이나 운동에 의해 세포가 커지는 것으로 근육은 많이 움직일수록 운동신경섬유의 분포가 더욱 거미줄처럼 발달한다.

4과목 건축재료

61 단열재료가 구비해야 할 조건이 아닌 것은?

① 열전도율이 낮을 것
② 흡수율이 낮을 것
③ 비중이 클 것
④ 내화성이 좋을 것

해설

단열재의 구비조건
단열재는 어느 정도 기계적 강도가 있어야 하나, 다공질 형태로서 단열성능을 나타내기 위해서는 비중이 작아야 한다.

62 목재제품에 관한 설명으로 옳지 않은 것은?

① 내수합판 제조 시 페놀수지 접착제가 쓰인다.
② 합판을 만들 때 단판(Veneer)을 홀수로 겹쳐 접착한다.
③ 집성목재는 보에 사용할 경우 응력크기에 따라 변단면재를 만들 수 있다.
④ 집성목재 제조 시 목재를 겹칠 때 섬유방향이 상호 직각이 되도록 한다.

해설

집성목재
두께가 1.5~5cm인 단판을 섬유방향이 서로 평행하도록 겹쳐서 접착한 것이다.

63 강화유리에 관한 설명으로 옳지 않은 것은?

① 보통 판유리를 2장 이상으로 접합한 것이다.
② 강화열처리 후에 절단 · 구멍 뚫기 등의 재가공이 극히 곤란하다.
③ 보통유리에 비해 3~5배 정도 강하다.
④ 충격을 받아 파손되면 유리조각이 잘게 부서진다.

해설

①은 접합유리에 대한 설명이다.

64 석재의 내구성에 관한 설명으로 옳지 않은 것은?

① 조암광물이 미립자일수록 내구성이 크다.
② 흡수율이 큰 다공질일수록 동해를 받기 쉽다.
③ 조암광물 중에 황화물, 철분함유광물, 탄산마그네시아, 탄산칼슘 등은 풍화되기 어렵다.
④ 석재의 내구성은 조직, 조암광물의 종류 등에 따라 달라진다.

해설

칼슘이온과 탄산이온은 풍화의 주원인 성분으로서 탄산마그네시아, 탄산칼슘 등은 풍화의 가능성이 높다.

정답 60 ④ 61 ③ 62 ④ 63 ① 64 ③

65 질이 단단하고 내구성 및 강도가 크며 외관이 수려하나 함유광물의 열팽창계수가 달라 내화성이 약한 석재로 외장, 내장, 구조재, 도로포장재, 콘크리트 골재 등에 사용되는 것은?

① 응회암 ② 화강암
③ 화산암 ④ 대리석

해설

화강암
- 질이 단단하고 내구성 및 강도가 크고 외관이 수려하다.
- 견고하고 절리의 거리가 비교적 커서 대형재의 생산이 가능하다.
- 바탕색과 반점이 미려하여 구조재, 내외장재로 많이 사용한다.
- 내화도가 낮아 고열을 받는 곳에는 적당하지 않다(600℃ 정도에서 강도 저하).
- 세밀한 가공이 난해하다.

66 파티클보드의 특징이 아닌 것은?

① 경량이다.
② 못질, 구멍뚫기 등 가공이 용이하다.
③ 음, 열의 차단성이 우수하다.
④ 방향성에 따른 강도의 차이가 크다.

해설

파티클보드(칩보드)
- 목재 또는 폐재, 부산물 등을 절삭 또는 파쇄하여 소편(나뭇조각)으로 하여 충분히 건조한 후, 합성수지 접착제와 같은 유기질 접착제를 첨가하여 열압제판한 목재제품이다.
- 섬유방향에 따른 강도 차이는 없다.
- 두께는 비교적 자유롭게 선택할 수 있다.
- 흡음성과 열의 차단성이 좋으며, 표면이 평활하고 경도가 크다.

67 다음 중 흡수율이 가장 높은 석재는?

① 대리석 ② 점판암
③ 화강암 ④ 응회암

해설

석재의 흡수율 순서
응회암＞사암＞안산암＞화강암＞점판암＞대리석

68 다음 중 수경성 미장재료는?

① 회반죽 ② 돌로마이트 플라스터
③ 회사벽 ④ 석고 플라스터

해설

①·②·③은 기경성 재료이다.

69 단백질계 접착제인 카세인 아교의 주성분은?

① 녹말 ② 난백
③ 우유 ④ 동물의 가죽이나 뼈

해설

카세인 아교는 우유의 단백질을 주성분으로 제조된다.

70 도료의 원료 중 테레빈유를 사용하는 주목적은?

① 착색 용이 ② 내구성 증대
③ 시공성 증대 ④ 건조 향상

해설

테레빈유(Terebene油)
송진을 수증기로 증류하여 얻는 정유로서 시공성 증대를 위해 사용된다.

71 실리카질 물질을 주성분으로 하며, 시멘트의 수화에 의해 생기는 수산화칼슘과 상온에서 서서히 반응하여 불용성의 화합물을 만드는 재료는?

① 포졸란 ② 실리카퓸
③ 고로슬래그 ④ 플라이애시

해설

포졸란
화산회 등의 광물질(실리카질) 분말로 된 콘크리트 혼화재의 일종이며, 실리카가 콘크리트 중의 수산화칼슘과 화합하여 불용성(녹지 않는)의 화합물을 만드는 반응을 포졸란 반응이라고 한다.

정답 65 ② 66 ④ 67 ④ 68 ④ 69 ③ 70 ③ 71 ①

72 연성(軟性) 시멘트 모르타르 미장에 관한 설명으로 옳지 않은 것은?

① 미장바름을 쉽게 하기 위해 혼화제를 첨가하여 비빈다.
② 경화 후에는 못질이 쉽다.
③ 벽의 졸대붙임 바탕에 쓰인다.
④ 지붕잇기 바탕 등에 쓰인다.

해설

성형성 및 유동성이 좋으므로 미장바름을 쉽게 하기 위해 혼화제를 첨가할 필요가 없다.

73 다음 중 내식성이 가장 높은 재료는?

① 티타늄 ② 아연
③ 스테인리스강 ④ 동

해설

티타늄(Titanium)
터빈 날개나 비행기의 동체 재료 등에 쓰이는 고(高)내식성 재료이다.

74 유성 에나멜 페인트에 관한 설명으로 옳지 않은 것은?

① 유성 바니시에 안료를 첨가한 것을 말한다.
② 내알칼리성이 우수하여 콘크리트면에 주로 사용된다.
③ 유성 페인트와 비교하여 건조시간, 도막의 평활 정도가 우수하다.
④ 유성 페인트와 비교하여 광택, 경도가 우수하다.

해설

알칼리에 부식되는 특성이 있어 콘크리트면보다는 금속면, 목재면 등에 적용된다.

75 표면에 청록색을 띠고 있으며, 건축장식철물 또는 미술공예품으로 이용되는 금속은?

① 니켈 ② 청동
③ 황동 ④ 주석

해설

청동
- 구리와 주석의 합금이다.
- 황동보다 내식성이 크고 주조가 쉽다.
- 특유의 아름다운 청록색 광택을 띤다.
- 장식철물, 공예재료 등에 사용한다.

76 목재의 용적변화 팽창 및 수축에 관한 설명으로 옳지 않은 것은?

① 변재는 심재보다 용적변화가 일반적으로 크다.
② 비중이 클수록 용적변화가 작다.
③ 널결폭이 곧은결폭보다 크다.
④ 함수율이 섬유포화점보다 크게 되면 함수율이 증가하여도 용적변화는 거의 없다.

해설

목재의 비중이 클수록 용적변화가 크게 된다.

77 테라코타에 관한 설명으로 옳지 않은 것은?

① 장식용 점토제품으로 미술적 효과가 크다.
② 천연석재보다 가볍다.
③ 화강암보다 내화성이 작다.
④ 주로 주조법을 통해 제작한다.

해설

테라코타는 주로 압출성형을 통해 제작된다.

78 점토제품 중 흡수율이 가장 작은 것은?

① 자기 ② 도기
③ 석기 ④ 토기

정답 72 ① 73 ① 74 ② 75 ② 76 ② 77 ④ 78 ①

해설

점토의 종류에 따른 흡수성

종류	흡수성	제품
토기	20~30%	붉은 벽돌, 토관, 기와
도기	15~20%	내장타일
석기	8% 이하	클링거타일
자기	1% 이하	외장타일, 바닥타일, 모자이크타일

79 멤브레인(Membrane) 방수층에 포함되지 않는 것은?

① 아스팔트 방수층
② 스테인리스 시트 방수층
③ 합성고분자계 시트 방수층
④ 도막방수층

해설

멤브레인(Membrane) 방수공법
아스팔트 루핑, 시트 등의 각종 루핑류를 방수 바탕에 접착시켜 막모양의 방수층(합성고분자계 시트방수층, 도막방수층, 아스팔트방수층)을 형성시키는 공법이다.

80 습윤상태의 모래 780g을 건조로에서 건조하여 절대건조상태 720g으로 되었다. 이 모래의 표면수율은? (단, 이 모래의 흡수율은 5%이다)

① 3.08% ② 3.17%
③ 3.33% ④ 3.5%

해설

$$\text{표면수율} = \frac{\text{표면수량}}{\text{표면건조내부포수상태의 중량}} \times 100(\%)$$

$$= \frac{\text{함수량} - \text{흡수량}}{\text{표면건조내부포수상태의 중량}} \times 100(\%)$$

$$= \frac{\text{함수량} - (\text{흡수율} \times \text{절대건조상태의 중량})}{\text{표면건조내부포수상태의 중량}} \times 100(\%)$$

$$= \frac{\text{함수량} - (\text{흡수율} \times \text{절대건조상태의 중량})}{\text{흡수량} + \text{절대건조상태의 중량}} \times 100(\%)$$

$$= \frac{\text{함수량} - (\text{흡수율} \times \text{절대건조상태의 중량})}{(\text{흡수율} \times \text{절대건조상태의 중량}) + \text{절대건조상태의 중량}} \times 100(\%)$$

$$= \frac{(780-720)-(0.05 \times 720)}{(0.05 \times 720)+720} \times 100(\%) = 3.17\%$$

5과목 건축일반

81 철근콘크리트 구조에서 철근과 콘크리트의 합성효과가 성립되는 이유로 옳지 않은 것은?

① 철근과 콘크리트의 온도에 의한 선팽창계수의 차가 작다.
② 콘크리트에 매립되어 있는 철근은 잘 녹슬지 않는다.
③ 철근과 콘크리트의 부착강도가 비교적 크다.
④ 콘크리트의 인장강도가 커질수록 철근의 좌굴이 방지된다.

해설

콘크리트의 휨강도 및 압축강도가 커질수록 철근의 좌굴이 방지된다.

82 화재가 발생할 경우 피난을 위해 사용되는 피난설비에 해당되는 것은?

① 비상조명등
② 비상콘센트설비
③ 비상방송설비
④ 자동화재속보설비

해설

② 비상콘센트설비 : 소화활동설비
③ 비상방송설비 : 경보설비
④ 자동화재속보설비 : 경보설비

정답 79 ② 80 ② 81 ④ 82 ①

83 15세기 초 르네상스 건축의 발생지로 옳은 것은?

① 이탈리아 ② 프랑스
③ 독일 ④ 영국

해설

르네상스 건축
수평선을 외장의 주요소로 하여 인본주의의 이념을 많이 표현하였으며, 15세기 초 이탈리아를 중심으로 태동하였다.

84 지진이 발생할 경우 소방시설이 정상적으로 작동될 수 있도록 소방청장이 정하는 내진설계기준에 맞게 설치하여야 하는 소방시설이 아닌 것은?(단, 내진설계기준의 설정대상시설에 소방시설을 설치하는 경우)

① 옥내소화전설비
② 스프링클러설비
③ 물분무등소화설비
④ 무선통신보조설비

해설

내진설계기준에 맞게 설치하여야 하는 소방시설
옥내소화전설비, 스프링클러설비, 물분무등소화설비

85 건축물의 피난시설과 관련하여 건축물로부터 바깥쪽으로 나가는 출구를 설치하여야 하는 대상 건축물이 아닌 것은?

① 장례시설
② 위락시설
③ 문화 및 집회시설 중 전시장
④ 승강기를 설치하여야 하는 건축물

해설

문화 및 집회시설이 포함되나, 그중 전시장 및 동 · 식물원은 제외된다.

86 상업지역 및 주거지역에서 건축물에 설치하는 냉방시설 및 환기시설의 배기구는 도로면으로부터 몇 m 이상의 높이에 설치해야 하는가?

① 1.8m 이상 ② 2m 이상
③ 3m 이상 ④ 4.5m 이상

해설

상업지역 및 주거지역에서 건축물에 설치하는 냉방시설 및 환기시설의 배기구와 배기장치의 설치기준
- 배기구는 도로면으로부터 2m 이상의 높이에 설치할 것
- 배기장치에서 나오는 열기가 인근 건축물의 거주자나 보행자에게 직접 닿지 아니하도록 할 것

87 6층 이상의 거실면적의 합계가 12,000m²인 교육연구시설에 설치하여야 할 승용승강기의 최소 설치 대수는?(단, 8인승 이상 15인승 이하의 승강기 기준)

① 2대 ② 3대
③ 4대 ④ 5대

해설

승강기 대수 $= 1 + \dfrac{12{,}000 - 3{,}000}{3{,}000} = 4$대

88 소방시설법령에 따라 단독주택에 설치하여야 하는 소방시설을 옳게 나타낸 것은?

① 소화기 및 간이스프링클러
② 소화기 및 단독경보형감지기
③ 소화기 및 자동화재탐지설비
④ 소화기 및 간이완강기

해설

주택용 소방시설(소방시설 설치 및 관리에 관한 법률 시행령 제10조)
단독주택, 공동주택(아파트 및 기숙사는 제외)에 설치하여야 하는 소방시설은 소화기 및 단독경보형 감지기이다.

정답 83 ① 84 ④ 85 ③ 86 ② 87 ③ 88 ②

89 조립식 철근콘크리트구조(PC)의 특성에 관한 설명으로 옳지 않은 것은?

① 공장생산이 가능하여 대량생산을 할 수 있다.

② 기계화 시공으로 단기 완성이 가능하다.

③ 각 부품의 정밀도가 높고 강도가 큰 부재를 사용할 수 있다.

④ 각 부품과의 접합부가 일체화되어 일반 라멘구조에 비하여 접합부의 강성이 매우 크다.

해설

공장에서 각 부재가 생산되고 현장에서 조립되므로 일반 라멘구조에 비해 접합부의 일체성이 낮아지고, 접합부 처리가 난해한 단점을 가지고 있다.

90 다음은 소방시설법령상 옥내소화전설비를 설치해야 할 특정소방대상물의 기준이다. ( ) 안에 들어갈 내용으로 옳은 것은?

> 연면적 (　　)m^2 이상(지하가 중 터널은 제외한다)이거나 지하층 · 무창층(축사는 제외한다) 또는 층수가 4층 이상인 것 중 바닥면적이 600m^2 이상인 층이 있는 것은 모든 층

① 500　　② 1,000

③ 1,500　　④ 3,000

해설

옥내소화전설비를 설치하여야 하는 특정소방대상물

연면적 3천 m^2 이상(지하가 중 터널은 제외한다)이거나 지하층 · 무창층(축사는 제외한다) 또는 층수가 4층 이상인 것 중 바닥면적이 600m^2 이상인 층이 있는 것은 모든 층

91 배연설비 설치와 관련하여 배연창의 유효면적은 1m^2 이상으로서 그 면적의 합계가 건축물 바닥면적의 최소 얼마 이상으로 하여야 하는가?

① 1/10 이상　　② 1/20 이상

③ 1/100 이상　　④ 1/200 이상

해설

배연창의 유효면적은 면적이 1제곱미터 이상으로서 그 면적의 합계가 당해 건축물의 바닥면적(방화구획이 설치된 경우에는 그 구획된 부분의 바닥면적)의 100분의 1 이상이어야 한다. 이 경우 바닥면적의 산정 시 거실바닥면적의 20분의 1 이상으로 환기창을 설치한 거실의 면적은 이에 산입하지 아니한다.

92 종교시설인 건축물의 주계단 · 피난계단 또는 특별피난계단에서 난간이 없는 경우에 손잡이를 설치하고자 할 때 손잡이는 벽 등으로부터 최소 얼마 이상 떨어져 설치해야 하는가?

① 3cm　　② 5cm

③ 8cm　　④ 10cm

해설

공동주택 등의 난간 · 벽 등의 손잡이와 바닥마감 기준

- 손잡이는 최대지름이 3.2cm 이상 3.8cm 이하인 원형 또는 타원형의 단면으로 할 것
- 손잡이는 벽 등으로부터 5cm 이상 떨어지도록 하고, 계단으로부터의 높이는 85cm가 되도록 한다.
- 계단이 끝나는 수평부분에서의 손잡이는 바깥쪽으로 30cm 이상 나오도록 설치할 것

93 다음 H형강의 표기법으로 옳은 것은?

① $\text{H} - A \times B \times t_1 \times t_2$

② $\text{H} - A \times B \times t_2 \times t_1$

③ $\text{H} - B \times A \times t_1 \times t_2$

④ $\text{H} - B \times A \times t_2 \times t_1$

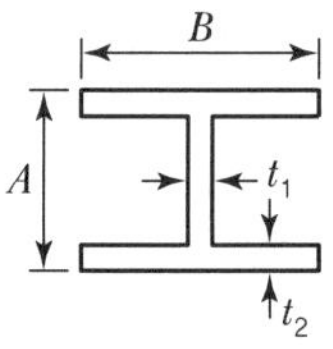

해설

형강 표기법

형강은 H(형강명) − A(높이)×B(너비)×t_1(웨브두께)×t_2(플랜지두께)로 표기한다.

정답 89 ④ 90 ④ 91 ③ 92 ② 93 ①

94 다음 그림 중 제혀쪽매에 해당하는 것은?

① 

② 

③ 

④ 

해설

제혀쪽매
널 한쪽에는 홈을 파고 다른 쪽에는 혀를 내어 물리게 한 것을 말한다.

95 건축물의 피난 · 방화구조 등의 기준에 관한 규칙에 따른 내화구조로 볼 수 없는 것은?(단, 벽의 경우)

① 철골철근콘크리트조로서 두께가 15cm인 것
② 철근콘크리트조로서 두께가 15cm인 것
③ 벽돌조로서 두께가 15cm인 것
④ 고온 · 고압의 증기로 양생된 경량기포 콘크리트패널 또는 경량기포 콘크리트블록조로서 두께가 10cm인 것

해설

① 철골철근콘크리트조로서 두께가 10cm 이상인 것
② 철근콘크리트조로서 두께가 10cm 이상인 것
③ 벽돌조로서 두께가 19cm 이상인 것

96 다음은 건축물의 지하층과 피난층 사이의 개방공간 설치에 관한 법령 사항이다. ( ) 안에 알맞은 것은?

> 바닥면적의 합계가 ( )m^2 이상인 공연장 · 집회장 · 관람장 또는 전시장을 지하층에 설치하는 경우에는 각 실에 있는 자가 지하층 각 층에서 건축물 밖으로 피난하여 옥외 계단 또는 경사로 등을 이용하여 피난층으로 대피할 수 있도록 천장이 개방된 외부 공간을 설치하여야 한다.

① 1,500 ② 2,000
③ 3,000 ④ 4,000

해설

지하층과 피난층 사이의 개방공간 설치(건축법 시행령 제37조)
바닥면적의 합계가 3천 제곱미터 이상인 공연장 · 집회장 · 관람장 또는 전시장을 지하층에 설치하는 경우에는 각 실에 있는 자가 지하층 각 층에서 건축물 밖으로 피난하여 옥외 계단 또는 경사로 등을 이용하여 피난층으로 대피할 수 있도록 천장이 개방된 외부 공간을 설치하여야 한다.

97 고딕건축양식에 관한 설명으로 옳지 않은 것은?

① 플라잉 버트레스를 사용함으로써 구조적인 문제를 해결하였다.
② 반원형 아치를 사용하고 창에는 스테인드글라스로 장식하였다.
③ 독일의 쾰른 대성당과 프랑스의 노트르담 대성당은 대표적인 고딕양식의 건물이다.
④ 독특한 장식적 수법이 발휘된 트레이서리가 발달하였다.

해설

반원형이 아닌 첨두형 아치를 사용하고 창에는 스테인드글라스로 장식하였다.

98 특정소방대상물에 실내장식 등의 목직으로 설치 또는 부착하는 방염대상물품의 방염성능검사를 실시하는 자로 옳은 것은?

① 소방청장 ② 소방서장
③ 소방본부장 ④ 행정안전부장관

해설

방염성능의 검사(소방시설 설치 및 관리에 관한 법률 제21조)
특정소방대상물에서 사용하는 방염대상물품은 소방청장(대통령령으로 정하는 방염대상물품의 경우에는 시 · 도지사)이 실시하는 방염성능검사를 받은 것이어야 한다.

정답 94 ④ 95 ③ 96 ③ 97 ② 98 ①

99 건축법령상 방화구획을 설치하는 목적으로 가장 적합한 것은?

① 이웃 건축물로부터의 인화 방지

② 동일 건축물 내에서의 화재확산 방지

③ 화재 시 건축물의 붕괴 방지

④ 화재 시 화재진압의 원활

해설

방화구획

건축물의 어떤 부분에 화재 발생 시 동일 건축물의 다른 곳으로 화재가 전파되지 않도록 구획하는 것을 말한다.

100 건축물의 피난 · 방화구조 등의 기준에 관한 규칙에 따른 30분 방화문의 비차열 성능기준으로 옳은 것은?

① 비차열 30분 이상의 성능 확보

② 비차열 40분 이상의 성능 확보

③ 비차열 50분 이상의 성능 확보

④ 비차열 1시간 이상의 성능 확보

해설

30분 방화문은 열은 막지 못하고, 화염을 30분 이상 막을 수 있는 성능(비차열 30분 이상)을 보유하여야 한다.

6과목 건축환경

101 다음과 같은 조건에 있는 벽체의 실내 측 표면온도는?

- 외기온도 : -10℃
- 실내공기온도 : 20℃
- 벽체의 열관류율 : 1.5W/m² · K
- 벽체의 내표면 열전달률 : 9W/m² · K

① 10℃ ② 15℃

③ 20℃ ④ 25℃

해설

$KA\Delta T = \alpha A\Delta T_s$

여기서, ΔT_s = 실내온도 − 실내 측 벽체 표면온도

$$\Delta T_s = \frac{KA\Delta T}{\alpha A} = \frac{K\Delta T}{\alpha} = \frac{1.5\times(20-(-10))}{9} = 5℃$$

ΔT_s = 실내온도 − 실내 측 벽체 표면온도 = 5℃

20 − 실내 측 벽체 표면온도 = 5℃

∴ 실내 측 벽체 표면온도 = 15℃

102 실내공기질 관리법령에 따른 신축 공동주택의 실내 공기질 측정항목에 속하지 않는 것은?

① 오존 ② 벤젠

③ 라돈 ④ 폼알데하이드

해설

신축 공동주택의 실내공기질 권고기준(실내공기질 관리법 시행규칙 [별표 4의2])

- 폼알데하이드 : 210μg/m³ 이하
- 벤젠 : 30μg/m³ 이하
- 톨루엔 : 1,000μg/m³ 이하
- 에틸벤젠 : 360μg/m³ 이하
- 자일렌 : 700μg/m³ 이하
- 스티렌 : 300μg/m³ 이하
- 라돈 : 148Bq/m³ 이하

103 천창채광에 관한 설명으로 옳은 것은?

① 측창채광에 비해 채광량이 적다.

② 시공이 용이하며 비막이에 유리하다.

③ 측창채광에 비해 조도분포가 불균일하다.

④ 근린의 상황에 따라 채광을 방해받는 경우가 적다.

해설

① 측창채광에 비해 채광량이 많다.
② 천창 부분이라 시공이 난해하며 비막이, 누수 등에 취약할 수 있다.
③ 측창채광에 비해 균일한 조도분포를 갖는다.

정답 99 ② 100 ① 101 ② 102 ① 103 ④

104 가로 9m, 세로 9m, 높이가 3.3m인 교실이 있다. 여기에 광속이 3,200lm인 형광등을 설치하여 평균 조도 500lx를 얻고자 할 때 필요한 램프의 개수는?(단, 보수율은 0.8, 조명률은 0.6이다)

① 20개　② 27개
③ 35개　④ 42개

해설

$$F = \frac{E \times A \times D}{N \times U} = \frac{E \times A}{N \times U \times M}\,(\text{lm})$$

여기서, F : 램프 1개당의 전광속(lm)
E : 요구하는 조도(lx)
A : 조명하는 실내의 면적(m^2)
D : 감광보상률$\left(=\frac{1}{M}\right)$
N : 필요한 램프 개수
U : 실내에서 기구의 조명률
M : 램프감광과 오손에 대한 보수율(유지율)

$$N = \frac{EA}{FUM} = \frac{500 \times (9 \times 9)}{3{,}200 \times 0.6 \times 0.8} = 26.37$$

∴ 필요한 램프의 개수는 27개

105 음의 대소를 나타내는 감각량을 음의 크기라고 한다. 음의 크기 단위는?

① sone　② phon
③ dB　④ Hz

해설

음의 대소를 나타낼 경우 손(sone) 단위를 사용한다.

106 벽체의 전열에 관한 설명으로 옳은 것은?

① 열전도율은 기체가 가장 크며 고체가 가장 작다.
② 공기층의 단열효과는 그 기밀성과는 관계가 없다.
③ 단열재는 물에 젖어도 단열성능은 변하지 않는다.
④ 일반적으로 벽체에서의 열관류현상은 열전달－열전도－열전달의 과정을 거친다.

해설

① 열전도율은 고체의 열전달 특성으로서 일반적으로 고체가 열전도율이 크다.
② 공기층의 단열효과는 그 기밀성과는 관계가 있다.
③ 단열재가 물에 젖을 경우 단열재 내부의 기체가 액체로 치환되면서 열전도가 높아져 단열성능이 저하된다.

107 광원의 연색성에 관한 설명으로 옳지 않은 것은?

① 연색성을 수치로 나타낸 것을 연색평가수라고 한다.
② 고압수은램프의 평균 연색평가수(Ra)는 100이다.
③ 평균 연색평가수(Ra)가 100에 가까울수록 연색성이 좋다.
④ 물체가 광원에 의하여 조명될 때, 그 물체의 색의 보임을 정하는 광원의 성질을 말한다.

해설

평균 연색평가수(Ra)가 100이라는 것은 태양광의 색을 완전히 구현하는 것을 의미하며 가장 높은 연색성 지수를 나타낸다. 반면 고압 수은램프는 연색성이 상대적으로 좋지 않은 조명이다.

108 다공질재 흡음재료에 관한 설명으로 옳지 않은 것은?

① 주파수가 낮을수록 흡음률이 높아진다.
② 표면마감처리방법에 의해 흡음특성이 변한다.
③ 두께를 늘리면 저주파수의 흡음률이 높아진다.
④ 강성벽 앞면의 공기층 두께를 증가시키면 저주파수의 흡음률이 높아진다.

해설

다공질 흡음재료는 주파수가 높을수록(중고음역) 흡음률도 높아진다.

109 중앙식 급탕방식에 관한 설명으로 옳지 않은 것은?

① 배관 및 기기로부터의 열손실이 많다.
② 급탕개소마다 가열기의 설치 스페이스가 필요하다.

정답　104 ②　105 ①　106 ④　107 ②　108 ①　109 ②

③ 시공 후 기구 증설에 따른 배관변경 공사를 하기 어렵다.
④ 기구의 동시이용률을 고려하여 가열장치의 총용량을 적게 할 수 있다.

해설

②는 개별식 급탕방식의 특징이다.

110 증기난방방식에 관한 설명으로 옳지 않은 것은?

① 한랭지에서 동결의 우려가 적다.
② 온수난방에 비하여 예열시간이 짧다.
③ 부하변동에 따른 실내방열량의 제어가 용이하다.
④ 열매온도가 높으므로 온수난방에 비하여 방열기의 방열면적이 작아진다.

해설

부하변동에 따른 실내방열량의 제어가 온수난방방식에 비해 상대적으로 난해하다.

111 할로겐램프에 관한 설명으로 옳지 않은 것은?

① 휘도가 낮다.
② 형광램프에 비해 수명이 짧다.
③ 흑화가 거의 일어나지 않는다.
④ 광속이나 색온도의 저하가 적다.

해설

할로겐램프는 단위광속이 크고 휘도가 높다.

112 공기조화방식 중 팬코일유닛방식(FCU)에 관한 설명으로 옳지 않은 것은?

① 각 유닛마다 개별조절이 가능하다.
② 각 실에 배관으로 인한 누수의 우려가 없다.
③ 덕트방식에 비해 유닛의 위치 변경이 쉽다.
④ 덕트 샤프트나 스페이스가 필요 없거나 작아도 된다.

해설

팬코일유닛방식은 각 실에 수배관으로 인한 누수의 우려가 있다.

113 벽의 차음력에 관한 설명으로 옳지 않은 것은?

① 투과율이 작을수록 차음력은 커진다.
② 투과손실(TL)이 작을수록 차음력은 커진다.
③ 일반적으로 벽의 두께가 두꺼울수록 차음력이 우수하다.
④ 흡음률이 동일할 경우 반사율이 높은 재료가 낮은 재료보다 차음력이 크다.

해설

투과손실(TL)이 크다는 것은 투과가 잘되지 않는다는 것을 의미하므로, 투과손실이 클 경우 차음력은 커지게 된다.

114 급수배관의 설계 및 시공상의 주의점에 관한 설명으로 옳지 않은 것은?

① 수평배관에는 공기나 오물이 정체하지 않도록 한다.
② 수평주관은 기울기를 주지 않고, 가능한 한 수평이 되도록 배관한다.
③ 주배관에는 적당한 위치에 플랜지이음을 하여 보수점검을 용이하게 한다.
④ 음료용 급수관과 다른 용도의 배관이 크로스 커넥션(Cross Connection) 되지 않도록 한다.

해설

수평주관은 기울기를 주어 급수가 적절히 수전까지 흘러갈 수 있도록 해야 한다.

115 기온, 습도, 기류의 3요소의 조합에 의한 실내 온열감각을 기온의 척도로 나타낸 것은?

① 등가온도 ② 작용온도
③ 유효온도 ④ 수정유효온도

정답 110 ③ 111 ① 112 ② 113 ② 114 ② 115 ③

해설

① 등가온도 : 기온, 습도, 기류, 복사
② 작용온도 : 기온, 기류, 복사
④ 수정유효온도 : 기온, 습도, 기류, 복사

116 대기압 조건에서 현열과 잠열에 관한 설명으로 옳지 않은 것은?

① 0℃ 얼음을 100℃ 물로 만들기 위해서는 현열만 필요하다.
② −10℃ 얼음을 0℃ 얼음으로 만들기 위해서는 현열만 필요하다.
③ 100℃ 물을 100℃ 수증기로 만들기 위해서는 잠열만 필요하다.
④ 0℃ 물을 100℃ 수증기로 만들기 위해서는 현열과 잠열이 필요하다.

해설

- 잠열 : 0℃ 얼음 → 0℃ 물
- 현열 : 0℃ 물 → 100℃ 물

117 급수설비의 급수 및 양수펌프로 주로 사용되는 펌프의 종류는?

① 회전식 펌프 ② 왕복식 펌프
③ 원심식 펌프 ④ 사류식 펌프

해설

원심펌프 : 양수량이 많고 고양정에 적합하여 양수, 급수, 급탕, 배수 등에 주로 사용한다.

118 전기설비용 시설공간(실)에 관한 설명으로 옳지 않은 것은?

① 변전실은 부하의 중심에 설치한다.
② 발전기실은 변전실에서 멀리 떨어진 곳에 설치한다.
③ 중앙감시실은 일반적으로 방재센터와 겸하도록 한다.
④ 전기샤프트는 각 층에서 가능한 한 공급 대상의 중심에 위치하도록 한다.

해설

발전기실은 가급적 변전실과 가까운 곳에 설치한다.

119 자연환기에 관한 설명으로 옳은 것은?

① 환기량은 실내외의 온도차가 클수록 감소한다.
② 개구부가 2개소 있을 경우, 위치에 상관없이 환기량은 동일하다.
③ 환기량은 일반적으로 공기유입구와 유출구의 높이 차이가 클수록 증가한다.
④ 자연환기에는 중력환기와 풍력환기가 있으며, 자연환기는 이 두 가지 방법 중 한 방법으로만 이루어진다.

해설

① 환기량은 실내외의 온도차가 클수록 증가한다.
② 개구부 2개소가 마주보고 있을 경우 환기량이 커지게 된다.
④ 자연환기에는 중력환기와 풍력환기가 있으며, 자연환기는 이 두 가지 방법이 혼합적으로 이루어진다.

120 실내에 발생열량이 70W인 기기가 있을 때, 실내 공기를 20℃로 유지하기 위해 필요한 환기량은?(단, 외기온도 10℃, 공기의 밀도 1.2kg/m³, 공기의 정압비열 1.01kJ/kg·K)

① 10.8m³/h ② 20.8m³/h
③ 30.8m³/h ④ 40.8m³/h

해설

$$Q(\text{환기량, m}^3/\text{h}) = \frac{q(\text{발열량})}{\rho(\text{밀도}) \times C_p(\text{정압비열}) \times \Delta t(\text{온도차})}$$

$$= \frac{70\text{W(J/sec)} \times 3{,}600 \div 1{,}000}{1.2\text{kg/m}^3 \times 1.01\text{kJ/kgK} \times (20-10)}$$

$$= 20.79 \fallingdotseq 20.8\text{m}^3/\text{h}$$

여기서, 곱하기 3,600은 sec를 h로 환산, 나누기 1,000은 J을 kJ로 환산하기 위해 적용하였다.

정답 116 ① 117 ③ 118 ② 119 ③ 120 ②

2018년 4회 실내건축기사

1과목 실내디자인론

01 사무소 건축의 코어 유형에 관한 설명으로 옳지 않은 것은?

① 중앙코어형은 기준층 바닥면적이 작은 경우에 주로 사용된다.
② 양단코어형은 2방향 피난에 이상적인 관계로 피난상 유리하다.
③ 편단코어형은 코어의 위치를 사무소 평면상의 어느 한쪽에 편중하여 배치한 유형이다.
④ 외코어형은 설비 덕트나 배관을 코어로부터 사무실 공간으로 연결하는 데 제약이 많다.

해설

- 편단코어형(편심코어형) : 기준층 바닥면적이 작은 경우에 주로 사용된다.
- 중심코어형(중앙코어형) : 코어가 중앙에 위치한 형태로 내진구조가 가능하여 구조적으로 바람직한 형식이며 바닥면적이 클 경우 적합하다.

02 다음과 같은 특징을 갖는 문의 종류는?

> • 출입하는 사람이 충돌할 위험이 없으며 방풍실을 겸할 수 있는 장점이 있다.
> • 호텔이나 은행 등 사람의 출입이 심한 장소에 설치된다.

① 회전문 ② 접이문
③ 미닫이문 ④ 여닫이문

해설

회전문
원통을 중심축으로 서로 직교하는 4짝문을 달아 회전시키는 문으로 출입하는 사람이 충돌할 위험이 없으며 방풍실을 겸할 수 있는 장점이 있다.

03 현실적 형태 중 자연형태에 관한 설명으로 옳지 않은 것은?

① 기하학적으로 취급한 점, 선, 면, 입체 등이 속한다.
② 자연계에 존재하는 모든 것으로부터 보이는 형태를 말한다.
③ 조형의 원형으로서 작용하며 기능과 구조의 모델이 되기도 한다.
④ 단순한 부정형의 형태를 취하기도 하지만 경우에 따라서는 체계적인 기하학적인 특징을 갖는다.

해설

현실적 형태
우리 주위에 시각적 · 촉각적으로 느껴지는 모든 존재의 형태이다.

자연 형태	주위에 존재하는 모든 물상을 말하며 자연현상에 따라 끊임없이 변화하며 새로운 형태를 만들어낸다.
인위 형태	인간이 인위적으로 만들어낸 모든 사물로서 구조체에서 볼 수 있는 형태이다.

04 다음 설명에 알맞은 블라인드의 종류는?

> • 셰이드(Shade)라고도 한다.
> • 창 이외에 칸막이나 스크린으로도 효과적으로 사용할 수 있다.

① 롤(Roll) 블라인드
② 로만(Roman) 블라인드
③ 버티컬(Vertical) 블라인드
④ 베네시안(Venetian) 블라인드

해설

롤 블라인드
셰이드라고도 하며 천을 감아올려 높이 조절이 가능하며 칸막이나 스크린의 효과도 얻을 수 있다.

정답 01 ① 02 ① 03 ① 04 ①

05 다음 중 주거공간의 효율을 높이고, 데드 스페이스(Dead Space)를 줄이는 방법과 가장 거리가 먼 것은?

① 플랫폼 가구를 활용한다.
② 기능과 목적에 따라 독립된 실로 계획한다.
③ 침대, 계단 밑 등을 수납공간으로 활용한다.
④ 가구와 공간의 치수체계를 통합하여 계획한다.

해설

기능과 목적에 따라 독립된 실로 계획하면 데드 스페이스가 발생한다.

데드 스페이스(Dead Space) : 거의 쓸 수 없는 건물의 공간, 방의 구석, 수납 부분의 귀퉁이를 말한다. 데드 스페이스를 줄이기 위해서는 성격이 같은 실은 근접배치하거나 확장하여 공간 활용을 극대화해야 한다.

06 사무소의 실단위 계획 중 개방식 배치에 관한 설명으로 옳지 않은 것은?

① 독립성 및 자연채광조건이 좋다.
② 모든 면적을 유용하게 이용할 수 있다.
③ 칸막이벽이 없는 관계로 공사비가 낮다.
④ 공간의 길이나 깊이에 변화를 줄 수 있다.

해설

- 개실배치 : 독립성 및 자연채광조건이 좋다.
- 개방식 배치 : 공간분할을 위한 칸막이나 벽을 설치하지 않은 단일 공간에 직급별 · 업무별로 책상이나 사무기기를 배치하여 서열에 따라 일정하게 평행 배치한다.

07 POE(Post – Occupancy Evaluation)의 의미로 가장 알맞은 것은?

① 건축물을 사용해 본 후에 평가하는 것이다.
② 낙후 건축물의 이상 유무를 평가하는 것이다.
③ 건축물을 사용해 보기 전에 성능을 예상하는 것이다.
④ 건축도면 완성 후 건축주가 도면의 적정성을 평가하는 것이다.

해설

POE(거주 후 평가)
완공된 후 건물의 사용자에 대한 반응을 조사하여 설계한 본래의 요구 기능이 충족되어 수행되는지 평가하는 과정을 말한다(평가방법 : 인터뷰, 현지답사, 관찰).

08 다음 중 기능분석 내용을 바탕으로 하여 구성요소의 배치(Layout)를 행할 때 고려해야 할 사항과 가장 거리가 먼 것은?

① 공간 상호 간의 연계성
② 출입형식 및 동선체계
③ 색채 및 재료의 유사성
④ 인체공학적 치수와 가구 크기

해설

레이아웃(Layout) 시 고려사항
공간 상호 간의 연계성, 출입형식 및 동선체계, 인체공학적 치수, 가구의 크기 및 면적

09 사무소 건축의 평면유형에 관한 설명으로 옳지 않은 것은?

① 2중 지역 배치는 중복도식의 형태를 갖는다.
② 3중 지역 배치는 저층의 소규모 사무소에 주로 적용된다.
③ 2중 지역 배치에서 복도는 동서방향으로 하는 것이 좋다.
④ 단일지역 배치는 경제성보다는 쾌적한 환경이나 분위기 등이 필요한 곳에 적합한 유형이다.

해설

3중 지역 배치는 고층 사무소건물에 적합하다.

사무실의 복도형에 따른 분류
- 편복도식(단일 지역 배치) : 자연채광이 좋으며 통풍이 유리하고 경제성보다 건강, 분위기 등이 필요한 경우에 적당하며, 비교적 고가이다.

정답 05 ② 06 ① 07 ① 08 ③ 09 ②

- 중복도식(2중 지역 배치) : 중간 정도 크기의 사무실에 적당하고, 동서방향으로 사무실이 면하게 한다. 또한 주계단, 부계단을 두어 사용할 수 있고 유틸리티 코어의 설계에 주의한다.
- 2중 복도식, 중앙홀식(3중 지역 배치) : 방사선 형태의 평면형식으로 고층 전용 사무실에 주로 하며 교통시설, 위생설비는 건물 내부의 제3 또는 중심지역에 위치하고, 사무실은 외벽을 따라서 배치한다.

10 실내공간을 형성하는 기본구성요소에 관한 설명으로 옳지 않은 것은?

① 개구부는 벽체를 대신하여 건축구조요소로 사용된다.
② 벽은 공간을 에워싸는 수직적 요소로 수평방향을 차단하여 공간을 형성하는 기능을 갖는다.
③ 천장은 시각적 흐름이 최종적으로 멈추는 곳으로 내부공간요소 중 조형적으로 가장 자유롭다.
④ 바닥은 천장과 함께 공간을 구성하는 수평적 요소이며 고저차로써 공간의 영역을 조정할 수 있다.

해설

개구부는 건축구조요소로 사용되지 않는다.

건축구조요소
건축구조물의 뼈대를 이루는 부분으로, 기둥, 기초, 보, 가새, 슬래브, 벽체, 바닥 등 구조체의 각 구성요소이다.

개구부
- 정의 : 채광, 환기, 통행, 출입 등에 쓰기 위한 창이나 출입구의 부분으로, 창문을 내거나 출입구로서 벽을 치지 않은 부분의 총칭이다.
- 개구부의 기능 : 프라이버시 확보, 공간과 공간을 연결하며 통풍 및 채광의 기능을 한다.

11 수직벽면을 빛으로 쓸어내리는 듯한 효과를 주기 위해 비대칭 배광방식의 조명기구를 사용하여 수직벽면에 균일한 조도의 빛을 비추는 조명의 연출기법은?

① 실루엣(Silhouette)기법
② 글레이징(Glazing)기법
③ 월워싱(Wall Washing)기법
④ 그림자연출(Shadow Play)기법

해설

월워싱기법
균일한 조도의 빛을 수직벽면에 빛으로 쓸어내리는 듯하게 비추는 기법으로 공간 확대의 느낌을 주며 광원과 조명기구의 종류에 따라 어떤 건축화조명으로 처리하느냐에 따라 다양한 효과를 낼 수 있다.

12 다음 중 다의도형 착시의 사례로 가장 알맞은 것은?

① 루빈의 항아리 ② 펜로즈의 삼각형
③ 쾨니히의 목걸이 ④ 포겐도르프 도형

해설

형태의 착시현상
- 루빈의 항아리 : 다의도형 착시
- 펜로즈의 삼각형 : 역리도형 착시
- 쾨니히의 목걸이 : 위치의 착시
- 포겐도르프 도형 : 방향의 착시

13 다음 설명에 알맞은 건축화조명방식은?

벽의 상부에 길게 설치된 반사상자 안에 광원을 설치하여 모든 빛이 하부로 향하도록 하는 조명방식

① 코퍼조명 ② 광창조명
③ 코니스조명 ④ 광천장 조명

해설

코니스조명
벽면의 상부에 위치하여 모든 빛이 아래로 직사하도록 하는 조명방식이다(벽면을 비추는 간접조명방식).

14 다음 중 선의 종류별 조형효과로 가장 알맞은 것은?

① 사선 : 안정, 침착
② 곡선 : 유연, 우아함
③ 수직선 : 확대, 영원
④ 수평선 : 약동감, 속도감

정답 10 ① 11 ③ 12 ① 13 ③ 14 ②

해설

선의 효과
• 사선 : 약동감, 속도감, 운동성, 불안정, 변화, 반항
• 곡선 : 유연, 우아함, 여성적, 섬세함
• 수직선 : 상승, 위엄, 엄숙, 긴장감, 존엄성
• 수평선 : 안정, 균형, 침착, 평등, 고요

15 다음 각 공간의 관계가 주택평면계획 시 고려되는 인접의 원칙에 속하지 않는 것은?

① 거실 – 현관
② 식당 – 주방
③ 거실 – 식당
④ 침실 – 다용도실

해설

④ 부엌 – 다용도실

※ **다용도실** : 세탁, 건조 등으로 활용되어 주방 및 현관과 연결되도록 계획하는 것이 좋으며 위치는 북쪽을 활용하는 경우가 많다.

16 디자인의 원리에 관한 설명으로 옳은 것은?

① 균형은 정적인 경우에만 시각적 안정성을 가져올 수 있다.
② 강조는 힘의 조절로서 전체 조화를 파괴하는 데 주로 사용된다.
③ 리듬은 청각의 원리가 시각적으로 표현된 것이라 할 수 있다.
④ 통일과 변화는 서로 대립되는 관계로, 동시 사용이 불가능하다.

해설

디자인의 원리
• 균형 : 정적인 대칭적 균형과 비대칭적 균형, 방사성 균형, 비정형 균형도 시각적 안정성을 부여한다.
• 강조 : 힘의 강약에 단계를 주어 변화를 의도적으로 조성하여 흥미롭게 만드는 데 가장 효과적이다.
• 통일 : 통일과 변화는 상반되는 개념이 아니며 서로 균형을 이루어 적용되었을 때 보다 완성도 있고 안정감 있게 느껴진다.

17 의자 및 소파에 관한 설명으로 옳지 않은 것은?

① 스툴은 등받이와 팔걸이가 없는 형태의 보조의자이다.
② 체스터필드는 사용상 안락성이 매우 크고 비교적 크기가 크다.
③ 풀업 체어는 필요에 따라 이동시켜 사용할 수 있는 간이의자이다.
④ 세티는 고대 로마시대에 음식물을 먹거나 잠을 자기 위해 사용했던 긴 의자이다.

해설

• 카우치 : 고대 로마시대에 음식물을 먹거나 잠을 자기 위해 사용했던 긴의자이다.
• 세티(Settee) : 동일한 두 개의 의자를 나란히 합하여 2인이 앉을 수 있도록 설계한 의자이다.

18 주택의 욕실계획에 관한 설명으로 옳지 않은 것은?

① 방수성, 방오성이 큰 마감재료를 사용한다.
② 욕실의 조명은 방습형 조명기구를 사용한다.
③ 욕실 바닥은 미끄럼을 방지할 수 있는 재료를 사용한다.
④ 모든 욕실에는 기능상 욕조, 변기, 세면기가 통합적으로 갖추어져야 한다.

해설

욕실은 기능 및 규모에 따라 욕조, 변기, 세면기를 분리하여 배치할 수 있다.

※ 욕조, 세면기, 양변기를 함께 설치할 경우 욕실의 크기는 1.7~2.1m로 한다.

19 다음 설명에 알맞은 특수전시기법은?

• 연속적인 주제를 연관성 있게 표현하기 위해 선(線)으로 연출하는 전시기법이다.
• 전체의 맥락이 중요하다고 생각될 때 사용된다.

① 디오라마 전시
② 파노라마 전시
③ 아일랜드 전시
④ 하모니카 전시

정답 15 ④ 16 ③ 17 ④ 18 ④ 19 ②

해설

파노라마 전시
연속적인 주제를 표현하기 위해 선형으로 연출되는 전시기법으로 전시물의 전경으로 펼쳐 전시하는 방법이다.

20 다음 중 상점 내 진열장 배치계획에서 가장 우선적으로 고려하여야 할 사항은?

① 동선의 흐름　② 조명의 조도
③ 바닥 마감재료　④ 진열장의 치수

해설

상업공간 진열장 배치계획 시 가장 먼저 고려할 사항은 동선의 흐름이다.

2과목 색채학

21 한국의 오방색과 방향의 연결로 옳은 것은?

① 청색 – 동　② 적색 – 서
③ 황색 – 남　④ 백색 – 북

해설

한국의 전통색 – 오방색
- 청(靑) : 동쪽, 목(木)
- 적(赤) : 남쪽, 화(火)
- 황(黃) : 중앙, 토(土)
- 백(白) : 서쪽, 금(金)
- 흑(黑) : 북쪽, 수(水)

22 도시의 잡다하고 상스럽고 저속한 양식에 대한 숭배로부터 비롯되었으며 전체적으로 어두운 톤을 사용하고 그 위에 혼란한 강조색을 사용하는 예술사조는?

① 아방가르드　② 다다이즘
③ 팝아트　④ 포스트모더니즘

해설

팝아트
1960년대 엘리트 문화에 반대한 유희적, 소비적 경향의 디자인으로 뉴욕에서 일어난 순수주의 디자인을 거부하는 반모더니즘 디자인 경향이다. 낙관적 분위기, 속도와 역동성, 개방과 비개성으로 특징지어지며, 간결하고 평면화된 색면과 화려하고 강한 대비의 원색을 사용하였다.

23 비렌의 색채조화론에서 사용되는 색조군에 대한 설명 중 옳은 것은?

① Tint : 흰색과 검정이 합쳐진 밝은색조
② Tone : 순색과 흰색이 합쳐진 톤
③ Shade : 순색과 검정이 합쳐진 어두운색조
④ Gray : 순색과 흰색 그리고 검정이 합쳐진 회색조

해설

파버 비렌의 색채조화론
- Tint(틴트) : 순색과 흰색이 합쳐진 밝은색조
- Tone(톤) : 순색과 흰색 그리고 검정이 합쳐진 톤
- Shade(색조) : 순색과 검정이 합쳐진 어두운색조
- Gray(회색) : 흰색과 검정이 합쳐진 회색조

24 CIE 표색방법에 관한 설명 중 옳은 것은?

① 적, 녹, 청의 3색광을 혼합하여 3자 극치에 따른 표색방법
② 색필터의 중심으로 인한 다른 색상의 표색방법
③ 일정한 원색을 혼합하여 얻는 방법
④ 주관적인 색채 표시방법

해설

CIE 표색계
1931년 CIE(국제조명위원회)가 제정한 색채표준으로, 색을 계량적으로 표현한 색체계이다. 가법혼색의 원리로 시신경이 빛에 흥분을 일으키는 표준 3원색인 적색(700nm), 녹색(546nm), 청색(435nm)의 조합에 의해서 모든 색을 나타낸다.

정답　20 ①　21 ①　22 ③　23 ③　24 ①

25 다음 중 속도감이 가장 둔한 느낌의 색상은?

① 노랑 ② 빨강
③ 주황 ④ 청록

해설

- 난색 계열 : 시간은 길게, 속도감은 빠르게 느껴진다.
- 한색 계열 : 시간은 짧게, 속도감은 둔하게(느리게) 느껴진다.

26 보색의 색광을 혼합한 결과는?

① 흰색 ② 회색
③ 검정 ④ 보라

해설

- 감법혼색(색료혼합) : 보색을 혼합하면 검은색에 가까워진다.
- 가법혼색(색광혼합) : 보색을 혼합하면 흰색으로 된다.

27 다음 중 동일색상의 배색은?

① 주황 – 갈색 ② 주황 – 빨강
③ 노랑 – 연두 ④ 노랑 – 검정

해설

① 주황(YR) – 갈색(YR)
② 주황(YR) – 빨강(R)
③ 노랑(Y) – 연두(GY)
④ 노랑(Y) – 검정(NO.5)

28 다음 가법혼색 중 틀린 것은?

① Green + Blue = Cyan
② Red + Blue = Magenta
③ Green + Red = Black
④ Red + Green + Blue = White

해설

가법혼색
- 빨강(R) + 초록(G) = 노랑(Y)
- 초록(G) + 파랑(B) = 시안(C)
- 파랑(B) + 빨강(R) = 마젠타(M)
- 빨강(R) + 초록(G) + 파랑(B) = 흰색(W)

29 색의 속성에 관한 설명 중 틀린 것은?

① 여러 파장의 빛이 고루 섞이면 백색이 된다.
② 무채색 이외의 모든 색은 유채색이다.
③ 무채색은 채도가 0인 상태인 것을 말한다.
④ 물체색에는 백색, 회색, 흑색이 없다.

해설

물체색
- 물체색에는 백색, 흑색이 있다.
- 물체의 대부분은 물체 자체가 색을 발하지 않고 빛을 반사하거나 투과하여 색을 나타낸다.
- 빛의 파장을 반사시켜 버리면 그 물체는 희게 보이고, 반대로 대부분의 빛의 파장을 흡수하게 되면 그 물체는 검게 보인다.

30 소극적인 인상을 주는 것이 특징으로 중명도, 중채도인 중간색계의 덜(Dull) 톤을 사용하는 배색기법은?

① 포 카마이외 배색 ② 카마이외 배색
③ 토널 배색 ④ 톤온톤 배색

해설

토널 배색
중명도, 중채도의 색상으로 배색되기 때문에 안정되고 편안한 느낌을 주며 다양한 색상을 사용한다.

31 먼셀의 색체계에 대한 설명이 틀린 것은?

① 중심축은 무채색으로 명도를 나타낸다.
② 중심부로 갈수록 채도가 높아진다.
③ 색상마다 최고 채도의 위치는 다르다.
④ 중심부에서 하단으로 내려가면 명도는 낮아진다.

해설

중심부에서 멀어질수록 채도가 높아진다.

정답 25 ④ 26 ① 27 ① 28 ③ 29 ④ 30 ③ 31 ②

32 오스트발트 색체계의 설명으로 틀린 것은?

① 3색 이상의 회색은 채도가 등간격이면 조화롭다.

② 색입체가 대칭구조를 이루고 있다.

③ 기본색은 노랑, 빨강, 파랑, 초록이다.

④ la－na－pa는 등흑색계열을 나타낸다.

해설

무채색의 조화
3색 이상의 회색은 명도 단계에 따라 등간격일 때 조화를 이룬다.

33 터널의 출입구 부분에 조명이 집중되어 있고, 중심부로 갈수록 광원의 수가 적어지며 조도수준이 낮아지고 있다. 이것은 어떤 순응을 고려한 설계인가?

① 색순응 ② 명순응
③ 암순응 ④ 무채순응

해설

암순응
밝은 곳에서 어두운 곳으로 갈 때 순간적으로 보이지 않는 현상으로 어둠에 적응하는 데 30분 정도 걸린다. 특히, 터널의 출입구 부근에 조명이 집중되어 있고 중심부로 갈수록 조명수를 적게 배치하는 이유는 암순응을 고려한 것이다.

34 색의 명시성의 주요인이 되는 것은?

① 연상의 차이 ② 색상의 차이
③ 채도의 차이 ④ 명도의 차이

해설

명시성(시인성)
대상의 존재나 형상이 보이기 쉬운 정도를 말하며 멀리서도 잘 보이는 성질이다. 특히, 명시성에 영향을 주는 순서는 명도－채도－색상 순이며 보색에 가까운 색상 차가 있는 배색일수록 시인성이 높아진다.

35 문 · 스펜서의 색채 조화론에서 사용되지 않는 용어는?

① 동일의 조화 ② 유사의 조화
③ 대비의 조화 ④ 등색상의 조화

해설

문 · 스펜서의 색채조화론
동일의 조화, 유사의 조화, 대비의 조화

36 공공건축공간(공장, 학교 병원)의 색채환경을 위한 색채조절 시 고려해야 할 사항으로 거리가 먼 것은?

① 능률성 ② 안전성
③ 쾌적성 ④ 내구성

해설

공공건축공간의 색채환경
생리적 · 심리적 효과를 적극적으로 활용하여 안전하고 효율적인 작업환경과 쾌적한 생활환경의 조성을 목적으로 능률성, 안전성, 쾌적성을 고려해야 한다.

37 먼셀의 색체계에서 5R의 보색은?

① 5Y ② 5G
③ 5PB ④ 5BG

해설

보색
색상환에서 반대편에 위치한 색을 말한다.
• 5R(빨강) – 5BG(청록)
• 5Y(노랑) – 5PB(남색)
• 5G(녹색) – 5RP(자주)

38 다음 컬러모드 중 헤링의 4원색설에 기초를 두고 있는 것은?

① RGB 컬러모드 ② CMYK 컬러모드
③ WEB 컬러모드 ④ Lab 컬러모드

정답 32 ① 33 ③ 34 ④ 35 ④ 36 ④ 37 ④ 38 ④

해설

Lab 컬러모드
헤링의 4원색설에 기초하며 L*(명도), a*(빨강/녹색), b*(노랑/파랑)로 구성되고, 다른 환경에서도 최대한 색상을 유지시켜주기 위한 디지털 색채체계이다.

39 유리컵과 같은 투명체 속의 일정한 공간이 꽉 차 있는 듯한 부피감을 느끼게 해주는 색은?

① 투명면색 ② 투과색
③ 공간색 ④ 물체색

해설

공간색
유리컵이나 유리병, 아크릴 액자와 같은 투명체 속의 일정한 공간에 3차원적인 덩어리가 꽉 차 있는 듯한 부피감을 느끼게 해주는 색을 말한다.

40 정육점에서 싱싱해 보이던 고기가 집에서는 그 색이 다르게 보이는 이유는?

① 색의 순응현상 ② 색의 동화현상
③ 색의 연색성 ④ 색의 항상성

해설

색채 자극
- 색의 연색성 : 같은 물체색이라도 조명에 따라 색이 달라져 보이는 현상이다.
- 색의 동화현상 : 두 색을 서로 인접배색했을 때 서로의 영향으로 실제보다 인접색에 가까운 것처럼 지각되는 현상이다.
- 색의 항상성 : 광원이나 조명이 되는 빛의 강도와 조건이 달라져도 색의 본래의 모습 그대로 지각하는 현상을 말한다.

3과목 인간공학

41 소리의 강도를 나타내는 단위로 맞는 것은?

① dB ② rem
③ SHU ④ cycle

해설

dB(decibel)
소리의 상대적인 크기를 나타내는 단위이다. 사람의 감각량(반응량)은 자극량(소리 크기량)에 대수적으로 비례하여 변하는 것이다.

42 계기반에 각종 표시장치를 배치하는 원칙으로 적절하지 않은 것은?

① 중요성의 원칙
② 사용 순서의 원칙
③ 사용 빈도의 원칙
④ 동일형상 배치의 원칙

해설

부품 및 표시장치 배치의 원칙
중요성의 원칙, 사용빈도의 원칙, 기능별 배치의 원칙, 사용순서의 원칙

43 정량적 시각 표시장치의 기본 눈금선 수열로 가장 적당한 것은?

① 0, 1, 2, ⋯ ② 0, 5, 10, ⋯
③ 0, 3, 6, ⋯ ④ 0, 8, 16, ⋯

해설

정량적 시각표시장치 눈금의 수열
일반적으로 0, 1, 2, 3 ⋯처럼 1씩 증가하는 수열이 가장 사용하기 쉽다.

정답 39 ③ 40 ③ 41 ① 42 ④ 43 ①

44 **정보의 입력장치에 있어서 청각적 표시장치보다 시각적 표시장치의 사용이 더 유리한 경우는?**

① 정보가 간단한 경우

② 정보가 후에 재참조되는 경우

③ 정보가 시간적인 사상을 다루는 경우

④ 정보가 즉각적인 행동을 요구하는 경우

해설

①·③·④는 청각적 표시장치에 관한 설명이다.

시각적 표시장치

- 메시지가 복잡하고 길다.
- 메시지가 후에 재참조된다.
- 메시지가 공간적 위치를 다룬다.
- 메시지가 즉각적인 행동을 요구하지 않는다.
- 수신장소가 너무 시끄러울 때 사용한다.
- 직무상 수신자가 한곳에 머물 때 사용한다.
- 수신자의 청각 계통이 과부하상태일 때 사용한다.

45 **반사율을 구하는 공식으로 맞는 것은?**

① 조도/휘도 ② 조도－휘도/휘도

③ 휘도/조도 ④ 조도－휘도/조도

해설

반사율

표면에 도달하는 빛의 결과로서 나오는 광도와의 관계이다.

$$\text{반사율(\%)} = \frac{\text{휘도}}{\text{조도}} \text{ 또는 } \frac{\text{cm/m}^2 \times \pi}{\text{lux}}$$

46 **청각 마스킹(Masking) 효과를 이용하여 음량적·음질적으로 귀에 거슬리지 않도록 하는 시스템은?**

① MMI 시스템 ② BGM 시스템

③ 인터페이스 시스템 ④ 노이즈 마스킹 시스템

해설

노이즈 마스킹 시스템

방음이 소음 자체를 차단시키는 것과 달리, 일정한 주파수에서 일정한 음압을 내는 인공음향을 발생시켜 주변 소음을 덜 인식하게 만드는 시스템이다.

47 **조도의 평균성을 균일도(Uniformity)라 한다. 균일도를 구하는 공식으로 맞는 것은?(단, A_u : 균일도, E_1 : 최고조도, E_2 : 최저조도, E_3 : 평균조도이다)**

① $A_u = \frac{E_3 - E_2}{E_1}$ ② $A_u = \frac{E_3 - E_1}{E_2}$

③ $A_u = \frac{E_2 - E_3}{E_1}$ ④ $A_u = \frac{E_1 - E_2}{E_3}$

해설

$$\text{균일도}(A_u) = \frac{\text{최고조도}(E_1) - \text{최저조도}(E_2)}{\text{평균조도}(E_3)}$$

48 **인체의 감각기관을 통해 현존하는 환경의 자극에 대한 정보를 받아들이게 되는 과정을 무엇이라 하는가?**

① 지각 ② 반응

③ 주의 ④ 선호도

해설

지각

감각기관을 통해 들어온 정보를 조직하고 해석하는 과정에서 환경 내의 사물을 인지한다.

49 **조명과 관계된 단위의 설명으로 맞는 것은?**

① 럭스(lx)는 광원이 빛나는 정도이다.

② 와트(W)란 에너지 방사의 시간적 비율이다.

③ 루멘(lm)은 단위면적 또는 단위시간에 받는 빛의 양이다.

④ 루멘－아워(lm/h)는 가시범위의 방사속을 빛의 강도로 환산한 것이다.

해설

① 럭스(lx) : 조도의 단위로, 표면을 통과하거나 눈에 닿는 빛의 양을 측정하는 단위이다.

③ 루멘(lm) : 광속의 단위로, 광원이 내보내는 빛의 총량이다.

④ 루멘－아워(lm/h) : 1시간에 발산 또는 통과한 광속의 총량이다.

정답 44 ② 45 ③ 46 ④ 47 ④ 48 ① 49 ②

50 소음원(Noise Source)을 통제하는 방법과 가장 거리가 먼 것은?

① 소음원의 위치 변경

② 귀마개(Earplug) 사용

③ 차폐장치 및 흡음재 사용

④ 덮개(Enclosure) 등의 사용

해설

소음원의 통제방법

소음원 격리, 소음원 통제, 소음원의 위치 변경, 차폐장치 및 흡음재 사용, 고무받침대 부착

※ **소음의 노출수준을 줄이는 방법** : 귀마개, 귀덮개 등의 보호구 사용

51 인간공학적 효과를 평가하는 기준과 가장 거리가 먼 것은?

① 체계의 상징성

② 훈련비용의 절감

③ 사용편의성의 향상

④ 사고나 오용으로부터의 손실 감소

해설

인간공학적 효과를 평가하는 기준(인간공학의 가치)

훈련비의 절감, 인력 이용률의 향상, 성능의 향상, 사고 및 오용으로부터의 손실 감소

52 광원으로부터의 직사휘광 처리에 대한 설명으로 틀린 것은?

① 광원의 휘도와 수를 늘린다.

② 광원을 시선에서 멀리 위치시킨다.

③ 가리개(Shield), 갓(Hood) 등을 사용한다.

④ 휘광원 주위를 밝게 하여 광도비를 줄인다.

해설

광원으로부터의 직사휘광 처리

- 광원의 휘도를 줄이고 광원의 수를 늘린다.
- 광원을 시선에서 멀리 위치시킨다.
- 휘광원 주위를 밝게 하여 광속발산(휘도)비를 줄인다.
- 가리개(Shield) 혹은 차양(Visor), 갓(Hood)을 사용한다.

53 시각적 표시장치에 있어 표지도안의 원칙에 관한 설명으로 가장 적절하지 않은 것은?

① 표지는 가능한 한 통일성이 있어야 한다.

② 테두리 속의 그림은 지각과정을 감소시킨다.

③ 그림의 경계는 대비(Contrast)가 좋아야 한다.

④ 그림과 바탕의 구별이 분명하고 안정되어야 한다.

해설

시각적 표지도안의 원칙

- 그림과 바탕이 뚜렷하고 안정되어야 한다.
- 속이 찬 경계대비가 선(線)경계보다 낫다.
- 테두리 속의 그림은 지각과정을 높여준다.
- 필요한 특징을 다 포함하면서도 단순해야 한다.
- 부호는 가능한 한 통일되어야 한다.

54 인체측정 데이터를 선정할 때 고려해야 할 사항으로 맞는 것은?

① 평균치를 사용하는 것이 가장 적절한 방법이다.

② 계측자의 응용에 있어서 누드상태의 계측치에 여유치수를 더하여야 된다.

③ 수용공간이 중요한 고려사항이라면 하위 5%나 이보다 작은 값이 적용되어야 한다.

④ 앉은 자세나 선 자세에서 팔의 도달을 문제점으로 한다면 상위 95%의 자료가 사용되어야 한다.

해설

① 평균치를 사용하는 것은 적합하지 않다.

③ 수용공간이 중요한 고려사항이라면 상위 90%, 95%, 99%값을 사용한다.

④ 앉은 자세나 선 자세에서 팔의 도달을 문제점으로 한다면 하위 1%, 5%, 10% 등의 하위 백분위수를 기준으로 한다.

정답 50 ② 51 ① 52 ① 53 ② 54 ②

55 인간이 신체활동을 하는 데 있어서 그 관련성이 가장 적은 것은?

① 골격 ② 신경계통
③ 골격근 ④ 인지능력

해설

인지능력
지식, 이해력, 사고력, 문제해결력, 비판력 및 창의력과 같은 정신능력에 해당한다.

56 시력에 대한 일반적인 설명으로 틀린 것은?

① 홍채(Iris)는 어두우면 커지고 밝으면 작아진다.
② 색을 구별하는 색각은 빛의 파장의 차이에 의해 일어난다.
③ 암순응 과정은 간상체 순응 후에 원추체 순응으로 진행된다.
④ 시력은 세부내용을 판별할 수 있는 능력으로서 주로 눈의 조절능에 따라 달라진다.

해설

암순응 과정은 원추체 순응 후에 간상체로 진행된다.

암순응
- 밝은 곳에서 어두운 곳으로 들어가면 앞이 제대로 보이지 않지만 시간이 흘러야 주위의 물체를 식별할 수 있는 현상이다.
- 처음에는 원추체(추상체)가 작용하여 감도를 약 10배 증가시키지만 암순응이 진행됨에 따라 간상체 감도가 높아서 원추체를 대신하게 된다.

57 시각적 표시장치를 가장 편히 볼 수 있는 설치각도는?

① 수평보다 10～15° 위쪽
② 수평보다 20～35° 위쪽
③ 수평보다 10～15° 아래쪽
④ 수평보다 20～35° 아래쪽

해설

시각적 표시장치 설치각도
정상시선은 수평보다 10～15° 정도 아래쪽이다.

58 잔상(After - images)에 대한 설명 중 틀린 것은?

① 음성잔상에서는 흑백이 뒤바뀐다.
② 음성잔상에서는 색의 보색이 보인다.
③ 잔상과 시각의 뒤바뀜은 관계가 없다.
④ 잔상이란 망막이 자극을 받은 후 시신경의 흥분이 남아 있다는 것이다.

해설

잔상과 시각의 뒤바뀜은 관계있다.

잔상
빛의 자극이 사라진 후에도 시각적인 작용이 잠깐 남아 있는 현상이다.
- 양성잔상 : 비교적 큰 빛의 자극을 단시간 받으면 생기는 잔상으로 자극되는 빛과 같은 빛이 잔상으로 남는 것을 의미한다.
- 음성잔상 : 일반적인 빛의 자극을 장시간 받았을 때 일어나는 잔상으로 자극되는 빛의 보색이 잔상으로 남는 것을 의미한다.

59 신체동작의 유형 중 굽은 팔꿈치를 펴는 동작과 같이 관절이 만드는 각도가 증가하는 동작을 무엇이라 하는가?

① 굴곡(Flexion)
② 내전(Adduction)
③ 외전(Abduction)
④ 신전(Extension)

해설

신체 부위의 동작
- 굴곡 : 관절의 각도가 감소되는 동작
- 내전 : 인체의 중심선에 가까워지도록 이동하는 동작
- 외전 : 인체의 중심선에서 멀어지도록 이동하는 동작
- 신전 : 관절의 각도가 증가되는 동작

정답 55 ④ 56 ③ 57 ③ 58 ③ 59 ④

60 Miller는 인간의 절대식별 한계를 "Magical Number 7±2"라 하였는데 이것의 의미로 맞는 것은?

① 장기기억의 한계 ② 감각보관의 한계
③ 작업기억의 한계 ④ 감각수용기의 한계

해설

작업기억의 한계
작업기억에 저장될 수 있는 정보량의 한계는 7±2Chunk(의미 있는 정보의 단위)이다.

4과목 건축재료

61 합성수지도료를 유성 페인트와 비교한 설명으로 옳지 않은 것은?

① 건조시간이 빠르고 도막이 단단하다.
② 도막은 인화할 염려가 적어 방화성이 우수하다.
③ 비교적 두꺼운 도막을 만들 수 있다.
④ 내산, 내알칼리성이 있어 콘크리트면에 바를 수 있다.

해설

합성수지도료는 유성 페인트에 비해 얇은 도막두께로 시공한다.

62 목재의 구조와 조직에 관한 설명으로 옳지 않은 것은?

① 목재의 방향에서 수목의 생장방향을 섬유방향이라 한다.
② 춘재(春材)는 추재(秋材)에 비하여 세포가 비교적 크고, 세포막은 엷으며 연약하다.
③ 변재는 심재보다 짙은 색을 띤다.
④ 평균 연륜폭(mm)은 나이테가 포함되는 길이를 나이테수로 나눈 값을 말한다.

해설

심재가 변재보다 짙은 색을 띤다.

63 다음 중 무기질 단열재료가 아닌 것은?

① 유리면 ② 암면
③ 규산 칼슘판 ④ 경질 우레탄폼

해설

경질 우레탄폼은 유기질 단열재료에 속한다.

64 다음 재료 중 열전도율이 가장 작은 것은?

① 콘크리트 ② 코르크판
③ 알루미늄 ④ 주철

해설

코르크는 다공질로서, 열전도율이 낮다.

65 중량이 5kg인 목재를 건조하여 전건중량이 4kg이 되었다. 건조 전 목재의 함수율은 몇 %인가?

① 20% ② 25%
③ 30% ④ 40%

해설

$$함수율 = \frac{함유된\ 수분의\ 중량}{전건중량} \times 100\%$$

$$= \frac{전체중량 - 전건중량}{전건중량} \times 100\%$$

$$= \frac{5-4}{4} \times 100\% = 25\%$$

정답 60 ③ 61 ③ 62 ③ 63 ④ 64 ② 65 ②

66 표건상태의 잔골재 500g을 건조시켜 기건상태에서 측정한 결과 460g, 절건상태에서 측정한 결과 450g이었다. 이 잔골재의 흡수율은?

① 8% ② 8.8%
③ 10% ④ 11.1%

해설

$$흡수율 = \frac{흡수량}{절건상태\ 중량} \times 100\%$$
$$= \frac{표건상태\ 중량 - 절건상태\ 중량}{절건상태\ 중량} \times 100\%$$
$$= \frac{500-450}{450} \times 100\% = 11.1\%$$

67 공기 중에 습기가 많을 때에는 수증기를 흡수하고 건조 시에는 방출하는 역할을 하며 모르타르에 혼합하여 성형판 또는 미장재로 사용하는 다공질재료는?

① 내한촉진제 ② 나노촉매제
③ 제올라이트 ④ 수화열저감제

해설

제올라이트는 고체 흡습제로서 감습이 필요한 곳에 적용되고 있다.

68 저급점토, 목탄가루, 톱밥 등을 혼합하여 성형 후 소성한 것으로 단열과 방음성이 우수한 벽돌은?

① 내화벽돌 ② 보통벽돌
③ 중량벽돌 ④ 경량벽돌

해설

경량벽돌(다공질벽돌)
- 방음벽, 단열층, 보온벽, 칸막이벽에 사용한다.
- 점토에 톱밥, 목탄 가루 등을 혼합하여 성형한 벽돌이다.
- 비중 및 강도가 보통벽돌보다 작다.
- 톱질과 못박기가 가능하다.

69 판두께 1.2mm 이하의 얇은 판에 여러 가지 모양으로 도려낸 철판으로서 환기공, 인테리어벽, 천장 등에 이용되는 금속 성형 가공제품은?

① 익스팬디드 메탈 ② 키스톤 플레이트
③ 펀칭 메탈 ④ 스팬드럴 패널

해설

펀칭 메탈(Punching Metal)
얇은 판에 여러 가지 모양으로 도려낸 철물로서 환기구 · 라디에이터 커버 등에 이용한다.

70 콘크리트 중의 공기량에 관한 설명으로 옳지 않은 것은?

① AE제의 혼입량이 증가하면 공기량도 증가한다.
② 단위시멘트량이 증가하면 공기량도 증가한다.
③ 컨시스턴시가 커지면 공기량도 증가한다.
④ 비빔시간에 따라 처음 1～2분간은 공기량이 급속히 증가한다.

해설

단위시멘트량이 증가하면 공기량은 감소한다.

71 TMCP강에 관한 설명으로 옳지 않은 것은?

① 항복비가 높아 내진성능이 낮다.
② 저탄소당량으로 용접성이 우수하다.
③ 강재의 두께가 증가하더라도 항복강도의 저하가 없다.
④ 제어압연을 기본으로 하고, 급랭에 의한 가속냉각법을 이용하여 필요성질을 확보한다.

해설

항복비
강재의 인장강도에 대한 항복강도의 비를 나타내는 것으로 낮을 경우 연성 및 소성능력이 커져 내진에 효과적이다. TMCP강은 항복비가 낮아 내진성능이 높다.

정답 66 ④ 67 ③ 68 ④ 69 ③ 70 ② 71 ①

72 도료상태의 방수재를 바탕면에 여러 번 칠하여 얇은 수지피막을 만들어 방수효과를 얻는 것으로 에멀션형, 용제형, 에폭시계 형태의 방수공법은?

① 시트방수

② 도막방수

③ 침투성 도포방수

④ 시멘트 모르타르 방수

해설

도막방수
멤브레인 방수의 일종으로 여러 차례의 도장을 통해 도막을 형성하여 방수하는 공법이다.

73 석고보드에 관한 설명으로 옳지 않은 것은?

① 부식이 잘되고 충해를 받기 쉽다.

② 단열성이 높다.

③ 시공이 용이하고 표면 가공이 다양하다.

④ 흡수로 인해 강도가 현저하게 저하된다.

해설

석고보드
무기질 재료로 제조함에 따라 부식 및 충해에 강하다.

74 합성수지 중에서 파이프, 튜브, 물받이통 등의 제품에 가장 많이 사용되는 열가소성 수지는?

① 페놀수지 ② 멜라민수지

③ 프란수지 ④ 염화비닐수지

해설

염화비닐수지
내수 · 내약품성, 전기절연성이 양호하고 내후성도 열가소성 수지 중에는 우수한 편이며, 파이프, 튜브, 물받이통 등의 제품에 가장 많이 사용되고 있다.

75 한국산업표준에 따른 보통 포틀랜드시멘트가 물과 혼합한 후 응결이 시작되는 시간(초결)으로 옳은 것은?

① 30분 후 ② 1시간 후

③ 1시간 30분 후 ④ 2시간 후

해설

시멘트의 응결시간은 실제 공사에 영향을 미치므로 응결개시와 종결 시간을 측정할 필요가 있다. 일반적으로 온도 20±3℃, 습도 80% 이상 상태에서 시험하며, 일반적인 응결시간은 1(초결)~10(종결)시간 정도이다.

76 응결과 경화의 속도가 소석고에 비하여 매우 늦어 경화촉진제로 화학처리하여 사용하며 경화 후 강도와 경도가 높고 광택을 갖는 미장재료는?

① 경석고 플라스터

② 보드용 플라스터

③ 돌로마이트 플라스터

④ 회반죽

해설

경석고 플라스터(킨즈 시멘트)
응결과 경화의 속도가 소석고에 비하여 매우 늦어 경화촉진제로 화학처리하여 사용하며 경화 후 강도와 경도가 높고 광택을 갖는 미장재료로서 고온소성의 무수석고를 특별한 화학처리를 통해 제조한 것이다.

77 비철금속 중 아연에 관한 설명으로 옳지 않은 것은?

① 건조한 공기 중에서는 거의 산화되지 않는다.

② 묽은 산류에 쉽게 용해된다.

③ 철판의 아연도금으로 사용된다.

④ 불순물인 철(Fe) · 카드뮴(Cd) · 주석(Sn) 등을 소량 함유하게 되면 광택이 매우 우수해진다.

해설

카드뮴이나 주석의 경우 함유하게 되면 광택이 우수해지나, 철 성분은 광택과는 큰 연관성이 없다.

정답 72 ② 73 ① 74 ④ 75 ② 76 ① 77 ④

78 목면, 마사, 양모, 폐지 등을 혼합하여 만든 원지에 스트레이트 아스팔트를 침투시킨 두루마리 제품으로 주로 아스팔트방수의 중간층 재료로 이용되는 것은?

① 아스팔트 펠트 ② 아스팔트 루핑
③ 아스팔트 싱글 ④ 아스팔트 블록

해설

② 아스팔트 루핑 : 아스팔트 제품 중 펠트의 양면에 블론 아스팔트를 피복하고 활석 분말 등을 부착하여 만든 제품이다(지붕에 기와 대신 사용).
③ 아스팔트 싱글 : 돌입자로 코팅한 루핑을 각종 형태로 절단하여 경사진 지붕에 사용하는 스트레이트형 지붕재료로서, 색상이 다양하고 외관이 미려한 지붕에 사용한다.
④ 아스팔트 블록 : 아스팔트에 쇄석, 모래, 광석분을 가열 · 혼합 · 가압하여 성형한 것이다.

79 콘크리트 슬래브의 거푸집 패널 또는 바닥판 등으로 사용하는 것은?

① 코너 비드 ② 데크 플레이트
③ 익스펜디드 메탈 ④ 퍼린

해설

데크 플레이트
얇은 강판 구조로서 슬래브 부분에 거푸집 대용으로 적용하여 콘크리트와 일체화되어 바닥판을 구성하는 재료이다.

80 다음 점토제품 중 소성온도가 높은 것에서 낮은 순서로 배열된 것은?

① 자기 – 석기 – 도기 – 토기
② 자기 – 도기 – 석기 – 토기
③ 도기 – 자기 – 석기 – 토기
④ 도기 – 석기 – 자기 – 토기

해설

소성온도 크기
자기>석기>도기>토기

5과목 건축일반

81 유사 소방시설로 분류되어 설치가 면제되는 기준으로 옳게 연결된 것은?(단, 유사 소방시설이 화재안전기준에 적합하게 설치된 경우)

① 연소방지설비 설치 → 스프링클러설비 면제
② 물분무등소화설비 설치 → 스프링클러설비 면제
③ 무선통신보조설비 설치 → 비상방송설비 면제
④ 누전경보기 설치 → 비상경보설비 면제

해설

특정소방대상물의 소방시설 설치의 면제기준(소방시설 설치 및 관리에 관한 법률 시행령 제14조 [별표 5])

설치가 면제되는 소방시설	설치면제 기준
스프링클러설비	• 스프링클러설비를 설치해야 하는 특정소방대상물(발전시설 중 전기저장시설은 제외한다)에 적응성 있는 자동소화장치 또는 물분무등소화설비를 화재안전기준에 적합하게 설치한 경우에는 그 설비의 유효범위에서 설치가 면제된다. • 스프링클러설비를 설치해야 하는 전기저장시설에 소화설비를 소방청장이 정하여 고시하는 방법에 따라 설치한 경우에는 그 설비의 유효범위에서 설치가 면제된다.

82 건축물의 피난층 또는 피난층의 승강장으로부터 건축물의 바깥쪽에 이르는 통로에 경사로를 설치하여야 하는 건축물이 아닌 것은?

① 승강기를 설치하여야 하는 건축물
② 교육연구시설 중 학교
③ 연면적 3,000m^2인 판매시설
④ 제1종 근린생활시설 중 마을회관

해설

판매시설의 경우 연면적이 5,000m^2 이상인 경우 건축물의 피난층 또는 피난층의 승강장으로부터 건축물의 바깥쪽에 이르는 통로에 경사로를 설치하여야 한다.

정답 78 ① 79 ② 80 ① 81 ② 82 ③

83 건축법령에서 정의하는 다음에 해당하는 용어는?

> 기존 건축물의 전부 또는 일부(내력벽 · 기둥 · 보 · 지붕틀 중 셋 이상이 포함되는 경우를 말한다)를 철거하고 그 대지에 종전과 같은 규모의 범위에서 건축물을 다시 축조하는 것을 말한다.

① 신축　② 개축

③ 증축　④ 재축

해설

건축의 분류

신축	• 건축물이 없는 대지에 새로 건축물을 축조하는 행위 • 기존 건축물이 철거 또는 멸실된 대지에 새로 건축물을 축조하는 행위 • 부속 건축물만 있는 대지에 새로 주된 건축물을 축조하는 행위	개축(改築) 또는 재축(再築)하는 것은 제외
증축	• 부속 건축물만 있는 대지에 새로 주된 건축물을 축조하는 행위 • 기존 건축물의 일부를 철거(멸실) 후 종전 규모보다 크게 건축물을 축조하는 행위 • 주된 건축물이 있는 대지에 새로 부속 건축물을 축조하는 행위	
개축	기존 건축물의 전부 또는 일부(내력벽 · 기둥 · 보 · 지붕틀 중 3가지 이상 포함)를 철거하고 그 대지 안에 종전과 동일한 규모의 범위 안에서 건축물을 다시 축조하는 것	
재축	건축물이 천재지변이나 그 밖의 재해(災害)로 멸실된 경우 그 대지에 종전과 같은 규모의 범위에서 다시 축조하는 것	
이전	건축물의 주요 구조부를 해체하지 아니하고 같은 대지의 다른 위치로 옮기는 것	

84 소방시설법령상 1급 소방안전관리 대상물에 해당되지 않는 것은?

① 30층 이하이거나 지상으로부터 높이가 120m 미만인 아파트

② 연면적 15,000m^2 이상인 특정소방대상물(아파트는 제외)

③ 연면적 15,000m^2 미만인 특정소방대상물로서 층수가 11층 이상인 것(아파트는 제외)

④ 가연성 가스를 1,000톤 이상 저장 · 취급하는 시설

해설

1급 소방안전관리대상물

㉠ 30층 이상(지하층은 제외한다)이거나 지상으로부터 높이가 120미터 이상인 아파트

㉡ 연면적 1만5천 제곱미터 이상인 특정소방대상물(아파트는 제외)

㉢ ㉡에 해당하지 아니하는 특정소방대상물로서 층수가 11층 이상인 특정소방대상물(아파트는 제외)

㉣ 가연성 가스를 1천 톤 이상 저장 · 취급하는 시설

85 방염성능기준 이상의 실내장식물 등을 설치하여야 하는 특정소방대상물에 해당되지 않는 것은?

① 근린생활시설 중 체력단련장

② 의료시설 중 종합병원

③ 층수가 15층인 아파트

④ 숙박이 가능한 수련시설

해설

방염성능기준 이상의 실내장식물 등을 설치하여야 하는 특정소방대상물에서 아파트는 제외된다.

86 소방시설의 종류 중 피난설비에 해당하는 것은?

① 비상조명등

② 자동화재속보설비

③ 가스누설경보기

④ 무선통신보조설비

해설

② 자동화재속보설비 : 경보설비

③ 가스누설경보기 : 경보설비

④ 무선통신보조설비 : 소화활동설비

정답　83 ②　84 ①　85 ③　86 ①

87 제2종 근린생활시설 중 일반음식점 및 휴게음식점의 조리장의 안벽은 바닥으로부터 얼마의 높이까지 내수재료로 마감하여야 하는가?

① 0.3m ② 0.5m
③ 1m ④ 1.2m

해설

거실 등의 방습(건축물의 피난 · 방화구조 등의 기준에 관한 규칙 제18조)
다음 어느 하나에 해당하는 욕실 또는 조리장의 바닥과 그 바닥으로부터 높이 1미터까지의 안벽의 마감은 이를 내수재료로 하여야 한다.
- 제1종 근린생활시설 중 목욕장의 욕실과 휴게음식점의 조리장
- 제2종 근린생활시설 중 일반음식점 및 휴게음식점의 조리장과 숙박시설의 욕실

88 바우하우스(Bauhaus)에 관한 설명으로 가장 거리가 먼 것은?

① 20세기 아방가르드의 운동이나 양식들을 장식적이고 감각적으로 현대 감각에 맞도록 표현하기 위한 운동
② 1919년 그로피우스(W. Gropius)를 중심으로 독일의 바이마르(Weimar)에 창설된 조형학교의 명칭
③ 예술적 창작과 공학적 기술을 통합하려는 목표로서 새로운 조형이념에 근거한 교육기관
④ 건축, 조각, 회화뿐만 아니라 현대 디자인의 발전에 결정적인 영향을 주었으며, 대량생산을 위한 원형제작을 지향

해설

20세기 아방가르드의 운동이나 양식들을 장식적이고 감각적으로 현대 감각에 맞도록 표현하기 위한 운동은 표현주의, 입체주의, 미래주의 등의 사조로 나타났다.

89 조적식 구조에 관한 설명으로 옳지 않은 것은?

① 조적식 구조인 각 층의 벽은 편심하중이 작용하지 아니하도록 설계하여야 한다.
② 조적식 구조인 내력벽의 기초(최하층의 바닥면 이하에 해당하는 부분을 말한다)는 독립기초로 하여야 한다.
③ 조적식 구조인 내력벽의 두께는 조적재가 벽돌인 경우에는 당해 벽높이의 1/20 이상, 블록인 경우에는 당해 벽높이의 1/16 이상으로 하여야 한다.
④ 조적식 구조인 내력벽으로 둘러싸인 부분의 바닥면적은 $80m^2$를 넘을 수 없다.

해설

조적식 구조인 내력벽의 기초의 경우 내력벽의 하중이 균등하게 전달될 수 있도록 기초형식을 줄기초(연속기초) 방식으로 적용해야 한다.

90 왕대공 지붕틀에 관한 설명으로 옳지 않은 것은?

① 왕대공과 마룻대는 가름장 장부맞춤을 한다.
② 평보와 ㅅ자보는 안장맞춤으로 한다.
③ ㅅ자보와 달대공은 빗턱통을 넣고 짧은 사개맞춤으로 한다.
④ 왕대공과 평보는 짧은 장부맞춤으로 한다.

해설

ㅅ자보와 달대공은 볼트 조임방식으로 하고, ㅅ자보와 왕대공은 빗턱통을 넣고 짧은 사개맞춤으로 한다.

91 시멘트 벽돌(표준형)을 가지고 2.0B의 가로벽을 쌓았을 때 벽의 두께로 가장 적합한 것은?

① 280mm ② 290mm
③ 340mm ④ 390mm

해설

표준형 벽돌
190×90×57mm
∴ 2.0B = 190 + 10 + 190 = 390mm

정답 87 ③ 88 ① 89 ② 90 ③ 91 ④

92 그리스, 로마건축에 대한 추억, 지성 및 아름다운 기품 재현을 목표로 18세기 중엽 이후 발생된 사조는?

① 르네상스 ② 낭만주의
③ 신고전주의 ④ 절충주의

해설

신고전주의
- 18세기 후반에서 19세기 초에 걸쳐 건축 등 다양한 문화 분야에서 고대 그리스 · 로마 문화의 부활을 목표로, 고고학적 탐구와 합리적인 미학을 바탕에 두고 있다.
- 주요 건축 : 에투알 개선문, 대영박물관, 에딘버러 중학교, 베를린 왕립극장 등이 있다.

93 문화 및 집회시설(전시장 및 동 · 식물원은 제외)의 용도로 쓰이는 건축물의 관람실 또는 집회실의 반자의 높이는 최소 얼마 이상이어야 하는가?(단, 관람실 또는 집회실로서 그 바닥면적이 $200m^2$ 이상인 경우)

① 2.1m ② 2.3m
③ 3m ④ 4m

해설

거실의 반자높이(건축물의 피난 · 방화구조 등의 기준에 관한 규칙 제16조)
- 거실의 반자는 그 높이를 2.1미터 이상으로 하여야 한다.
- 문하 및 집회시설(전시장 및 동 · 식물원은 제외), 종교시설, 장례식장 또는 위락시설 중 유흥주점의 용도에 쓰이는 건축물의 관람실 또는 집회실로서 그 바닥면적이 200제곱미터 이상인 것의 반자의 높이는 위의 규정에 불구하고 4미터(노대의 아랫부분의 높이는 2.7미터) 이상이어야 한다. 다만, 기계환기장치를 설치하는 경우에는 그러하지 아니하다.

94 급수 · 배수 등의 용도를 위하여 건축물에 설치하는 배관설비의 설치 및 구조에 관한 설명으로 옳지 않은 것은?

① 배관설비를 콘크리트에 묻는 경우 부식의 우려가 있는 재료는 부식방지조치를 할 것
② 건축물의 주요 부분을 관통하여 배관하는 경우에는 건축물의 구조내력에 지장이 없도록 할 것
③ 승강기의 승강로 안에는 승강기의 운행에 필요한 배관설비 외에 다른 용도의 배관설비를 함께 설치할 것
④ 압력탱크 및 급탕설비에는 폭발 등의 위험을 막을 수 있는 시설을 설치할 것

해설

승강기의 승강로 안에는 승강기의 운행에 필요한 배관설비 외의 배관설비를 설치하지 아니할 것

95 철근콘크리트 구조에 관한 설명으로 옳지 않은 것은?

① 철근콘크리트 건축물은 라멘 구조로 하는 것이 보통이다.
② 압축철근은 부재의 장기처짐에 관여한다.
③ 철근이 인장력에 충분히 저항할 수 있다.
④ 철골조에 비하여 철거가 매우 간단하다.

해설

철근콘크리트 구조는 일체식 구조로서 가구식 구조인 철골조에 비해 철거가 난해하다.

96 다음은 옥내소화전설비를 설치하여야 하는 특정소방대상물에 대한 기준이다. ( ) 안에 알맞은 것은?

> 건축물의 옥상에 설치된 차고 또는 주차장으로서 차고 또는 주차의 용도로 사용되는 부분의 면적이 ( ) 이상인 것

① $100m^2$ ② $150m^2$
③ $180m^2$ ④ $200m^2$

해설

옥내소화전을 설치해야 하는 특정소방대상물(소방시설 설치 및 관리에 관한 법률 시행령 [별표 4])
건축물의 옥상에 설치된 차고 · 주차장으로서 사용되는 면적이 $200m^2$ 이상인 경우 해당 부분

정답 92 ③ 93 ④ 94 ③ 95 ④ 96 ④

97 30세대의 공동주택을 신축할 경우 시간당 최소 몇 회 이상의 환기가 이루어질 수 있도록 자연환기설비 또는 기계환기설비를 설치하여야 하는가?

① 0.5회 ② 0.6회
③ 0.7회 ④ 0.8회

해설

30세대 이상의 공동주택을 신축할 경우에는 시간당 최소 0.5회 이상의 환기가 이루어질 수 있도록 환기계획을 수립해야 한다.

98 소방시설법령에 따라 무창층은 특정 조건을 가진 개구부 합계의 기준에 따라 판단하도록 되어 있는데 이 개구부의 요건으로 옳지 않은 것은?

① 크기는 지름 50cm 이상의 원이 내접(內接)할 수 있는 크기일 것
② 해당 층의 바닥면으로부터 개구부 밑부분까지의 높이가 1.2m 이내일 것
③ 도로 또는 차량이 진입할 수 있는 빈터를 향할 것
④ 내부 또는 외부에서 쉽게 파괴되지 않도록 할 것

해설

무창층에서의 개구부는 내부 또는 외부에서 쉽게 부수거나 열 수 있도록 해야 한다.

99 건축허가 등을 함에 있어서 미리 소방본부장 또는 소방서장의 동의를 받아야 하는 건축물 등의 범위기준으로 옳지 않은 것은?

① 지하층 또는 무창층이 있는 건축물(공연장 제외)로서 바닥면적이 100m^2 이상인 층이 있는 것
② 차고 · 주차장으로 사용되는 바닥면적이 200m^2 이상인 층이 있는 건축물이나 주차시설
③ 승강기 등 기계장치에 의한 주차시설로서 자동차 20대 이상을 주차할 수 있는 시설
④ 항공기격납고, 관망탑, 항공관제탑, 방송용 송수신탑

해설

지하층 또는 무창층이 있는 건축물(공연장 제외)로서 바닥면적이 150m^2 이상인 층이 있는 경우 건축허가 등을 함에 있어서 미리 소방본부장 또는 소방서장의 동의를 받아야 한다.

100 건축물의 바깥쪽에 설치하는 피난계단의 구조에 관한 기준으로 옳지 않은 것은?

① 계단은 그 계단으로 통하는 출입구외의 창문 등(망이 들어 있는 유리의 붙박이창으로서 그 면적이 각각 1m^2 이하인 것을 제외한다)으로부터 2m 이상의 거리를 두고 설치할 것
② 건축물의 내부에서 계단으로 통하는 출입구에는 30분 방화문을 설치할 것
③ 계단의 유효너비는 0.9m 이상으로 할 것
④ 계단은 내화구조로 하고 지상까지 직접 연결되도록 할 것

해설

건축물의 내부에서 계단으로 통하는 출입구에는 60+방화문 또는 60분 방화문을 설치하여야 한다.

6과목 건축환경

101 건축물의 에너지절약을 위한 단열계획으로 옳지 않은 것은?

① 외벽 부위는 외단열로 시공한다.
② 외피의 모서리 부분은 열교가 발생하지 않도록 단열재를 연속적으로 설치한다.
③ 건물의 창호는 가능한 한 작게 설계하되, 열손실이 적은 북측의 창면적은 가능한 한 크게 한다.
④ 창호면적이 큰 건물에는 단열성이 우수한 로이(Low-E) 복층창이나 삼중창 이상의 단열성능을 갖는 창호를 설치한다.

정답 97 ① 98 ④ 99 ① 100 ② 101 ③

해설

건물의 창호는 가능한 한 작게 설계하고, 열손실이 적은 북측의 창면적도 가능한 한 작게 한다.

102 인체의 열적 쾌적감에 영향을 미치는 물리적 온열요소에 속하지 않는 것은?

① 기류 ② 기온
③ 복사열 ④ 공기의 밀도

해설

물리적 온열요소
기온, 습도, 기류, 복사열

103 통기관의 설치목적과 가장 거리가 먼 것은?

① 배수계통 내의 배수 및 공기의 흐름을 원활히 한다.
② 모세관현상에 의해 트랩 봉수가 파괴되는 것을 방지한다.
③ 사이펀작용에 의해 트랩 봉수가 파괴되는 것을 방지한다.
④ 배수관 계통의 환기를 도모하여 관 내를 청결하게 유지한다.

해설

모세관현상
머리카락 등이 트랩에 끼고, 머리카락 틈을 통해 봉수가 빠져나가 봉수가 파괴되는 현상이다.

104 건축물의 피난·방화구조 등의 기준에 관한 규칙상 거실의 용도에 따른 조도 기준이 높은 것에서 낮은 순서대로 옳게 배열된 것은?(단, 바닥에서 85cm 높이에 있는 수평면의 조도)

① 독서 > 관람 > 설계 > 일반사무
② 독서 > 설계 > 관람 > 일반사무
③ 설계 > 일반사무 > 독서 > 관람
④ 설계 > 독서 > 관람 > 일반사무

해설

거실의 용도에 따른 조도 크기
설계(700lux) > 일반사무(300lux) > 독서(150lux) > 관람(70lux)

105 다음 중 공동주택에서의 결로 방지방법으로 옳지 않은 것은?

① 주방 벽 근처의 공기를 순환시킨다.
② 실내 세탁을 할 경우, 수증기 발생을 고려하여 적절히 환기한다.
③ 발코니 측벽의 경우, 열손실이 많으므로 물건 등을 쌓아서 막아 둔다.
④ 실내공기의 포화수증기량은 온도가 높을수록 많으므로 난방을 하여 상대습도를 낮춘다.

해설

발코니 측벽에 물건을 쌓아 둘 경우 환기가 불량해져 결로현상이 심화된다.

106 실내공기질 관리법령에 따른 신축 공동주택의 실내공기질 측정항목에 속하지 않는 것은?

① 벤젠 ② 라돈
③ 자일렌 ④ 에틸렌

해설

신축 공동주택의 실내공기질 권고기준(실내공기질 관리법 시행규칙 [별표 4의2])
- 폼알데하이드 : 210μg/m^3 이하
- 벤젠 : 30μg/m^3 이하
- 톨루엔 : 1,000μg/m^3 이하
- 에틸벤젠 : 360μg/m^3 이하
- 자일렌 : 700μg/m^3 이하
- 스티렌 : 300μg/m^3 이하
- 라돈 : 148Bq/m^3 이하

정답 102 ④ 103 ② 104 ③ 105 ③ 106 ④

107 다음의 조명에 관한 설명 중 ( ) 안에 알맞은 용어는?

> 실내 전체를 거의 똑같이 조명하는 경우를 (㉠)이라 하고, 어느 부분만을 강하게 조명하는 방법을 (㉡)이라 한다.

① ㉠ 직접조명, ㉡ 국부조명
② ㉠ 직접조명, ㉡ 간접조명
③ ㉠ 전반조명, ㉡ 국부조명
④ ㉠ 상시조명, ㉡ 간접조명

해설

실내 전체를 거의 똑같이 조명하는 경우를 전반조명이라 하고, 어느 부분만을 강하게 조명하는 방법을 국부조명이라 한다.

108 다음의 설명에 알맞은 음의 성질은?

> 음파는 파동의 하나이기 때문에 물체가 진행방향을 가로막고 있다고 해도 그 물체의 후면에도 전달된다.

① 반사 ② 흡음
③ 간섭 ④ 회절

해설

회절
음의 진행을 가로막고 있는 것을 타고 넘어가 후면으로 전달되는 현상을 말한다.

109 다음 중 습공기선도의 구성에 속하지 않는 것은?

① 비열 ② 절대습도
③ 습구온도 ④ 상대습도

해설

습공기선도의 구성
절대습도, 상대습도, 건구온도, 습구온도, 노점온도, 엔탈피, 현열비, 열수분비, 비체적, 수증기 분압 등으로 구성된다.

110 벽체의 차음성을 높이기 위한 방법으로 옳지 않은 것은?

① 벽체의 기밀성을 높인다.
② 벽체의 투과손실을 작게 한다.
③ 벽체는 되도록 무거운 재료를 사용한다.
④ 공명효과 및 일치효과가 발생되지 않도록 벽체를 설계한다.

해설

벽체의 투과손실을 크게 하여 투과가 되지 않게 한다.

111 다음의 건물 급수방식 중 수질오염의 가능성이 가장 큰 것은?

① 수도직결방식 ② 압력탱크방식
③ 고가탱크방식 ④ 펌프직송방식

해설

고가탱크방식
건물 옥상 부분에 물을 채워 놓기 때문에 해당 물탱크에 이물의 유입 등이 일어날 수 있어 급수방식 중 수질오염 가능성이 가장 크다.

112 다음과 같은 조건에서 재실인원 40명인 강의실에 요구되는 필요환기량은?

> • 실내 허용 CO_2 농도 : $0.001m^3/m^3$
> • 외기 중의 CO_2 함유량 : $0.0003m^3/m^3$
> • 1인당 실내 CO_2 발생량 : $0.021m^3/h$

① $900m^3/h$ ② $1,000m^3/h$
③ $1,100m^3/h$ ④ $1,200m^3/h$

해설

$$Q(\text{필요환기량}) = \frac{M(\text{발생량})}{C_i(\text{실내 허용 } CO_2 \text{ 농도}) - C_o(\text{외기 중의 } CO_2 \text{ 농도})}$$

$$= \frac{40 \times 0.021m^3/h}{0.001m^3/m^3 - 0.0003m^3/m^3} = 1,200m^3/h$$

정답 107 ③ 108 ④ 109 ① 110 ② 111 ③ 112 ④

113 중력환기에 관한 설명으로 옳지 않은 것은?

① 환기량은 개구부 면적에 비례하여 증가한다.

② 실내외의 온도차에 의한 공기의 밀도차가 원동력이 된다.

③ 개구부의 전후에 압력차가 있으면 고압 측에서 저압 측으로 공기가 흐른다.

④ 어떤 경우에서도 중성대의 하부가 공기의 유입 측, 상부가 공기의 유출 측이 된다.

해설

실내에 비해 실외의 온도가 높으면(실외가 상대적으로 저기압) 중성대의 상부가 공기의 유입 측, 하부가 공기의 유출 측이 된다.

114 불쾌 글레어의 발생 원인과 가장 거리가 먼 것은?

① 휘도가 높은 광원

② 시선에 노출된 광원

③ 눈에 입사하는 광속의 과다

④ 물체와 그 주위 사이의 저휘도 대비

해설

물체와 그 주위 사이의 고휘도 대비일 경우 불쾌 글레어가 발생할 가능성이 높아진다.

115 A실의 냉방부하를 계산한 결과 현열부하가 5,000W이다. 취출공기온도를 16℃로 할 경우 송풍량은?(단, 실온은 26℃, 공기의 밀도는 1.2kg/m³, 공기의 비열은 1.01kJ/kg · K이다)

① 약 825m³/h

② 약 1,240m³/h

③ 약 1,485m³/h

④ 약 2,340m³/h

해설

$$Q(\text{송풍량, m}^3/\text{h}) = \frac{q_s(\text{현열부하})}{\rho(\text{밀도}) \times C_P(\text{비열}) \times \Delta t(\text{취출온도차})}$$

$$= \frac{5{,}000\text{W(J/sec)} \times 3{,}600 \div 1{,}000}{1.2\text{kg/m}^3 \times 1.01\text{kJ/kgK} \times (26-16)}$$

$$= 1{,}485.15\text{m}^3/\text{h} \fallingdotseq 1{,}485\text{m}^3/\text{h}$$

116 개별급탕방식에 관한 설명으로 옳지 않은 것은?

① 배관의 열손실이 적다.

② 시설비가 비교적 싸다.

③ 규모가 큰 건축물에 유리하다.

④ 높은 온도의 물을 수시로 얻을 수 있다.

해설

규모가 큰 건축물에는 중앙식 급탕방식이 유리하다.

117 다음 중 음향장해 현상의 하나인 공명을 피하기 위한 대책으로 가장 알맞은 것은?

① 흡음재를 분산배치시킨다.

② 실의 마감을 반사재 중심으로 구성한다.

③ 실의 표면을 매끄러운 재료로 구성한다.

④ 실의 평면 크기 비율(가로 : 세로)을 1 : 3 이상으로 한다.

해설

흡음재를 분산배치하여 흡음효과가 전체 실에 걸쳐 균일하게 작용하게 하여 공명현상을 최소화한다.

118 점광원으로부터 일정 거리 떨어진 수평면의 조도에 관한 설명으로 옳지 않은 것은?

① 광원의 광도에 비례한다.

② cos(입사각)에 비례한다.

③ 거리의 제곱에 반비례한다.

④ 측정점의 반사율에 비례한다.

정답 113 ④ 114 ④ 115 ③ 116 ③ 117 ① 118 ④

해설

측정점의 반사율은 표면밝기의 척도인 휘도와 연관되어 있으며, 조도와는 관계없다.

119 **공기조화방식 중 단일덕트 재열방식에 관한 설명으로 옳지 않은 것은?**

① 전수방식의 특성이 있다.
② 재열기의 설치공간이 필요하다.
③ 잠열부하가 많은 경우나 장마철 등의 공조에 적합하다.
④ 부하특성이 다른 여러 개의 실이나 존이 있는 건물에 적합하다.

해설

단일덕트 재열방식은 전공기방식이다.

120 **다음 중 축동력이 가장 많이 소요되는 송풍기 풍량제어방법은?**

① 회전수 제어
② 토출댐퍼 제어
③ 흡입베인 제어
④ 흡입댐퍼 제어

해설

송풍기 축동력 소모량
토출댐퍼 제어>흡입댐퍼 제어>흡입베인 제어>가변익축류 제어>회전수 제어

정답 119 ① 120 ②

2019년 1회 실내건축기사

1과목 실내디자인론

01 다음 중 실내디자인의 평가 시 고려하여야 할 사항과 가장 거리가 먼 것은?

① 심미성 ② 기능성
③ 경제성 ④ 유행성

해설

실내디자인 평가 시 고려사항
심미성, 기능성, 경제성, 독창성

02 부엌 작업대의 배치유형 중 ㄱ자형에 관한 설명으로 옳지 않은 것은?

① 부엌과 식당을 겸할 경우 많이 활용된다.
② 다른 유형에 비해 작업면이 넓어 작업 효율이 가장 높다.
③ 작업을 위한 동작 범위가 일정한 범위에 놓이므로 편리하다.
④ 한쪽 면에 싱크대를, 다른 면에 가스레인지를 설치하면 능률적이다.

해설

부엌 작업대의 배치유형
- ㄱ자형(ㄴ자형) : 두 벽면을 이용하여 배치한 형식으로 비교적 넓은 주방에서 능률이 좋으나 모서리 부분에 이용도가 낮다.
- U자형(ㄷ자형) : 양측 벽면을 이용하여 수납공간이 넓고 이용하기가 편리하며, 다른 유형에 비해 작업면이 넓어 작업 효율이 가장 높다.

03 유니버설 디자인(Universal Design)의 개념과 가장 거리가 먼 것은?

① 공용화 설계
② 범용 디자인
③ 독창적 디자인
④ 모든 사람을 위한 디자인

해설

유니버설 디자인
성별, 연령, 국적, 문화적 배경, 장애의 유무에도 상관없이 누구나 손쉽게 쓸 수 있는 제품 및 사용 환경을 만드는 모든 사람을 위한 디자인이다.

04 실내공간을 수평방향으로 구획할 때 다음 중 구획의 효과가 가장 큰 방법은?

① 바닥 색채를 달리한다.
② 천장 장식의 변화를 준다.
③ 바닥 마감재료를 달리한다.
④ 바닥면의 높이 차이를 두어 단으로 처리한다.

해설

- 색채, 장식, 마감 재료의 변화 : 지각적으로 분할하여 간접적으로 공간구획의 효과를 얻는 방법이다.
- 바닥면의 높이 차이 및 천장면의 높이 차이 : 상징적 분할로 직접적인 공간구획의 효과를 얻을 수 있어 구획효과가 가장 큰 방법이다.

05 사무실의 개방식 배치의 한 형식으로 업무와 환경을 경영관리 및 환경적 측면에서 개선한 것으로 사무업무를 사람의 흐름과 정보의 흐름을 매체로 효율적인 네트워크가 되도록 배치하는 방법은?

① 조닝 ② 매트릭스
③ 버블다이어그램 ④ 오피스 랜드스케이프

정답 01 ④ 02 ② 03 ③ 04 ④ 05 ④

해설

오피스 랜드스케이프
오픈 오피스의 문제를 보완하여 발전된 유형으로 고정된 칸막이를 쓰지 않고 이동식 파티션이나 가구, 식물 등으로 공간이 구분되는 형식이며, 적당한 프라이버시를 유지하는 동시에 효율적인 사무공간을 연출할 수 있다.

06 주택의 부엌에서 작업 삼각형(Work Triangle)의 구성에 속하지 않는 것은?

① 냉장고 ② 배선대
③ 가열대 ④ 개수대

해설

작업 삼각형(Work Triangle)
냉장고 – 개수대 – 가열대

07 상점의 매장계획에 관한 설명으로 옳지 않은 것은?

① 고객에게 상품이 효과적으로 보이도록 진열장을 배치한다.
② 고객동선은 가능한 한 길어야 상품 구매력 향상에 유리하다.
③ 진열장의 내부조명은 고객이 서 있는 부분보다 밝게 하는 것이 좋다.
④ 판매 서비스의 효율성을 위해 종업원동선과 고객동선은 서로 중복시킨다.

해설

종업원동선계획
종업원의 판매행위나 출납 · 사무의 동선 등은 고객동선과 교차되지 않게 하며, 중복되지 않도록 한다. 특히, 두 동선이 만나는 곳에는 카운터, 쇼케이스 등을 배치한다.

08 실내디자인의 과정을 "프로그래밍 – 디자인 – 시공 – 사용 후 평가"로 볼 때 사용 후 평가에 관한 설명으로 옳지 않은 것은?

① 문제점을 발견하고 다음 작업의 기초자료로 활용한다.
② 시공 후 실내디자인에 대한 거주자의 만족도를 조사하는 것이다.
③ 다음 작업의 시행착오를 줄이기 위하여 디자이너가 평가하는 것이 보통이다.
④ 입주 후 충분한 시간이 경과한 후 실시하는 것이 결과의 정확도를 높일 수 있다.

해설

사용 후 평가[P.O.E(거주 후 평가)]
사용자에 대한 반응을 조사하여 설계의 본래의 요구기능이 충족되어 수행되는지 평가하는 것이다.

09 실내공간 구성요소 중 벽에 관한 설명으로 옳지 않은 것은?

① 높이 600mm 이하의 벽은 상징적 경계로서 두 공간을 상징적으로 분할한다.
② 높이 1,200mm 정도의 벽은 통행은 어려우나 시각적으로 개방된 느낌을 준다.
③ 실내공간 구성요소 중 가장 많은 면적을 차지하며 일반적으로 가장 먼저 인지된다.
④ 인간의 시선과 동작을 차단하며 소리의 전파, 열의 이동을 차단하는 수평적 요소이다.

해설

- 천장 : 인간의 시선과 동작을 차단하며 소리의 전파, 열의 이동을 차단하는 수평적 요소이다.
- 벽 : 인간의 시선이나 동선을 차단하고 외부로부터 침입 방어, 안전 및 프라이버시를 확보한다. 또한 단열 및 소음 차단, 도난 방지 등에 중요한 역할을 한다.

정답 06 ② 07 ④ 08 ③ 09 ④

10 상품의 진열범위 중 고객의 시선이 자연스럽게 머물고 손으로 잡기에 편리한 높이인 골든 스페이스(Golden Space)의 범위로 알맞은 것은?

① 650～950mm

② 750～1,050mm

③ 850～1,250mm

④ 950～1,350mm

해설

골든 스페이스(Golden Space)

- 가장 편안한 높이는 850～1,250mm이다.
- 눈높이 1,500mm 기준으로 시야 범위는 10°에서 하향 20° 사이가 가장 좋고, 상품의 진열범위는 바닥에서 600～2,100mm이다.

11 창(Window)에 관한 설명으로 옳은 것은?

① 고정창은 일반적으로 형태에 제약 없이 자유로이 디자인할 수 있다.

② 미서기창은 경사지게 열리므로 비나 눈이 올 때도 창을 열 수 있는 장점이 있다.

③ 여닫이창은 2짝 이상의 창문이 좌우로 개폐되며, 개폐에 있어 실내공간을 고려할 필요가 없다.

④ 윈도 월(Window Wall)은 밖으로 창과 함께 평면이 돌출된 형태로 아늑한 구석공간을 형성할 수 있다.

해설

②는 들창, ③은 미서기창, ④는 돌출창에 대한 설명이다.

※ **고정창** : 열리지 않는 고정된 창으로 채광과 조망을 위해 설치하여 빛을 유입시키는 기능을 한다. 또한 크기와 형태에 관계없이 자유롭게 디자인할 수 있다.

12 사무소 건축의 코어유형 중 2방향 피난에 이상적이며 방재상 유리한 것은?

① 편심 코어형 ② 양단 코어형

③ 중심 코어형 ④ 독립 코어형

해설

양단 코어형

코어가 분리되어 2방향 피난에 유리하며 방재계획상 가장 유리하다.

13 천장을 확산 투과 혹은 지향성 투과 패널로 덮고, 천장 내부에 광원을 일정한 간격으로 배치한 것으로, 천장면 전체가 발광면이 되고 균일한 조도의 부드러운 빛을 얻을 수 있는 건축화조명은?

① 루버 조명 ② 광천장 조명

③ 코니스조명 ④ 밸런스조명

해설

광천장 조명

건축 구조체로 천장에 조명기구를 설치하고 그 밑에 루버나 유리, 플라스틱 같은 확산 투과판으로 천장을 마감처리하는 조명방식이다. 천장면 전체가 발광면이 되고 균일한 조도의 부드러운 빛을 얻을 수 있다.

14 디자인의 원리 중 조화(Harmony)에 관한 설명으로 가장 적합한 것은?

① 인간의 주의력에 의해 감지되는 시각적 무게의 평형 상태를 의미한다.

② 디자인 요소들의 규칙적인 순환으로 나타나는 통제된 운동감을 의미한다.

③ 전체적인 구성방법이 질적, 양적으로 모순 없이 질서를 이루는 것이다.

④ 중심점으로부터 확산되거나 집중된 양상을 구성하여 리듬을 이루는 것이다.

해설

①은 균형, ②는 리듬, ④는 방사에 대한 설명이다.

※ **조화** : 둘 이상의 요소들이 상호 관련성에 의해 어울림을 느끼게 되는 상태이다.

정답 10 ③ 11 ① 12 ② 13 ② 14 ③

15 거실의 가구 배치에 관한 설명으로 옳지 않은 것은?

① ㄱ자형은 시선이 마주치지 않아 안정감이 있다.
② 일자형은 거실의 폭이 좁은 경우에 많이 이용된다.
③ 대면형은 일자형에 비해 가구 자체가 차지하는 면적이 작다.
④ ㄷ자형은 단란한 분위기를 주며 여러 사람과의 대화 시에 적합하다.

해설

대면형
일자형에 비해 가구 자체가 차지하는 면적이 크므로 실내가 협소해 보이고 동선이 길어진다.

16 현실적 형태에 관한 설명으로 옳지 않은 것은?

① 디자인에 있어서 형태는 대부분이 자연형태이다.
② 인위적 형태들은 휴먼스케일과 일정한 관계를 갖는다.
③ 인위적 형태는 그것이 속해 있는 시대성을 갖는다.
④ 자연형태는 자연계에 존재하는 모든 것으로부터 보이는 형태를 말한다.

해설

디자인에 있어서 형태는 현실적 형태이다.

현실적 형태
우리 주위에 시각적 · 촉각적으로 느껴지는 모든 존재의 형태이다.

자연형태	주위에 존재하는 모든 물상을 말하며 자연현상에 따라 끊임없이 변화하며 새로운 형태를 만들어낸다.
인위형태	인간이 인위적으로 만들어낸 모든 사물로서 구조체에서 볼 수 있는 형태이다.

17 조명의 연출기법 중 수직면과 평행한 광선을 벽에 비추어 벽면 재질감을 강조하며 광선에 의해 벽면에 조개무늬가 형성되는 것은?

① 스파클(Sparkle)기법
② 글레이징(Glazing)기법
③ 실루엣(Silhouette)기법
④ 빔플레이(Beam Play)기법

해설

글레이징기법
빛의 각도를 조절함으로써 마감의 재질감을 강조하는 기법으로, 수직면과 평행한 조명을 벽에 비춤으로써 마감재의 질감을 효과적으로 연출한다.

18 공통주택의 단면형식 중 메조넷형에 관한 설명으로 옳지 않은 것은?

① 다양한 평면구성이 가능하다.
② 주로 소규모 주택에 적용된다.
③ 각 세대의 프라이버시 확보가 용이하다.
④ 통로면적이 감소되어 유효면적이 증가된다.

해설

㉠ **단층형** : 소규모 주택에 적용된다.
㉡ **복층형 · 메조넷형**
- 한 주호가 2개 층 이상에 걸쳐 구성되는 형식으로 엘리베이터의 정지층 수를 적게 할 수 있어 효율적이면서 경제적이다.
- 복도가 없는 층은 피난상 불리하며 소규모 주택에는 비경제적이다.

19 다음 중 텍스처 선택 시 고려할 사항과 가장 거리가 먼 것은?

① 촉감
② 스케일
③ 공간의 방향성
④ 빛의 반사와 흡수

해설

질감(Texture)
질감의 선택에서 스케일, 빛의 반사와 흡수, 촉감 등이 중요하며 효과적인 질감 표현을 위해서는 색채와 조명을 동시에 고려해야 한다.

정답 15 ③ 16 ① 17 ② 18 ② 19 ③

20 다음의 평면형이 나타내는 극장의 유형은?

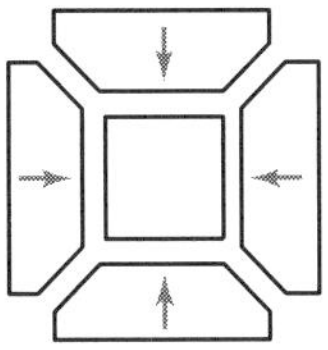

① 아레나형　　② 가변무대형
③ 프로시니엄형　　④ 오픈 스테이지형

해설

아레나형
중앙무대형으로 관객이 연기자를 360° 둘러싸서 관람하는 형식이며 많은 인원을 수용할 수 있다.

2과목 색채학

21 아래 그림은 비렌의 색채조화론이다. A에 들어갈 용어는?

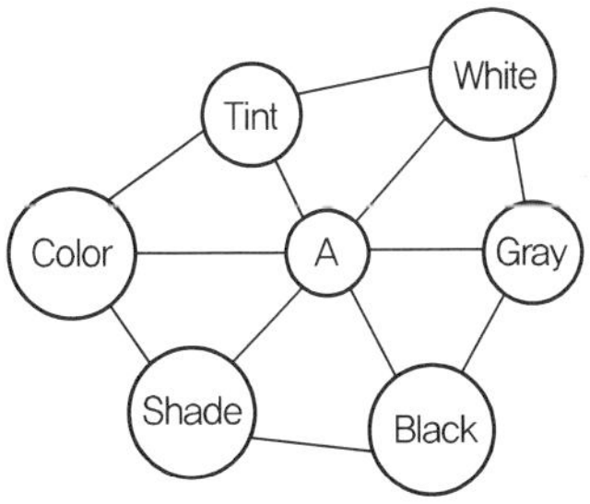

① Tone　　② Hue
③ Chroma　　④ Gray

해설

파버 비렌(Faber Birren)
색채의 미적 효과를 표현하는 데 7개의 개념인 톤(Tone), 흰색(White), 검정(Black), 회색(Gray), 순색(Color), 틴트(Tint), 색조(Shade)가 필요하다고 하였다.

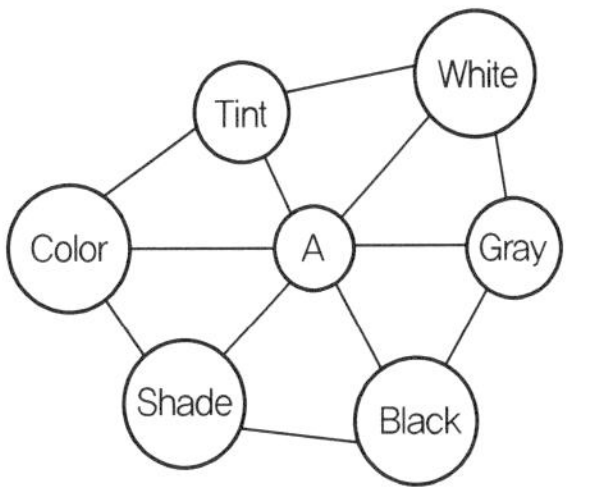

- 톤(Tone)
- 흰색(White)
- 검정(Black)
- 회색(Gray)
- 순색(Color)
- 틴트(Tint)
- 색조(Shade)

22 다음 중 가장 무겁게 느껴지는 색은?

① 회색　　② 초록
③ 노랑　　④ 주황

해설

색의 무게감
색상이 주는 가벼움과 무거움의 정도를 말하며 명도와 관계있다.
- 명도가 높은 밝은색 : 가벼운 느낌
- 명도가 낮은 어두운색 : 무거운 느낌

23 다음 중 색의 진출과 후퇴현상에 관한 설명으로 틀린 것은?

① 적색, 황색과 같은 난색은 진출해 보인다.
② 단파장 쪽의 색이 후퇴해 보인다.
③ 고명도의 색이 진출해 보인다.
④ 진출색은 수축색이 되고, 후퇴색은 팽창색이 된다.

해설

진출색은 팽창되고, 후퇴색은 수축된다.

난색과 한색
- 난색 : 따뜻한 느낌의 색으로 저명도, 장파장인 빨간색, 주황색, 황색 등이 있으며 팽창 · 진출성이 있다.
- 한색 : 차가운 느낌의 색으로 고명도, 단파장인 파란색 계열, 청록색 등이 있으며 수축 · 후퇴성이 있다.

정답　20 ①　21 ①　22 ①　23 ④

24 황색의 심벌(Symbol)을 눈에 잘 뜨이게 하려면 배경색은 다음 중 어느 색이 가장 좋은가?

① 밝은 회색　② 백색
③ 청색　④ 흑색

해설

명시성(시인성)

- 대상의 존재나 형상이 보이기 쉬운 정도를 말하며 멀리서도 잘 보이는 성질이다.
- 흑색 바탕에는 황색>백색>주황색>적색 순으로 명시도가 높다.

25 맥스웰 디스크(Maxwell's Disk)와 관계가 있는 것은?

① 병치혼합　② 회전혼합
③ 감산혼합　④ 색료혼합

해설

회전혼합

다른 2가지 색을 회전판에 적당한 비례로 붙이고 2,000~3,000회/min의 속도로 돌리면 판면이 혼색되어 보이는데, 이러한 현상을 맥스웰 회전판(Maxwell's Disc)이라고 한다.

26 분광반사율의 분포가 서로 다른 두 개의 색자극이 광원의 종류와 관찰자 등의 관찰조건을 일정하게 할 때에만 같은 색으로 보이는 경우는?

① 조건등색　② 연색성
③ 색각이상　④ 발광성

해설

조건등색

두 가지의 물체색이 다르더라도 어떤 조명 아래에서는 같은 색으로 보이는 현상을 말한다.

27 컬러 TV의 화상의 혼색방법은?

① 병치가법혼색　② 감산혼합
③ 색료혼합　④ 감법혼합

해설

병치가법혼색

2종류 이상의 색자극이 눈으로 구별할 수 없을 정도의 선이나 점으로 조밀하게 병치되어 인접색과 혼합되는 방법으로 컬러 TV, 컬러모니터 등이 여기에 속한다.

28 색의 삼속성이 아닌 것은?

① 색상－Hue　② 명도－Value
③ 채도－Chroma　④ 색조－Tone

해설

색조는 파버 비렌의 색채 7개념에 속한다.

색의 삼속성 : 색상, 명도, 채도

29 다음 보기는 어떤 기준의 색명인가?

Sepia, Prussian, Blue, Lavender, Emerald Green

① 계통색명　② 표준색명
③ 관용색명　④ 일반색명

해설

관용색명

옛날부터 관습적으로 전해 내려오면서 광물, 식물, 동물, 지명, 인명 등의 이름으로 사용하는 색으로 색감의 연상이 즉각적이다.

Sepia (세피아)	10YR 2.5/2 흑갈색, 오징어 먹물색
Prussian Blue (프러시안 블루)	2.5PB 2/6 프러시안 칼륨 용액에 제2철염 용액을 넣어 만드는 깊고 진한 파랑
Lavender (라벤더)	5P 6/5 연한 보라, 허브종의 하나인 라벤더의 꽃색
Emerald Green (에메랄드 그린)	5G 5/8 에메랄드 보석과 같은 선명하고 밝은 초록

정답　24 ④　25 ②　26 ①　27 ①　28 ④　29 ③

30 한국산업표준 KS에서 채택하여 사용하고 있는 표색계는?

① 문 · 스펜서 표기법 ② 먼셀 표색계
③ 오스트발트 표색계 ④ 비렌 표색계

해설

먼셀 표색계
한국공업규격으로 1965년 한국산업표준 KS규격(KS A 0062)에서 채택하였고, 교육용으로는 교육부 고시 312호로 지정하여 사용되고 있다. 주로 한국, 미국, 일본 등에서 사용되고 있다.

31 육안검색의 조건으로 알맞지 않은 것은?

① 육안검색 시 측정각은 45/0과 0/45 방식을 사용한다.
② 주변 환경을 먼셀 명도기호 N4로 갖춘다.
③ 측색광원은 1,000lx, D65 광원으로 검사한다.
④ 먼셀 색표와의 비교를 위해 C광원을 사용한다.

해설

명도수치는 N5~N7로 한다.

육안검색
㉠ 정의
색채의 일치를 확인하기 위해 색채 관측상자를 이용해 눈으로 색을 측정하는 것을 말한다.
㉡ 육안검색 시 조건
- 조도는 1,000lx로 한다.
- 표준광원으로 D65 광원이나 C광원을 사용한다.
- 색체계 L*a*b* 표색계를 사용한다.
- 명도수치는 N5~N7로 한다.
- 관찰자와 대상물의 관찰각도는 45°로 한다.
- 비교하는 눈의 각도는 2°, 10° 정도로 한다.
- 측색의 표기는 한국산업규격(KS)의 먼셀 기호로 표기한다.
- 조명의 균제도는 0.8 이상으로 한다.
- 관측면 바닥은 무광택 무채색이어야 한다.
- 바닥면의 크기는 30cm×40cm 이상이 적합하다.

32 다음 중 노란색과 배색하였을 때 가장 부드러운 느낌으로 조화되는 색은?

① 주황 ② 빨강
③ 보라 ④ 남색

해설

유사색상의 배색
인접한 색상은 자연스러운 연결로 부드러운 느낌을 준다.

33 다음 중 디바이스 독립 색체계는?

① CIE XYZ ② RGB
③ CMY ④ HSV

해설

디바이스 독립 색체계
인간의 시각으로 감지할 수 있는 모든 색영역을 100% 사용하여 정의될 수 있는 색공간을 말하는 것으로 이는 곧 CIE XYZ 색채공간이다.

34 슈브릘(M. E. Chevreul)의 색채조화론과 관계가 없는 것은?

① 도미넌트 컬러 ② 보색배색의 조화
③ 세퍼레이션 컬러 ④ 동일 색상의 조화

해설

슈브릘의 색채조화론

동시대비의 원리	명도가 비슷한 인접 색상을 동시에 배색하면 조화된다.
도미넌트 컬러의 조화	지배적인 색조의 느낌, 통일감이 있어야 조화된다.
세퍼레이션 컬러의 조화	두 색이 부조화일 때 그 사이에 흰색, 검은색을 더하면 조화된다.
보색배색의 조화	두 색의 원색에 강한 대비로 성격을 강하게 표현하면 조화된다.

35 우리가 영화 화면을 볼 때 규칙적으로 화면이 연결되어 언제나 지속되어 보이는 것과 관련 있는 것은?

① 정의 잔상 ② 부의 잔상
③ 대비효과 ④ 동화효과

정답 30 ② 31 ② 32 ① 33 ① 34 ④ 35 ①

해설

정의 잔상(양성잔상)

원래 자극과 색상이나 밝기가 같은 잔상을 말하며 부의 잔상보다 오래 지속된다. 예를 들어 TV, 영화, 횃불이나 성냥불을 돌릴 때 주로 볼 수 있고 양성잔상, 긍정적 잔상, 적극적 잔상, 등색잔상이라고 한다.

36 다음 중 색의 혼합에 대한 설명이 옳은 것은?

① C+M+Y를 가법혼색하면 암회색이 된다.
② C+M+Y를 감법혼색하면 백색이 된다.
③ R+G+B를 감법혼색하면 백색이 된다.
④ R+G+B를 가법혼색하면 백색이 된다.

해설

색의 혼합

- 가법혼색(색광혼합) : 빨강(R)+초록(G)+파랑(B)=흰색(W)
- 감법혼색(색료혼합) : 시안(C)+마젠타(M)+노랑(Y)=검정(B)

37 유채색의 수식형용사 중 '연한'을 뜻하는 것은? (단, 한국산업표준 KS 기준)

① Pale ② Deep
③ Vivid ④ Dull

해설

유채색의 수식형용사

수식형용사	대응영어	약호
선명한	Vivid	vv
흐린	Soft	sf
탁한	Dull	dl
밝은	Light	lt
어두운	Dark	dk
진(한)	Deep	dp
연(한)	Pale	pl

※ **페일톤(Pale Tone)** : '연한'을 뜻하며 채도는 아주 낮지만 가장 밝은색으로 흰색이 많이 섞여서 채도가 낮다.

38 다음 중 픽셀(Pixel)에 대한 내용이 아닌 것은?

① 픽셀이란 용어는 그림(Picture)과 요소(Element)의 합성어이다.
② 픽셀은 디지털 이미지의 최소 단위이다.
③ 디지털 콘텐츠의 저작권 관리를 위한 보호기술을 말한다.
④ 모니터 등에 나타나는 디지털 이미지의 경우 마치 수많은 타일로 구성된 모자이크 그림과 같이 사각형 픽셀의 집합으로 구성된 것이다.

해설

㉠ DRM(Digital Right Management) : 콘텐츠의 저작권 관리를 위해 보호기술을 말한다.
㉡ 픽셀
- 용어는 그림(Picture)과 요소(Element)의 합성어로 디지털 이미지를 이루는 최소한의 점을 화소라 하며 이를 픽셀(Pixel)이라는 단위로 나타낸다.
- X, Y좌표로 된 평면 위에 나타낼 수 있는 이미지의 최소단위가 픽셀이며 더 이상 쪼갤 수 없는 디지털 이미지의 기본요소이다.

39 헤링의 반대색설은 4원색설이라고도 한다. 무채색을 제외한 4색이 짝을 이뤄 동화 또는 이화작용을 일으키는데, 4색이 올바르게 짝을 이룬 것은?

① 빨강－노랑, 파랑－초록
② 노랑－파랑, 빨강－초록
③ 파랑－빨강, 노랑－초록
④ 빨강－파랑, 검정－보라

해설

헤링의 4원색설(반대색설, 대응색설)

무채색을 제외한 '빨강, 초록, 노랑, 파랑'의 4원색을 기본으로 망막에 3종의 광화학물질인 빨강－초록 물질, 노랑－파랑 물질, 검정－흰색 물질의 시세포질이 존재한다고 가정하고, 망막에 빛이 들어오면 동화(합성)와 이화(분해)라는 대립적인 화학적 변화를 일으킨다고 주장하였다.

정답 36 ④ 37 ① 38 ③ 39 ②

40 오스트발트 색채조화의 설명으로 틀린 것은?

① 유사색 가운데 색상 간격이 2~4인 2색의 배색은 약한 대비의 조화가 된다.
② 순도가 같은 계열의 색은 조화된다.
③ 흰색량이 같은 색은 조화된다.
④ 색생환의 중심에 대하여 반대 위치에 있는 2색의 배색을 이색조화라고 한다.

해설

①은 유사색 조화, ②는 등순색 계열의 조화, ③은 등백색 계열의 조화, ④는 2색상의 조화 중 반대색 조화에 대한 설명이다.

※ **이색조화** : 색상간격이 어느 정도 떨어진 2배속의 배색은 중간대비의 조화가 된다.

3과목 인간공학

41 특정음과 같은 크기로 들리는 1,000Hz 순음의 음압수준(dB)값으로 정의되는 소리의 척도는?

① phon ② sone
③ dB(A) ④ cd

해설

phon(폰)
감각적인 음의 크기를 나타내는 양을 가리키며 특정음과 같은 크기로 들리는 1,000Hz 순음의 음악수준(dB)을 의미한다.

42 시스템의 설계에서 고려되어야 하는 요소 중 자동차의 핸들을 왼쪽으로 돌리면 자동차도 왼쪽으로 회전하도록 하는 것과 관련이 있는 것은?

① 안전성(Safety)
② 양립성(Compatibility)
③ 표준성(Standardization)
④ 판별성(Discriminability)

해설

양립성
- 정의 : 자극과 반응, 인간의 예상과 기대가 일치되는 정로를 말한다.
- 종류 : 공간 양립성, 운동 양립성, 개념 양립성, 양식 양립성

43 피로에 관한 설명으로 틀린 것은?

① 심리적으로는 욕구수준을 떨어뜨린다.
② 생리적으로는 근육에서 발생할 수 있는 힘의 저하를 초래한다.
③ 보통 하루 정도면 숙면 등으로 회복이 가능한 정도를 만성피로 또는 곤비라고 한다.
④ 피로발생은 부하조건과 작업능력과의 상대적 관계로 생기는 부담에 의한 것이다.

해설

만성피로
오랜 기간 동안 축적되는 피로로서 휴식에 의해서 회복되지 않으며 축적피로라고 한다.

44 사용자가 조작실수를 하더라도 고장이 나지 않거나 피해를 주지 않도록 설계하는 개념은?

① Fail Safe
② Lock Out
③ Fool Proof
④ Temper Proof

해설

안전설계
- 풀 프루프(Fool Proof) : 작업자가 기계를 잘못 취급하여 불안전한 행동이나 실수를 하여도 기계설비의 안전기능이 작용되어 재해를 방지할 수 있는 기능을 가진 구조이다.
- 페일 세이프(Fail Safe) : 기계나 그 부품에 파손 · 고장이나 기능불량이 발생하여도 항상 안전하게 작동할 수 있는 기능을 가진 구조이다.
- 템퍼 프루프(Temper Proof) : 생산성과 작업의 용이성을 위해 작업자들은 종종 안전장치를 제거하고 사용하는 경우가 있다.

정답 40 ④ 41 ① 42 ② 43 ③ 44 ③

45 눈에 관한 설명으로 틀린 것은?

① 동공은 눈에 들어오는 광선의 양을 조절한다.
② 안근은 보려고 하는 대상 쪽으로 눈동자를 돌려주는 작용을 한다.
③ 수정체는 상의 초점을 맞추며, 먼 곳을 볼 때는 두꺼워지고 가까운 곳을 볼 때는 얇아진다.
④ 망막은 대상물에서 오는 빛을 받으며, 이 빛은 수정체에서 굴절되어 상하가 거꾸로 된 상을 비춘다.

해설

수정체는 상의 초점을 맞추며, 먼 곳을 볼 때는 얇아지고 가까운 곳을 볼 때는 두꺼워진다.

※ **수정체** : 모양체근으로 둘러싸여 있어서 긴장하면 두꺼워져 가까운 물체를 볼 수 있게 되고, 긴장을 풀면 얇아져서 먼 물체를 볼 수 있게 된다.

46 전신진동에 의한 신체적 영향으로 틀린 것은?

① 산소소비량이 증가되고, 폐환기도 촉진된다.
② 머리와 안면부에서는 20～30Hz의 진동에 공명한다.
③ 말초혈관이 수축되고 혈압이 상승하며, 맥박이 증가한다.
④ 혈액순환의 장애로 레이노(Raynaud)현상이 발생한다.

해설

진동의 영향
- 신체적 영향 : 심장의 혈관계에 대한 영향 및 교감신경계의 영향으로 혈압상승, 맥박의 증가, 발한 등의 증상이 나타난다.
- 혈액순환의 장애 : 동맥에 생기는 질병으로 동맥경화증 등 혈액공급의 장애를 일으키는 질병이다.

※ **레이노현상** : 한랭이나 심리적 변화에 의해 손가락이나 발가락 혈관의 연축(순간적인 자극으로 혈관이 오그라들었다가 다시 제 모습으로 이완되는 것)이 촉발되고 허혈발작으로 피부색조가 창백, 청색증, 발적의 변화를 보이면서 통증, 손발 저림 등의 감각변화가 동반되는 현상이다.

47 산업안전보건기준에 관한 규칙상 근로자가 상시 작업하는 장소의 작업면 조도 중 보통작업의 조도로 맞는 것은?(단, 갱내 작업장과 감광재료를 취급하는 작업장은 제외한다)

① 75lux 이상　② 150lux 이상
③ 300lux 이상　④ 750lux 이상

해설

적정 조명 기준

작업의 종류	작업면 조도
초정밀작업	750lux 이상
정밀작업	300lux 이상
보통작업	150lux 이상
기타작업	75lux 이상

48 단위면적당 표면에서 반사 또는 방출되는 광량을 무엇이라 하는가?

① 휘도(Luminance)　② 조도(Illuminance)
③ 반사율(Reflectance)　④ 광속(Luminous Flux)

해설

② 조도 : 어떤 물체가 표면에 도달하는 빛의 단위면적당 밀도
③ 광도 : 광원에서 어느 방향으로 나오는 빛의 세기를 나타내는 양
④ 반사율 : 표면에 도달하는 빛과 결과로서 나오는 광도의 관계

49 그림과 같은 방법으로 밟는 근력을 측정하였을 때 다리의 위치와 방향을 고려한 밟는 근력이 가장 약한 지점은?

① A
② B
③ C
④ D

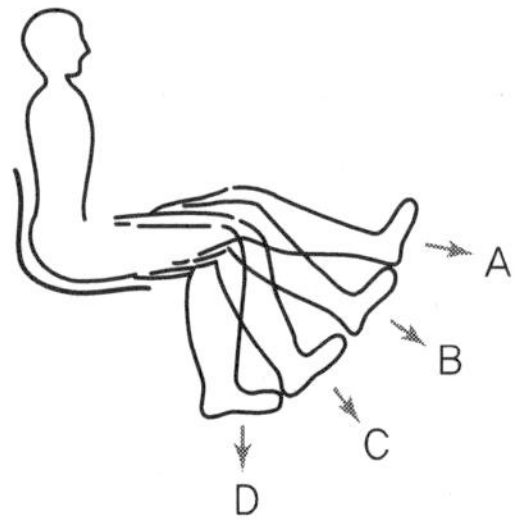

정답　45 ③　46 ④　47 ②　48 ①　49 ④

해설

근력은 각도에 따라서 차이가 많이 나며 각도가 작을수록 근력이 가장 약하다.

50 인간공학의 정의에 관한 내용 중 가장 적합하지 않은 것은?

① 인간을 위한 공학적 설계방법이다.
② 기술발전에 부합하여 인간의 능력을 향상시키기 위한 것이다.
③ 인간이 지니고 있는 여러 가지 속성들을 연구하여 이에 맞는 환경을 제공하고자 하는 것이다.
④ 크게 심리학에 바탕을 둔 분야와 생리학이나 역학에 바탕을 둔 분야로 구분할 수 있다.

해설

인간공학
작업환경에서 작업자의 신체적 특성이나 행동하는 데 받는 제약조건 등이 고려된 시스템을 디자인하여 인간과 기계 및 작업환경과의 조화가 잘 이루어질 수 있도록 작업자의 안전, 작업능률을 향상하려는 것이다.

51 일반적인 입식 작업대의 높이에 대한 설명으로 맞는 것은?

① 중작업일수록 작업대의 높이가 높은 것이 좋다.
② 모든 작업대의 높이는 낮은 것이 높은 것보다 좋다.
③ 모든 작업대의 높이는 높은 것이 낮은 것보다 좋다.
④ 섬세한 작업일수록 작업대의 높이가 높은 것이 좋다.

해설

입식 작업대 높이
- 섬세한 작업일수록 높아야 하며, 거친 작업은 약간 낮은 편이 유리하다.
- 경(輕)조립 또는 이와 비슷한 조작작업 : 팔꿈치 높이보다 5~10cm 정도 낮게 한다.
- 아래로 많은 힘을 필요로 하는 중작업(무거운 물건을 다루는 작업) : 팔꿈치 높이를 10~30cm 정도 낮게 한다.
- 전자조립과 같은 정밀작업(높은 정밀도를 요구하는 작업) : 작업면을 팔꿈치 높이보다 10~20cm 정도 높게 하는 것이 유리하다.

52 실효온도(Effective Temperature)와 가장 관계가 적은 것은?

① 상대습도 ② 공기의 유동
③ 피부의 발한율 ④ 주위의 온도

해설

실효온도(체감온도, 감각온도)
온도, 습도 및 공기의 유동이 인체에 미치는 열효과를 하나의 수치로 통합한 경험적 감각지수이며 실제로 감각되는 온도로서 실감온도라고도 한다.

53 밝은 곳에서 갑자기 어두운 곳으로 들어가면 잘 보이지 않는 암순응(Dark Adaptation)에 대한 설명으로 틀린 것은?

① 동공이 확대된다.
② 완전 암순응은 완전 명순응보다 빠르다.
③ 색에 민감한 원추세포는 감수성을 잃게 된다.
④ 암순응 된 눈은 적색이나 보라색에 가장 둔감하다.

해설

암순응에 걸리는 시간은 일반적으로 명순응에 걸리는 시간보다 길어서 완전한 암순응에는 30분 혹은 그 이상이 걸리기도 한다. 명순응은 암순응보다 훨씬 빠르다.

54 계기판의 지침(指針)설계에 관한 설명으로 가장 적절한 것은?

① 지침의 끝은 되도록 둥글게 한다.
② 지침은 눈금면과 가능한 한 밀착시킨다.
③ 지침의 끝은 최소 눈금선과 겹치게 한다.
④ 지침의 끝과 눈금 사이는 가급적 간격이 떨어져야 한다.

해설

① 지침의 끝은 뾰족하게 한다.
③ 지침의 끝은 최소 눈금선과 겹치지 않게 한다.
④ 지침의 끝과 눈금 사이는 가급적 간격을 밀착시킨다.

정답 50 ② 51 ④ 52 ③ 53 ② 54 ②

지침설계
- 선각이 약 20° 정도인 뾰족한 지침을 사용한다.
- 지침의 끝은 작은 눈금과 맞닿게 하되 겹치지는 않도록 한다.
- 시차(時差)를 없애기 위해 지침을 눈금면에 밀착시킨다.
- 원형 눈금의 경우 지침색은 선단에서 눈금의 중심까지 칠한다.

55 작업방법을 설계할 때 고려해야 하는 사항에 대한 설명으로 틀린 것은?

① 몸의 자연적인 리듬감을 이용한다.
② 손을 대칭적으로 동시에 몸의 중심으로부터 앞뒤로 움직이도록 한다.
③ 힘든 작업을 한 직후 정확하고 세밀한 작업을 하지 않도록 한다.
④ 방향의 변화를 줄 때 곡선운동보다 계속적인 직선운동이 좋다.

해설

방향의 변화를 줄 때 직선운동보다 계속적인 곡선운동이 좋다.

작업방법 설계 시 고려사항
- 작업동작에 자연스러운 리듬이 생기도록 작업을 배치한다.
- 제한된 동작 또는 급격한 방향전환보다는 유연한 동작이 좋다.
- 직선동작보다는 연속적인 곡선동작을 취하는 것이 좋다.
- 양팔은 각기 반대방향에서 대칭적으로 동시에 움직여야 한다.

56 인체 골격의 주요 기능이 아닌 것은?

① 조혈작용
② 체내의 장기 보호
③ 신체의 지지 및 형상 유지
④ 수축과 이완을 통한 관절의 움직임

해설

골격의 주요 기능
신체의 지지 및 형상 유지, 조혈작용, 체내의 장기 보호, 무기질 저장, 가동성 연결

57 소음으로 인한 생리적 영향으로 거리가 먼 것은?

① 혈압의 상승　② 호흡수의 감소
③ 말초혈관의 수축　④ 부신피질 호르몬의 감소

해설

소음으로 인한 생리적 영향
- 혈압 상승, 신진대사 증가, 발한 촉진
- 말초 순환계의 혈관 수축
- 부신피질 기능 저하
- 동공, 맥박 강도, EEG 등의 변화
- 위액 및 위장관 운동 억제

58 비상탈출구의 크기를 설계할 때 설계원칙으로 적절한 것은?

① 최대치 설계　② 최소치 설계
③ 조절식 설계　④ 평균치 설계

해설

최대치 설계
출입문, 비상탈출구의 크기, 통로 등과 같은 공간여유, 버스 내 승객용 좌석 간의 거리, 위험구역 울타리, 작업대와 의자 사이의 간격을 정할 때 사용된다.

59 정성적 표시장치가 사용되는 경우로 가장 거리가 먼 것은?

① 변수의 상태나 조건을 판정할 경우
② 변화 경향이나 변화율을 조사할 경우
③ 정확한 값을 판정할 필요가 있을 경우
④ 목표로 하는 값의 범위를 유지할 경우

해설

정성적 표시장치
- 온도, 압력, 속도와 같이 연속적으로 변하는 변수의 대략적인 값이나 또는 변화 추세, 변화율 등을 알고자 할 때 사용된다.
- 근본 자료 자체는 통상 정량적인 것이다.
- 나타내는 값이 정상상태인지 여부를 판정하는 상태점검에도 사용된다.

정답　55 ④　56 ④　57 ②　58 ①　59 ③

60 물체를 볼 때 두 눈에는 서로 다른 상이 비친다. 이러한 현상은 무엇을 지각하는 수단인가?

① 깊이 ② 크기
③ 모양 ④ 명암

해설

양안부등(망막부등)
사람의 두 눈은 약 7cm 정도 떨어져 있으므로 두 망막에 비친 망막상에 약간 차이가 있는데 이로 인해 깊이 지각(입체시)이 가능하다.

4과목 건축재료

61 일반적인 콘크리트의 열팽창계수로 옳은 것은?

① 1×10^{-4}/℃ ② 1×10^{-5}/℃
③ 1×10^{-6}/℃ ④ 1×10^{-7}/℃

해설

콘크리트의 선팽창(열팽창)계수 : 1×10^{-5}/℃

62 고강도 콘크리트란 설계기준압축강도가 일반적으로 최소 얼마 이상인 콘크리트를 지칭하는가?(단, 보통 콘크리트의 경우)

① 27MPa ② 35MPa
③ 40MPa ④ 45MPa

해설

고강도 콘크리트
보통 콘크리트의 경우 압축강도가 40MPa 이상, 경량(골재) 콘크리트의 경우 27MPa 이상인 콘크리트를 의미한다.

63 목재의 유용성 방부제로서 자극적인 냄새 등으로 인체에 피해를 주기도 하여 사용이 규제되고 있는 것은?

① PCP 방부제 ② 크레오소트유
③ 아스팔트 ④ 불화소다 2% 용액

해설

유기계 방충제(PCP : Penta－Chloro Phenol)
- 무색이고 방부력이 가장 우수하다.
- 침투성이 매우 양호하다.
- 수용성 및 유용성이 있다.
- 페인트칠이 가능하다.
- 고가이며, 석유 등의 용제에 녹여 써야 한다.
- 자극적인 냄새 및 독성이 있어 사용이 규제되고 있다.
- 처리제는 황록색이다.

64 점토제품 공정에 대한 설명으로 옳지 않은 것은?

① 소성은 보통 터널요에 넣어서 서서히 가열한다.
② 시유의 경우 유약을 착색하기 위하여 석회, 아연유, 식염유 등의 재료가 사용된다.
③ 건조는 자연건조 또는 소성가마의 여열을 이용한다.
④ 반죽을 조합된 점토에 물을 부어 비벼 수분이나 경도를 균질하게 하고, 필요한 점성을 부여한다.

해설

시유의 경우 유약을 착색하기 위하여 석회, 규석, 장석 등의 재료가 사용된다.

65 비철금속재료의 특성에 관한 설명으로 옳지 않은 것은?

① 동은 상온의 건조공기 중에서 변화하지 않으나 습기가 있으면 광택을 소실하고 녹청색으로 된다.
② 알루미늄은 비중이 비교적 작고 연질이며 강도도 낮다.
③ 납은 비중이 크고 연질이며 전성, 연성이 풍부하다.
④ 아연은 산 및 알칼리에 강하나 공기 중 및 수중에서는 내식성이 작다.

해설

아연은 산 및 알칼리에 약하나, 공기 중 및 수중에서의 내식성은 강하다.

정답 60 ① 61 ② 62 ③ 63 ① 64 ② 65 ④

66 단열재료에 관한 설명으로 옳지 않은 것은?

① 단열재료는 보통 다공질의 재료가 많으며, 열전도율이 낮을수록 단열성능이 좋은 것이라 할 수 있다.

② 암면은 변질되지 않고 내구성이 뛰어나지만, 불에 타고 무겁다는 단점이 있다.

③ 단열재료의 대부분은 흡음성도 우수하므로 흡음재료로도 이용된다.

④ 유리면은 일반적으로 결로수가 부착되면 단열성이 크게 저하되므로 방습성이 있는 시트로 감싼 상태에서 사용된다.

해설

암면은 변질되지 않고 내구성이 뛰어나며 불에 타지 않고 가벼운 장점이 있다.

67 강재(鋼材)의 인장강도가 최대로 되는 지점의 온도는 약 얼마인가?

① 상온 ② 약 100℃ 정도
③ 약 250℃ 정도 ④ 약 500℃ 정도

해설

강재의 온도특성

온도	특징
130~200℃	강재의 성질변화가 크지 않음
200~250℃	200℃ 이상에서 강재의 거동이 비선형적으로 되고 연신율은 최소이며, 청열취성 현상이 발생
250~300℃	인장강도가 최대
500~600℃	상온 인장강도 및 항복강도의 1/2로 감소

68 탄소강의 물리적 성질과 탄소량과의 관계에 관한 설명으로 옳은 것은?

① 탄소량이 일정하면 가공상태나 열처리조건에 따른 물리적 성질의 변화는 없다.

② 탄소강의 비중, 열팽창계수, 열전도도는 탄소량이 증가할수록 증가한다.

③ 탄소강의 비열, 전기저항, 항자력은 탄소량이 증가할수록 증가한다.

④ 탄소강의 내식성은 탄소량이 증가할수록 증가한다.

해설

① 탄소량이 일정하더라도 가공상태나 열처리조건에 따른 물리적 성질이 변할 수 있다.
② 탄소강의 비중, 열팽창계수, 열전도도는 탄소량이 증가할수록 감소한다.
④ 탄소강의 내식성은 탄소량이 증가할수록 감소한다.

69 점토제품 중 흡수율이 1% 이하로 흡수율이 가장 작은 제품은?

① 토기 ② 도기
③ 석기 ④ 자기

해설

흡수율 크기

자기(1% 이하)<석기(8% 이하)<도기(15~20% 이하)<토기(20~30% 이하)

70 합성수지의 일반적인 성질에 관한 설명으로 옳지 않은 것은?

① 착색이 자유롭고 가공성이 우수하다.

② 내열성, 내화성이 작고 비교적 저온에서 연화된다.

③ 전성, 연성이 작아 표면에 상처가 나기 쉽다.

④ 내산, 내알칼리 등의 내화학성 및 전기절연성이 우수하다.

해설

합성수지는 전성, 연성이 크다.

정답 66 ② 67 ③ 68 ③ 69 ④ 70 ③

71 콘크리트 배합 시 사용되는 혼화재료에 관한 설명으로 옳지 않은 것은?

① 실리카퓸은 콘크리트의 경량화를 주목적으로 사용된다.
② AE제를 사용한 콘크리트는 동결융해에 대한 저항성이 향상된다.
③ 염화칼슘은 우수한 응결촉진제로서 저온에서도 상당한 강도증진을 볼 수 있어 한중콘크리트 사용에 유효하다.
④ 플라이애시를 사용하면 초기강도는 낮지만 장기강도는 증가한다.

해설

실리카퓸(Silica Fume)
전기로에서 금속규소나 규소철을 생산하는 과정 중 부산물로 생성되는 매우 미세한 입자로서 고강도 콘크리트 제조 시 사용되는 포졸란계 혼화재이다.

72 아스팔트 루핑에 관한 설명으로 옳은 것은?

① 펠트의 양면에 스트레이트 아스팔트를 가열용융시켜 피복한 것이다.
② 블론 아스팔트를 용제에 녹인 것으로 액상이다.
③ 석유, 석탄공업에서 경유, 중유 및 중유분을 뽑은 나머지로 대부분은 광택이 없는 고체로 연성이 전혀 없다.
④ 평지부의 방수층, 슬레이트평판, 금속판 등의 지붕깔기바탕 등에 이용된다.

해설

아스팔트 루핑
아스팔트 제품 중 펠트의 양면에 블론 아스팔트를 피복하고 활석 분말 등을 부착하여 만든 제품으로서 지붕에 기와 대신 사용한다.

73 단열재가 구비해야 할 조건으로 옳지 않은 것은?

① 어느 정도의 기계적인 강도가 있을 것
② 열전도율이 낮고 비중이 클 것
③ 내화성 및 내부식성이 좋을 것
④ 흡수율이 낮을 것

해설

단열재는 열전도율이 낮고 비중이 작아야 한다.

74 다음 중 콘크리트의 건조수축에 관한 설명으로 옳은 것은?

① 단위시멘트량이 작을수록 커진다.
② 단위수량이 클수록 커진다.
③ 골재입자의 크기가 작을수록 작아진다.
④ 습윤양생을 한 경우가 공기 중에서 건조되는 경우보다 크다.

해설

① 단위시멘트량이 작을수록 작아진다.
③ 골재입자의 크기가 작을수록 커진다.
④ 습윤양생을 한 경우가 공기 중에서 건조되는 경우보다 작다.

75 파손 방지, 도난 방지 또는 진동이 심한 장소에 적합한 망입(網入)유리의 제조 시 사용되지 않는 금속선은?

① 철선(철사) ② 황동선
③ 청동선 ④ 알루미늄선

해설

망입유리 제조에 쓰는 금속선은 주로 철과 알루미늄, 황동이 적용되고 있으며, 구리와 주석의 합금인 청동은 쓰이지 않고 있다.

정답 71 ① 72 ④ 73 ② 74 ② 75 ③

76 콘크리트 배합 시 시멘트 $1m^3$, 물 2,000L인 경우 물-시멘트비는?(단, 시멘트의 밀도는 $3.15g/cm^3$이다)

① 약 15.7%　　② 약 20.5%

③ 약 50.4%　　④ 약 63.5%

해설

$$W/C비 = \frac{물의\ 양}{시멘트의\ 양} = \frac{2{,}000L \times 1kg/L}{1m^3 \times 3{,}150kg/m^3} = 0.635 = 63.5\%$$

77 합성수지를 전색제로 쓰고 소량의 안료와 인산을 첨가한 도료는?

① 워시 프라이머　　② 오일 프라이머

③ 규산염 도료　　④ 역청질 도료

해설

워시 프라이머
경금속소지와 반응하는 인산과 폴리비닐부티랄수지를 주성분으로 한 철재면의 전처리 프라이머이다.

78 인조석 갈기 및 테라초 현장갈기 등에 사용되는 줄눈철물의 명칭은?

① 인서트(Insert)

② 앵커볼트(Anchor Bolt)

③ 펀칭메탈(Punching Metal)

④ 줄눈대(Metallic Joiner)

해설

줄눈대(Metallic Joiner)
황동성분으로 만들어지며, 인조석 갈기 및 테라초 현장갈기 등에 사용되는 줄눈이다.

79 다음 중 목재의 방화제로 이용되는 것은?

① 제2인산암모늄　　② 콜타르

③ 황산동　　④ 불화소다

해설

제1인산암모늄과 제2인산암모늄은 목재의 방화제뿐만 아니라 분말소화기의 재료로도 적용되고 있다.

80 방사선 차단용으로 사용되는 시멘트 모르타르로 옳은 것은?

① 질석 모르타르　　② 아스팔트 모르타르

③ 바라이트 모르타르　　④ 활석면 모르타르

해설

바라이트 모르타르
시멘트, 모래, 바라이트(중정석)를 주재료로 한 모르타르로서 비중이 큰 바라이트 성분 때문에 방사선 차단용으로 사용하고 있다.

5과목 건축일반

81 고딕양식의 주요 요소와 가장 거리가 먼 것은?

① 첨두아치　　② 돔

③ 트레이서리　　④ 플라잉 버트레스

해설

고딕양식에서의 지붕은 돔의 형태가 아닌 뾰족한 첨두형 아치가 주류를 이루었다.

82 프리스트레스트(Prestressed) 콘크리트의 특징이 아닌 것은?

① 기둥과 같이 압축력을 받는 부재는 프리스트레스를 가하면 구조적으로 불리하다.

② 프리스트레스를 가하면 콘크리트 압축응력이 증가한다.

③ 프리스트레스를 가하면 콘크리트에 균열발생이 증가한다.

④ 내화성이 떨어진다.

정답　76 ④　77 ①　78 ④　79 ①　80 ③　81 ②　82 ③

해설

프리스트레스를 가할 경우 콘크리트의 압축응력이 증가하므로 균열발생이 감소하게 된다.

83 **소방청장, 소방본부장 또는 소방서장은 소방특별조사를 하려면 며칠 전에 관계인에게 조사대상, 조사기간 및 조사사유 등을 서면으로 알려야 하는가?**

① 5일 ② 7일
③ 9일 ④ 12일

해설

소방특별조사를 하려면 관계인에게 7일 전에 관련 사항을 서면으로 알려야 한다.

84 **콘크리트 블록쌓기에 관한 설명으로 옳지 않은 것은?**

① 블록은 살(Shell)두께가 큰 면을 아래로 하여 쌓는다.
② 줄눈은 일반적으로 막힌줄눈으로 하며 철근으로 보강하는 등 특별한 경우에는 통줄눈으로 한다.
③ 모르타르 접촉면은 적당히 물축이기를 한다.
④ 규준틀에는 수평선을 치고 모서리, 중간요소에 먼저 기준이 되는 블록을 수평실에 맞추어 다림추 등을 써서 정확하게 설치한 다음 중간블록을 쌓는다.

해설

블록은 살(Shell)두께가 작은 면을 아래로 하여 쌓는다.

85 **목구조에 사용하는 이음과 맞춤에 관한 설명으로 옳은 것은?**

① 이음과 맞춤은 공작이 복잡한 것을 쓰고 모양에 치중한다.
② 이음과 맞춤의 단면은 응력의 방향에 수평으로 한다.
③ 이음과 맞춤은 응력이 많이 작용하는 곳에서 만든다.
④ 이음과 맞춤부재는 가급적 적게 깎아내어 약하게 되지 않도록 한다.

해설

① 이음과 맞춤은 공작이 단순한 것을 쓰고 모양보다는 구조적인 사항에 주의를 기울인다.
② 이음과 맞춤의 단면은 응력의 방향에 수직으로 한다.
③ 이음과 맞춤은 응력이 적게 작용하는 곳에서 만든다.

86 **판매시설에서 판매시설의 용도에 쓰이는 피난층에 설치하는 건축물 바깥쪽으로의 출구의 유효너비 합계는 얼마인가?(단, 바닥면적이 최대인 층에 있어서의 해당 용도의 바닥면적이 $7,000m^2$인 경우)**

① 30m ② 42m
③ 48m ④ 50m

해설

$$\text{출구의 총유효너비} = \frac{7,000}{100} \times 0.6 = 42\text{m}$$

87 **다음 중 소방시설의 한 종류인 경보설비에 해당되지 않는 것은?**

① 비상방송설비 ② 자동화재속보설비
③ 비상콘센트설비 ④ 통합감시설비

해설

비상콘센트설비는 소화활동설비에 속한다.

88 **다음 중 핀접합이 주로 사용되는 곳이 아닌 것은?**

① 아치의 지점 ② 트러스의 단부
③ 인장재의 접합부 ④ 기둥 상부 절점

해설

기둥 상부 절점에는 강접이 주로 사용된다.

정답 83 ② 84 ① 85 ④ 86 ② 87 ③ 88 ④

89 단독주택 및 공동주택의 환기를 위하여 거실에 설치하는 창문 등의 면적은 최소 얼마 이상이어야 하는가? (단, 기계환기장치 및 중앙관리방식의 공기조화설비를 설치하지 않은 경우)

① 거실 바닥면적의 5분의 1

② 거실 바닥면적의 10분의 1

③ 거실 바닥면적의 15분의 1

④ 거실 바닥면적의 20분의 1

해설

거실의 환기를 위한 창문 등의 면적은 거실 바닥면적의 1/20 이상이 필요하다.

90 내화구조의 성능기준에 따른 건축물 구성부재의 품질시험을 실시할 경우 내화시간기준이 가장 낮은 구성부재는?[단, 주거시설의 경우이며, 층수/최고높이(m)의 기준은 부재 간 동일 적용]

① 기둥　② 내벽을 구성하는 내력벽

③ 지붕틀　④ 바닥

해설

내화시간

- 기둥 : 1~3시간
- 내벽을 구성하는 내력벽 : 1~3시간
- 지붕틀 : 0.5~1시간
- 바닥 : 1~2시간

91 소방시설법령에 의한 무창층에 대한 정의로 옳은 것은?

① 무창층이란 창이 없는 층을 말한다.

② 무창층이란 창을 포함한 개구부가 없는 층을 말한다.

③ 무창층이란 일정한 요건을 갖춘 창면적의 합계가 해당 층의 바닥면적의 1/50 이하가 되는 층을 말한다.

④ 무창층이란 일정한 요건을 갖춘 개구부 면적의 합계가 해당 층의 바닥면적의 1/30 이하가 되는 층을 말한다.

해설

무창층(無窓層)

지상층 중 일정한 요건을 모두 갖춘 개구부 면적의 합계가 해당 층의 바닥면적의 30분의 1 이하가 되는 층을 말한다.

92 르네상스(Renaissance)건축을 시작한 대표적인 건축가는?

① 미켈란젤로(Michelangelo)

② 팔라디오(Palladio)

③ 퓨진(A.W. Pugin)

④ 브루넬레스키(Brunelleschi)

해설

필리포 브루넬레스키

피렌체(플로렌스), 파치 예배당, 피티 궁 등을 계획하며 르네상스건축의 시초역할을 하였다.

93 다음은 건축물에 사용되는 60분 방화문의 구조 기준이다. (　) 안에 들어갈 내용으로 옳은 것은?

비차열(非遮熱) (　　) 이상

① 2시간　② 1시간

③ 50분　④ 30분

해설

60분 방화문

비차열 1시간 이상인 방화문을 의미한다.

94 건축물에 설치되는 방화벽의 구조 기준으로 옳지 않은 것은?

① 내화구조로서 홀로 설 수 있는 구조일 것

② 방화벽의 양쪽 끝과 위쪽 끝을 건축물의 외벽면 및 지붕면으로부터 0.5m 이상 튀어나오게 할 것

③ 방화벽에 설치하는 출입문의 너비 및 높이는 각각 3.0m 이하로 할 것

정답　89 ④　90 ③　91 ④　92 ④　93 ②　94 ③

④ 방화벽에 설치하는 출입문에는 60+ 방화문 또는 60분 방화문을 설치할 것

해설

방화벽에 설치하는 출입문의 너비 및 높이는 각각 2.5m 이하로 할 것

95 건축주가 건축물의 설계자로부터 구조안전의 확인서류를 받아 착공신고를 하는 때에 그 확인서류를 허가권자에게 제출하여야 하는 경우에 해당되지 않는 것은?

① 높이가 10m인 건축물
② 기둥과 기둥 사이의 거리가 12m인 건축물
③ 층수가 2층인 건축물
④ 처마높이가 10m인 건축물

해설

① 높이가 13m 이상인 건축물
② 기둥과 기둥 사이의 거리가 10m 이상인 건축물
③ 층수가 2층 이상인 건축물
④ 처마높이가 9m 이상인 건축물

96 스프링클러설비를 설치하여야 하는 특정소방대상물의 기준으로 옳지 않은 것은?

① 의료시설 중 정신의료기관으로서 해당 용도로 사용되는 바닥면적 합계가 $400m^2$ 이상인 것 → 모든 층
② 판매시설, 운수시설 및 창고시설(물류터미널에 한정)로서 바닥면적 합계가 $5,000m^2$ 이상인 경우 → 모든 층
③ 층수가 6층 이상인 특정소방대상물의 경우 → 모든 층
④ 문화 및 집회시설(동·식물원은 제외한다)로서 무대부가 지하층·무창층 또는 4층 이상의 층에 있는 경우에는 무대부의 면적이 $300m^2$ 이상인 것 → 모든 층

해설

의료시설 중 정신의료기관으로서 해당 용도로 사용되는 바닥면적 합계가 $600m^2$ 이상인 것 → 모든 층

97 소방시설의 종류 중 피난구조설비(화재가 발생할 경우 피난하기 위하여 사용하는 기구 또는 설비)에 해당되지 않는 것은?

① 통로유도등
② 단독경보형 감지기
③ 비상조명등
④ 완강기

해설

단독경보형 감지기는 경보설비에 속한다.

98 방염성능기준 이상의 실내장식물 등을 설치하여야 하는 특정소방대상물에 해당되지 않는 것은?

① 의료시설 중 종합병원
② 건축물의 옥내에 있는 운동시설(수영장은 제외)
③ 11층 이상인 아파트
④ 교육연구시설 중 합숙소

해설

방염성능기준 이상의 실내장식물 등을 설치하여야 하는 특정소방대상물에서 아파트는 제외된다.

99 건축허가 등을 할 때 미리 소방본부장 또는 소방서장의 동의를 받아야 하는 건축물 등의 범위 기준으로 옳지 않은 것은?

① 노유자시설 및 수련시설로서 연면적이 $200m^2$ 이상인 것
② 차고·주차장으로 사용되는 바닥면적이 $200m^2$ 이상인 층이 있는 건축물이나 주차시설
③ 승강기 등 기계장치에 의한 주차시설로서 자동차 15대 이상을 주차할 수 있는 시설
④ 지하층 또는 무창층이 있는 건축물로서 바닥면적이 $150m^2$ 이상인 층이 있는 것

정답 95 ① 96 ① 97 ② 98 ③ 99 ③

해설

건축허가 등의 동의대상물의 범위 등(소방시설 설치 및 관리에 관한 법률 시행령 제7조)

차고 · 주차장 또는 주차용도로 사용되는 시설로서 다음의 어느 하나에 해당하는 것은 건축허가 등을 할 때 미리 소방본부장 또는 소방서장의 동의를 받아야 한다.

- 차고 · 주차장으로 사용되는 바닥면적이 200제곱미터 이상인 층이 있는 건축물이나 주차시설
- 승강기 등 기계장치에 의한 주차시설로서 자동차 20대 이상을 주차할 수 있는 시설

100 피난용승강기 승강장의 구조에 관한 기준으로 옳지 않은 것은?

① 승강장의 출입구를 제외한 부분은 해당 건축물의 다른 부분과 내화구조의 바닥 및 벽으로 구획할 것

② 승강장은 각 층의 내부와 연결될 수 있도록 하되, 그 출입구에는 60+ 방화문 또는 60분 방화문을 설치할 것. 이 경우 방화문은 언제나 닫힌 상태를 유지할 수 있는 구조이어야 한다.

③ 배연설비를 설치할 것

④ 실내에 접하는 부분(바닥 및 반자 등 실내에 면한 모든 부분을 말한다)의 마감(마감을 위한 바탕을 포함한다)은 난연재료로 할 것

해설

실내에 접하는 부분(바닥 및 반자 등 실내에 면한 모든 부분)의 마감(마감을 위한 바탕을 포함)은 불연재료로 한다.

6과목 건축환경

101 다음 중 빛환경에 있어 현휘의 발생 원인과 가장 거리가 먼 것은?

① 광속발산도가 일정할 때

② 시야 내의 휘도 차이가 큰 경우

③ 반사면으로부터 광원이 눈에 들어올 때

④ 작업대와 작업대 면의 휘도대비가 큰 경우

해설

광속발산도(래드럭스, rlx)는 광원의 단위면적으로부터 발산하는 광속으로서 광원 혹은 물체의 밝기를 나타내는 것이다. 그러므로 광속발산도가 클 경우에는 현휘 발생가능성이 높아지지만, 일정할 경우 현휘가 높아진다고는 볼 수 없다.

102 공기조화방식 중 전공기방식에 관한 설명으로 옳지 않은 것은?

① 덕트 스페이스가 필요 없다.

② 중간기에 외기냉방이 가능하다.

③ 실내 유효 스페이스를 넓힐 수 있다.

④ 실내에 배관으로 인한 누수의 염려가 없다.

해설

전공기방식

공기를 열매로 쓰는 공조방식으로서, 열매인 공기는 덕트를 통해 실내로 반송(이동)된다.

103 다음 중 실내공기의 흡입구용으로만 사용되는 것은?

① 팬형　② 머시룸형

③ 브리즈 라인형　④ 아네모스탯형

해설

머시룸형은 흡입구용으로만 사용된다.

104 다음 중 배수관에 통기관을 설치하는 목적과 가장 거리가 먼 것은?

① 트랩의 봉수를 보호한다.

② 배수관의 신축을 흡수한다.

③ 배수관 내 기압을 일정하게 유지한다.

④ 배수관 내의 배수흐름을 원활히 한다.

정답 100 ④ 101 ① 102 ① 103 ② 104 ②

해설

신축을 흡수하는 것은 통기관이 아닌 신축이음쇠(Expansion Joint)의 역할이다. 단, 배수관에는 특별한 사유가 없는 한 신축이음쇠가 설치되지 않는다. 신축이음쇠는 주로 배관 내 높은 온도의 유체가 흘러갈 때 신축을 흡수하기 위해 사용되므로 급탕이나 온수배관에 주로 적용한다.

105 다음과 같이 정의되는 소음의 종류는?

> 음압 레벨의 변동폭이 좁고, 측정자가 귀로 들었을 때 음의 크기가 변동하고 있다고 생각되지 않는 종류의 소음

① 확장소음 ② 축소소음
③ 정상소음 ④ 충격소음

해설

정상소음
측정자가 큰 변화를 느끼지 않는 소음의 종류를 말한다.

106 다음의 설명에 알맞은 급수방식은?

> • 설치비가 저렴하다.
> • 수질오염의 염려가 적다.
> • 수도관 내의 수압을 이용하여 필요기기까지 급수하는 방식이다.

① 고가탱크방식 ② 수도직결방식
③ 압력탱크방식 ④ 펌프직송방식

해설

수도직결방식
도로 밑의 수도 본관에서 분기하여 건물 내에 직접 급수하는 방식으로서 수질오염의 염려가 가장 적은 급수방식이다.

107 구조체를 통한 열손실량을 줄이기 위한 방안으로 옳지 않은 것은?

① 외표면적을 줄인다.
② 단열재의 두께를 증가시킨다.
③ 구조체의 열관류율을 작게 한다.
④ 열전도율이 큰 재료로 구조체를 구성한다.

해설

구조체를 통한 열손실량을 줄이기 위해서는 열전도율이 작은 재료로 구조체를 구성해야 한다.

108 다음의 광원 중 일반적으로 연색성이 가장 우수한 것은?

① LED 램프 ② 할로겐전구
③ 고압 수은램프 ④ 고압 나트륨램프

해설

할로겐전구(램프)
• 수명이 짧은 백열등의 단점을 개량한 것이다.
• 연색성이 좋아 태양광과 특징이 흡사하다.

109 다음 설명에 알맞은 보일러의 종류는?

> • 수직으로 세운 드럼 내에 연관 또는 수관이 있는 소규모의 패키지형으로 되어 있다.
> • 설치면적이 작고 취급이 용이하나 사용압력이 낮다.

① 입형 보일러 ② 수관보일러
③ 관류보일러 ④ 주철제보일러

해설

수직형(입형) 보일러
• 수직으로 세운 드럼 내에 연관 또는 수관이 있는 소규모의 패키지형으로 되어 있다.
• 설치면적이 작고 취급이 용이하다.
• 사용압력 : 증기 0.05MPa 이하, 온수 0.3MPa 이하

110 자연환기에 관한 설명으로 옳지 않은 것은?

① 정확히 계획된 환기량을 유지하기가 곤란하다.
② 환기횟수란 실내면적을 소요공기량으로 나눈 값이다.

정답 105 ③ 106 ② 107 ④ 108 ② 109 ① 110 ②

③ 실내에 바람이 없을 때 실내외의 온도차가 클수록 환기량은 많아진다.

④ 실내온도가 실외온도보다 낮으면 실의 상부에서는 실외공기가 유입되고 하부에서는 실내공기가 유출된다.

해설

환기횟수
소요공기량(m^3)을 실내체적(m^3)으로 나눈 값이다.

111 측창채광에 관한 설명으로 옳지 않은 것은?

① 개폐 등의 조작이 용이하다.

② 투명 부분을 설치하면 해방감이 있다.

③ 편측채광의 경우 조도분포가 균일하다.

④ 근린 상황에 의한 채광 방해의 우려가 있다.

해설

편측채광의 경우 창과 가까운 부분의 조도와 먼 부분의 조도의 차이가 크다.

112 인체의 열쾌적에 영향을 미치는 물리적 온열 4요소가 옳게 나열된 것은?

① 기온, 기류, 습도, 복사열

② 기온, 기류, 습도, 활동량

③ 기온, 습도, 복사열, 활동량

④ 기온, 기류, 복사열, 착의량

해설

물리적 온열요소
기온, 기류, 습도, 복사열

113 잔향시간에 관한 설명으로 옳지 않은 것은?

① 잔향시간은 실용적에 비례한다.

② 잔향시간이 너무 길면 음의 명료도가 저하된다.

③ 잔향시간은 실내가 확산음장이라고 가정하여 구해진 개념이다.

④ 음악감상을 주로 하는 실은 대화를 주로 하는 실보다 짧은 잔향시간이 요구된다.

해설

대화를 주로 하는 실이 음악감상을 주로 하는 실보다 짧은 잔향시간이 요구된다.

114 점광원으로부터 수조면의 거리가 4배로 증가할 경우 조도는 어떻게 변화하는가?

① 2배로 증가한다. ② 4배로 증가한다.

③ 1/4로 감소한다. ④ 1/16로 감소한다.

해설

조도는 거리의 제곱에 반비례하므로 점광원으로부터 수조면의 거리가 4배로 증가할 경우 조도는 1/16로 감소한다.

115 다음 중 결로 발생의 원인과 가장 거리가 먼 것은?

① 건물 지붕의 기울기 과다

② 실내에 습기 과다 발생

③ 주거용 건물의 환기 부족

④ 건물 외피의 단열상태 미흡

해설

기울기를 갖는 지붕은 겨울철 바람에 의한 영향도가 줄고, 겨울철 고도각에 따른 일사 수화가 많이 일어날 수 있으므로 평지붕에 비해 결로 발생 확률이 낮다.

116 흡음재료 중 연속기포 다공질재에 관한 설명으로 옳지 않은 것은?

① 표면마감처리방법에 의해 흡음특성이 변한다.

② 일반적으로 두께를 늘리면 흡음률은 작아진다.

③ 배후공기층은 중저음역의 흡음성능에 유효하다.

정답 111 ③ 112 ① 113 ④ 114 ④ 115 ① 116 ②

④ 재료로는 유리면, 암면, 펠트, 연질 섬유판 등이 있다.

해설

연속기포 다공질재의 경우 두께를 늘릴 경우 흡음이 커지는 특성이 있다.

117 수용장소의 총전기설비 용량에 대한 최대수용전력의 비율을 백분율로 나타낸 것은?

① 부하율 ② 부등률
③ 수용률 ④ 감광보상률

해설

수용률(수요율)
수용률이란 설비기기의 전 용량에 대하여 실제 사용하고 있는 부하의 최대전력비율을 나타낸 계수로서 설비용량을 이용하여 최대수요전력을 결정할 때 사용한다.

$$\text{수용률} = \frac{\text{최대수요전력[kW]}}{\text{부하설비용량[kW]}} \times 100\%$$

118 호텔의 주방이나 레스토랑의 주방에서 배출되는 배수 중의 유지분을 포집하기 위하여 사용되는 포집기는?

① 헤어 포집기 ② 오일 포집기
③ 그리스 포집기 ④ 플라스터 포집기

해설

그리스 포집기(Grease Trap)
주방 등에서 기름기가 많은 배수로부터 기름기를 제거 · 분리하는 장치이다.

119 그림과 같은 구조를 갖는 벽체의 열관류저항은?

- 실내 측 표면열전달률 : 9.3W/m² · K
- 실외 측 표면열전달률 : 23.2W/m² · K
- 콘크리트 열전도율 : 1.8W/m · K
- 모르타르 열전도율 : 1.6W/m · K

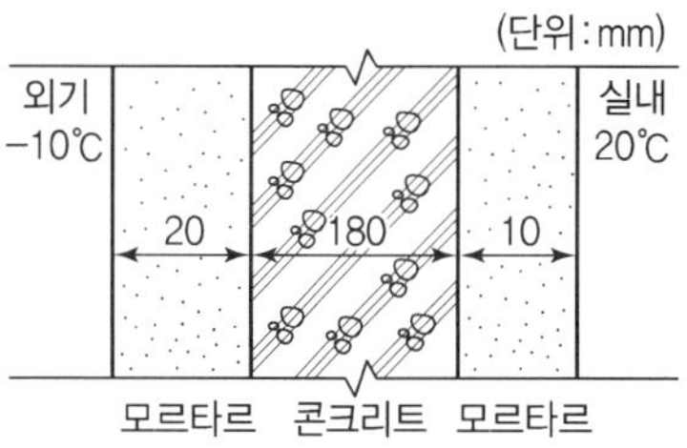

① 0.14m² · K/W ② 0.27m² · K/W
③ 0.42m² · K/W ④ 0.56m² · K/W

해설

$$\text{열저항}(R) = \frac{1}{9.3} + \frac{0.01}{1.6} + \frac{0.18}{1.8} + \frac{0.02}{1.6} + \frac{1}{23.2}$$
$$= 0.269 \fallingdotseq 0.27\text{m}^2 \cdot \text{K/W}$$

120 다음 중 욕실, 화장실 등에 자연급기와 배기팬이 조합된 환기방식을 적용하는 이유로 가장 알맞은 것은?

① 실내외의 온도차에 의한 환기가 이루어지도록 하기 위해
② 환기량을 정확하게 유지하고 확실한 환기가 되도록 하기 위해
③ 실내에서 발생되는 취기 등이 다른 공간으로 유출되지 않도록 하기 위해
④ 실내의 압력을 외부보다 높여 실외 공기가 실내로 유입되지 않도록 하기 위해

해설

자연급기와 배기팬이 조합된 3종 환기는 해당 실의 압력을 외기의 압력보다 낮게 하는 것으로서, 해당 실의 냄새 등이 다른 곳으로 전파되지 않는 특성을 갖고 있어 욕실, 화장실 등에 적용되고 있다.

정답 117 ③ 118 ③ 119 ② 120 ③

2019년 2회 실내건축기사

1과목 실내디자인론

01 디자인요소 중 점에 관한 설명으로 옳은 것은?

① 면의 한계, 면들의 교차에서 나타난다.
② 기하학적으로 크기가 없고 위치만 있다.
③ 두 점의 크기가 같을 때 주의력은 한 점에만 작용한다.
④ 배경의 중심에 있는 점은 동적인 효과를 느끼게 한다.

해설

- 선(Line) : 면의 한계, 면들의 교차에서 나타난다.
- 점(Point) : 배경 중심에 있는 점은 크기가 없고 위치만 있으며 정적인 효과를 느끼게 한다.

02 천창(天窓)에 관한 설명으로 옳지 않은 것은?

① 차열, 통풍에 유리하다.
② 벽면의 활용성을 높일 수 있다.
③ 건축계획의 자유도가 증가한다.
④ 밀집된 건물에 둘러싸여 있어도 일정량의 채광을 확보할 수 있다.

해설

천창은 차열, 통풍이 불리하다.

천창(Top Window)

- 지붕이나 천장면에 채광 환기를 목적으로 설치하여 조도분포를 균일하게 할 수 있으며 벽면의 활용성을 높일 수 있고 건축계획의 자유도가 증가한다.
- 구조와 시공에 어려움이 있고 비가 샐 염려가 있으므로 주의해야 하며 통풍과 차열이 나쁘고 비개방적이어서 폐쇄감을 준다. 하지만 채광량면에서는 매우 유리하고 조도분포가 균일하여 채광상 이웃 건물에 의한 영향을 거의 받지 않는다.

03 공간의 분할방법을 차단적, 상징적, 지각적(심리적) 분할로 구분할 경우, 다음 중 상징적 분할에 속하는 것은?

① 조명에 의한 분할
② 고정벽에 의한 분할
③ 식물화분에 의한 분할
④ 마감재의 변화에 의한 분할

해설

상징적 분할
가구, 기둥, 식물화분 등 실내구성요소로 가변적으로 분리하는 방법이다.

04 공동주택의 평면형식 중 계단실형에 관한 설명으로 옳지 않은 것은?

① 각 세대의 채광 및 통풍이 양호하다.
② 각 세대의 프라이버시 확보가 용이하다.
③ 도심지 내의 독신자용 공동주택에 주로 사용된다.
④ 통행부 면적이 작은 관계로 건축물의 이용도가 높다.

해설

㉠ **중복도형** : 도심지 내의 독신자용 공동주택에 주로 사용된다.
㉡ **계단실형(홀형)** : 계단실이나 엘리베이터홀에서 직접 각 세대로 출입하는 형식이다.
- 장점 : 독립성이 좋아 프라이버시 확보가 용이하고 통행부 면적이 감소하여 건물의 이용도가 높다.
- 단점 : 계단실마다 엘리베이터를 설치하므로 시설비가 많이 든다.

05 실내디자인의 궁극적인 목적으로 가장 알맞은 것은?

① 공간의 품격을 높이는 것이다.
② 경제성 있는 공간을 창조하는 것이다.

정답 01 ② 02 ① 03 ③ 04 ③ 05 ③

③ 인간생활의 쾌적성을 추구하는 것이다.

④ 공간예술로서 모든 분야의 통합에 의한 감성적 요소의 부여에 있다.

해설

실내디자인의 목적
인간에게 적합한 환경, 즉 생활공간의 쾌적성을 추구하는 데 있다.

06 공간의 구성요소 중 일반적으로 가장 먼저 인지되는 요소로, 시각적 대상물이 되거나 공간에 초점적 요소가 되기도 하는 것은?

① 천장 ② 바닥
③ 벽 ④ 보

해설

벽(Wall)
실내공간을 에워싸는 수직적인 요소로 공간의 구성요소 중 가장 많은 면적을 차지하며 일반적으로 가장 먼저 인지된다. 또한 인간의 시선이나 동선을 차단하고 외부로부터 침입 방어, 안전 및 프라이버시를 확보한다.

07 VMD에 관한 설명으로 옳지 않은 것은?

① VMD는 Visual Merchandising의 약자이다.

② VMD는 고객이 지향하는 이미지를 구체화시키는 판매전략으로서 디스플레이와 동일한 개념이다.

③ VMD는 상품계획에서부터 광고, 판매에 이르기까지 각 기능이 체계적으로 움직여야 하는 전략수단이다.

④ 성공적인 VMD 전개는 VP(Visual Presentation), PP(Point of Presentation), IP(Item Presentation)가 충실할 때 가능하다.

해설

VMD(Visual Merchandising)
상품계획, 상점계획, 판촉 등을 시각화하여 상점 이미지를 고객에게 인식시키는 판매전략이다.

08 장식물의 선정과 배치상의 일반적인 주의사항으로 옳지 않은 것은?

① 좋고 귀한 것은 돋보일 수 있도록 많이 진열한다.

② 계절에 따른 변화를 시도할 수 있는 여지를 남긴다.

③ 여러 장식품들이 서로 균형을 유지하도록 배치한다.

④ 형태, 스타일, 색상 등이 실내공간과 어울리도록 한다.

해설

좋고 귀한 것은 돋보일 수 있도록 많이 진열하지 않는다.

※ **대면판매** : 고객과 종업원이 진열장 사이로 상담하는 형식으로 고가판매점에 적합하나 진열면적이 감소하고 쇼케이스가 많으면 분실위험이 있다.

09 주방 작업대의 배치유형 중 ㄷ자형에 관한 설명으로 옳은 것은?

① 인접한 세 벽면에 작업대를 붙여 배치한 형태이다.

② 두 벽면을 따라 작업이 전개되는 전통적인 형태이다.

③ 좁은 면적 이용에 효과적이므로 소규모 부엌에 주로 이용된다.

④ 작업동선이 길고 조리면적은 좁지만 다수의 인원이 함께 작업할 수 있다.

해설

②는 ㄴ자형(ㄱ자형), ③ · ④는 일자형 배치유형에 대한 설명이다.

ㄷ자형(U자형) : 인접한 3면의 벽에 작업대를 배치하는 형식으로 가장 편리하고 수납공간이 넓으며 능률적인 배치가 가능하나 소요면적이 크다.

10 디자인 표현 중에서 반복, 교체, 점진 등을 통해 나타나는 디자인 원리는?

① 균형 ② 강조
③ 리듬 ④ 대비

정답 06 ③ 07 ② 08 ① 09 ① 10 ③

해설

리듬
규칙적인 요소들의 반복에 의해 통제된 운동감으로 디자인에 시각적인 질서를 부여하며, 청각적 요소의 시각화를 꾀한다. 리듬의 원리에는 반복, 점진, 대립, 변이, 방사가 있다.

11 조명에 관한 설명으로 옳지 않은 것은?

① 올바른 실내조명은 조명의 질, 색, 조도가 적절한 균형을 이루어야 한다.
② 장식조명은 조명기구 자체가 하나의 예술품과 같이 강조되거나 분위기를 살려주는 역할을 한다.
③ 국부조명은 어떤 한 건축적인 요소에 초점을 집중시킬 때나, 하나의 실에서 영역을 구획할 때도 사용된다.
④ 전반, 국부 겸용 조명은 공간 자체에 변화와 생동감을 주지는 않지만 실 전체를 평균적으로 밝고 온화한 분위기로 만든다.

해설

전반, 국부 겸용 조명은 공간 자체에 변화와 생동감을 주고 실 전체를 균등하게 조명해주며 편안하고 온화한 분위기를 조성한다.

※ **전반조명과 국부조명**
- 전반조명 : 조명기구를 일정한 높이의 간격으로 배치하여 실 전체를 균등하게 조명하는 방법으로 전체 조명이라고도 한다. 대체로 편안하고 온화한 분위기를 조성한다.
- 국부조명 : 일정한 장소에 높은 조도로 집중적인 조명효과를 주는 방법으로 하나의 실에서 영역을 구획하거나, 물품을 강조하기 위한 악센트조명으로 구분된다.

12 전시공간의 특수전시방법 중 사방에서 감상해야 할 필요가 있는 조각물이나 모형을 전시하기 위해 벽면에서 띄어놓아 전시하는 방법은?

① 디오라마 전시 ② 파노라마 전시
③ 하모니카 전시 ④ 아일랜드 전시

해설

아일랜드 전시
벽이나 바닥을 이용하지 않고 섬형으로 바닥에 배치하는 형태로 대형 전시물, 소형 전시물의 경우 배치하는 전시방법이다.

13 동선계획에 관한 설명으로 옳은 것은?

① 동선의 속도가 빠른 경우 단 차이를 두거나 계단을 만들어 준다.
② 동선의 빈도가 높은 경우 동선 거리를 연장하고 곡선으로 처리한다.
③ 동선이 복잡해질 경우 별도의 통로공간을 두어 동선을 독립시킨다.
④ 동선의 하중이 큰 경우 통로의 폭을 좁게 하고 쉽게 식별할 수 있도록 한다.

해설

① 동선의 속도가 빠른 경우 안전을 위해 단 차이 및 계단이 없도록 해야 한다.
② 동선의 빈도가 높은 경우 동선을 가능한 한 짧고 직선이 되도록 해야 한다.
④ 동선의 하중이 큰 경우 통로의 폭을 넓게 한다.

동선계획 : 동선이 복잡해질 경우 별도의 통로공간을 두어 동선을 독립시키며 동선은 대체로 짧을수록 효율적이지만 공간의 성격에 따라 길게 하여 오래 머물도록 유도하기도 한다.

14 은행의 영업장계획에 관한 설명으로 옳지 않은 것은?

① 고객이 지나는 동선은 되도록 짧게 한다.
② 책임자석은 담당계가 보이는 위치에 배치한다.
③ 사무의 흐름을 고려하여 서로 상관관계가 깊은 부분은 가능한 한 접근배치한다.
④ 시선을 차단시키는 구조벽체나 기둥을 사용하여 고객 부분과 업무 부분을 차단한다.

정답 11 ④ 12 ④ 13 ③ 14 ④

해설

은행계획
카운터를 경계로 고객과 접하며 은행의 주 업무가 이루어지는 공간으로 능률적인 업무처리가 되도록 계획한다. 고객 부분과 업무 부분 사이에는 구분이 없어야 하므로 시선을 차단시키는 구조벽체나 기둥은 피해 배치한다.

15 사무실의 책상배치 유형 중 면적효율이 좋고 커뮤니케이션(Communication) 형성에 유리하여 공동작업의 형태로 업무가 이루어지는 사무실에 적합한 유형은?

① 동향형 ② 대향형
③ 자유형 ④ 좌우대칭형

해설

대향형
면적효율이 좋고 커뮤니케이션 형성에 유리하며 공동작업으로 자료를 처리하는 영업관리에 적합하다.

16 시스템 가구에 관한 설명으로 옳지 않은 것은?

① 단순미가 강조된 가구로 수납기능은 떨어진다.
② 규격화된 단위 구성재의 결합으로 가구의 통일과 조화를 도모할 수 있다.
③ 기능에 따라 여러 가지 형태로 조립, 해체가 가능하여 배치의 합리성을 도모할 수 있다.
④ 모듈계획을 근간으로 규격화된 부품을 구성하여 시공기간 단축 등의 효과를 가져올 수 있다.

해설

단순미가 강조된 가구로 수납기능이 좋다.

시스템 가구
- 기능에 따라 여러 가지 형태의 조립 및 해체가 가능하며 공간의 융통성을 도모할 수 있다.
- 규격화된 단위 구성재의 결합으로 가구의 통일과 조화를 이루며 모듈계획을 근간으로 규격화된 부품을 구성하여 시공시간 단축의 효과를 가져올 수 있다.

17 오피스 랜드스케이프(Office Landscape)에 관한 설명으로 옳지 않은 것은?

① 시각적인 프라이버시 확보가 어렵고, 소음상의 문제가 발생할 수 있다.
② 산만하고 인위적인 분위기를 정리하기 위해 고정된 칸막이벽으로 구획한다.
③ 오피스 작업을 사람의 흐름과 정보의 흐름을 매체로 효율적인 네트워크가 되도록 배치하는 방법이다.
④ 사무공간의 능률향상을 위한 배려와 개방공간에서의 근무자의 심리적 상태를 고려한 사무공간 계획방식이다.

해설

- 개실배치 : 산만하고 인위적인 분위기를 정리하기 위해 고정된 칸막이벽으로 구획한다.
- 오피스 랜드스케이프 : 개방적인 시스템으로 고정적인 칸막이벽을 줄이고 파티션, 가구 등을 활용하여 공간을 구분하며 가구의 변화, 직원의 증감에 대응하도록 융통성 있게 계획한다.

18 다음 중 주거공간의 영역 구분(Zoning)방법과 가장 거리가 먼 것은?

① 행동의 목적에 따른 구분
② 공간의 분위기에 따른 구분
③ 사용자의 범위에 따른 구분
④ 공간의 사용시간에 따른 구분

해설

주거공간의 영역 구분(Zoning)
행동의 목적, 사용시간, 사용빈도, 사용목적, 사용자의 범위, 사용자의 특성에 따라 구분하여 조닝한다.

19 균형의 유형 중 대칭적 균형에 관한 설명으로 옳은 것은?

① 완고하거나 여유, 변화가 없이 엄격, 경직될 수도 있다.
② 가장 완전한 균형의 상태로 공간에 질서를 주기가 어렵다.

정답 15 ② 16 ① 17 ② 18 ② 19 ①

③ 자연스러우며 풍부한 개성을 표현할 수 있어 능동의 균형이라고도 한다.

④ 물리적으로 불균형이지만 시각상 힘의 정도에 의해 균형을 이루는 것을 말한다.

해설

② 가장 완전한 균형의 상태로 공간에 질서를 주기가 용이하다.
③ · ④는 비대칭 균형에 대한 설명이다.

대칭적 균형

- 가장 완전한 균형의 상태로 형태의 크기, 위치 등이 축을 중심으로 좌우가 균등하게 대칭되는 관계로 구성되어 있다.
- 공간에 질서 주기가 용이하고 단순하며 엄숙하여 변화와 여유가 없는 정적인 디자인의 원리이다.

20 사무소 건축의 실단위계획 중 개방식 배치에 관한 설명으로 옳지 않은 것은?

① 독립성과 쾌적성이 우수하다.

② 자연채광에 인공조명이 필요하다.

③ 전면적을 유효하게 이용할 수 있다.

④ 방의 길이나 깊이에 변화를 줄 수 있다.

해설

- 개실배치 : 독립성과 쾌적성이 우수하다.
- 개방식 배치 : 공간분할을 위한 칸막이나 벽을 설치하지 않은 단일공간으로 칸막이가 없어 공사비가 절약되며 전면적을 유효하게 이용할 수 있다. 반면 독립성이 떨어지며 소음이 크다.

2과목 색채학

21 먼셀(Munsell) 표기법에 맞는 물체색의 3속성은?

① 색채, 혼색, 현색

② 색상, 명도, 채도

③ 색각, 색감, 색약

④ 색상, 순도, 흰색도

해설

먼셀 물체색의 3속성

색상, 명도, 채도

22 혼합되는 각각의 색 에너지(Energy)가 합쳐져서 더 밝은색을 나타내는 혼합은?

① 감산혼합 ② 중간혼합

③ 가산혼합 ④ 색료혼합

해설

색의 혼합

- 가산혼합 : 혼합하면 밝아지는 색광혼합이다.
- 감산혼합 : 혼합하면 어두워져 검정에 가까운 색료혼합이다.
- 중간혼합 : 실제로 색이 혼합되는 것이 아니라 착시를 일으켜 색이 혼합된 것처럼 보이는 현상이다.

23 기억색에 대한 설명으로 가장 옳은 것은?

① 대상의 실제 색과 같게 기억한다.

② 대상의 표면색보다 선명하게 기억한다.

③ 대상의 실제 색보다 더 채도가 낮은 것으로 기억한다.

④ 대상의 실제 색보다 색상차를 크게 기억한다.

해설

기억색

사람의 머릿속에 고정관념으로 인식되어 있는 색채로 대상의 표면색에 대한 무의식적인 추론에 의해 결정된다.

24 오스트발트(Ostwald) 조화론의 등색상 삼각형의 조화가 아닌 것은?

① 등순색 계열의 조화 ② 등백색 계열의 조화

③ 등흑색 계열의 조화 ④ 등명도 계열의 조화

해설

동일색상의 조화(등색상 삼각형 조화)

등백색 계열의 조화, 등흑색 계열의 조화, 등순색 계열의 조화가 있다.

정답 20 ① 21 ② 22 ③ 23 ② 24 ④

25 보색에 관한 설명으로 옳은 것은?

① 두 색을 혼합했을 때 무채색이 되는 색을 보색이라 한다.

② 색상환에서 서로 인접한 색이다.

③ 먼셀 색상환에서 빨강의 보색은 파랑이다.

④ 가법혼색에서 초록의 보색은 노랑이다.

해설

보색

색상환에서 서로 마주 보는 색상으로 반대편의 맞은쪽에 위치하고 있으며 반대색이라고 부른다. 특히, 보색관계의 혼합은 중간명도의 회색(무채색)이 된다.

26 두 색이 부조화한 색일 경우, 공통의 양상과 성질을 가진 것으로 배색하면 조화한다는 저드(D. B. Judd)의 색채조화 원리는?

① 질서의 원리 ② 숙지의 원리

③ 유사의 원리 ④ 비모호성의 원리

해설

저드의 색채조화(유사의 원리)

두 색이 부조화한 색이라면 서로의 색을 적당하게 섞어 어느 정도 공통의 양상과 성질을 가진 것으로 배색하면 조화한다는 원리이다.

27 7YR에 대한 설명으로 옳은 것은?

① Y와 R의 중간 색상으로 R에 더 가깝다.

② Y와 R이 같은 비율로 혼합되어 있다.

③ Y와 R의 중간 색상으로 Y에 더 가깝다.

④ 직관적 표기법으로 알 수가 없다.

해설

먼셀 기호의 표시법

색상은 1에서 10번까지 숫자를 붙여 표기하고 중간 단계인 5를 색상의 표준으로 한다. 7YR에서 YR(Yellow Red)은 주황을 의미하며 Y(Yellow)와 R(Red)의 중간색으로 숫자가 커질수록 앞 글자 색에 가까워진다.

28 다음 중 감법혼색과 관련이 있는 것은?

① 옵셋(Offset) 인쇄

② 3원색은 Red, Green, Blue

③ 3원색의 혼합색은 백색

④ 색광의 혼합

해설

감법혼색

3원색은 시안(Cyan), 마젠타(Magenta), 노랑(Yellow)이 기본색으로 3종의 색료를 혼합하면 명도와 채도가 낮아져 어두워지고 탁해진다.

※ **옵셋 인쇄** : 인쇄소에서 사용하는 인쇄방식으로 CMYK의 4가지 색을 이용한 잉크체계를 뜻한다.

29 검정 사각형 사이로 백색 띠가 교차하는 공간 중앙에 회색 잔상이 느껴지게 되는데 이와 같은 현상은?

① 푸르킨예현상

② 동화현상

③ 융합현상

④ 허먼 그리드 현상

해설

허먼 그리드 현상

흰색 바탕에 검은색 정방향을 일정 간격으로 나열하면 격자가 교차되는 지점에 회색 잔상이 보이는 현상으로 명도 대비에 의한 착시라고 한다.

30 오스트발트 등가색환에 있어서의 조화를 기호로 나타낸 것 중 보색조화에 해당하는 것은?

① 2ic – 4ic ② 8ni – 14ni

③ 4Pg – 12Pg ④ 2Pa – 14Pa

해설

오스트발트 등가색환

- 유사색조화 : 색상차가 2~4 범위에 있는 색은 조화를 이룬다.
- 이색조화 : 색상차가 6~8 범위에 있는 색은 조화를 이룬다.
- 보색조화 : 색상차가 12 이상인 경우 두 색은 조화를 이룬다.

정답 25 ① 26 ③ 27 ③ 28 ① 29 ④ 30 ④

31 **영·헬름홀츠의 3원색설에 관한 설명으로 옳은 것은?**

① 세 가지 시세포가 망막에 분포하여 여러 가지 색지각이 일어난다는 설이다.
② 반대색설이라고도 한다.
③ 이화작용과 동화작용에 의해서 색감각이 이루어진다.
④ 순응, 대비, 잔상현상으로 색각현상을 설명할 수 있다.

해설

②·③·④는 헤링의 4원색설에 대한 설명이다.

영·헬름홀츠의 3원색설 : 우리 눈의 망막조직에는 R, G, B(빨강, 녹색, 파랑)의 세포가 있고 색광을 감광하는 시신경 섬유가 있어 이 세포들의 혼합이 시신경을 통해 뇌에 전달됨으로써 색을 인지한다고 주장하였다. 즉, 세 가지 시세포가 망막에 분포하여 여러 가지 색지각이 일어난다는 설이다.

32 **한국산업표준(KS)을 기준으로 기본색 빨강의 색상범위에 해당하는 것은?**

① 5RP 3.5/4.5　② 5YR 8/4
③ 10R 9/5　④ 7.5R 4/14

해설

한국표준색 – 먼셀 색상환
① 5RP 3.5/4.5(색상 : Red Purple, 명도 : 3.5, 채도 : 4.5)
② 5YR 8/4(색상 : Yellow Red, 명도 : 8, 채도 : 4)
③ 10R 9/5(색상 : Red, 명도 : 9, 채도 : 5)
④ 7.5R 4/14(색상 : Red, 명도 : 4, 채도 : 14)

※ RED : 1~10단계로 5R은 순수 빨강, 1R은 퍼플에 가까운 빨강, 10R은 옐로우에 가까운 빨강으로 분류한다.

33 **어두운색 가운데서 대비된 밝은색은 한층 더 밝게 느껴지고, 밝은색 가운데 있는 어두운색은 더욱 어둡게 느껴지는 현상은?**

① 동화현상　② 색상대비
③ 명도대비　④ 채도대비

해설

명도대비
명도가 다른 두 색이 인접하여 서로 영향을 주는 것으로 밝은색은 더 밝게, 어두운색은 더 어둡게 보이는 현상이다.

34 **똑같은 에너지를 가진 각 파장의 단색광에 의하여 생기는 밝기의 감각은?**

① 시감도　② 명순응
③ 색순응　④ 항상성

해설

시감도
파장에 따라 빛 밝기가 다르게 느껴지는 정도로 사람의 눈이 빛을 느끼는 전자파는 380~760nm 파장범위이며 파장 555nm에서 최대감도를 갖고 있다.

35 **색채계획의 과정에서 색채심리분석에 해당하지 않는 것은?**

① 색채 이미지 측정　② 유행 이미지 측정
③ 상품 이미지 측정　④ 형태 이미지 측정

해설

색채심리분석
기업 이미지, 색채 이미지, 상품 이미지, 유행 이미지를 측정하는 것으로, 심리 조사 능력, 색채 구성 능력이 필요하다.

36 **적색에 백색의 색료를 혼합했을 때 채도의 변화는?**

① 낮아진다.　② 혼합하기 전과 같다.
③ 높아진다.　④ 조금 높아진다.

해설

유채색에 백색을 혼합하면 명도는 높아지고 다른 색상을 혼합할수록 채도는 낮아지면서 탁해진다.

정답　31 ①　32 ④　33 ③　34 ①　35 ④　36 ①

37 **스캔된 원본의 색들과 인쇄된 출력물의 색들을 맞추기 위한 색채관리시스템(CMS : Color Management System)의 기준이 되는 색공간은?**

① RGB 색체계　② CMYK 색체계
③ CIE XYZ 색체계　④ HSB 색체계

해설

CIE XYZ 색체계
- 표준 측색시스템으로 가법혼색 RGB를 대신하는 원색(원자극)을 XYZ로 나타내고, 적색은 X, 초록(녹색)은 Y, 청색은 Z로 XYZ 삼자극치의 값을 표시한다.
- 스캔된 원본의 색들과 인쇄된 출력물의 색들을 맞추기 위한 색채관리시스템(CMS)의 기준이 되는 색공간이다.

※ **색채관리시스템** : RGB와 CMY의 색체계를 CIE XYZ 색공간에서 특정지어주고 색영역 매핑을 수행한다.

38 **문 · 스펜서의 조화분류에서, 미도(美度)를 설명한 것으로 틀린 것은?**

① 균형 있게 선택된 무채색의 배색은 아름다움을 나타낸다.
② 동일색상은 조화롭다.
③ 같은 명도의 조화는 미도가 높다.
④ 색상, 채도를 일정하게 하고 명도만 변화시키는 경우 많은 색상 사용 시보다 미도가 높다.

해설

문 · 스펜서의 색채조화론
- 동일색상은 조화롭다. 즉, 명도에 의한 색채변화도 아름다움을 나타낸다.
- 같은 명도의 배색은 미도가 낮다.
- 동일색상의 배색은 전반적으로 미도가 높다.

39 **조명이나 관측조건이 달라도 주관적 색채지각으로는 물체색의 변화를 느끼지 못하는 현상은?**

① 색의 항상성　② 색의 시인성
③ 색의 주목성　④ 색의 연색성

해설

항상성
광원이나 조명이 되는 빛의 강도와 조건이 달라져도 색의 본래 모습 그대로 지각하는 현상을 말한다. 일종의 색순응 현상으로 실제로 물리적 자극의 변화가 있음에도 사물의 성질에 아무런 변화가 없는 것처럼 보인다.

40 **색채 조절의 효과로 가장 거리가 먼 것은?**

① 마음의 안정을 찾는다.
② 일의 능률을 향상시킨다.
③ 눈과 정신의 피로를 완화시킨다.
④ 개인의 취향을 반영할 수 있다.

해설

색채 조절효과
- 안전색채를 사용하므로 안전이 유지되고 사고가 줄어든다.
- 일에 대한 집중력을 높일 수 있어 실수가 적어진다.
- 신체의 피로를 줄이고 눈의 피로를 막아주는 역할을 한다.
- 깨끗한 환경을 제공하므로 정리정돈 및 청소가 쉬워진다.
- 벽, 천장의 색채계획을 밝게 하여 조명의 효율을 높인다.
- 건물의 내외를 보호하고 유지하는 데 효과적이다.

3과목 인간공학

41 **시각표시단말기인 VDT 사용에 관한 설명으로 적합하지 않은 것은?**

① 화면상의 문자와 배경과의 휘도비(Contrast)를 높인다.
② 눈으로부터 화면까지의 거리는 40cm 이상을 유지한다.
③ 아래팔은 손등과 일직선을 유지하여 손목이 꺾이지 않도록 한다.
④ 작업자의 시선은 수평선상으로부터 아래로 10~15° 이내가 되도록 한다.

정답　37 ③　38 ③　39 ①　40 ④　41 ①

해설

VDT의 작업환경
- 화면상의 문자와 배경과의 휘도비(Contrast)를 낮춘다.
- 작업면에 도달하는 빛의 각도를 화면으로부터 45° 이내가 되도록 한다.
- 아래팔과 손등은 일직선을 유지하여 손목이 꺾이지 않도록 하고 키보드의 기울기는 5~15°가 적당하다.
- VDT 작업의 사무환경의 추천 조도는 300~500lux이다.

42 귀의 구조에 있어, 수직으로부터의 자세를 감지하는 기능과 가속 및 감속에도 감수성이 있는 기능을 가진 귀의 구조명칭은?

① 난원창(Oval Window)
② 구씨관(Eustachian Tube)
③ 체성감관(Proprioceptor)
④ 전정낭(Vestibular Sacs)

해설

전정낭(이석기관)
신체의 위치를 감각하는 기관으로 내이에 전정낭이 있다. 주 기능은 수직으로부터 자세를 감지하는 것이지만 가속 및 감속에도 감수성이 있어 세반고리관을 보조한다.

43 신체활동의 에너지 소비에 대한 설명으로 적합하지 않은 것은?

① 작업효율은 에너지 소비에 반비례한다.
② 신체활동에 따른 에너지 소비량에는 개인차가 있다.
③ 어떤 작업에 대한 에너지가는 수행방법에 따라 달라진다.
④ 신체적 동작속도가 증가하면 에너지 소비량은 감소한다.

해설

신체활동의 에너지 소비량
걷기, 뛰기와 같은 신체적 운동에서 동작속도가 증가하면 에너지 소비량은 더 빨리 증가한다.

44 과업의 결과를 반영하는 과업성과 측정기준(Task Performance Criteria)에 해당하지 않는 것은?

① 출력량(Quantity of Output)
② 성과시간(Performance Time)
③ 내용의 타당성(Content Validity)
④ 출력의 질적 수준(Quality of Output)

해설

과업성과 측정기준
출력량, 성과시간, 출력의 질적 수준

45 단기기억(Short Term Memory)의 특성에 대한 설명 중 옳지 않은 것은?

① 단기기억 용량은 한계가 있다.
② 저장된 기억은 빠르게 소멸된다.
③ 훈련에 의해 능력이 향상될 수 있다.
④ 문제해결을 위한 지식 저장 창고이다.

해설

장기기억은 문제해결을 위한 지식 저장 창고이다.

장기기억과 단기기억
- 장기기억 : 많은 정보를 저장하기 위해서는 정보를 분석하고 비교하며 과거 지식과 연계시켜 체계적으로 조직화하는 작업이 필요하다. 체계적으로 조직화되어 저장된 정보는 시간이 지나서도 회상이 용이하다.
- 단기기억 : 지속시간은 15~18초 정도이며, 정보 중 일부는 더 이상 정보처리과정을 거치지 않고 사라진다.

46 산업안전보건법령상 근로자가 상시 작업하는 장소의 작업면 조도의 기준으로 옳지 않은 것은?

① 보통작업 : 150lux 이상
② 정밀작업 : 400lux 이상
③ 초정밀작업 : 750lux 이상
④ 그 밖의 작업 : 75lux 이상

정답 42 ④ 43 ④ 44 ③ 45 ④ 46 ②

해설

적정 조명 기준

작업의 종류	작업면 조도
초정밀작업	750lux 이상
정밀작업	300lux 이상
보통작업	150lux 이상
기타작업	75lux 이상

47 다음 중 신체활동에 따르는 에너지 소비량(kcal/min)이 가장 큰 작업은?

①

②

③

④

해설

① 6.8kcal/분, ② 10.2kcal/분, ③ 4kcal/분, ④ 8kcal/분

신체활동에 따른 에너지 소비량
- 수면 : 1.3kcal/분
- 앉은 자세 : 1.6kcal/분
- 선 자세 : 2.25kcal/분
- 평지 걷기 : 2.1kcal/분

48 작업대 높이의 설계 시 고려해야 할 사항으로 옳지 않은 것은?

① 개개인에게 맞는 조절식이 좋다.
② 거친 작업에는 팔꿈치 높이보다 약간 낮은 편이 좋다.
③ 섬세한 작업일수록 팔꿈치 높이보다 약간 낮아야 한다.
④ 입식 작업대는 선 자세에서 팔을 굽혔을 때의 팔꿈치 높이를 기준으로 설계한다.

해설

작업대 높이 설계 시 고려사항
- 섬세한 작업(미세부품 조립)일수록 팔꿈치 높이보다 높아야 하며 거친 작업에는 약간 낮은 편이 유리하다.
- 조립라인이나 기계적인 작업과 같은 경작업(손이 자유롭게 움직여야 하는 작업)은 팔꿈치 높이보다 5~10cm 정도 낮게 한다.
- 아래로 많은 힘을 필요로 하는 중작업(무거운 물건을 다루는 작업)은 팔꿈치 높이를 10~20cm 정도 낮게 한다.
- 작업면 하부 여유공간이 가장 큰 사람의 대퇴부가 자유롭게 움직일 수 있도록 설계한다.

49 도로표지판이 가져야 할 요건이 아닌 것은?

① 적당한 거리에서 볼 수 있어야 한다.
② 지리적 경계 내에서 표준화되어야 한다.
③ 상징하고자 하는 것을 시각적으로 암시해야 한다.
④ 다른 표지판과 구별이 어렵도록 디자인, 색상을 최대한 유사하게 해야 한다.

해설

다른 표지판과 구별이 쉽도록 디자인하고, 색상을 최대한 다르게 해야 한다.

도로표지판의 요건
- 도로표지는 인식하기 쉽고, 먼 거리에서도 표지의 종류를 판별하여 단시간 내에 그 내용을 파악할 수 있어야 한다.
- 고속국도는 방패모양의 청색 바탕에 흰색 글씨, 일반국도는 타원모양의 청색 바탕에 흰색 글씨, 지방도와 시도는 각각 직사각형과 육각형의 황색과 흰색 바탕에 청색 글씨로 되어 있다.

50 음의 강도(Intensity)를 정의할 때, 표준음압은 몇 Hz의 순음을 기준으로 하는가?

① 1　　② 10
③ 100　　④ 1,000

해설

표준음압
1,000Hz 순음을 기준으로 사용한다(1,000Hz, 40dB = 40phon).

정답 47 ② 48 ③ 49 ④ 50 ④

51 **인체계측에 있어서 구조적 인체치수에 관한 설명으로 맞는 것은?**

① 표준자세에서 움직이지 않는 피측정자를 대상으로 신체의 각 부위를 측정한다.

② 신체의 각 부위 간에 수행하는 기능에 따라 영향을 받으며 여러 가지 변수가 내재해 있다.

③ 손을 뻗어 잡을 수 있는 한계는 팔길이만의 함수가 아니고 어깨 움직임, 몸통회전, 구부림 등에 의해서도 영향을 받는다.

④ 신체적 기능을 수행할 때 각 신체부위가 독립적으로 움직이는 것이 아니라 서로 조화를 이루어 움직이기 때문에 이 치수가 사용된다.

해설

②·③·④는 기능적 인체치수(동적 측정)에 대한 설명이다.

구조적 인체치수(정적 측정)
표준자세에서 움직이지 않는 피측정자를 인체계측기 등으로 측정하는 것으로 특수 또는 일반적 용품의 설계에 기초자료로 활용한다.

52 **손의 기본 지각기능을 활용한 정보수집의 종류와 거리가 가장 먼 것은?**

① 색 식별　② 입체 식별
③ 중량 식별　④ 경도 식별

해설

색 식별은 시각기능을 활용한다.

손의 지각기능 : 입체 식별, 중량 식별, 경도 식별, 온도 식별 등

53 **그림과 같이 스위치 노브(Knob)를 촉각적으로 분별, 확인할 수 있도록 디자인한 것은 어떠한 암호화(Coding)방법을 활용한 것인가?**

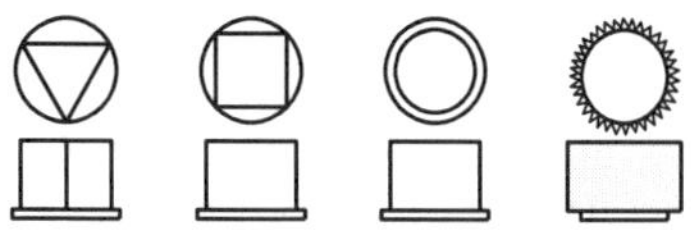

① 색에 의한 암호화
② 모양에 의한 암호화
③ 위치에 의한 암호화
④ 크기에 의한 암호화

해설

모양에 의한 암호화
시각적뿐만 아니라 촉각적으로도 식별 가능해야 하며 날카로운 모서리가 없어야 한다. 주 용도는 촉감으로 조종장치의 손잡이나 핸들을 분별하는 것이다.

54 **다음 중 수치를 정확히 읽어야 할 경우에 가장 적합한 표시장치의 형태는?**

① 계수형　② 동침형
③ 동목형　④ 수직·수평형

해설

계수형 표시장치
전력계나 택시요금계기와 같이 기계적·전자적으로 숫자가 표시되는 형으로 출력되는 값(수치)을 정확하게 읽어야 하는 경우에 가장 적합하다.

55 **인체에서의 열교환과정에서 대사과정에 의해 발생되는 열이득 및 열손실의 주원인으로 가장 거리가 먼 것은?**

① 전도　② 복사
③ 대류　④ 증발

해설

열교환과정
기온이나 습도, 공기의 흐름, 주위의 표면온도에 영향을 받는다. 그뿐만 아니라 작업자가 입고 있는 작업복은 열교환과정에 큰 영향을 미친다.

※ **전도** : 물체 내부에서 에너지가 이동하는 현상으로 열전도는 열에너지가 물체 내부의 고온 부분에서 저온 부분으로 전달되는 현상이다.

정답　51 ①　52 ①　53 ②　54 ①　55 ①

56 다음 중 소음원에 대한 소음의 제어로 가장 적절한 것은?

① 해당 설비의 진동량이나 진동 부분을 조정하여 감소시킨다.
② 고주파 소음을 내는 장치를 사용한다.
③ 저주파 소음은 고주파의 소음보다 방향성이 크므로 차폐물 또는 방해물을 설치한다.
④ 대형 저속송풍기보다 소형 고속송풍기를 설치한다.

해설

소음 방지대책
- 소리의 반사 및 축적을 줄이기 위해 차폐장치 및 흡음재를 사용한다.
- 소리 경로에 장벽 또는 칸막이를 배치하여 소리를 차단한다.
- 시끄러운 시스템의 구성요소를 교체하거나 수정하여 소음을 줄인다.

57 단위면적당 표면에서 반사 또는 방출되는 빛의 양을 무엇이라 하는가?

① 조도 ② 휘도
③ 광도 ④ 반사율

해설

- 조도 : 어떤 물체가 표면에 도달하는 빛의 단위면적당 밀도
- 광도 : 광원에서 어느 방향으로 나오는 빛의 세기를 나타내는 양
- 반사율 : 표면에 도달하는 빛과 결과로서 나오는 광도와의 관계

58 인간의 시력에 관한 설명으로 틀린 것은?

① 정상 시각에서의 원점은 거의 무한하다.
② 눈이 초점을 맞출 수 없는 가장 가까운 거리를 근점, 가장 먼 거리를 원점이라 한다.
③ 시력은 정확히 식별할 수 있는 최소의 세부사항을 볼 때 생기는 시각(Visual Angle)에 정비례한다.
④ 최소분간시력은 눈이 식별할 수 있는 과녁의 최소특징이나 과녁 부분들 간의 최소공간을 의미한다.

해설

시력은 최소시각에 반비례한다.

시력 : 세부적인 내용을 시각적으로 식별할 수 있는 능력으로 눈이 초점을 맞출 수 있는 거리를 근점이라 하고, 가장 먼 거리를 원점이라고 한다.

59 인간이 느낄 수 있는 빛의 파장은 380~780nm이다. 서로 다른 색의 인식에 영향을 주는 빛의 속성이 아닌 것은?

① 파장의 차이 ② 빛의 길이
③ 파장의 순도 ④ 빛의 강도

해설

빛의 길이가 아닌 파장의 길이에 영향을 준다.

빛 : 가시광선은 380~780nm 정도에 이르는 파장을 가진다. 보라색이 파장이 가장 짧고, 빨간색이 파장이 가장 길다. 그래서 빨간색 계열을 장파장, 보라색 계열을 단파장이라 하고, 중간 부분인 초록색 계열을 중파장이라고 한다.

60 신경세포의 구성요소가 아닌 것은?

① 축삭 ② 수상돌기
③ 수의근 ④ 세포체

해설

신경세포
- 정의 : 신경계를 구성하는 세포로 전기적, 화학적 신호가 서로 연결된 신경세포를 통해 전달되고 이러한 연결의 집합적인 활동을 통해 감각, 운동, 사고 등의 복잡한 생명활동이 이루어진다.
- 신경세포의 구성요소 : 세포체, 가지돌기, 축삭, 수상돌기

※ **수의근** : 의식적으로 움직임을 조절할 수 있는 근육이다.

정답 56 ① 57 ② 58 ③ 59 ② 60 ③

4과목 건축재료

61 점토기와 중 훈소와(燻燒瓦)에 해당하는 설명은?

① 소소와에 유약을 발라 재소성한 기와
② 기와소성이 끝날 무렵에 식염증기를 충만시켜 유약 피막을 형성시킨 기와
③ 저급점토를 원료로 900~1,000℃로 소성하여 만든 것으로 흡수율이 큰 기와
④ 건조제품을 가마에 넣고 연료로 장작이나 솔잎 등을 써서 검은 연기로 그을려 만든 기와

해설

훈소와(燻燒瓦)
검은 연기로 그을려 만든 기와로서 방수성과 강도가 좋다.

62 다음 석재 중 평균 내구연한이 가장 작은 것은?

① 화강석　② 석회암
③ 백운석　④ 사암조립

해설

석재의 평균 내구연한
- 화강석 : 75~200년
- 석회암 : 20~40년
- 백운석 : 30~500년
- 사암조립(조립사암) : 내구연한이 약 5~15년 정도로서 상대적으로 짧다.

63 벤토나이트 방수재료에 관한 설명으로 옳지 않은 것은?

① 팽윤특성을 지닌 가소성이 높은 광물이다.
② 콘크리트 시공 조인트용 수팽창 지수재로 사용된다.
③ 콘크리트 믹서를 이용하여 혼합한 벤토나이트와 토사를 롤러로 전압하여 연약한 지반을 개량한다.
④ 염분을 포함한 해수에서는 벤토나이트의 팽창반응이 강화되어 차수력이 강해진다.

해설

염분 함량이 2% 이상인 해수와 접촉 시에는 벤토나이트의 팽창성능이 저하되어 차수력이 약해질 수 있다.

64 석고보드에 관한 설명으로 옳지 않은 것은?

① 주원료인 소석고에 혼화제를 넣고 물로 반죽하여 2장의 강인한 보드용 원지 사이에 채워 넣어 제조한 것이다.
② 내수성, 탄력성은 우수하나 단열성, 방수성은 좋지 않다.
③ 벽, 천장, 칸막이 등에 주로 사용된다.
④ 연하고 부서지기 쉬우므로 고정할 때는 못 등이 주로 사용되지만 그 부근이 파손될 우려가 있다.

해설

내수성, 탄력성, 방수성이 작으나, 단열성, 방화성이 크다.

65 유리에 관한 설명으로 옳은 것은?

① 보통 판유리의 비중은 6.5 정도이다.
② 보통 판유리의 열전도율은 철재보다 매우 작다.
③ 창유리의 강도는 일반적으로 압축강도를 말한다.
④ 강화유리는 강도가 크고 현장 가공성이 좋다.

해설

① 보통 판유리의 비중은 2.4~2.5 정도이다.
③ 창유리의 강도는 일반적으로 충격강도를 말한다.
④ 강화유리는 강도가 크나 현장에서는 가공이 어렵다.

정답　61 ④　62 ④　63 ④　64 ②　65 ②

66 AE제의 역할로 옳지 않은 것은?

① 콘크리트의 워커빌리티 향상
② 물－시멘트비 증가
③ 콘크리트 내구성 향상
④ 동결에 대한 저항성 증대

해설

AE제
콘크리트 속에 독립된 미세한 기포를 생성하여 분포시키는 역할을 하는 콘크리트용 표면활성제로서 물－시멘트비 증가와는 관계가 없다.

67 인서트(Insert)의 재질로 가장 적합한 것은?

① 주철 ② 알루미늄
③ 목재 ④ 구리

해설

인서트(Insert)
슬래브(구조체) 부분과 천장마감재 등을 연결해 주는 부재로서 강성이 큰 주철을 많이 적용한다.

68 다음 중 열가소성 수지가 아닌 것은?

① 아크릴수지 ② 염화비닐수지
③ 폴리스티렌수지 ④ 페놀수지

해설

페놀수지는 열경화성 수지이다.

69 회반죽바름을 한 벽체는 공기 중의 무엇과 반응하여 경화하는가?

① 탄산가스 ② 산소
③ 질소 ④ 수소

해설

회반죽은 기경성 재료로서 공기 중의 탄산가스와 반응하여 경화한다.

70 무기질 단열재료 중 내열성이 높은 광물섬유를 이용하여 만드는 제품으로 불에 타지 않으며 가볍고, 단열성, 흡음성이 뛰어난 것은?

① 연질섬유판 ② 암면
③ 셀룰로오스 섬유판 ④ 경질우레탄폼

해설

암면
- 암석으로부터 인공적으로 만들어진 내열성이 높은 광물섬유를 이용하여 제작한다.
- 열전도율은 약 0.040W/m · K 내외로 밀도에 따라 달라진다.
- 보온성, 내화성, 내구성, 흡음성, 단열성이 우수하다.
- 음이나 열의 차단재로 사용한다.

71 합판에 관한 설명으로 옳지 않은 것은?

① 함수율 변화에 의한 신축변형이 크고 방향성이 있다.
② 3장 이상의 홀수의 단판(Veneer)을 접착제로 붙여 만든 것이다.
③ 곡면가공을 하여도 균열이 생기지 않는다.
④ 표면가공법으로 흡음효과를 낼 수가 있고 의장적 효과도 높일 수 있다.

해설

함수율 변화에 따른 팽창, 수축이 작으며, 그에 따른 방향성이 없다.

72 집성목재의 장점이 아닌 것은?

① 목재의 강도를 인공적으로 조절할 수 있다.
② 응력에 따라 필요한 단면을 만들 수 있다.
③ 톱밥, 대팻밥, 나무부스러기를 이용하므로 경제적이다.
④ 길고 단면이 큰 부재를 만들 수 있다.

해설

집성목재
두께가 1.5~5cm인 단판을 섬유방향이 서로 평행하도록 겹쳐서 접착한 것이다.

정답 66 ② 67 ① 68 ④ 69 ① 70 ② 71 ① 72 ③

73 외부에 노출되는 마감용 벽돌로서 벽돌면의 색깔, 형태, 표면의 질감 등의 효과를 얻기 위한 것은?

① 광재벽돌 ② 내화벽돌
③ 치장벽돌 ④ 포도벽돌

해설

치장벽돌
외부 노출 마감용으로서 입면을 구성한다.

74 콘크리트 슬럼프시험(Slump Test)의 목적은?

① 물－시멘트의 용적비 계산
② 물－시멘트의 중량비 계산
③ 시공연도 측정
④ 콘크리트의 강도 측정

해설

시공연도(워커빌리티)의 측정방법
슬럼프시험, 흐름시험, 비비(Vee－Bee Test)시험, 다짐계수(Compac－tion Factor)시험 등

75 합성수지도료의 특성에 관한 설명으로 옳지 않은 것은?

① 건조시간이 빠르고 도막이 단단하다.
② 내산성, 내알칼리성이 있어 콘크리트, 모르타르면에 바를 수 있다.
③ 도막은 인화할 염려가 있어 방화성이 작은 단점이 있다.
④ 투명한 합성수지를 사용하면 더욱 선명한 색을 낼 수 있다.

해설

도막은 인화할 염려가 적어 방화성이 우수하다.

76 건축용 접착제로서 요구되는 성능에 해당되지 않는 것은?

① 진동, 충격의 반복에 잘 견딜 것
② 장기부하에 의한 크리프가 클 것
③ 취급이 용이하고 독성이 없을 것
④ 고화 시 체적수축 등에 의한 내부변형을 일으키지 않을 것

해설

크리프가 커진다는 것은 지속적인 변형이 발생한다는 것을 의미하므로 옳지 않다.

77 금속부식을 방지하기 위한 방법 중 옳은 것은?

① 큰 변형을 받은 금속은 불림하여 사용한다.
② 표면은 가급적 포습된 상태로 사용한다.
③ 이종금속의 인접 또는 접촉 사용을 금한다.
④ 부분적인 녹은 제거하지 않고 사용해도 좋다.

해설

① 불림은 내부 변형 최소화를 위해 진행하는 강의 열처리방식이다.
② 표면은 가급적 건조된 상태로 사용한다.
④ 부분적인 녹을 제거하고 사용해야 한다.

78 바름벽 재료의 분류 중 바름벽에 필요한 강도를 발현시키기 위한 재료는?

① 마감재료 ② 결합재료
③ 보강재료 ④ 혼화재료

해설

- 마감재료 : 바름벽의 최종 외관을 나타내는 재료
- 보강재료 : 균열 방지를 위해 부분적으로 처리하는 메시 등의 재료
- 혼화재료 : 시공성 향상 및 균열 · 탈락 방지를 위해 적용되는 첨가재료

정답 73 ③ 74 ③ 75 ③ 76 ② 77 ③ 78 ②

79 다음 중 시멘트의 수경률을 구하는 식에서 분자에 속하지 않는 것은?

① CaO ② SiO_2
③ Al_2O_3 ④ Fe_2O_3

해설

$$\text{시멘트 수경률} = \frac{\text{산성 성분}(SiO_2 + Al_2O_3 + Fe_2O_3)}{\text{염기성 성분}(CaO)}$$

80 파티클보드의 성질에 관한 설명으로 옳지 않은 것은?

① 고습도의 조건에서 사용하기 위해서는 방습 및 방수처리가 필요하다.
② 상판, 칸막이벽, 가구 등에 이용된다.
③ 음 및 열의 차단성이 우수하다.
④ 합판에 비해 면내 강성은 떨어지나 휨강도는 우수하다.

해설

파티클보드는 합판에 비해 면내 강성과 휨강도가 낮다.

5과목 건축일반

81 아래와 같은 조건의 건축물에 설치하는 복도의 유효너비의 기준으로 옳은 것은?

구분	양옆에 거실이 있는 복도
유치원 · 초등학교 중학교 · 고등학교	

① 2.4m 이상 ② 2.0m 이상
③ 1.8m 이상 ④ 1.5m 이상

해설

복도의 너비 및 설치기준(건축물의 피난 · 방화구조 등의 기준에 관한 규칙 제15조의2)

용도구분	양옆에 거실이 있는 복도	기타의 복도
유치원, 초등학교, 중 · 고등학교	2.4m 이상	1.8m 이상
공동주택 · 오피스텔	1.8m 이상	1.2m 이상
당해 층 거실의 바닥면적의 합계가 200m² 이상인 경우	1.5m 이상 (의료시설의 복도는 1.8m 이상)	1.2m 이상

82 고대 이집트 건축의 형성배경과 가장 거리가 먼 것은?

① 석재가 풍부하다.
② 적은 우량으로 인한 지붕의 형태는 평지붕이다.
③ 강한 햇빛이 짙은 그림자를 만들어 형태의 윤곽을 뚜렷하게 한다.
④ 내세관 및 혼령의 중요성이 기념 건조물에는 반영되지 않았다.

해설

고대 이집트 건축에서는 내세관 및 혼령의 중요성이 반영된 분묘, 신전 건축이 발달하였다.

83 건축물에 설치하는 지하층 비상탈출구의 유효너비 및 유효높이의 기준으로 옳은 것은?

① 유효너비 0.75m 이상, 유효높이 1.5m 이상
② 유효너비 0.75m 이상, 유효높이 1.8m 이상
③ 유효너비 1.0m 이상, 유효높이 1.5m 이상
④ 유효너비 1.0m 이상, 유효높이 1.8m 이상

해설

비상탈출구의 구조

크기	• 유효너비 : 0.75m 이상 • 유효높이 : 1.5m 이상
열리는 방향 등	문은 피난방향으로 열리도록 하고, 실내에서 항상 열 수 있는 구조, 내부 및 외부에는 비상탈출구 표시

정답 79 ① 80 ④ 81 ① 82 ④ 83 ①

출입구로부터	3m 이상 떨어진 곳에 설치
지하층의 바닥으로부터 비상탈출구의 아랫부분까지의 높이가 1.2m 이상 시	벽체에 발판의 너비가 20cm 이상인 사다리 설치
피난통로의 유효너비	0.75m 이상
피난통로의 실내에 접하는 부분의 마감과 그 바탕	불연재료

84 비상경보설비를 설치하여야 할 특정소방대상물의 연면적 기준은?(단, 지하가 중 터널 또는 사람이 거주하지 않거나 벽이 없는 축사 등 동·식물 관련시설은 제외한다)

① $300m^2$ 이상　② $400m^2$ 이상

③ $500m^2$ 이상　④ $600m^2$ 이상

해설

비상경보설비를 설치하여야 할 특정소방대상물

- 연면적 $400m^2$(지하가 중 터널 또는 사람이 거주하지 않거나 벽이 없는 축사 등 동·식물 관련시설은 제외) 이상이거나 지하층 또는 무창층의 바닥면적이 $150m^2$(공연장의 경우 $100m^2$) 이상인 것
- 지하가 중 터널로서 길이가 500m 이상인 것
- 50명 이상의 근로자가 작업하는 옥내 작업장

85 벽 및 반자의 실내에 접하는 부분의 마감이 불연재료이고, 자동식 소화설비가 설치된 각 층 바닥면적이 $1,000m^2$인 업무시설의 11층은 최소 몇 개의 영역으로 방화구획하여야 하는가?

① 2개의 영역으로 구획

② 3개의 영역으로 구획

③ 5개의 영역으로 구획

④ 층간 방화구획

해설

실내마감이 불연재료 마감이고 자동식 소화설비가 설치될 경우 11층 이상에서는 $1,500m^2$마다 방화구획을 설정하면 되므로, 각 층 바닥면적이 $1,000m^2$일 경우 층 내에서 별도 구획을 할 필요 없이 층간으로만 방화구획을 설정하면 된다.

86 다음 그림과 같은 보강블록조의 평면도에서 x축 방향의 벽량을 구하면?(단, 벽체두께는 150mm이며, 그림의 모든 단위는 mm임)

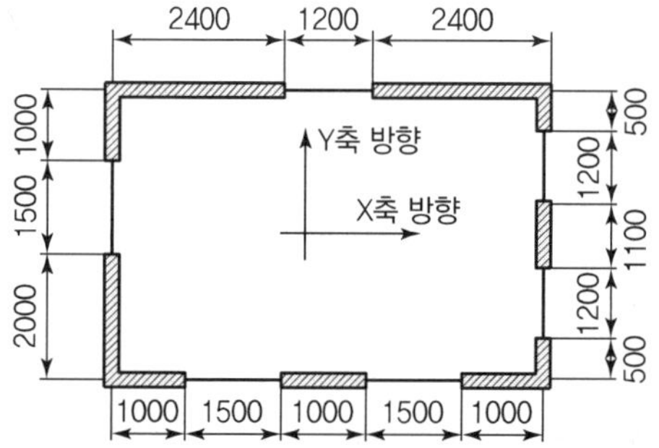

① 23.9cm/m^2　② 28.9cm/m^2

③ 31.9cm/m^2　④ 34.9cm/m^2

해설

X축 방향의 벽량이므로, X축의 벽길이(개구부 제외)를 실의 면적으로 나눠서 산정해 준다.

- X축의 벽길이(cm) : 2,400+2,400+1,000+1,000+1,000 =7,800mm=780cm
- 실의 면적(m^2) : (2.4+1.2+2.4)×(1+1.5+2.0)=$27m^2$

∴ X축 방향의 벽량=780cm/$27m^2$=28.9cm/m^2

87 소방시설법에서 정의하는 다음 내용에 해당하는 용어는?

> 소방시설 등을 구성하거나 소방용으로 사용되는 제품 또는 기기로서 대통령령으로 정하는 것을 말한다.

① 특정소방대상물

② 소화설비

③ 소방용품

④ 소화용수설비

해설

소방용품은 소방제품 또는 기기를 포함하고 있다.

정답　84 ②　85 ④　86 ②　87 ③

88 목구조의 맞춤방법 중 걸침턱맞춤이 사용되는 목구조의 접합부분은?

① 왕대공 지붕틀의 ㅅ자보와 평보
② 왕대공 지붕틀의 평보와 왕대공
③ 목조마루틀의 멍에와 장선
④ 목조벽체의 기둥과 가새

해설

걸침턱맞춤이 적용되는 경우
멍에와 장선, ㅅ자보와 중도리, 지붕보와 도리맞춤

89 대통령령으로 정하는 특정소방대상물(신축하는 것만 해당)에 소방시설을 설치하려는 자는 그 용도, 위치, 구조, 수용인원, 가연물(可燃物)의 종류 및 양 등을 고려하여 설계하여야 하는데 이와 같은 설계를 무엇이라 하는가?

① 소방시설 특수설계 ② 최적화설계
③ 성능위주설계 ④ 소방시설 정밀설계

해설

성능위주설계(소방시설 설치 및 관리에 관한 법률 제2조)
"성능위주설계"란 건축물 등의 재료, 공간, 이용자, 화재 특성 등을 종합적으로 고려하여 공학적 방법으로 화재 위험성을 평가하고 그 결과에 따라 화재안전성능이 확보될 수 있도록 특정소방내상물을 설계하는 것을 말한다.

90 두께 12cm인 철근콘크리트 슬래브의 바닥면적 $1m^2$에 대한 중량은 일반적으로 얼마인가?

① 236kg ② 288kg
③ 325kg ④ 382kg

해설

철근콘크리트의 비중은 $2.4t/m^3$이다.
∴ 중량 = 0.12m × 1 × 2.4 = 0.288t = 288kg

91 방염성능기준 이상의 실내장식물 등을 설치하여야 하는 특정소방대상물이 아닌 것은?

① 근린생활시설 중 체력단련장
② 건축물의 옥내에 있는 종교시설
③ 의료시설 중 종합병원
④ 층수가 11층 이상인 아파트

해설

방염성능기준 이상의 실내장식물 등을 설치하여야 하는 특정소방대상물에서 아파트는 제외된다.

92 목구조 벽체의 수평력에 대한 보강 부재로 가장 유효한 것은?

① 가새 ② 토대
③ 통재기둥 ④ 샛기둥

해설

토대, 샛기둥, 통재기둥은 압축력(수직력)에 저항하는 부재이고, 가새는 풍하중 등 수평력에 저항하는 부재이다.

93 비상용 승강기 승강장의 구조 기준으로 옳지 않은 것은?

① 승강장은 각 층의 내부와 연결될 수 있도록 하되, 그 출입구(승강로의 출입구를 제외한다)에는 60+ 방화문 또는 60분 방화문을 설치할 것
② 벽 및 반자가 실내에 접하는 부분의 마감재료(마감을 위한 바탕을 포함한다)는 난연재료로 할 것
③ 채광이 되는 창문이 있거나 예비전원에 인한 조명설비를 할 것
④ 승강장 출입구 부근의 잘 보이는 곳에 당해 승강기가 비상용 승강기임을 알 수 있는 표지를 할 것

해설

벽 및 반자가 실내에 접하는 부분의 마감재료(마감을 위한 바탕을 포함한다)는 불연재료로 해야 한다.

정답 88 ③ 89 ③ 90 ② 91 ④ 92 ① 93 ②

94 **다음은 피난용도의 옥상광장을 설치하기 위한 건축법령이다. ( ) 안에 들어갈 내용으로 옳은 것은?**

> ( ) 이상인 층이 문화 및 집회시설(전시장 및 동 · 식물원은 제외한다), 종교시설, 판매시설, 위락시설 중 주점영업 또는 장례시설의 용도로 쓰는 경우에는 피난 용도로 쓸 수 있는 광장을 옥상에 설치하여야 한다.

① 5층 ② 6층

③ 7층 ④ 11층

해설

옥상광장 설치대상

5층 이상의 층이 다음 용도의 시설에는 피난 용도로 쓸 수 있는 광장을 옥상에 설치하여야 한다.

- 제2종 근린생활시설 중 공연장 · 종교집회장 · 인터넷컴퓨터게임시설제공 업소(해당 용도로 쓰는 바닥면적의 합계가 각각 300m^2 이상)
- 문화 및 집회시설(전시장 및 동 · 식물원은 제외)
- 종교시설
- 판매시설
- 위락시설 중 주점영업
- 장례시설

95 **국토교통부령으로 정하는 기준에 따라 건축물로부터 바깥쪽으로 나가는 출구를 설치해야 하는 대상이 아닌 것은?**

① 종교시설

② 장례시설

③ 위락시설

④ 문화 및 집회시설 중 전시장

해설

문화 및 집회시설 중 전시장 및 동 · 식물원은 제외한다.

96 **스프링클러설비를 설치하여야 하는 특정소방대상물 중 스프링클러설비를 모든 층에 설치하여야 하는 수용인원의 기준으로 옳은 것은?(단, 문화 및 집회시설로서 동 · 식물원은 제외)**

① 50명 이상 ② 100명 이상

③ 200명 이상 ④ 300명 이상

해설

스프링클러설비를 설치하여야 하는 특정소방대상물

문화 및 집회시설(동 · 식물원은 제외), 종교시설(주요 구조부가 목조인 것은 제외한다), 운동시설(물놀이형 시설은 제외한다)로서 다음 어느 하나에 해당하는 경우에는 모든 층

- 수용인원이 100명 이상인 것
- 영화상영관의 용도로 쓰이는 층의 바닥면적이 지하층 또는 무창층인 경우에는 500m^2 이상, 그 밖의 층의 경우에는 1천 m^2 이상인 것
- 무대부가 지하층 · 무창층 또는 4층 이상의 층에 있는 경우에는 무대부의 면적이 300m^2 이상인 것
- 무대부가 지하층 · 무창층 또는 4층 이상의 층 외의 층에 있는 경우에는 무대부의 면적이 500m^2 이상인 것

97 **고딕건축 양식의 특징과 관련 없는 것은?**

① 첨두아치(Pointed Arch)

② 트레이서리(Tracery)

③ 플라잉 버트레스(Flying Buttress)

④ 펜덴티브(Pendentive)

해설

펜덴티브(Pendentive)는 비잔틴건축의 양식이다.

98 **건축물에 설치하는 급수 · 배수 등의 용도로 쓰는 배관설비의 설치 및 구조기준으로 옳지 않은 것은?**

① 어떠한 경우라도 배관설비가 건축물의 주요 부분을 관통하지 않도록 할 것

② 배관설비를 콘크리트에 묻는 경우 부식의 우려가 있는 재료는 부식 방지조치를 할 것

③ 승강기의 승강로 안에는 승강기의 운행에 필요한 배관설비 외의 배관설비를 설치하지 아니할 것

④ 압력탱크 및 급탕설비에는 폭발 등의 위험을 막을 수 있는 시설을 설치할 것

정답 94 ① 95 ④ 96 ② 97 ④ 98 ①

해설

부득이한 경우 배관설비가 건축물의 주요 부분을 관통할 수 있으며 이 경우 구조적 · 방화적 문제가 없도록 관통부를 조치하여야 한다.

99 **건축물을 건축하거나 대수선하는 경우에 있어 국토교통부령으로 정하는 구조기준 등에 따라 구조안전을 확인한 건축물 중 그 확인서류를 허가권자에게 제출하여야 하는 경우가 아닌 것은?**

① 층수가 2층 이상인 건축물
② 창고, 축사, 작물재배사 및 표준설계도서에 의하여 건축하는 건축물로 연면적 400m^2 이상인 건축물
③ 기둥과 기둥 사이의 거리가 10m 이상인 건축물
④ 국가적 문화유산으로 보존할 가치가 있는 건축물로서 국토교통부령으로 정하는 것

해설

창고, 축사, 작물재배사 및 표준설계도서에 의하여 건축하는 건축물은 해당 사항이 없다.

100 **건축허가 등을 할 때 미리 소방본부장 또는 소방서장의 동의를 받아야 하는 건축물 등의 범위 기준으로 옳지 않은 것은?**

① 연면적이 300m^2 이상인 건축물
② 항공기격납고
③ 차고 · 주차장으로 사용되는 바닥면적이 200m^2 이상인 층이 있는 건축물이나 주차시설
④ 지하층 또는 무창층이 있는 건축물로서 바닥면적이 150m^2 이상인 층이 있는 것

해설

건축허가 등의 동의대상물의 범위 등(소방시설 설치 및 관리에 관한 법률 시행령 제7조)
건축허가 등을 할 때 미리 소방본부장 또는 소방서장의 동의를 받아야 하는 건축물의 연면적 기준은 400m^2 이상이다(단, 기타사항을 고려하지 않을 경우).

6과목 건축환경

101 **굴뚝효과(Stack Effect)의 가장 주된 발생원은?**

① 온도차 ② 유속차
③ 습도차 ④ 풍향차

해설

굴뚝효과(Stack Effect)
중력환기라고도 하며, 실내외 온도차와 실내의 연속된 수직공간에 따라 발생하게 된다.

102 **변전실의 위치 결정 시 고려할 사항으로 옳지 않은 것은?**

① 부하의 중심위치에서 멀 것
② 외부로부터 전원의 인입이 편리할 것
③ 발전기실, 축전지실과 인접한 장소일 것
④ 기기를 반입, 반출하는 데 지장이 없을 것

해설

변전실은 부하의 중심위치에서 가깝게 설치하는 것이 좋다.

103 **자연환기량에 관한 설명으로 옳은 것은?**

① 풍속이 높을수록 적어진다.
② 실내외의 압력차가 클수록 적어진다.
③ 실내외의 온도차가 작을수록 많아진다.
④ 공기유입구와 유출구의 높이의 차이가 클수록 많아진다.

해설

① 풍속이 높을수록 커진다.
② 실내외의 압력차가 클수록 많아진다.
③ 실내외의 온도차가 클수록 많아진다.

정답 99 ② 100 ① 101 ① 102 ① 103 ④

104 유효온도에 고려되지 않는 요소는?

① 기온　　② 습도

③ 기류　　④ 복사열

해설

유효온도 고려요소

유효온도는 기온, 습도, 기류의 3요소로 온열환경을 평가한다.

105 다음 설명에 알맞은 건축화조명의 종류는?

> 벽에 형광등기구를 설치해 목재, 금속판 및 투과율이 낮은 재료로 광원을 숨기며 직접 광은 아래쪽 벽이나 커튼을, 위쪽은 천장을 비추는 분위기 조명

① 코브조명

② 광창조명

③ 광천장 조명

④ 밸런스조명

해설

밸런스조명

창이나 벽의 커튼 상부에 부설된 조명방식으로서 코브조명과 유사하다.

106 건축적 채광의 방법 중 측광(Lateral Lighting)에 관한 설명으로 옳은 것은?

① 통풍 · 차열에 불리하다.

② 편측채광의 경우 조도분포가 불균일하다.

③ 구조 · 시공이 어려우며 비막이가 불리하다.

④ 근린의 상황에 따라 채광을 방해받는 경우가 없다.

해설

① 천창에 비해 통풍 · 차열에 유리하다.
③ 천창에 비해 구조 · 시공이 간편하며 비막이에 비교적 유리하다.
④ 근린의 상황에 따라 채광을 방해받는 경우가 있다.

107 복사에 의한 전열에 관한 설명으로 옳은 것은?

① 고체 표면과 유체 사이의 열전달현상이다.

② 일반적으로 흡수율이 작은 표면은 복사율이 크다.

③ 알루미늄과 같은 금속의 연마면은 복사율이 매우 작다.

④ 물체에서 복사되는 열량은 그 표면의 절대온도의 2승에 비례한다.

해설

① 복사는 열매체 없이 전달되는 전열현상이다.
② 일반적으로 흡수율이 큰 표면은 복사율이 크다.
④ 물체에서 복사되는 열량은 그 표면의 절대온도의 4승에 비례한다.

108 벽체의 열관류율을 작게 하여 단열효과를 얻고자 할 때, 그 방법으로 옳지 않은 것은?

① 흡수성이 큰 재료를 사용한다.

② 벽체 내부에 공기층을 구성한다.

③ 열전도율이 작은 재료를 선택한다.

④ 벽체 구성재료의 두께를 두껍게 한다.

해설

흡수성이 클 경우 단열재의 기포층이 기체보다 열전도율이 상대적으로 높은 액체로 치환될 가능성이 높아 전반적인 열관류율이 상승하여 단열효과를 저하시킬 수 있다.

109 급탕배관의 설계 및 시공상 주의사항으로 옳지 않은 것은?

① 중앙식 급탕설비는 원칙적으로 중력식 순환방식으로 한다.

② 급탕밸브나 플랜지 등의 패킹은 내열성 재료를 선택하여 시공한다.

③ 관의 신축을 고려하여 건물의 벽관통 부분의 배관에는 슬리브를 끼운다.

④ 관의 신축을 고려하여 배관의 굽힘 부분에는 스위블 이음으로 접합한다.

정답　104 ④　105 ④　106 ②　107 ③　108 ①　109 ①

해설

중앙식 급탕설비는 소요양정이 크므로 펌프를 활용한 강제식 순환방식으로 한다.

110 다음 설명에 알맞은 환기법은?

- 실내의 압력이 외부보다 높아지고 공기가 실외에서 유입되는 경우가 적다.
- 병원의 수술실과 같이 외부의 오염공기 침입을 피하는 실에 이용된다.

① 급기팬과 배기팬의 조합
② 급기팬과 자연배기의 조합
③ 자연급기와 배기팬의 조합
④ 자연급기와 자연배기의 조합

해설

클린룸, 수술실 등과 같이 오염공기의 실내 유입이 방지되어야 하는 공간에는 실내가 양압(+)이 형성되는 2종 환기[급기팬(강제) 급기, 배기구(자연) 배기]를 하여야 한다.

111 공기 중의 음속이 344m/s, 주파수가 450Hz일 때 음의 파장(m)은?

① 0.33 ② 0.76
③ 1.31 ④ 6.25

해설

$$\lambda(\text{음의 파장, m}) = \frac{C(\text{음속, m/s})}{f(\text{주파수, Hz})} = \frac{344}{450} = 0.76$$

112 균시차에 관한 설명으로 옳은 것은?

① 균시차는 항상 일정하다.
② 진태양시와 평균태양시의 차를 말한다.
③ 중앙표준시와 평균태양시의 차를 말한다.
④ 진태양시의 10년간 평균값에서 중앙표준시를 뺀 값이다.

해설

균시차
태양의 실제적인 움직임을 통해 시간을 설정한 진태양시와 가상의 태양궤적을 통해 시간을 설정한 평균태양시의 차를 말한다.

113 용적 3,000m³, 잔향시간 1.6초인 실이 있다. 잔향시간을 0.6초로 조정하려고 할 때, 이 실에 추가로 필요한 흡음력은?(단, Sabine의 식을 이용한다)

① 약 500m² ② 약 600m²
③ 약 700m² ④ 약 800m²

해설

- 잔향시간 = 0.16(용적 / 흡음력)
- 기존 1.6초 = 0.16(3,000 / 흡음력) → 흡음력 = 약 300m²
- 개선 0.6초 = 0.16(3,000 / 흡음력) → 흡음력 = 약 800m²

∴ 약 500m²의 흡음력 필요

114 배수수직관 내의 압력변화를 방지 또는 완화하기 위해, 배수수직관으로부터 분기 · 입상하여 통기수직관에 접속하는 통기관은?

① 각개통기관 ② 루프통기관
③ 결합통기관 ④ 신정통기관

해설

결합통기관
오배수입상관으로부터 취출하여 위쪽의 수직통기관에 연결하는 배관으로, 오배수입상관 내의 압력을 같게 하기 위한 도피통기관의 일종이다.

115 표면결로의 발생 방지방법에 관한 설명으로 옳지 않은 것은?

① 단열 강화에 의해 실내 측 표면온도를 상승시킨다.
② 직접가열이나 기류촉진에 의해 표면온도를 상승시킨다.

정답 110 ② 111 ② 112 ② 113 ① 114 ③ 115 ④

③ 수증기 발생이 많은 부엌이나 화장실에 배기구나 배기팬을 설치한다.

④ 높은 온도로 난방시간을 짧게 하는 것이 낮은 온도로 난방시간을 길게 하는 것보다 결로 발생 방지에 효과적이다.

해설

낮은 온도로 난방시간을 길게 하는 것이 높은 온도로 난방시간을 짧게 하는 것보다 결로 발생 방지에 효과적이다.

116 급수방식 중 고가수조방식에 관한 설명으로 옳지 않은 것은?

① 급수압력이 일정하다.

② 단수 시에도 일정량의 급수가 가능하다.

③ 대규모의 급수 수요에 쉽게 대응할 수 있다.

④ 위생성 및 유지 · 관리 측면에서 가장 바람직한 방식이다.

해설

고가수조방식은 수질오염의 가능성이 가장 높은 급수방식이다.

117 휘도의 단위로 옳은 것은?

① cd ② cd/m^2

③ lm ④ lm/m^2

해설

휘도(단위 : cd/m^2, sb, nt)

- 빛을 받는 반사면에서 나오는 광도의 면적이다.
- 휘도차에서 오는 눈부심을 적게 하는 적정 조명도와 균일한 조명도를 유지하는 것이 중요하다.

118 기계적 에너지가 아닌 열에너지에 의해 냉동효과를 얻는 냉동기는?

① 터보식 냉동기 ② 흡수식 냉동기

③ 스크루식 냉동기 ④ 왕복동식 냉동기

해설

흡수식 냉동기는 열에너지를 통해 냉동효과를 얻으며, 나머지 보기의 냉동기는 압축(기계적) 에너지를 통해 냉동효과를 얻는다.

119 공기조화방식 중 이중덕트방식에 관한 설명으로 옳지 않은 것은?

① 전공기방식이다.

② 부하특성이 다른 다수의 실이나 존에도 적용할 수 있다.

③ 덕트 샤프트나 덕트 스페이스가 필요 없거나 작아도 된다.

④ 냉 · 온풍의 혼합으로 인한 혼합손실이 있어서 에너지 소비량이 많다.

해설

이중덕트방식은 온덕트와 냉덕트를 동시에 구성해야 하므로 덕트 스페이스가 크다.

120 다음 중 음의 고저 감각에 가장 주된 영향을 주는 요소는?

① 음색 ② 음의 크기

③ 음의 주파수 ④ 음의 전파속도

해설

음의 주파수에 따라 음의 높이(고저)가 달라진다.

정답 116 ④ 117 ② 118 ② 119 ③ 120 ③

2019년 4회 실내건축기사

1과목 실내디자인론

01 다음 중 조닝(Zoning)계획에서 존(Zone)의 설정 시 고려할 사항과 가장 거리가 먼 것은?

① 사용빈도 ② 사용시간
③ 사용행위 ④ 사용재료

해설

조닝계획(Zoning)
행동의 목적, 사용시간, 사용빈도, 사용목적, 사용자의 범위, 사용자의 특성에 따라 구분하여 조닝한다.

02 한국의 전통가구 중 장에 관한 설명으로 옳지 않은 것은?

① 단층장은 머릿장이라고도 불린다.
② 이층장이나 삼층장은 보통 남성공간인 사랑방에서 사용되었다.
③ 이불장은 금침과 베개를 겹겹이 쌓아두는 장으로 보통 2층으로 된 것이 많다.
④ 의걸이장은 외관의장에 따라 만살의걸이, 평의걸이, 지장의걸이로 구분할 수 있다.

해설

남성공간인 사랑방에는 책장, 의걸이장, 탁자장이 사용되었고, 여성공간인 안방에는 이층장 및 삼층장 등이 사용되었다.

03 선의 종류에 따른 조형효과에 관한 설명으로 옳지 않은 것은?

① 사선은 운동감, 속도감 등의 느낌을 준다.
② 수직선은 심리적으로 상승감, 엄숙함 등의 느낌을 준다.
③ 수평선은 영원, 안정 등 주로 정적인 느낌을 준다.
④ 곡선은 위험, 긴장, 변화 등의 불안정한 느낌을 준다.

해설

곡선의 효과
우아함, 유연함, 부드러움, 여성적인 섬세함을 준다.

04 사무소 건축의 코어 유형에 관한 설명으로 옳지 않은 것은?

① 중심코어형은 유효율이 높은 계획이 가능한 형식이다.
② 편심코어형은 기준층 바닥면적이 작은 경우에 적합하다.
③ 양단코어형은 2방향 피난에 이상적이며, 방재상 유리하다.
④ 독립코어형은 코어 프레임을 내진구조로 할 수 있어 구조적으로 가장 바람직한 유형이다.

해설

- 중심(중앙)코어형 : 코어프레임을 내진구조로 할 수 있어 구조적으로 가장 바람직한 유형이다.
- 독립코어형 : 코어를 업무공간에서 분리, 독립시킨 유형으로, 공간 활용의 융통성은 높지만 코어가 양쪽에 배치되지 않으면 대피, 피난의 방재계획이 불리하다.

05 다음 중 상업공간의 매장 내 진열장(Show Case) 배치를 계획할 때 가장 우선적으로 고려해야 할 사항은?

① 진열장의 수 ② 조명의 조도
③ 고객의 동선 ④ 바닥의 재질

해설

상업공간 계획 시 가장 우선순위는 고객의 동선을 원활히 처리하는 것이다.

정답 01 ④ 02 ② 03 ④ 04 ④ 05 ③

06 단독주택에서 부엌의 합리적인 규모 결정 시 고려할 사항과 가장 관계가 먼 것은?

① 작업대의 면적
② 주택의 연면적
③ 가족구성원의 연령
④ 작업인의 동작에 필요한 공간

해설

부엌의 규모 결정 기준
- 작업대의 면적
- 작업인의 동작에 필요한 공간
- 주거의 연면적, 가족수, 평균 작업인수, 경제수준
- 수납공간(식기, 식품, 조리용 기구)
- 연료의 종류와 공급방법

07 사무소 건축의 실단위계획 중 개실시스템에 관한 설명으로 옳지 않은 것은?

① 독립성이 우수하다.
② 개방식 배치에 비해 공사비가 높다.
③ 전면적을 유효하게 이용할 수 있어 공간절약상 유리하다.
④ 방 길이에 변화를 줄 수 있지만, 연속된 복도 때문에 방 깊이에는 변화를 줄 수 없다.

해설

- 개방식 배치 : 전면적을 유효하게 이용할 수 있어 공간절약상 유리하다.
- 개실시스템(배치) : 방 길이 변화 가능, 방 깊이 변화 불가능, 독립성 양호, 공사비 고가

08 디자인 원리 중 통일에 관한 설명으로 옳지 않은 것은?

① 통일은 변화와 함께 모든 조형에 대한 미의 근원이 된다.
② 통일과 변화는 서로 대립되는 관계가 아니라 상호 유기적인 관계 속에서 성립된다.
③ 동적 통일은 균일한 대상물이 연속적으로 배치됨으로써 안정감을 확보할 수 있게 해준다.
④ 양식 통일(Style Unity)은 동시대적 양식을 나열하거나 관련된 기능의 유사성을 이용하여 통일성을 형성하는 방법이다.

해설

디자인 원리 – 통일
다양한 요소, 소재 혹은 조건을 선택하고 정리하여 서로 관계를 맺도록 하여 하나의 완성체로 종합하는 것을 말한다.
- 동적 통일 : 변화와 상징성이 높은 디자인 요소들이 모여 흐름의 전개를 부여한다.
- 정적 통일 : 동일한 디자인 요소가 적용되거나 균일한 대상물이 연속적으로 반복하여 적용된다.

09 다음 설명에 알맞은 블라인드의 종류는?

- 셰이드 블라인드라고도 한다.
- 천을 감아 올려 높이 조절이 가능하며 칸막이나 스크린의 효과도 얻을 수 있다.

① 롤 블라인드
② 로만 블라인드
③ 버티컬 블라인드
④ 베네시안 블라인드

해설

롤 블라인드
셰이드라고도 하며 천을 감아올려 높이 조절이 가능하며 칸막이나 스크린의 효과도 얻을 수 있다.

10 시스템가구의 디자인 조건에 관한 설명으로 옳지 않은 것은?

① 규격화된 디자인으로 한다.
② 통일된 디자인으로 조화를 추구한다.
③ 안정성 있고 가벼워 이동에 편리하도록 한다.
④ 용도를 단일화하여 영구적으로 사용할 수 있게 한다.

정답 06 ③ 07 ③ 08 ③ 09 ① 10 ④

해설

시스템가구
- 용도를 기능에 따라 다양한 크기와 형태로 조립 및 해체가 가능해서 영구적으로 사용할 수 있게 하며 공간의 융통성에 따라 설치가 가능하다.
- 규격화된 단위 구성재의 결합으로 가구의 통일과 조화를 이루며 모듈계획을 근간으로 규격화된 부품을 구성하여 시공시간 단축의 효과를 가져올 수 있다.

11 창의 기본적 기능과 가장 거리가 먼 것은?

① 채광 ② 통풍
③ 장식 ④ 환기

해설

창의 기능
채광, 환기, 통풍의 역할을 한다.

12 다음 설명에 알맞은 형태의 지각심리는?

> 두 개 또는 그 이상의 유사한 시각요소들이 서로 가까이 있으면 하나의 그룹으로 보려는 경향

① 근접성 ② 유사성
③ 연속성 ④ 폐쇄성

해설

근접성
일정한 간격으로 규칙적으로 반복되어 있을 경우 이를 그룹화하여 평면처럼 지각하고 가까이 있는 시각요소들이 그룹이나 패턴으로 보이는 현상을 말한다.

13 마르셀 브로이어(Marcel Breuer)가 디자인한 의자는?

① 흔들의자(Rocking Chair)
② 체스카 의자(Cesca Chair)
③ 투겐하트 의자(Tugendhat Chair)
④ 바르셀로나 의자(Barcelona Chair)

해설

체스카 의자
마르셀 브로이어가 만들었으며, 강철파이프를 구부려 지지대 없이 만든 캔버터리식 의자이다.

※ 투겐하트 의자, 바르셀로나 의자는 미스 반 데어 로에가 만들었다.

14 디자인 원리 중 조화를 가장 적절히 표현한 것은?

① 중심축을 경계로 형태의 요소들이 시각적으로 균형을 이루는 상태
② 전체적인 구성 방법이 질적, 양적으로 모순 없이 질서를 이루는 것
③ 저울의 원리와 같이 중심축을 경계로 양측이 물리적으로 힘의 안정을 구하는 현상
④ 규칙적인 요소들의 반복으로 디자인에 시각적인 질서를 부여하는 통제된 운동감각

해설

①·③은 균형, ④는 리듬에 관한 설명이다.

조화 : 둘 이상의 요소들이 상호 관련성에 의해 어울림을 느끼게 되는 상태로 전체적인 구성방법이 질적, 양적으로 모순 없이 질서를 이루는 것이다.

15 다음과 같은 특징을 갖는 부엌의 유형은?

> - 다른 유형에 비해 부엌의 기능성과 청결감을 크게 할 수 있다.
> - 음식을 식탁까지 운반해야 하는 불편이 있으며 주부가 작업할 때 가족 간의 대화가 단절되기 쉽다.

① 오픈 키친 ② 독립형 부엌
③ 다이닝 키친 ④ 반독립형 부엌

해설

독립형 부엌
거실과 완전히 독립된 부엌으로 동선이 길고 대규모의 주택에 적합하다.

정답 11 ③ 12 ① 13 ② 14 ② 15 ②

16 다음 중 실내디자인을 평가하는 기준과 가장 거리가 먼 것은?

① 기능성　② 경제성
③ 심미성　④ 주관성

해설

실내디자인 평가기준
기능성, 경제성, 심미성, 독창성

17 벽에 관한 설명으로 옳지 않은 것은?

① 공간을 둘러싸는 수직적 요소이다.
② 공간의 형태와 크기를 결정하는 요소이다.
③ 벽의 높이가 600mm 정도이면 공간을 시각적으로 차단하는 기능을 한다.
④ 공간과 공간을 구분하고 분리함으로써 시각적, 청각적 프라이버시를 제공할 수 있다.

해설

높이에 따른 벽의 종류
- 상징적 벽체 : 벽의 높이가 600mm 이하의 낮은 벽으로, 담장으로 두 공간을 상징적으로 분리하여 구분한다.
- 차단적 벽체 : 벽의 높이가 1,800mm 정도의 벽으로, 시각적으로 완전히 차단된다.

18 상점건축에서 쇼윈도, 출입구 및 홀의 입구 부분을 포함한 평면적인 구성요소와 아케이드, 광고판, 사인, 외부장치를 포함한 입체적인 구성요소의 총체를 의미하는 것은?

① 파사드(Facade)
② 스테이지(Stage)
③ 쇼케이스(Show Case)
④ POP(Point Of Purchase)

해설

파사드
상품의 판매증진을 위해 개성적인 측면과 경제적인 측면을 고려하여 계획함으로써 고객에게 깊은 인상을 주어 구매욕구를 불러일으키고 도시 미관적 측면도 고려해야 한다.

19 주택 거실의 가구 배치방법 중 소파를 두 벽면에 연결시켜 배치하는 형식으로 시선이 마주치지 않아 안정감이 있는 것은?

① 대면형　② ㄷ자형
③ 코너형　④ 직선형

해설

코너형
두 벽면을 연결시켜 배치하는 형식으로 공간의 활용도가 높다.

20 호텔의 조명계획에 관한 설명으로 옳지 않은 것은?

① 객실의 욕실조명은 거울 위나 옆쪽에 설치한다.
② 복도에는 50~100lux 정도로 균일한 조명을 설치한다.
③ 프런트데스크의 조명은 프런트 직원과 고객의 표정이 서로 확실히 보이도록 밝게 하는 것이 좋다.
④ 객실에서 천장의 전체 조명은 직접조명방식으로 하고, 탁상스탠드, 플로어스탠드, 벽부등과 같은 국부조명을 사용한다.

해설

객실에서 천장의 전체 조명은 간접 조명방식으로 하고, 탁상스탠드, 플로어스탠드, 벽부등과 같은 국부조명을 사용한다.

※ **조명의 분류**
- 간접조명 : 천장이나 벽에 투사하여 반사, 확산된 광원을 이용하는 것으로 눈부심이 없고 조도분포가 균등하다.
- 국부조명 : 일정한 장소에 높은 조도로 집중적인 조명효과를 주는 방법으로 하나의 실에서 영역을 구획하거나, 물품을 강조한다.

정답　16 ④　17 ③　18 ①　19 ③　20 ④

2과목 색채학

21 텔레비전의 모니터나 액정모니터 등과 같이 R, G, B로 색을 표현하는 혼색방법은?

① 동시감법 혼색 ② 계시가법 혼색
③ 병치가법 혼색 ④ 색료감법 혼색

해설

병치가법(병치혼합)
2종류 이상의 색자극이 눈으로 구별할 수 없을 정도의 선이나 점으로 조밀하게 병치되어 인접색과 혼합되는 방법으로 컬러 TV, 컬러모니터 등이 여기에 속한다.

22 다음 배색에서 명도차가 가장 큰 배색은?

① 빨강, 파랑 ② 노랑, 검정
③ 빨강, 녹색 ④ 노랑, 주황

해설

명시성(시인성)
- 대상의 존재나 형상이 보이기 쉬운 정도를 말하며 멀리서도 잘 보이는 성질이다.
- 흑색 바탕에는 황색>백색>주황색>적색 순으로 명시도가 높다.

23 온도감이 높은 난색으로 식당에서 식욕을 돋우기에 적합한 것은?

① 청록 ② 파랑
③ 노랑 ④ 주황

해설

색채미각
식욕을 돋우는 색은 주황색 같은 난색계열이고, 식욕을 감퇴시키는 색은 파란색 같은 한색계열이다.

단맛	빨간색, 주황색, 적색을 띤 노란색(난색계열)
신맛	녹색 느낌의 황색, 황색을 띤 녹색
짠맛	연한 녹색과 회색, 청록색과 회색, 연파랑
쓴맛	청색, 갈색, 올리브 그린, 자주색, 파랑(한색계열)

24 문 · 스펜서(Moon · Spencer)의 색채조화론에서 조화가 되는 색의 관계에 해당되지 않는 것은?

① 통일조화 ② 대비조화
③ 동일조화 ④ 유사조화

해설

문 · 스펜서의 색채조화론

동일조화	같은 색의 조화
유사조화	유사한 색의 조화
대비조화	반대색의 조화

25 다음 중 색료를 혼합하여 만들 수 없는 색은?

① 주황 ② 노랑
③ 연두 ④ 남색

해설

노란색은 색료의 기본색이다.

감법혼합 : 색료의 3원색
- 노랑(Y)+시안(C)=초록(G)
- 노랑(Y)+마젠타(M)=빨강(R)
- 시안(C)+마젠타(M)=파랑(B)
- 시안(C)+마젠타(M)+노랑(Y)=검정(B)

26 오스트발트 색체계에서 17gc의 "c"는 무엇을 뜻하는가?

① 색상 ② 순색량
③ 백색량 ④ 흑색량

해설

오스트발트 색체계 기호법(17gc)
17 : 색상번호, g : 백색량, c : 흑색량

기호	a	c	e	g	i	l	n	p
백색량	89	56	35	22	14	8.9	5.6	3.5
흑색량	11	44	65	78	86	91.1	94.4	96.5

정답 21 ③ 22 ② 23 ④ 24 ① 25 ② 26 ④

27 조명에 의하여 물체의 색을 결정하는 광원의 성질은?

① 조명성 ② 기능성
③ 연색성 ④ 조색성

해설

연색성
같은 물체색이라도 조명에 따라 색이 달라져 보이는 현상이다.

28 먼셀 색입체의 종단면도에서 볼 수 없는 것은?

① 색상환의 변화 ② 명도의 변화
③ 채도의 변화 ④ 순도의 변화

해설

먼셀 색입체
- 종단면도(수직단면도) : 명도, 채도, 순도의 변화
- 횡단면도(수평단면도) : 색상환의 변화

29 다음 중 JPEG 이미지 파일형식에 대한 설명으로 틀린 것은?

① 파일 용량이 작고 풍부한 색감의 표현이 가능하여 웹 디자인 시 많이 사용된다.
② JPEG 포맷은 256색이라는 한계를 갖는다.
③ 압축률을 높일수록 이미지의 손상이 커지므로 사용 시 압축 정도를 조절해야 한다.
④ 호환성이 우수하다.

해설

GIF 포맷은 256색이라는 한계를 갖는다.

JPG
- 컬러 이미지의 이미지 손상을 최소화하며 압축할 수 있는 기술 또는 포맷을 말한다. 1,677만 7,216색과 256색 그레이로 저장할 수 있다.
- 파일 용량이 작고 색감의 표현이 가능하여 이미지 제작, 프로그램 웹 디자인 시 많이 사용되지만 압축률을 높일수록 이미지의 손상이 커지므로 사용 시 압축 정도를 조절해야 한다.

30 다음 중 색에 대한 설명으로 틀린 것은?

① 물체의 색이 눈의 망막에 의해 지각된다.
② 반사, 흡수, 투과를 거쳐 지각된다.
③ 인간의 눈을 통해 지각되는 물리적 현상이다.
④ 연상과 상징 등과 함께 경험되는 심리적 현상과 관계가 없다.

해설

색은 연상과 상징 등과 함께 경험되는 심리적 현상과 관계있다.

연상과 상징
- 연상 : 색을 지각할 때 경험이나 심리작용에 의하여 활동 또는 상태와 관련해 보이는 것을 말한다.
- 상징 : 하나의 색을 보았을 때 특정한 형상이나 뜻이 상징되어 느껴지는 것을 말한다.

31 NCS 색체계에 대한 설명이 옳은 것은?

① 독일 색채연구소에서 만들어졌다.
② NCS 표기법은 미국에서 많이 사용되고 있다.
③ 기본적인 색은 Y, R, G의 3색이다.
④ 헤링의 4원색 이론을 바탕으로 한다.

해설

NCS 색체계
- 스웨덴 색채연구소에서 개발하였고, NCS는 색감정의 자연적 시스템을 의미한다.
- 색채에 대한 표준을 제시하고 관계성, 다양성 상대성의 특징을 가지며 스웨덴, 노르웨이, 스페인 등에서 사용된다.
- 헤링의 반대색설 4원색설을 기초로 빨강(R), 노랑(Y), 초록(G), 파랑(B)의 기본색에 흰색(W), 검정(S)을 추가하여 6색이다.

32 점진적인 변화를 주어 리듬감을 얻는 배색기법은?

① 악센트 ② 그라데이션
③ 세퍼레이션 ④ 도미넌트

해설

- 악센트 : 단조로운 배색에 대조색을 소량 사용함으로써 전체 상태를 돋보이도록 하는 배색기법이다.

정답 27 ③ 28 ① 29 ② 30 ④ 31 ④ 32 ②

- 그라데이션 : 연속으로 이어지는 느낌으로 배색하는 것을 말하며 색상의 자연스러운 명암의 변화로 연속 배색이 율동감을 준다.
- 세퍼레이션 : 2색 또는 다색의 배색에 배색의 관계가 모호하거나 대비가 너무 강한 경우에 색과 색 사이에 분리색을 삽입하여 색들을 분리시키는 기법이다.
- 도미넌트 : 전체적인 분위기를 주조하는 배색으로 비슷한 색상 혹은 비슷한 톤으로 배색함으로써 통일감과 친숙함을 표현하는 기법이다.

33 비렌(Birren)의 색과 형의 연결이 틀린 것은?

① 빨강 – 정사각형 ② 노랑 – 삼각형
③ 파랑 – 오각형 ④ 주황 – 직사각형

해설

비렌의 색채와 형태
- 빨강 – 정사각형
- 주황 – 직사각형
- 노랑 – 삼각형
- 초록 – 육각형
- 파랑 – 원
- 보라 – 타원

34 조명광이나 물체색을 오랫동안 계속 쳐다보고 있을 때 색의 지각이 약해져서 생기는 현상은?

① 색온도 ② 색순응
③ 박명시 ④ 푸르킨예현상

해설

색순응
눈이 조명 빛, 색광에 익숙해지면서 순응하는 것으로 색이 순간적으로 변해 보이는 현상으로 원래의 사물색으로 돌아간다.

35 흰색 바탕에 검은색 정방형을 일정한 간격으로 나열하면 격자의 교차 부분에서 검은색 점이 지각된다. 이와 같은 현상을 설명할 수 있는 색채대비 현상은?

① 명도대비 ② 보색대비
③ 색상대비 ④ 계시대비

해설

명도대비
흰색 바탕에 검은색 정방향을 일정 간격으로 나열하면 격자가 교차되는 지점에 회색 잔상이 보이는 현상으로 명도대비에 의한 착시라고 한다.

36 가산혼합의 결과로 옳은 것은?

① Green + Blue = Yellow
② Red + Green + Blue = Black
③ Red + Green = Yellow
④ Red + Blue = Cyan

해설

빛의 3원색의 원색
- 빨강(R) + 초록(G) = 노랑(Y)
- 초록(G) + 파랑(B) = 시안(C)
- 파랑(B) + 빨강(R) = 마젠타(M)
- 빨강(R) + 초록(G) + 파랑(B) = 흰색(W)

37 아파트 건축물의 색채계획 시 고려해야 할 사항이 아닌 것은?

① 개인적인 기호에 의하지 않고 객관성이 있어야 한다.
② 주변에서 가장 부각될 수 있게 독특한 색채를 사용한다.
③ 전체적으로 질서가 있어야 하며 적당한 변화가 있어야 한다.
④ 주거민을 위한 편안한 색채 디자인이 되어야 한다.

해설

아파트 건축물의 색채계획 시 주변지역과 조화로운 색채를 사용한다.

색채계획 : 지역특성에 맞는 통합계획으로 주변환경과 조화로운 도시 경관 창출 및 지역주민의 심리적 쾌적성 및 질적 향상과 생활공간의 가치를 향상시킨다.

정답 33 ③ 34 ② 35 ① 36 ③ 37 ②

38 다음 중 녹색 잔디구장 위에서 가장 눈에 잘 띄는 유니폼 색은?

① 자주 ② 주황
③ 파랑 ④ 연두

해설

명시성
녹색의 보색은 적 · 자색이므로 보색에 가까운 색상차가 있는 배색일수록 시인성이 높아진다.

39 비누거품이나 전복껍질 등에서 무지개 같은 색이 나타나는 것은 빛의 어떠한 현상에 의한 것인가?

① 왜곡현상 ② 투과현상
③ 간섭현상 ④ 직진현상

해설

간섭현상
두 개 이상의 파동이 한 점에서 만날 때 진폭이 서로 합쳐지거나 상쇄되어 밝고 어두운 무늬가 반복되어 나타나는 현상이다(CD, 비눗방울, 폐유, 안경 코팅 등).

40 색채의 시간성과 속도감에 대한 설명 중 옳은 것은?

① 3속성 중 명도가 주로 큰 영향을 미친다.
② 장파장의 색은 시간이 길게 느껴진다.
③ 단파장의 색은 속도가 빠르게 느껴진다.
④ 저명도의 색은 속도가 빠르게 느껴진다.

해설

시간성과 속도감
- 장파장(붉은 계열)은 시간이 길게 느껴지고 단파장(파랑 계열)은 시간이 짧게 느껴진다.
- 고명도는 속도감이 빠르고, 저명도는 속도감이 느리다.

3과목 인간공학

41 근육에 공급되는 산소량이 부족한 경우 나타나는 현상으로 옳은 것은?

① 당원은 산소 없이 호기성(Aerobic) 과정에 의해 젖산으로 축적된다.
② 젖산은 혐기성(Anaerobic) 과정에 의해 물과 CO_2로 분해되어 열과 에너지로 발산된다.
③ 젖산과 신체의 활동 수준은 관계가 없다.
④ 혈액 중에 젖산이 축적된다.

해설

젖산의 축적
산소공급이 충분할 때에는 젖산은 축적되지 않지만, 평상시의 혈액순환으로 공급되는 산소 이상을 필요로 하는 때에는 호흡수와 맥박수를 증가시켜 산소수요를 충족시킨다. 또한 신체활동 수준이 너무 높아 근육에 공급되는 산소량이 부족한 경우에는 혈액 중에 젖산이 축적된다.

42 암순응(Dark Adaptation)이 되어 있는 눈에 가장 둔감한 색상은?

① 백색 ② 황색
③ 초록색 ④ 보라색

해설

암순응
밝은 곳에서 어두운 곳으로 들어가면 앞이 제대로 보이지 않다가 시간이 흐르면 주위의 물체를 식별할 수 있는 현상으로 암순응이 된 눈은 적색이나 보라색 계열에 가장 둔감하다.

43 종이의 반사율이 75%이고, 인쇄된 글자의 반사율이 15%일 경우 대비는 몇 %인가?

① −400 ② −80
③ 80 ④ 400

정답 38 ① 39 ③ 40 ② 41 ④ 42 ④ 43 ③

해설

대비

표적의 광도와 배경 광도의 차를 나타내는 척도이며, 광도대비 또는 휘도대비란 표면의 광도와 배경의 광도차를 나타내는 척도이다.

$$\text{대비}(\%) = \frac{\text{배경의 광도}(L_b) - \text{표적의 광도}(L_t)}{\text{배경의 광도}(L_b)} \times 100$$

$$= \frac{75\% - 15\%}{75\%} \times 100 = 80\%$$

44 촉각적 표시장치에서 사용될 수 있는 촉각적 암호화(Coding)방법으로 적합하지 않은 것은?

① 형상 암호화 ② 표면 촉감 암호화
③ 색상 암호화 ④ 크기 암호화

해설

촉각적 암호화

크기 암호화, 형상 암호화, 표면 촉감 암호화

45 시각적 표시장치와 조종장치(Control)를 포함하는 패널 설계 시 고려되어야 할 내용을 우선순위가 높은 것부터 순서대로 바르게 나열한 것은?

㉠ 자주 사용하는 부품은 편리한 위치에 배치 ㉡ 조종장치/표시장치 간의 관계 ㉢ 주된 시각적 임무 ㉣ 주 시각임무와 교호(交互) 작용하는 주 조종장치

① ㉢-㉠-㉡-㉣ ② ㉢-㉣-㉡-㉠
③ ㉠-㉢-㉣-㉡ ④ ㉡-㉠-㉣-㉢

해설

시각적 표시장치와 조종장치를 포함하는 패널 설계 시 고려사항

- 주된 시각적 임무
- 주 시각임무와 교호작용하는 주 조종장치
- 조종장치 · 표시장치 간의 관계(관련되는 장치는 가까이, 양립성 있는 운동관계)
- 순서적으로 사용되는 부품의 배치
- 자주 사용되는 부품을 편리한 위치에 배치
- 체계 내 혹은 다른 체계의 여타 배치와 일관성 있게 배치

46 생리적 활동척도에 해당하지 않는 것은?

① 혈압 ② 점멸융합주파수
③ 분당 호흡용량 ④ 최대 산소소비능력

해설

생리적 활동척도

혈압, 산소소비능력, 분당 호흡용량, 에너지 소비량

※ **점멸융합주파수** : 시각적 또는 청각적 자극이 단속적 점멸이 아니고 연속적으로 느껴지게 되는 주파수로 중추신경계의 피로, 즉 정신피로의 척도로 사용한다. 또한 정신적으로 피곤한 경우 주파수값이 내려간다.

47 작업장의 온도가 높고, 소음관리 시스템의 효율이 떨어졌을 때, 이를 개선하기 위하여 고려할 사항으로 가장 거리가 먼 것은?

① 시각적 고려
② 냉난방 고려
③ 작업시스템 고려
④ 기계장치 설비사항 고려

해설

시각적 고려는 작업장의 조명, 제어장치와 관련 있다.

작업장 환경조건 : 신체의 보온을 위해 냉난방, 전반적인 작업순환을 위해 기계장치의 설비사항을 고려해야 하며 작업방법, 작업시간 등 작업시스템에 대한 적절한 조치를 고려해야 한다.

48 인간공학 연구에 사용되는 인간 기준의 척도와 가장 거리가 먼 것은?

① 주관적 반응
② 생리학적 지표
③ 인간성능 척도
④ 기계체계의 성능기준

해설

인간 기준의 척도

인간성능 척도, 생리학적 지표, 주관적 반응, 사고빈도

정답 44 ③ 45 ② 46 ② 47 ① 48 ④

49 경고표지판 제작 시 고려해야 할 사항으로 적합하지 않은 것은?

① 문장이 간결해야 한다.

② 눈에 잘 띄어야 한다.

③ 내용을 강조해야 한다.

④ 은유적인 단어를 사용해야 한다.

해설

은유적인 단어를 사용해서는 안 된다.

경고표지판 제작 시 고려사항
- 원활한 소통과 안전을 도모하기 위해 표시내용은 빠르고 쉽게 알아볼 수 있는 크기로 제작한다.
- 그림 또는 부호의 크기는 전체 규격의 30% 이상이 되어야 한다.

50 한국인 인체치수조사 사업에 있어 인체측정의 부위별 기준점과 그 정의에 대한 설명으로 틀린 것은?

① 손끝점 : 셋째 손가락의 끝

② 발끝점 : 셋째 발가락의 끝

③ 목앞점 : 목 밑 둘레선에서 앞 정중선과 만나는 곳

④ 머리마루점 : 머리수평면을 유지할 때 머리부위 정중선상에서 가장 위쪽

해설

발끝점
첫째 또는 둘째 발가락 중 긴 발가락의 끝

51 소음이 인간의 작업성능에 미치는 영향으로 옳은 것은?

① 복잡한 정신작업은 소음에 의하여 작업성능이 저하된다.

② 단순작업은 복잡한 작업보다 소음에 의해 나쁜 영향을 받기 쉽다.

③ 암순응과 같은 감각의 반응은 소음에 직접적인 영향을 받는다.

④ 소음은 작업의 정밀도의 저하보다는 총작업량을 저하시키기 쉽다.

해설

② 복잡한 작업이 단순한 작업보다 소음에 의한 나쁜 영향을 받기 쉽다.
③ 암순응과 같은 감각의 반응은 소음에 직접적인 영향을 받지 않는다.
④ 소음은 작업의 정밀도를 저하시키기 쉽다.

소음으로 인해 작업성능이 저하되는 작업
- 복잡한 정신작업
- 기술과 속도를 요하는 작업
- 고도의 인식능력을 요하는 작업

52 다음의 색 중 파장이 가장 짧은 것은?

① 적색 ② 녹색
③ 파란색 ④ 노란색

해설

색의 파장
- 적색 : 620~780nm
- 녹색 : 500~570nm
- 파란색 : 450~500nm
- 노란색 : 570~590nm

※ 가시광선 중에서 파장이 가장 짧은 색은 보라색(단파장, 380nm)이고 다음은 파란색(450~500nm)이다. 가장 긴 색은 빨간색(장파장, 780nm)이다.

53 일반적으로 의자의 설계에 있어 고려해야 할 사항과 가장 거리가 먼 것은?

① 등받이의 각도

② 의자 깊이와 폭

③ 의자 다리의 위치

④ 의자의 높이와 경사

해설

의자설계 시 고려사항
체중분포, 의자좌판의 높이와 경사, 깊이, 폭, 무게, 팔받침대, 의자의 바퀴, 등받이의 각도, 몸통의 안정성 등

정답 49 ④ 50 ② 51 ① 52 ③ 53 ③

54 문자와 도형의 디자인에서 고려되어야 할 시각특성과 가장 관련이 적은 것은?

① 감각성 ② 가시성
③ 명시성 ④ 가독성

해설

문자 및 도형의 디자인 시 고려사항
- 가시성 : 시간, 날짜 변화 같은 영향으로 주변의 밝기가 변해도 잘 보여야 한다.
- 명시성 : 크기, 모양, 색상 등이 눈에 잘 띄어야 한다.
- 가독성 : 적당한 크기, 모양으로 하고 바탕색, 글자색, 도형색과 대비되어야 한다.

55 10dB의 음량증가는 몇 배의 음압증가와 같은가?

① $\sqrt{10}$ ② 10
③ 20 ④ 100

해설

음의 강도

$$\text{dB 수준} = 20\log\left(\frac{P_1}{P_0}\right)$$

$$10\text{dB} = 20\log(10^{1/2}) = \frac{P_1}{P_2} = \sqrt{10}$$

여기서, P_1 : 음압으로 표시된 주어진 음의 강도
P_0 : 표준치(1,000Hz 순음의 가청 최소음압)

56 청각 표시장치가 시각 표시장치보다 더 적합한 경우는?

① 정보가 복잡하고 긴 경우
② 정보가 후에 재참조되는 경우
③ 정보가 즉각적인 행동을 요구하는 경우
④ 직무상 수신자가 한곳에 머무르는 경우

해설

①·②·④는 시각적 표시장치에 관한 설명이다.

청각적 표시장치
- 메시지가 간단하고 짧다.
- 메시지가 후에 재참조되지 않는다.
- 메시지가 시간적 사상을 다룬다.
- 메시지가 즉각적인 행동을 요구한다(긴급할 때).
- 수신장소가 너무 밝거나 암조응 유지가 필요할 때 사용한다.
- 직무상 수신자가 자주 움직일 때 사용한다.
- 수신자가 시각계통이 과부하상태일 때 사용한다.

57 시지각에 영향을 미치는 게슈탈트(Gestalt) 법칙에 해당하지 않는 것은?

① 근접성(Proximity)의 법칙
② 유사성(Similarity)의 법칙
③ 연속성(Continuation)의 법칙
④ 다양성(Diversity)의 법칙

해설

게슈탈트 법칙의 지각원리
근접성, 유사성, 연속성, 폐쇄성, 단순성, 공동 운명성, 대칭성의 법칙

58 학습(Learning)과 관련된 설명으로 옳은 것은?

① 성인교육에서는 외적 보상이 업무와 관련된 내재적 보상보다 효과적이다.
② 학습을 통하여 배운 내용은 실제 사회생활로 전이되기 어렵다.
③ 일반적으로 긍정적 보상(상)보다 부정적 보상(벌)이 효과적이다.
④ Gagné의 누적 학습순서모형에 따르면 자극-반응관계를 이용한 교육이 개념교육보다 선행되어야 한다.

해설

① 성인교육에서는 업무와 관련된 내재적 보상보다 효과적이다.
② 학습을 통하여 배운 내용은 실제 사회생활로 전이된다.
③ 일반적으로 긍정적 보상(상)이 효과적이다.

학습 : 본능적인 변화인 성숙과는 달리, 직간접적 경험이나 훈련에 의해 지속적으로 지각하고, 인지하며, 변화시키는 행동변화이다.

정답 54 ① 55 ① 56 ③ 57 ④ 58 ④

59 다음 착시현상의 명칭은?

a가 b보다 짧게 보이는 현상

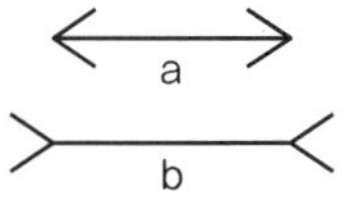

① Köhler의 착시
② Hering의 착시
③ Poggendorf의 착시
④ Muller－Lyer의 착시

해설

뮐러－리어 착시
같은 길이의 두 직선이지만 하나는 양쪽 끝의 화살표시를 안으로 향하게 하고 또 하나는 바깥쪽으로 향하게 그린 도형이다. 밖으로 향하게 한 a직선은 짧게 보이고, 안으로 향하게 한 b직선은 길게 보이는 착각을 일으킨다.

60 신체반응의 척도와 척도의 판정을 위한 측정대상이 잘못 연결된 것은?

① 골격활동의 척도－부정맥
② 정신활동의 척도－뇌파 기록
③ 국소적 근육활동의 척도－근전도
④ 생리적 부담의 척도－맥박수

해설

부정맥은 심장활동 불규칙의 척도이다.

4과목 건축재료

61 건축용 세라믹 재료의 특성에 관한 설명으로 옳지 않은 것은?

① 토기 : 흡수율이 높고 강도가 약하다.
② 도기 : 회색이나 백색의 색상을 가지고 있으며 가볍다.
③ 석기 : 소성 후 밝은 백색이 되며, 강도가 크고 유약으로 다양한 색상을 낼 수 있다.
④ 자기 : 흡수성이 거의 없고 매우 높은 강도를 가지고 있다.

해설

③은 자기에 대한 설명이다.
※ **석기** : 자기와 달리 소성 후 색상을 띠며 내장 및 외장 타일에 쓰인다.

62 말구지름 20cm, 길이가 5.5m인 통나무가 5개 있다. 이 통나무의 재적으로 옳은 것은?

① $0.3m^3$　② $1.1m^3$
③ $1.8m^3$　④ $2.1m^3$

해설

통나무(높이 6m 이하)의 재적 산출

$$재적(m^3) = 지름(cm)^2 \times 길이(m) \times \frac{1}{10,000}$$

$$= 20^2 \times 5.5 \times \frac{1}{10,000} = 0.22$$

통나무가 5개이므로 $0.22 \times 5 = 1.1m^3$

63 다음 중 유기질 단열재료에 해당되지 않는 것은?

① 셀룰로오스 섬유판　② 연질 섬유판
③ 폴리스티렌폼　④ 규산 칼슘판

해설

규산 칼슘판은 무기질 재료에 해당한다.

정답　59 ④　60 ①　61 ③　62 ②　63 ④

64 건축재료의 요구성능 중 마감재료에서 필요성이 가장 작은 항목은?

① 화학적 성능　② 역학적 성능
③ 내구성능　④ 방화·내화 성능

해설

역학적 성능은 마감재료가 아닌 구조재료에서 필요한 성능이다.

65 열가소성 수지 중 투광성이 높고 경량이며 내후성과 내약품성, 역학적 성질이 뛰어나기 때문에 유리 대용품으로서 광범위하게 이용되고 있는 것은?

① 염화비닐수지
② 폴리에틸렌수지
③ 메타크릴수지
④ 폴리프로필렌수지

해설

메타크릴수지(아크릴수지)
- 투명도가 85~90% 정도로 좋고, 무색투명하므로 착색이 자유롭다.
- 내충격강도는 유리의 10배 정도 크며 절단, 가공성, 내후성, 내약품성, 전기절연성이 좋다.
- 평판성형되어 글라스와 같이 이용되는 경우가 많아 유기글라스라고도 한다.
- 각종 성형품, 채광판, 시멘트 혼화재료 등에 사용한다.

66 바탕과의 접착을 주목적으로 하며, 바탕의 요철을 완화시키는 바름공정에 해당되는 것은?

① 정벌바름　② 재벌바름
③ 초벌바름　④ 마감바름

해설

초벌바름
바탕면바름을 의미하며 바탕면의 각종 요철 등을 완화시켜주는 역할을 한다.

67 시멘트의 발열량을 저감시킬 목적으로 제조한 시멘트로 매스콘크리트용으로 사용되며, 건조수축이 작고 화학저항성이 큰 것은?

① 중용열 포틀랜드 시멘트
② 조강 포틀랜드 시멘트
③ 실리카 시멘트
④ 알루미나 시멘트

해설

중용열 포틀랜드 시멘트
- 초기 수화반응속도가 느리다.
- 수화열이 작다.
- 건조수축이 작다.

68 쇄석을 골재로 사용하는 콘크리트의 최대 결점은?

① 시공연도 불량
② 압축강도 저하
③ 골재입자의 부착강도 저하
④ 유동성의 급격한 증가

해설

쇄석(깬자갈) 사용 시 시공연도(시공의 용이성)가 불량해진다.

69 스트레이트 아스팔트에 관한 설명으로 옳지 않은 것은?

① 연화점이 비교적 낮고 온도에 의한 변화가 크다.
② 주로 지하실 방수공사에 사용되며, 아스팔트 루핑의 제작에 사용된다.
③ 신장성, 점착성, 방수성이 풍부하다.
④ 블론 아스팔트에 동·식물유지나 광물성 분말 등을 혼합하여 만든 것이다.

해설

④는 아스팔트 컴파운드에 대한 설명이다.

정답　64 ②　65 ③　66 ③　67 ①　68 ①　69 ④

70 미장재료의 응결시간을 단축시킬 목적으로 첨가하는 촉진제의 종류로 옳은 것은?

① 옥시카르본산　② 폴리알코올류
③ 마그네시아염　④ 염화칼슘

해설

염화칼슘을 첨가할 경우 미장재료의 응결시간을 단축할 수 있다.

71 시멘트의 조성화합물 중 수화반응이 늦고 장기강도를 증진시키며 수화열 저감에 따른 건조수축 감소 및 28일 이후의 강도를 지배하는 것은?

① $3CaO \cdot SiO$　② $2CaO \cdot SiO_2$
③ $4CaO \cdot Al_2O_3 \cdot Fe_2O_3$　④ $3CaO \cdot Al_2O_3$

해설

규산이석회($2CaO \cdot SiO_2$)는 강도발현이 가장 늦고 장기강도 증진효과가 있다.

72 건조 전 중량이 5kg인 목재를 건조시켜 전건중량이 4kg이 되었다면 이 목재의 함수율은 몇 %인가?

① 8%　② 20%
③ 25%　④ 40%

해설

함수율 = 함유된 수분의 중량/전건중량
= (전체 중량 − 전건중량)/전건중량
= (5 − 4)/4 = 0.25 = 25%

73 점토제품의 품질에 관한 설명으로 옳지 않은 것은?

① 점토소성벽돌 표면의 은회색 그라우트는 소성이 불충분할 때 발생한다.
② 포장도로용 벽돌이나 타일은 내마모성의 보유가 매우 중요하다.
③ 점토벽돌의 품질은 압축강도, 흡수율 등으로 평가할 수 있다.
④ 화학적 안정성은 고온에서 소성한 제품이 유리하다.

해설

소성이 지나치게 많이 되었을 때 점토소성벽돌 표면에 은회색 그라우트가 발생한다.

74 목재의 역학적 성질에서 가력방향이 섬유와 평행할 경우, 목재의 강도 중 크기가 가장 작은 것은?

① 압축강도　② 휨강도
③ 인장강도　④ 전단강도

해설

목재의 강도 크기
인장강도 > 휨강도 > 압축강도 > 전단강도

75 수장 및 장식용 금속제품으로 천장, 벽 등에 보드를 붙이고 그 이음새를 감추는 데 사용하는 것은?

① 코너 비드　② 조이너
③ 펀칭 메탈　④ 스팬드럴 패널

해설

조이너(Joiner)
천장, 벽 등에 보드를 붙이고 그 이음새를 감추고 누르는 데 사용한다.

76 다음 중 구조용 강재의 응력도 − 변형률 곡선에서 가장 먼저 나타나는 것은?

① 상위항복점　② 비례한계점
③ 하위항복점　④ 인장강도점

해설

응력도 − 변형률 곡선
비례한계점 − 탄성한도 − 상위항복점 − 하위항복점 − 극한강도(인장강도) − 파괴점 순서로 나타난다.

정답　70 ④　71 ②　72 ③　73 ①　74 ④　75 ②　76 ②

77 유리블록(Glass Block)에 관한 설명으로 옳지 않은 것은?

① 유리블록은 블록모양으로 된 유리제의 중공블록이다.
② 벽에 사용 시 부드러운 광선이 들어오고 유리창보다 균일한 확산광을 얻는다.
③ 열전도율이 벽돌의 1/4 정도여서 실내의 냉 · 난방에 효과가 있다.
④ 음향 투과손실은 보통 판유리보다 작다.

해설

유리블록은 음의 투과성이 낮으므로, 보통 판유리보다 투과되지 않고 투과손실이 크다.

78 석회암이 변성된 것으로 강도가 높고 색채와 결이 아름다우나, 풍화하기 쉬우므로 주로 내장재로 사용되는 것은?

① 화강암 ② 안산암
③ 응회암 ④ 대리석

해설

대리석
변성암의 일종으로 강도가 높고 미려하나 풍화되기 쉽다.

79 ALC(Autoclaved Lightweight Concrete)에 관한 설명으로 옳지 않은 것은?

① ALC 제품은 오토클레이브 양생을 해서 만든 기포콘크리트 제품이다.
② ALC 제품은 오토클레이브 양생을 하기 때문에 작은 비중에 비해 비교적 압축강도가 높아 기둥, 보 등의 구조재료로 주로 사용된다.
③ ALC 제품은 시공이 용이하고 내화성이 양호한 편이다.
④ ALC 제품은 우수한 음 및 열적 특성이 있고, 사용 후 변형이나 균열이 적다.

해설

ALC는 기둥 등 주요 구조부에 쓰기에는 상대적으로 강도가 작다.

80 다음 미장재료 중 공기 중의 탄산가스와 반응하여 화학변화를 일으켜 경화하는 것은?

① 소석회 ② 시멘트 모르타르
③ 혼합석고 플라스터 ④ 경석고 플라스터

해설

소석회
기경성 재료로서 소석회에 물을 가하여 미장하면 수분이 증발하며 대기 중의 이산화탄소(CO)와 반응하여 경화(일종의 기경성 시멘트)하게 된다.

5과목 건축일반

81 조선시대의 목가구에 관한 설명으로 옳지 않은 것은?

① 가구의 크기는 좌식생활에 영향을 받았다.
② 못이나 접착제에 의한 결구법이 주로 사용되었다.
③ 무늬목을 활용하여 가구의 미를 더했다.
④ 나무의 수축과 팽창을 막기 위해 가구의 전면을 여러 개로 분할하였다.

해설

조선시대 목가구는 맞춤이나 이음 등을 적용하여 못이나 접착제의 사용을 최소화하였다.

82 블록의 빈속에 철근을 배근하고 콘크리트를 부어 넣어 수직하중과 수평하중에 안전하게 견딜 수 있도록 보강한 것으로 가장 이상적인 블록구조는?

① 보강 블록조 ② 조적식 블록조
③ 블록 장막벽 ④ 거푸집 블록구조

정답 77 ④ 78 ④ 79 ② 80 ① 81 ② 82 ①

해설

보강 블록조
통줄눈으로 블록을 쌓고 블록의 구멍에 철근과 콘크리트를 채워 보강한 구조로서 4~5층까지 가능하다.

83 건축물 지하층에 환기설비를 설치해야 하는 거실 바닥면적 합계의 최소기준은?

① $200m^2$ 이상 ② $500m^2$ 이상
③ $1,000m^2$ 이상 ④ $2,000m^2$ 이상

해설

지하층의 구조(건축물의 피난 · 방화구조 등의 기준에 관한 규칙 제25조)
바닥면적 $1,000m^2$ 이상인 지하층에는 환기설비를 설치하여야 한다.

84 건축물의 피난시설 설치와 관련하여 국토교통부령이 정하는 기준에 따라 건축물로부터 바깥쪽으로 나가는 출구를 설치하여야 하는 대상이 아닌 것은?

① 위락시설
② 교육연구시설 중 학교
③ 연면적이 $3,000m^2$인 창고시설
④ 업무시설 중 국가 또는 지방자치단체의 청사

해설

창고시설은 연면적이 $5,000m^2$ 이상일 경우 해당된다.

85 건축허가 등을 할 때 미리 소방본부장 또는 소방서장의 동의를 받아야 하는 건축물 등의 범위로 옳지 않은 것은?

① 항공기격납고, 관망탑, 항공관제탑, 방송용 송 · 수신탑
② 승강기 등 기계장치에 의한 주차시설로서 자동차 20대 이상을 주차할 수 있는 시설
③ 연면적이 $400m^2$ 이상인 건축물
④ 지하층 또는 무창층이 있는 건축물로서 바닥면적이 $100m^2$(공연장의 경우에는 $80m^2$ 이상)인 층이 있는 것

해설

지하층 또는 무창층이 있는 건축물(공연장 제외)로서 바닥면적이 $150m^2$ 이상인 층이 있는 경우 건축허가 등을 함에 있어서 미리 소방본부장 또는 소방서장의 동의를 받아야 한다.

86 건축물에 설치하는 경계벽이 소리를 차단하는 데 장애가 되는 부분이 없도록 하여야 하는 구조 기준으로 옳지 않은 것은?

① 철근콘크리트조로서 두께가 10cm 이상인 것
② 무근콘크리트조로서 두께가 10cm 이상인 것
③ 콘크리트블록조로서 두께가 19cm 이상인 것
④ 벽돌조로서 두께가 15cm 이상인 것

해설

콘크리트블록조 또는 벽돌조는 두께가 19cm 이상이어야 한다.

87 건축법 시행령에서 노유자시설 중 아동관련시설 또는 노인복지시설과 판매시설 중 도매시장 또는 소매시장을 같은 건축물 안에 함께 설치할 수 없도록 한 이유는?

① 방화에 장애가 되는 용도를 제한하기 위해서
② 설비설치 기준이 상이하므로
③ 차음, 소음 기준을 확보하기 위해서
④ 건축물의 구조안전을 위해서

해설

화재 시 방화(防火, 화재 예방)와 화재 진압, 피난 등에 장애를 일으킬 수 있으므로 같은 건축물 안에 설치할 수 없도록 용도를 제한한 것이다.

정답 83 ③ 84 ③ 85 ④ 86 ④ 87 ①

88 **건축물에 설치하여 배수의 용도로 쓰는 배관설비의 설치 및 구조 기준으로 옳지 않은 것은?**

① 배관설비에는 배수트랩 · 통기관을 설치하는 등 위생에 지장이 없도록 할 것
② 지하실 등 공공하수도로 자연배수를 할 수 없는 곳에는 배수용량에 맞는 강제배수시설을 설치할 것
③ 콘크리트구조체에 배관을 매설하거나 배관이 콘크리트구조체를 관통할 경우에는 구조체에 덧관을 미리 매설하는 등 배관의 부식을 방지하고 그 수선 및 교체가 용이하도록 할 것
④ 우수관과 오수관은 하나로 연결하여 배관할 것

해설

강수량이 많을 경우 우수관이 역류할 수 있으므로, 우수관과 오수관은 별도로 설치하여야 한다.

89 **방화벽으로 구획을 하여야 하는 건축물의 최소 연면적 기준은?**

① 500m^2 이상 ② 800m^2 이상
③ 1,000m^2 이상 ④ 2,000m^2 이상

해설

연면적 1천 m^2 이상인 건축물은 방화벽으로 구획하되, 각 구획된 바닥면적의 합계는 1천 m^2 미만이어야 한다.

90 **건축물의 구조기준 등에 관한 규칙에 따른 조적식 구조에 관한 기준으로 옳지 않은 것은?**

① 조적식 구조인 내력벽의 기초는 연속기초로 하여야 한다.
② 조적식 구조인 건축물 중 2층 건축물에 있어서 2층 내력벽의 높이는 3m를 넘을 수 없다.
③ 조적식 구조인 내력벽의 길이는 10m를 넘을 수 없다.
④ 조적식 구조인 내력벽으로 둘러싸인 부분의 바닥면적은 80m^2를 넘을 수 없다.

해설

내력벽의 높이 및 길이(건축물의 구조기준 등에 관한 규칙 제31조)
- 조적식 구조인 건축물 중 2층 건축물에 있어서 2층 내력벽의 높이는 4미터를 넘을 수 없다.
- 조적식 구조인 내력벽의 길이[대린벽(對隣壁 : 서로 직각으로 교차되는 벽)의 경우에는 그 접합된 부분의 각 중심을 이은 선의 길이를 말한다]는 10미터를 넘을 수 없다.
- 조적식 구조인 내력벽으로 둘러싸인 부분의 바닥면적은 80제곱미터를 넘을 수 없다.

91 **소방용품 중 피난구조설비를 구성하는 제품 또는 기기와 가장 거리가 먼 것은?**

① 발신기 ② 구조대
③ 완강기 ④ 통로유도등

해설

발신기는 경보설비에 해당한다.

92 **30층 호텔을 건축하는 경우에 6층 이상의 거실면적의 합계가 25,000m^2이다. 16인승 승용승강기를 설치하는 경우에는 최소 몇 대 이상을 설치하여야 하는가?**

① 6대 ② 8대
③ 10대 ④ 12대

해설

$$\text{승강기 대수} = 1 + \frac{25,000 - 3,000}{2,000} = 12\text{대}$$

∴ 16인승은 1대를 2대로 간주하므로 설치대수는 6대가 된다.

93 **다음 소방시설 중 소화활동설비에 해당하는 것은?**

① 비상콘센트설비
② 옥내소화전설비
③ 비상조명등
④ 피난사다리

정답 88 ④ 89 ③ 90 ② 91 ① 92 ① 93 ①

해설

② 옥내소화전설비 : 소화설비
③ 비상조명등 : 피난구조설비
④ 피난사다리 : 피난구조설비

94 다음 중 조립식 구조의 특성이 아닌 것은?

① 공장생산에 의한 대량생산이 가능하다.
② 기계화 시공에 의한 공기단축이 가능하다.
③ 각 부품과의 접합부가 일체화되어 응력상 유리하다.
④ 정밀도가 높고 강도가 큰 콘크리트 부재를 쓸 수 있다.

해설

조립식 구조는 공기가 단축되는 장점이 있으나 일체식 구조에 비해 부재 간의 접합부 처리가 난해한 것이 단점이다.

95 손궤의 우려가 있는 토지에 대지를 조성하는 경우의 조치사항에 관한 내용으로 옳지 않은 것은?

① 성토 또는 절토하는 부분의 경사도가 1 : 1.5 이상으로서 높이가 1m 이상인 부분에는 옹벽을 설치한다.
② 옹벽의 높이가 4m 이상일 경우에만 콘크리트구조를 적용한다.
③ 옹벽의 외벽면에는 이의 지지 또는 배수를 위한 시설 외의 구조물이 밖으로 튀어나오지 않게 한다.
④ 건축사에 의하여 해당 토지의 구조안전이 확인된 경우는 조치가 불필요하다.

해설

대지의 조성(건축법 시행규칙 제25조)
손궤의 우려가 있는 토지에 대지를 조성하는 경우 옹벽의 높이가 2미터 이상인 경우에는 이를 콘크리트구조로 해야 한다.

96 간이스프링클러설비를 설치하여야 하는 특정소방대상물의 연면적 기준으로 옳은 것은?(단, 교육연구시설 내 합숙소의 경우)

① $50m^2$ 이상
② $100m^2$ 이상
③ $150m^2$ 이상
④ $200m^2$ 이상

해설

간이스프링클러설비를 설치하여야 하는 특정소방대상물(소방시설 설치 및 관리에 관한 법률 시행령 제11조 [별표 4])
교육연구시설 내에 합숙소로서 연면적 $100m^2$ 이상인 것

97 중세의 건축양식이 시대순으로 바르게 나열된 것은?

① 초기기독교양식 – 르네상스양식 – 비잔틴양식 – 고딕양식
② 초기기독교양식 – 고딕양식 – 르네상스양식 – 비잔틴양식
③ 초기기독교양식 – 고딕양식 – 비잔틴양식 – 르네상스양식
④ 초기기독교양식 – 비잔틴양식 – 고딕양식 – 르네상스양식

해설

서양 건축양식의 발달순서
이집트 → 그리스 → 로마 → 초기기독교 → 비잔틴 → 로마네스크 → 고딕 → 르네상스 → 바로크 → 로코코

98 대통령령으로 정하는 방염성능기준 이상의 성능을 보유하여야 하는 방염대상물품에 해당되지 않는 것은?

① 창문에 설치하는 커튼류
② 전시용 합판 또는 섬유판
③ 두께가 2mm 미만인 종이벽지
④ 섬유류 또는 합성수지류 등을 원료로 하여 제작된 소파・의자

정답 94 ③ 95 ② 96 ② 97 ④ 98 ③

해설

방염대상물품에 두께가 2mm 미만인 벽지류가 포함되나, 벽지류 중 종이벽지는 제외한다.

99 다음 중 방화구조에 속하지 않는 것은?

① 철망모르타르로서 그 바름두께가 2cm인 것
② 시멘트모르타르 위에 타일을 붙인 것으로서 그 두께의 합계가 2.5cm인 것
③ 심벽에 흙으로 맞벽치기한 것
④ 석고판 위에 시멘트모르타르 또는 회반죽을 바른 것으로서 그 두께의 합계가 2cm인 것

해설

방화구조

구조 부분	구조 기준
철망모르타르	그 바름두께가 2cm 이상
• 석고판 위에 시멘트모르타르 또는 회반죽을 바른 것 • 시멘트모르타르 위에 타일을 붙인 것	두께의 합계가 2.5cm 이상
심벽에 흙으로 맞벽치기한 것	
산업표준화법에 따른 한국산업표준이 정하는 바에 따라 시험한 결과 방화 2급 이상	

100 목재의 접합에 관한 설명으로 옳지 않은 것은?

① 한 부재가 직각 또는 경사지어 맞추어지는 자리 또는 그 맞추는 방법을 이음이라 한다.
② 목재의 널 등을 모아대어 넓게 붙여댄 것을 쪽매라 한다.
③ 접합은 응력이 작은 위치에서 한다.
④ 접합에는 공작이 간단한 것을 쓰고 모양에 치중하지 않도록 한다.

해설

한 부재가 직각 또는 경사지어 맞추어지는 자리 또는 그 맞추는 방법을 맞춤이라 한다.

6과목 건축환경

101 조명설계를 위해 실지수를 계산하고자 한다. 실의 폭 10m, 안 길이 5m, 작업면에서 광원까지의 높이가 2m라면 실지수는 얼마인가?

① 1.10　　② 1.43
③ 1.67　　④ 2.33

해설

실지수

$$=\frac{\text{실의 가로길이(m)}\times\text{실의 세로길이(m)}}{\text{램프의 높이(m)}\times[\text{실의 가로 길이(m)}+\text{실의 세로 길이(m)}]}$$

$$=\frac{10\times5}{2\times(10+5)}=1.67$$

102 다음 중 결로 발생의 직접적인 원인과 가장 거리가 먼 것은?

① 환기의 부족
② 실내습기의 과다 발생
③ 실내 측 표면온도 상승
④ 건물 외벽의 단열상태 불량

해설

실내 측 표면온도가 상승하여 노점온도보다 커지면 표면결로는 발생하지 않는다.

103 다음 설명에 알맞은 환기방식은?

• 실내가 부압이 된다.
• 화장실, 욕실 등의 환기에 적합하다.

① 중력환기(자연급기와 자연배기의 조합)
② 제1종 환기(급기팬과 배기팬의 조합)
③ 제2종 환기(급기팬과 자연배기의 조합)
④ 제3종 환기(자연급기와 배기팬의 조합)

정답 99 ④ 100 ① 101 ③ 102 ③ 103 ④

해설

제3종 환기(자연급기와 배기팬의 조합)
해당 실의 압력을 외기의 압력보다 낮게 하는 것으로서, 해당 실의 냄새 등이 다른 곳으로 전파되지 않는 특성을 갖고 있어 욕실, 화장실 등에 적용되고 있다.

104 공기조화방식 중 2중덕트방식에 관한 설명으로 옳지 않은 것은?

① 전수방식의 특성이 있다.
② 냉·온풍의 혼합으로 인한 혼합손실이 있다.
③ 부하특성이 다른 다수의 실이나 존에 적용할 수 있다.
④ 단일덕트방식에 비해 덕트 샤프트 및 덕트 스페이스를 크게 차지한다.

해설

2중덕트방식은 전공기방식이다.

105 판진동 흡음재에 관한 설명으로 옳지 않은 것은?

① 낮은 주파수 대역에 유효하다.
② 막진동하기 쉬운 얇은 것일수록 흡음률이 작다.
③ 재료의 부착방법과 배후조건에 의해 특성이 달라진다.
④ 판이 두껍거나 배후공기층이 클수록 공명주파수의 범위가 저음역으로 이동한다.

해설

막진동하기 쉬운 얇은 것일수록 흡음률이 커진다.

106 다중이용시설로서 지하역사에 요구되는 이산화탄소의 실내공기질 유지기준은?

① 50ppm 이하　② 100ppm 이하
③ 500ppm 이하　④ 1,000ppm 이하

해설

지하철 역사의 실내허용이산화탄소 농도는 1,000ppm 이하이다.

107 주관적 온열요소 중 착의상태의 단위는?

① met　② m/s
③ clo　④ %

해설

clo
의복의 열저항치를 나타낸 것으로 1clo의 보온력이란 온도 21.2℃, 습도 50% 이하, 기류 0.1m/s의 실내에서 의자에 앉아 안정하고 있는 성인남자가 쾌적하면서 평균 피부온도를 33℃로 유지할 수 있는 착의의 보온력을 말한다.

108 온수난방 배관에서 리버스리턴(Reverse Return) 방식을 사용하는 주된 이유는?

① 배관길이를 짧게 하기 위해
② 배관의 부식을 방지하기 위해
③ 배관의 신축을 흡수하기 위해
④ 온수의 유량분배를 균일하게 하기 위해

해설

리버스리턴(Reverse Return) 방식(역환수방식)
보일러와 가장 가까운 방열기는 공급관이 가장 짧고 환수관은 가장 길게 배관한 것으로 각 방열기의 공급관과 환수관의 합은 각각 동일하게 되며, 동일저항으로 온수가 순환하므로 방열기에 온수를 균등히 공급할 수 있는 방식이다.

109 급수방식에 관한 설명으로 옳지 않은 것은?

① 압력수조방식은 단수 시에 일정량의 급수가 가능하다.
② 펌프직송방식은 저수조의 수질관리 및 청소가 필요하다.
③ 수도직결방식은 위생성 및 유지·관리 측면에서 바람직한 방식이다.
④ 고가수조방식은 수도 본관의 영향을 그대로 받아 급수압력의 변화가 심하다.

해설

④는 수도직결방식에 대한 설명이다.

정답　104 ①　105 ②　106 ④　107 ③　108 ④　109 ④

110 겨울철 벽체를 통해 실내에서 실외로 빠져나가는 관류열부하를 계산할 때 필요하지 않은 요소는?

① 실내온도 ② 실내습도
③ 벽체 두께 ④ 내표면 열전달률

해설

관류열부하는 온도차에 의해 발생하는 현열부하를 계산하는 것으로서, 잠열부하와 관계있는 실내습도는 관류열부하 계산상 필요하지 않다.

111 간접조명에 관한 설명으로 옳지 않은 것은?

① 조명률이 낮다.
② 실내 반사율의 영향이 크다.
③ 높은 조도가 요구되는 전반조명에는 적합하지 않다.
④ 그림자가 거의 형성되지 않으며 국부조명에 적합하다.

해설

간접조명은 그림자가 거의 형성되지 않으며 전반조명에 적합하다.

112 콘서트 홀의 실내음향설계에 관한 설명으로 옳지 않은 것은?

① 모든 관객석에서 직접음 · 초기반사음을 차단하여야 한다.
② 일반적으로 콘서트 홀은 회의실에 비해 긴 잔향시간이 요구된다.
③ 반향 등의 음향장애가 발생하지 않도록 실내 각 부재의 크기 · 형상 · 마감을 검토한다.
④ 기본설계 단계에서 실의 크기나 치수비 등의 결정 시 음향적으로 충분한 검토가 필요하다.

해설

직접음과 초기반사음을 통해 뒤쪽에 있는 관객까지 전달을 하여야 하므로 차단이 아닌 활용이 필요한 사항이다.

113 전기설비에서 다음과 같이 정의되는 것은?

> 정상적인 회로조건에서 전류를 보내면서 차단할 수 있고 또한 일정한 시간 동안만 전류를 보낼 수도 있으며, 단락회로와 같은 비정상적인 특별 회로조건에서 전류를 차단시키기 위한 장치

① 단로스위치 ② 절환스위치
③ 누전차단기 ④ 과전류차단기

해설

과전류차단기는 과부하전류 및 단락전류를 자동차단하는 기능을 갖고 있다.

114 다음 중 실내의 조명설계 순서에서 가장 먼저 고려하여야 할 사항은?

① 조명기구 배치
② 소요조도 결정
③ 조명방식 결정
④ 소요전등수 결정

해설

조명설계 순서
소요조도 결정 → 조명방식 결정 → 광원 선정 → 조명기구 선정 → 조명기구 배치 → 최종 검토

115 다음 중 차폐계수가 가장 큰 유리의 종류는?[단, ( ) 안의 수치는 유리의 두께이다]

① 보통유리(3mm)
② 흡열유리(3mm)
③ 흡열유리(6mm)
④ 흡열유리(12mm)

해설

얇고 투명할수록 차폐계수가 커지므로 보기 중에 3mm 보통유리의 차폐계수가 가장 크다.

정답 110 ② 111 ④ 112 ① 113 ④ 114 ② 115 ①

116 급탕량의 산정방식에 속하지 않는 것은?

① 급탕단위에 의한 방법
② 사용 기구수로부터 산정하는 방법
③ 사용 인원수로부터 산정하는 방법
④ 저탕조의 용량으로부터 산정하는 방법

해설

저탕조는 급탕을 담아두는 역할을 하는 것이므로 급탕량 산정과는 관계없고 오히려 급탕량에 따라 저탕조 용량이 결정된다.

117 다음 설명에 알맞은 음과 관련된 현상은?

- 매질 중의 음의 속도가 공간적으로 변동함으로써 음이 전파하는 방향이 바뀌는 과정이다.
- 주간에 들리지 않던 소리가 야간에 잘 들린다.

① 반사 ② 간섭
③ 회절 ④ 굴절

해설

공간특성이 바뀔 때 음이 굴절하는 현상에 대한 설명이다.

118 다음 중 배수트랩의 봉수파괴 원인과 가장 거리가 먼 것은?

① 수격작용 ② 증발현상
③ 모세관현상 ④ 자기사이펀 작용

해설

수격작용은 밸브의 급격한 폐쇄 등에 의해 발생하는 물의 충격파 발생현상이므로 배수트랩의 봉수파괴 원인과는 관계없다.

119 다음 중 평균 연색평가수(Ra)가 가장 낮은 광원은?

① 할로겐램프 ② 주광색 형광등
③ 고압 나트륨램프 ④ 메탈할라이드램프

해설

고압 나트륨램프
효율이 가장 높으나, 연색성 지수가 낮다.

120 환기설비에 관한 설명으로 옳지 않은 것은?

① 화장실은 독립된 환기계통으로 한다.
② 파이프 샤프트는 환기덕트로 이용하지 않는다.
③ 기계환기설비의 외기도입구는 되도록 높은 위치에 설치한다.
④ 욕실환기는 기계환기를 원칙으로 하며 자연환기로 하지 않는다.

해설

욕실환기는 외기와 개방된 개구부(창문)를 통해 자연환기를 적용할 수 있다.

정답 116 ④ 117 ④ 118 ① 119 ③ 120 ④

2020년 1·2회 실내건축기사

1과목 실내디자인론

01 다음 중 VMD(Visual Merchandising)의 구성요소와 가장 거리가 먼 것은?

① IP(Item Presentation)

② VP(Visual Presentation)

③ PP(Point of sale Presentation)

④ POP(Point of Purchase Advertising)

해설

VMD의 구성요소

IP (Item Presentation)	상품의 분류정리, 비교구매(행거, 선반, 진열장, 진열테이블)
PP (Point of Sale Presentation)	한 유닛에서 대표되는 상품진열(벽면 상단, 집기 상단)
VP (Visual Presentation)	상점의 이미지, 패션테마의 종합적인 표현(쇼윈도, 파사드)

02 백화점의 에스컬레이터 배치 유형 중 교차식 배치에 관한 설명으로 옳은 것은?

① 연속적으로 승강할 수 없다.

② 점유면적이 다른 유형에 비해 작다.

③ 고객의 시야가 다른 유형에 비해 넓다.

④ 고객의 시선이 1방향으로만 한정된다는 단점이 있다.

해설

①·③·④는 직렬식 배치에 대한 설명이다.

에스컬레이터 – 교차식 배치 : 승강·하강 모두 연속적으로 갈아탈 수 있으며 승강장이 혼잡하지 않다. 또한 설치하는 점유면적이 가장 작고, 승객의 시야가 좁으며 일반적으로 대형백화점에 적합하다.

※ **시야 및 점유면적**

직렬식 배치>병렬단속식 배치>병렬연속식 배치>교차식 배치

03 다음 주택의 부엌가구 배치유형 중 벽면을 이용하여 작업대를 배치한 형식으로 작업면이 넓어 작업효율이 가장 좋은 것은?

① 일자형 ② L자형

③ ㄷ자형 ④ 병렬형

해설

부엌의 배치유형 – ㄷ자형

인접한 3면의 벽에 작업대를 배치하는 형식으로 가장 편리하고 능률적이나, 소요면적이 크다.

04 실내공간을 구성하는 기본요소에 관한 설명으로 옳지 않은 것은?

① 벽은 다른 요소들에 비해 조형적으로 가장 자유롭다.

② 바닥은 고저차를 통해 공간의 영역을 조정할 수 있다.

③ 다른 요소들이 시대와 양식에 의한 변화가 현저한 데 비해 바닥은 매우 고정적이다.

④ 천장은 시각적 흐름이 최종적으로 멈추는 곳이기에 지각의 느낌에 영향을 미친다.

해설

실내공간 구성의 기본요소

- 벽 : 실내공간을 형성하고 공간을 에워싸는 수직적 요소로 수평방향을 차단하고 공간을 형성하는 기능을 갖는다.
- 천장 : 시각적 흐름이 최종적으로 멈추는 곳으로 형태, 패턴, 색채의 변화를 통해 다양한 공간의 변화를 줄 수 있어 내부 공간요소 중 조형적으로 가장 자유롭다.

05 한국의 전통가구 중 반닫이에 관한 설명으로 옳지 않은 것은?

① 반닫이는 우리나라 전역에 걸쳐서 사용되었다.

② 전면 상반부를 문짝으로 만들어 상하로 여는 가구이다.

정답 01 ④ 02 ② 03 ③ 04 ① 05 ③

③ 반닫이는 주로 양반층에서 장이나 농 대신에 사용하던 가구이다.

④ 반닫이 안에는 의복, 책, 제기 등을 보관하였고, 위에는 이불을 얹거나 항아리, 소품 등을 얹어 두었다.

해설

반닫이

앞면의 반만 여닫도록 만든 수납용 목가구로, 앞닫이라고도 불렸다. 신분계층의 구분 없이 널리 사용되었고 반닫이 위에 이불을 얹거나 기타 가정용구를 올려놓고 실내에서 다목적으로 쓰는 집기였다.

06 디자인 원리 중 균형에 관한 설명으로 옳지 않은 것은?

① 비대칭적 균형은 대칭적 균형보다 질서가 있고 안정된 느낌을 준다.

② 인간의 주의력에 의해 감지되는 시각적 무게의 평형 상태를 의미한다.

③ 대칭적 균형은 형, 형태의 크기, 위치, 형식, 집합의 정렬 등이 축을 중심으로 서로 대칭적인 관계로 구성되어 있는 경우를 말한다.

④ 디자인 요소들의 상호작용이 하나의 지점에서 역학적으로 평형을 갖거나 전체의 그룹 안에서 서로 균등함을 이루고 있는 상태를 말한다.

해설

대칭적 균형이 비대칭적 균형보다 질서가 있고 안정된 느낌을 준다.

균형

중량을 갖고 있는 두 개의 요소가 나누어져 하나의 지점에서 지탱되었을 때 역학적으로 평형을 이루는 상태를 말한다.

- 대칭형 균형 : 가장 완전한 균형의 상태로 형태의 크기, 위치 등이 축을 중심으로 좌우가 균등하게 대칭되는 관계로 구성되어 있다.
- 비대칭형 균형 : 물리적 불균형이나 시각적으로 균형을 이루는 것을 말하며 좌우가 불균형을 이룰 때 느껴지는 자유로움과 활발한 생명감과 긴장감을 준다.

07 그리드 플래닝(Grid Planning)에 관한 설명으로 옳지 않은 것은?

① 그리드 플래닝은 논리적이고 합리적인 디자인 전개를 가능하게 한다.

② 그리드가 단순화되고 보편적인 법칙에 종속되면 틀에 박힌 계획이 되기 쉽다.

③ 직사각형 그리드는 가장 기본적인 형태의 그리드로 좌우대칭이기에 중립적이며 방향성도 없다.

④ 정사각형 그리드는 일반적으로 황금비율에 의한 그리드이거나 경제적 스팬에 준한 그리드를 사용한다.

해설

직사각형 그리드는 가로, 세로가 황금비율에 의한 그리드이거나 경제적 스팬(Span)에 준한 그리드를 사용한다.

그리드 플래닝 : 규칙적인 평행선이 2개 이상 교차되어 생기는 격자로 그리드를 디자인에 적용 및 계획 시 보조도구로 이용하여 디자인을 전개하는 과정이다.

08 형태에 관한 설명으로 옳지 않은 것은?

① 인위적 형태들은 휴먼 스케일과 일정한 관계를 지닌다.

② 기하학적인 형태는 불규칙한 형태보다 가볍게 느껴진다.

③ 인위적 형태는 개념적으로만 제시될 수 있는 형태로서 상징적 형태라고도 한다.

④ 자연형태는 단순한 부정형의 형태를 취하기도 하지만 경우에 따라서는 체계적인 기하학적인 특징을 갖는다.

해설

형태의 분류

- 이념적 형태 : 기하학적으로 취급하는 도형으로 직접적으로 지각할 수 없는 형태를 말한다.

순수형태	시각과 촉각 등으로 직접 느낄 수 없고 개념적으로만 제시될 수 있는 형태이다.
추상형태	구체적 형태를 생략 또는 과장의 과정을 거쳐 재구성된 형태이다.

정답 06 ① 07 ④ 08 ③

- 현실적 형태 : 우리 주위에 시각적으로나 촉각적으로 느껴지는 모든 존재의 형태이다.

자연형태	주위에 존재하는 모든 물상을 말하며 자연현상에 따라 끊임없이 변화하며 새로운 형태를 만들어낸다.
인위형태	인간이 인위적으로 만들어낸 모든 사물로서 구조체에서 볼 수 있는 형태이다.

09 아파트의 평면형식 중 중복도형에 관한 설명으로 옳지 않은 것은?

① 부지의 이용률이 높다.

② 프라이버시가 좋지 않다.

③ 각 주호의 일조조건이 동일하다.

④ 도심지 내의 독신자용 아파트에 적용된다.

해설

각 주호의 일조조건이 불리하다.

중복도형

- 편복도형과 유사하나 복도 양측에 세대를 배치하는 형식으로 축은 남북으로 배치한다.
- 프라이버시가 나쁘며 중앙복도가 어둡고 소음이 발생한다. 개구부 방향의 한정으로 인한 평면계획이 어렵고 채광, 통풍 조건이 불리하다.
- 대지이용률이 좋아 고층, 초고층 아파트에 가장 유리하며 독신자 아파트에 많이 사용된다.

10 동선의 3요소에 속하지 않는 것은?

① 시간 ② 하중

③ 속도 ④ 빈도

해설

동선의 3요소 : 빈도, 속도, 하중

11 19세기 말부터 20세기 초에 걸쳐 벨기에와 프랑스를 중심으로 모리스와 미술공예운동의 영향을 받아서 과거의 양식과 결별하고 식물이 갖는 단순한 곡선형태를 인테리어 가구 구성에 이용한 예술운동은?

① 아르데코 ② 아르누보

③ 아방가르드 ④ 컨템포러리

해설

아르누보(Art – Nouveau)

1900년 초반에 파리를 중심으로 일어난 신예술운동이다. 제품의 대량생산으로 인한 질적 하락을 수공예를 통해 예술로 승화하려는 미술공예운동의 윌리엄 모리스의 영향을 받아 자연의 유기적 형태를 통해 식물의 곡선미를 많이 이용하였다.

12 다음과 같은 특징을 갖는 상점 진열대의 배치형식은?

- 진열대의 설치가 간단하여 경제적이다.
- 매장이 단조로워지거나 국부적인 혼란을 일으킬 우려가 있다.

① 복합형 ② 직렬배치형

③ 환상배열형 ④ 굴절배치형

해설

직렬배치형

협소한 매장에 적합하며 통로가 직선이고 고객의 흐름이 가장 빠르다. 특히, 부분별 상품진열이 용이하다(편의점, 작은 서점).

13 질감(Texture)에 관한 설명으로 옳은 것은?

① 질감의 형성은 인공적으로만 이루어진다.

② 촉각에 의한 질감과 시각에 의한 질감으로 구분된다.

③ 유리, 거울 같은 재료는 낮은 반사율을 나타내며 차갑게 느껴진다.

④ 좁은 실내공간을 넓게 느껴지도록 하기 위해서는 어둡고 거친 질감의 재료를 사용한다.

해설

질감

손으로 만져서 느낄 수 있는 촉각적 질감과 시각적으로 느껴지는 재질감으로 윤곽과 인상이 형성된다.

- 매끄러운 재료 : 빛을 많이 반사하므로 가볍고 환한 느낌을 주며 주의를 집중시키고 같은 색채라도 강하게 느껴진다.
- 거친 재료 : 빛을 흡수하고 울퉁불퉁한 표면은 음영을 나타내며 무겁고 안정적인 느낌을 준다.

정답 09 ③ 10 ① 11 ② 12 ② 13 ②

14 연면적 $200m^2$를 초과하는 판매시설에 설치하는 계단의 유효너비는 최소 얼마 이상으로 하여야 하는가?

① 90cm ② 120cm

③ 150cm ④ 180cm

해설

계단의 설치기준(건축물의 피난 · 방화구조 등의 기준에 관한 규칙 제15조)

- 판매시설의 계단 유효너비는 120cm 이상
- 높이 3m를 넘는 계단에는 높이 3m 이내마다 유효너비 120cm 이상 계단참 설치, 높이 1m를 넘는 계단 및 계단참의 양옆에는 난간 설치

15 다음 중 일광조절장치에 속하지 않는 것은?

① 커튼 ② 루버

③ 코니스 ④ 블라인드

해설

코니스

고전 건축의 엔타블레이처의 최상부분으로 건물의 처마 끝을 장식해 주는 요소이다. 돌림대로만 이루어져 있고 기능은 건물의 벽에 빗물이 흘러내리지 않도록 하는 것이다.

16 '루빈의 항아리'와 관련된 형태의 지각 심리는?

① 유사성 ② 그룹핑 법칙

③ 형과 배경의 법칙 ④ 프래그넌츠의 법칙

해설

루빈의 항아리(도형과 배경의 법칙, 반전도형)

서로 근접하는 두 가지의 영역이 동시에 도형으로 되어 자극 조건을 충족시키고 있는 경우 어느 쪽 하나는 도형이 되고 다른 것은 바탕으로 보인다.

17 다음 중 단독주택의 현관 위치결정에 가장 주된 영향을 끼치는 것은?

① 용적률 ② 건폐율

③ 도로의 위치 ④ 주택의 규모

해설

현관 위치의 결정요인

도로의 위치(관계), 경사도, 대지의 형태(방위와는 무관함)

18 장식품(Accessory)에 관한 설명으로 옳지 않은 것은?

① 실내디자인을 완성하게 하는 보조적인 역할을 한다.

② 실내공간의 성격, 크기, 마감재료, 색채 등을 고려하여 그 종류를 선정한다.

③ 디자인의 의도에 따라 실의 분위기나 시각적 효과를 좌우하는 요소가 될 수 있다.

④ 디자인의 완성도를 높이기 위하여 도입하는 것으로서 심미적 감상 목적의 물품만을 말한다.

해설

장식물

실내를 구성하는 여러 가지 요소들을 조합, 연출해 나가는 과정에서 기능적인 측면보다 장식적인 측면을 강조한 것으로 실용적이고 기능적인 장식품도 있다.

※ **실용적인 장식품** : 생활에서 실질적 기능을 담당하는 물품(조명기구, 가전제품 등)

19 조명의 연출기법 중 수직벽면을 빛으로 쓸어내리는 듯한 효과를 주기 위해 비대칭 배광방식의 조명기구를 사용하여 수직벽면에 균일한 조도의 빛을 비추는 기법은?

① 스파클기법 ② 월워싱기법

③ 실루엣기법 ④ 빔플레이기법

해설

월워싱기법

균일한 조도의 빛을 수직벽면에 빛으로 쓸어내리는 듯하게 비추는 기법으로 공간 확대의 느낌을 주며 광원과 조명기구의 종류에 따라 어떤 건축화조명으로 처리하느냐에 따라 다양한 효과를 낼 수 있다.

정답 14 ② 15 ③ 16 ③ 17 ③ 18 ④ 19 ②

20 전시공간의 순회 유형 중 연속순회형식에 관한 설명으로 옳지 않은 것은?

① 각 실을 필요에 따라 독립적으로 폐쇄할 수 있다.

② 전시 벽면이 최대화되고 공간 절약 효과가 있다.

③ 관람객은 연속적으로 이어진 동선을 따라 관람하게 된다.

④ 비교적 동선이 단순하며 다소 지루하고 피곤한 느낌을 줄 수 있다.

해설

㉠ 갤러리 및 복도(코리도)형식 : 각 실을 필요에 따라 독립적으로 폐쇄할 수 있다.

㉡ 연속순회형식
- 단순하고 공간이 절약된다.
- 소규모의 전시실에 적합하다.
- 전시 벽면을 많이 만들 수 있다.
- 많은 실을 순서별로 통해야 한다(1실을 닫으면 전체 동선이 막힌다).

2과목 색채학

21 빨강(Red)과 초록(Green)을 가산혼합하면 무슨 색이 되는가?

① 검정　② 파랑

③ 노랑　④ 흰색

해설

가산혼합 : 빛의 3원색
- 빨강(R) + 초록(G) = 노랑(Y)
- 초록(G) + 파랑(B) = 시안(C)
- 파랑(B) + 빨강(R) = 마젠타(M)
- 빨강(R) + 초록(G) + 파랑(B) = 흰색(W)

22 문 · 스펜서 조화론의 단점으로 옳은 것은?

① 무채색과의 관계를 생략하고 있다.

② 전통적 조화론을 무시하고 있다.

③ 명도, 채도를 고려하지 않았다.

④ 색의 연상, 기호, 상징성은 고려하지 않았다.

해설

문 · 스펜서의 조화론
- 배색의 아름다움에 관한 면적비나 아름다움의 정도 등의 문제를 정량적으로 취급하여 계산에 의해 계량이 가능하도록 시도하였다.
- H, V, C 단위로 설명하였고 조화이론을 정량적으로 다루는 데 색채연상, 색채기호, 색채의 적합성을 고려하지 않았다.

23 망막의 중심와에 약 650만 개가 모여 있는 원뿔 형태의 세포로, 색을 판단하는 색채 시각과 관련이 있는 것은?

① 추상체　② 간상체

③ 수평세포　④ 양극세포

해설

추상체(원추세포, 원뿔세포)

망막의 중심와에 밀접되어 있으며 밝은 곳에서는 약 650만 개의 추상체가 존재하고 빛에 따라 다른 반응을 보이는 3가지 추상체 장파장(L/적), 중파장(M/녹), 단파장(S/청)이 존재한다. 또한 파장은 560nm에서 가장 민감하게 반응한다.

24 공장 안에서 통행에 충돌 위험이 있는 기둥은 무슨 색으로 처리하는 것이 안전색채에 적절한가?

① 빨강　② 노랑

③ 파랑　④ 초록

해설

안전색채

위험이나 재해를 방지하기 위해 사용하는 색으로 특정 국가나 지역의 문화를 넘는 국제언어이다.

※ **공장색채** : 위험한 부분은 주위를 집중시키고 식별이 잘되는 색으로 하며 작업장에서는 무거운 물건을 밝은색으로 도장하여 작업능률을 높일 수 있다.

정답 20 ① 21 ③ 22 ④ 23 ① 24 ②

25 채도에 대한 설명으로 옳은 것은?

① 순색으로 반사율이 높은 색이 채도가 높다.
② 반사량이 적은 색이 채도가 높다.
③ 채도에서는 포화도가 존재하지 않는다.
④ 무채색도 채도값이 있다.

해설

② 반사량이 적은 색이 채도가 낮다.
③ 채도의 순수함의 정도를 포화도라고 한다.
④ 무채색도 채도가 없고 명도만 있다.

채도 : 색의 선명하거나 흐리고 탁한 정도를 말하며 채도가 가장 높은 색은 순색이며 무채색을 섞는 비율에 따라 채도는 점점 낮아진다.

26 색채조화의 공통되는 원리가 아닌 것은?

① 질서의 원리 ② 유사의 원리
③ 대비의 원리 ④ 모호성의 원리

해설

색채조화의 원리
질서의 원리, 유사의 원리, 대비의 원리, 비모호성(명료성)의 원리

27 정상적인 눈을 가진 사람도 미소(微少)한 색을 볼 때 일어나는 색각혼란은?

① 색상 이상
② 잔상현상
③ 소면적 제3색각 이상
④ 주관색 현상

해설

소면적 제3색각 이상
색지각의 혼란으로 인해 미세한 색들이 일반적인 색으로 보이게 되는 현상으로 청색 수용체의 완전 결핍에 의해 발생하는 유형이며, 황색－청색의 구분 능력이 떨어진다.

28 흰 종이 위에 있는 빨간 사과를 한참 보다가 치워 버렸다. 그 자리에 같은 모양의 어떠한 색이 연상되어 보이는가?

① 청록 ② 파랑
③ 보라 ④ 자주

해설

계시대비
어떤 색을 보고 난 후 다른 색을 보면 먼저 본 색의 영향으로 다음에 본 색이 다르게 보이는 현상으로 일정한 자극이 사라진 후에도 이전의 자극이 망막에 남아 다음 자극에 영향을 준다(하얀 바탕의 종이 위에 빨간색 사각형을 보다가 치우면 보색인 청록색 사각형이 아른거린다).

29 "C＋W＋B＝100"이란 이론을 만들어낸 학자는?

① 먼셀 ② 뉴턴
③ 오스트발트 ④ 맥스웰

해설

오스트발트 표색계 혼합비
C(순색량)＋W(백색량)＋B(흑색량)＝100%로 하며 어떠한 색이라도 혼합량의 합은 일정하다고 주장하였다.

30 "색을 띤 그림자"라는 의미로 주변색의 보색이 중심에 있는 색에 겹쳐서 보이는 현상은?

① 색음현상 ② 메타메리즘
③ 애브니효과 ④ 메카로효과

해설

색음현상
물체의 그림자에서 보색의 색상을 느끼는 현상으로 괴테가 주장하였으며 그림자로 지각되는 현상이다. 작은 면적의 회색이 채도가 높은 유채색으로 둘러싸일 때 회색이 유채색 보색색상을 띠어 보인다.

31 심리 · 물리적인 빛의 혼색실험에 기초하여 색을 표시하는 색체계에 해당하는 것은?

① 혼색계 ② 현색계
③ 먼셀 색체계 ④ 물체 색체계

정답 25 ① 26 ④ 27 ③ 28 ① 29 ③ 30 ① 31 ①

해설

혼색계
색감각을 일으키는 색자극(빛)의 특성을 자극이라는 수치로 나타낸 것으로 빛의 혼색실험에 기초를 둔 표색계로 환경을 임의로 선정하여 정확하게 측정할 수 있다.

32 오스트발트의 색채조화론에 관한 설명 중 틀린 것은?

① 무채색 단계에서 같은 간격으로 선택한 배색은 조화된다.
② 등색상 3각형의 아래쪽 사변에 평행한 선상의 색들은 조화된다.
③ 색입체의 중심축에 대해 수평으로 잘린 색들은 조화된다.
④ 색상 일련번호의 차가 6~8일 때 반대색 조화가 생긴다.

해설

색상 일련번호의 차가 12 이상일 때 반대색 조화가 생긴다.

오스트발트 색채조화론
• 유사색조화 : 색상차가 2~4 범위에 있는 색은 조화를 이룬다.
• 이색조화 : 색상차가 6~8 범위에 있는 색은 조화를 이룬다.
• 보색조화 : 색상차가 12 이상인 경우 두 색은 조화를 이룬다.

33 모니터 화면의 검은색 조정에 관한 설명으로 옳은 것은?

① 모니터 화면의 가장자리가 마치 검은색 띠를 두른 것처럼 보이는 부분은 전압(Voltage)이다.
② 모니터 화면 중에서 영상이나 텍스트를 디스플레이하는 부분은 전류의 전압이 0인 무전압(Non Voltage) 영역이다.
③ 모니터에 부착된 이미지 사이즈 조절버튼으로 전압 영역 폭의 넓이를 약 2~3cm가 되도록 한다.
④ RGB 각각에 R=0, G=0, B=0과 같은 수치를 주어 디스플레이하면 전압영역이 검은색이 된다.

해설

디지털 색채체계
디지털 색채시스템 중 가장 안정적이고 널리 쓰이며 RGB 색공간에서 모든 원색을 혼합하면 검은색이 된다.

R=0, G=0, B=0	검은색
R=255, G=255, B=255	흰색

34 디바이스 종속 색체계에 대한 설명으로 옳은 것은?

① CIE XYZ 색체계 예시를 들 수 있다.
② 동일한 제조회사에서 생산하는 모든 컬러 디바이스 모델은 서로 색체계가 같다.
③ 디지털 색채를 다루는 전자장비들 간에 호환성이 없다.
④ 제조업체가 다른 컬러 디바이스 모델 간에는 색채정보가 같다.

해설

디바이스 종속 색체계
디지털 색채영상을 생성하거나 출력하는 전자장비들은 인간의 시각방식과는 전혀 다른 체계로 색을 재현하는 것으로, 전자장비는 각 특성에 따라 구현색채 범위가 다르며, 장비들 간에 호환성이 없다. 이는 컬러가 각 디바이스에 의해 수치화되는 과정에서 각각의 디바이스에서만 사용되는 색공간을 사용하는 것이다.

35 빛의 파장 단위로 사용되는 nm(nanometer)의 단위를 올바르게 나타낸 것은?

① 1nm=1/1만 mm
② 1nm=1/10만 mm
③ 1nm=1/100만 mm
④ 1nm=1/1,000만 mm

해설

빛의 단위
마이크로미터(μm)보다 더 작은 단위인 나노미터(nm)를 사용하며 길이단위로 환산해 보면 1nm는 1/100만 nm의 단위와 같다.

정답 32 ④ 33 ④ 34 ③ 35 ③

36 색의 3속성 중 명도의 의미는?

① 색의 이름
② 색의 맑고 탁함의 정도
③ 색의 밝고 어두움의 정도
④ 색의 순도

해설

①은 색상, ②·④는 채도에 대한 설명이다.

명도 : 색의 밝고 어두운 정도를 말하며 밝음의 감각을 척도화한 것이라고 할 수 있다.

37 스웨덴의 색채표준으로 채용된 색체계로 헤링의 심리 4원색과 백, 흑 등 6색을 원색으로 하는 색체계는?

① 먼셀 색체계
② 오스트발트 색체계
③ NCS 색체계
④ PCCS 색체계

해설

NCS 색체계

- 스웨덴 색채연구소에서 개발하였고, NCS는 색감정의 자연적 시스템을 의미한다.
- 색채에 대한 표준을 제시하고 관계성, 다양성, 상대성의 특징을 가지며 스웨덴, 노르웨이, 스페인 등에서 사용된다.
- 헤링의 반대색설 4원색설을 기초로 빨강(R), 노랑(Y), 초록(G), 파랑(B)의 기본색에 흰색(W), 검정(S)을 추가하여 6색이다.

38 오스트발트의 등색상면에서 밝은색에서 어두운색 순서대로 나열된 것은?

① pn－ig－ca
② li－ge－ca
③ ec－nl－ge
④ ca－ec－ig

해설

등색상 삼각형 기호

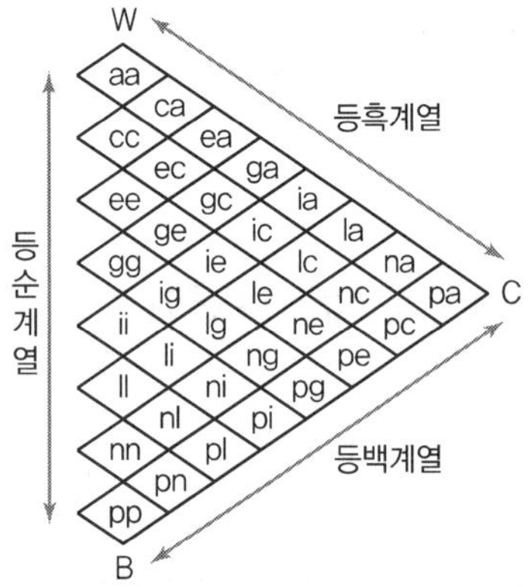

39 오스트발트 색입체를 명도를 축으로 하여 수직으로 절단했을 때의 단면 모양은?

① 삼각형 ② 타원형
③ 직사각형 ④ 마름모형

해설

오스트발트 색입체

색입체 모양은 삼각형을 회전시켜 만든 복원추체(마름모형)이다.

40 주황색을 강한 인상으로 보여주려 할 때, 그 전에 어떤 색을 15초간 보여주는 것이 효과적인가?

① 주황색 ② 빨간색
③ 녹색 ④ 감청색

해설

감청색(진한 남색)

주황색의 보색인 감청색을 활용하여 강한 대비효과를 준다.

정답 36 ③ 37 ③ 38 ④ 39 ④ 40 ④

3과목 인간공학

41 어떠한 찌그러진 동전이 앞면이 나올 확률은 0.9, 뒷면이 나올 확률은 0.1이면, 이 동전이 주는 정보량은 얼마인가?

① 0.9bits ② 0.15bits
③ 0.21bits ④ 0.47bits

해설

정보량$(H) = \log_2 \frac{1}{P}$

• 앞면 $H = \log_2 \frac{1}{0.9} = \log_2 1.11 = 0.15$bit

• 뒷면 $H = \log_2 \frac{1}{0.1} = \log_2 10 = 3.32$bit

∴ 총정보량 : $0.9 \times 0.15 + 0.1 \times 3.32 = 0.47$bit

※ bit : 실현 가능성이 같은 2개의 대안 중 하나가 명시되었을 때 우리가 얻는 정보량이다.

42 다음 ( ) 안에 들어갈 알맞은 것은?

> 수정체의 ( )은/는 망막 위에 물체의 초점을 맞추는 과정으로 물체가 가까우면 수정체에 붙어 있는 근육(모양체)이 수축하여 수정체가 볼록해지고, 물체가 멀면 모양체가 이완되어 수정체가 평평해져 초점을 맞춘다.

① 음영(Shade)
② 조응(Adaptation)
③ 조절작용(Accommodation)
④ 신경 충동(Neural Impulse)

해설

조절작용
눈의 수정체가 망막에 빛의 초점을 맞춰주는 것으로, 멀리 있는 물체를 볼 때는 수정체가 얇아지고, 가까운 물체를 볼 때에는 수정체가 두꺼워진다.

43 인간의 눈의 구조에 관한 설명으로 옳은 것은?

① 망막의 중심부에는 간상체만 있다.
② 간상체는 색을 구별할 수 있게 한다.
③ 광수용기는 간상세포와 추상세포로 나눌 수 있다.
④ 수정체는 눈으로 들어오는 빛의 양을 조절한다.

해설

① 망막의 중심와 부분에는 추상체가 밀집하여 분포되어 있다.
② 색을 지각하게 하는 추상체, 명암을 지각하는 간상체가 있다.
④ 수정체는 빛을 굴절시키는 역할을 하고 망막에 상이 잘 맺히도록 한다.

※ **광수용기** : 빛 에너지를 전기적 신호로 변환하여 빛정보를 뇌로 전달하는 역할을 한다. 특히, 사람의 광수용기의 종류는 간상세포와 추상세포(원추세포)가 있으며 간상세포는 빛에 민감하지만 색을 분별하지는 못하며, 추상세포(원추세포)는 가시광선의 빨강, 초록, 파랑에 대한 민감도가 서로 다른 세포들이 각각 존재하여 색 분별을 할 수 있다.

44 다음 ( ) 안에 들어갈 알맞은 용어는?

> ( )(이)란 인간이 만들어 생활의 여러 국면에서 사용하는 물건, 기구 혹은 환경을 설계하는 과정에서 인간의 특성이나 정보를 고려하여 편리성, 안전성 및 효율성을 제고하고자 하는 학문을 말한다.

① 자연공학 ② 기계공학
③ 인간공학 ④ 휴먼에러

해설

인간공학
인간의 신체적 특성, 정신적 특성, 심리적 특성의 한계를 정량적 또는 정성적으로 측정하여 이를 시스템, 제품, 환경설계와 인간의 안전, 평안함, 만족감을 극대화하고 작업의 효율을 증진하기 위하여 공학적으로 응용하는 학문이다.

45 시각적 표시장치의 유형 중 원하는 값으로부터의 대략적인 편차나 고도 등과 같이 시간적인 변화방향을 알아보는 데 가장 적합한 형태는?

① 계수형(Digital) ② 동목형(Moving Scale)
③ 그림표시형(Pictogram) ④ 동침형(Moving Pointer)

정답 41 ④ 42 ③ 43 ③ 44 ③ 45 ④

해설

동침형

- 눈금이 고정되고 지침이 움직이는 형이다(고정눈금 이동지침 표시장치).
- 일정한 범위에서 수치가 자주 또는 계속 변하는 경우 가장 유용한 표시장치이다.
- 지침의 위치로 인식적인 암시신호를 얻을 수 있다.

46 두 소리의 강도(强度)를 음압으로 측정한 결과 뒤의 소리가 처음보다 음압이 100배 증가하였다면 이때 dB 수준은 얼마인가?

① 10　② 40
③ 100　④ 200

해설

음의 강도

dB 수준 $= 20\log(\frac{P_1}{P_0})$

$20\log(\frac{100}{1})^n = 20\log(10^2) = 40\text{dB}$

여기서, P_1 : 음압으로 표시된 주어진 음의 강도
P_0 : 표준치(1,000Hz 순음의 가청 최소음압)

47 그림과 같은 시각요소에 해당되는 게슈탈트(Gestalt)의 법칙에 해당되는 것은?

① 단순성　② 모양성
③ 폐쇄성　④ 유사성

해설

유사성

형태, 규모, 색채, 질감, 명암, 패턴 등 비슷한 성질의 요소들이 떨어져 있더라도 동일한 집단으로 그룹화되어 지각하려는 경향을 말한다.

48 인체계측자료의 응용원칙 중에서 인체계측 변수 분포의 1, 5, 10 백분위수 등과 같은 최소 집단치를 적용하여 설계해야 하는 것은?

① 문의 높이　② 선반의 높이
③ 그네의 지지중량　④ 의자의 너비

해설

- 최대 집단치 : 문의 높이, 선반의 높이, 의자의 너비
- 최소 집단치 : 선반의 높이, 조종장치까지의 거리(조작자와 제어버튼 사이의 거리), 비상벨의 위치가 있다.

49 진동이 인간성능에 끼치는 일반적인 영향으로 옳지 않은 것은?

① 진동은 진폭에 비례하여 시력을 손상시킨다.
② 안정되고 정확한 근육조절을 요하는 작업은 진동에 의해서 저하된다.
③ 진동은 진폭에 비례하여 추적 능력을 손상하며 낮은 진동수에서 가장 심하다.
④ 반응시간, 형태 식별 등 주로 중앙신경처리에 달린 임무는 진동의 영향을 많이 받는다.

해설

반응시간, 형태 식별 등 주로 중앙신경처리에 달린 임무는 진동의 영향을 덜 받는다.

진동이 인간성능에 미치는 영향

- 전신진동은 진폭에 비례하여 시력이 손상되고 추적작업에 대한 효율을 떨어뜨린다.
- 안정되고 정확한 근육조절을 요하는 작업은 진동에 의하여 저하된다.

50 실내 전체를 일률적으로 밝히는 방법으로 광원을 일정한 간격과 높이로 배치하여 눈의 피로가 적고, 비교적 사고나 재해가 적어지는 조명법은?

① 직접조명법　② 간접조명법
③ 국소조명법　④ 전반조명법

정답 46 ② 47 ④ 48 ② 49 ④ 50 ④

해설

전반조명(전체조명)
조명기구를 일정한 높이의 간격으로 배치하여 실 전체를 균등하게 조명하는 방법으로 전체 조명이라고도 한다.

51 청각에 관한 설명으로 옳은 것은?

① 1폰(phon)은 40손(sone)에 해당하며, 음폭을 나타내는 단위이다.
② 귀는 해부학적으로 외이, 중이, 내이로 구분되며, 고막은 내이에 속한다.
③ 가청범위란 음의 높낮이에 관계없이 일정한 음이 흐르는 것을 말한다.
④ "Masking"이란 2개 이상의 음이 동시에 존재할 때 음의 한 성분이 다른 성분으로 인해 감소되는 효과를 말한다.

해설

① 40dB의 1,000Hz 순음의 크기(=40phon)를 1sone이라 정의한다.
② 귀는 해부학적으로 외이, 중이, 내이로 구분되며, 고막은 외이와 중이의 경계에 위치한다.
③ 가청범위란 사람이 들을 수 있는 소리의 표준범위를 나타낸 것으로 이 범위 밖의 파동은 사람의 귀로 들을 수 없다.

※ **음의 은폐효과(Masking)** : 음의 한 성분이 다른 성분의 청각감지를 방해하는 현상으로, 한 음의 가청역치가 다른 음 때문에 높아지는 것을 말한다.

52 다음 중 조종장치와 표시장치의 관계를 나타낸 조종 – 반응비율(C/R비)에 관한 설명으로 옳지 않은 것은?

① 최적의 C/R비는 조종시간과 이동시간을 나타내는 두 곡선의 교차점 부근이 된다.
② C/R비가 크면 감도(Sensitivity)가 좋고, C/R비가 작으면 감도가 나쁘다.
③ 노브(Knob)의 C/R비는 손잡이 1회전 시 움직이는 표시장치 이동거리의 역수로 나타낸다.
④ C/R비가 작은 경우에는 조종장치를 조금만 움직여도 표시장치의 지침은 많이 이동하게 된다.

해설

C/R비가 높으면 둔감하고, 낮으면 민감하다.

조종 – 반응 비율(C/R비 : Control – Response Ratio)
• 최적통제비는 이동시간과 조종시간의 교차점이다.
• C/D비가 작을수록 민감한 제어이며, 조종시간이 오래 걸린다.

53 인체의 구조 중에서 운동기관계의 구성을 적합하게 표현한 것은?

① 골격계(Skeletal System) + 근육계(Muscular System)
② 근육계(Muscular System) + 신경계(Nervous System)
③ 골격계(Skeletal System) + 소화기계(Digestive System)
④ 기초대사(Basal Metabolism) + 신경계(Nervous System)

해설

운동기관계의 구성
• 골격계 : 인체를 기본구조를 이루어 지탱하는 역할을 하고 내부의 장기를 보호한다.
• 근육계 : 근육을 기본 조직으로 하여 신체의 움직임과 자세 유지뿐 아니라 여러 장기들의 움직임을 담당하는 신체기관이다.

54 다음 짐을 나르는 경우 중 산소 소비량이 가장 크게 소요되는 것은?

① 머리에 이고 옮기는 경우
② 양손으로 들고 옮기는 경우
③ 목도를 이용하여 어깨로 옮기는 경우
④ 배낭을 이용하여 어깨로 옮기는 경우

해설

짐을 나르는 방법에 따른 산소 소비량 크기
양손>목도>어깨>이마>배낭>머리>등 · 가슴

정답 51 ④ 52 ② 53 ① 54 ②

55 단위 입체각(Solid Angle)당 광원에서 방출되는 빛의 양을 나타내는 단위로 옳은 것은?

① 와트(W) ② 럭스(lux)
③ 푸트 캔들(fc) ④ 칸델라(cd)

해설

광도
단위면적당 표면에서 반사 또는 방출되는 빛의 양을 말하며 광원에 의해 발산된 루멘치로 측정하고, 단위는 킨델라(candela : cd)를 사용한다.

56 인간공학적 의자 디자인 시 고려해야 할 사항과 가장 거리가 먼 것은?

① 사람의 앉은키
② 좌판(坐板)의 높이와 폭, 깊이
③ 좌판(坐板)에서의 무게, 부하 분포
④ 동작의 안정성과 위치변동의 편리성

해설

의자설계 시 고려사항
체중분포, 의자좌판의 높이, 깊이, 폭, 무게, 등받이의 각도, 몸통의 안정성 등이 있다.

57 사람이 근육을 사용하여 특정한 힘을 유지할 수 있는 시간(능력)을 무엇이라 하는가?

① 염력 ② 완력
③ 지구력 ④ 전단응력

해설

지구력
근육을 사용하여 특정한 힘을 유지할 수 있는 능력으로 최대근력으로 유지할 수 있는 것은 몇 초이며, 최대근력의 50% 힘으로는 약 1분간 유지할 수 있다.

58 일반적인 VDT(Visual Display Terminal) 사용 시 주변의 조도(lux)로 가장 적합한 것은?

① 50～150 ② 300～500
③ 750～1,000 ④ 2,000～3,000

해설

VDT 작업 사무환경의 추천 조도 : 300～500lux

※ 조도는 화면의 바탕이 검은색 계통이면 300～500lux, 화면의 바탕이 흰색 계통이면 500～700lux로 한다.

59 계기판(計器板)의 눈금 숫자를 표시하는 방법으로 가장 적절하지 않은 것은?

① 0－1－2－3－4－5
② 0－3－6－9－12－15
③ 0－5－10－15－20－25
④ 0－100－200－300－400－500

해설

계기판의 눈금 숫자 표시방법
- 눈금의 표시 : 눈금 단위마다 눈금을 표시하는 것이 좋으며 1/5 또는 1/10 단위로 표시한다.
- 눈금의 수열 : 일반적으로 0, 1, 2, 3 …처럼 1씩 증가하는 수열이 가장 사용하기 쉽다.

60 다음 중 열전도율이 가장 낮은 것은?

① 공기 ② 체지방
③ 콘크리트 ④ 단열재

해설

공기의 열전도율은 0.025W/(m · K)로 낮다. 액체와 기체는 고체에 비해 열전도가 매우 느리고 그 일부에 가해진 열을 전체에 확산시키기 어렵다.

열전도율 : 열전달을 나타내는 물질의 고유한 성질로 높은 열전도율을 가지는 물질은 열을 흡수하는 데 쓰이고, 낮은 열전도율을 가지는 물질은 절연에 쓰인다.

정답 55 ④ 56 ① 57 ③ 58 ② 59 ② 60 ①

4과목 건축재료

61 목재의 절대건조비중이 0.3일 때 이 목재의 공극률은?

① 약 80.5%　　② 약 78.7%
③ 약 58.3%　　④ 약 52.6%

해설

$$공극률 = (1 - \frac{목재의\ 절건비중}{1.54}) \times 100(\%)$$

$$= (1 - \frac{0.3}{1.54}) \times 100(\%) = 80.5\%$$

62 스팬드럴 유리에 관한 설명으로 옳지 않은 것은?

① 건축물의 외벽 층간이나 내·외부 장식용 유리로 사용한다.
② 판유리 한쪽 면에 세라믹질의 도료를 도장한 후 고온에서 융착, 반강화한 것으로 내구성이 뛰어나다.
③ 색상이 다양하고 중후한 질감을 갖고 있으며 건축물의 모양에 따라 선택의 폭이 넓다.
④ 열깨짐의 위험이 있으므로 유리표면에 페인트도장을 하거나, 종이테이프 등을 부착하지 않는다.

해설

스팬드럴 유리는 골조 및 단열재 등을 가려주는 역할을 하기 때문에 색유리를 쓰거나 필름을 붙이는 등의 시공을 진행하고 있다. 이때 발생할 수 있는 열깨짐의 위험을 최소화하기 위해 배강도 이상의 강도를 가진 유리를 적용하고 있다.

63 포졸란을 사용한 콘크리트의 특징이 아닌 것은?

① 수밀성이 크다.
② 해수 등에 대한 화학저항성이 크다.
③ 발열량이 크다.
④ 강도의 증진이 느리나 장기강도는 크다.

해설

포졸란은 장기강도 증진을 위한 것으로 초기 발열량이 상대적으로 작은 것이 특징이다.

64 실리콘(Silicon)수지에 관한 설명으로 옳지 않은 것은?

① 탄력성, 내수성 등이 아주 우수하기 때문에 접착제, 도료로서 주로 사용된다.
② 70～80℃의 고온에서는 연화되는 단점이 있다.
③ 가소물이나 금속을 성형할 때 이형제로 쓸 수 있을 정도로 피복력이 있다.
④ 발수성이 있기 때문에 건축물, 전기절연물 등의 방수에 쓰인다.

해설

실리콘수지
내열성이 우수하고 －60～260℃까지 탄성이 유지되며, 270℃에서도 수 시간 이용이 가능하다.

65 수목이 성장 도중 발생하는 세로방향의 외상으로 수피가 말려들어간 것을 뜻하는 흠의 종류는?

① 옹이　　② 송진구멍
③ 혹　　④ 껍질박이

해설

껍질박이에 대한 설명이며, 껍질박이가 발생한 부분은 강도가 크게 감소한다.

66 합성수지 중 무색 투명판으로 착색이 자유롭고 내충격강도가 무기유리의 10배 정도가 되며 내약품성이 우수한 수지제품으로 유기유리라고도 하는 것은?

① 초산비닐수지　　② 폴리에스테르수지
③ 멜라민수지　　④ 아크릴수지

정답　61 ①　62 ④　63 ③　64 ②　65 ④　66 ④

해설

아크릴수지
- 투명도가 85~90% 정도로 좋고, 무색투명하므로 착색이 자유롭다.
- 내충격강도는 유리의 10배 정도 크며 절단, 가공성, 내후성, 내약품성, 전기절연성이 좋다.
- 평판성형되어 글라스와 같이 이용되는 경우가 많아 유기글라스라고도 한다.
- 각종 성형품, 채광판, 시멘트 혼화재료 등에 사용한다.

67 다음 중 단열재의 선정조건에 관한 설명으로 옳지 않은 것은?

① 사용연한에 따른 변질이 없을 것
② 유독성 가스가 발생되지 않을 것
③ 열전도율과 흡수율이 낮을 것
④ 구조재로 활용 가능한 정도의 역학적인 강도를 가질 것

해설

단열재는 비구조재로 적용되므로 구조재 정도로 활용될 만큼의 역학적 강도는 불필요하다.

68 연강철선을 전기용접하여 정방형 또는 장방형으로 만든 것으로 블록을 쌓을 때나 보호 콘크리트를 타설할 때 사용하며 균열을 방지하고 교차 부분을 보강하기 위해 사용하는 금속제품은?

① 와이어로프　② 코너비드
③ 와이어메시　④ 메탈폼

해설

콘크리트 균열방지용으로 주로 쓰이는 와이어 메시(Wire Mesh)에 대한 설명이다.

69 다음 중 아스팔트의 물리적 성질에 있어 아스팔트의 견고성 정도를 평가한 것은?

① 신도　② 침입도
③ 내후성　④ 인화점

해설

침입도
- 아스팔트의 경도를 표시하는 것이다.
- 규정된 침이 시료 중에 수직으로 진입된 길이를 나타내며, 단위는 0.1mm를 1로 한다.

70 다음 중 경량골재에 해당하는 것은?

① 자철광　② 팽창혈암
③ 중정석　④ 산자갈

해설

팽창혈암은 경량콘크리트 제조를 위해 쓰는 인공골재로서 경량골재에 해당한다.

71 유리의 성질에 관한 설명으로 옳지 않은 것은?

① 굴절률은 1.5~1.9 정도이고 납을 함유하면 낮아진다.
② 열전도율 및 열팽창률이 작다.
③ 광선에 대한 성질은 유리의 성분, 두께, 표면의 평활도 등에 따라 다르다.
④ 약한 산에는 침식되지 않지만 염산 · 황산 · 질산 등에는 서서히 침식된다.

해설

유리에 산화납 등을 첨가하면 굴절률이 높아지게 된다.

72 강의 열처리방법 중 조직을 개선하고 결정을 미세화하기 위해 800~1,000℃로 가열하여 소정의 시간까지 유지한 후에 대기 중에서 냉각하는 것을 무엇이라 하는가?

① 불림　② 풀림
③ 담금질　④ 뜨임질

해설

불림
- 강을 800~1,000℃ 이상으로 가열한 후 공기 중에서 냉각한다.
- 강의 조직이 표준화 · 균질화되어 내부 변형이 제거된다.

정답　67 ④　68 ③　69 ②　70 ②　71 ①　72 ①

73 다음 중 수경성 재료에 해당되지 않는 것은?

① 회반죽 ② 시멘트 모르타르
③ 석고 플라스터 ④ 인조석 바름

해설

회반죽은 기경성 재료이다.

74 점토 반죽에 샤모트를 첨가하여 사용하는 경우가 있는데 이 샤모트의 사용 목적은?

① 가소성 조절용
② 용융성 조절용
③ 경화시간 조절용
④ 강도 조절용

해설

샤모트(Chamotte)
점토를 소성한 후 분쇄하여 놓은 가루로서, 점토 등에 배합하여 가소성을 조절하는 역할을 한다.

75 안료가 들어가지 않으며, 주로 목재면의 투명도장에 쓰이는 도료로서 내후성이 좋지 않아 외부에 사용하기에 적당하지 않고 내부용으로 주로 사용되는 것은?

① 에나멜 페인트 ② 클리어 래커
③ 유성 페인트 ④ 수성 페인트

해설

클리어 래커
- 건조가 빠르므로 스프레이 시공이 가능하다.
- 안료가 들어가지 않으며, 주로 목재면의 투명도장에 사용한다.
- 내수성, 내후성이 약한 단점이 있다.

76 소성 점토벽돌에 관한 설명으로 옳지 않은 것은?

① 소성온도가 높을수록 흡수율이 작다.
② 붉은 벽돌은 점토에 안료를 넣어서 붉게 만든 것이다.
③ 소성이 잘된 것일수록 맑은 금속성 소리가 난다.
④ 과소품(過燒品)은 소성온도가 지나치게 높아서 질이 견고하고, 흡수율이 낮으나 형상이 일그러져 부정형이다.

해설

붉은 벽돌이 붉은색을 띠는 이유는 제조과정에 함유되어 있는 점토의 산화철 성분 때문이다.

77 KS 규정에 의한 보통 포틀랜드 시멘트(1종)의 응결 시간 기준으로 옳은 것은?[단, 비카시험에 의하며, 초결(이상) – 종결(이하)로 표기한다]

① 60분 – 6시간 ② 45분 – 6시간
③ 60분 – 10시간 ④ 45분 – 10시간

해설

KS 규정상 초결 60분(이상) – 종결 10시간(이하)으로 규정된다.

78 굵은 골재의 단위용적중량이 1.7kg/L, 절건밀도가 2.65g/cm³일 때, 이 골재의 공극률은?

① 25% ② 28%
③ 36% ④ 42%

해설

공극률 = 100 – 실적률

$$= \left(1 - \frac{\text{단위용적중량}}{\text{비중(절대건조밀도)}}\right) \times 100(\%)$$

$$= \left(1 - \frac{1.7\text{kg/L} \times 10^3}{2.65\text{g/cm}^3 \times 10^{-3} \times 10^6}\right) \times 100(\%) = 36\%$$

79 타일형 바닥재 중 리놀륨 타일에 관한 설명으로 옳은 것은?

① 내유성이 크다.
② 내알칼리성이 크다.

정답 73 ① 74 ① 75 ② 76 ② 77 ③ 78 ③ 79 ①

③ 국압에 대한 흔적이 남지 않는다.

④ 잘 부서지지 않아 옥외에서도 사용된다.

해설

리놀륨 타일
내유성과 탄력성이 우수한 반면 내알칼리, 내마모성, 내수성이 약해 국부적 압력에 흔적이 남을 수 있고, 옥외 사용이 어렵다.

80 다음 유리 중 결로현상의 발생이 가장 적은 것은?

① 보통유리　　② 후판유리
③ 복층유리　　④ 형판유리

해설

복층유리
유리와 유리 사이에 공기층을 두어 단열성능을 높인 유리로서 결로현상 저감에 효과적이다.

5과목 건축일반

81 소화활동설비에 해당하지 않는 것은?

① 제연설비
② 연결송수관설비
③ 비상방송설비
④ 비상콘덴서설비

해설

비상방송설비는 경보설비에 해당한다.

82 건축법령의 관련 규정에 의하여 설치하는 거실의 반자는 그 높이를 최소 얼마 이상으로 하여야 하는가?

① 2.1m　　② 2.3m
③ 2.6m　　④ 2.7m

해설

건축물 거실의 반자 높이(반자가 없는 경우에는 보 또는 바로 위층의 바닥판의 밑면)

<table>
<tr><th colspan="2">원칙</th><th>2.1m 이상</th></tr>
<tr><td rowspan="2">• 문화 및 집회시설 (전시장 및 동·식물원 제외)
• 장례식장
• 유흥주점
※ 단, 기계적인 환기장치가 되어 있는 경우 제외</td><td>바닥면적의 합계가 200m² 이상인 관람실 또는 집회실</td><td>4m 이상</td></tr>
<tr><td>노대 아랫부분의 높이</td><td>2.7m 이상</td></tr>
<tr><td>• 공장
• 창고시설
• 위험물 저장 및 처리시설</td><td>• 동·식물 관련 시설
• 자원순환 관련 시설
• 묘지 관련 시설</td><td>제외</td></tr>
</table>

83 철근콘크리트구조에서 철근과 콘크리트가 일체성이 될 수 있는 원리가 아닌 것은?

① 철근과 콘크리트는 온도에 의한 선팽창계수의 차가 크다.
② 콘크리트에 매립되어 있는 철근은 잘 녹슬지 않는다.
③ 철근과 콘크리트의 부착강도가 비교적 크다.
④ 콘크리트는 인장력에 약하므로 철근으로 보강한다.

해설

철근과 콘크리트는 선팽창계수가 유사하여 일체화 적용이 가능하다.

84 다음 중 헬리포트의 설치기준으로 틀린 것은?

① 헬리포트의 길이와 너비는 각각 22m 이상으로 할 것
② 헬리포트의 중앙부분에는 지름 8m의 Ⓗ 표지를 백색으로 설치할 것
③ 헬리포트의 주위 한계선은 노란색으로 하되, 그 선의 너비는 48cm로 할 것
④ 헬리포트의 중심으로부터 반경 1m 이내에는 헬리콥터의 이·착륙에 장애가 되는 장애물, 공작물 또는 난간 등을 설치하지 아니할 것

정답　80 ③　81 ③　82 ①　83 ①　84 ③

해설

헬리포트 주위한계선은 너비 38cm의 백색 선으로 한다.

85 건축법에 따른 단독주택의 소유자가 설치하여야 하는 주택용 소방시설에 해당하는 것은?

① 소화기
② 인공소생기
③ 비상방송설비
④ 연결송수관설비

해설

단독주택 등 저층 주택에 설치하여야 하는 소방시설은 소화기이다.

86 소방시설법령에서 정의하고 있는 "무창층"을 구성하는 개구부의 최소 여건에 해당되지 않는 것은?

① 크기는 지름 60cm 이상의 원이 내접할 수 있는 크기일 것
② 해당 층의 바닥면으로부터 개구부 밑부분까지의 높이가 1.2m 이내일 것
③ 내부 또는 외부에서 쉽게 부수거나 열 수 있을 것
④ 도로 또는 차량이 진입할 수 있는 빈터를 향할 것

해설

무창층에서 개구부 크기는 지름 50센티미터 이상의 원이 내접(內接)할 수 있는 크기이어야 한다.

87 로마네스크 건축(Romanesque Architecture)의 실내 공간 디자인의 특징에 대한 설명으로 틀린 것은?

① 네이브 부분의 천장에 목조 트러스가 주로 사용되었다.
② 높은 천장고를 형성하기 위한 구조적 기초가 닦였다.
③ 3차원적인 기둥간격의 단위로 구성되었다.
④ 교차 그로인 볼트를 볼 수 있다.

해설

네이브는 초기 그리스도교 건축양식에서 볼 수 있는 것으로서 바실리카식 교회당의 중심부에 해당하는 공간을 말한다.

88 방염성능기준 이상의 실내장식물 등을 설치하여야 하는 특정소방대상물이 아닌 것은?

① 층수가 11층 이상인 것(아파트 제외)
② 의료시설
③ 건축물의 옥내에 위치한 수영장
④ 근린생활시설 중 체력단련장

해설

운동시설 중 수영장은 제외된다.

89 다음 건축물 중 그 주요 구조부를 내화구조로 하여야 하는 것은?

① 2층이 노인복지시설의 용도로 쓰는 건축물로서 그 용도로 쓰는 바닥면적의 합계가 450m^2인 것
② 2층이 의료시설의 용도에 쓰는 건축물로서 그 용도로 쓰는 바닥면적의 합계가 300m^2인 것
③ 위락시설(주점영업의 용도에 쓰이는 것을 제외한다)의 용도로 쓰는 건축물로서 그 용도로 쓰는 바닥면적의 합계가 450m^2인 것
④ 자동차 관련 시설의 용도로 쓰는 건축물로서 그 용도로 쓰는 바닥면적의 합계가 300m^2인 것

해설

① 2층이 노인복지시설의 용도로 쓰는 건축물로서 그 용도로 쓰는 바닥면적의 합계가 450m^2 이상인 것(보기는 450m^2이므로 해당됨)
② 2층이 의료시설의 용도에 쓰는 건축물로서 그 용도로 쓰는 바닥면적의 합계가 400m^2 이상인 것
③ 위락시설(주점영업의 용도에 쓰이는 것을 제외한다)의 용도로 쓰는 건축물로서 그 용도로 쓰는 바닥면적의 합계가 500m^2 이상인 것
④ 자동차 관련 시설의 용도로 쓰는 건축물로서 그 용도로 쓰는 바닥면적의 합계가 500m^2 이상인 것

정답 85 ① 86 ① 87 ① 88 ③ 89 ①

90 **바닥으로부터 높이 1m까지 안벽의 마감을 내수재료로 하여야 하는 대상이 아닌 것은?**

① 제1종 근린생활시설 중 치과의원의 치료실
② 제2종 근린생활시설 중 휴게음식점의 조리장
③ 제1종 근린생활시설 중 목욕장의 욕실
④ 제2종 근린생활시설 중 일반음식점의 조리장

해설

바닥과 그 바닥으로부터 높이 1m까지의 안벽의 마감을 내수재료로 하여야 하는 대상
- 제1종 근린생활시설 중 목욕장의 욕실과 휴게음식점의 조리장
- 제2종 근린생활시설 중 일반음식점 및 휴게음식점의 조리장과 숙박시설의 욕실

91 **특정소방대상물 중 교육연구시설에 해당하는 것은?**

① 무도학원
② 자동차정비학원
③ 자동차운전학원
④ 연수원

해설

① 무도학원 : 위락시설
② 자동차정비학원 : 자동차관련시설
③ 자동차운전학원 : 자동차관련시설

92 **건축허가 등을 할 때 미리 소방본부장 또는 소방서장의 동의를 받아야 하는 건축물에 해당되는 것은?**

① 연면적이 300m^{2}인 업무시설
② 승강기 등 기계장치에 의한 주차시설로서 자동차 15대를 주차할 수 있는 주차시설
③ 항공관제탑
④ 지하층이 있는 건축물로서 바닥면적이 80m^{2}인 층이 있는 것

해설

① 연면적이 400m^2 이상인 업무시설
② 승강기 등 기계장치에 의한 주차시설로서 자동차 20대 이상을 주차할 수 있는 주차시설
④ 지하층이 있는 건축물로서 바닥면적이 150m^2 이상인 층이 있는 것(공연장인 경우에는 100m^2 이상인 층이 있는 것)

93 **지하 3층, 지상 12층 규모의 전신전화국으로 각 층 바닥면적이 2,000m^2, 각 층 거실면적은 각 층 바닥면적의 80%일 경우 최소로 필요한 승용승강기 대수는?(단, 승용승강기는 15인승이며 각 층의 층고는 4m이다)**

① 3대 ② 4대
③ 5대 ④ 6대

해설

전신전화국은 방송통신시설로서 승용승강기 산출 기준에서 그 밖의 시설에 해당하며 다음과 같이 승용승강기 대수를 산정한다.

$$\text{승용승강기 대수} = 1 + \frac{A - 3{,}000\text{m}^2}{3{,}000\text{m}^2}$$

$$= 1 + \frac{(7 \times 2{,}000) \times 0.8 - 3{,}000\text{m}^2}{3{,}000\text{m}^2}$$

$$= 3.73 \rightarrow 4\text{대}$$

94 **판매시설의 용도에 쓰이는 피난층에 설치하는 건축물의 바깥쪽으로의 출구의 유효너비의 합계는 최소 얼마 이상으로 하여야 하는가?(단, 지상 6층인 건축물로서 각 층의 바닥면적은 1층과 2층은 각각 1,000m^2, 3층부터 6층까지는 각각 1,500m^{2}이다)**

① 6m ② 9m
③ 12m ④ 36m

해설

$$\text{출구의 총유효너비} = \frac{1{,}500}{100} \times 0.6 = 9\text{m}$$

※ 바닥면적이 최대인 층의 바닥면적인 1,500m^{2}를 적용한다.

정답 90 ① 91 ④ 92 ③ 93 ② 94 ②

95 조적조에서 테두리보를 설치하는 이유로 틀린 것은?

① 수직균열을 방지한다.
② 가로철근을 정착시킨다.
③ 벽체에 하중을 균등히 분포시킨다.
④ 집중하중을 받는 부분을 보강한다.

해설

테두리보는 세로철근을 정착시키는 역할을 한다.

96 목구조 접합부에 관한 설명으로 틀린 것은?

① 구조재는 될 수 있는 한 적게 깎아낸다.
② 이음과 맞춤은 응력이 가장 큰 곳에서 접합한다.
③ 이음, 맞춤의 부분은 응력이 균등히 전달되도록 가공한다.
④ 이음, 맞춤의 단면은 응력의 방향에 직각이 되도록 한다.

해설

이음과 맞춤은 응력이 가장 작은 곳에서 접합한다.

97 특급 소방안전관리대상물의 관계인이 선임하여야 하는 소방안전관리자의 자격기준으로 옳지 않은 것은?

① 소방기술사
② 소방공무원으로 10년 이상 근무한 경력이 있는 사람
③ 소방설비기사의 자격을 취득한 후 5년 이상 1급 소방안전관리대상물의 소방안전관리자로 근무한 실무경력이 있는 사람
④ 소방설비산업기사의 자격을 취득한 후 7년 이상 1급 소방안전관리대상물의 소방안전관리자로 근무한 실무경력이 있는 사람

해설

소방공무원으로 20년 이상 근무한 경력이 있는 사람이 해당된다.

98 뒷면은 영식 쌓기 또는 화란식 쌓기로 하고 표면에는 치장벽돌을 써서 5~6켜는 길이쌓기로 하며, 다음 1켜는 마구리쌓기로 하여 뒷벽돌에 물려서 쌓는 벽돌쌓기 방식은?

① 영롱쌓기 ② 불식 쌓기
③ 엇모쌓기 ④ 미식 쌓기

해설

미식 쌓기
5켜까지 길이 방향으로 쌓고, 다음 한 켜는 마구리쌓기로 쌓는 방식이다.

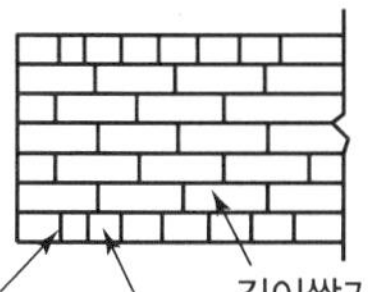

99 환기 · 난방 또는 냉방시설의 풍도가 방화구역을 관통하여 그 관통부분 또는 이에 근접한 부분에 댐퍼를 설치하고자 할 때, 설치하는 댐퍼의 재료로 철판을 사용할 경우 철판의 두께는 최소 얼마 이상으로 하여야 하는가?

① 0.5mm ② 1.0mm
③ 1.5mm ④ 2.0mm

해설

현재 법규 개정으로 댐퍼재료로서 철판두께 기준이 삭제되었다.

100 한국 전통건축의 실내에서 연등천장의 경우 천장을 보았을 때 보이지 않는 건축부재는?

① 서까래 ② 합각벽
③ 보아지 ④ 마룻대공

해설

연등천장(연등반자)
서까래 사이(연등)의 지붕의 널 밑에 그대로 치장한 반자를 말하며 이 경우 합각벽(지붕 위 용마루 옆면에 삼각형의 벽)은 보이지 않게 된다.

정답 95 ② 96 ② 97 ② 98 ④ 99 정답 없음 100 ②

6과목 건축환경

101 흡음재료 중 연속기포 다공질재료에 관한 설명으로 옳지 않은 것은?

① 유리면, 암면 등이 사용된다.
② 중 · 고음역에서 높은 흡음률을 나타낸다.
③ 일반적으로 두께를 늘리면 흡음률이 커진다.
④ 재료 표면의 공극을 막는 표면 처리를 할 경우 흡음률이 커진다.

해설

흡음재료에서 흡음의 주 역할을 하는 것은 공기를 포함한 공극이므로 재료 표면의 공극을 막는 표면 처리를 할 경우에는 흡음성능이 저하된다.

102 자연환기에 관한 설명으로 옳은 것은?

① 중력환기량은 개구부 면적이 크면 클수록 감소한다.
② 풍력환기량은 벽면으로 불어오는 바람의 속도에 반비례한다.
③ 중력환기는 실내외의 온도차에 의한 공기의 밀도차가 원동력이 된다.
④ 많은 환기량을 요하는 실에는 기계환기를 사용하지 않고 자연환기를 사용하여야 한다.

해설

① 중력환기량은 개구부 면적이 크면 클수록 증가한다.
② 풍력환기량은 벽면으로 불어오는 바람의 속도에 비례한다.
④ 많은 환기량을 요하는 실에는 자연환기를 사용하지 않고 기계(강제)환기를 사용하여야 한다.

103 다음 설명에 알맞은 공기조화용 송풍기의 종류는?

- 저속덕트용으로 사용된다.
- 동일 용량에 대하여 송풍기 용량이 작다.
- 날개의 끝부분이 회전방향으로 굽은 전곡형이다.

① 익형　　② 다익형
③ 관류형　　④ 방사형

해설

다익형 송풍기
원심형 송풍기의 일종으로서 전곡형 날개를 가지고 있고, 풍량 및 동력의 변화가 크고 서징이 발생할 가능성이 높으며, 주로 공조용(저속덕트)으로 사용된다.

104 벽체의 표면결로 방지대책으로 옳지 않은 것은?

① 실내에서 발생하는 수증기를 억제한다.
② 환기에 의해 실내 절대습도를 저하시킨다.
③ 단열강화에 의해 실내 측 표면온도를 상승시킨다.
④ 실내 측 표면온도를 노점온도 이하로 유지시킨다.

해설

실내 측 표면온도가 노점온도 이하가 되면 표면결로가 발생하므로 실내 측 표면온도를 노점온도보다 높게 유지시킨다.

105 화장실, 주방, 욕실 등에 주로 사용되며 취기나 증기가 다른 실로 새어나감을 방지할 수 있는 환기방식은?

① 자연환기
② 급기팬과 배기팬의 조합
③ 자연급기와 배기팬의 조합
④ 급기팬과 자연배기의 조합

해설

실내가 외부에 비해 상대적으로 부압(−)이 되는 3종 환기인 자연급기 · 강제배기(배기팬)의 조합을 적용하여야 한다.

정답　101 ④　102 ③　103 ②　104 ④　105 ③

106 건축적 채광방식 중 천창채광에 관한 설명으로 옳지 않은 것은?

① 비막이에 불리하다.
② 통풍 및 차열에 유리하다.
③ 조도 분포의 균일화에 유리하다.
④ 근린의 상황에 따라 채광을 방해받는 경우가 적다.

해설

천창채광은 조도 분포의 균일 등 장점을 가지고 있지만, 통풍 및 차열이 잘 안되고 빗물 처리 등이 난해한 단점이 있다.

107 급탕설비에 관한 설명으로 옳은 것은?

① 중앙식 급탕방식은 소규모 건물에 유리하다.
② 개별식 급탕방식은 가열기의 설치공간이 필요 없다.
③ 중앙식 급탕방식의 간접가열식은 소규모 건물에 주로 사용된다.
④ 중앙식 급탕방식의 직접가열식은 보일러 안에 스케일 부착의 우려가 있다.

해설

① 중앙식 급탕방식은 대규모 건물에 유리하다.
② 개별식 급탕방식은 가열기의 설치공간이 필요하다.
③ 중앙식 급탕방식의 간접가열식은 대규모 건물에 주로 사용된다.

108 clo는 다음 중 어느 것을 나타내는 단위인가?

① 착의량 ② 대사량
③ 복사열량 ④ 수증기량

해설

clo
의복의 열저항치를 나타낸 것으로 1clo의 보온력이란 온도 21.2℃, 습도 50% 이하, 기류 0.1m/s의 실내에서 의자에 앉아 안정하고 있는 성인남자가 쾌적하면서 평균 피부온도를 33℃로 유지할 수 있는 착의의 보온력을 말한다.

109 급수방식에 관한 설명으로 옳지 않은 것은?

① 고가수조방식은 급수압력이 일정하다.
② 수도직결방식은 위생성 측면에서 바람직한 방식이다.
③ 압력수조방식은 단수 시에 일정량의 급수가 가능하다.
④ 펌프직송방식은 일반적으로 하향급수 배관방식으로 배관이 구성된다.

해설

펌프직송방식
저층부(일반적으로 지하층) 기계실 등에 설치된 부스터 펌프를 통해 상부층으로 급수를 전달하여 급수하는 상향급수 배관방식으로 배관이 구성된다.

110 실내음향에 관한 설명으로 옳지 않은 것은?

① 잔향시간은 실내 용적이 클수록 길어진다.
② 잔향시간은 실내의 흡음력이 작을수록 길어진다.
③ 강당과 음악당의 최적 잔향시간을 비교하면 강당의 잔향시간이 더 길어야 한다.
④ 잔향시간이란 실내의 음압레벨이 초기값보다 60dB 감쇠할 때까지의 시간을 말한다.

해설

강당과 음악당의 최적 잔향시간을 비교하면 명료한 음성전달이 요구되는 강당이 음악당에 비하여 짧은 잔향시간이 요구된다.

111 두께 10cm의 경량콘크리트벽체의 열관류율은? (단, 경량콘크리트벽체의 열전도율은 0.17W/m · K, 실내 측 표면 열전달률은 9.28W/m² · K, 실외 측 표면 열전달률은 23.2W/m² · K이다)

① 0.85W/m² · K
② 1.35W/m² · K
③ 1.85W/m² · K
④ 2.15W/m² · K

정답 106 ② 107 ④ 108 ① 109 ④ 110 ③ 111 ②

해설

열관류율$(K) = 1/R$

$$R = \frac{1}{\text{실내 측 표면열전달률}} + \frac{\text{두께(m)}}{\text{열전도율}} + \frac{1}{\text{실외 측 표면열전달률}}$$

$$= \frac{1}{9.28} + \frac{0.1}{0.17} + \frac{1}{23.2} = 0.739$$

열관류율$(K) = 1/R = 1/0.739 = 1.35 W/m^2 \cdot K$

112 실의 체적이 $20m^3$이고 환기량이 $60m^3/h$일 때 이 실의 환기횟수는?

① 1.2회/h ② 3회/h

③ 12회/h ④ 30회/h

해설

환기횟수 = 환기량/실의 체적
= $60(m^3/h)/20(m^3)$ = 3회/h

113 열의 이동(전열)에 관한 설명 중 옳지 않은 것은?

① 열은 온도가 높은 곳에서 낮은 곳으로 이동한다.

② 유체와 고체 사이의 열의 이동을 열전도라고 한다.

③ 일반적으로 액체는 고체보다 열전도율이 작다.

④ 열전도율은 물체의 고유성질로서 전도에 의한 열의 이동 정도를 표시한다.

해설

유체와 고체 사이의 열의 이동을 열전달이라고 한다.

114 건축물 배수시스템의 통기관에 관한 설명으로 옳지 않은 것은?

① 결합통기관은 배수수직관과 통기수직관을 연결한 통기관이다.

② 회로(루프)통기관은 배수횡지관 최하류와 배수수직관을 연결한 것이다.

③ 신정통기관은 배수수직관을 상부로 연장하여 옥상 등에 개구한 것이다.

④ 특수통기방식(섹스티아 방식, 소벤트 방식)은 통기수직관을 설치할 필요가 없다.

해설

회로(루프)통기관
배수횡지관 최상류의 바로 다음 기구와 연결된 배수관과 통기수직관을 연결한 것이다.

115 다음 중 자외선의 주된 작용에 속하지 않는 것은?

① 살균작용 ② 화학적 작용

③ 생물의 생육작용 ④ 일사에 의한 난방작용

해설

일사에 의한 난방작용은 적외선의 주된 작용이다.

116 온수난방방식에 관한 설명으로 옳지 않은 것은?

① 증기난방에 비해 예열시간이 짧다.

② 온수의 현열을 이용하여 난방하는 방식이다.

③ 한랭지에서는 운전정지 중에 동결의 위험이 있다.

④ 보일러 정지 후에는 여열이 남아 있어 실내난방이 어느 정도 지속된다.

해설

온수는 증기에 비해 열용량이 커서 예열시간이 길게 소요된다.

117 가로 9m, 세로 12m, 높이 2.7m인 강의실에 32W 형광램프(광속 2,560lm) 30대가 설치되어 있다. 이 강의실 평균조도를 500lx로 하려고 할 때 추가해야 할 32W 형광램프 대수는?(단, 보수율 0.67, 조명률 0.6)

① 5대 ② 11대

③ 17대 ④ 23대

정답 112 ② 113 ② 114 ② 115 ④ 116 ① 117 ④

해설

$$N = \frac{EA}{FUM} = \frac{500 \times (9 \times 12)}{2{,}560 \times 0.6 \times 0.67} = 52.47 \rightarrow 53\text{대}$$

총필요개수가 53대이고, 현재 30대가 설치되어 있으므로 추가로 필요한 램프의 대수는 23대이다.

118 실의 용적이 $5{,}000m^3$이고 실내의 총흡음력이 $500m^2$일 경우, Sabine의 잔향식에 의한 잔향 시간은?

① 0.4초 ② 1.0초

③ 1.6초 ④ 2.2초

해설

Sabine의 잔향식

$$\text{잔향시간}(T) = 0.16\frac{V}{A} = 0.16\frac{5{,}000}{500} = 1.6\text{초}$$

119 공기조화방식 중 팬코일유닛방식에 관한 설명으로 옳지 않은 것은?

① 덕트 샤프트나 스페이스가 필요 없거나 작아도 된다.

② 전공기방식이므로 수배관으로 인한 누수의 우려가 없다.

③ 유닛을 창문 밑에 설치하면 콜드 드래프트를 줄일 수 있다.

④ 각 실의 유닛은 수동으로도 제어할 수 있고, 개별 제어가 쉽다.

해설

팬코일유닛방식은 전수방식으로서 수배관으로 인한 누수의 우려가 있다.

120 다음 중 주광률을 가장 올바르게 설명한 것은?

① 복사로서 전파하는 에너지의 시간적 비율

② 시야 내에 휘도의 고르지 못한 정도를 나타내는 값

③ 실내의 조도가 옥외의 조도 몇 %에 해당하는가를 나타내는 값

④ 빛을 발산하는 면을 어느 방향에서 보았을 때 그 밝기를 나타내는 정도

해설

$$\text{주광률}(DF) = \frac{\text{실내(작업면)의 수평면 조도}}{\text{실외(전천공)의 수평면 조도}} \times 100(\%)$$

정답 118 ③ 119 ② 120 ③

2020년 3회 실내건축기사

1과목 실내디자인론

01 사무소 공간 구성 중 아트리움(Atrium)에 관한 설명으로 옳지 않은 것은?

① 실내 조경을 통해 자연요소의 도입이 가능하다.
② 빛 환경의 관점에서 전력 에너지의 절약이 이루어진다.
③ 개방형 업무공간으로 작업 중심의 레이아웃으로 구성된다.
④ 내부공간의 긴장감을 이완시키는 지각적 카타르시스가 가능하다.

해설

개방형 휴게공간으로 휴게 중심의 레이아웃으로 구성된다.

아트리움(Atrium)
사무소 아트리움 공간은 내외부 공간의 중간영역으로서 개방감을 확보하고 외부의 자연요소를 실내로 도입할 수 있도록 계획한다. 특히, 아트리움은 휴게공간으로 중앙홀을 활용하여 휴식 및 소통의 공간으로 활용한다.

02 의자 및 소파에 관한 설명으로 옳지 않은 것은?

① 카우치(Couch)는 몸을 기댈 수 있도록 좌판의 한쪽 끝이 올라간 형태를 갖는다.
② 체스터필드(Chesterfield)는 쿠션성이 좋도록 솜, 스펀지 등을 채워 넣은 소파이다.
③ 풀업 체어(Pull－up Chair)는 필요에 따라 이동시켜 사용할 수 있는 간이의자로 가벼운 느낌의 형태를 갖는다.
④ 세티(Settee)는 몸을 축 늘여 쉰다는 의미를 가진 소파로 머리와 어깨 부분을 받칠 수 있도록 한쪽 부분이 경사져 있다.

해설

의자 및 소파
- 세티(Settee) : 동일한 두 개의 의자를 나란히 합하여 2인이 앉을 수 있도록 한 것이다.
- 라운지 소파(Lounge Sofa) : 편히 누울 수 있도록 쿠션이 좋으며 머리와 어깨 부분을 받칠 수 있도록 한쪽 부분이 경사진 형태이다.

03 상점의 판매형식 중 대면판매에 관한 설명으로 옳지 않은 것은?

① 포장대나 계산대를 별도로 둘 필요가 없다.
② 귀금속과 같은 소형 고가품 판매점에 적합하다.
③ 고객과 마주 대하기 때문에 상품 설명이 용이하다.
④ 진열된 상품을 자유롭게 직접 접촉하므로 선택이 용이하다.

해설

- 측면판매 : 진열된 상품을 자유롭게 직접 접촉하므로 선택이 용이하다.
- 대면판매 : 진열장을 사이에 두고 상담 또는 판매하는 형식이다.

장점	• 설명하기 편리하다. • 종업원의 정위치를 정하기 용이하다. • 포장대 및 카운터를 별도로 둘 필요가 없다.
단점	• 진열면적이 감소한다. • 진열장이 많아지면 분위기가 딱딱하다.

04 상품의 유효진열범위 내에서 고객의 시선이 편하게 머물고 손으로 잡기에도 가장 편안한 높이인 골든 스페이스의 범위로 알맞은 것은?

① 450～850mm ② 850～1,250mm
③ 1,300～1,500mm ④ 1,500～1,700mm

해설

골든 스페이스(Golden Space)의 범위는 850～1,250mm이고, 상품 진열장의 유효범위는 바닥에서 600～2,100mm이다.

정답 01 ③ 02 ④ 03 ④ 04 ②

05 디자인요소 중 점에 관한 설명으로 옳지 않은 것은?

① 기하학적으로 크기가 없고 위치만 존재한다.
② 어떤 형상을 규정하거나 한정하고, 면적을 분할한다.
③ 선의 교차, 선의 굴절, 면과 선의 교차에서 나타난다.
④ 면 또는 공간에 하나의 점이 놓이면 주의력이 집중되는 효과가 있다.

해설

㉠ 선(Line) : 어떤 형상을 규정하거나 한정하고, 면적을 분할한다.
㉡ 점(Point)
- 가장 단순하고 작은 시각적 요소로서 형태의 가장 기본적인 생성원이다.
- 크기가 없고 위치만 있으며 정적이고 방향성이 없어 자기중심적이며 어떠한 크기, 치수, 넓이, 깊이가 없고 위치와 장소만을 가지고 있다.

06 VMD(Visual Merchandising)에 관한 설명으로 옳지 않은 것은?

① 쇼윈도와 VP는 하나의 통일성 있는 방법으로 상점정책에 맞게 표현되도록 한다.
② 다른 상점과 차별화하여 상업공간을 아름답고 개성 있게 하는 것도 VMD의 기본 전개방법이다.
③ VMD의 구성요소 중 VP는 점포의 주장을 강하게 표현하며 IP는 구매시점상에 상품정보를 설명한다.
④ 상점의 영업방침을 기본으로 고객의 시각에 비치는 파사드만을 상점의 개성에 따라 통일된 이미지를 만들어 전개한다.

해설

고객의 시각에 비치는 파사드는 상점의 기능 및 제품의 이미지와 상징성을 다양하게 표현한다.

VMD : V(Visual : 전달 기술로서의 시각화)와 MD(Merchandising : 상품계획)를 조합한 말로서 상품과 고객 사이에서 치밀하게 계획된 정보전달수단으로 장식된 시각과 통신을 꾀하고자 하는 디스플레이 기법으로 상품계획, 상점계획, 판촉 등을 시각화시켜 고객에게 상점 이미지를 인식시키는 판매전략이다.

07 사무소의 실단위계획 중 개방식 배치에 관한 설명으로 옳지 않은 것은?

① 커뮤니케이션에 융통성이 있다.
② 개인 업무공간의 독립성이 좋아진다.
③ 모든 면적을 유용하게 이용할 수 있다.
④ 실의 길이나 깊이에 변화를 줄 수 있다.

해설

- 개실배치 : 개인 업무공간의 독립성이 좋아진다.
- 개방식 배치 : 방 길이 및 깊이 변화 가능, 공간절약상 유리, 소음이 크고 독립성이 떨어진다.

08 실내공간 구성요소 중 바닥에 관한 설명으로 옳지 않은 것은?

① 바닥차가 없는 경우 색, 질감, 재료 등으로 공간의 변화를 줄 수 있다.
② 신체와 직접 접촉되는 요소로서 촉각적인 만족감을 중요시해야 한다.
③ 상승된 바닥면은 공간의 흐름이 연속되고 주위 공간과 연계성이 강조된다.
④ 다른 요소들이 시대와 양식에 의한 변화가 현저한 데 비해 매우 고정적이다.

해설

상승된 바닥면이 기준면보다 높거나 낮으면 공간의 흐름이 끊겨 공간과 분리된다.

09 의자와 디자이너의 연결이 옳지 않은 것은?

① 파이미오 의자 – 알바 알토
② 레드블루 의자 – 미하엘 토넷
③ 체스카 의자 – 마르셀 브로이어
④ 힐 하우스 레더백 의자 – 찰스 레니 매킨토시

정답 05 ② 06 ④ 07 ② 08 ③ 09 ②

해설

레드블루 의자
게리트 리트벨트(Gerrit Rietveld)가 몬드리안 구성에 영향을 받아 3원색(적, 청, 황)을 사용하여 디자인한 의자이다.

10 다음 설명에 알맞은 문의 종류는?

- 호텔이나 은행 등 사람의 출입이 많은 장소에 설치한다.
- 출입하는 사람이 충돌할 위험이 없으며 방풍실을 겸할 수 있는 장점이 있다.

① 주름문　② 회전문
③ 여닫이문　④ 미서기문

해설

회전문
원통을 중심축으로 서로 직교하는 4짝문을 달아 회전시키는 문으로 출입하는 사람이 충돌할 위험이 없으며 방풍실을 겸할 수 있는 장점이 있다.

11 다음 중 좋은 실내디자인을 판단하는 척도로서 우선순위가 가장 낮은 것은?

① 유행성　② 기능성
③ 심미성　④ 경제성

해설

실내디자인의 판단 척도 우선순위
기능성>경제성>심미성>유행성

※ **유행성** : 유행은 일정한 기간이 지나면 진부한 모습으로 퇴화하므로 특성으로 유행을 타지 않는 디자인을 해야 한다.

12 가구를 인체공학적 입장에서 분류하였을 경우에 관한 설명으로 옳지 않은 것은?

① 침대는 인체계 가구이다.
② 책상은 준인체계 가구이다.
③ 수납장은 준인체계 가구이다.
④ 작업용 의자는 인체계 가구이다.

해설

가구의 인체공학적 분류
- 인체계 가구 : 직접 인체를 지지하는 가구(의자, 침대, 소파)
- 준인체계 가구 : 동작의 보조적인 역할을 하는 가구(테이블, 카운터, 책상)
- 건축계 가구 : 신체의 일부를 지지하지 않는 독립적인 가구(벽장, 선반, 옷장, 수납용 가구)

13 다음 중 리듬의 효과를 위해 사용되는 요소와 가장 거리가 먼 것은?

① 반복　② 강조
③ 방사　④ 점이

해설

리듬의 원리
반복, 점이, 대립, 변이, 방사

14 디자인 원리 중 통일에 관한 설명으로 가장 알맞은 것은?

① 대립, 변이, 점층 등의 방법이 사용된다.
② 상반된 성격의 결합으로 극적인 분위기를 조성한다.
③ 규칙적인 요소들의 반복으로 시각적인 질서를 이루게 한다.
④ 각각 다른 구성요소들이 전체로서 동일한 이미지를 이루게 한다.

해설

①・③은 리듬, ②는 대립에 대한 설명이다.

통일 : 다양한 요소, 소재 혹은 조건을 선택하고 정리하여 서로 관계를 맺도록 하여 하나의 완성체로 종합하는 것을 말한다.

정답　10 ②　11 ①　12 ③　13 ②　14 ④

15 다음 설명에 알맞은 주택 부엌의 유형은?

- 작업대 길이가 2m 정도인 소형 주방가구가 배치된 간이 부엌의 형식이다.
- 사무실이나 독신자 아파트에 주로 설치된다.

① 키친네트 ② 오픈 키친
③ 독립형 부엌 ④ 다용도 부엌

해설

키친네트(Kitchennett)
작업대의 길이가 2,000mm 내외 정도인 간이부엌으로 사무실이나 독신용 아파트에 많이 쓰인다.

16 건축화조명 중 코브(Cove)조명에 관한 설명으로 옳은 것은?

① 광원을 넓은 면적의 벽면에 매입하여 비스타(Vista)적인 효과를 낼 수 있다.
② 벽면의 상부에 위치하여 모든 빛이 아래로 직사하도록 하는 직접조명방식이다.
③ 천장, 벽의 구조체에 의해 광원의 빛이 천장 또는 벽면으로 가려지게 하여 반사광으로 간접 조명하는 방식이다.
④ 건축구조체로 천장에 조명기구를 설치하고 그 밑에 루버나 유리, 플라스틱 같은 확산 투과판으로 천장을 마감처리하여 설치하는 조명방식이다.

해설

코브조명
천장, 벽의 구조체 안에 조명기구를 매입시키고 광원의 빛을 가린 후 반사광으로 간접조명하는 방식이다. 조도가 균일하며 눈부심이 없고 보조조명으로 주로 사용된다.

17 형태(Form)의 지각심리에 관한 설명으로 옳지 않은 것은?

① 연속성은 유사배열로 구성된 형들이 연속되어 보이는 하나의 그룹으로 지각되는 법칙이다.
② 반전도형(反轉圖形)은 루빈의 항아리로 설명되며, 배경과 도형이 동시에 지각되는 법칙이다.
③ 유사성은 비슷한 형태, 색채, 규모, 질감, 명암, 패턴의 그룹을 하나의 그룹으로 지각하려는 경향을 말한다.
④ 폐쇄성은 불완전한 형이나 그룹을 폐쇄하거나 완전한 하나의 형 혹은 그룹으로 완성하여 지각되는 법칙을 말한다.

해설

반전도형(反轉圖形)
루빈의 항아리로 설명되며, 배경과 도형 중 하나로만 인식된다. 즉, 각각의 상황에 따라 형태가 다르게 인식되는 원리이다.

18 강연, 콘서트, 독주, 연극공연 등에 가장 많이 사용되며, 연기자가 일정한 방향으로만 관객을 대하는 극장의 평면형은?

① 애리나(Arena)형
② 프로시니엄(Proscenium)형
③ 오픈 스테이지(Open Stage)형
④ 센트럴 스테이지(Central Stage)형

해설

프로시니엄형
프로시니엄벽에 의해 공간이 분리되어 무대 정면을 관람객들이 바라보는 형태로 연기자와 관객의 접촉면이 한정되어 있으며 많은 관람석을 두려면 거리가 멀어져 객석 수용능력에 제한을 받는다.

19 단독주택의 현관에 관한 설명으로 옳지 않은 것은?

① 거실, 계단, 공용 화장실과 가까이 위치하는 것이 좋다.
② 거실의 일부를 현관으로 만드는 것은 피하도록 한다.
③ 현관의 위치는 도로의 위치와 대지의 형태에 영향을 받는다.
④ 주택 측면에 현관을 배치할 경우 동선처리가 편리하고 복도길이 단축에 유리하다.

정답 15 ① 16 ③ 17 ② 18 ② 19 ④

해설

현관을 측면에 배치하면 동선처리가 불편하며 복도가 길어진다.

현관 : 외부에서 쉽게 알아볼 수 있어야 하며 대문과 가까이해야 한다.

20 공사 완료 후 디자인 책임자가 시공이 설계에 따라 성공적으로 진행되었는지의 여부를 확인할 수 있는 것은?

① 계약서
② 시방서
③ 공정표
④ 감리보고서

해설

감리보고서
감리자가 건설공사 현황이 완료될 때까지 지속적인 관리를 한 후, 결과에 대한 내용을 보고할 때 작성하는 서식이다.

2과목 색채학

21 저드(D. B. Judd)의 색채조화론에서 '친근성의 원리'를 옳게 설명한 것은?

① 공통점이나 속성이 비슷한 색은 조화된다.
② 자연계의 색으로 쉽게 접하는 색은 조화된다.
③ 규칙적으로 선택된 색들끼리 잘 조화된다.
④ 색의 속성차이가 분명할 때 조화된다.

해설

①은 유사의 원리, ③은 질서의 원리, ④는 비모호성의 원리에 대한 설명이다.

친근성의 원리 : 빛의 명암 또는 자연에서 느껴지는 익숙한 색의 배색은 조화롭다는 원리이다.

22 색채가 매체, 주변 색, 광원, 조도 등이 서로 다른 환경에서 관찰될 때 다르게 보이는 현상은?

① 색영역 매핑(Color Gamut Mapping)
② 컬러 어피어런스(Color Appearance)
③ 메타메리즘(Metamerism)
④ 디바이스 조정(Device Calibration)

해설

색의 현시(Color Appearance)
어떤 색채가 매체 주변색, 광원, 조도 등이 서로 다른 환경에서 관찰될 때 다르게 보이는 현상으로, 색은 조명 조건, 재질, 관측 위치에 따라 변화하는 특성이 있다.

23 색의 시각적 특성에 대한 설명 중 옳은 것은?

① 난색계는 한색계보다 후퇴해 보인다.
② 배경색과 명도차가 적은 어두운색은 진출해 보인다.
③ 저채도의 배경색에 고채도의 색은 후퇴해 보인다.
④ 고명도, 고채도의 색은 진출해 보인다.

해설

- 난색계는 한색계보다 진출해 보인다.
- 배경과 명도차가 적은 어두운색은 후퇴해 보인다.
- 저채도의 배경색에 고채도의 색은 진출해 보인다.
- 고명도는 색의 밝기가 매우 밝고, 고채도는 색의 선명도가 매우 선명하다는 뜻이다.

※ **난색과 한색**
- 난색 : 따뜻한 느낌의 색으로 저명도, 장파장인 빨간색, 주황색, 황색 등이 있으며 팽창 · 진출성이 있다.
- 한색 : 차가운 느낌의 색으로 고명도, 단파장인 파란색 계열 청록색 등이 있으며 수축 · 후퇴성이 있다.

24 디지털 기기의 색 공간 변환목적으로 틀린 것은?

① 디지털 컬러를 처리하는 장비들 사이의 컬러영역을 분리시키기 위함
② 영상처리 과정에서 분할, 특징추출, 복원, 향상 등을 정확하게 수행하기 위함

정답 20 ④ 21 ② 22 ② 23 ④ 24 ①

③ 영상물 제작과정에서 합성, 수정, 보완 등을 정확하고 용이하게 수행하기 위함

④ 컴퓨터 그래픽스에서 렌더링, 특수효과 처리, 실사 영상과 CG 영상의 합성 등을 정확하고 용이하게 수행하기 위함

해설

디지털 컬러를 처리하는 장비들 사이의 컬러영역을 정확하게 재현하기 위해 활용되고 있다.

색공간 : 색 표시계(Color System)를 3차원으로 표현한 공간개념으로 색채를 다루는 카메라, 스캐너, 모니터, 컬러 프린터 등의 컬러 영상장비 개발 및 응용 단계에서 색공간은 정확한 색을 재현하기 위하여 필수적으로 활용되고 있다.

25 다음 중 '박하색'과 관련이 없는 것은?

① Mint ② 2.5PB 9/2
③ 흰 파랑 ④ Indigo Blue

해설

Mint
흰 파랑, 박하색, 먼셀기호 : 2.5PB 9/2

※ Indigo Blue : 검정에 가까운 어두운 파랑, 먼셀기호 : 2.5PB 2/4

26 색과 색의 관계가 가까워져 색의 차이를 좁히는 현상은?

① 잔상 ② 리프만 효과
③ 동화현상 ④ 푸르킨예현상

해설

동화현상
두 색을 서로 인접배색했을 때 서로의 영향으로 실제보다 인접 색에 가까운 것처럼 지각되는 현상으로 옆에 있는 색이나 주위의 색과 닮아 보인다.

27 감법혼색에 대한 설명으로 틀린 것은?

① Magenta + Yellow = Red
② Cyan + Magenta = Blue
③ Yellow + Cyan = Green
④ Yellow + Blue = White

해설

감법혼합 : 색료의 3원색
- 노랑(Y) + 시안(C) = 초록(G)
- 노랑(Y) + 마젠타(M) = 빨강(R)
- 시안(C) + 마젠타(M) = 파랑(B)
- 시안(C) + 마젠타(M) + 노랑(Y) = 검정(B)

28 청색에 흰색 물감을 혼합하였을 때의 변화로 옳은 것은?

① 청색보다 명도, 채도가 모두 높아졌다.
② 청색보다 명도는 높아졌고 채도는 낮아졌다.
③ 청색보다 명도는 낮아졌고 채도는 높아졌다.
④ 청색보다 명도, 채도가 모두 낮아졌다.

해설

유채색에 백색을 혼합하면 명도는 높아지고, 다른 색상을 혼합할수록 채도는 낮아지면서 탁해진다.

29 먼셀 색체계의 5가지 기본 색상으로 틀린 것은?

① R ② Y
③ G ④ C

해설

먼셀 기본색
적(R), 황(Y), 녹(G), 청(B), 자(P) 등 5가지 색상이다.

30 파란색의 감정효과에 가장 근접한 것은?

① 흥분되는 색이다.
② 혁명을 나타낸다.

정답 25 ④ 26 ③ 27 ④ 28 ② 29 ④ 30 ③

③ 냉담, 냉정의 색이다.

④ 자연, 평범, 안일 등을 상징한다.

해설

색채의 감정효과

- 파란색 : 차가움, 시원함, 냉정, 냉담, 우울, 영원 등
- 빨간색 : 열정, 흥분, 혁명, 더위, 분노, 활력, 생명 등
- 초록색 : 평화, 고요함, 자연, 평범, 피로해소, 안전 등

31 비누거품이나 수면에 뜬 기름, 전복껍질 등에서 무지개색처럼 나타나는 색은?

① 표면색 ② 조명색

③ 형광색 ④ 간섭색

해설

간섭색

두 개 이상의 파동이 한 점에서 만날 때 진폭이 서로 합쳐지거나 상쇄되어 밝고 어두운 무늬가 반복되어 나타나는 현상이다(CD, 비눗방울, 폐유, 안경 코팅 등).

32 파버 비렌(Faber Birren)의 색채조화론 중 순색과 흰색의 조화로 이루어지는 용어는?

① Tint ② Shade

③ Tone ④ Gray

해설

파버비렌의 색채조화론

- Tint(틴트) : 순색과 흰색이 합쳐진 밝은색조이다.
- Shade(색조) : 순색과 검정이 합쳐진 어두운 농담이다.
- Tone(톤) : 순색과 흰색 그리고 검은색이 합쳐진 톤이다.
- Gray(회색) : 흰색과 검은색이 합쳐진 회색조이다.

33 먼셀 색입체에 관한 설명 중 틀린 것은?

① 색상은 명도 축을 중심으로 원주상에 구성되어 있다.

② 명도는 직선적으로 변한다.

③ 채도는 수평선으로 배열된다.

④ 명도는 위로 올라갈수록, 채도는 색입체의 중심에 가까울수록 증가한다.

해설

먼셀 색입체의 구조

- 색상 : 가운데 무채색을 중심으로 둘레에는 여러 가지 색상들이 배치되어 있다.
- 명도 : 아래에서 위로 올라갈수록 명도가 높아진다.
- 채도 : 중심축에서 멀어질수록 채도가 높아진다.

34 오스트발트 색체계의 색표기방법에서 8pa 중 "p"가 의미하는 것은?

① 색상기호 ② 흑색량

③ 백색량 ④ 순색량

해설

8 : 색상번호, p : 백색량, a : 흑색량

35 파일을 관리 · 운용하기 위한 내용 중 틀린 것은?

① 1,200dpi에서 행해진 스캔과 더 높은 해상도인 2,400dpi 사이의 시각적 차이는 크다.

② 스캐닝 해상도들이 전통적인 스크린 방식과 일치할 때 확률통계학적 스크린 품질은 전통적인 스크린과 양립할 수 있다.

③ 색역이 일정한 출력도구들은 일반적으로 스캐닝 해상도가 출력도구의 해상도와 같을 때 최상의 결과물을 제공한다.

④ 파일의 크기는 입력과 출력의 크기보다 해상도에 의해 조정된다.

해설

해상도

1인치×1인치 안에 들어 있는 픽셀의 수이며 단위는 dpi를 사용한다. 일반적으로 사람의 눈으로 선명함을 구분할 수 있는 해상도의 한계는 300dpi 정도이므로 육안으로 1,200dpi 해상도와 2,400dpi 해상도인 사진의 큰 차이를 구분하기는 사실상 어렵다.

정답 31 ④ 32 ① 33 ④ 34 ③ 35 ①

36 인접색의 조화에 가장 가까운 배색은?

① 연두 – 보라 – 빨강　② 주황 – 청록 – 자주
③ 빨강 – 파랑 – 노랑　④ 자주 – 보라 – 남색

해설

자주(RP), 보라(P), 남색(PB)은 색상환에서 가장 인접해 있는 색상이다.

37 모니터의 색온도에 관한 설명으로 틀린 것은?

① 색온도의 단위는 K(Kelvin)을 사용하고, 사용자가 임의로 모니터의 색온도를 설정할 수 있다.
② 모니터의 색온도가 높아지면 전반적으로 불그스레한 느낌을 준다.
③ 자연에 가까운 색을 구현하기 위해서는 모니터의 색온도를 6,500K으로 설정하는 것이 좋다.
④ 모니터의 색온도가 9,300K으로 설정되면 흰색이나 회색 계열의 색들은 청색이나 녹색조의 색을 띤다.

해설

색온도
색온도가 높으면 푸른색 계열로, 낮으면 붉은색 계열로 나타난다. LCD 모니터는 보통 6,500K 또는 9,300K으로 설정되는데 9,300K은 화면에 약간 푸른빛이 돌고 6,500K은 순백색 느낌이 난다.

38 다음 중 가장 짧은 파장의 빛은?

① 녹색　② 파랑
③ 빨강　④ 노랑

해설

시간성과 속도감
장파장(붉은색 계열)은 시간이 길게 느껴지고, 단파장(파랑색 계열)은 시간이 짧게 느껴진다.

39 다음 중 색의 채도가 가장 높은 색상은?

① 5R 4/14　② 5G 5/8
③ 5B 6/6　④ 5P 3/10

해설

한국표준색 – 먼셀 색상환
- 5R 4/14(색상 : Red, 명도 : 4, 채도 : 14)
- 5G 5/8(색상 : Green, 명도 : 5, 채도 : 8)
- 5B 6/6(색상 : Blue, 명도 : 6, 채도 : 6)
- 5P 3/10(색상 : Purple, 명도 : 3, 채도 : 10)

채도(C, Chroma) : 색의 맑고 탁한 정도를 말하며 색깔이 없는 무채색을 0으로 하여 색의 순도에 따라 채도값을 1~14단계로 표기한다.

40 오스트발트 색체계에 대한 설명으로 틀린 것은?

① B에서 W 방향으로 a, c, e, g, i, l, n, p로 나누어 표기한다.
② 등색상 삼각형에서 BC와 평행선상에 있는 색들은 백색량이 같은 색계열이다.
③ 등색상 삼각형에서 WB와 평행선상에 있는 색들은 순색량이 같은 색계열이다.
④ 순색량(C) + 백색량(W) + 흑색량(B) = 100%가 되는 3색 혼합에 의하여 물체색을 체계화하였다.

해설

등순색 계열의 조화
W에서 B 방향으로 a, c, e, g, i, l, n, p로 나누어 표기한다.

오스트발트 등색상 삼각형 기호

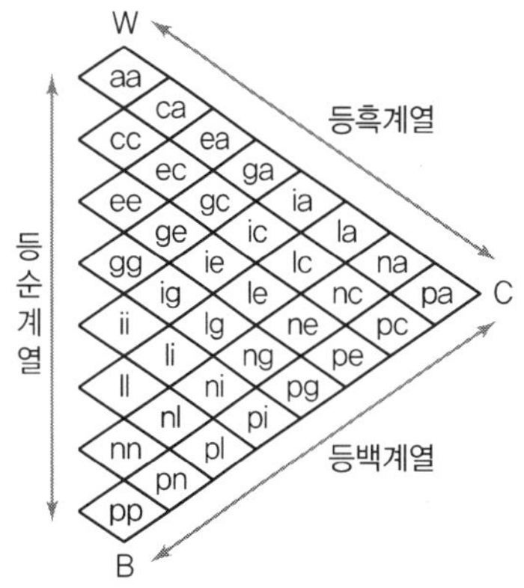

정답　36 ④　37 ②　38 ②　39 ①　40 ①

3과목 인간공학

41 다음 중 SIMO Chart(Simultaneous Motion Cycle Chart)와 가장 관련이 있는 것은?

① Micro Motion Study
② Motion Time Analysis
③ Memo Motion Analysis
④ Basic Motion Time Study

해설

SIMO Chart
미세동작연구의 데이터 정리방법의 하나로 동시 동작 사이클 도표를 말한다. 오른손과 왼손이 어떠한 동작을 동시에 하고 있는가를 세밀하게 분석하여 작성한다.

42 다음 커서(Cursor) 위치조정장치 중 속도가 가장 빠른 것은?

① 키보드 ② 트랙볼
③ 조이스틱 ④ 터치스크린

해설

터치스크린
모니터 위에 설치하여 손가락이나 펜 등을 이용해 단순 접촉하거나 문자 또는 그림을 그려 넣는 등 각종 데이터를 입력해 컴퓨터에 특정 명령을 주는 입력장치로, 위치조정장치 중 속도가 가장 빠르다.

43 근육의 대사작용에서 근육 피로의 원인이 되는 물질은?

① 젖산 ② 단백질
③ 포도당 ④ 글리코겐

해설

근육의 피로
신체활동의 수준이나 지속시간에 따라 젖산이 누적되며 근육의 피로 유발된다. 특히, 신체활동 수준이 너무 높아 근육에 공급되는 산소량이 부족한 경우에는 혈액 중에 젖산이 축적된다.

44 고온의 작업환경에서 인체의 반응으로 가장 거리가 먼 것은?

① 체표면의 증가 ② 피부혈관의 확장
③ 체내의 염분 손실 ④ 근육의 긴장과 떨림

해설

저온의 작업환경에서 나타나는 반응이다.

고온의 작업환경 시 인체반응
- 열사병(뇌 온도의 상승으로 신체기능장애)
- 열소모(체내의 염분 손실)
- 열경련(근육의 경련현상)
- 열실신(뇌의 산소 부족, 심박출량 부족)
- 열발진(땀샘염증 및 피부수포 형성)
- 열쇠약(위장장애, 불면증, 빈혈)

45 영상표시단말기(VDT)를 취급하는 근로자에게 사업주가 제공해야 하는 키보드의 경사범위로 옳은 것은?

① 5～15° ② 5～45°
③ 10～35° ④ 10～45°

해설

키보드의 경사범위
아래팔과 손등은 일직선을 유지하여 손목이 꺾이지 않도록 하고 키보드의 기울기는 5～15°가 적당하다.

46 소리(Sound)의 특징에 대한 설명으로 옳지 않은 것은?

① 소리를 끈 뒤에도 실내에 남아 있는 잔향이 있다.
② 음의 열에너지가 진동에너지로 변화하는 흡음감쇄 현상이 있다.
③ 진동수가 조금씩 다른 두 소리가 간섭되어 일정한 합성파를 만드는 현상이 있다.
④ 소리가 흡수될 때 굴절현상이 생기며, 소리가 굴절되어도 진동수는 변하지 않는다.

정답 41 ① 42 ④ 43 ① 44 ④ 45 ① 46 ②

해설

흡음감쇄현상
발생 소음이 공기에 흡수되어 약해지는 현상으로 감쇄량은 소음 주파수, 온도, 습도의 영향을 받는다.

47 인체 계측치를 응용할 때 주의할 점으로 적합하지 않은 것은?

① 사람은 항상 움직이므로 여유 있는 치수를 설정해야 한다.
② 일반적으로 신체 각 부위의 너비와 두께는 체중과 반비례관계이다.
③ 모든 신체치수가 평균치에 속하는 사람이 매우 적음을 유의해야 한다.
④ 조절식 또는 극단치의 적용이 부적절한 경우에는 평균치를 기준으로 설계한다.

해설

일반적으로 신체 각 부위의 너비와 두께는 체중과 거의 비례관계이다.

인체 계측 응용 시 주의사항
- 의자 각 부위의 수치는 쿠션의 변형을 고려해야 한다.
- 신체 각부의 너비, 두께는 체중과 거의 반비례한 것으로 간주한다.
- 평균치는 대다수 사람에게 적합하다는 점에 유념해야 한다.

48 생체리듬에 관한 설명으로 옳지 않은 것은?

① 위험일은 각각의 리듬이 (−)에서 (+)로 또는 (+)에서 (−)로 변화하는 점을 말한다.
② 육체적 리듬(Physical Rhythm)은 식욕, 소화력, 활동력, 스태미나 및 지구력과 밀접한 관계가 있다.
③ 지성적 리듬(Intellectual Rhythm)은 상상력, 사고력, 기억력, 의지 판단 및 비판력과 밀접한 관계가 있다.
④ 감성적 리듬(Sensitivity Rhythm)은 33일의 주기로 반복하며, 주의력, 창조력, 예감 및 통찰력 등을 좌우한다.

해설

생체리듬
하루 24시간을 주기로 일어나는 생체 내 과정을 말한다.

※ **감성적 리듬** : 28일 주기로 반복되며 주의력, 창조력, 예감 및 통찰력 등을 좌우한다.

49 근력(Strength)에 관한 설명으로 옳지 않은 것은?

① 근력은 일반적으로 등척적으로 근육이 낼 수 있는 최대 힘을 의미한다.
② 근력은 힘의 발휘조건에 따라 정적 근력과 동적 근력의 두 가지 유형으로 구분될 수 있다.
③ 동적 근력을 등척력이라 하며, 정지된 상태에서 움직이기 시작할 때의 힘을 의미한다.
④ 동적 근력의 측정이 어려운 것은 가속, 관절 각도의 변화 등이 측정에 영향을 미치기 때문이다.

해설

근력
한 번의 수의적인 노력에 의해서 등척성으로 낼 수 있는 최댓값이며, 손, 팔, 다리 등의 특정근육이나 근육군과 관련이 있다.
- 정적 근력 : 신체부위를 움직이지 않고 고정물체에 힘을 가하는 경우의 근력을 등척력이라 한다.
- 동적 근력 : 신체부위를 움직여 물체를 이동시킬 때의 근력을 등속력이라 한다.

50 시각(표적세부의 대각)의 측정공식으로 옳은 것은?[단, L은 시선과 직각으로 측정한 물체크기, D는 물체와 눈 사이의 거리이고, 57.3과 60은 시각이 600분 이하일 때, 라디안(Radian) 단위를 분으로 환산하기 위한 상수이다]

① 시각(分)$=\dfrac{L}{(57.3)(60)D}$

② 시각(分)$=\dfrac{D}{(57.3)(60)L}$

정답 47 ② 48 ④ 49 ③ 50 ④

③ $시각(分) = \frac{(57.3)(60)D}{L}$

④ $시각(分) = \frac{(57.3)(60)L}{D}$

해설

시각

보는 물체에 의한 눈에서의 대각으로, 일반적으로 호의 분이나 초단위로 나타낸다[1° = 60′(분) = 3,600″(초)].

$$시각(분) = \frac{57.3 \times 60 \times L}{D}$$

$$시력 = \frac{1}{시각}$$

여기서, L : 시선과 직각으로 측정한 물체의 크기(글자일 경우 획폭 등)

D : 물체와 눈 사이의 거리

57.3과 60 : 시각이 600 이하일 때에 라디안(Radian) 단위를 분으로 환산하기 위한 상수

51 입체를 지각하도록 하는 암시(Cue)가 아닌 것은?

① 소실점 ② 색수차

③ 그림자 ④ 양안시차

해설

색수차

빛의 파장으로 색에 따라 렌즈의 초점이 달라지고, 상의 전후 위치가 달라지는 현상이다.

52 문자의 바탕과 대비에서 흰 바탕에 검은 글씨를 쓸 경우 글자의 높이에 대한 가장 알맞은 획의 굵기 비율은?

① $\frac{1}{6}$ ② $\frac{1}{4}$

③ $\frac{1}{3}$ ④ $\frac{1}{2}$

해설

문자 – 숫자 표시장치

흰 바탕에 검은 글씨(양각)	1 : 6~1 : 8 권장 (최대명시거리 1 : 8 정도)
검은 바탕에 흰 글씨(음각)	1 : 8~1 : 10 권장 (최대명시거리 1 : 13.3 정도) 광삼현상으로 더 가늘어도 됨

53 전신 진동이 성능(Performance)에 끼치는 영향이 가장 작은 것은?

① 시력의 손상

② 청력의 손상

③ 추적능력의 저하

④ 정확한 근육조절 능력의 저하

해설

청력손실은 4,000Hz에서 크게 나타난다.

전신 진동

- 인체를 지지하고 있는 구조물, 장비 등을 통해 전신에 전달되는 진동으로 100Hz 미만의 저주파이다.
- 장기간 노출될 경우 무릎의 관절 및 허리의 손상, 시력의 손상, 추적능력의 저하, 근육조절 능력의 저하, 멀미 등이 발생할 수 있다.

54 피부로 느낄 수 있는 감각 중 감수성이 가장 높은 것은?

① 냉각 ② 압각

③ 온각 ④ 통각

해설

피부로 느낄 수 있는 감각

- 냉각 : 피부온도보다 낮은 온도의 자극에 의해 일어나는 감각이다.
- 압각 : 피부에 가해지는 압에 대한 감각이다.
- 온각 : 온도변화 중 따뜻함을 느끼는 감각이다.
- 통각(고통) : 통증감각을 줄여서 부르는 말로 피부감각기 중 통각의 감수성이 가장 높다.

정답 51 ② 52 ① 53 ② 54 ④

55 두 개의 물체를 적당한 위치에서 서로 교대로 제시하면 물체가 그 공간에서 움직이는 것처럼 느껴지는 현상은?

① 잔상(Afterimage)

② 착시(Optical Illusion)

③ 가현운동(Apparent Movement)

④ 단일상과 이중상(Single &Double Image)

해설

가현운동
객관적으로 정지하고 있는 대상이 급속히 나타나거나 소멸하는 것으로 인하여 일어나는 운동으로 마치 대상물이 운동하는 것처럼 인식되는 현상을 말한다.

56 인간－기계 인터페이스를 좌우하는 사용환경 요인으로만 나열된 것은?

① 연령, 성별, 학력

② 온도, 습도, 조명

③ 생활습관, 언어, 생활양식

④ 문화의 성숙도, 시대상황, 유행

해설

①은 사용자특성(인간 측면), ③은 민족성, ④는 사회환경특성의 요인이다.

사용환경(공간환경) : 온도, 습도, 조명, 소음, 공간 크기

57 간판의 바탕색이 80%의 반사도를 가지며, 글씨가 10%의 반사도를 가질 때 대비(Contrast)는 약 몇 %인가?

① 77.8 ② 85.7

③ 87.5 ④ 89.9

해설

대비
표적의 광도와 배경 광도의 차를 나타내는 척도이다.

$$대비(\%)=\frac{배경의\ 광도(L_b)-표적의\ 광도(L_t)}{배경의\ 광도(L_b)}\times 100$$

$$=\frac{80-10}{80}\times 100=87.5\%$$

58 정보 입력 시 청각장치보다 시각장치를 이용하는 것이 더 유리한 경우는?

① 정보의 내용이 복잡한 경우

② 수신자가 자주 이동하는 경우

③ 수신장소가 너무 밝거나 어두울 경우

④ 정보의 내용이 즉각적인 행동을 요구하는 경우

해설

②·③·④는 청각장치에 대한 설명이다.

시각적 표시장치
- 메시지가 복잡하고 긴 경우
- 메시지가 이후에 참고가 되는 경우
- 메시지가 공간적 위치를 다룰 경우
- 메시지가 즉각적인 행동을 요구하지 않는 경우
- 수신위치에 소음이 심한 경우
- 직무상 수신자가 한곳에 머물러서 작업하는 경우
- 수신자의 청각 계통이 과부하상태일 경우

59 조명을 설계할 때 고려해야 할 사항으로 옳지 않은 것은?

① 작업 부분과 배경 사이에 콘트라스트(대비)가 있어서는 안 된다.

② 작업면은 작업의 종류에 따라 적당한 밝기로 일정하게 비추어야 한다.

③ 광원에 의한 직사 눈부심은 휘도를 줄이거나 광원을 시선에서 멀리 위치시킨다.

④ 일반적으로는 전반조명 또는 간접조명을 적용하여 눈의 피로를 줄이도록 한다.

정답 55 ③ 56 ② 57 ③ 58 ① 59 ①

해설

조명설계 시 고려사항
대상과 배경 사이에는 충분한 밝음의 차이(대비)가 있어야 물체를 제대로 볼 수 있다.

60 제품개념의 설정 시 반드시 고려해야 하는 사항이 아닌 것은?

① 사용자(User) ② 사용목적(Task)
③ 스타일(Style) ④ 사용환경(Context)

해설

스타일은 제품의 설계과정에서 고려해야 하는 사항이다.

4과목 건축재료

61 금속재료에 관한 설명으로 옳지 않은 것은?

① 스테인리스강은 내화, 내열성이 크며, 녹이 잘 슬지 않는다.
② 동은 화장실 주위와 같이 암모니아가 있는 장소에서는 빨리 부식하기 때문에 주의해야 한다.
③ 알루미늄은 콘크리트에 접할 경우 부식되기 쉬우므로 주의하여야 한다.
④ 청동은 구리와 아연을 주체로 한 합금으로 건축 장식 철물 또는 미술공예 재료에 사용된다.

해설

청동은 구리와 주석을 주체로 한 합금이다.

62 석재 갈기의 공정 중 일반적으로 광택기구를 사용하여 광내기를 처리하는 공정은?

① 거친갈기 ② 물갈기
③ 본갈기 ④ 정갈기

해설

정갈기
연마제를 사용하여 광내기를 처리하는 공정이다.

63 아스팔트방수에서 아스팔트 방수층과 콘크리트 바탕과의 접착을 좋게 하기 위하여 도포하는 재료는?

① 스트레이트 아스팔트
② 블론 아스팔트
③ 아스팔트 프라이머
④ 아스팔트 컴파운드

해설

아스팔트 프라이머
솔, 롤러 등으로 용이하게 도포할 수 있도록 블론 아스팔트를 휘발성 용제에 희석한 흑갈색의 저점도 액체로서, 방수시공의 첫 번째 공정에 쓰이는 바탕처리재이다.

64 점토제품 시공 후 발생하는 백화에 관한 설명으로 옳지 않은 것은?

① 타일 등의 시유소성한 제품은 시멘트 중의 경화체가 백화의 주된 요인이 된다.
② 작업성이 나쁠수록 모르타르의 수밀성이 저하되어 투수성이 커지게 되고, 투수성이 커지면 백화 발생이 커지게 된다.
③ 점토제품의 흡수율이 크면 모르타르 중의 함유수를 흡수하여 백화 발생을 억제한다.
④ 모르타르의 물시멘트비가 크게 되면 잉여수가 증대되고, 이 잉여수가 증발할 때 가용성분의 용출을 발생시켜 백화 발생의 원인이 된다.

해설

점토제품의 흡수율이 크면 수분을 많이 흡수하게 되고, 이러한 수분과 점토제품과 접해 있는 모르타르의 석회 간의 반응에 의해 백화 발생이 촉진될 수 있다.

정답 60 ③ 61 ④ 62 ④ 63 ③ 64 ③

65 그림과 같은 나무의 무게가 14kg이다. 이 나무의 함수율은?(단, 나무의 절건비중은 0.5이다)

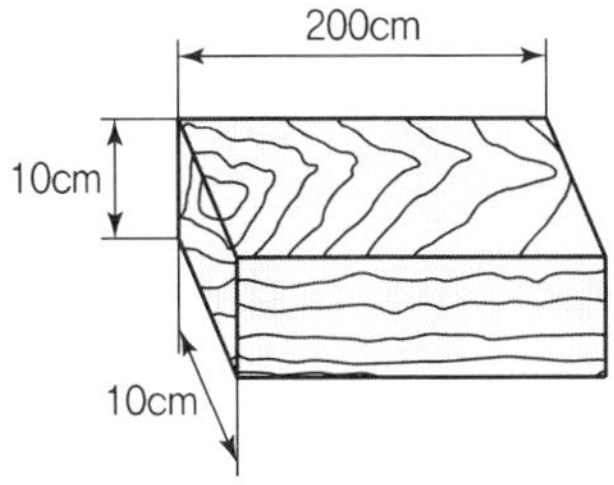

① 30%　　② 40%
③ 50%　　④ 60%

해설

$$함수율 = \frac{함유된\ 수분의\ 중량}{전건중량} = \frac{전체중량 - 전건중량}{전건중량}$$

$$= \frac{14kg - (2\times0.1\times0.1)\times500kg/m^3}{(2\times0.1\times0.1)\times500kg/m^3} = 0.4 \rightarrow 40\%$$

66 합성수지와 체질안료를 혼합한 입체무늬 모양을 내는 뿜칠용 도료로 콘크리트 및 모르타르 바탕에 도장하는 도료는?

① 본타일 도료　　② 다채무늬 도료
③ 규산염 도료　　④ 알루미늄 도료

해설

본타일 도료
퍼티 형태의 중도재를 뿜칠 장비로 입체감 있는 무늬로 연속적으로 만든 후 지정된 색상으로 도장하는 데 쓰는 도료이다.

67 플라이애시가 콘크리트에 미치는 작용에 관한 설명으로 옳지 않은 것은?

① 입자가 구형이므로 유동성이 증가되어 콘크리트의 워커빌리티가 개선된다.
② 플라이애시의 치환율이 증가하면 콘크리트의 초기 강도가 증가한다.
③ 수산화칼슘과 반응함에 따라 알칼리성을 감소시켜, 저알칼리 시멘트의 효과를 나타낸다.
④ 알칼리골재반응에 의한 팽창을 억제하고, 해수 중의 황산염에 대한 저항성을 높인다.

해설

플라이애시의 치환율(적용비율)이 증가하면 초기 수화열이 감소하고 장기강도가 증가된다.

68 다음 중 회반죽 바름용 재료와 관련 없는 것은?

① 종석　　② 해초풀
③ 여물　　④ 소석회

해설

종석
대리석, 화강암 등의 쇄석(깬돌)을 의미하며 인조석의 제조에 쓰인다.

69 콘크리트의 건조수축에 관한 설명으로 옳지 않은 것은?

① 골재로서 사암이나 점판암을 이용한 콘크리트는 수축량이 크고, 석영·석회암·화강암을 이용한 것은 작다.
② 콘크리트 습윤양생기간의 장단은 건조수축에 그다지 큰 영향을 주지 않는다.
③ 골재 중에 포함된 미립분이나 점토, 실트는 일반적으로 건조수축을 증대시킨다.
④ 단위수량이 증가되면 수축량은 감소한다.

해설

단위수량이 증가되면 건조수축량이 증가한다.

70 다음 목재의 강도 중 가장 큰 것은?

① 응력방향이 섬유방향에 평행한 경우의 압축강도
② 응력방향이 섬유방향에 평행한 경우의 인장강도

정답　65 ②　66 ①　67 ②　68 ①　69 ④　70 ②

③ 응력방향이 섬유방향에 평행한 경우의 전단강도

④ 응력방향이 섬유방향에 직각인 경우의 압축강도

해설

강도는 응력방향이 섬유방향에 평행할 경우가 직각인 경우보다 크며, 강도크기는 인장강도>휨강도>압축강도>전단강도 순이다.

71 콘크리트용 잔골재의 단위용적질량이 1.5kg/L이고 절건밀도가 2.7g/cm³일 때 잔골재의 공극률은 약 얼마인가?

① 24% ② 34%

③ 44% ④ 54%

해설

공극률 = 100 − 실적률

$$= (1 - \frac{\text{단위용적중량}}{\text{비중(절대건조밀도)}}) \times 100(\%)$$

$$= (1 - \frac{1.5\text{kg/L} \times 10^3}{2.7\text{g/cm}^3 \times 10^{-3} \times 10^6}) \times 100(\%)$$

$$= 44\%$$

72 내화벽돌로 인정받기 위하여 필요한 내화도(SK)의 기준은 최소 얼마 이상인가?(단, 내화벽돌의 종류별 등급 중 7종 기준)

① SK20 이상 ② SK26 이상

③ SK30 이상 ④ SK34 이상

해설

내화벽돌은 SK26(1,580℃) 이상의 내화도를 가져야 한다.

73 플라스틱 재료의 열적 성질에 관한 설명으로 옳지 않은 것은?

① 내열온도는 일반적으로 열경화성 수지가 열가소성 수지보다 크다.

② 열에 의한 팽창 및 수축이 크다.

③ 실리콘수지는 열변형온도가 150℃ 정도이며, 내열성이 낮다.

④ 가열을 심하게 하면 분자 간의 재결합이 불가능하여 강도가 현저하게 저하되는 현상이 발생한다.

해설

실리콘수지

내열성이 우수하고 −60~260℃까지 탄성이 유지되며, 270℃에서도 수 시간 이용이 가능하다.

74 유리의 일반적 성질에 관한 설명으로 옳지 않은 것은?

① 청결한 창유리의 흡수율은 2~6%이나 두께가 두꺼울수록 또는 불순물이 많고 착색이 진할수록 크게 된다.

② 일반적으로 열전도율 및 팽창계수는 크고 비열은 작으므로, 부분적으로 급히 가열하거나 냉각해도 쉽게 파괴되지 않는다.

③ 창유리 등의 소다석회유리의 비중은 약 2.5로 석영보다 약간 가볍다.

④ 전기에 대해서는 건조상태에서 부도체이나 공중의 습도가 많게 되면 유리 표면에 습기가 흡착되므로 절연성이 작아진다.

해설

유리는 일반적으로 열전도율 및 팽창계수가 크고 비열이 작기 때문에, 부분적으로 급히 가열하거나 냉각하게 되면 쉽게 파괴되는 특성을 갖고 있다.

75 발포제로서 보드상으로 성형하여 단열재로 널리 사용되며 천장재, 전기용품 등에도 쓰이는 열가소성 수지는?

① 불포화폴리에스테르수지

② 실리콘수지

정답 71 ③ 72 ② 73 ③ 74 ② 75 ④

③ 아크릴수지

④ 폴리스티렌수지

해설

폴리스티렌수지

- 유기용제에 침해되고 취약하며, 내수, 내화학약품성, 전기절연성, 가공성이 우수하다.
- 건축벽 타일, 천장재, 블라인드, 도료 등에 사용되며, 특히 발포제품은 저온 단열재로 쓰인다.

76 건축 구조재료의 요구성능을 역학적 성능, 화학적 성능, 내화성능 등으로 구분할 때 다음 중 역학적 성능에 해당되지 않는 것은?

① 내열성 ② 강도

③ 강성 ④ 내피로성

해설

내열성은 내화성능에 해당한다.

77 매스콘크리트에서 발생하는 균열의 제어방법이 아닌 것은?

① 고발열성 시멘트를 사용한다.

② 파이프 쿨링을 실시한다.

③ 포졸란계 혼화재를 사용한다.

④ 온도균열지수에 의한 균열발생을 검토한다.

해설

고발열성 시멘트를 쓸 경우 내부발열이 증가하고, 콘크리트 내부와 외부 간의 온도차가 많이 발생하게 되어 온도균열이 증대될 수 있다.

78 트래버틴(Travertine)에 관한 설명으로 옳지 않은 것은?

① 석질이 불균일하고 다공질이다.

② 변성암으로 황갈색의 반문이 있다.

③ 탄산석회를 포함한 물에서 침전, 생성된 것이다.

④ 특수 외장용 장식재로서 주로 사용된다.

해설

트래버틴(Travertine)

대리석의 한 종류로 다공질이고, 석질이 균질하지 못하며 암갈색 무늬가 있으며, 특수한 실내장식재로 이용된다.

79 알루미늄의 성질에 관한 설명으로 옳지 않은 것은?

① 알루미늄은 비중이 철의 1/3 정도로 경량인 반면, 열·전기전도성이 크고 반사율이 높다.

② 알루미늄의 내식성은 그 표면에 치밀한 산화피막을 형성하기 때문에 부식이 쉽게 일어나지 않으며 알칼리나 해수에도 강하다.

③ 알루미늄의 부식률은 대기 중의 습도와 염분함유량, 불순물의 양과 질 등에 관계된다.

④ 알루미늄은 상온에서 판, 선으로 압연가공하면 경도와 인장강도가 증가하고 연신율이 감소한다.

해설

알루미늄은 맑은 물에 대해서는 내식성이 크나 해수, 산, 알칼리에 침식되며 콘크리트에 부식된다.

80 강재의 항복비를 옳게 나타낸 것은?

① 탄성한도/인장강도

② 인장강도/탄성한도

③ 인장강도/항복점

④ 항복점/인장강도

해설

강재의 항복비

항복점(항복강도)/인장강도

정답 76 ① 77 ① 78 ④ 79 ② 80 ④

5과목 건축일반

81 무늬 없이 부재 전체를 녹색 계열로 칠한 가장 단순한 단청은?

① 모로단청 ② 긋기단청
③ 가칠단청 ④ 금단청

해설

가칠단청
선이나 무늬 등을 넣지 않고 바탕색만을 칠하여 마무리하는 단청을 말한다.

82 철골철근콘크리트보(SRC보)에 관한 설명으로 옳지 않은 것은?

① 철골보의 둘레에 철근을 배열시켜 콘크리트를 채워 넣은 것이다.
② 내화성능이 우수한 편이다.
③ 콘크리트 타설 시 밀실하게 충전되어야 한다.
④ 철골의 인성이 감소되어 좌굴현상이 생기는 단점이 있다.

해설

철골철근콘크리트보는 특성상 좌굴현상이 발생하기 어려우며, 철골의 인성 역시 감소하지 않는다.

83 특급 소방안전관리대상물의 관계인이 소방안전관리자를 선임하는 기준으로 틀린 것은?

① 소방기술사의 자격이 있는 사람
② 소방청장이 실시하는 특급 소방안전관리대상물의 소방안전관리에 관한 시험에 합격한 사람
③ 소방공무원으로 15년 이상 근무한 경력이 있는 사람
④ 소방설비기사의 자격을 취득한 후 5년 이상 1급 소방안전관리대상물의 소방안전관리자로 근무한 실무경력이 있는 사람

해설

소방공무원으로 20년 이상 근무한 경력이 있는 사람이 해당된다.

84 소방시설 중 '소화설비'의 종류에 해당되지 않는 것은?

① 자동화재속보설비 ② 스프링클러설비
③ 자동소화장치 ④ 옥내소화전설비

해설

자동화재속보설비는 경보설비에 해당한다.

85 무창층의 정의와 관련한 아래 내용에서 밑줄 친 부분에 해당하는 기준 내용이 틀린 것은?

> "무창층"이란 지상층 중 <u>다음 각 목의 요건</u>을 모두 갖춘 개구부의 면적의 합계가 해당 층의 바닥면적의 30분의 1 이하가 되는 층을 말한다.

① 크기는 지름 50cm 이상의 원이 내접할 수 있는 크기일 것
② 해당 층의 바닥면으로부터 개구부 밑부분까지의 높이가 1.2m 이내일 것
③ 도로 또는 차량이 진입할 수 있는 빈터를 향할 것
④ 내부 또는 외부에서 쉽게 부수거나 열 수 없는 고정창일 것

해설

무창층의 개구부는 내부 또는 외부에서 쉽게 부수거나 열 수 있어야 한다.

86 방화구조가 되기 위한 기준으로 옳지 않은 것은?

① 철망모르타르로서 그 바름두께가 1.5cm 이상인 것
② 석고판 위에 시멘트모르타르 또는 회반죽을 바른 것으로서 그 두께의 합계가 2.5cm 이상인 것

정답 81 ③ 82 ④ 83 ③ 84 ① 85 ④ 86 ①

③ 심벽에 흙으로 맞벽치기한 것
④ 시멘트모르타르 위에 타일을 붙인 것으로서 그 두께의 합계가 2.5cm 이상인 것

해설

방화구조

구조 부분	구조 기준
철망모르타르	그 바름두께가 2cm 이상
• 석고판 위에 시멘트모르타르 또는 회반죽을 바른 것 • 시멘트모르타르 위에 타일을 붙인 것	두께의 합계가 2.5cm 이상
심벽에 흙으로 맞벽치기한 것	
산업표준화법에 따른 한국산업표준이 정하는 바에 따라 시험한 결과 방화 2급 이상	

87 바로크 건축에 관한 설명으로 옳지 않은 것은?

① 바로크의 어원은 포르투갈어로 "일그러진 진주"라는 뜻으로 부정적인 의미를 가지고 있다.
② 르네상스에 비해 건축의 규모가 커지고 곡면 형태에 바탕을 두어 새로운 평면형식과 공간을 창조하였다.
③ 강렬한 극적 효과를 추구하였다.
④ 비례와 균형을 중시한 건축 사조이다.

해설

바로크 건축은 비례와 균형을 중시하기보다는 화려한 장식, 감각적 · 역동적 효과를 추구하였다.

88 방염대상물품의 방염성능기준으로 틀린 것은?(단, 소방청장이 정하여 고시하는 경우는 고려하지 않는다)

① 탄화한 면적은 $50cm^2$ 이내, 탄화한 길이는 20cm 이내일 것
② 버너의 불꽃을 제거한 때부터 불꽃을 올리지 아니하고 연소하는 상태가 그칠 때까지 시간은 30초 이내일 것
③ 버너의 불꽃을 제거한 때부터 불꽃을 올리며 연소하는 상태가 그칠 때까지 시간은 20초 이내일 것
④ 불꽃에 의하여 완전히 녹을 때까지 불꽃의 접촉 횟수는 2회 이상일 것

해설

방염대상물품 및 방염성능기준(소방시설 설치 및 관리에 관한 법률 시행령 제31조)

방염성능기준은 다음의 기준을 따른다.

- 버너의 불꽃을 제거한 때부터 불꽃을 올리며 연소하는 상태가 그칠 때까지 시간은 20초 이내일 것
- 버너의 불꽃을 제거한 때부터 불꽃을 올리지 아니하고 연소하는 상태가 그칠 때까지 시간은 30초 이내일 것
- 탄화(炭化)한 면적은 50제곱센티미터 이내, 탄화한 길이는 20센티미터 이내일 것
- 불꽃에 의하여 완전히 녹을 때까지 불꽃의 접촉 횟수는 3회 이상일 것
- 소방청장이 정하여 고시한 방법으로 발연량(發煙量)을 측정하는 경우 최대연기밀도는 400 이하일 것

89 화재의 예방 및 안전관리에 관한 법령에 따라 원칙적으로 화재의 예방 및 안전관리에 관한 기본계획을 계획 시행 전년도 8월 31일까지 관계 중앙행정기관의 장과 협의를 거쳐 계획 시행 전년도 9월 30일까지 수립하여야 하는 자는?

① 소방청장 ② 시 · 도지사
③ 소방서장 ④ 국무총리

해설

화재의 예방 및 안전관리 기본계획의 협의 및 수립(화재의 예방 및 안전관리에 관한 법률 시행령 제2조)

소방청장은 화재안전정책에 관한 기본계획을 계획 시행 전년도 8월 31일까지 관계 중앙행정기관의 장과 협의를 마친 후 계획 시행 전년도 9월 30일까지 수립하여야 한다.

90 건축물의 바깥쪽으로의 출구로 쓰이는 문을 안여닫이로 하여서는 안 되는 건축물에 속하지 않는 것은?

① 장례식장
② 종교시설

정답 87 ④ 88 ④ 89 ① 90 ③

③ 문화 및 집회시설 중 전시장

④ 문화 및 집회시설 중 공연장

해설

문화 및 집회시설 중 전시장 및 동 · 식물원은 제외한다.

91 국토교통부령으로 정하는 기준에 따라 채광을 위하여 거실에 설치하는 창문 등의 면적기준으로 옳은 것은?(단, 단독주택 및 공동주택의 거실인 경우)

① 거실 바닥면적의 5분의 1 이상

② 거실 바닥면적의 10분의 1 이상

③ 거실 바닥면적의 15분의 1 이상

④ 거실 바닥면적의 20분의 1 이상

해설

거실의 채광 및 환기 기준(건축물의 피난 · 방화구조 등의 기준에 관한 규칙 제17조)

채광 및 환기 시설의 적용대상	창문 등의 면적	제외
• 주택(단독, 공동)의 거실 • 학교의 교실 • 의료시설의 병실 • 숙박시설의 객실	채광시설 : 거실 바닥면적의 1/10 이상	기준 조도 이상의 조명장치 설치 시
	환기시설 : 거실 바닥면적의 1/20 이상	기계환기장치 및 중앙 관리방식의 공기조화 설비 설치 시

92 총층수가 1층인 목구조 건축물에서 일반적으로 사용되지 않는 부재는?

① 토대 ② 통재기둥

③ 멍에 ④ 중도리

해설

통재기둥은 2층 이상에 걸쳐 하나의 목재로 구성된 기둥을 의미하므로, 1층인 목구조에는 일반적으로 사용하지 않는다.

93 특정소방대상물에 사용하는 방염대상물품에 해당되지 않는 것은?(단, 제조 또는 가공 공정에서 방염처리를 한 물품이다)

① 카펫 ② 전시용 합판

③ 종이벽지 ④ 암막

해설

두께가 2mm 미만인 벽지류가 포함되나, 벽지류 중 종이벽지는 제외한다.

94 보강블록구조에서 내력벽의 벽량은 얼마 이상으로 하여야 하는가?

① $15cm/m^2$ ② $20cm/m^2$

③ $25cm/m^2$ ④ $30cm/m^2$

해설

보강블록조 벽량

• 내력벽 길이의 합계를 그 층의 바닥면적으로 나눈 값이다.

• 최소 벽량을 $15cm/m^2$ 이상으로 한다.

95 구조안전을 확인한 건축물 중 해당 건축물의 설계자로부터 구조안전의 확인서류를 받아 허가권자에게 제출하여야 하는 대상건축물의 기준으로 옳지 않은 것은?

① 층수가 2층 이상인 건축물

② 기둥과 기둥 사이의 거리가 9m 이상인 건축물

③ 국가적 문화유산으로 보존할 가치가 있는 건축물로서 국토교통부령으로 정하는 것

④ 처마높이가 9m 이상인 건축물

해설

기둥과 기둥 사이의 거리가 10m 이상인 건축물

정답 91 ② 92 ② 93 ③ 94 ① 95 ②

96 대수선의 범위에 관한 기준으로 옳지 않은 것은?

① 내력벽을 증설 또는 해체하거나 그 벽면적을 $30m^2$ 이상 수선 또는 변경하는 것
② 기둥을 증설 또는 해체하거나 세 개 이상 수선 또는 변경하는 것
③ 보를 증설 또는 해체하거나 두 개 이상 수선 또는 변경하는 것
④ 방화벽 또는 방화구획을 위한 바닥 또는 벽을 증설 또는 해체하거나 수선 또는 변경하는 것

해설

보를 증설 또는 해체하거나 세 개 이상 수선 또는 변경하는 것이 해당된다.

97 철근콘크리트보에 관한 설명으로 옳지 않은 것은?

① 인장 측에만 철근을 넣은 보를 단근보라 한다.
② 인장 측뿐 아니라 압축 측에도 철근을 배근한 보를 복근보라 한다.
③ 단순보에 작용하는 전단력은 중앙부에서 양단부로 갈수록 크다.
④ 내민보는 단면 하부에 인장근을 배근한다.

해설

내민보는 캔틸레버 구조의 특성을 가지며 보 상부(윗부분)의 변형량이 크게 되므로 단면 상부에 인장근을 배근한다.

98 25층의 병원을 건축하는 경우에 6층 이상의 거실 면적의 합계가 $20,000m^2$라고 한다면 최소 몇 대 이상의 승용승강기를 설치하여야 하는가?(단, 8인승 승용승강기이다)

① 9대　　② 10대
③ 11대　　④ 12대

해설

의료시설 승용승강기 설치대수

$$설치대수 = 2 + \frac{A - 3,000m^2}{2,000m^2}$$

$$= 2 + \frac{20,000 - 3,000m^2}{2,000m^2} = 10.5 \rightarrow 11대$$

99 공동주택의 난방설비를 개별난방방식으로 하는 경우에 관한 기준으로 옳지 않은 것은?

① 보일러를 설치하는 곳과 거실 사이의 경계벽은 출입구를 제외하고는 내화구조의 벽으로 구획할 것
② 보일러실의 윗부분에는 그 면적이 $0.3m^2$ 이상의 환기창을 설치할 것
③ 보일러실의 윗부분과 아랫부분에는 각각 지름 10cm 이상의 공기흡입구 및 배기구를 항상 열려 있는 상태로 바깥공기에 접하도록 설치할 것
④ 보일러의 연도는 내화구조로서 공동연도로 설치할 것

해설

보일러실의 윗부분에는 $0.5m^2$ 이상의 환기창을 설치해야 한다.

100 특정소방대상물의 소방시설 설치의 면제 기준과 관련한 아래의 내용에서 ( )에 들어갈 내용으로 옳은 것은?

> 물분무등소화설비를 설치하여야 하는 차고 · 주차장에 ( )를 화재안전기준에 적합하게 설치한 경우에는 그 설비의 유효범위에서 설치가 면제된다.

① 옥내소화전설비
② 연결송수관설비
③ 자동화재탐지설비
④ 스프링클러설비

정답　96 ③　97 ④　98 ③　99 ②　100 ④

해설

특정소방대상물의 소방시설 설치의 면제 기준(소방시설 설치 및 관리에 관한 법률 시행령 제14조 [별표 5])
스프링클러설비를 설치하여야 하는 특정소방대상물에 물분무등소화설비를 화재안전기준에 적합하게 설치한 경우에는 그 설비의 유효범위(해당 소방시설이 화재를 감지 · 소화 또는 경보할 수 있는 부분을 말한다)에서 설치가 면제된다.

6과목 건축환경

101 다음 중 평균 연색평가수가 가장 낮은 광원은?

① 할로겐램프
② 주광색 형광등
③ 고압나트륨램프
④ 메탈할라이드램프

해설

(고압)나트륨램프
가장 높은 효율을 가지나, 연색성지수가 낮다.

102 건물 외벽의 열관류 저항값을 높이는 방법으로 옳지 않은 것은?

① 벽체 내에 공기층을 둔다.
② 벽체에 단열재를 사용한다.
③ 열전도율이 낮은 재료를 사용한다.
④ 외벽의 표면열전달률을 크게 유지한다.

해설

열저항은 다음과 같이 산출되며, 표면열전달률이 커지면 작아지는 특성을 갖는다.

$$열저항(R) = \frac{1}{실내\ 측\ 표면열전달률} + \frac{두께(m)}{열전도율} + \frac{1}{실외\ 측\ 표면열전달률}$$

103 급수배관의 설계 및 시공상의 주의점에 관한 설명으로 옳지 않은 것은?

① 수평배관에는 공기나 오물이 정체하지 않도록 한다.
② 수평주관은 기울기를 주지 않고, 가능한 한 수평이 되도록 배관한다.
③ 주배관에는 적당한 위치에 플랜지이음을 하여 보수점검을 용이하게 한다.
④ 음료용 급수관과 다른 용도의 배관이 크로스 커넥션(Cross Connection) 되지 않도록 한다.

해설

급수배관 설계 시 적절한 수평주관의 기울기를 두어 급수가 원활하게 흐르도록 해야 한다.

104 전열의 유형에 해당하지 않는 것은?

① 전도 ② 대류
③ 복사 ④ 현열

해설

전열의 유형
전도(고체), 대류(유체), 복사(열매체 없음)

105 다음 중 습공기선도에 표현되어 있지 않은 것은?

① 엔탈피 ② 습구온도
③ 노점온도 ④ 산소함유량

해설

습공기선도의 구성
절대습도, 상대습도, 건구온도, 습구온도, 노점온도, 엔탈피, 현열비, 열수분비, 비체적, 수증기 분압 등

106 다음 중 축동력이 가장 적게 소요되는 송풍기 풍량 제어방법은?

① 회전수 제어 ② 토출댐퍼 제어

정답 101 ③ 102 ④ 103 ② 104 ④ 105 ④ 106 ①

③ 흡입댐퍼 제어 ④ 흡입베인 제어

해설

송풍기 축동력 소모량
토출댐퍼 제어 > 흡입댐퍼 제어 > 흡입베인 제어 > 가변익축류 제어 > 회전수 제어

107 절대습도를 가장 올바르게 표현한 것은?

① 포화수증기량에 대한 백분율
② 습공기 1kg당 포함된 수증기의 질량
③ 일정한 온도에서 더 이상 포함할 수 없는 수증기량
④ 습공기를 구성하고 있는 건공기 1kg당 포함된 수증기의 질량

해설

$$절대습도 = \frac{수증기\ 질량}{건공기\ 질량}$$

108 실내외의 온도차에 의한 공기밀도의 차이가 원동력이 되는 환기방식은?

① 중력환기 ② 풍력환기
③ 기계환기 ④ 국소환기

해설

자연환기
- 풍력환기 : 외기의 바람(풍력)에 의한 환기
- 중력(온도차)환기 : 실내외 공기의 온도차(밀도차)에 의한 환기

109 다음 중 배수설비의 통기관에 관한 설명으로 옳지 않은 것은?

① 배수계통 내의 배수 및 공기의 흐름을 원활히 한다.
② 배수관 계통의 환기를 도모하여 관 내를 청결하게 유지한다.
③ 배수관을 막히게 하는 물질을 물리적으로 분리하여 수거한다.
④ 사이펀 작용 및 배압에 의해 트랩봉수가 파괴되는 것을 방지한다.

해설

통기관은 배수관의 압력을 대기압 수준으로 맞추어 배수의 흐름을 원활히 하는 역할을 하는 것으로서 배관을 막히게 하는 물질을 물리적으로 분리하는 것과는 거리가 멀다.

110 임의 주파수에서 벽체를 통해 입사 음에너지의 1%가 투과하였을 때 이 주파수에서 벽체의 음향투과손실은?

① 10dB ② 20dB
③ 30dB ④ 40dB

해설

$$TL(투과손실,\ dB) = 10\log\frac{1}{투과율}[dB]$$
$$= 10\log\frac{1}{0.01} = 20dB$$

111 다음 설명에 알맞은 보일러의 출력은?

> 연속해서 운전할 수 있는 보일러의 능력으로서 난방부하, 급탕부하, 배관부하, 예열부하의 합이며, 일반적으로 보일러 선정 시에 기준이 된다.

① 상용출력
② 정격출력
③ 정미출력
④ 과부하출력

해설

보일러의 출력
- 정미출력 : 난방부하 + 급탕부하
- 상용출력 : 난방부하 + 급탕부하 + 배관부하
- 정격출력 : 난방부하 + 급탕부하 + 배관부하 + 예열부하

정답 107 ④ 108 ① 109 ③ 110 ② 111 ②

112 일조의 확보와 관련하여 공동주택의 인동간격 결정과 가장 관계가 깊은 것은?

① 춘분　② 하지

③ 추분　④ 동지

해설

일조의 적절한 확보를 위해 적용되는 인동간격의 산출은 태양고도각이 가장 낮은 동지를 기준으로 산정한다.

113 겨울철 벽체의 표면결로 방지대책으로 옳지 않은 것은?

① 실내의 환기횟수를 줄인다.

② 실내의 발생 수증기량을 줄인다.

③ 벽체의 실내 측 표면온도를 높인다.

④ 벽체의 단열결함 부위와 열교발생 부위를 줄인다.

해설

환기량이 적으면 실내 습도가 높아져 표면결로 발생 가능성이 높아진다.

114 다음의 옥내 급수방식 중 위생성 및 유지 · 관리 측면에서 가장 바람직한 방식은?

① 수도직결방식　② 압력탱크방식

③ 고가탱크방식　④ 펌프직송방식

해설

수도직결방식

- 도로 밑의 수도 본관에서 분기하여 건물 내에 직접 급수하는 방식이다.
- 급수의 수질오염 가능성이 가장 낮다.
- 정전 시 급수가 가능하나, 단수 시 급수가 전혀 불가능하다.
- 급수압의 변동이 있으며, 일반적으로 4층 이상에는 부적합하다.
- 구조가 간단하고 설비비 및 운전관리비가 적게 들어가며, 고장 날 가능성이 낮다.

115 다음 설명에 알맞은 음과 관련된 현상은?

- 서로 다른 음원에서의 음이 중첩되면 합성되어 음은 쌍방의 상황에 따라 강해진다든지, 약해진다든지 한다.
- 2개의 스피커에서 같은 음을 발생시키면 음이 크게 들리는 곳과 작게 들리는 곳이 생긴다.

① 음의 간섭　② 음의 굴절

③ 음의 반사　④ 음의 회절

해설

간섭

서로 다른 음원 사이에서 중첩 · 합성되어 음의 쌍방 조건에 따라 강해지고 약해지는 현상이다.

116 일조의 직접적 효과에 속하지 않는 것은?

① 광효과　② 열효과

③ 환기효과　④ 보건 · 위생적 효과

해설

일조는 태양열 및 태양광을 받아들이는 것을 의미하며, 환기효과와는 거리가 멀다.

117 다음 중 국소식 급탕방식에 관한 설명으로 옳지 않은 것은?

① 급탕개소마다 가열기의 설치 스페이스가 필요하다.

② 급탕개소가 적은 비교적 소규모의 건물에 채용된다.

③ 급탕배관의 길이가 길어 배관으로부터의 열손실이 크다.

④ 용도에 따라 필요한 개소에서 필요한 온도의 탕을 비교적 간단하게 얻을 수 있다.

해설

국소식 급탕의 경우 배관의 길이가 짧아 배관 중의 열손실이 적게 일어난다.

정답　112 ④　113 ①　114 ①　115 ①　116 ③　117 ③

118 잔향시간에 관한 설명으로 옳은 것은?

① 잔향시간은 일반적으로 실의 용적에 비례한다.

② 잔향시간이 짧을수록 음의 명료도가 저하된다.

③ 음악을 위한 공간일수록 잔향시간이 짧아야 한다.

④ 평균 음에너지밀도가 6dB 감소하는 데 걸리는 시간을 의미한다.

해설

② 잔향시간이 짧을수록 음의 명료도가 높아진다.
③ 음악을 위한 공간일수록 잔향시간이 길어야 한다.
④ 평균 음에너지밀도가 60dB 감소하는 데 걸리는 시간을 의미한다.

119 수조면의 단위면적에 입사하는 광속으로 정의되는 용어는?

① 조도 ② 광도

③ 휘도 ④ 광속발산도

해설

조도(단위 : lx)
- 수조면의 밝기를 나타내는 것이다.
- 수조면의 단위면적에 도달하는 광속의 양을 말한다.

120 상대습도를 높였을 때 나타나는 습공기의 상태변화로 옳은 것은?(단, 건구온도는 일정하다)

① 노점온도가 높아진다.

② 습구온도가 낮아진다.

③ 절대습도가 작아진다.

④ 비체적이 작아진다.

해설

건구온도가 일정하다고 가정하고 상대습도를 높였을 때 노점온도, 습구온도, 절대습도, 비체적이 모두 높아지게 된다.

정답 118 ① 119 ① 120 ①

2020년 4회 실내건축기사

1과목 실내디자인론

01 공간에 관한 설명으로 옳지 않은 것은?

① 모든 사물을 담고 있는 무한한 영역을 의미한다.
② 실내디자인에 있어서 가장 기본적인 요소이다.
③ 실내공간은 건축의 구조물에 의해 그 영역이 한정될 수 있다.
④ 사용자의 시각적인 위치에 따라 공간의 형태와 느낌은 변화하지 않는다.

해설

사용자의 시각적인 위치에 따라 공간의 형태와 느낌은 변화한다.

공간 : 사용자가 보는 위치에 따라 시각적으로 수없이 변하며 공간의 크고 작음에 관계없이 시간의 개념을 수반한다.

02 날개의 각도를 조절하여 일광, 조망 그리고 시각의 차단 정도를 조정하는 수평형 블라인드는?

① 롤 블라인드(Roll Blind)
② 로만 블라인드(Roman Blind)
③ 버티컬 블라인드(Vertical Blind)
④ 베네시안 블라인드(Venetian Blind)

해설

베네시안 블라인드
수평 블라인드로 날개 각도를 조절하여 일광, 조망 그리고 시각의 차단 정도를 조정할 수 있지만, 날개 사이에 먼지가 쌓이기 쉽다.

03 상점의 실내디자인에서 진열장의 유효진열범위에 관한 설명으로 옳지 않은 것은?

① 고객의 흥미를 유지시키면서 보기 쉽고 사기 쉽도록 진열하는 것이 중요하다.
② 신체조건과 시선을 고려하여 상품의 종류와 특성에 따라 합리적인 진열이 되도록 한다.
③ 사람의 시각적 특성은 우측에서 좌측으로, 큰 상품에서 작은 상품으로 이동하므로 진열의 흐름도 이에 준하는 것이 필요하다.
④ 유효진열범위 내에서도 고객의 시선이 가장 편하게 머물고 손으로 잡기에도 가장 편안한 높이는 850~1,250mm이며, 이 범위를 골든 스페이스(Golden Space)라 한다.

해설

상점 진열계획
사람의 시각적 특성은 좌측에서 우측으로, 위에서 아래로 이동하는 특성을 가지고 있다. 특히, 부피가 작은 상품을 위에, 큰 상품을 아래에 두고 삼각형으로 배치한다.

04 주택의 부엌가구 배치 유형에 관한 설명으로 옳지 않은 것은?

① ㄷ자형은 작업면이 넓어 작업 효율이 좋다.
② 一자형은 좁은 면적 이용에 효과적이므로 소규모 부엌에 주로 이용되는 형식이다.
③ 병렬형은 작업대 사이에 식탁을 설치하여 부엌과 식당을 겸할 경우 많이 활용된다.
④ ㄴ자형은 두 벽면을 이용하여 작업대를 배치한 형태로 한쪽 면에 싱크대를, 다른 면에는 가스레인지를 설치하면 능률적이다.

해설

- 아일랜드형 : 작업대 사이에 식탁을 설치하여 부엌과 식당을 겸할 경우 많이 활용된다.
- 병렬형 : 양쪽 벽면에 작업대를 마주 보도록 배치하는 형식으로 동선을 짧게 처리할 수 있어 효율적인 배치 유형이다.

정답 01 ④ 02 ④ 03 ③ 04 ③

05 공동주택의 평면형식에 관한 설명으로 옳지 않은 것은?

① 계단실형은 거주의 프라이버시가 높다.
② 중복도형은 엘리베이터 이용효율이 높다.
③ 편복도형은 거주성이 균일한 배치구성이 가능하다.
④ 집중형은 대지의 이용률은 낮으나 대규모 세대의 집중적 배치가 가능하다.

해설

집중형 : 대지의 이용률이 높고 많은 세대를 집중시킬 수 있으며 중앙에 코어(Core) 및 설비를 집중시킬 수 있다. 또한 고층으로 할 때 구조 공사비 면에서 유리하며 세대별 규모 변화가 가능하다.

06 조명기구의 설치방법 중 벽부형에 관한 설명으로 옳지 않은 것은?

① 확산벽부형은 복도나 계단 등에 사용된다.
② 선벽부형은 거울이나 수납장에 설치하여 보조조명으로 사용한다.
③ 부착되는 위치가 시선 내에 있으므로 휘도가 높은 광원을 사용한다.
④ 조명기구를 벽체에 설치하는 것으로 브래킷(Bracket)이라 통칭된다.

해설

부착되는 위치가 시선 내에 있으므로 휘도 조절이 가능한 조명기구나 휘도가 낮은 광원을 사용한다.

벽부형 : 조명기구를 벽체에 부착하여 빛이 투사하는 방식으로 브래킷(Bracket)으로 불린다.

07 개방식 배치의 한 형식으로 업무와 환경을 경영관리 및 환경적 측면에서 개선한 것으로 오피스 작업을 사람의 흐름과 정보의 흐름을 매체로 효율적인 네트워크가 되도록 배치하는 배치방법은?

① O.A 시스템 ② 워크 스테이션
③ One－Room 시스템 ④ 오피스 랜드스케이프

해설

업무공간의 계획

- 오피스 랜드스케이프(Office Landscape) : 개방식 평면형의 한 형태로 고정된 칸막이를 쓰지 않고 이동식 파티션이나 가구, 식물 등으로 공간이 구분되는 형식으로 적당한 프라이버시를 유지하는 동시에 효율적인 사무공간을 연출할 수 있다.
- O.A 시스템(Office Automation System) : O.A는 업무처리 과정의 능률향상을 위해 사무자동화기기 도입으로 사람의 가동률을 최대한 높이고 창조성을 최대한 발휘시키는 데 목적이 있다.
- 워크 스테이션(Work Station) : 한 사람이 차지하는 면적을 기준으로 정해지는 사무작업공간으로서 작업을 위해 가장 기본이 되는 개인영역이라 할 수 있다.

08 다음 설명에 알맞은 창의 종류는?

> 평면이 돌출된 형태의 창으로 장식품을 두거나 간이 휴식공간을 마련할 수 있는 창

① 고창(Clerestory)
② 윈도 월(Window Wall)
③ 베이 윈도(Bay Window)
④ 픽처 윈도(Picture Window)

해설

- 고창(Clerestory) : 천장 가까이에 있는 좁고 긴 창문으로 채광 및 환기용으로 사용한다.
- 윈도 월 : 벽면 전체를 창으로 처리한 것으로 내부공간이 시각적으로 개방감을 준다.
- 픽처 윈도 : 바닥부터 천장 가까이에 놓은 커다란 창을 통해 보이는 그림 같은 전망을 준다.

09 다음 설명에 알맞은 실내디자인의 조건은?

> 최소의 자원을 투입하여 공간의 사용자가 최대로 만족할 수 있는 효과가 이루어지도록 하여야 한다.

① 기능적 조건
② 심미적 조건
③ 경제적 조건
④ 물리 · 환경적 조건

정답 05 ④ 06 ③ 07 ④ 08 ③ 09 ③

해설

실내디자인의 조건
- 기능적 조건 : 공간구성이 합리적이고, 공간의 기능이 최대로 발휘되어야 한다.
- 심미적 조건 : 심미적, 심리적 예술욕구를 충족시킬 수 있는 아름다움이 있어야 한다.
- 경제적 조건 : 최소한의 비용으로 최대의 효과가 이루어지도록 한다.
- 물리 · 환경적 조건 : 디자인 대상공간을 둘러싼 모든 주변환경과 연관성을 갖는다.

10 다음 설명에 알맞은 형태의 종류는?

- 인간의 지각, 즉 시각과 촉각 등으로는 직접 느낄 수 없고 개념적으로만 제시될 수 있는 형태이다.
- 순수형태 또는 상징적 형태라고도 한다.

① 자연형태 ② 인위형태
③ 이념적 형태 ④ 추상적 형태

해설

이념적 형태
기하학적으로 취급하는 도형으로 직접적으로 지각할 수 없는 형태이다.

순수형태	자연계에 존재하는 모든 것으로부터 보이는 형태를 말한다.
인위형태	인간에 의해 인위적으로 만들어진 모든 사물, 구조체에서 볼 수 있는 형태이다.

11 상업공간에서 비주얼 머천다이징(VMD) 전개시스템에 관한 설명으로 옳은 것은?

① 아이템 프레젠테이션(IP)은 테이블, 벽면 상단이나 상판 등에서 기본 상품을 표현한다.
② 아이템 프레젠테이션(IP)은 블록별 상품의 포인트를 표현하며, 블록의 이미지를 높인다.
③ 비주얼 프레젠테이션(VP)은 고객의 시선이 처음 닿는 곳을 중심으로 상점 이미지를 표현한다.
④ 포인트 프레젠테이션(PP)은 쇼윈도, 층별 메인 스테이지 등에서 블록 이미지를 표현한다.

해설

① · ②는 포인트 프레젠테이션(PP), ④는 비주얼 프레젠테이션(VP)에 대한 설명이다.

※ VMD(Visual Merchandiser)

IP (Item Presentation)	상품의 분류정리, 비교구매 (행거, 선반, 진열장, 진열테이블)
PP (Point of Sale Presentation)	한 유닛에서 대표되는 상품진열 (벽면상단, 집기 상단)
VP (Visual Presentation)	상점 이미지의 종합적인 표현 (쇼윈도, 파사드)

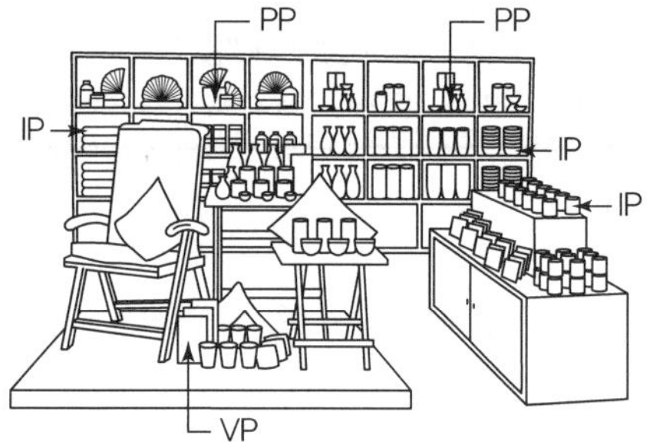

12 쇼룸의 공간구성은 상품전시공간, 상담공간, 어트랙션(Attraction)공간, 서비스공간, 통로공간, 출입구를 포함한 파사드로 구성된다. 다음 중 어트랙션(Attraction)공간에 관한 설명으로 가장 알맞은 것은?

① 구매상담을 도와주고 관람자를 통제하는 공간이다.
② 전시상품에 대한 정보를 알리거나 관람자를 안내하기 위한 공간이다.
③ 입구에서 관람객의 시선을 집중시켜 쇼룸의 내부로 관람객을 유인하는 역할을 한다.
④ 진열되는 상품을 디스플레이하기 위한 공간으로 진열대와 진열가구, 연출기구 등이 필요하다.

해설

어트랙션(Attraction)공간
입구에서 관람객의 시선을 집중시켜 쇼룸의 내부로 관람객을 유인한다.

※ **쇼룸(Showroom)** : 일정기간 판매촉진을 목적으로 상품 등을 전시해서 소비자의 이해를 돕고 구매의욕을 촉진시킨다.

정답 10 ③ 11 ③ 12 ③

13 다음 그림이 나타내는 형태지각의 원리는?

① 유사성 ② 접근성
③ 폐쇄성 ④ 형과 배경의 법칙

해설

루빈의 항아리(도형과 배경의 법칙, 반전도형)
서로 근접하는 두 가지의 영역이 동시에 도형으로 되어, 자극조건을 충족시키고 있는 경우, 어느 쪽 하나는 도형이 되고 다른 것은 바탕으로 되어 보인다.

14 실내공간을 구성하는 기본요소에 관한 설명으로 옳은 것은?

① 바닥은 공간의 영역조정기능이 없다.
② 천장을 낮추면 친근하고 아늑한 공간이 되고 높이면 확대감을 줄 수 있다.
③ 눈높이보다 낮은 벽은 공간을 차단하고, 높은 벽은 상징적인 경계를 나타낸다.
④ 천장은 공간을 에워싸는 수직적 요소로 수평방향을 차단하여 공간을 형성하는 기능을 한다.

해설

① 바닥은 공간의 영역을 조정할 수 있다.
③ 눈높이가 높은 벽은 공간을 차단하고 낮은 벽은 상징적 경계를 나타낸다.
④ 벽은 공간을 에워싸는 수직적 요소로 수평방향을 차단하여 공간을 형성하는 기능을 한다.

※ **천장** : 공간을 형성하는 수평적 요소로서 바닥과 천장 사이에 있는 내부공간을 규정한다. 또한 낮은 천장은 아늑한 느낌을, 높은 천장은 확대감을 준다.

15 연속적인 주제를 시간적인 연속성을 가지고 선형으로 연출하는 전시방법은?

① 하모니카 전시 ② 파노라마 전시
③ 아일랜드 전시 ④ 아이맥스 전시

해설

파노라마 전시
연속적인 주제를 표현하기 위해 선형으로 연출되는 전시기법으로 전시물의 전경으로 펼쳐 전시하는 방법이다.

※ **아이맥스 전시** : 초대형 스크린에 영상매체를 사용하여 전시하는 방법이다.

16 우리나라의 한옥에 관한 설명으로 옳지 않은 것은?

① 창과 문은 좌식생활에 따른 인체치수를 고려하여 만들어졌다.
② 기단을 높여 통풍이 잘되도록 하여 땅의 습기를 제거하였다.
③ 미닫이문, 들문 등의 사용으로 내부공간의 융통성을 도모하였다.
④ 남부지방의 경우 겨울철 난방을 고려하여 기밀하고 폐쇄적인 내부공간구성으로 계획하였다.

해설

우리나라 한옥의 특성
- 남부지방(개방적) : 다른 지역보다 더위가 심해 바람이 잘 통하도록 개방적인 내부공간을 구성하고, 특히 일자형으로 계획하였다.
- 중부지방 : 부엌과 안방을 남쪽에 배치하여 햇볕을 많이 받도록 계획하였다(ㄱ, ㄴ, ㅁ자형).
- 함경도지방(폐쇄적) : 추운 날씨 때문에 방과 방이 직접 연결되어 있어 방의 배치를 일반적으로 밭전(田)자형 모양으로 구성하였다.

17 광원을 넓은 면적의 벽면에 매입하여 비스타(Vista)적인 효과를 낼 수 있는 건축화조명 방식은?

① 광창조명 ② 광천장 조명
③ 코니스조명 ④ 밸런스조명

정답 13 ④ 14 ② 15 ② 16 ④ 17 ①

해설

광창조명
광원을 넓은 면적의 벽면 또는 천장에 매입하는 조명방식으로 비스타(Vista)적인 효과를 낼 수 있다. 또한 광원을 확산판이나 루버로 걸러 은은한 분위기를 낸다.

18 스툴의 종류 중 편안한 휴식을 위해 발을 올려놓는 데도 사용되는 것은?

① 세티　　② 오토만
③ 카우치　　④ 풀업 체어

해설

스툴의 종류
- 세티 : 동일한 두 개의 의자를 나란히 합하여 2인이 앉을 수 있도록 한 것이다.
- 오토만 : 등받이와 팔걸이가 없는 형태의 발을 올려놓는 보조의자이다.
- 카우치 : 침대와 소파의 기능을 겸한 것으로 몸을 기댈 수 있도록 좌면의 한쪽 끝이 올라간 형태이다.
- 풀업 체어 : 필요에 따라 이동시켜 사용할 수 있는 간의의자로 벤치(Bench)라고도 한다.

19 실내디자인의 계획 조건을 외부적 조건과 내부적 조건으로 구분할 경우, 다음 중 내부적 조건에 속하는 것은?

① 일조 조건
② 개구부의 위치
③ 소화설비의 위치
④ 의뢰인의 공사예산

해설

실내디자인의 계획 조건

외부적 조건	입지적 조건, 건축적 조건, 설비적 조건 등
내부적 조건	계획의 목적, 공사예산, 사용자의 요구사항, 규모 및 실의 개수, 동선계획 등

20 이질(異質)의 각 구성요소들이 전체로서 동일한 이미지를 갖게 하는 것으로, 변화와 함께 모든 조형에 대한 미의 근원이 되는 원리는?

① 조화　　② 강조
③ 통일　　④ 균형

해설

통일
이질의 각 구성요소들이 동일한 이미지를 갖게 하는 것으로 변화와 함께 모든 조형에 대한 미의 근원이 되며 하나의 완성체로 종합하는 것을 말한다.

2과목 색채학

21 디지털 색채 시스템 중 HSB 시스템에 대한 설명으로 틀린 것은?

① 먼셀의 색채개념인 색상, 명도, 채도를 중심으로 선택하도록 되어 있다.
② 프로그램상에서는 H모드, S모드, B모드를 볼 수 있다.
③ H모드는 색상을 선택하는 방법이다.
④ B모드는 채도, 즉 색채의 포화도를 선택하는 방법이다.

해설

HSB 시스템
- H(Hue) : 색상
- S(Saturation) : 채도
- B(Brightness) : 밝기

22 먼셀기호의 표기방법이 옳은 것은?

① 명도 축은 1단계로 나뉘어 있다.
② 표기방법은 H V/C이다.
③ 평행선상에 있는 색은 순색이다.
④ 무채색 축의 스케일은 S로 표시한다.

정답　18 ②　19 ④　20 ③　21 ④　22 ②

해설

① 명도 축은 0~10까지의 11단계로 나뉘어 있다.
③ 평행선상에 있는 색은 동일 명도면이 나타난다.
④ 무채색 축의 스케일은 V로 표시한다.

먼셀 표색계 : H V/C로 표시하며 H(Hue, 색상), V(Value, 명도), C(Chroma, 채도)의 순서대로 기호화해서 표시한다.

23 오스트발트의 등색상 삼각형에서 등백계열의 조화에 해당하는 것은?

① pn－pi－pe ② ec－ic－nc
③ ia－lc－nc ④ gc－lc－lg

해설

등백색 계열의 조화
동일한 양의 백색을 가지는 색채를 일정한 간격으로 배색하면 조화를 이루며 기호의 앞 글자가 같으면 백색량이 같다.

24 한국산업표준 KS에 의한 관용색명과 색계열의 연결이 틀린 것은?

① 벽돌색(Copper Brown)－R계열
② 올리브그린(Olive Green)－GY계열
③ 라벤더(Lavender)－RP계열
④ 크림색(Cream)－Y계열

해설

라벤더(Lavender)－P계열
• 5P 6/5(색상 : Purple, 명도 : 6, 채도 : 5)
• 연한 보라, 허브종의 하나인 라벤더의 꽃색

25 단색광과 파장의 범위가 틀리게 짝지어진 것은?

① 파랑 : 약 450~500nm
② 빨강 : 약 360~450nm
③ 초록 : 약 500~570nm
④ 노랑 : 약 570~590nm

해설

장파장(빨강) : 약 620~780nm

26 물체색에 대한 설명 중 틀린 것은?

① 빛을 대부분 반사시키면 흰색이 된다.
② 빛을 완전히 흡수하면 이상적인 검은색이 된다.
③ 빛의 일부는 반사하고 일부는 흡수하면 회색이 된다.
④ 빛의 반사율은 0~100%가 현실적으로 존재한다.

해설

빛의 반사율은 0~100%가 현실적으로 없다.

물체색
• 물체의 대부분은 물체 자체가 색을 발하지 않고 빛을 반사하거나 투과하여 색을 나타낸다.
• 빛의 파장을 반사시켜 버리면 그 물체는 희게 보이고, 반대로 대부분의 빛의 파장을 흡수하게 되면 그 물체는 검게 보인다. 그러나 빛의 파장을 완벽하게 반사시키거나 흡수하는 물체는 없으므로, 대개 88% 정도를 반사하면 흰색, 3% 정도만 반사하면 검은색으로 간주한다.

27 포맷형식에 대한 내용으로 틀린 것은?

① EPS 포맷은 대표적인 Post Script 그래픽의 포맷이다.
② DCS 포맷은 파일을 비트맵 모드에서 사용할 경우 이미지의 흰색 부분을 투명하게 지원하는 유일한 포맷이다.
③ DCS 포맷은 네 개의 분리된 CMYK의 Post Script 파일들과 문서에서 위치 지정을 위한 추가적인 다섯 번째의 EPS 마스터로 구성된 포맷이다.
④ TIFF 포맷은 컬러 및 회색 음영의 이미지를 페이지 조판 프로그램으로 보내기 위해 사용할 수 있는 유용한 포맷이다.

해설

②는 PNG에 대한 설명이다.

※ **DCS(Desktop Color Separation)** : 표준 EPS 포맷의 한 버전으로 CMYK 파일도 지원한다.

정답 23 ① 24 ③ 25 ② 26 ④ 27 ②

28 색채의 공감각 중에서 쓴맛이 나는 배색은?

① Red, Pink

② Brown, Maroon, Olive Green

③ Green, Grey

④ Yellow, Yellow Green

해설

①은 단맛, ③은 짠맛, ④는 신맛에 대한 설명이다.

미각의 공감각

쓴맛	한색계열, 갈색(Brown), 어두운 빨강(Maroon), 올리브 그린(Olive Green), 짙은 청색, 파랑
짠맛	연녹색, 회색, 청록색, 회색, 연파랑
단맛	난색계열, 빨간색, 주황색, 노란색
신맛	녹색 느낌의 황색

29 감법혼색의 3원색이 아닌 것은?

① Blue ② Cyan

③ Yellow ④ Magenta

해설

감법혼합(감산혼색, 색료혼합)

색료혼합으로 시안(Cyan), 마젠타(Magenta), 노랑(Yellow)이 기본색이다.

30 색명기호에서 gB는?

① blue green ② bluish green

③ greenish blue ④ blue

해설

- blue green : BG
- bluish green : bG
- blue : B

31 공공성을 가진 차량을 도장할 때 주의해야 할 사항으로 틀린 것은?

① 도장 공정이 간단할수록 좋다.

② 보수도장을 위해 조색이 용이할수록 좋다.

③ 일반인들이 사용하지 못하게 특수 색료를 사용한다.

④ 변색, 퇴색하지 않는 색료가 좋다.

해설

공공성을 가진 차량의 색채

각 지역의 자연환경 및 생활패턴에 맞게 선호색을 사용한다. 대형차는 어두운색, 소형차는 경쾌한 색을 선호하는 경향이 있다.

32 복잡한 가운데 질서의 요소를 미(美)의 기준으로 보고, 색의 3속성을 고려한 독자적인 색공간을 가정하여 조화관계를 주장한 사람은?

① W. Ostwald

② Munsell

③ P. Moon & D. E. Spencer

④ Faber Birren

해설

문 · 스펜서의 색채조화론

- 배색의 아름다움에 관한 면적비나 아름다움의 정도 등의 문제를 정량적으로 취급하여 계산에 의해 계량이 가능하도록 하였다.
- H, V, C 단위로 설명하였고 조화이론을 정량적으로 다루는 데 색채연상, 색채기호, 색채의 적합성을 고려하지 않았다.

33 순색의 채도가 높은 것끼리 짝지어진 것은?

① 노랑, 주황 ② 회색, 초록

③ 연두, 청록 ④ 초록, 파랑

해설

채도

색의 선명하거나 흐리고 탁한 정도로 채도가 가장 높은 색은 순색이며 무채색을 섞는 비율에 따라 채도는 점점 낮아진다.

정답 28 ② 29 ① 30 ③ 31 ③ 32 ③ 33 ①

34 파버 비렌(Faber Birren)의 색채와 형태 연결이 맞는 것은?

① 빨강 : 정사각형 ② 주황 : 삼각형
③ 노랑 : 직사각형 ④ 파랑 : 육각형

해설

비렌의 색채와 형태
- 빨강 : 정사각형
- 주황 : 직사각형
- 노랑 : 삼각형
- 초록 : 육각형
- 파랑 : 원
- 보라 : 타원

35 컬러인화사진은 대부분 어떤 혼색방법을 이용한 것인가?

① 가법혼색 ② 평균혼색
③ 감법혼색 ④ 색광혼색

해설

감법혼색
3원색은 시안(Cyan), 마젠타(Magenta), 노랑(Yellow)이 기본색으로 컬러인쇄, 컬러사진, 인쇄출력물, 색필터 겹침, 색유리판 겹침 등이 있다.

36 색채학자 저드(D. B. Judd)의 일반적인 4가지 색채조화의 원리가 아닌 것은?

① 유사성의 원리 ② 명료성의 원리
③ 대비성의 원리 ④ 친근성의 원리

해설

저드의 색채조화 4원칙
유사의 원리, 질서의 원리, 비모호성(명료성)의 원리, 친근성의 원리

37 색채의 감정에 대한 설명으로 옳은 것은?

① 주황색, 황색 등의 색상은 수축감을 느끼게 하며 생리적 · 심리적으로 긴장감을 준다.
② 붉은색 계통의 색은 시간의 경과가 짧게 느껴지고, 푸른색 계통은 시간의 경과가 길게 느껴진다.
③ 난색 계통의 고명도, 고채도를 사용하면 흥분감을 준다.
④ 색의 중량감은 주로 채도에 의하여 좌우된다.

해설

① 한색 등의 색상은 수축감을 느끼게 하며 생리적 · 심리적으로 긴장감을 준다.
② 푸른색 계통의 색은 시간의 경과가 짧게 느껴지고, 붉은색 계통은 시간의 경과가 길게 느껴진다.
④ 색의 중량감은 명도에 의해 좌우된다.

※ **난색과 한색**
- 난색 : 교감신경을 자극하여 생리적인 촉진작용을 일으켜 흥분을 유발한다.
- 한색 : 혈압을 낮추어 마음을 가라앉히는 진정효과가 있다.

38 가산혼합의 결과로 틀린 것은?

① Red + Green = Yellow
② Red + Blue = Magenta
③ Green + Blue = Magenta
④ Red + Green + Blue = White

해설

가산혼합 : 빛의 3원색
- 빨강(R) + 초록(G) = 노랑(Y)
- 초록(G) + 파랑(B) = 시안(C)
- 파랑(B) + 빨강(R) = 마젠타(M)
- 빨강(R) + 초록(G) + 파랑(B) = 흰색(W)

39 문 · 스펜서의 색상에 대한 균형점(Balance Point)에서 채도의 경우 자극을 못 느끼는 수치는?

① 3 이하 ② 3 이상
③ 7 이하 ④ 7 이상

해설

균형점
어떤 배색에서 전체의 색조를 말하는 것으로 선택된 색이 면적비에 따라 회전혼색 되었을 때 나타나는 색을 의미한다.

※ **제1부조화** : 서로 판단하기 어려운 배색인 제1부조화의 수치는 1~3 차이로 채도의 자극을 느끼지 못한다.

정답 34 ① 35 ③ 36 ③ 37 ③ 38 ③ 39 ①

40 가시광선은 파장 380～780nm의 전자파를 말하는데 380nm 이하의 파장을 갖고 있으면서 화학작용 및 살균작용을 하는 전자파는?

① 적외선 ② 자외선
③ 휘선 ④ 흑선

해설

- 자외선 : 380nm보다 짧은 파장의 영역으로 살균작용과 비타민D 생성의 화학작용으로 화학선으로 불린다. 그 외에 X선, 우주선 등이 있다.
- 적외선 : 780nm보다 긴 파장의 영역으로 열적 작용이 강해 열선으로 불리며 가열, 건조, 생체에 대한 온열효과 등이 있다. 그 외에 라디오전파 등이 있다.

3과목 인간공학

41 인간공학에 대한 설명으로 옳지 않은 것은?

① 인간요소를 고려한 학문으로서 일본에서 태동하였다.
② 실용적 효능과 인생의 가치 기준을 높이는 데 목표를 두고 있다.
③ 인간의 특성이나 행동에 대한 적절한 정보를 체계적으로 적용하는 것이다.
④ 물건, 기구, 환경을 설계하는 과정에서 인간을 고려하는 데 초점을 두고 있다.

해설

인간공학은 인간요소를 고려한 학문으로서 서구에서 태동하였다.

인간공학 : 인간의 신체적 특성, 정신적 특성, 심리적 특성의 한계를 정량적 또는 정성적으로 측정하여 이를 시스템, 제품, 환경설계와 인간의 안전, 평안함, 만족감을 극대화하고 작업의 효율을 증진하기 위하여 공학적으로 응용하는 학문이다.

42 눈의 구조 중 맥락막에 관한 설명으로 옳은 것은?

① 안구의 가장 바깥쪽 표면에 있어서 눈에서 제일 먼저 빛이 통과하는 부분이다.
② 안구벽의 가장 안쪽에 위치하고, 수정체에서 굴절되어 들어온 상이 생기는 부분이다.
③ 안구벽의 중간층을 형성하는 막으로 모양체근이 있어 원근조절에 관여하는 부분이다.
④ 안구의 대부분을 싸고 있는 흰색의 막으로 안구의 움직임을 조절하는 근육이 부착되어 있는 부분이다.

해설

①은 각막, ②는 망막, ④는 공막에 대한 설명이다.

맥락막 : 안구벽의 중간층을 형성하는 막으로 혈관과 멜라닌세포가 많이 분포하며, 외부에서 들어온 빛이 분산되지 않도록 막는다.

43 팔, 다리 또는 다른 신체 부위의 동작에서 몸의 중심선을 향하는 이동 동작을 무엇이라 하는가?

① 신전(Extention) ② 내전(Adduction)
③ 외전(Abduction) ④ 상향(Supination)

해설

신체 부위의 동작
- 신전 : 관절의 각도가 증가되는 동작
- 내전 : 인체의 중심선에 가까워지도록 이동하는 동작
- 외전 : 인체의 중심선에서 멀어지도록 이동하는 동작
- 상향 : 손바닥을 위로 향하는 회전

44 인체골격의 기능과 가장 거리가 먼 것은?

① 신체활동을 수행한다.
② 신체를 지지하고, 체형을 유지한다.
③ 신체의 중요한 부분을 보호한다.
④ 각 세포의 활동에 필요한 물질을 운반한다.

정답 40 ② 41 ① 42 ③ 43 ② 44 ④

해설

인체골격의 기능
- 인체의 지주역할을 한다.
- 골수는 조혈기능을 갖는다.
- 체강의 기초를 만들고 내부의 장기를 보호한다.
- 가동성 연결, 관절을 만들고 골격근의 수축에 의해 운동기로서 작용한다.
- 칼슘, 인산의 중요한 저장고가 되며, 나트륨과 마그네슘 이온의 작은 저장고 역할을 한다.

45 영상표시단말기(VDT) 취급근로자 작업관리 지침상 영상표시단말기를 취급하는 작업장에서 화면의 바탕 색상이 검은색 계통인 경우 주변환경의 조도(lux) 범위로 옳은 것은?

① 100～300　② 300～500
③ 500～700　④ 700～1,000

해설

영상표시 단말기(VDT) 취급 작업장 주변환경의 조도

화면의 바탕 색상이 검은색 계통일 때	300～500lux 이하
화면의 바탕 색상이 흰색 계통일 때	500～700lux 이하

46 IES의 실내표면 추천 반사율이 낮은 것에서 높은 순서로 옳은 것은?

① 바닥 → 천장 → 가구 → 벽
② 가구 → 바닥 → 벽 → 천장
③ 천장 → 벽 → 바닥 → 가구
④ 바닥 → 가구 → 벽 → 천장

해설

실내표면 추천 반사율
바닥(20～40%) → 가구(25～45%) → 벽, 창문(40～60%) → 천장(80～90%)

47 다음 중 피로회복을 위한 근로자의 휴식시간 권장사항으로 옳은 것은?

① 장시간 연속작업이 이루어져야 하므로 모든 작업이 끝난 후 한꺼번에 충분히 휴식시간을 제공한다.
② 작업 전에 한꺼번에 충분한 휴식시간을 제공하여 작업이 끝나기 전까지는 휴식시간을 제공하지 않는다.
③ 장시간 연속작업이 이루어지지 않도록 적정한 휴식시간을 부여하되 작업 중간에 장시간 휴식시간을 제공한다.
④ 장시간 연속작업이 이루어지지 않도록 적정한 휴식시간을 부여하되 1회에 장시간 휴식보다는 가능한 한 조금씩 자주 휴식시간을 제공한다.

해설

휴식시간
작업부하 수준이 권장한계를 벗어나면 휴식시간을 삽입하여 초과분을 보상하여야 한다. 피로를 가장 효과적으로 푸는 방법은 총작업시간 동안 몇 번의 휴식을 짧게 여러 번 주는 것이다.

48 양립성의 종류에 해당되지 않는 것은?

① 운동 양립성　② 공간 양립성
③ 개념 양립성　④ 시간 양립성

해설

양립성(Compatibility)
- 정의 : 자극들 간의, 반응들 간의, 자극－반응 조합의 관계가 인간의 기대와 모순되지 않는 것이다(인간이 기대하는 바와 자극 또는 반응들이 일치하는 관계).
- 종류 : 공간 양립성, 운동 양립성, 개념 양립성, 양식 양립성

49 시력표에서 식별할 수 있는 최소표적의 시각이 2분(′)일 경우 시력은 얼마인가?

① 0.5　② 1.0
③ 1.5　④ 2.0

정답　45 ②　46 ④　47 ④　48 ④　49 ①

해설

최소시각에 대한 시력
시력의 우열을 가늠하는 기본척도로 시각 1분의 역수를 표준단위로 사용한다.

최소각	시력
2분(′)	0.5
1분	1
30초(″)	2
15초	4

50 인간-기계 통합 체계에서 인간 또는 기계에 의해서 수행되는 기본 기능과 가장 거리가 먼 것은?

① 감지 기능
② 상호보완 기능
③ 정보보관 기능
④ 정보처리 및 의사결정 기능

해설

인간기계 체계의 기본 기능
감지 기능, 정보보관 기능, 정보처리 및 의사결정 기능, 행동 기능(신체제어 및 통신)

51 신호검출이론(SDT)에 대한 설명으로 옳은 것은?

① 쉽게 식별할 수 없는 두 독립상태 상황에 적용된다.
② 신호가 약하거나 노이즈가 많을수록 감도는 커진다.
③ 신호와 노이즈는 모두 F-분포를 따른다고 가정한다.
④ 신호검출을 간섭하는 노이즈(Noise)가 항상 있는 것은 아니다.

해설

신호검출이론(SDT)
소음이 신호검출에 미치는 영향을 파악하고 이와 관련된 최적의 의사결정 기준을 다루는 이론으로 식별이 쉽지 않은 독립적인 두 가지 상황에 적용된다.

52 경계 및 경보 신호의 선택 또는 설계 시 고려해야 할 사항으로 적합하지 않은 것은?

① 배경 소음과는 다른 주파수를 사용한다.
② 주위를 끌기 위하여 변조된 신호를 사용하지 않는다.
③ 높은 주파수의 신호는 멀리가지 못하므로 장거리용의 신호는 1,000Hz 이하의 주파수를 사용한다.
④ 신호가 장애물을 돌아가거나 칸막이를 통과할 때는 500Hz 이하의 진동수를 사용한다.

해설

경계 및 경보신호 선택 · 설계 시 고려사항
- 주의를 끌기 위해서 변조된 신호를 사용한다(초당 1~8번 나는 소리나 초당 1~3번 오르내리는 변조된 신호).
- 배경소음의 진동수와 다른 신호를 사용한다(신호는 최소 0.5~1초 지속).
- 고음은 멀리 가지 못하므로 300m 이상의 장거리용으로는 1,000Hz 이하의 진동수를 사용한다.

53 바닥의 물건을 선반 위로 올려놓는 자세와 같이 팔을 펴서 위아래로 움직였을 때 그려지는 범위를 무엇이라 하는가?

① 필요 공간 ② 수평면 작업역
③ 입체 작업역 ④ 수직면 작업역

해설

수직면 작업역
팔을 상하로 움직여서 그려지는 영역으로, 이는 선반의 높이와 전기 스위치 등의 위치결정에 도움이 되며, 선반이나 수납고 등의 위치에 의한 안쪽 길이 등을 정할 때 참고가 된다.

54 인체 측정자료의 응용원리에서 최소 집단치를 적용하는 것이 가장 바람직한 경우는?

① 문틀 높이
② 등산용 로프의 강도
③ 제어 버튼과 조작자 사이의 거리
④ 비행기에서의 비상탈출구 크기

정답 50 ② 51 ① 52 ② 53 ④ 54 ③

해설

최소 집단치 설계

- 팔이 짧은 사람이 잡을 수 있다면 이보다 긴 사람은 모두 잡을 수 있다는 원리이다.
- 선반의 높이, 조종장치까지의 거리 등을 정할 때 사용한다.

55 시각적 표시장치 설계에 따른 특성을 설명한 것으로 옳지 않은 것은?

① 통침형 표시장치는 인식적인 암시 신호(Cue)를 준다.
② 계수형 표시장치의 판독오차는 원형 표시장치보다 많다.
③ 수치를 정확히 읽어야 할 경우는 계수형 표시장치가 적합하다.
④ 수직, 수평형태 동목형이 동침형에 비해 계기반(Panel)의 공간을 적게 차지한다.

해설

계수형 표시장치의 판독오차가 원형 표시장치보다 작을 뿐 아니라 판독 평균 반응시간도 짧다(계수형 : 0.94초, 원형 : 3.54초).

56 귀를 외이, 중이, 내이로 구분할 때 중이에 속하는 것은?

① 고막
② 와우
③ 정원창
④ 귀지선

해설

고막

외이와 중이의 경계에 위치하는 얇은 막으로 소리에 의해 진동한다.

57 조종－반응비율(Control－Response Ratio)에 관한 설명으로 옳지 않은 것은?

① 조종장치의 민감도를 나타내는 개념이다.
② 조종장치의 움직이는 거리와 표시장치의 반응거리의 비로 나타낸다.
③ 조종－반응비율이 클수록 표시장치의 이동시간이 적게 걸리므로 정확한 제어가 용이하다.
④ 목표물에 대한 조종시간과 목표물로의 이동시간을 고려하여 최적의 조종－반응비율을 결정해야 한다.

해설

조종－반응비율이 클수록 표시장치의 이동시간이 적게 걸리므로 정확한 제어가 어렵다.

조종－반응비율

조종장치의 움직이는 거리(회전수)와 체계반응이나 표시장치상 이동요소의 움직이는 거리의 비이다.

58 피부감각에 관한 설명으로 옳지 않은 것은?

① 통각의 순응은 거의 없고, 자극이 없어질 때까지 계속된다.
② 촉각수용기의 분포와 밀도는 신체 부위에 일정하게 분포되어 있다.
③ 촉각 중의 진동감각은 모든 피부에 기계적 자극이 가해질 때 일어나는 감각이다.
④ 온도감각에는 온각과 냉각이 있으며 일반적으로 점막에는 거의 되어 있지 않으나 구강, 인두의 점막에는 분포되어 있다.

해설

촉각수용기의 분포와 밀도는 신체 부위에 일정하게 분포되어 있지 않다.

※ **촉각수용기의 분포 및 밀도** : 몸통이나 사지근 심부보다 얼굴과 사지 말단 부위가 더 조밀하며 촉각은 특히 손가락 끝과 입술에서 가장 예민하게 느낀다.

59 시각 표시장치보다 청각 표시장치를 사용하는 것이 유리한 경우는?

① 메시지가 복잡한 경우
② 메시지가 후에 다시 참조되는 경우
③ 메시지가 즉각적인 행동을 요구하는 경우
④ 메시지가 공간적인 위치를 다루는 경우

정답 55 ② 56 ① 57 ③ 58 ② 59 ③

해설

①·②·④는 시각적 표시장치에 관한 설명이다.

청각적 표시장치
- 메시지가 간단하고 짧을 경우
- 메시지가 이후에 재참조되지 않을 경우
- 메시지가 즉각적인 행동을 요구하는 경우
- 직무상 수신자가 자주 움직일 경우

60 소음에 노출되었을 때의 생리적 영향과 가장 거리가 먼 것은?

① 혈압 상승 ② 맥박의 증가
③ 말초혈관 확장 ④ 신진대사의 증가

해설

소음으로 인해 말초혈관이 수축된다.

소음의 생리적 영향 : 혈압상승, 맥박수의 증가, 호흡기, 순환기, 소화기 등에 영향을 미쳐 위액분비의 감소, 위장운동 억제 등 자율신경계에 장애가 출현된다.

4과목 건축재료

61 석고보드에 관한 설명으로 옳지 않은 것은?

① 소석고와 혼화제를 반죽하여 2장의 강인한 보드용 원지 사이에 채워 만든다.
② 내화성 및 차음성은 낮으나 외부충격에 매우 강하다.
③ 벽, 천장, 칸막이벽 등에 주로 사용된다.
④ 성능에 따라 방수석고보드, 미장석고보드, 방균석고보드 등으로 나뉠 수 있다.

해설

석고보드는 내수성, 탄력성, 방수성이 작고 국부적 충격에 약하나, 단열성, 방화성이 크다.

62 점토벽돌에 관한 설명으로 옳지 않은 것은?

① 적색 또는 적갈색을 띠고 있는 것은 점토 내에 포함되어 있는 산화철분에 의한 것이다.
② 1종 점토벽돌의 압축강도 기준은 14.70MPa 이상이다.
③ KS표준에 의한 점토벽돌의 모양에 따른 구분은 일반형과 유공형으로 나뉜다.
④ 2종 점토벽돌의 흡수율 기준은 15.0% 이하이다.

해설

1종 점토벽돌의 압축강도 기준은 24.50MPa 이상이다.

63 이면층(보강용 모르타르층)의 상부에 대리석, 화강암 등의 분수골재, 안료, 시멘트 등을 혼합한 콘크리트로 성형하고, 경화한 후 표면을 연마광택을 내어 마무리한 판은?

① 펄라이트 ② 기성 테라초
③ 수지계 인조석 ④ 트래버틴

해설

대리석 등의 재료를 가공한 인조석 중의 하나인 테라초(판)에 대한 설명이다.

64 다공질 벽돌에 관한 설명으로 옳지 않은 것은?

① 살 두께가 매우 얇고 벽돌 속이 비어 있는 구조로 중공벽돌이라고도 한다.
② 점토에 톱밥, 겨, 탄가루 등을 30~50% 정도 혼합, 소성하여 제조된다.
③ 방음, 흡음성이 좋으나 강도가 약해 구조용으로는 사용이 불가능하다.
④ 절단, 못치기 등의 가공성이 우수하다.

해설

다공질 벽돌
저급점토, 목탄가루, 톱밥 등을 혼합하여 성형 후 소성한 것으로 단열과 방음성이 우수하며 경량벽돌이라고도 한다.

정답 60 ③ 61 ② 62 ② 63 ② 64 ①

65 목재의 절대건조비중이 0.45일 때 목재내부의 공극률은 대략 얼마인가?

① 10% ② 30%
③ 50% ④ 70%

해설

$$공극률 = (1 - \frac{목재의\ 절건비중}{1.54}) \times 100(\%)$$

$$= (1 - \frac{0.45}{1.54}) \times 100(\%) = 70.8\%$$

∴ 약 70%

66 다음 합성수지 중 내열성이 가장 우수한 것은?

① 페놀수지 ② 멜라민수지
③ 실리콘수지 ④ 염화비닐수지

해설

실리콘수지
내열성이 우수하고 －60～260℃까지 탄성이 유지되며, 270℃에서도 수 시간 이용이 가능하다.

67 도료의 도막을 형성하는 데 필요한 유동성을 얻기 위하여 첨가하는 것은?

① 안료 ② 가소제
③ 수지 ④ 용제

68 수성 페인트에 합성수지와 유화제를 섞은 페인트는?

① 에멀션 페인트 ② 조합 페인트
③ 견련 페인트 ④ 방청 페인트

해설

에멀션 페인트
수성 페인트에 합성수지와 유화제를 섞은 것으로서 실내외 어느 곳에서나 매우 광범위하게 사용되며, 피막의 먼지 등으로 오염된 것을 비눗물로도 쉽게 제거할 수 있는 특징을 갖고 있다.

69 내화피복 재료의 운반, 저장, 취급 시 유의해야 할 사항으로 옳지 않은 것은?

① 내화보드는 운반 및 시공 시 옆으로 세워서 운반하여야 한다.
② 뿜칠재료는 운반 및 저장 시 포장이 터지거나 찢어지지 않도록 하여야 하며, 적재 시 한번에 100포 정도 쌓도록 한다.
③ 내화피복재료는 현장 야적 시 바닥의 통풍을 고려하여 목재 깔판 등을 사용하여 습기 또는 물에 젖지 않도록 하여야 한다.
④ 내화도료 저장실의 온도는 5℃ 이상, 35℃ 이하가 되도록 유지하여야 한다.

해설

KCS 41 43 02 내화피복공사
뿜칠재료는 운반 및 저장 시 포장이 터지거나 찢어지지 않도록 하여야 하며, 적재 시 20포 이상 쌓지 않아야 한다.

70 건물 바닥용 제품에 해당되지 않는 것은?

① 염화비닐 타일
② 아스팔트 타일
③ 시멘트 사이딩 보드
④ 리놀륨

해설

시멘트 사이딩 보드는 섬유보강재가 함유된 외장벽체용 제품이다.

71 2개의 목재를 접합할 때 두 부재 사이에 끼워 볼트와 병용하여 전단력에 저항하도록 한 철물을 의미하는 것은?

① 듀벨 ② 꺾쇠
③ 띠쇠 ④ 감잡이쇠

정답 65 ④ 66 ③ 67 ④ 68 ① 69 ② 70 ③ 71 ①

72 골재의 선팽창계수에 의해 영향을 받을 수 있는 콘크리트의 성질은?

① 마모에 대한 저항성
② 습윤건조에 대한 저항성
③ 동결융해에 대한 저항성
④ 온도변화에 대한 저항성

해설

선팽창계수는 온도변화대비 팽창의 정도를 수치화한 것이므로 골재의 선팽창계수에 의해 영향을 받을 수 있는 콘크리트의 성질은 온도변화에 대한 저항성이다.

73 콘크리트 배합의 표시방법 중 $1m^3$의 콘크리트 제조에 소요되는 각 재료량을 그 재료가 공극이 전혀 없는 상태로 계산한 용적으로 표시하는 것은?

① 표준계량 용적배합
② 절대 용적배합
③ 현장계량 용적배합
④ 중량배합

74 콘크리트 타설 후 양생 시 유의사항으로 옳지 않은 것은?

① 침강수축과 건조수축을 동시에 고려한다.
② 레이턴스의 경우 인장력 작용 부위는 제거하되, 압축력 작용 부위는 지장이 없으므로 제거하지 않는다.
③ 콘크리트 표면의 물 증발속도가 블리딩 속도보다 빠르지 않게 유지한다.
④ 굵은 골재나 수평철근 아래에는 수막이나 공극이 생기기 쉬우므로 유의하여야 한다.

해설

레이턴스는 부착력을 저하시키므로 인장력, 압축력 작용부위 관계없이 모두 제거해야 한다.

75 벽 · 기둥 등의 모서리를 보호하기 위하여 미장바름질을 할 때 붙이는 보호용 철물은?

① 논슬립
② 인서트
③ 코너 비드
④ 크레센트

해설

코너 비드(Corner Bead)
벽, 기둥 등의 모서리를 보호하기 위하여 미장공사 전에 사용하는 철물로서 아연도금 철제, 스테인리스 철제, 황동제, 플라스틱 등이 있다.

76 목재의 수분 · 습기의 변화에 따른 팽창수축을 감소시키는 방법으로 옳지 않은 것은?

① 사용하기 전에 충분히 건조시켜 균일한 함수율이 된 것을 사용할 것
② 가능한 한 곧은결 목재를 사용할 것
③ 가능한 한 저온 처리된 목재를 사용할 것
④ 파라핀 · 크레오소트 등을 침투시켜 사용할 것

해설

저온 처리될 경우 결로 등에 의해 수분이 생성되고 이에 다른 팽창수축이 일어날 가능성이 높아지게 된다.

77 한 면 또는 양면에 각종 무늬를 돋운 것으로 만든 반투명판유리로서 모양에 따라 줄무늬형, 바둑판 무늬형, 다이아몬드형 등으로 구분하는 것은?

① 망입유리　　② 접합유리
③ 형판유리　　④ 강화유리

해설

형판유리를 패턴유리라고도 한다.

정답　72 ④　73 ②　74 ②　75 ③　76 ③　77 ③

78 급경성으로 내알칼리성 등의 내화학성 및 접착력, 내수성이 우수한 고가의 합성수지 접착제로 금속, 석재, 도자기, 유리, 콘크리트, 플라스틱재 등의 접착에 모두 사용되는 것은?

① 에폭시수지 접착제 ② 멜라민수지 접착제
③ 요소수지 접착제 ④ 폴리에스테르수지 접착제

해설

에폭시수지
- 접착성이 매우 우수하고 휘발물의 발생이 없다.
- 금속유리, 플라스틱, 도자기, 목재, 고무 등의 접착성이 좋다.
- 알루미늄과 같은 경금속 접착에 좋다.
- 주형재료, 접착제, 도료, 유리섬유의 보강품 등에 사용된다.

79 다음 중 목재의 건조 목적이 아닌 것은?

① 전기절연성의 감소
② 목재수축에 의한 손상 방지
③ 목재강도의 증가
④ 균류에 의한 부식 방지

해설

건조의 목적(필요성)
강도 증가, 수축 · 균열 · 비틀림 등 변형 방지, 부패균 방지, 경량화

80 유리의 종류에 따른 용도를 표기한 것으로 옳지 않은 것은?

① 강화유리 – 테두리 없는 유리문, 엘리베이터의 창
② 복층유리 – 일반주택 및 고층 빌딩 등의 외부 창
③ 망입유리 – 방화 및 방범용 창
④ 자외선투과유리 – 의류의 진열창, 식품 · 약품창고의 창유리용

해설

자외선투과유리를 적용할 경우 의류 진열창, 식품 · 약품창고에 자외선이 투과되어 변색, 오염 등이 발생할 우려가 있다.

5과목 건축일반

81 건축허가 등을 할 때 미리 소방본부장 또는 소방서장의 동의를 받아야 하는 건축물의 최소 연면적 기준은? (단, 기타 사항은 고려하지 않는다)

① $400m^2$ 이상
② $600m^2$ 이상
③ $800m^2$ 이상
④ $1,000m^2$ 이상

해설

건축허가 등의 동의대상물의 범위 등(소방시설 설치 및 관리에 관한 법률 시행령 제7조)
건축허가 등을 할 때 미리 소방본부장 또는 소방서장의 동의를 받아야 하는 건축물의 연면적 기준은 $400m^2$ 이상이다(단, 기타사항을 고려하지 않을 경우).

82 비상경보설비를 설치하여야 할 특정소방대상물 기준으로 틀린 것은?(단, 지하층 및 무창층이 공연장인 경우는 고려하지 않는다)

① 무창층 – 무창층의 바닥면적 $150m^2$ 이상
② 지하층 – 지하층의 바닥면적 $150m^2$ 이상
③ 옥내 작업장 – 작업 근로자수 50명 이상
④ 지하가 중 터널 – 길이 300m 이상

해설

지하가 중 터널길이는 500m 이상인 경우에 해당된다.

83 소방관서장은 화재안전조사를 실시하려는 경우 해당 사항을 인터넷 홈페이지나 전산시스템에 며칠 이상 공개해야 하는가?

① 5일 ② 7일
③ 10일 ④ 15일

정답 78 ① 79 ① 80 ④ 81 ① 82 ④ 83 ②

해설

화재안전조사의 방법 · 절차(화재의 예방 및 안전관리에 관한 법률 시행령 제8조)
소방관서장은 화재안전조사를 실시하려는 경우 사전에 조사대상, 조사기간 및 조사사유 등 조사계획을 소방관서(소방청, 소방본부 또는 소방서)의 인터넷 홈페이지나 전산시스템을 통해 7일 이상 공개해야 한다.

84 방염성능기준 이상의 실내장식물 등을 설치하여야 하는 특정소방대상물이 아닌 것은?

① 옥내수영장 ② 의료시설
③ 숙박시설 ④ 방송국

해설

방염성능기준 이상의 실내장식물 등을 설치하여야 하는 특정소방대상물에서 운동시설은 포함되나 운동시설 중 수영장은 제외된다.

85 다음 중 주요 구조부를 내화구조로 하여야 하는 건축물은?

① 주점영업의 용도로 쓰는 건축물로서 집회실의 바닥면적의 합계가 $100m^2$인 건축물
② 전시장의 용도로 쓰는 건축물로서 그 용도로 쓰는 바닥면적의 합계가 $300m^2$인 건축물
③ 판매시설의 용도로 쓰는 건축물로서 그 용도로 쓰는 바닥면적의 합계가 $500m^2$인 건축물
④ 공장의 용도로 쓰는 건축물로서 그 용도로 쓰는 바닥면적의 합계가 $1,000m^2$인 건축물

해설

① 주점영업의 용도로 쓰는 건축물로서 집회실의 바닥면적의 합계가 $200m^2$ 이상인 건축물
② 전시장의 용도로 쓰는 건축물로서 그 용도로 쓰는 바닥면적의 합계가 $500m^2$ 이상인 건축물
④ 공장의 용도로 쓰는 건축물로서 그 용도로 쓰는 바닥면적의 합계가 $2,000m^2$ 이상인 건축물

86 건축물에서 피난층 또는 지상으로 통하는 지하층 비상탈출구의 최소 유효너비 기준은?(단, 주택이 아님)

① 1.6m 이상 ② 0.75m 이상
③ 1m 이상 ④ 1.2m 이상

해설

비상탈출구의 구조

크기	• 유효너비 : 0.75m 이상 • 유효높이 : 1.5m 이상
열리는 방향 등	문은 피난방향으로 열리도록 하고, 실내에서 항상 열 수 있는 구조, 내부 및 외부에는 비상탈출구 표시
출입구로부터	3m 이상 떨어진 곳에 설치
지하층의 바닥으로부터 비상탈출구의 아랫부분까지의 높이가 1.2m 이상 시	벽체에 발판의 너비가 20cm 이상인 사다리 설치
피난통로의 유효너비	0.75m 이상
피난통로의 실내에 접하는 부분의 마감과 그 바탕	불연재료

87 건축물에 설치하는 금속제 굴뚝은 목재 기타 가연재료로부터 최소 얼마 이상 떨어져서 설치하여야 하는가?(단, 두께 10cm 이상인 금속 외의 불연재료로 덮는 경우는 고려하지 않는다)

① 10cm ② 15cm
③ 20cm ④ 25cm

해설

건축물에 설치하는 굴뚝(건축물의 피난 · 방화구조 등의 기준에 관한 규칙 제20조)
금속제 굴뚝은 목재, 기타 가연재료로부터 15센티미터 이상 떨어져서 설치해야 한다.

88 다음 중 방염대상물품에 해당되지 않는 것은?(단, 제조 또는 가공공정에서 방염 처리를 한 물품이다)

① 전시용 섬유판 ② 무대막
③ 벽지류(종이벽지 포함) ④ 카펫

정답 84 ① 85 ③ 86 ② 87 ② 88 ③

해설

방염대상물품에 두께가 2mm 미만인 벽지류가 포함되나, 벽지류 중 종이벽지는 제외한다.

89 소방시설의 종류가 잘못 짝지어진 것은?

① 소화활동설비 – 방열복
② 소화용수설비 – 소화수조
③ 소화설비 – 자동소화장치
④ 경보설비 – 비상방송설비

해설

방열복은 인명구조기구로서 피난구조설비에 속한다.

90 특정소방대상물에 설치하여야 하는 소방시설과 이를 면제할 수 있는 유사 소방시설의 연결이 틀린 것은?

① 연소방지설비 – 비상방송설비
② 비상조명등 – 피난구조유도등
③ 비상경보설비 – 자동화재탐지설비
④ 스프링클러설비 – 물분무등소화설비

해설

연소방지설비는 소화활동설비이고, 비상방송설비는 경보설비에 해당하므로 면제 가능한 유사 소방시설에 해당하지 않는다.

91 다음 중 플랫슬래브구조의 특징에 대한 설명으로 틀린 것은?

① 층높이를 낮게 할 수 있다.
② 실내공간 이용률이 높다.
③ 바닥판의 두께가 두꺼워져 고정하중이 증가한다.
④ 저층보다 고층 건물에 적합한 바닥구조이다.

해설

플랫슬래브구조는 보를 쓰지 않아 공간활용에는 좋지만, 전단파괴 등의 위험이 크므로 고층 건축물에는 적용이 쉽지 않다.

92 환기 및 채광을 위하여 거실에 설치하는 창문 등의 설비의 설치기준에 관한 설명으로 틀린 것은?

① 채광을 위하여 거실에 설치하는 창문 등의 면적은 그 거실의 바닥면적의 10분의 1 이상이어야 한다.
② 환기를 위하여 거실에 설치하는 창문 등의 면적은 그 거실의 바닥면적의 20분의 1 이상이어야 한다.
③ 거실의 용도에 따라 조도 기준 이상의 조명장치를 설치하는 경우, 채광을 위하여 거실에 설치하는 창문 등의 설치면적을 기준과 달리할 수 있다.
④ 학교 교실의 채광을 위한 창문의 면적은 그 교실의 바닥면적의 5분의 1 이상이어야 한다.

해설

학교 교실의 채광을 위한 창문의 면적은 그 교실의 바닥면적의 10분의 1 이상이어야 한다.

93 다음 중 목구조의 수평력을 보강하기 위한 부재가 아닌 것은?

① 깔도리 ② 가새
③ 버팀대 ④ 귀잡이

해설

깔도리
지붕틀의 하중을 기둥으로 전달하는 부재로서 수직력을 보강하기 위해 설치된다.

94 다음 중 거실 · 욕실 또는 조리장의 바닥 부분에 방습을 위한 조치를 하지 않아도 되는 경우는?

① 건축물의 최하층에 있는 목조 바닥의 거실
② 건축물의 최하층에 있는 석조 바닥의 거실
③ 제1종 근린생활시설 중 휴게음식점의 조리장
④ 제2종 근린생활시설 중 숙박시설의 욕실

정답 89 ① 90 ① 91 ④ 92 ④ 93 ① 94 ②

해설

거실 등의 방습(건축법 시행령 제52조)

다음에 해당하는 거실 · 욕실 또는 조리장의 바닥 부분에는 국토교통부령으로 정하는 기준에 따라 방습을 위한 조치를 해야 한다.

㉠ 건축물의 최하층에 있는 거실(바닥이 목조인 경우만 해당한다)

㉡ 제1종 근린생활시설 중 목욕장의 욕실과 휴게음식점 및 제과점의 조리장

㉢ 제2종 근린생활시설 중 일반음식점, 휴게음식점 및 제과점의 조리장과 숙박시설의 욕실

95 건축물의 설계자가 건축구조기술사의 협력을 받아 건축물에 대한 구조안전을 확인하여야 하는 대상 건축물 기준에 해당하지 않는 것은?(단, 국토교통부령으로 따로 정하는 건축물의 경우는 고려하지 않는다)

① 기둥과 기둥 사이의 거리가 10m인 건축물

② 지상 층수가 20층인 건축물

③ 다중이용 건축물

④ 6층인 필로티형식 건축물

해설

① 기둥과 기둥 사이의 거리가 20m 이상인 건축물
② 지상 층수가 6층 이상인 건축물
③ 다중이용 건축물
④ 3층 이상인 필로티형식 건축물

96 서양 고전건축에서 엔타블러처(Entablature)의 구성요소가 아닌 것은?

① 스타일로베이트(Stylobate)

② 아키트레이브(Architrave)

③ 프리즈(Frieze)

④ 코니스(Cornice)

해설

엔타블러처(Entablature)의 세 가지 구성요소

- 아키트레이브(Architrave) : 가장 낮은 부분에 기둥부분과 가장 접해 있는 부분
- 프리즈(Frieze) : 아키트레이브와 코니스를 연결하는 띠장식
- 코니스(Cornice) : 가장 상부의 처마, 돌림띠

97 조적조에서 벽체의 두께를 결정하는 요소와 가장 거리가 먼 것은?

① 벽체의 길이

② 벽체의 높이

③ 벽돌의 제조법

④ 건축물의 높이

98 판매시설의 용도에 쓰이는 층의 최대 바닥면적이 500m^{2}일 때 피난층에 설치하는 건축물의 바깥쪽으로의 출구의 유효너비 합계는 최소 얼마 이상으로 하여야 하는가?

① 2.5m ② 3m

③ 3.5m ④ 5m

해설

출구의 총유효너비 $= \dfrac{500}{100} \times 0.6 = 3\text{m}$

99 철골조의 접합에서 회전자유의 절점을 가지는 접합은?

① 모멘트접합 ② 아크용접접합

③ 핀접합 ④ 강접합

해설

핀접합은 회전이 구속되지 않아 모멘트가 0이 된다.

100 르 코르뷔지에(Le Corbusier)의 근대건축 5원칙과 거리가 먼 것은?

① 필로티 ② 옥상정원

③ 철과 유리의 사용 ④ 수평 띠장

해설

르 코르뷔지에(Le Corbusier)의 근대건축 5원칙

필로티, 옥상정원, 자유로운 평면, 자유로운 입면(Facade), 수평 띠장

정답 95 ① 96 ① 97 ③ 98 ② 99 ③ 100 ③

6과목 건축환경

101 전기설비에서 다음과 같이 정의되는 것은?

> 인입구 장치 등의 전원공급설비 혹은 비상용 발전기의 절환반과 최종 분기회로 과전류 차단장치 사이에 있는 모든 도체회로 전선

① 간선 ② 나도체
③ 절연전선 ④ 인입케이블

102 자연환기에 관한 설명으로 옳지 않은 것은?

① 풍력환기는 건물의 외벽면에 가해지는 풍압이 원동력이 된다.
② 일반적으로 공기 유입구와 유출구 높이의 차가 클수록 중력환기량은 많아진다.
③ 자연환기량은 개구부의 위치와 관련이 있으며, 개구부의 면적에는 영향을 받지 않는다.
④ 바람이 있을 때에는 중력환기와 풍력환기가 경합하므로 양자가 서로 다른 것을 상쇄하지 않도록 개구부의 위치에 주의한다.

해설

자연환기량은 개구부의 위치와 관련이 있으며, 개구부의 면적에 영향을 받는다.

103 공기조화방식에 관한 설명으로 옳지 않은 것은?

① 멀티존유닛방식은 전공기방식에 속한다.
② 단일덕트방식은 각 실이나 존의 부하변동에 대응이 용이하다.
③ 팬코일유닛방식은 각 실에 수배관으로 인한 누수의 우려가 있다.
④ 이중덕트방식은 냉·온풍의 혼합으로 인한 혼합손실이 있어서 에너지 소비량이 많다.

해설

단일덕트방식은 냉풍 혹은 온풍을 계절별로 한 가지만 공급할 수 있기 때문에 각 실이나 존의 부하변동에 즉각적인 대응이 어렵다. 반면 이중덕트방식은 에너지 소비량은 많지만 냉풍과 온풍을 각각의 덕트로 보내 각 실의 조건에 맞게 혼합하여 공급하므로 각 실이나 존의 부하변동에 대응이 용이하다.

104 균시차에 관한 설명으로 옳은 것은?

① 균시차는 항상 일정하다.
② 진태양시와 평균태양시의 차를 말한다.
③ 중앙표준시와 평균태양시의 차를 말한다.
④ 진태양시의 1년간 평균값에서 중앙표준시를 뺀 값이다.

해설

균시차
태양의 실제적인 움직임을 통해 시간을 설정한 진태양시와 가상의 태양궤적을 통해 시간을 설정한 평균태양시의 차를 말한다.

105 가로 9m, 세로 9m, 높이가 3.3m인 교실이 있다. 여기에 광속이 5,000lm인 형광등을 설치하여 평균조도 500lx를 얻고자 할 때 필요한 램프의 개수는?(단, 보수율은 0.8, 조명률은 0.6이다)

① 10개 ② 17개
③ 25개 ④ 32개

해설

$$N=\frac{EA}{FUM}=\frac{500\times(9\times9)}{5{,}000\times0.6\times0.8}=16.88$$

∴ 필요한 램프의 개수는 17개

정답 101 ① 102 ③ 103 ② 104 ② 105 ②

106 다음 중 병원의 수술실, 클린룸에 가장 바람직한 환기방식은?

① 동일한 풍량의 송풍기와 배풍기를 동시에 강제적으로 가동하는 방식
② 송풍기 및 배풍기를 설치하지 않고 자연적으로 환기를 실시하는 방식
③ 송풍기로 실내에 급기를 실시하고 배기구를 통하여 자연적으로 유출시키는 방식
④ 배풍기로 실내로부터 배기를 실시하고 급기구를 통하여 자연적으로 유입하는 방식

해설

클린룸은 오염공기가 침투되지 않도록 실내가 양압(+)이 형성되는 2종 환기[송풍기(강제) 급기, 배기구(자연)배기)]를 하여야 한다.

107 급수방식에 관한 설명으로 옳지 않은 것은?

① 고가수조방식은 단수 시에도 일정량의 급수가 가능하다.
② 압력수조방식은 급수 공급 압력이 일정하다는 장점이 있다.
③ 수도직결방식은 위생 유지 · 관리 측면에서 가장 바람직한 방식이다.
④ 펌프직송방식은 펌프의 운전방식에 따라 정속방식과 변속방식으로 구분할 수 있다.

해설

압력수조(압력탱크)방식의 특징

- 수압변동이 심하다.
- 고압이 요구되는 특정 위치가 있을 경우 유용하다.
- 정전 시 즉시 급수가 중단되며, 단수 시에는 저수조 수량으로 일정 시간 급수가 가능하다.

108 크기가 2m×0.8m, 두께 40mm, 열전도율이 0.14W/m · K인 목재문의 내측 표면온도가 15℃, 외측 표면온도가 5℃일 때, 이 문을 통하여 1시간 동안에 흐르는 전도열량은?

① 0.056W ② 0.56W
③ 5.6W ④ 56W

해설

$$q(\text{전도열량, W}) = K(\text{열관류율, W/m}^2\text{K}) \times A(\text{면적, m}) \times \Delta T(\text{온도차, ℃})$$
$$= \frac{\lambda(\text{열전도율, W/mK})}{d(\text{두께, m})} \times A(\text{면적, m}^2) \times \Delta T(\text{온도차, ℃})$$
$$= \frac{0.14}{0.04} \times (2 \times 0.8) \times (15-5) = 56\text{W}$$

109 온수난방 배관에서 리버스리턴(Reverse Return) 방식을 사용하는 가장 주된 이유는?

① 배관길이를 짧게 하기 위해
② 배관의 부식을 방지하기 위해
③ 배관의 신축을 흡수하기 위해
④ 온수의 유량분배를 균일하게 하기 위해

해설

리버스리턴(Reverse Return, 역환수)방식
각각의 방열기에 대해 공급관의 길이와 환수관의 길이의 합을 같게 하여 방열기관의 온수유량분배를 균일하게 하기 위해 적용한다.

110 간접배수를 하여야 하는 기기 및 장치에 속하지 않는 것은?

① 제빙기 ② 세탁기
③ 세면기 ④ 식기세정기

정답 106 ③ 107 ② 108 ④ 109 ④ 110 ③

해설

간접배수는 배수가 역류할 경우 위생상 우려가 되는 곳에 역류를 방지하기 위해 적용되는 것으로서 세탁물 등을 다루는 세탁기 등에 사용되고 있다. 세면기는 역류하더라도 식기세척기 등과 같이 위생상 큰 문제가 발생하는 곳이 아니므로 직접배수 방식을 채택한다.

111 같은 주파수 음의 간섭에 의해서 입사음파가 반사음파와 중첩되어 음압의 변동이 고정되는 현상은?

① 마스킹 현상
② 정재파 현상
③ 피드백 현상
④ 플러터 에코 현상

해설

정재파 현상
음원에서 나온 직접음과 해당 직접음이 어떤 물체 혹은 벽과 부딪혀 나온 반사음과 서로 중첩되거나 소멸되는 현상을 말한다.

112 각종 흡음재에 관한 설명으로 옳은 것은?

① 판진동 흡음재는 고음역의 흡음재로 유용하다.
② 다공성 흡음재는 재료의 두께를 감소시킴으로써 고주파수에서의 흡음률을 증가시킬 수 있다.
③ 판진동 흡음재는 강성벽의 표면에 밀실하게 부착하여 사용하는 것이 흡음률 향상에 효과적이다.
④ 다공성 흡음재의 표면을 다른 재료로 피복하여 통기성을 낮출 경우 중·고주파수에서의 흡음률이 저하된다.

해설

① 판진동 흡음재는 저주파 흡음에 유리하다.
② 다공성 흡음재는 재료의 두께를 증가시킴으로써 고주파수에서의 흡음률을 증가시킬 수 있다.
③ 판진동 흡음재는 강성벽의 표면에 밀실하게 부착하는 것보다 간격을 두고 고정하는 것이 흡음률 향상에 효과적이다.

113 눈부심(Glare)에 관한 설명으로 옳지 않은 것은?

① 광원의 휘도가 높을수록 눈부시다.
② 광원이 시선에 가까울수록 눈부시다.
③ 빛나는 면의 크기가 작을수록 눈부시다.
④ 눈에 입사하는 광속이 과다할수록 눈부시다.

해설

빛나는 면의 크기가 클수록 눈부심이 크게 발생한다.

114 대류난방과 바닥복사난방의 비교 설명으로 옳지 않은 것은?

① 예열시간은 대류난방이 짧다.
② 실내 상하온도차는 바닥복사난방이 작다.
③ 거주자의 쾌적성은 대류난방이 우수하다.
④ 바닥복사난방은 난방코일의 고장 시 수리가 어렵다.

해설

거주자의 쾌적성은 전체적인 실내온도분포가 균일하게 형성되는 바닥복사난방이 대류난방보다 우수하다.

115 측창채광에 관한 설명으로 옳은 것은?

① 천창채광에 비해 채광량이 많다.
② 천창채광에 비해 비막이에 불리하다.
③ 편측채광의 경우 실내 조도분포가 균일하다.
④ 근린의 상황에 의해 채광을 방해받을 수 있다.

해설

측창채광은 측벽에 창이 있는 형태로서 근린(주변건축물 등 주변환경)에 의해 채광이 불리해질 수 있다. 예를 들어 측창이 있는 쪽의 매우 가까이에 건물이 근접해 있으면 채광상 불리할 가능성이 커지게 된다.

정답 111 ② 112 ④ 113 ③ 114 ③ 115 ④

116 음의 세기 $10^{-10}W/m^2$를 음의 세기 레벨(dB)로 환산하면 얼마인가?

① 10dB ② 20dB
③ 30dB ④ 40dB

해설

음의 세기 레벨(SIL) $= 10\log\left(\frac{I}{I_0}\right)$(dB) $= 10\log\left(\frac{10^{-10}}{10^{-12}}\right)$(dB)
$= 20$dB

여기서, I_0는 정상인 최소 가청음 세기 $10^{-12}W/m^2$를 적용한다.

117 실내공기오염의 종합적 지표로 사용되는 오염물질은?

① CO ② CO_2
③ SO_2 ④ 부유분진

해설

실내공기오염의 종합적 지표로 CO_2가 사용되는데 그 이유는 CO_2의 농도상승률이 다른 오염물질의 농도상승률과 유사하게 측정되므로 CO_2의 농도를 통해 다른 오염물질의 농도를 예측할 수 있기 때문이다.

118 결로에 관한 설명으로 옳지 않은 것은?

① 외측단열공법으로 시공하는 경우 내부결로 방지에 효과가 있다.
② 겨울철 결로는 일반적으로 단열성 부족이 원인이 되어 발생한다.
③ 내부결로가 발생할 경우 벽체 내의 함수율은 낮아지며 열전도율은 커진다.
④ 실내에서 발생하는 수증기를 억제할 경우 표면결로 방지에 효과가 있다.

해설

벽체 내부로 수증기의 투습량이 많아질 경우 내부결로 발생 가능성이 높아지므로, 내부결로가 발생할 경우 함수율은 높아지게 된다.

119 통기관의 설치 목적으로 옳지 않은 것은?

① 배수관 내의 물의 흐름을 원활히 한다.
② 은폐된 배수관의 수리를 용이하게 한다.
③ 사이펀 작용 및 배압으로부터 트랩의 봉수를 보호한다.
④ 배수관 내에 신선한 공기를 유통시켜 관 내의 청결을 유지한다.

해설

통기관은 배수관의 원활한 흐름을 위해 배수관 내 적정압력 유지, 봉수의 보호, 청결 유지 등의 역할을 하고 있다.

120 습공기를 가습하였을 경우 상태값이 증가하지 않는 것은?

① 건구온도 ② 절대습도
③ 상대습도 ④ 수증기분압

해설

건구온도는 습공기를 가습하여도 변하지 않으며, 절대습도, 상대습도, 수증기분압은 모두 상승하게 된다.

정답 116 ② 117 ② 118 ③ 119 ② 120 ①

2021년 1회 실내건축기사

1과목 실내디자인론

01 주택의 부엌가구 배치에 관한 설명으로 옳지 않은 것은?

① ㄷ자형의 작업대의 통로폭은 1,200～1,500mm가 적당하다.
② 작업면이 넓어 작업효율이 가장 좋은 작업대의 배치는 ㄴ자형 배치이다.
③ 작업대는 준비대, 개수대, 조리대, 가열대, 배선대의 순으로 배열한다.
④ 냉장고, 개수대, 가열대를 연결하는 작업삼각형의 각 변의 합은 6,600mm를 넘지 않도록 한다.

해설

ㄷ자형
인접한 3면의 벽에 작업대를 배치하는 형식으로 작업면이 넓어 작업효율이 좋으며 가장 편리하고 능률적인 배치나, 소요면적이 크다.

02 정지된 인체치수와 동작을 중심으로 한 인간공학적 측면에서 구분한 가구의 종류에 해당하지 않는 것은?

① 칸막이 가구 ② 작업용 가구
③ 수납용 가구 ④ 인체지지용 가구

해설

가구의 종류
- 인체계 가구 : 인체와 밀접하게 관계되어 가구 자체가 직접 인체를 지지하는 가구이다(의자, 침대, 소파).
- 준인체계 가구 : 인간과 간접적으로 관계하고 동작의 보조적인 역할을 하는 가구이다(테이블, 카운터, 책상).
- 건축계 가구 : 건축물의 일부로서의 성격을 지니며 수납크기, 수량, 중량 등과 관계하는 가구이다(벽장, 선반, 옷장, 수납용 가구).

03 다음 중 실내디자인의 개념에 관한 설명으로 옳지 않은 것은?

① 기능보다 장식을 고려한 심미적 공간 창조 행위이다.
② 디자인 요소를 반영하여 인간환경을 구축하는 작업이다.
③ 디자인의 한 분야로서 인간생활의 쾌적성을 추구하는 활동이다.
④ 목적을 위한 행위이지만 그 자체가 목적이 아니고 특정한 효과를 얻기 위한 수단이다.

해설

실내디자인의 개념
인간에게 적합한 환경, 즉 생활공간의 쾌적성 추구가 최대목표로서 가장 우선시되어야 하는 것은 기능적인 면이다.

04 조명의 배광방식에 관한 설명으로 옳지 않은 것은?

① 반간접조명은 조도가 균일하고 은은하며 전반확산조명이라고도 한다.
② 직접조명은 경제적이지만 눈부심 현상과 강한 그림자가 생기는 단점이 있다.
③ 간접조명은 상향광속이 90～100%로, 반사광으로 조도를 구하는 조명방식이다.
④ 반직접조명은 마감재의 반사율에 의해 밝기의 정도가 영향을 받게 되므로 마감재의 질감과 색채 등을 고려한다.

해설

직접간접조명이 전반확산 조명이다.

- 반간접조명 : 조도가 균일하고 은은하며 부드러워 눈부심현상이 거의 생기지 않는다.
- 전반확산조명 : 직접간접조명이라고도 하며, 직접조명과 간접조명의 중간 방식으로 방 전체를 균일하게 조명하는 방식이다.

정답 01 ② 02 ① 03 ① 04 ①

05 다음 설명에 알맞은 디자인 원리는?

질적, 양적으로 전혀 다른 둘 이상의 요소가 동시적 혹은 계속적으로 배열될 때 상호의 특질이 한층 강하게 느껴지는 통일적 현상을 말한다.

① 균형 ② 대비
③ 조화 ④ 리듬

해설

대비
모든 시각적 요소에 대하여 극적 분위기를 주는 상반된 성격의 결합에서 극적인 분위기를 연출하는 데 효과적이다.

06 다음 중 주거공간의 효율을 높이고, 데드 스페이스(Dead Space)를 줄이는 방법과 가장 거리가 먼 것은?

① 플랫폼가구를 활용한다.
② 기능과 목적에 따라 독립된 실로 계획한다.
③ 침대, 계단 밑 등을 수납공간으로 활용한다.
④ 가구와 공간의 치수체계를 통합하여 계획한다.

해설

기능과 목적에 따라 독립된 실로 계획하면 데드 스페이스가 발생한다.

데드 스페이스(Dead Space) : 거의 쓸 수 없는 건물의 공간으로 방의 구석, 수납 부분의 귀퉁이를 말한다. 특히, 데드 스페이스를 줄이기 위해서는 성격이 같은 실은 근접 배치하거나 확장하여 공간 활용을 극대화한다.

07 주택의 동선계획에 관한 설명으로 옳지 않은 것은?

① 가사노동의 동선은 가능한 한 남측에 위치시키도록 한다.
② 사용빈도가 높은 공간은 동선을 길게 처리하는 것이 좋다.
③ 동선이 교차하는 곳은 공간적 두께를 크게 하는 것이 좋다.
④ 개인, 사회, 가사노동권 등의 동선은 상호 간 분리하는 것이 좋다.

해설

사용빈도가 높은 공간은 동선을 짧게 처리하는 것이 좋다.

주택의 동선계획
- 다른 동선은 가능한 한 분리하고 필요 이상의 교차는 피한다.
- 동선이 짧을수록 효율적이나 공간의 성격에 따라 길게 유도하기도 한다.
- 주부는 실내에 머무는 시간이 길고 작업량이 많으므로 짧고 직선적으로 처리한다.
- 동선의 분기점이 되는 곳은 거실이며 가구배치계획에 따라 동선이 변하기도 한다.

08 상점계획에서 파사드 구성에 요구되는 소비자 구매심리 5단계(AIDMA)에 속하지 않는 것은?

① 욕망(Desire) ② 기억(Memory)
③ 주의(Attention) ④ 유인(Attraction)

해설

상점의 광고요소(AIDMA 법칙)
- A(Attention, 주의) : 상품에 대한 관심으로 주의를 갖게 한다.
- I(Interest, 흥미) : 고객의 흥미를 갖게 한다.
- D(Desire, 욕망) : 구매 욕구를 일으킨다.
- M(Memory, 기억) : 개성적인 공간으로 기억하게 한다.
- A(Action, 행동) : 구매의 동기를 실행하게 한다.

09 시스템 디자인(System Design)에 관한 설명으로 옳은 것은?

① 디자인에서 시스템 적용은 모듈에 의한 표준화, 조립화와 연결된다.
② 시스템가구는 형태적 측면에서 고려된 것으로 대량생산과는 관계가 없다.
③ 시스템 키친(System Kitchen)은 주방용기인 그릇 등의 디자인을 통합하는 작업이다.
④ 서비스 코어 시스템(Service Core System)은 가구나 조명 등 실내공간을 보조하는 시스템을 말한다.

정답 05 ② 06 ② 07 ② 08 ④ 09 ①

해설

시스템 디자인
- 시스템가구 : 모듈계획을 근간으로 규격화된 부품을 구성하여 대량 생산의 용이, 제품의 균일성, 시공기간 단축 및 공사비 절감 등 효과를 준다.
- 시스템 키친 : 다양한 종류의 부엌설비들을 기능적으로 일체화하여 구성한다.
- 서비스 코어 시스템 : 설비, 배관이 많은 부분을 집중시켜 공사비 절감 및 서비스 상호 간의 유기적 연결이 이루어진다.

10 마르셀 브로이어에 의해 디자인된 의자로, 강철파이프를 구부려서 지지대 없이 만든 의자는?

① 체스카 의자　② 파이미오 의자
③ 레드 블루 의자　④ 바르셀로나 의자

해설

디자이너 의자
- 체스카 의자 : 마르셀 브로이어, 강철파이프를 구부려 지지대 없이 만든 캔버터리식 의자이다.
- 파이미오 의자 : 알바 알토
- 레드블루 의자 : 게리트 리트벨트
- 바르셀로나 의자 : 미스 반 데어 로에

11 다음 설명에 알맞은 블라인드의 종류는?

- 셰이드(Shade)라고도 한다.
- 창 이외에 칸막이나 스크린으로도 효과적으로 사용할 수 있다.

① 롤(Roll) 블라인드
② 로만(Roman) 블라인드
③ 버티컬(Vertical) 블라인드
④ 베네시안(Venetian) 블라인드

해설

롤 블라인드
셰이드라고도 하며 천을 감아올려 높이 조절이 가능하며 칸막이나 스크린의 효과도 얻을 수 있다.

12 균형의 원리에 관한 설명으로 옳지 않은 것은?

① 크기가 큰 것이 작은 것보다 시각적 중량감이 크다.
② 색의 중량감은 색의 속성 중 명도, 채도에 영향을 받는다.
③ 불규칙적인 형태가 기하학적 형태보다 시각적 중량이 크다.
④ 단순하고 부드러운 질감이 복잡하고 거친 질감보다 시각적 중량감이 크다.

해설

단순하고 부드러운 질감이 복잡하고 거친 질감보다 시각적 중량감이 작다.

균형(Balance)
- 사선이 수직선, 수평선보다 시각적 중량감이 크다.
- 작은 것은 큰 것보다 가볍고, 크기가 큰 것은 중량감이 크다.
- 밝은색은 시각적 중량감이 작고 어두운색은 무겁게 느껴진다.
- 불규칙적인 형태가 시각적 중량감이 크고 기하학적인 형태는 가볍게 느껴진다.
- 부드럽고 단순한 것은 가볍게 느껴지고 복잡하고 거친 질감은 무겁게 느껴진다.

13 공간의 형태에 관한 설명으로 옳은 것은?

① 천장면이 모아진 삼각형의 공간에서는 높이에 대한 집중도와 중심성이 상대적으로 떨어진다.
② 원형이나 정사각형의 평면 중심에 강한 요소를 도입하면 공간형태를 더욱 강조할 수 있다.
③ 공간의 형태는 일관성이나 축에 따라 자연적인 것과 유기적인 형태의 것으로 구분할 수 있다.
④ 천장면이 곡면일 경우 공간의 방향성은 공간의 중심으로 모이게 되며 정적인 분위기가 된다.

해설

공간(Space)
- 천장면이 모아진 삼각형의 공간에서는 높이에 대한 집중도와 중심성이 상대적으로 높아진다.
- 공간의 형태는 일관성이나 축에 따라 규칙적인 형태와 불규칙적 형태로 구분할 수 있다.

정답　10 ①　11 ①　12 ④　13 ②

- 천장면이 수직면일 경우 공간의 방향성은 공간의 중심으로 모이게 되며 정적인 분위기가 된다(곡면 → 동적인 분위기).

14 착시현상의 사례 중 분트 도형의 내용으로 옳은 것은?

① 같은 길이의 수직선이 수평선보다 길어 보인다.

② 같은 길이의 직선이 화살표에 의해 길이가 다르게 보인다.

③ 사선이 2개 이상의 평행선으로 중단되면 서로 어긋나 보인다.

④ 같은 크기의 2개의 부채꼴에서 아래쪽의 것이 위의 것보다 커 보인다.

해설

② 길이의 착시(뮐러－리어 도형)
③ 방향의 착시(포겐도르프 도형)
④ 크기의 착시(자스트로 도형)

15 사무소 건축에서 유효율(Rentable Ratio)의 의미로 알맞은 것은?

① 연면적에 대한 대실면적의 비율

② 연면적에 대한 건축면적의 비율

③ 대지면적에 대한 바닥면적의 비율

④ 대지면적에 대한 건축면적의 비율

해설

유효율(Rentable Ratio)
연면적에 대한 대실면적의 비율로, 연면적에 대하여 70~75%, 기준층에 대하여 80% 정도이다.

16 상점의 동선계획에 관한 설명으로 옳지 않은 것은?

① 고객동선은 고객의 편의를 위해 가능한 한 짧게 한다.

② 동선의 흐름은 공간적, 물리적인 흐름뿐만이 아니라 시각적인 흐름도 원활하도록 한다.

③ 고객동선은 흐름의 연속성이 상징적, 지각적으로 분할되지 않도록 수평적 바닥이 되도록 한다.

④ 동선은 고객동선, 종업원동선, 상품동선으로 구분할 수 있으며, 각각의 동선은 교차되지 않도록 한다.

해설

상점의 동선
- 고객동선, 종업원동선, 상품동선으로 분류된다.
- 고객동선은 충동구매를 유도하기 위해 길게 배치하는 것이 좋으며, 종업원동선은 고객동선과 교차되지 않도록 하고 고객을 위한 통로는 900mm가 적당하다.

17 공간의 차단적 구획방법에 속하지 않는 것은?

① 커튼　　② 열주

③ 조명　　④ 유리창

해설

조명은 지각적 구획방법에 속한다.

차단적 구획
- 정의 : 칸막이에 의해 내부공간을 수평, 수직방향으로 구획해서 분할하는 방법으로 높이에 따라 영향을 받게 되며 눈높이가 1.5m 이상 되어야 한다.
- 차단적 요소 : 고정벽, 이동벽, 커튼, 블라인드, 유리창, 열주, 수납장 등

18 VMD(Visual Merchandising) 전개를 위한 상품제안(Merchandising Presentation)의 세 가지 형식 중 IP(Item Presentation)의 설명으로 옳지 않은 것은?

① 색상, 사이즈, 스타일을 분류하여 진열한다.

② 개개의 상품을 분류, 정리하여 보기 쉽고 그리기 쉽게 진열한다.

③ 행거, 쇼케이스, 선반류 등 매장 내의 모든 집기류를 활용하여 진열한다.

④ 상반신, 소도구류 등을 활용하여 품목, 스타일, 색상 등을 중점적으로 표현한다.

정답　14 ①　15 ①　16 ①　17 ③　18 ④

해설

VMD의 요소

IP (Item Presentation)	상품의 분류정리, 비교 구매 (행거, 선반, 진열장, 진열테이블)
PP (Point of Sale Presentation)	한 유닛에서 대표되는 상품진열 (벽면 상단, 집기 상단)
VP (Visual Presentation)	상점 이미지, 패션테마의 종합적인 표현 (쇼윈도, 파사드)

19 다음 중 실내공간에서 단면의 비례를 결정하는 데 가장 기본적으로 고려하여야 하는 요소는?

① 개구부와 가구의 폭

② 인간의 시점과 천장고

③ 가구의 높이와 이용도

④ 공간의 가로세로 비율

해설

①·③은 입면의 비례, ④는 평면의 비례를 결정하는 데 고려해야 할 요소이다.

20 현장감을 가장 실감 나게 표현하는 방법으로 하나의 사실 또는 주제의 시간상황을 일정한 시간에 고정시켜 연출하는 전시공간의 특수 전시기법은?

① 디오라마 전시

② 파노라마 전시

③ 아일랜드 전시

④ 하모니카 전시

해설

디오라마 전시

현장감을 실감나게 표현하는 방법으로 하나의 사실 또는 주제의 시간상황을 고정시켜 연출하는 전시방법이다.

2과목 색채학

21 다음 중 단맛의 느낌을 수반하는 배색은?

① 빨강 핑크

② 브라운, 올리브

③ 파랑, 갈색

④ 초록, 회색

해설

색채 미각

식욕을 돋우는 색은 주황색 같은 난색 계열이고, 식욕을 감퇴시키는 색은 파란색 같은 한색 계열이다.

단맛	빨간색, 주황색, 적색을 띤 노란색(난색 계열)
신맛	녹색 느낌의 황색, 황색을 띤 녹색
짠맛	연한 녹색과 회색, 청록색과 회색, 연파랑
쓴맛	청색, 갈색, 올리브 그린, 자주색, 파랑(한색 계열)

22 색채조절의 목적으로 가장 적합한 것은?

① 수익 증대를 주목적으로 한다.

② 작업의 활동적인 의욕을 높인다.

③ 주변 환경과의 조화를 무엇보다 우선시한다.

④ 심미적인 조화를 우선적으로 고려한다.

해설

색채조절

색채의 생리적·심리적 효과를 적극적으로 활용하여 안전하고 효율적인 작업환경과 쾌적한 생활환경의 조성을 목적으로 하는 색채의 기능적 사용법을 의미한다.

23 다음 중 L*a*b* 색 모델에 관한 설명으로 틀린 것은?

① 균일 색 모델(Uniform Color Madel)이다.

② L*은 밝기, a*와 b*는 색도 성분에 해당한다.

③ 균일 색 모델에는 L*a*b*, L*u*v* 등의 모델이 존재한다.

④ Green에서 Magenta 사이의 색 단계는 b* 축이다.

정답 19 ② 20 ① 21 ① 22 ② 23 ④

해설

Green에서 Magenta 사이의 색 단계는 a* 축이다.

Lab 컬러모드 : 헤링의 4원색설에 기초하며 L*(명도), a*(빨강/녹색), b*(노랑/파랑)로 구성되고, 다른 환경에서도 최대한 색상을 유지시켜 주기 위한 디지털 색채체계이다.

24 횃불놀이, TV나 영화 등에서 나타나는 색의 현상은?

① 정의 잔상 ② 부의 잔상
③ 연변대비 ④ 색상 동화

해설

정의 잔상
원래 자극과 색상이나 밝기가 같은 잔상을 말하며 부의 잔상보다 오래 지속된다. TV, 영화, 횃불이나 성냥불을 돌릴 때 주로 볼 수 있다.

25 망막에서 명소시의 색채시각과 관련된 광수용이 이루어지는 부분은?

① 간상체 ② 추상체
③ 봉상체 ④ 맹점

해설

추상체(원추세포, 원뿔세포)
망막의 중심와에 밀접되어 있으며 밝은 곳에서는 약 650만 개의 추상체가 존재하고 빛에 따라 다른 반응을 보이는 3가지 추상체 장파장(L/적), 중파장(M/녹), 단파장(S/청)이 존재한다.

26 다음 중 음식점에서 가장 식욕을 돋우는 색상은?

① 10YR ② 5G
③ 2.5B ④ 7.5PB

해설

① 10YR(Yellow Red) ② 5G(Green)
③ 2.5B(Blue) ④ 7.5PB(Purple Blue)

색채 미각 : 식욕을 돋우는 색은 주황색 같은 난색 계열이고, 식욕을 감퇴시키는 색은 파란색 같은 한색 계열이다.

27 동시 대비 중 무채색과 유채색 사이에 일어나지 않는 대비는?

① 명도대비 ② 색상대비
③ 채도대비 ④ 보색대비

해설

색상대비
색상이 다른 두 색을 대비시켰을 때 색상 차이가 더욱 크게 느껴지는 현상으로, 다른 두 색을 인접시켜 놓았을 때 서로의 영향으로 색상 차가 크게 일어난다.

28 다음 중 색입체에 관한 설명으로 틀린 것은?

① 색의 3속성을 3차원 공간에 계통적으로 배열한 것이다.
② 오스트발트 색체계의 색입체는 원형이다.
③ 먼셀 색체계의 색입체는 나무 형태를 닮아 Color Tree라고 한다.
④ 색입체의 중심축은 무채색 축이다.

해설

오스트발트 색입체의 모양은 삼각형을 회전시켜 만든 복원추체(마름모형)이다.

29 미도(美度) $M = O/C$라는 버크호프(G. D. Birkhoff) 공식에서 O는 질서성의 요소일 때 C는?

① 복잡성의 요소
② 대비성의 요소
③ 색온도의 요소
④ 색의 중량적 요소

해설

배색의 미도
버크호프의 공식으로 미의 원리를 수량적으로 표현하기 위해 다음과 같은 미도를 구하는 공식을 제안했다.

$$\text{미도}(M) = \frac{\text{질서의 요소}(O)}{\text{복잡성의 요소}(C)}$$

정답 24 ① 25 ② 26 ① 27 ② 28 ② 29 ①

30 하늘의 색과 같이 넓이의 느낌은 있으나 거리감이 불확실하고 물체감 없이 색채만을 느끼게 하는 색은?

① 표면색 ② 공간색
③ 광원색 ④ 면색

해설

면색
평면색이라고도 불리며 하늘색이나 작은 구멍을 통해서 보이는 색과 같은 것으로 색의 구체적인 지각표면이 배제된 색이므로 순수색의 감각을 가능하게 한다.

31 디지털 색체계의 유형에 대한 설명으로 틀린 것은?

① HSB : 색의 3가지 기본 특성인 색상, 채도, 명도에 의해 표현하는 방식이다.
② RGB : 컴퓨터 모니터와 스크린 같은 빛의 원리로 컬러를 구현하는 장치에서 사용된다.
③ CMYK : 표현할 수 있는 컬러 범위는 RGB 형식보다 넓다.
④ L*a*b* : CIE가 1976년에 추천한 것으로 지각적으로 거의 균등한 간격을 가진 색공간에 의한 색상모형이다.

해설

CMYK
색료 혼합방식으로 보통 인쇄 또는 출력 시 사용된다. 특히, 잉크는 기본바탕으로 표현되는 색상이라 색의 범위는 RGB보다 작지만 인쇄 시 오차범위가 없다.

32 색의 속성에 관한 설명 중 틀린 것은?

① 빨강, 파랑, 노랑 등 다른 색과 구별되는 그 색만의 고유한 성질을 색상이라고 한다.
② 무채색 이외의 모든 색은 유채색이다.
③ 무채색은 채도가 0인 상태인 것을 말한다.
④ 물체색에는 백색, 회색, 흑색이 없다.

해설

물체색에는 백색, 흑색이 있다.

※ **물체색**
- 물체의 대부분은 물체 자체가 색을 발하지 않고 빛을 반사하거나 투과하여 색을 나타낸다.
- 빛의 파장을 반사시켜 버리면 그 물체는 희게 보이고, 반대로 대부분의 빛의 파장을 흡수하게 되면 그 물체는 검게 보인다.

33 색과 색의 상징이 잘못 연결된 것은?

① 빨강 : 정열, 사랑 ② 노랑 : 신앙, 소박
③ 파랑 : 젊음, 성실 ④ 초록 : 희망, 휴식

해설

색과 색의 상징
- 노랑 : 희망, 광명, 명랑, 유쾌
- 흰색 : 소박, 신성, 순결, 순수, 청결
- 보라 : 신앙, 고귀, 신비, 우아, 창조

34 배색된 색채들이 서로 공통되는 상태와 속성을 가질 때의 조화원리는?

① 질서의 원리 ② 비모호성의 원리
③ 유사의 원리 ④ 대비의 원리

해설

유사의 원리
배색 사이에 색상이나 톤의 공통성을 부여하면 조화한다는 원리이다.

35 다음 중 보색 관계가 아닌 색은?

① 빨강 – 청록 ② 노랑 – 남색
③ 연두 – 보라 ④ 자주 – 주황

해설

자주 – 녹색, 주황 – 파랑

보색
- 색상환에서 반대편에 위치한 색을 말한다.
- 빨강 – 청록, 노랑 – 남색, 녹색 – 자주, 연두 – 보라, 주황 – 파랑

정답 30 ④ 31 ③ 32 ④ 33 ② 34 ③ 35 ④

36 CIE 색체계에 대한 설명 중 옳은 것은?

① 국제색채위원회에서 정한 표색법이다.
② 현색계의 가장 대표적인 색체계이다.
③ XYZ 좌표계를 사용한다.
④ 적, 황, 청의 원색광을 적절히 혼합하여 모든 색을 만들 수 있다는 것에 기초한다.

해설

① 국제조명위원회(CIE)에서 정한 것이다.
② 혼색계의 가장 대표적인 색체계이다.
④ 적, 녹, 청의 3원색광을 적절히 혼합하였다.

CIE XYZ 색체계(3자극 표색계)
CIE(국제조명위원회) 표색계로 인간의 시각으로 감지할 수 있는 모든 색영역을 100% 사용하여 정의될 수 있는 색공간을 말한다(X : 적색 감지, Y : 녹색 감지, Z : 청색 감지).

37 터널의 출입구 부분에 조명이 집중되어 있고, 중심부로 갈수록 광원의 수가 적어지며 조도수준이 낮아지고 있다. 이것은 어떤 순응을 고려한 설계인가?

① 색순응 ② 명순응
③ 암순응 ④ 무채순응

해설

암순응
밝은 곳에서 어두운 곳으로 갈 때 순간적으로 보이지 않는 현상으로 어둠에 적응하는 데 30분 정도 걸린다. 특히, 터널의 출입구 부근에 조명이 집중되어 있고 중심부로 갈수록 조명수를 적게 배치하는 이유는 암순응을 고려한 것이다.

38 다음 중 가장 가벼운 느낌을 주는 배색은?

① 초록 – 검정 ② 주황 – 노랑
③ 빨강 – 파랑 ④ 청록 – 초록

해설

무게감
색의 무게감은 색상이 주는 가벼움과 무거움의 정도를 말하며 명도와 관계가 있다.

- 명도가 높은 밝은색 : 가벼운 느낌
- 명도가 낮은 어두운색 : 무거운 느낌

39 다음 중 페일(Pale)톤과 가장 가까운 것은?

① 저명도와 저채도의 색
② 강하고 힘 있는 고채도의 색
③ 우아하고 부드러운 고명도와 저채도의 색
④ 탁하고 침울한 저명도와 고채도의 색

해설

페일톤(Pale Tone)
채도는 아주 낮지만 가장 밝은색으로 흰색이 많이 섞여서 고명도와 저채도의 색이다.

40 먼셀(Munsell) 색체계의 색표기 방법 중 명도가 가장 높은 색은?

① 2.5R 2/8 ② 10R 9/1
③ 5R 4/14 ④ 7.5Y 7/12

해설

한국표준색 – 먼셀 색상환
- 2.5R 2/8(색상 : Red, 명도 : 2, 채도 : 8)
- 10R 9/1(색상 : Red, 명도 : 9, 채도 : 1)
- 5R 4/14(색상 : Red, 명도 : 4, 채도 : 14)
- 7.5Y 7/12(색상 : Yellow, 명도 : 7, 채도 : 12)

3과목 인간공학

41 주파수가 같거나 배수인 다른 음을 만나서 음량이 증폭되는 현상은?

① 공명 ② 은폐
③ 간섭 ④ 감쇠

정답 36 ③ 37 ③ 38 ② 39 ③ 40 ② 41 ①

해설

음의 성질
- 공명 : 발음체의 진동수와 같은 음파를 받으면 자신도 진동을 일으키게 된다.
- 간섭 : 소리가 동시에 들릴 때 서로 합쳐지거나 감해져서 들리는 현상이다.
- 은폐 : 음의 한 성분이 다른 성분의 청각감지를 방해하는 현상으로 한음의 가청역치가 다른 음 때문에 높아지는 것을 말한다.

42 인간공학적인 사고방식이 아닌 것은?

① 인간이 실수를 하여도 안전이 유지되도록 설비나 시스템을 설계한다.
② 설비나 시스템을 설계자의 개념이 아니라 사용자의 측면에서 설계한다.
③ 기본적으로 작업에 적합한 사람들을 선별하여 배치하는 방법(Fitting the human to the task)을 선택한다.
④ 인간의 오류는 조작자뿐만 아니라 환경적 요인, 관리적 요인 등 복합적인 요인에 의한 것이므로 시스템적 사고방식이 필요하다.

해설

기본적으로 작업에 적합한 기계들을 선별하여 배치하는 방법을 선택한다.

인간공학 : 인간이 사용하는 기기나 기계를 인간이 사용하는 데 가장 적절하게 공학적으로 설계하여 인간의 능력, 한계 등을 극대화하고자 한다.

43 근육의 대사(代謝)에 대한 설명으로 옳지 않은 것은?

① 운동에 의한 산소 소비량은 일정 수준 이상 증가하지 않는다.
② 젖산은 유기성 과정에 의하여 물과 CO_2로 분해되어 발산된다.
③ 일반적으로 신체활동 시 산소의 공급이 충분할 때 젖산이 많이 축적된다.
④ 일정 수준 이상의 활동이 종료된 후에도 일정 기간 동안 산소가 더 필요하게 된다.

해설

일반적으로 신체활동 시 산소의 공급이 충분할 때 젖산이 축적되지 않는다.

젖산의 축적
산소공급이 충분할 때에는 젖산은 축적되지 않지만, 평상시의 혈액순환으로 공급되는 산소 이상을 필요로 하는 때에는 호흡수와 맥박수를 증가시켜 산소수요를 충족시킨다. 또한 신체활동 수준이 너무 높아 근육에 공급되는 산소량이 부족한 경우에는 혈액 중에 젖산이 축적된다.

44 동작경제의 원칙으로 옳지 않은 것은?

① 동작의 범위는 최소로 한다.
② 손의 동작은 항상 직선으로 동작한다.
③ 가능한 한 관성, 중력 등을 이용하여 작업한다.
④ 휴식시간을 제외하고는 양손을 동시에 쉬지 않도록 한다.

해설

동작경제 – 신체사용에 관한 원칙
- 두 손의 동작은 같이 시작하고 같이 끝나도록 한다.
- 휴식시간을 제외하고는 양손이 같이 쉬지 않도록 한다.
- 두 팔의 동작은 서로 반대방향으로 대칭적으로 움직인다.
- 손과 신체의 동작은 작업을 원만하게 처리할 수 있는 범위 내에서 가장 낮은 동작등급을 사용하도록 한다.
- 손의 동작은 유연하고 연속적인 동작이 되도록 하며, 방향이 갑자기 크게 바뀌는 모양의 직선동작은 피하도록 한다.
- 가능하다면 쉽고도 자연스러운 리듬이 작업동작에 생기도록 작업을 배치한다.

45 신체 부위의 동작 유형에서 팔꿈치를 굽히는 것과 같이 신체 부위 간의 각도가 감소하는 동작을 무엇이라 하는가?

① 굴곡(Flexion) ② 신전(Extention)
③ 하향(Pronation) ④ 외전(Abduction)

해설

신체 부위의 동작
- 굴곡 : 관절의 각도가 감소되는 동작
- 신전 : 관절의 각도가 증가되는 동작

정답 42 ③ 43 ③ 44 ② 45 ①

• 하향 : 손바닥을 아래로 향하는 동작
• 외전 : 인체의 중심선에서 멀어지도록 이동하는 동작

46 성인이 하루에 평균적으로 소모하는 에너지는 4,300kcal이고, 기초대사와 여가(Leisure)에 필요한 에너지는 2,300kcal라 할 때, 8시간의 근로시간 동안 소요되는 분당 에너지는 약 얼마인가?

① 2kcal/min ② 4kcal/min
③ 8kcal/min ④ 10kcal/min

해설

에너지대사율
작업 강도 단위로서 산소 소비량으로 측정한다.

$$R = \frac{\text{작업 시 소비에너지} - \text{안정 시 소비에너지}}{\text{기초대사량}} = \frac{\text{작업대사량}}{\text{기초대사량}}$$

$$= \frac{2{,}300\text{kcal} \times 8\text{h}}{4{,}300\text{kcal}} = \frac{18{,}400}{4{,}300} = 4.297 \fallingdotseq 4\text{kcal/min}$$

47 다음 인간 또는 기계에 의해 수행되는 기본 기능의 과정 중 (　) 안에 해당하는 기능은?

> 입력정보(Information Input) → (　　　　) → 정보 보관 및 처리(Information Storage & Processing) → 행동(Action Function) → 출력(Output)

① 감지(Sensing)
② 피드백(Feedback)
③ 대응 선택(Response Selection)
④ 시스템 환경(System Environment)

해설

인간-기계 시스템의 기본기능
정보입력 → 감지(정보수용) → 정보처리 및 의사결정 → 행동기능(신체제어 및 통신) → 출력

48 소음에 의한 난청을 방지하기 위한 방법이 아닌 것은?

① 소음원을 격리시킨다.
② 주변에 차폐시설을 한다.
③ 주변의 배치를 재조정한다.
④ 소음원의 진동수를 4,000Hz 전후로 조정한다.

해설

청력 손실은 4,000Hz에서 크게 나타난다.

소음 방지방법
소음원 격리, 소음원 통제, 소음원 위치변경, 음향처리제 사용, 차폐장치 및 흡음재 사용, 고무받침대를 부착한다.

49 하나의 계기 속에 여러 가지 모양의 시각적 표시방식을 서로 결합하여 사용하려고 할 때의 표시형식에 관한 설명으로 옳은 것은?

① 서로 관련성이 없는 표시형식만을 모아서 넣는다.
② 아름답게 보이기 위해서는 불필요한 표시형식을 넣어도 무방하다.
③ 고정, 이동 부분, 눈금의 크기 등 각 요소의 표시형식을 통일한다.
④ 고정, 이동 부분, 눈금의 크기 등 각 요소의 표시형식을 눈금면과 최대한 멀리 배치한다.

해설

① 서로 관련성이 있는 표시형식만을 모아서 넣는다.
② 불필요한 표시형식을 넣지 않는다.
④ 고정, 이동 부분, 눈금의 크기 등 각 요소의 표시형식을 눈금면과 최대한 가까이 배치한다.

※ **시각적 표지도안의 원칙**
• 그림과 바탕이 뚜렷하고 안정되어야 한다.
• 속이 찬 경계대비가 선(線)경계보다 낫다.
• 테두리 속의 그림은 지각과정을 높여준다.
• 필요한 특징을 다 포함하면서도 단순해야 한다.
• 부호는 가능한 한 통일되어야 한다.

정답 46 ② 47 ① 48 ④ 49 ③

50 다음 중 의자에 앉아서 작업하는 작업대의 높이를 결정할 때 참고되는 신체치수와 가장 거리가 먼 것은?

① 오금높이 ② 가슴높이
③ 대퇴높이 ④ 팔꿈치높이

해설

작업대의 높이는 오금높이, 대퇴높이, 팔꿈치높이 등을 참고하여 결정해야 한다.

51 다음 중 조도(Illumination)의 단위에 해당하는 것은?

① 칸델라(cd) ② 푸트캔들(fc)
③ 램버트(L) ④ 루멘(lumen)

해설

조도
어떤 면이 받는 빛의 세기를 나타내는 값으로 단위는 fc과 lux가 흔히 사용된다.
- fc(foot - candle) : 표준 1촉광으로부터 1ft 떨어진 곡면에 비치는 빛의 밀도
- lux(meter - candle) : 표준 1촉광으로부터 1m 떨어진 곡면에 비치는 빛의 밀도

52 물리적 자극을 상대적으로 판단하는 데 있어 특정 감각의 변화감지역은 사용되는 표준자극의 크기에 비례한다는 법칙은?

① Miller의 법칙 ② Taylor의 법칙
③ Weber의 법칙 ④ Newton의 법칙

해설

Weber의 법칙
- 음의 높이, 무게, 빛의 밝기 등 물리적 자극을 상대적으로 판단하는 데 특정 감각기관의 변화감지역은 표준자극에 비례한다는 법칙이다.
- 감각기관의 표준자극과 변화감지역의 연관관계가 있다.
- 원래 자극의 강도가 클수록 변화 감지를 위한 자극의 변화량은 커지게 된다.

53 작업장 조명방법에 대한 설명으로 옳지 않은 것은?

① 국부조명은 작업면상의 필요한 장소에만 낮은 조도를 취하는 방법으로 눈의 피로를 감소시킬 수 있다.
② 전반조명은 작업면에 균등한 조도를 얻기 위해 광원을 일정한 간격과 일정한 높이로 배치한 조명방식이다.
③ 간접조명은 빛을 반사시켜 조명하는 방법으로 눈부심이 적지만 설치가 복잡하며 실내의 입체감이 적어진다.
④ 직접조명은 빛의 반사 없이 직접적으로 작업면에 도달하기 때문에 기구의 구조에 따라 눈부심이 발생할 수 있다.

해설

국부조명은 작업면상의 필요한 장소에만 높은 조도를 취하는 방법으로 눈의 피로를 감소시킬 수 있다.

※ **국부조명** : 일정한 장소에 높은 조도로 집중적인 조명효과를 주는 방법으로 하나의 실에서 영역을 구획하거나, 물품을 강조하기 위한 악센트조명(국부조명)으로 구분된다.

54 촉각을 이용한 손잡이 설계 시 요구되는 일반적 조건과 가장 거리가 먼 것은?

① 미끄러움이 적어야 한다.
② 촉각에 의해 식별할 수 있어야 한다.
③ 손잡이의 방향성을 한정시키지 않아야 한다.
④ 작업에 필요한 힘에 대하여 적당한 크기가 되어야 한다.

해설

손잡이의 방향성을 일치시켜야 한다.

※ 손잡이 방향성이 일치하지 않으면 작업자의 동작에 혼란이 생기고 조작시간이 오래 걸리며 오차가 커진다.

정답 50 ② 51 ② 52 ③ 53 ① 54 ③

55 눈의 구조에 대한 설명으로 옳지 않은 것은?

① 안구의 벽은 공막(Sclera), 맥락막(Choroid), 망막(Retina)으로 되어 있다.

② 수정체(Lens)는 홍채 바로 뒤에 있는 투명한 물체로 양면이 돌출된 모양의 구조물이다.

③ 초자체(Vitreous Body)는 수정체와 망막 사이의 공간에 들어 있는 무색투명한 조직이다.

④ 안방(Chamber)은 각막부를 제외한 안구 전면과 안검의 후면을 덮고 있는 얇은 점막이다.

해설

결막 : 안검의 후면과 안구의 전면을 둘러싼 얇고 투명한 막이다.

56 인간의 눈에 대한 설명으로 옳은 것은?

① 망막을 구성하고 있는 감광요소 중 간상세포는 색의 구분을 담당한다.

② 황반 부위에는 간상세포가 집중적으로 분포되어 있다.

③ 시력은 시각 1분의 역자승수를 표준단위로 사용한다.

④ 시각이란 보는 물체에 의한 눈에서의 대각이며, 일반적으로 분(′)단위로 나타낸다.

해설

① 망막을 구성하고 있는 감광요소 중 간상세포는 흑백의 음영만 구분할 수 있다.
② 황반 부위에는 원추세포가 집중적으로 분포되어 있다.
③ 시력은 시각 1분의 역수를 표준단위로 사용한다.

※ **시각** : 보는 물체에 의한 눈에서의 대각이며 일반적으로 호의 분이나 초단위로 나타낸다(1° = 60′ = 3,600″).

57 시각적 표시장치에 있어 Easterby가 주장한 표지도안의 원칙에 관한 설명으로 옳지 않은 것은?

① 표지는 가능한 한 통일성이 있어야 한다.

② 테두리 속의 그림은 지각과정을 감소시킨다.

③ 그림의 경계는 대비(Contrast)가 좋아야 한다.

④ 그림과 바탕의 구별이 분명하고 안정되어야 한다.

해설

테두리 속의 그림은 지각과정을 높여준다.

시각적 표지도안의 원칙

- 그림과 바탕이 뚜렷하고 안정되어야 한다.
- 속이 찬 경계대비가 선(線)경계보다 낫다.
- 테두리 속의 그림은 지각과정을 높여준다.
- 필요한 특징을 다 포함하면서도 단순해야 한다.
- 부호는 가능한 한 통일되어야 한다.

58 수치를 신속하고 정확하게 판독하기 위한 계기판의 지침으로 옳지 않은 것은?

① 

② 

③ 

④ 

해설

계기판의 지침은 선각이 약 20° 정도로 뾰족한 지침을 사용한다.

59 인체의 각 기관계와 속하는 기관이 올바르게 짝지어진 것은?

① 순환계 : 심장　　② 순환계 : 신경

③ 호흡기계 : 부신　　④ 호흡기계 : 림프관

해설

② 중추신경계, 말초신경계 : 신경
③ 내분비계 : 부신
④ 림프계 : 림프관

인체의 기관계와 속하는 기관

- 호흡계 : 인두, 후두, 폐
- 순환계 : 심장, 혈관
- 소화계 : 위장, 소장, 간

정답　55 ④　56 ④　57 ②　58 ②　59 ①

60 인체에서의 열교환과정을 나타내는 열균형 방정식의 요소가 아닌 것은?

① 복사 ② 대류
③ 증발 ④ 전도

해설

열균형 방정식

$S = M - E \pm R \pm C - W$

여기서, S : 열축적, M : 대사, E : 증발,
R : 복사, C : 대류, W : 한 일

4과목 건축재료

61 다음 중 유기질 단열재료가 아닌 것은?

① 연질 섬유판 ② 세라믹 파이버
③ 폴리스틸렌폼 ④ 셀룰로오스 섬유판

해설

세라믹 파이버는 내열성이 우수한 무기질 단열재이다.

62 점토소성제품 중 흡수성이 극히 작고 경도와 강도가 가장 크며, 소성온도는 1,250~1,430℃로서 고급타일이나 위생도기를 만드는 데 사용되는 것은?

① 토기 ② 자기
③ 석기 ④ 도기

해설

자기

1% 이하의 흡수성을 가지고 있으며, 외장 타일, 바닥 타일, 모자이크 타일 등에 적용된다.

63 조강 포틀랜드 시멘트를 사용하기에 가장 부적절한 것은?

① 긴급 공사
② 프리스트레스트 콘크리트
③ 매스 콘크리트
④ 동절기 공사

해설

매스 콘크리트는 80cm 이상의 두께를 가진 콘크리트로서 내부와 외부의 온도차이가 커서 온도균열이 발생할 우려가 있다. 이에 이 온도차이를 최소화하기 위해 경화속도가 상대적으로 느린 중용열 포틀랜드 시멘트를 적용하고 있다.

※ 조강 포틀랜드 시멘트는 경화속도가 빨라 긴급공사 등에 적용하는 시멘트이다.

64 아스팔트 방수재료에 관한 설명으로 옳지 않은 것은?

① 아스팔트 루핑은 펠트의 양면에 블론 아스팔트를 피복하고, 그 표면에 가는 모래나 광물질 미분말을 부착한 시트상의 제품이다.
② 개량아스팔트 방수시트는 주로 토치버너의 가열에 의해 공사가 이루어진다.
③ 아스팔트 프라이머는 콘크리트 바탕과 방수시트의 접착을 양호하게 유지하기 위한 바탕조정용 접착제이다.
④ 망상 아스팔트 루핑은 아스팔트의 절연공법에 사용된다.

해설

망상 아스팔트 루핑은 절연공법에 적용하는 것이 아니고, 시공 시 방수지 역할을 한다.

정답 60 ④ 61 ② 62 ② 63 ③ 64 ④

65 콘크리트용 혼화제 중 AE 감수제의 사용에 따른 효과로 옳지 않은 것은?

① 굳지 않은 콘크리트의 워커빌리티를 개선하고 재료분리가 방지된다.
② 동결융해에 대한 저항성이 증대된다.
③ 건조수축이 감소된다.
④ 수밀성이 향상되고 투수성이 증가한다.

해설

AE 감수제 적용 시 콘크리트의 단위수량을 감소시켜 수밀성이 향상되고 투수성이 감소한다.

66 다음 설명에 해당하는 유리는?

열 적외선을 반사하는 은(銀) 소재 도막으로 코팅하여 방사율과 열관류율을 낮추고 가시광선 투과율을 높인 유리

① 강화유리　② 접합유리
③ 로이유리　④ 배강도유리

해설

로이유리(Low-e Glass)
유리 표면에 금속 또는 금속산화물을 얇게 코팅한 것으로 열의 이동을 최소화해주는 에너지 절약형 유리이며 저방사유리라고도 한다.

67 굳지 않은 콘크리트의 성질 중 굵은 골재의 분리에 영향을 주는 인자와 거리가 먼 것은?

① 골재의 강도　② 골재의 종류
③ 단위수량　④ 골재의 입형

해설

굵은 골재의 분리는 일종의 재료분리현상을 의미하는 것으로서 어떠한 종류의 골재인지, 골재의 입형(형상)이 어떠한지, 단위수량이 큰지 작은지에 따라 영향을 받을 수 있다. 골재의 강도와 재료분리와는 연관성이 작다.

68 목재의 일반적 성질에 관한 설명으로 옳지 않은 것은?

① 섬유포화점 이상의 함수상태에서는 함수율의 증감에도 신축을 일으키지 않는다.
② 섬유포화점 이상의 함수상태에서는 함수율이 증가할수록 강도는 감소한다.
③ 기건상태란 통상 대기의 온도 · 습도와 평형을 이룬 목재의 수분 함유 상태를 말한다.
④ 섬유방향에 따라서 전기전도율은 다르다.

해설

목재는 섬유포화점(30%) 이상에서는 강도가 일정하며, 섬유포화점 이하에서는 함수율의 감소에 따라 강도가 증대된다.

69 래커(Lacquer)에 관한 설명으로 옳지 않은 것은?

① 도막형성은 주로 용제의 증발에 따른 건조에 의한다.
② 도막이 단단하지 않으며, 에나멜 도막은 내후성이 나쁘다.
③ 건조시간을 지연시킬 목적으로 시너(Thinner)를 첨가하는 경우도 있다.
④ 안료를 배합하지 않은 것을 클리어 래커라 한다.

해설

도막이 단단하고, 에나멜 도막의 경우 내후성도 양호하다.

70 강화플라스틱(FRP)의 재료로서 전기절열성, 내열성, 내약품성이 뛰어나며 레진콘크리트용 수지, 도료, 접착제 등에 사용되는 수지는?

① 알키드수지
② 실리콘수지
③ 불포화 폴리에스테르수지
④ 요소수지

정답　65 ④　66 ③　67 ①　68 ②　69 ②　70 ③

해설

불포화 폴리에스테르수지
- 기계적 강도와 인장강도가 강과 비등한 값으로 100~150℃에서 −90℃의 온도 범위에서 이용 가능하며, 내수성이 우수하다.
- 주요 성형품으로 유리섬유로 보강한 섬유강화 플라스틱(FRP) 등이 있다.
- 강도와 신도를 제조공정상에서 조절할 수 있다.
- 영계수가 커서 주름이 생기지 않는다.
- 다른 섬유와 혼방성이 풍부하다.
- 항공기, 선박, 차량재, 건축의 천장, 루버, 아케이드, 파티션 접착제 등의 구조재로 쓰이며, 도료로도 사용된다.

71 초고층 인텔리전트 빌딩이나, 핵융합로 등과 같이 강력한 자기장이 발생할 가능성이 있는 철골 구조물의 강재나, 철근 콘크리트용 봉강으로 사용되는 것은?

① 초고장력강

② 비정질(Amorphous) 금속

③ 구조용 비자성강

④ 고크롬강

해설

비자성강(Non－magnetic Steels)
탄소, 망간, 니켈, 크롬, 질소 등을 주성분으로 하고, 자성이 없어 자성에 반응하면 안 되는 발전기, 계전기기, 핵융합설비 등에 적용된다.

72 목섬유(Wood Fiber)를 합성수지 접착제, 방부제 등을 첨가 · 결합시켜 만든 것으로 밀도가 균일하기 때문에 측면의 가공성이 매우 좋으나, 습기에 약하여 부스러지기 쉬운 것은?

① MDF ② 파티클 보드

③ 침엽수 제재목 ④ 합판

해설

중밀도 섬유판(MDF)
- 목섬유(Wood Fiber)에 액상의 합성수지 접착제, 방부제 등을 첨가 · 결합시켜 성형 · 열압하여 만든 인조 목재판이다.
- 내수성이 작고 팽창이 심하며, 재질도 약하고, 습도에 의한 신축이 큰 결점이 있으나, 비교적 값이 싸서 많이 사용된다.

73 내화점토질 벽돌은 최소 얼마 이상의 내화도를 가진 것을 의미하는가?

① 내화도 SK20 이상 ② 내화도 SK22 이상

③ 내화도 SK24 이상 ④ 내화도 SK26 이상

해설

내화점토질 벽돌은 SK26(1,580℃) 이상의 내화도를 가진 벽돌을 말한다.

74 미장공사의 바탕조건으로 옳지 않은 것은?

① 미장층보다 강도는 크지만 강성은 작을 것

② 미장층과 유해한 화학반응을 하지 않을 것

③ 미장층의 경화, 건조에 지장을 주지 않을 것

④ 미장층의 시공에 적합한 흡수성을 가질 것

해설

미장공사에서 바탕조건은 바탕손상에 따른 미장면의 손상을 막기 위해 미장층보다 강도와 강성이 모두 커야 한다.

75 질이 단단하고 내구성 및 강도가 크며 외관이 수려하나 함유광물의 열팽창계수가 달라 내화성이 약한 석재로 외장 · 내장, 구조재, 도로포장재, 콘크리트 골재 등에 사용되는 것은?

① 응회암 ② 화강암

③ 화산암 ④ 대리석

해설

화강암
- 질이 단단하고 내구성 및 강도가 크고 외관이 수려하다.
- 견고하고 절리의 거리가 비교적 커서 대형재의 생산이 가능하다.
- 바탕색과 반점이 미려하여 구조재, 내외장재로 많이 사용된다.
- 내화도가 낮아 고열을 받는 곳에는 적당하지 않다(600℃ 정도에서 강도 저하).
- 세밀한 가공이 난해하다.

정답 71 ③ 72 ① 73 ④ 74 ① 75 ②

76 돌로마이트 플라스터에 관한 설명으로 옳지 않은 것은?

① 건조수축에 대한 저항성이 크다.
② 소석회에 비해 점성이 높고 작업성이 좋다.
③ 변색, 냄새, 곰팡이가 없으며 보수성이 크다.
④ 회반죽에 비해 조기강도 및 최종강도가 크다.

해설

돌로마이트 플라스터는 건조, 경화 시에 수축률이 가장 커서 균열 보강을 위한 여물을 꼭 사용해야 한다.

77 강의 기계적 성질과 관련된 항복비를 옳게 설명한 것은?(단, 응력 – 변형률 곡선상 명칭을 기준으로 한다)

① 항복점과 인장강도의 비
② 항복점과 압축강도의 비
③ 비례한계점과 인장강도의 비
④ 비례한계점과 압축강도의 비

해설

강재의 항복비
항복점(항복강도)/인장강도

78 목재의 건조 목적으로 보기 어려운 것은?

① 수축 및 균열 방지
② 강도 및 내구성의 증진
③ 균류에 의한 부식과 벌레에 의한 피해 방지
④ 가공성의 증진

해설

건조의 목적(필요성)
강도 증가, 수축 · 균열 · 비틀림 등 변형 방지, 부패균 방지, 경량화

79 도장재료를 사용하는 목적이 아닌 것은?

① 구조체 강도 증가 ② 표면보호 및 미화
③ 방습, 방화 ④ 녹 방지

해설

도장재료는 박막(얇은막)을 통해 구조체 등을 마감하는 역할을 하는 것으로 구조체의 강도 증가와는 관련성이 작다.

80 유리에 관한 설명으로 옳지 않은 것은?

① 망입유리는 화재 시 개구부에서의 연소를 방지하는 효과가 있으며, 유리파편이 거의 튀지 않는다.
② 복층유리는 단판유리보다 단열효과가 우수하므로 냉난방 부하를 경감시킬 수 있다.
③ 강화유리는 파손 시 파편이 작기 때문에 파편에 의한 손상사고를 줄일 수 있다.
④ 열선흡수유리는 유리 한 면에 열선반사막을 입힌 판유리로서, 가시광선의 투과율이 30% 정도로 낮아 외부로부터 시선을 차단할 수 있다.

해설

④는 열선반사유리에 대한 설명이다.

※ **열선흡수유리** : 단열유리라고도 불리며 태양광선 중 장파부분을 흡수하는 유리를 말한다.

5과목 건축일반

81 문화 및 집회시설 중 공연장의 개별관람실의 출구 설치 기준에 관한 내용으로 틀린 것은?(단, 관람실의 바닥면적은 $300m^2$이다)

① 관람실로부터 바깥쪽으로의 출구로 쓰이는 문은 안여닫이로 하여서는 안 된다.
② 관람실별로 2개소 이상 설치한다.

정답 76 ① 77 ① 78 ④ 79 ① 80 ④ 81 ④

③ 각 출구의 유효너비는 1.5m 이상으로 한다.

④ 개별관람실 출구의 유효너비의 합계는 최소 1.5m 이상으로 한다.

해설

관람실의 바닥면적이 300m^{2}일 경우 개별관람실 출구의 유효너비의 합계는 $\frac{300m^2}{100m^2}\times 0.6m = 1.8m$ 이상으로 해야 한다.

82 소방용품 중 피난구조설비를 구성하는 제품 또는 기기에 해당하지 않는 것은?

① 누전경보기 ② 공기호흡기

③ 통로유도등 ④ 완강기

해설

누전경보기는 경보설비에 해당한다.

83 일정 기준 이상의 방염성능이 있는 실내장식물 등을 설치하여야 하는 특정소방대상물에 해당하지 않는 것은?

① 층수가 5층인 아파트

② 숙박이 가능한 수련시설

③ 노유자시설

④ 의료시설

해설

방염성능기준 이상의 실내장식물 등을 설치하여야 하는 특정소방대상물에서 아파트는 제외된다.

84 다음 중 철근콘크리트보의 늑근에 대한 설명으로 옳은 것은?

① 보의 양단일수록 많이 배근한다.

② 보의 중앙에는 필요하지 않다.

③ 보의 양단일수록 적게 배근한다.

④ 보의 중앙에서 많이 배근한다.

해설

보의 늑근은 전단력에 대응하는 철근으로서 전단력이 많이 작용하는 양단(측부)에 많이 배근한다.

85 숙박시설의 객실 간 경계벽 구조의 기준이 틀린 것은?(단, 무근콘크리트조는 바름두께를 포함한 기준 수치이다)

① 벽돌조로서 두께가 19cm 이상인 것

② 철근콘크리트조로서 두께가 8cm 이상인 것

③ 콘크리트블록조로서 두께가 19cm 이상인 것

④ 무근콘크리트조로서 두께가 10cm 이상인 것

해설

철근콘크리트조로서 두께가 10cm 이상인 것이어야 한다.

86 건축물의 피난층 외의 층에서 피난층 또는 지상으로 통하는 직통계단을 설치할 때, 거실의 각 부분으로부터 계단에 이르는 보행거리 기준은 최대 얼마 이하가 되도록 하여야 하는가?(단, 기타의 경우는 고려하지 않는다)

① 20m ② 30m

③ 70m ④ 100m

해설

직통계단의 설치

건축물의 피난층 외의 층에서는 피난층 또는 지상으로 통하는 직통계단(경사로를 포함)을 거실의 각 부분으로부터 계단(거실로부터 가장 가까운 거리에 있는 계단)에 이르는 보행거리가 30m 이하가 되도록 설치하여야 한다.

정답 82 ① 83 ① 84 ① 85 ② 86 ②

87 조적식 구조에 대한 설명으로 틀린 것은?

① 조적식 구조인 내력벽의 기초 중 기초판은 철근콘크리트구조 또는 무근콘크리트구조로 한다.

② 조적식 구조인 내력벽으로 둘러싸인 부분의 바닥면적은 $80m^2$를 넘을 수 없다.

③ 조적식 구조인 내력벽의 길이는 8m를 넘을 수 없다.

④ 조적식 구조인 내력벽의 두께는 바로 위층의 내력벽의 두께 이상이어야 한다.

해설

조적식 구조인 내력벽의 길이는 10m를 넘을 수 없다.

88 아르누보 건축가와 작품의 연결이 틀린 것은?

① 빅토르 오르타(Victor Horta) – 타셀저택

② 안토니오 가우디(Antonio Gaudi) – 카사 밀라

③ 엑토르 기마르(Hector Guimard) – 파리 지하철역 입구

④ 피터 베렌스(Peter Berens) – 구엘공원

해설

구엘공원은 안토니오 가우디의 작품이다.

89 플레이트 거더(Plate Girder)를 구성하는 기본 원칙에 관한 설명으로 틀린 것은?

① 웨브 플레이트는 전단력을 부담하며 전단면에 대해 전단응력이 균등히 분포되는 것으로 생각한다.

② 플랜지는 휨에 의한 인장 및 압축력을 부담한다.

③ 스티프너는 플랜지 플레이트 및 웨브 플레이트의 좌굴 방지용이다.

④ 휨에 대한 내력 부족을 보완하기 위해 커버 플레이트를 설치한다.

해설

스티프너(Stiffener)는 웨브 플레이트의 두께가 춤에 비하여 얇을 때 웨브의 좌굴을 방지하기 위하여 설치하고, 플랜지 플레이트는 휨에 대응하기 위해 커버 플레이트(Cover Plate)를 적용한다.

90 비상용 승강기 승강장의 구조 기준에 대한 설명으로 틀린 것은?(단, 건축물의 설비기준 등에 관한 규칙에 따른다)

① 승강장의 바닥면적은 비상용승강기 1대에 대하여 $6m^2$ 이상이어야 한다. 다만, 옥외에 승강장을 설치하는 경우에는 그러하지 아니하다.

② 피난층이 있는 승강장의 출입구로부터 도로 또는 공지에 이르는 거리가 40m 이하이어야 한다.

③ 벽 및 반자가 실내에 접하는 부분의 마감재료는 불연재료로 하여야 한다.

④ 승강장의 창문 · 출입구 기타 개구부를 제외한 부분은 당해 건축물의 다른 부분과 내화구조의 바닥 및 벽으로 구획하여야 한다.

해설

피난층이 있는 승강장의 출입구(승강장이 없는 경우에는 승강로의 출입구)로부터 도로 또는 공지에 이르는 거리가 30m 이하이어야 한다.

91 방염대상물품의 방염성능기준에서 불꽃에 의하여 완전히 녹을 때까지 불꽃의 접촉 횟수는 최소 몇 회 이상인가?(단, 소방청장이 정하여 고시하는 사항은 고려하지 않는다)

① 2회 ② 3회

③ 5회 ④ 7회

해설

불꽃에 의하여 완전히 녹을 때까지 불꽃의 접촉 횟수는 3회 이상이어야 한다.

정답 87 ③ 88 ④ 89 ③ 90 ② 91 ②

92 우리나라에 현존하는 전통 목조건축 중에서 가장 오래된 건축물의 양식은?

① 주심포양식 ② 다포양식
③ 익공양식 ④ 민도리식

해설

현존하는 가장 오래된 목조 건축물은 안동 봉정사 극락전이며, 주심포 양식으로 건립되었다.

93 건축물의 피난·방화구조 등의 기준에 관한 규칙에 따라, 다음 중 거실의 용도에 따른 조도 기준이 가장 높은 것은?(단, 바닥에서 85cm의 높이에 있는 수평면의 조도를 기준으로 한다)

① 독서 ② 일반 사무
③ 제도 ④ 회의

해설

① 독서 : 150lux
② 일반 사무 : 300lux
③ 제도 : 700lux
④ 회의 : 300lux

94 환기를 위하여 거실에 설치하는 창문 등의 최소 면적으로 옳은 것은?(단, 거실의 바닥면적은 300m^{2}이며, 기계환기 장치 및 중앙관리방식의 공기조화설비를 설치하지 않은 경우)

① 10m^2 ② 15m^2
③ 25m^2 ④ 30m^2

해설

거실의 환기를 위한 창문 등의 면적은 거실 바닥면적의 1/20 이상이 필요하므로, 300/20 = 15m^2 이상의 환기창 면적이 필요하다.

95 특정소방대상물의 소방안전관리 업무 중 소방시설관리업의 등록을 한 자에게 대행하게 할 수 있는 업무는?

① 소방계획서의 작성 및 시행
② 자위소방대 및 초기대응체계의 구성·운영·교육
③ 피난시설, 방화구획 및 방화시설의 유지·관리
④ 소방훈련 및 교육

해설

소방안전관리 업무의 대행 대상 및 업무(화재의 예방 및 안전관리에 관한 법률 시행령 제28조)
소방시설관리업의 등록을 한 자에게 대행하게 할 수 있는 업무는 피난시설, 방화구획 및 방화시설의 관리와 소방시설이나 그 밖의 소방 관련 시설의 관리이다.

96 목구조의 맞춤에 사용되는 보강철물의 연결이 틀린 것은?

① 띠쇠 – 왕대공과 ㅅ자보
② 감잡이쇠 – 왕대공과 평보
③ 안장쇠 – 큰 보와 작은 보
④ 듀벨 – 샛기둥과 층도리

해설

샛기둥과 층도리를 연결하는 보강철물은 띠쇠이다.

97 관리의 권원이 분리된 특정소방대상물 중 소방안전관리자를 선임해야 하는 연면적 기준으로 옳은 것은?(단, 복합건축물의 경우)

① 10,000m^2 이상 ② 20,000m^2 이상
③ 30,000m^2 이상 ④ 50,000m^2 이상

해설

관리의 권원이 분리된 특정소방대상물 중 소방안전관리를 선임해야 하는 시설(화재의 예방 및 안전관리에 관한 법률 제35조)
- 복합건축물(지하층을 제외한 층수가 11층 이상 또는 연면적 3만 제곱미터 이상인 건축물)

정답 92 ① 93 ③ 94 ② 95 ③ 96 ④ 97 ③

- 지하가(지하의 인공구조물 안에 설치된 상점 및 사무실, 그 밖에 이와 비슷한 시설이 연속하여 지하도에 접하여 설치된 것과 그 지하도를 합한 것을 말한다)
- 판매시설 중 도매시장, 소매시장 및 전통시장

98 건축물의 방화구획 설치기준과 관련하여, 10층 이하의 층은 바닥면적 얼마 이내마다 방화구획을 구획하여야 하는가?(단, 스프링클러와 같은 자동식 소화설비를 설치한 경우)

① 1천 제곱미터 이내

② 2천 제곱미터 이내

③ 3천 제곱미터 이내

④ 4천 제곱미터 이내

해설

10층 이하의 경우 스프링클러와 같은 자동식 소화설비를 설치한 경우는 3천 제곱미터 이내마다, 설치하지 않은 경우는 1천 제곱미터 이내마다 방화구획을 구획하여야 한다.

99 피난 용도로 쓸 수 있는 광장을 옥상에 설치해야 하는 시설 기준에 해당하는 것은?

① 5층 이상인 층이 공동주택의 용도로 쓰는 경우

② 5층 이상인 층이 학교의 용도로 쓰는 경우

③ 5층 이상인 층이 전시장의 용도로 쓰는 경우

④ 5층 이상인 층이 장례시설의 용도로 쓰는 경우

해설

옥상광장 설치대상

5층 이상의 층이 다음 용도의 시설에는 피난 용도로 쓸 수 있는 광장을 옥상에 설치하여야 한다.

- 제2종 근린생활시설 중 공연장 · 종교집회장 · 인터넷컴퓨터게임시설제공 업소(해당 용도로 쓰는 바닥면적의 합계가 각각 300m^2 이상)
- 문화 및 집회시설(전시장 및 동 · 식물원은 제외)
- 종교시설
- 판매시설
- 위락시설 중 주점영업
- 장례식장

100 소방시설의 종류 및 각각에 해당하는 기계 · 기구 또는 설비의 연결이 잘못 짝지어진 것은?

① 소화설비 – 스프링클러설비

② 경보설비 – 자동화재탐지설비

③ 피난구조설비 – 방열복, 방화복

④ 소화활동설비 – 옥내소화전설비

해설

옥내소화전설비는 소화설비에 해당한다.

6과목 건축환경

101 공기 중의 음속이 344m/s, 주파수가 450Hz일 때 음의 파장(m)은?

① 0.33 ② 0.76

③ 1.31 ④ 6.25

해설

$$\lambda(\text{음의 파장, m}) = \frac{C(\text{음속, m/s})}{f(\text{주파수, Hz})} = \frac{344}{450} = 0.76$$

102 반사형 단열재에 관한 설명으로 옳지 않은 것은?

① 반사하는 표면이 다른 재료와 접촉될 때 단열효과가 증가한다.

② 반사형 단열은 복사의 형태로 열이동이 이루어지는 공기층에 유효하다.

③ 중공벽 내의 중앙에 알루미늄박을 이중으로 설치하면 큰 단열효과가 있다.

④ 중공벽 내의 고온 측면에 복사율이 낮은 알루미늄박을 설치하면 표면 열전달저항이 증가한다.

정답 98 ③ 99 ④ 100 ④ 101 ② 102 ①

해설

반사하는 표면이 다른 재료와 일부 이격되어 있을 때 복사열의 반사가 일어날 수 있다.

103 다음의 공기조화방식 중 전공기방식(All Air System)에 속하지 않는 것은?

① 단일덕트방식 ② 2중덕트방식
③ 멀티존 유닛방식 ④ 팬코일 유닛방식

해설

팬코일 유닛방식은 전수방식에 속한다.

104 다음 설명에 알맞은 기계식 환기방식은?

- 실내는 부압이 된다.
- 화장실, 욕실 등의 환기에 적합하다.
- 일반적으로 자연급기와 배기팬의 조합으로 구성된다.

① 흡출식 환기방식 ② 압입식 환기방식
③ 병용식 환기방식 ④ 중력식 환기방식

해설

3종 환기방식에 대한 설명이며 흡출식 환기방식이라고도 한다.

105 다음 중 표면결로의 방지방법과 가장 관계가 먼 것은?

① 실내에서 수증기 발생을 억제한다.
② 방습층을 단열재의 실외 측에 설치한다.
③ 환기에 의해 실내 절대습도를 저하한다.
④ 단열강화에 의해 실내 측 표면온도를 상승시킨다.

해설

일반건축물의 지상층에서 표면결로가 주로 발생하는 겨울철을 기준으로 방습층은 단열재의 고온 측에 설치해야 하므로, 겨울철 실외에 비해 상대적으로 고온 측인 실내 측에 방습층을 설치해야 한다.

106 가로×세로×높이가 각각 8m×7m×3m인 실내의 바닥, 천장, 벽의 흡음률이 각각 0.1, 0.3, 0.2일 때, 잔향시간은?(단, Sabine의 잔향공식 사용)

① 약 0.7초 ② 약 1.5초
③ 약 2.5초 ④ 약 3.3초

해설

$$잔향시간 = 0.16 \times \frac{V(\text{실의 체적})}{A(\text{흡음면적})}$$

$$= 0.16 \times \frac{8\times7\times3}{8\times7\times0.1+8\times7\times0.3+(8\times3\times2+7\times3\times2)\times0.2} = 0.67 \fallingdotseq 0.7초$$

107 전등 1개의 광속이 1,000lm인 전등 20개를 면적 $100m^2$인 실에 점등했을 때 이 실의 평균조도는?(단, 조명률은 0.5, 감광보상률은 1로 한다)

① 20lx ② 50lx
③ 100lx ④ 200lx

해설

$$E = \frac{FUN}{AD} = \frac{1,000\times0.5\times20}{100\times1} = 100$$

∴ 평균조도는 100lx이다.

108 조명에서 발생하는 눈부심에 관한 설명으로 옳지 않은 것은?

① 광원의 크기가 클수록 눈부심이 강하다.
② 광원의 휘도가 작을수록 눈부심이 강하다.
③ 광원이 시선에 가까울수록 눈부심이 강하다.
④ 배경이 어둡고 눈이 암순응 될수록 눈부심이 강하다.

해설

광원의 휘도가 클수록 눈부심이 강하다.

정답 103 ④ 104 ① 105 ② 106 ① 107 ③ 108 ②

109 다음 설명에 알맞은 전시설비 관련 장치는?

> 하나의 패널로 조합하도록 설계된 단위 패널의 집합체로 모선이나 자동 과전류차단 장치, 조명, 온도, 전력회로의 제어용 개폐기가 설치되어 있으며, 전면에서만 접근할 수 있는 것

① 아웃렛　② 분전반
③ 배전반　④ 캐비닛

해설

분전반

- 배전반(전원)으로부터 전기를 공급받아 말단부하에 배전하는 것으로서, 매입형과 노출형이 있다.
- 분전반설비는 주개폐기, 분기회로, 개폐기, 자동차단기(퓨즈차단기, 노퓨즈차단기)를 모아놓은 것이다.
- 분전반은 가능한 한 부하의 중심에 두어야 한다.
- 1개 층에 분전반을 1개 이상씩 설치한다.
- 분전반 1개의 공급면적은 1,000m^2 이내로 한다.
- 분전반 설치간격은 분기회로의 길이가 30m 이내가 되게 한다.
- 분전반 1개의 분기회로는 20회선 이내로 한다(단, 예비회로 포함 시 40회 이내).

110 트랩봉수의 파괴원인에 속하지 않는 것은?

① 공동현상
② 모세관현상
③ 자기사이펀 작용
④ 운동량에 의한 관성

해설

공동현상은 펌프의 흡입 측에서 발생되는 현상으로, 배수배관에서 발생하는 트랩봉수의 파괴원인과 거리가 멀다.

111 자연환기에 관한 설명으로 옳지 않은 것은?

① 개구부 면적이 클수록 환기량은 많아진다.
② 실내외의 온도차가 클수록 환기량은 많아진다.
③ 일반적으로 공기유입구와 유출구 높이 차이가 클수록 환기량은 많아진다.
④ 2개의 창을 한쪽 벽면에 설치하는 것이 양쪽 벽에 대면하여 설치하는 것보다 환기에 효과적이다.

해설

2개의 창을 양쪽 벽에 대면할 경우 맞통풍 효과가 발생하여 환기에 효과적이다.

112 통기관의 관경에 관한 설명으로 옳지 않은 것은?

① 신정통기관의 관경은 배수수직관의 관경보다 작게 해서는 안 된다.
② 각개통기관의 관경은 그것이 접속되는 배수관관경보다 작게 해서는 안 된다.
③ 결합통기관의 관경은 통기수직관과 배수수직관 중 작은 쪽 관경 이상으로 한다.
④ 루프통기관의 관경은 배수수평지관과 통기수직관 중 작은 쪽 관경의 1/2 이상으로 한다.

해설

각개통기관의 관경은 그것이 접속되는 배수관 관경의 1/2보다 작게 해서는 안 된다.

113 플러시 밸브식 대변기에 관한 설명으로 옳지 않은 것은?

① 대변기의 연속사용이 가능하다.
② 일반 가정용으로 주로 사용된다.
③ 세정음은 유수음도 포함되기 때문에 소음이 크다.
④ 로탱크식에 비해 화장실을 넓게 사용할 수 있다는 장점이 있다.

해설

플러시 밸브식 대변기는 적정 압력의 급수압이 필요하고 소음 등이 커서 일반 가정용에 적용하기에는 무리가 있다.

정답　109 ②　110 ①　111 ④　112 ②　113 ②

114 주광률에 대한 용어 설명으로 옳은 것은?

① 조명기구에 의한 상하방향으로의 배광 정도를 나타내는 값
② 실내의 조도가 옥외의 조도 몇 %에 해당하는가를 나타내는 값
③ 램프 광속 중 조명범위에 유효하게 이용되는 광속의 비율을 나타내는 값
④ 조명시설을 어느 기간 사용한 후의 작업면상의 평균조도와 초기조도와의 비율을 나타내는 값

해설

주광률
옥외의 밝은 빛을 얼마만큼 실내에 끌고 들어왔는가를 객관적으로 보여주는 수치값이다.

115 다음 설명에 알맞은 취출구의 종류는?

- 확산형 취출구의 일종으로 몇 개의 콘(Cone)이 있어서 1차 공기에 의한 2차 공기의 유인성능이 좋다.
- 확산반경이 크고 도달거리가 짧기 때문에 천장 취출구로 많이 사용된다.

① 팬형 ② 웨이형
③ 노즐형 ④ 아네모스탯형

해설

아네모스탯형 취출구(Anemostat Type)
- 팬형의 단점을 보완한 것이다.
- 콘(Cone)이라 불리는 여러 개의 동심원추 또는 각추형의 날개로 되어 있다.
- 풍량을 광범위하게 조절할 수 있다.
- 확산반경이 크고 도달거리가 짧다.

116 다공질재 흡음재료에 관한 설명으로 옳지 않은 것은?

① 주파수가 낮을수록 흡음률이 높아진다.
② 표면마감처리방법에 의해 흡음 특성이 변한다.
③ 두께를 늘리면 저주파수의 흡음률이 높아진다.
④ 강성벽 앞면의 공기층 두께를 증가시키면 저주파수의 흡음률이 높아진다.

해설

다공질 흡음재료는 주파수가 높을수록(중고음역) 흡음률이 높아지는 특성을 가진다.

117 열용량에 관한 설명으로 옳지 않은 것은?

① 열용량이 큰 물체는 일반적으로 비열이 작다.
② 열용량이 큰 물체로 둘러싸인 실은 시간지연 효과가 상대적으로 크다.
③ 열용량이 큰 물체는 온도를 올리기 위해 보다 많은 열량을 필요로 한다.
④ 열용량이 큰 물체는 가열된 후 식는 데에도 상대적으로 시간이 많이 소요된다.

해설

열용량(kJ/k)은 질량(kg)과 비열(kJ/kgK)의 곱이며 비열과 질량은 비례관계이므로 열용량이 큰 물체는 일반적으로 비열이 크다.

118 실내에 1,000cd의 전등이 있을 때, 이 전등으로부터 4m 떨어진 곳의 직각면 조도는?

① 62.5lx ② 125lx
③ 250lx ④ 500lx

해설

조도는 광원과의 거리의 제곱에 반비례하므로, 4m 떨어져 있을 경우 1/16로 광도가 낮아지게 된다.
∴ $1{,}000 \div 16 = 62.5$lx

정답 114 ② 115 ④ 116 ① 117 ① 118 ①

119 전열에 관한 설명으로 옳은 것은?

① 벽체에 열전달저항은 벽체에 닿는 풍속이 클수록 크다.
② 벽이 결로 등에 의해 습기를 포함하면 열관류저항이 커진다.
③ 유리의 열관류저항은 그 양측 표면 열전달저항의 합의 2배 값과 거의 같다.
④ 벽과 같은 고체를 통하여 유체(공기)에서 유체(공기)로 열이 전해지는 현상을 열관류라고 한다.

해설

① 벽체에 열전달저항은 벽체에 닿는 풍속이 클수록 작아진다.
② 벽이 결로 등에 의해 습기를 포함하면 열관류 저항이 작아진다.
③ 유리는 얇은 두께의 부재이기 때문에 유리 자체의 열저항이 미미하여, 유리의 열관류저항은 그 양측 표면 열전달 저항의 합과 거의 같다.

120 실내공기질 관리법령에 따른 오염물질에 속하지 않는 것은?

① 석면　　② 라돈
③ 일산화탄소　　④ 이산화유황

해설

실내공기질 관리법령에 따른 오염물질
석면, 라돈, 일산화탄소, 이산화탄소, 폼알데하이드, 미세먼지 등이 있다.

정답　119 ④　120 ④

2021년 2회 실내건축기사

1과목 실내디자인론

01 질감(Texture)에 관한 설명으로 옳지 않은 것은?

① 물체가 갖고 있는 표면상의 특징이다.
② 촉각적 질감과 시각적 질감으로 구분할 수 있다.
③ 매끄러운 질감은 빛을 흡수하며, 거친 질감은 빛을 반사한다.
④ 효과적인 질감 표현을 위해서는 색채와 조명을 동시에 고려하여야 한다.

해설

매끄러운 질감은 빛을 반사하며, 거친 질감은 빛을 흡수한다.

질감 : 표면이 매끄러운 질감은 빛을 많이 반사하여 가볍고 환한 느낌을 주며, 거친 질감은 빛을 흡수하여 무겁고 안정된 느낌을 준다.

02 단독주택의 거실에 관한 설명으로 옳지 않은 것은?

① 정원에 면한 창은 가능한 한 크게 하여 시각적 개방감을 얻도록 한다.
② 현관에서 가까운 곳에 위치하되 직접 면하는 것은 피하는 것이 좋다.
③ 거실의 규모는 가족수, 주택의 규모, 접객 빈도, 주생활양식 등에 의해 결정된다.
④ 각 실에서의 접근이 용이하도록 각 실을 연결하는 동선의 분기점이면서 각 실로의 통로역할을 하도록 한다.

해설

거실은 각 실로의 통로역할로 사용되어서는 안 된다.

거실 : 가족 구성원이 모두 공동으로 사용하는 다목적, 다기능적인 공간으로 전체 생활공간의 중심부에 두고 각 실을 연결하는 동선의 분기점역할을 하도록 한다.

03 주택에서 부엌의 일부에 간단한 식탁을 설치하거나 식당과 부엌을 한 공간에 구성한 형식은?

① 독립형 ② 다이닝키친
③ 리빙다이닝 ④ 다이닝테라스

해설

- 독립형 식당 : 거실과 부엌이 완전히 독립된 식사실이다.
- 다이닝키친(DK) : 부엌의 일부에 식탁을 설치한 형태이다.
- 리빙다이닝(LD) : 거실의 일부에 식탁을 설치한 형태이다.
- 다이닝테라스(DT) : 테라스에서 식사를 하는 형태이다.

04 리듬(Rhythm)의 원리에 속하지 않는 것은?

① 점이 ② 균형
③ 반복 ④ 방사

해설

리듬의 원리
반복, 점진, 대립, 변이, 방사

05 상점의 동선계획에 관한 설명으로 옳지 않은 것은?

① 고객동선은 상품 구매시간 단축을 위해 가능한 한 짧게 계획한다.
② 판매원 동선은 가능한 한 짧게 만들어 일의 능률이 저하되지 않도록 한다.
③ 고객동선은 접근하기 쉽고 고객의 움직임이 자연스럽게 유도될 수 있도록 계획한다.
④ 관리동선은 사무실을 중심으로 종업원실, 창고, 매장 등이 최단거리로 연결되도록 한다.

해설

상점의 동선
- 고객동선, 종업원동선, 상품동선으로 분류된다.

정답 01 ③ 02 ④ 03 ② 04 ② 05 ①

• 고객동선은 충동구매를 유도하기 위해 길게 배치하는 것이 좋으며, 종업원동선은 고객동선과 교차되지 않도록 하고 고객을 위한 통로는 900mm가 적당하다.

06 침대의 종류 중 퀸(Queen)의 크기로 가장 알맞은 것은?

① 1,200mm × 2,000mm ② 1,350mm × 2,000mm
③ 1,500mm × 2,000mm ④ 2,000mm × 2,000mm

해설

침대의 규격

싱글 베드(Single Bed)	1,000mm × 2,000mm
더블 베드(Double Bed)	1,400mm × 2,000mm
퀸 베드(Queen Bed)	1,500mm × 2,000mm
킹 베드(King Bed)	2,000mm × 2,000mm

07 비교적 면적이 작고 정해진 부분에 높은 조도로 집중적인 조명효과가 필요한 곳에 이용되는 조명방식은?

① 전반조명 ② 국부조명
③ 장식 조명 ④ 기능 조명

해설

조명방식

• 전반조명(전체 조명) : 조명기구를 일정한 높이의 간격으로 배치하여 실 전체를 균등하게 조명하는 방법이다.
• 장식 조명 : 실내에 생동감을 주고 조명기구 자체가 장식품과 같은 분위기를 연출한다. 펜던트(Pendant), 샹들리에(Chandelier), 브래킷(Bracket) 등이 있다.

08 다음 중 디자인 원리 중 강조에 관한 설명으로 옳지 않은 것은?

① 힘의 조절로서 전체 조화를 파괴하는 역할을 한다.
② 구성의 구조 안에서 각 요소들의 시각적 계층 관계를 기본으로 한다.
③ 단조로움의 극복, 관심의 초점을 조성하거나 흥분을 유도할 때 적용한다.
④ 강조의 원리가 적용되는 시각적 초점은 주위가 대칭적 균형일 때 더욱 효과적이다.

해설

힘의 조절로서 전체를 파괴하는 것이 아니며, 전체 주제의 성격을 더욱 명백하게 한다.

강조 : 힘의 강약에 단계를 주어 변화를 의도적으로 조성하여 흥미롭게 만드는 데 가장 효과적이다.

09 개구부에 관한 설명으로 옳지 않은 것은?

① 가구배치와 동선계획에 영향을 미친다.
② 고정창은 크기와 형태에 제약 없이 자유로이 디자인할 수 있다.
③ 측창은 같은 크기의 천창보다 3배 정도의 많은 빛을 실내로 유입시킨다.
④ 회전문은 출입하는 사람이 충돌할 위험이 없으며 방풍실을 겸할 수 있는 장점이 있다.

해설

측창과 천창

• 측창 : 창의 면이 수직 벽면에 설치되는 창으로 같은 면적의 천창에 비해 채광량이 적어 눈부심이 적다.
• 천창 : 지붕이나 천장면에 채광 환기를 목적으로 설치하여 같은 면적의 측창보다 3배 정도 광량이 많고 조도분포가 균일하다.

10 사무소 건축과 관련하여 다음 설명에 알맞은 용어는?

• 고대 로마 건축의 실내에 설치된 넓은 마당 또는 주위에 건물이 둘러 있는 안마당을 의미한다.
• 실내에 자연광을 유입시켜 여러 환경적 이점을 갖게 할 수 있다.

① 코어 ② 바실리카
③ 아트리움 ④ 오피스 랜드스케이프

정답 06 ③ 07 ② 08 ① 09 ③ 10 ③

해설

아트리움(Atrium)
사무소 아트리움 공간은 내외부 공간의 중간영역으로서 개방감을 확보하고 외부의 자연요소를 실내로 도입할 수 있도록 계획한다. 특히, 아트리움은 휴게공간으로 중앙홀을 활용하여 휴식 및 소통의 공간으로 활용한다.

11 주택의 침실계획에 관한 설명으로 옳지 않은 것은?

① 침대의 측면을 외벽에 붙이는 것이 이상적이다.
② 침대 배치는 실의 크기와 침대와의 균형, 통로 부분의 확보 등을 고려한다.
③ 침대의 머리 부분(Head)에 조명기구를 둘 경우 빛이 눈에 직접 들어오지 않도록 한다.
④ 침대 하부(머리 부분의 반대편)는 통행에 불편하지 않도록 여유공간을 두는 것이 좋다.

해설

침대의 측면은 외벽에 붙이지 않는 것이 좋으며 외부와 내부의 온도차에 따라 습기가 많이 생기므로 벽에서 거리를 두어 배치한다.

※ **침대 배치방법**
- 침대 머리 쪽은 창이 없는 외벽에 면하도록 한다.
- 침대에 누운 채로 출입문이 보이도록 하는 것이 좋다.
- 침대 내 주요 통로 폭은 여유 공간을 900mm 정도 확보한다.
- 침대 양쪽에 통로를 두고 한 쪽의 통로는 750mm 이상 되어야 한다.

12 상품제안(Merchandise Presentation)을 위한 페이싱(Facing)의 형태에 속하지 않는 것은?

① 스톡(Stock)
② 폴디드(Folded)
③ 페이스 아웃(Face Out)
④ 슬리브 아웃(Sleeve Out)

해설

페이싱(Facing)
매장 이미지를 결정짓는 중요한 요소로 상품판매에 중요한 부분을 차지하고 있으며 기본형태는 다음과 같다.

- 폴디드(Folded) : 상품을 접어서 진열하는 방법으로 주로 많은 물량의 상품을 컬러 및 사이즈별로 전개하는 스톡형 진열기법이다.
- 페이스 아웃(Face Out) : 상품진열방법 중 상품의 앞면이 보이게 걸어주는 기법이다.
- 슬리브 아웃(Sleeve Out) : 상품진열 시 행거에 상품의 소매, 즉 측면이 보이게 걸어주는 기법이다.

13 건축화조명에 관한 설명으로 옳지 않은 것은?

① 별도의 조명기구를 사용하지 않는 에너지 절약형 조명이다.
② 간접조명방식으로는 코브(Cove) 조명, 캐노피(Canopy) 조명 등이 있다.
③ 건축 구조체의 일부분이나 구조적인 요소를 이용하여 조명하는 방식이다.
④ 코니스(Cornice)조명은 벽면의 상부에 위치하여 모든 빛이 아래로 직사하도록 하는 조명방식이다.

해설

건축화조명
건축 구조체의 일부분이나 구조적인 요소를 이용하여 조명하는 방식으로 조명이 건축과 일체가 되고 건축의 일부가 광원화되는 것을 말한다.

14 다음 중 모듈과 그리드 시스템의 적용이 가장 곤란한 건물의 유형은?

① 사무소 ② 아파트
③ 미술관 ④ 병원

해설

모듈과 그리드 시스템 적용이 가능한 건물
사무소, 학교, 아파트, 병원 등 규칙적으로 반복되는 가구, 설비 등을 사용하는 공간계획에 적합하다.

정답 11 ① 12 ① 13 ① 14 ③

15 업무공간의 책상배치 유형에 관한 설명으로 옳지 않은 것은?

① 십자형은 팀 작업이 요구되는 전문직 업무에 적용할 수 있다.

② 좌우대향(대칭)형은 비교적 면적 손실이 크며 커뮤니케이션 형성도 다소 힘들다.

③ 동향형은 책상을 같은 방향으로 배치하는 형태로 비교적 프라이버시의 침해가 적다.

④ 대향형은 커뮤니케이션 형성이 불리하여, 주로 독립성 있는 데이터 처리 업무에 적용된다.

해설

- 동향형 : 커뮤니케이션 형성이 불리하여, 주로 독립성 있는 데이터 처리 업무에 적용된다.
- 대향형 : 면적효율이 좋고 커뮤니케이션 형성에 유리하며 공동작업 업무에 적합하다.

16 전통가구에 관한 설명으로 옳지 않은 것은?

① 농(籠)은 각 층이 분리되는 특징이 있다.

② 의걸이장은 보통 2칸으로 구성되며 주로 사랑방에서 사용되었다.

③ 머릿장은 주로 안방에 놓여 여성용품의 수장 기능을 담당하였다.

④ 반닫이는 책을 진열할 수 있도록 여러 층의 층널이 있고 네 면 사방이 트여 있는 문방가구이다.

해설

반닫이

앞면의 반만 여닫도록 만든 수납용 목가구로, 앞닫이라고도 불렀다. 신분계층의 구분 없이 널리 사용되었고 반닫이 위에 이불을 얹거나 기타 가정용구를 올려놓고 실내에서 다목적으로 쓰는 집기였다.

17 인간의 지각, 즉 시각과 촉각 등으로는 직접 느낄 수 없고 개념적으로만 제시될 수 있는 형태로서 상징적 형태라고도 하는 것은?

① 현실적 형태　② 인위적 형태

③ 이념적 형태　④ 자연적 형태

해설

이념적 형태

기하학적으로 취급하는 도형으로 직접적으로 지각할 수 없는 형태를 말한다.

순수형태	시각과 촉각 등으로 직접 느낄 수 없고 개념적으로만 제시될 수 있는 형태이다.
추상형태	구체적 형태를 생략 또는 과장의 과정을 거쳐 재구성된 형태이다.

18 다음 중 유니버설 공간의 개념적 설명으로 가장 알맞은 것은?

① 상업공간

② 표준화된 공간

③ 모듈이 적용된 공간

④ 공간의 융통성이 극대화된 공간

해설

유니버설 디자인(Universal Design)

성별, 연령, 국적, 문화적 배경, 장애의 유무에 상관없이 누구나 손쉽게 쓸 수 있는 제품 및 융통성이 극대화된 공간 및 환경을 만드는 디자인이다.

19 다음 중 공간이 가지는 3차원적 입체감을 가장 적합하게 표현한 용어는?

① 점과 선　② 기둥과 보

③ 질감과 색채　④ 볼륨과 매스

해설

볼륨과 매스

- 볼륨(Volume) : 3차원 입체감을 느낄수 있는 형태적인 측면이다.
- 매스(Mass) : 평면적 형상을 바탕으로 구성된 3차원 입체감을 지닌 덩어리이다.

정답　15 ④　16 ④　17 ③　18 ④　19 ④

20 POE(Post－Occupancy Evaluation)의 의미로 가장 알맞은 것은?

① 건축물을 사용해 본 후에 평가하는 것이다.
② 낙후 건축물의 이상 유무를 평가하는 것이다.
③ 건축물을 사용해 보기 전에 성능을 예상하는 것이다.
④ 건축도면 완성 후 건축주가 도면의 적정성을 평가하는 것이다.

해설

POE(거주 후 평가)
완공된 후 건물의 사용자에 대한 반응을 조사하여 설계한 본래의 요구기능이 충족되어 수행되는지 평가하는 과정을 말한다(평가방법 : 인터뷰, 현지답사, 관찰).

2과목 색채학

21 색 지각을 일으키는 가장 기본적인 요건은?

① 속성　② 프리즘
③ 빛　④ 망막

해설

색은 빛이 인간의 눈에 자극될 때 생기는 시감각(빛의 망막을 자극)의 일종으로, 시감각에 의해 인간은 색을 지각하게 된다.

22 채도에 따른 색의 구분을 할 때 명도는 높고 채도가 낮은 색은?

① 청색　② 명청색
③ 암청색　④ 탁색

해설

- 청색 : 무채색의 포함량이 적어질수록 고채도가 된 상태이다.
- 명청색 : 순색에 흰색을 섞어 밝고 맑은 느낌의 색으로 명도는 높아지고 채도는 낮아진다.
- 암청색 : 순색에 검정을 섞어 어둡고 무거운 느낌의 색으로 명도와 채도가 낮아진다.
- 탁색 : 색에 회색을 혼합하여 탁한 느낌이 있는 색으로 채도가 낮아진다.

23 다음 중 명도가 가장 높은 색은?

① 회색　② 검정색
③ 흰색　④ 녹색

해설

명도
- 색의 밝고 어두운 정도를 말하며 밝음의 감각을 척도화한 것이라고 할 수 있다.
- 먼셀 색체계에서 명도가 높은 색은 흰색을 10으로 표시하고, 명도가 낮은 것은 검정을 0으로 표시한다.

24 장파장의 색상은 시간의 경과를 길게 느끼고 단파장의 색상은 시간의 경과를 짧게 느낀다는 색채의 기능주의적 사용법을 역설한 사람은?

① 하버드 리드　② 오토 바그너
③ 파버 비렌　④ 요하네스 이텐

해설

파버 비렌(색채 심리학자)
장파장 계통의 난색이 많은 실내에서 시간의 경과가 길게 느껴지고 단파장 계통의 한색이 시간 경과가 짧게 느껴진다고 주장하였다.

25 초등학교의 색채계획에 관한 설명으로 틀린 것은?

① 일반교실은 실내 어느 곳이나 충분한 조도가 있게 한다.
② 일반교실은 안정된 분위기를 위해 색상의 종류를 제한한다.
③ 미술실은 정확한 색분별을 위해 벽면과 바닥을 무채색으로 하는 것이 좋다.
④ 음악실은 즐거운 분위기를 위해 한색 계통의 다양한 색채들을 사용한다.

정답 20 ① 21 ③ 22 ② 23 ③ 24 ③ 25 ④

해설

음악실은 난색 계통의 다양한 색상을 사용하고, 과학실은 한색 계통으로 하는 것이 좋다.

학교 색채계획 : 교실의 명도는 6~7 정도의 밝은 색상이 어울리나 고채도의 색은 좋지 않고 연노랑, 산호색, 복숭아색 등 온색의 밝은 환경을 권장한다.

26 불안감을 느끼는 사람에게 안정을 취하게 할 수 있는 공간색으로 적합한 것은?

① 파랑 ② 흰색
③ 회색 ④ 노랑

해설

붉은색 계열은 흥분의 느낌을 주고, 파란색 계열은 진정의 느낌을 준다.

27 미각과 색채의 관계로 연결된 것 중 잘못된 것은?

① 쓴맛 : 회색 ② 단맛 : 빨강
③ 신맛 : 연두 ④ 짠맛 : 청록

해설

색채 미각
식욕을 돋우는 색은 주황색 같은 난색 계열이고, 식욕을 감퇴시키는 색은 파란색 같은 한색 계열이다.

단맛	빨간색, 주황색, 적색을 띤 노란색(난색 계열)
신맛	녹색 느낌의 황색, 황색을 띤 녹색
짠맛	연한 녹색과 회색, 청록색과 회색, 연파랑
쓴맛	청색, 갈색, 올리브 그린, 자주색, 파랑(한색 계열)

28 주황색 위에 초록색을 놓으면 주황색은 더욱 붉게 보이고 초록색은 파랑 기미가 있는 초록으로 보이는 현상은?

① 색상대비 ② 명도대비
③ 연변대비 ④ 면적대비

해설

색상대비
색상이 다른 두 색을 대비시켰을 때 색상 차이가 더욱 크게 느껴지는 현상으로 다른 두 색을 인접시켜 놓았을 때 서로의 영향으로 색상 차가 크게 일어난다.

29 색채조화에 관한 설명 중 틀린 것은?

① 색의 3속성을 고려한다.
② 색채조화에서 명도는 중요하지 않다.
③ 색상이 다르면 색조를 유사하게 한다.
④ 면적비에 따라 조화의 느낌이 달라질 수 있다.

해설

색채조화에서 색상, 명도, 채도가 중요한 요소이다.

색채조화 : 색의 3속성인 색상, 명도, 채도를 고려하여 2색 또는 3색 이상의 다색배색에 질서를 부여하는 것으로 통일과 변화, 질서와 다양성과 같은 반대요소를 모순이나 충돌이 일어나지 않도록 조화시키는 것이다.

30 빛의 3원색의 설명으로 옳은 것은?

① 다른 색으로 분해가 가능하다.
② 다른 색광의 혼합에 의해 만들 수 있다.
③ 이들 색을 모두 혼합하면 백색광이 된다.
④ 이들로부터 모든 색을 만들 수 없다.

해설

가법혼색(가산혼합, 색광혼합)
빛의 3원색으로 빨강(R), 초록(G), 파랑(B) 3종의 색광을 혼합했을 때 백색광이 되며 원래의 색광보다 밝아지는 혼합이다.

31 병치가법혼색의 응용과 관련 있는 것은?

① 유화 그림 ② 도장 작업
③ 컬러 TV ④ 천의 염색

정답 26 ① 27 ① 28 ① 29 ② 30 ③ 31 ③

해설

병치가법혼색
2종류 이상의 색자극이 눈으로 구별할 수 없을 정도의 선이나 점으로 조밀하게 병치되어 인접색과 혼합되는 방법으로 컬러 TV, 컬러 모니터 등이 여기에 속한다.

32 먼셀 색체계에서 색의 3속성에 대한 설명으로 틀린 것은?

① 기본 5색은 R, Y, G, B, P이다.
② KS에서는 20색상환을 채택하고 있다.
③ 색의 포화도와 채도는 비례 관계에 있다.
④ 유채색 중 가장 명도가 낮은 색은 남색이다.

해설

KS에서는 10색상환을 채택하고 있다.

먼셀 색체계
- 색상은 적(R), 황(Y), 녹(G), 청(B), 자(P)의 5가지 기본색에 보색을 추가하여 10색상으로 나누어 척도화하였다.
- 색의 표기는 H V/C로 표시하며 H(Hue, 색상), V(Value, 명도), C(Chroma, 채도) 순서대로 기호화해서 표시한다.
- 색지각을 기초로 색상, 명도, 채도의 색의 3속성을 3차원적인 공간의 형태로 만든 것이다.

33 오스트발트의 등색상 삼각형에 있어서 등백색 계열을 나타내는 것은?

① pl－pi－pg ② la－na－pa
③ nl－ni－pi ④ lg－ni－pl

해설

등백색 계열의 조화
동일한 양의 백색을 가지는 색채를 일정한 간격으로 배색하면 조화를 이루며 기호의 앞 글자가 같으면 백색량이 같다.

34 명소시에서 암소시로 이행할 때 붉은색은 어둡게 되고, 청색은 상대적으로 밝아지는 것과 관련이 있는 것은?

① 메타메리즘 ② 색각이상
③ 푸르킨예현상 ④ 착시현상

해설

푸르킨예현상
명소시에서 암소시로 갑자기 이동할 때 빨간색은 어둡게, 파란색은 밝게 보이는 현상으로 추상체가 반응하지 않고 간상체가 반응하면서 발생한다.

35 오스트발트 색체계의 색상에 대한 설명이 틀린 것은?

① 24색상환으로 1～24로 표기한다.
② 색상은 헤링의 4원색을 기본으로 한다.
③ Red의 보색은 Sea Green이다.
④ Red는 1R～3R로, 색상번호는 1～3에 해당된다.

해설

Red는 1R～3R로, 색상번호는 7～9에 해당된다.

※ **오스트발트 색상환**
- Yellow : 1～3
- Orange : 4～6
- Red : 7～9
- Purple : 10～12
- Ultramarine Blue : 13～15
- Turquoise : 16～18
- Sea Green : 19～21
- Leaf Green : 22～24

36 감마(Gamma)에 대한 설명으로 틀린 것은?

① 컴퓨터 모니터 또는 이미지 전체의 기준 어둡기(밝기)를 말한다.
② 모니터 성능에 따라 CMYK 각각의 감마를 결정할 수 있다.

정답 32 ② 33 ① 34 ③ 35 ④ 36 ②

③ 기본 감마값에서 모니터의 상태에 따라 캘리브레이션을 할 수 있다.
④ 가장 일반적으로 통용되는 감마를 사용하는 것이 좋다.

해설

모니터 성능에 따라 RGB 각각의 감마를 결정할 수 있다.

감마 : 입력된 밝기의 신호와 출력된 신호의 밸런스를 말한다. 입력신호와 출력신호의 밸런스가 맞춰져 감마값이 1일 때 인간의 눈에는 이상적인 값이다.

37 영 · 헬름홀츠(Young – Helmholtz)의 3원색설에 관한 설명 중 옳은 것은?

① 추상체의 기능이 없고, 간상체의 기능만 있는 상태를 전색맹이라 한다.
② 황색과 백색의 감각과 대비 잔상을 잘 설명할 수 있다.
③ 동화작용에 의하여 백, 적, 황색의 감각이 생긴다.
④ 적, 녹, 황색이 기본색이어서 3원색설이라고 한다.

해설

② 빨간색의 잔상은 녹색, 파란색의 잔상은 노란색으로 보색과 대비 잔상을 잘 설명할 수 있다.
③ 동화작용에 의하여 검정(흑), 파랑(청), 초록(녹)의 감각이 생긴다.
④ 무채색을 제외한 빨강, 초록, 파랑, 노랑의 4원색이라고 한다.

※ **전색맹** : 추상체의 기능은 없고 간상체의 기능만 존재하며 색을 전혀 느끼지 못하고 명암만 구분한다.

38 슈브릘(M. E. Chevreul)의 색채조화론과 관계가 없는 것은?

① 도미넌트 컬러
② 보색배색의 조화
③ 세퍼레이션 컬러
④ 동일 색상의 조화

해설

슈브릘의 색채조화론

동시대비의 원리	명도가 비슷한 인접 색상을 동시에 배색하면 조화를 이룬다.
도미넌트 컬러의 조화	지배적인 색조의 느낌, 통일감이 있어야 조화를 이룬다.
세퍼레이션 컬러의 조화	두 색이 부조화일 때 그 사이에 흰색, 검은색을 더하면 조화를 이룬다.
보색배색의 조화	두 색의 원색에 강한 대비로 성격을 강하게 표현하면 조화를 이룬다.

39 오스트발트 색채조화론의 내용과 관련된 용어가 아닌 것은?

① 등백 계열의 조화　② 등순 계열의 조화
③ 동등조화　④ 윤성조화

해설

오스트발트 색채조화론

무채색의 조화, 등백계열의 조화, 등흑계열의 조화, 등순계열의 조화, 윤성조화(다색조화), 등가색환의 조화가 있다.

40 색을 정확히 보기 위한 관찰방법에 대한 설명으로 잘못된 것은?

① 색의 관찰은 몇 분간 조명광하에서 작업면의 유채색에 눈을 순응시키고 나서 한다.
② 시료면과 표준면을 때때로 좌우를 바꿔 넣어 비교한다.
③ 연속하여 비교작업을 하는 경우에는 몇 분 간격의 주기로 눈을 쉬면서 한다.
④ 선명한 색을 관찰한 직후에 옅은 색 또는 보색에 가까운 색상을 가진 색을 계속 비교해서는 안 된다.

해설

색의 관찰은 몇 분간 조명광하에서 작업면의 무채색에 눈을 순응시키고 나서 한다.

정답 37 ① 38 ④ 39 ③ 40 ①

※ 육안검색

㉠ 정의

색채의 일치를 확인하기 위해 색채 관측상자를 이용해 눈으로 색을 측정하는 것을 말한다.

㉡ 육안검색 시 조건

- 조도는 1,000lx로 한다.
- 표준광원으로 D65 광원이나 C광원을 사용한다.
- 색체계 L*a*b* 표색계를 사용한다.
- 명도수치는 N5~N7로 한다.
- 관찰자와 대상물의 관찰각도는 45°로 한다.
- 비교하는 눈의 각도는 2°, 10° 정도로 한다.
- 측색의 표기는 한국산업규격(KS)의 먼셀 기호로 표기한다.
- 조명의 균제도는 0.8 이상으로 한다.
- 관측면 바닥은 무광택 무채색이어야 한다.
- 바닥면의 크기는 30cm×40cm 이상이 적합하다.

3과목 인간공학

41 시야의 넓이는 물체의 색깔에 따라 달라지는데 다음 중 시야의 넓이가 좁은 색에서부터 넓은 순으로 올바르게 나열한 것은?

① 녹색 → 적색 → 청색 → 황색 → 백색
② 녹색 → 황색 → 청색 → 적색 → 백색
③ 백색 → 적색 → 청색 → 황색 → 녹색
④ 백색 → 청색 → 황색 → 적색 → 녹색

해설

시야의 범위는 색상에 따라 달라지며 녹색 → 적색 → 청색 → 황색 → 백색의 순으로 넓어진다.

42 조도의 단위가 아닌 것은?

① nit ② lux
③ lumen/m^2 ④ foot－candle(fc)

해설

①은 휘도의 단위이다.

조도

어떤 면이 받는 빛의 세기를 나타내는 값으로 단위는 fc과 lux가 흔히 사용된다. 단위면적당의 루멘이다(lux＝lumen/m^2).

- fc(foot－candle) : 표준 1촉광으로부터 1ft 떨어진 곡면에 비치는 빛의 밀도
- lux(meter－candle) : 표준 1촉광으로부터 1m 떨어진 곡면에 비치는 빛의 밀도

43 자료의 통계분석에서 상관관계가 전혀 없음을 나타내는 상관계수(Coefficient of Correlation)는?

① －0.1 ② 0
③ 0.5 ④ ＋1.0

해설

상관계수

- 두 변수 x, y 사이의 상관관계의 정도를 나타내는 수치이다.
- 상관관계수가 0이면 두 변인이 서로 독립되어 있다는 것으로, 아무 상관이 없음을 의미한다.

44 귀의 구조 중에서 외이도와 중이의 경계 부위에 위치하며 소리압력의 변화에 따라 진동하는 것은?

① 와우 ② 고막
③ 귀지선 ④ 반규관

해설

고막

외이와 중이의 경계에 위치하는 얇은 막으로 소리에 의해 진동한다.

45 다음 설명에 해당하는 운동의 시지각은?

> 내가 타고 있는 지하철은 정지되어 있지만, 반대편의 지하철이 출발함에 따라 내가 타고 있는 지하철이 움직이는 것처럼 느껴진다.

① 안구운동 ② 유도운동
③ 운동잔상 ④ 자동운동

정답 41 ① 42 ① 43 ② 44 ② 45 ②

해설

유도운동
상대적 움직임에 따라 다르게 지각하는 특성으로, 정지해 있는 것을 움직이는 것으로 느끼거나, 반대로 운동하고 있는 것을 정지해 있는 것으로 느끼는 현상이다.

46 생체리듬에 관한 설명으로 옳은 것은?

① 감성적 리듬(Sensitivity Rhythm)은 23일의 반복주기를 갖는다.
② 육체적 리듬(Physical Rhythm)은 33일의 반복주기를 갖는다.
③ 위험일은 각각의 리듬이 (−)에서 (+)로, 또는 (+)에서 (−)로 변화하는 점을 의미한다.
④ 지성적 리듬(Intellectual Rhythm)은 주의력, 창조력, 예감 및 통찰력 등을 좌우한다.

해설

① 감성적 리듬은 28일 주기로 반복되며 주의력, 창조력, 예감 및 통찰력 등을 좌우한다.
② 육체적 리듬은 23일의 반복주기를 갖는다.
④ 지성적 리듬은 33일을 주기로 반복되며 상상력, 사고력, 기억력 또는 의지, 판단 및 비판력 등을 좌우한다.

생체리듬 : 하루 24시간을 주기로 일어나는 생체 내 과정을 말한다.

47 진동이 인간의 성능에 미치는 일반적인 영향에 관한 설명으로 옳지 않은 것은?

① 진동은 진폭에 비례하여 시력을 손상시킨다.
② 진동은 진폭에 비례하여 추적능력을 손상시킨다.
③ 진동은 안정되고 정확한 근육조절을 요하는 작업에 부정적 영향을 준다.
④ 감시(Monitoring), 형태 식별(Pattern Recognition) 등 중앙신경처리에 달린 임무는 진동의 영향을 가장 심하게 받는다.

해설

진동이 인간 성능에 끼치는 영향
- 전신진동은 진폭에 비례하여 시력이 손상되고 추적작업에 대한 효율을 떨어뜨린다.
- 안정되고 정확한 근육조절을 요하는 작업은 진동에 의하여 저하된다.
- 반응시간, 감시, 형태 식별 등 주로 중앙신경처리에 달린 임무는 진동의 영향을 덜 받는다.

48 다음 중 양팔을 곧게 편 상태로 파악할 수 있는 최대영역은?

① 정상작업영역(Normal Working Area)
② 평면작업영역(Working Area in Horizontal Plan)
③ 최대작업영역(Maximum Working Area)
④ 수직면작업영역(Working Area in Vertical Plan)

해설

- 최대작업영역 : 위팔과 아래팔을 곧게 펴서 파악할 수 있는 구역이다.
- 정상작업영역 : 위팔을 자연스럽게 수직으로 늘어뜨린 채, 아래팔만으로 편하게 뻗어 파악할 수 있는 구역이다.

49 적온(適溫)에서 추운 환경으로 바뀔 때, 인체의 반응으로 옳지 않은 것은?

① 근육이 수축된다.
② 몸의 떨림이 생긴다.
③ 피부의 온도가 내려간다.
④ 피부를 경유하는 혈액의 순환량이 증가한다.

해설

적온에서 추운 환경으로 바뀔 때 인체의 반응
- 피부온도가 내려간다.
- 피부를 경유하는 혈액 순환량이 감소하고 많은 양의 혈액이 몸의 중심부를 순환한다.
- 직장온도가 약간 올라간다.
- 소름이 돋고 몸이 떨린다.
- 체표면적이 감소하고 피부의 혈관이 수축된다.

정답 46 ③ 47 ④ 48 ③ 49 ④

50 누적외상성 질환(CTDs)을 줄이기 위한 방법으로 적절하지 않은 것은?

① 반복적인 동작이 일어나지 않도록 한다.
② 조직(Tissue)에 가해지는 압력을 줄일 수 있도록 한다.
③ 작업 중 발생하는 체열을 발산하기 위하여 작업장의 온도는 21℃ 이하로 유지한다.
④ 작업자세에 있어 팔꿈치가 몸통의 중간위치보다 더 높이 올라가지 않도록 한다.

해설

작업 중 발생하는 체열을 발산하기 위하여 작업장의 온도는 18～21℃로 유지한다.

※ **근골격계질환[누적외상성 질환(CTDs)]**
반복적인 동작, 부적절한 작업자세, 무리한 힘의 사용, 날카로운 면과의 신체접촉, 진동 및 온도 등의 요인에 의하여 발생하는 건강장해로서 목, 어깨, 허리, 팔 · 다리의 신경 · 근육 및 그 주변 신체조직 등에 나타나는 질환을 말한다.

※ **온도에 따른 증상**
- 10℃ 이하 : 옥외작업 금지, 수족이 굳어짐
- 10～15.5℃ : 손재주 저하
- 18～21℃ : 최적 상태
- 37℃ : 갱내온도는 37℃ 이하로 유지

51 인체 골격이 하는 주요 기능이 아닌 것은?

① 신체활동 수행
② 체강 내의 장기를 보호
③ 신체를 지지하고 형상을 유지
④ 감각정보를 뇌와 척수로 전달

해설

④는 감각신경에 대한 설명이다.

※ **골격계**
- 인체의 기본구조를 이루어 지탱하는 역할을 하고 내부의 장기를 보호한다.
- 골격의 주요 기능 : 신체의 지지 및 형상유지, 조혈작용, 체내의 장기보호, 무기질 저장, 가동성 연결

52 인체 측정자료를 응용하여 작업공간을 설계할 때 평균치를 고려한 것은?

① 문의 높이　② 버스 손잡이 높이
③ 비상탈출구의 크기　④ 슈퍼마켓의 계산대 높이

해설

㉠ 최대 집단치 : 문의 높이, 버스 손잡이 높이, 비상탈출구의 크기, 선반의 높이, 의자의 너비
㉡ 평균치를 이용한 설계
- 특정 장비나 설비의 경우, 최대 집단치 설계나 최소 집단치 설계 또는 조절범위식 설계가 부적절하거나 불가능할 때 평균치를 기준으로 한 설계를 할 경우가 있다.
- 가게나 은행의 계산대, 식당 테이블, 버스 손잡이의 높이, 안내 데스크 등이 있다.

53 깜박이는 경고등(Flashing Light)의 깜박이는 속도로 가장 적당한 것은?

① 1초에 3회　② 1초에 20회
③ 3초에 1회　④ 5초에 1회

해설

경보등
주위를 끌기 위해서는 초당 3～10회의 점멸속도에 지속시간 0.05초 이상이 적당하다.

54 다음 (　) 안에 들어갈 알맞은 것은?

> (　)은/는 수정체와 망막 사이의 공간에 있는 무색투명한 젤리 모양의 조직으로 안구의 형태를 구형으로 유지하고 내압을 일정하게 하여 수정체에서 망막에 이르는 광선의 통로가 된다.

① 공막(Sclera)　② 안검(Eyelids)
③ 맥락막(Choroid)　④ 초자체(Vitreous Body)

해설

초자체
수정체와 망막 사이의 공간에 들어 있는 무색투명한 조직이다.

정답　50 ③　51 ④　52 ④　53 ①　54 ④

55 원형 눈금 표시장치와 비교한 계수형 표시장치의 특징이 아닌 것은?

① 판독오차가 적다.

② 판독시간이 길다.

③ 변화와 추세를 알기 어렵다.

④ 변수의 상태나 조건의 관련 범위를 파악하기 어렵다.

해설

계수형 표시장치

전력계나 택시요금계기와 같이 기계, 전자적으로 숫자가 표시되는 형으로 출력되는 값을 정확하게 읽어야 하는 경우에 가장 적합하고 판독 평균 반응시간도 짧다.

56 다음 상황에서의 시식별 능력을 의미하는 것은?

표적 물체나 관측자 또는 모두가 움직이는 경우에는 시력의 역치(Threshold)가 감소하게 된다.

① 버니어시력(Vernier Acuity)

② 입체시력(Stereoscopic Acuity)

③ 동시력(Dynamic Visual Acuity)

④ 최소가분시력(Minimum Separable Acuity)

해설

시식별 능력

- 버니어시력 : 두 개의 선이 어긋나 있는지 인식할 수 있는 능력이다.
- 입체시력 : 상이나 그림의 차이를 분간하는 능력이다.
- 동시력 : 표적물체나 관측자가 움직일 때의 시식별 능력이다.
- 최소가분시력 : 서로 떨어진 두 점을 식별할 수 있는 능력이다.

57 근력 및 지구력에 관한 설명으로 옳지 않은 것은?

① 지구력이란 근력을 사용하여 특정 힘을 유지할 수 있는 능력이다.

② 신체 부위를 실제로 움직이는 상태일 때의 근력을 등속성 근력이라 한다.

③ 신체 부위를 실제로 움직이지 않으면서 고정 물체에 힘을 가하는 상태일 때의 근력을 등척성 근력이라 한다.

④ 근력이란 여러 번의 수의적인 노력에 의하여 근육이 등속성으로 낼 수 있는 힘의 최대치를 말한다.

해설

근력과 지구력

- 근력 : 한 번의 수의적인 노력에 의해서 등척성으로 낼 수 있는 최댓값이며, 손, 팔, 다리 등의 특정근육이나 근육군과 관련이 있다.
- 지구력 : 근육을 사용하여 특정한 힘을 유지할 수 있는 능력으로 최대근력으로 유지할 수 있는 것은 몇 초이며, 최대근력의 50% 힘으로는 약 1분간 유지할 수 있다.

※ **등척성과 등속성**

- 등척성 : 인체 부위를 움직이지 않으면서 고정된 물체에 힘을 가하는 상태이다(물구나무, 플랭크 등).
- 등속성 : 물건을 들어 올릴 때처럼 팔이나 다리의 인체 부위를 실제로 움직이는 상태이다.

58 피부감각과 관련된 내용으로 옳지 않은 것은?

① 촉각과 압각의 경계는 분명하게 구분된다.

② 촉각수용기의 분포와 밀도는 신체 부위에 따라 다르다.

③ 온도감각은 일반적으로 점막에는 거의 분포되어 있지 않다.

④ 통각은 피부뿐만 아니라 피부 밑의 심부 및 내장에도 분포하고 있다.

해설

촉각과 압각의 경계는 분명하게 구분할 수 없다.

피부감각 – 촉각 : 피부 표층을 가볍게 스치듯 한 접촉을 촉각이라고 하고 피부 표면이 물체와 접촉하여 생기는 압력을 압각이라 하며, 이 감각으로 느껴지는 피부점을 압점이라고 한다.

59 영상표시단말기(VDT) 취급근로자의 작업관리와 관련된 내용으로 옳지 않은 것은?

① 눈으로부터 화면까지의 시거리는 40cm 이상을 유지할 것

② 작업 화면상의 시야는 취급근로자의 시선 수평선상으로부터 아래로 10~15° 이내일 것

정답 55 ② 56 ③ 57 ④ 58 ① 59 ③

③ 단색 화면일 경우 색상은 일반적으로 어두운 배경에 밝은 청색 또는 적색 문자를 사용할 것
④ 작업자의 손목을 지지해 줄 수 있도록 작업대 끝면과 키보드의 사이는 15cm 이상을 확보할 것

해설

단색 화면일 경우 어두운 배경에 밝은 황색, 녹색, 백색을 사용할 것

VDT의 작업환경
- 작업면에 도달하는 빛의 각도를 화면으로부터 45° 이내가 되도록 한다.
- 아래팔과 손등은 일직선을 유지하여 손목이 꺾이지 않도록 하고 키보드의 기울기는 5~15°가 적당하다.
- VDT 작업의 사무환경의 추천 조도는 300~500lux이다.

60 다음의 경우에 지표로서 이용하는 것은?

사람이 자동차나 비행기를 조종할 때 긴장감의 정도를 파악하기 위하여 심박수, 호흡률, 뇌 전위, 혈압 등을 조사한다.

① 생리적 변화 ② 심리적 변화
③ 시각적 변화 ④ 정신적 변화

해설

활동척도
- 생리적 변화 : 혈압, 심박수, 부정맥, 호흡수, 박동량, 박동결손, 인체온도
- 심리적 변화 : 작업속도, 실수, 눈 깜빡수

4과목 건축재료

61 시멘트의 수화반응에서 발생하는 수화열이 가장 낮은 시멘트는?

① 보통 포틀랜드 시멘트
② 조강 포틀랜드 시멘트
③ 중용열 포틀랜드 시멘트
④ 백색 포틀랜드 시멘트

해설

중용열 포틀랜드 시멘트
시멘트의 발열량(수화열)을 저감시킬 목적으로 제조한 시멘트로 매스콘크리트 등의 용도로 사용되며 건조수축이 작고 화학저항성이 크다.

62 방수재료 중 아스팔트 방수층을 시공할 때 제일 먼저 사용되는 재료는?

① 아스팔트 ② 아스팔트 프라이머
③ 아스팔트 루핑 ④ 아스팔트 펠트

해설

아스팔트 프라이머
솔, 롤러 등으로 용이하게 도포할 수 있도록 블론 아스팔트를 휘발성 용제에 희석한 흑갈색의 저점도 액체로서, 방수 시공의 첫 번째 공정에 쓰이는 바탕처리재이다.

63 점토제품에서 SK 번호가 나타내는 것은?

① 소성온도 ② 제품의 종류
③ 점토의 성분 ④ 수분 함유량

해설

SK 번호는 소성온도를 나타내며 내화도를 판단하는 척도로 쓰인다.

64 벽의 모르타르 바름 바탕용으로 가장 적합한 금속제품은?

① 메탈 라스 ② 데크 플레이트
③ 인서트 ④ 조이너

해설

메탈 라스(Metal Lath)
얇은 철판에 많은 절목을 넣어 이를 옆으로 늘여서 만든 것으로 도벽바탕에 쓰이는 금속제품이다.

정답 60 ① 61 ③ 62 ② 63 ① 64 ①

65 목재의 절대건조비중이 0.8일 때 이 목재의 공극률은?

① 약 42%　　② 약 48%
③ 약 52%　　④ 약 58%

해설

$$공극률 = (1 - \frac{목재의\ 절건비중}{1.54}) \times 100(\%)$$

$$= (1 - \frac{0.8}{1.54}) \times 100(\%)$$

$$= 48\%$$

66 유리 내부에 금속망을 삽입하고 압착 · 성형한 판유리로서 외부로부터의 충격에 강하고 파손될 때에도 유리파편이 튀지 않아 상해를 주지 않는 것은?

① 스팬드럴유리　　② 연마판유리
③ 로이유리　　④ 망입유리

해설

망입유리
유리 액을 롤러로 제판하고 그 내부에 금속망을 삽입하여 성형한 유리로서 도난(방도용) 및 화재방지용(방화용)으로 적용하며, 내부에 삽입한 금속망 때문에 깨지더라도 비산되지 않는 특성이 있다.

67 합성수지제품 중 경도가 크나 내열 · 내수성이 부족하여 외장재로는 부적당하며 내장재 · 가구재로 사용되는 것은?

① 폴리에스테르 강화판
② 멜라민 치장판
③ 페놀수지판
④ 아크릴 평판

해설

멜라민 치장판
페놀수지를 침투시킨 두꺼운 종이 바탕에 나무무늬판 등을 붙이고 멜라민수지를 침투시킨 종이를 씌운 후 압력을 가하여 성형한 판이다.

68 건설용 강재(철근 등)의 재료시험 항목에서 일반적으로 제외되는 것은?

① 압축강도 시험　　② 인장강도 시험
③ 굽힘 시험　　④ 연신율 시험

해설

강재의 주강도는 인장강도 및 소성 관련 사항($\frac{연신율}{굽힘}$)으로서 압축강도 시험은 진행하지 않는다.

69 표준시방서에 따른 서중콘크리트에 관한 설명으로 옳지 않은 것은?

① 하루 평균기온이 25℃를 초과하는 것이 예상되는 경우 서중 콘크리트로 시공한다.
② 콘크리트의 배합은 소요의 강도 및 워커빌리티를 얻을 수 있는 범위 내에서 단위수량을 적게 하고 단위 시멘트량이 많아지지 않도록 적절한 조치를 취하여야 한다.
③ 일반적으로는 기온 10℃의 상승에 대하여 단위수량은 2~5% 증가하므로 소요의 압축강도를 확보하기 위해서는 단위수량에 비례하여 단위 시멘트량의 증가를 검토하여야 한다.
④ 콘크리트를 타설할 때의 콘크리트의 온도는 30℃ 이하이어야 한다.

해설

KCS 14 20 41 서중 콘크리트
콘크리트를 타설할 때의 콘크리트의 온도는 35℃ 이하이어야 한다.

70 콘크리트 보강용으로 사용되고 있는 유리섬유에 관한 설명으로 옳지 않은 것은?

① 고온에 견디며, 불에 타지 않는다.
② 화학적 내구성이 있기 때문에 부식하지 않는다.
③ 전기절연성이 크다.
④ 내마모성이 크고, 잘 부서지거나 부러지지 않는다.

정답　65 ②　66 ④　67 ②　68 ①　69 ④　70 ④

해설

유리섬유(Glass Fiber)는 내마모성이 작고, 쉽게 부서지며, 부러지는 성질이 있다.

71 다음 중 경석고 플라스터에 관한 설명으로 옳지 않은 것은?

① 강도가 크며 수축균열이 작다.
② 알칼리성으로 철의 부식을 방지한다.
③ 무수석고를 화학처리하여 제조한다.
④ 킨즈 시멘트라고도 한다.

해설

경석고 플라스터는 약산성으로서 철의 부식을 방지한다.

72 목재의 천연건조의 특성에 해당하지 않는 것은?

① 넓은 잔적(Piling)장소가 필요하지 않다.
② 비교적 균일한 건조가 가능하다.
③ 기후와 입지의 영향을 많이 받는다.
④ 열기건조의 예비건조로서 효과가 크다.

해설

천연건조를 위해서는 넓은 야적장소가(잔적장소)가 필요하다.

73 건축재료의 화학조성에 의한 분류 중 무기재료에 포함되지 않는 것은?

① 콘크리트　　② 철강
③ 목재　　④ 석재

해설

목재는 탄소(C)원소를 포함한 유기재료이다.

74 수밀콘크리트의 배합에 관한 설명으로 옳지 않은 것은?

① 배합은 콘크리트의 소요 품질이 얻어지는 범위 내에서 단위수량 및 물－결합재비는 되도록 작게 하고, 단위 굵은 골재량은 되도록 크게 한다.
② 콘크리트의 소요 슬럼프는 되도록 작게 하여 180mm를 넘지 않도록 하며, 콘크리트 타설이 용이할 때에는 120mm 이하로 한다.
③ 물－결합재비는 60% 이하를 표준으로 한다.
④ 콘크리트의 워커빌리티를 개선시키기 위해 공기연행제, 공기연행감수제 또는 고성능 공기연행감수제를 사용하는 경우라도 공기량은 4% 이하가 되게 한다.

해설

KCS 14 20 30 수밀 콘크리트
물－결합재비는 50% 이하를 표준으로 한다.

75 석재의 일반적인 성질에 관한 설명으로 옳지 않은 것은?

① 석재 중 석회암 · 대리석 등은 풍화에 약한 편이다.
② 흡수율은 동결과 융해에 대한 내구성이 지표가 된다.
③ 인장강도는 압축강도의 1/10～1/30 정도이다.
④ 단위용적질량이 클수록 압축강도는 작고, 공극률이 클수록 내화성이 작다.

해설

석재는 단위용적질량이 클수록 압축강도가 크고, 공극률이 클수록 내화성이 크다.

76 지하실과 같이 공기의 유통이 원활하지 않은 장소의 미장공사에 적당한 재료는?

① 시멘트 모르타르　　② 회반죽
③ 돌로마이트 플라스터　　④ 회사벽

정답　71 ②　72 ①　73 ③　74 ③　75 ④　76 ①

해설

지하실과 같이 공기의 유통이 원활하지 않은 장소에서 미장공사를 할 경우 수경성 재료로 시공하여야 한다. 보기 중의 수경성 재료는 시멘트 모르타르이다.

77 파티클보드의 특징이 아닌 것은?

① 경량이다.
② 못질, 구멍 뚫기 등 가공이 용이하다.
③ 음, 열의 차단성이 우수하다.
④ 방향성에 따른 강도의 차이가 크다.

해설

파티클보드(칩보드)
- 목재 또는 폐재, 부산물 등을 절삭 또는 파쇄하여 소편(나뭇조각)으로 하여 충분히 건조한 후, 합성수지 접착제와 같은 유기질 접착제를 첨가하여 열압제판한 목재제품이다.
- 섬유방향에 따른 강도 차이는 없다.
- 두께는 비교적 자유롭게 선택할 수 있다.
- 흡음성과 열의 차단성이 좋으며, 표면이 평활하고 경도가 크다.

78 수성 페인트에 합성수지와 유화제를 섞은 것으로서 실내·외 어느 곳에서나 매우 광범위하게 사용되며, 피막의 먼지 등으로 오염된 것을 비눗물로도 쉽게 제거할 수 있는 장점을 가진 것은?

① 에나멜 페인트　② 래커 에나멜
③ 에멀션 페인트　④ 클리어 래커

79 경질이며 흡습성이 작은 특성이 있으며 도로나 마룻바닥에 까는 두꺼운 벽돌로서 원료로 연와토 등을 쓰고 식염유로 시유소성한 벽돌은?

① 검정벽돌　② 광재벽돌
③ 날벽돌　④ 포도벽돌

해설

포도벽돌
- 아연토, 도토 등을 사용한다.
- 식염유를 시유·소성하여 성형한 벽돌이다.
- 마멸이나 충격에 강하며 흡수율은 작다.
- 내구성이 좋고 내화력이 강하다.
- 도로, 포장용, 건물 옥상 포장용 및 공장 바닥용으로 사용된다.

80 다른 종류의 금속을 접촉시켰을 경우 이온화 경향이 커서 부식의 위험이 가장 큰 것은?

① 구리(Cu)　② 알루미늄(Al)
③ 철(Fe)　④ 은(Ag)

해설

보기 중 이온화 경향이 가장 높은 금속은 알루미늄(Al)이다.

5과목 건축일반

81 건축허가 등을 할 때 미리 소방본부장 또는 소방서장의 동의를 받아야 하는 건축물 등의 범위 기준으로 틀린 것은?

① 연면적이 200m^2 이상인 수련시설
② 연면적이 200m^2 이상인 노유자시설
③ 연면적이 250m^2 이상인 정신의료기관
④ 연면적이 300m^2 이상인 장애인 의료재활시설

해설

정신의료기관은 연면적이 300m^2 이상일 경우 건축허가 등을 할 때 미리 소방본부장 또는 소방서장의 동의를 받아야 하는 건축물 등의 범위에 해당된다.

정답　77 ④　78 ③　79 ④　80 ②　81 ③

82 **비상용 승강기를 설치하지 아니할 수 있는 건축물 기준으로 옳은 것은?**

① 높이 31m를 넘는 각 층을 거실 외의 용도로 쓰는 건축물

② 높이 31m를 넘는 각 층의 바닥면적의 합계가 800m^2 이하인 건축물

③ 높이 31m를 넘는 층수가 6개 층 이상인 건축물

④ 높이 31m를 넘는 층수가 4개 층 이하로서 당해 각 층의 바닥면적의 합계 600m^2 이내마다 방화구획으로 구획된 건축물

해설

높이가 31m를 넘는 경우에도 비상용 승강기를 설치하지 않아도 되는 건축물

- 각 층을 거실 외의 용도로 쓰는 건축물
- 각 층의 바닥면적의 합계가 500m^2 이하인 건축물
- 층수가 4개 층 이하로서 당해 각 층 바닥면적의 합계 200m^2 이내마다 방화구획으로 구획한 건축물(벽 및 반자가 실내에 접하는 부분의 마감을 불연재료로 한 경우에는 500m^2)

83 **철근콘크리트구조에서 철근을 일정 두께 이상의 콘크리트로 피복하는 이유로 가장 거리가 먼 것은?**

① 콘크리트의 중성화 촉진

② 부재 내부응력에 의한 균열 방지

③ 철근과 콘크리트의 일체성 증가

④ 화재 시 철근의 강도 저하 방지

해설

콘크리트 피복을 통해 중성화(탄산화)를 지연할 수 있다.

84 **널 한쪽에 홈을 파고 한쪽에 혀를 내어 서로 물리게 하는 방법으로 못이 빠져나올 우려가 없어 마루널쪽매에 이상적인 것은?**

① 맞댄쪽매 ② 빗댄쪽매

③ 제혀쪽매 ④ 딴혀쪽매

해설

제혀쪽매

널 한쪽에는 홈을 파고 다른 쪽에는 혀를 내어 물리게 한 것을 말한다.

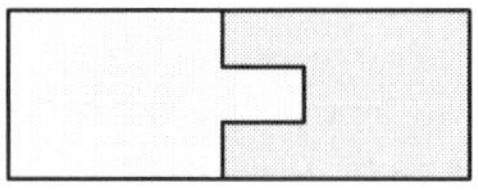

85 **지진이 발생할 경우 소방시설이 정상적으로 작동될 수 있도록 소방청장이 정하는 내진설계기준에 맞게 설치하여야 하는 소방시설이 아닌 것은?(단, 내진설계기준의 설정 대상 시설에 소방시설을 설치하는 경우)**

① 옥내소화전설비

② 스프링클러설비

③ 물분무등소화설비

④ 무선통신보조설비

해설

내진설계기준에 맞게 설치하여야 하는 소방시설

옥내소화전설비, 스프링클러설비, 물분무등소화설비

86 **조적구조에 관한 설명으로 틀린 것은?**

① 내화성, 내구성 등의 성능을 고루 갖추면서 시공이 용이한 편이다.

② 기초침하 등으로 벽면에 쉽게 균열이 생긴다.

③ 저층의 비교적 소규모 건축물에 널리 쓰인다.

④ 횡력 및 충격에 강하고 습기에 의해 동파되지 않는다.

해설

조적구조는 횡력 및 충격에 약해 고층 건축물의 구조용으로는 적합하지 않으며, 습식 구조로서 겨울철 습기 동결에 의한 부피팽창으로 동파 가능성이 있다.

정답 82 ① 83 ① 84 ③ 85 ④ 86 ④

87 **건축법령상 방화구획 등의 설치 기준에 따라, 방화구획의 규정을 적용하지 않거나 그 사용에 지장이 없는 범위에서 완화하여 적용할 수 있는 부분이 아닌 것은?**

① 단독주택
② 복층형 공동주택의 세대별 층간 바닥 부분
③ 주요 구조부가 내화구조 또는 불연재료로 된 주차장
④ 교정 및 군사시설 중 군사시설로서 집회, 체육, 창고 등의 용도로 사용되는 시설을 제외한 나머지 시설물

해설

교정 및 군사시설 중 군사시설로서 집회, 체육, 창고 등의 용도로 사용되는 시설만 방화구획 규정을 적용하지 않거나 그 사용에 지장이 없는 범위에서 완화하여 적용할 수 있는 부분이다.

88 **계단을 대체하여 설치하는 경사로의 경사도 기준으로 옳은 것은?**

① 1 : 6을 넘지 아니할 것
② 1 : 7을 넘지 아니할 것
③ 1 : 8을 넘지 아니할 것
④ 1 : 9를 넘지 아니할 것

해설

계단을 대체하여 설치하는 경사로는 다음의 기준에 적합하게 설치하여야 한다.

- 경사도는 1 : 8을 넘지 아니할 것
- 표면을 거친 면으로 하거나 미끄러지지 아니하는 재료로 마감할 것
- 경사로의 직선 및 굴절 부분의 유효너비는 「장애인 · 노인 · 임산부 등의 편의증진 보장에 관한 법률」이 정하는 기준에 적합할 것

89 **특정소방대상물의 관계인이 소방청장이 정하여 고시하는 화재안전기준에 따라 소방시설을 갖추어야 하는 경우에 고려해야 하는 사항과 가장 거리가 먼 것은?**

① 특정소방대상물의 수용인원
② 특정소방대상물의 규모
③ 특정소방대상물의 용도
④ 특정소방대상물의 위치

해설

소방시설 설치 및 관리에 관한 법률에서 특정소방대상물의 관계인이 특정소방대상물의 규모 · 용도 및 수용인원 등을 고려하여 갖추어야 하는 소방시설의 종류를 규정하고 있다.

90 **옥상광장 등의 설치와 관련한 아래 내용에서 ( ) 안에 들어갈 내용으로 옳은 것은?**

> 옥상광장 또는 2층 이상인 층에 있는 노대(露臺)나 그 밖에 이와 비슷한 것의 주위에는 높이 (   ) 이상의 난간을 설치하여야 한다. 다만, 그 노대 등에 출입할 수 없는 구조인 경우에는 그러하지 아니하다.

① 1.0m ② 1.2m
③ 1.5m ④ 1.8m

해설

옥상광장 또는 2층 이상인 층에 있는 노대 주위의 난간은 노대 등에 출입할 수 없는 경우를 제외하고 높이 1.2m 이상으로 설치하여야 한다.

91 **건축물의 신축 · 증축 · 개축 등에 대한 행정기관의 동의 요구를 받은 소방본부장 또는 소방서장은 건축허가 등의 동의 요구서류를 접수한 날부터 얼마 이내에 동의여부를 회신하여야 하는가?(단, 특급 소방안전관리대상물이 아닌 경우)**

① 3일 이내 ② 4일 이내
③ 5일 이내 ④ 6일 이내

해설

건축허가 등의 동의요구(소방시설 설치 및 관리에 관한 법률 시행규칙 제3조)
동의요구를 받은 소방본부장 또는 소방서장은 건축허가 등의 동의요구서류를 접수한 날부터 5일 이내에 건축허가 등의 동의 여부를 회신하여야 한다.

정답 87 ④ 88 ③ 89 ④ 90 ② 91 ③

92 문화 및 집회시설 중 공연장의 개별관람실의 바깥쪽에 있어, 그 양쪽 및 뒤쪽에 각각 복도를 설치하여야 하는 최소 바닥면적의 기준으로 옳은 것은?

① 개별관람실의 바닥면적이 300m² 이상인 경우
② 개별관람실의 바닥면적이 400m² 이상인 경우
③ 개별관람실의 바닥면적이 500m² 이상인 경우
④ 개별관람실의 바닥면적이 600m² 이상이 경우

해설

설치대상
- 제2종 근린생활시설 중 공연장 · 종교집회장(해당 용도로 쓰는 바닥면적의 합계가 각각 300m² 이상)
- 문화 및 집회시설(전시장 및 동 · 식물원은 제외)
- 종교시설, 위락시설, 장례식장

93 소방시설법령에 따라 단독주택에 설치하여야 하는 소방시설로만 옳게 나열된 것은?

① 소화기 및 간이완강기
② 소화기 및 간이스프링클러
③ 소화기 및 단독경보형 감지기
④ 소화기 및 자동화재탐지설비

해설

주택용 소방시설(소방시설 설치 및 관리에 관한 법률 시행령 제10조)
단독주택, 공동주택(아파트 및 기숙사는 제외)에 설치하여야 하는 소방시설은 소화기 및 단독경보형 감지기이다.

94 공동 소방안전관리자를 선임하여야 하는 특정소방대상물이 아닌 것은?(단, 특정소방대상물 중 소방본부장 또는 소방서장이 지정하는 경우는 제외)

① 지하가
② 항공기 격납고를 포함한 공항시설
③ 판매시설 중 도매시장 및 소매시장
④ 복합건축물로서 연면적이 5,000m² 이상인 것

해설

현 삭제된 법규로서 기존에는 판매시설 중 도매시장 및 소매시장, 복합건축물로서 연면적이 5,000m² 이상인 건축물에 공동 소방안전관리자 선임이 필요하였다.

95 우리나라 근대 건축물의 양식적 경향이 틀린 것은?

① 명동성당 – 고딕
② 서울역 – 르네상스
③ 경성 부민관 – 합리주의
④ 한국은행 본점 구관 – 로마네스크

해설

한국은행 본점(구관)은 르네상스 양식의 건축물이다.

96 다음 중 바실리카식 교회의 평면과 관계가 없는 것은?

① 아일　　② 나르텍스
③ 네이브　　④ 나오스

해설

바실리카식 교회당
- 초기 그리스도교(기독교) 건축양식의 기원이 된 건물 형태이다.
- 트리얀의 바실리카, 콘스탄틴의 바실리카 등이 있다.
- 네이브, 아일, 앱스, 나르텍스, 아트리움으로 구성되었다.

97 건축물 내부의 마감재료를 방화에 지장이 없는 재료로 하여야 하는 대상건축물이 아닌 것은?

① 위험물저장 및 처리시설의 용도로 쓰는 건축물
② 제2종 근린생활시설 중 공연장의 용도로 쓰는 건축물
③ 창고로 쓰이는 바닥면적이 400m²인 건축물
④ 5층 이상인 층 거실의 바닥면적의 합계가 500m²인 건축물

정답 92 ① 93 ③ 94 ①, ② 95 ④ 96 ④ 97 ③

해설

창고로 쓰이는 바닥면적 $600m^2$(스프링클러나 그 밖에 이와 비슷한 자동식 소화설비를 설치한 경우에는 $1,200m^2$) 이상인 건축물이 해당한다.

98 20층인 종합병원 건축물에서 6층 이상의 거실면적의 합계가 $35,000m^2$인 경우 승강기 최소 설치대수는?(단, 16인승 이상의 승강기로 설치한다)

① 7대 ② 8대

③ 9대 ④ 10대

해설

의료시설 승용승강기 설치대수

$$설치대수 = 2 + \frac{A - 3,000m^2}{2,000m^2} = 2 + \frac{35,000 - 3,000m^2}{2,000m^2} = 18$$

∴ 16인승 이상의 승강기이므로 총 9대가 필요하다(16인승 승강기 1대는 2대로 간주).

99 실내장식물을 방염성능기준 이상으로 설치하여야 하는 특정소방대상물에 해당하지 않는 것은?

① 의료시설

② 근린생활시설 중 의원

③ 방송통신시설 중 방송국

④ 층수가 15층인 아파트

해설

방염성능기준 이상의 실내장식물 등을 설치하여야 하는 특정소방대상물에서 아파트는 제외된다.

100 시멘트 벽돌(표준형)을 가지고 2.0B의 가로벽을 쌓았을 때 벽의 두께로 가장 적합한 것은?

① 280mm ② 290mm

③ 340mm ④ 390mm

해설

190mm + 10mm + 190mm = 390mm

6과목 건축환경

101 공기조화방식 중 단일덕트 재열방식에 관한 설명으로 옳지 않은 것은?

① 전공기방식의 특성이 있다.

② 재열기의 설치공간이 필요하다.

③ 잠열부하가 많은 경우나 장마철 등의 공조에 적합하다.

④ 부하특성이 다른 여러 개의 실이나 존이 있는 건물에 사용이 불가능하다.

해설

부하특성이 다른 여러 개의 실이나 존이 있는 건물의 경우 각 존별 재열기 제어를 통해 사용이 가능하다.

102 흡음재료의 특성에 관한 설명으로 옳은 것은?

① 다공성 흡음재는 저음역에서의 흡음률이 크다.

② 판진동 흡음재는 일반적으로 두꺼울수록 흡음률이 크다.

③ 다공성 흡음재의 흡음성능은 재료의 두께나 공기층 두께에 영향을 받지 않는다.

④ 판진동 흡음재의 경우, 흡음판을 기밀하게 접착하는 것보다 못으로 고정하여 진동하기 쉽게 하는 것이 흡음성능이 우수하다.

해설

① 다공성 흡음재는 중고음역에서의 흡음률이 크다.
② 판진동 흡음재는 진동이 잘 일어나야 하므로 일반적으로 얇을수록 흡음률이 크다.
③ 다공성 흡음재는 재료의 두께나 공기층 두께가 두꺼울수록 흡음률이 크다.

정답 98 ③ 99 ④ 100 ④ 101 ④ 102 ④

103 1명당 필요한 신선 공기량이 $30m^3/h$일 때 정원이 800명, 실용적이 $6,000m^3$인 강당의 1시간당 필요 환기횟수는?

① 1회 ② 2회
③ 3회 ④ 4회

해설

$$\text{환기횟수} = \frac{\text{필요(신선) 공기량}}{\text{실의 용적}} = \frac{800 \times 30}{6,000} = 4\text{회}$$

104 다음 중 국소환기가 주로 사용되는 장소는?

① 실험실 ② 주차장
③ 화장실 ④ 공조기계실

해설

실험을 하고 있는 해당 장소의 각종 유해요소들을 집중적으로 배기(국소환기)하는 것이 필요하다.

105 다음 중 음의 잔향시간에 관한 설명으로 옳지 않은 것은?

① 모든 실의 잔향시간은 짧을수록 좋다.
② 실내 벽면의 흡음률이 높으면 잔향시간은 짧아진다.
③ 음악당의 잔향시간은 강당의 잔향시간보다 긴 것이 좋다.
④ 음이 발생하여 음압 레벨이 60dB 낮아지는 데 소요되는 시간을 말한다.

해설

음성 전달이 필요한 실의 경우 짧을수록 좋지만, 오케스트라 등이 펼쳐지는 음악공연장의 경우 잔향시간을 길게 하여 음질을 높이는 것이 좋다.

106 다음 중 옥내조명의 설계순서에서 가장 우선적으로 이루어져야 할 사항은?

① 광원의 선정 ② 조명방식의 결정
③ 소요조도의 결정 ④ 조명기구의 결정

해설

조명설계 순서
소요조도 결정 → 조명방식 결정 → 광원 선정 → 조명기구 선정 → 조명기구 배치 → 최종 검토

107 건축물의 급수방식에 관한 설명으로 옳지 않은 것은?

① 수도직결방식은 급수오염의 가능성이 가장 작다.
② 펌프직송방식은 고가수조를 설치할 필요가 없다.
③ 고가수조방식은 일정 지점에서의 공급압력이 일정하다.
④ 압력수조방식은 고압의 급수압을 일정하게 유지할 수 있다.

해설

압력수조방식은 고압의 급수압을 얻을 수는 있지만, 급수압의 변동이 발생한다.

108 다음 설명에 알맞은 건축화조명방식은?

- 벽면 전체 또는 일부분을 광원화하는 방식이다.
- 광원을 넓은 벽면에 매입함으로써 비스타(Vista)적인 효과를 낼 수 있으며 시선의 배경으로 작용할 수 있다.

① 코브조명 ② 광창조명
③ 코퍼조명 ④ 코니스조명

해설

광창조명
- 광원을 넓은 벽면에 매입하는 방식이다.
- 벽면 전체 또는 일부분을 광원화하는 방식이다.
- 비스타(Vista)적인 효과를 연출한다.

정답 103 ④ 104 ① 105 ① 106 ③ 107 ④ 108 ②

109 다음 중 벽체의 차음성능을 높이기 위한 방법과 가장 거리가 먼 것은?

① 벽체의 기밀성을 높인다.
② 벽체의 투과손실을 낮춘다.
③ 음에 대한 반사율을 높인다.
④ 무겁고 두꺼운 재료를 사용한다.

해설

벽체의 투과손실을 높여 투과되지 않게 하여 차음성능을 높여야 한다.

110 복사난방에 관한 설명으로 옳지 않은 것은?

① 실내 바닥면적의 이용도가 높다.
② 열용량이 작아 방열량 조절이 용이하다.
③ 천장고가 높은 공간에서도 난방감을 얻을 수 있다.
④ 외기침입이 있는 공간에서도 난방감을 얻을 수 있다.

해설

복사난방은 열용량이 커서 외기 부하의 변화에 즉각적인 대응이 어렵다.

111 다음 중 배수설비에서 트랩의 봉수가 자기사이펀 작용에 의해 파괴되는 것을 방지하기 위한 방법으로 가장 적절한 것은?

① S트랩을 사용한다.
② 각개통기관을 설치한다.
③ 트랩 출구의 모발 등을 제거한다.
④ 봉수의 깊이를 15cm 이상으로 깊게 유지한다.

해설

각개통기관을 설치하여 배수관 내 압력을 적절히 유지시켜 사이펀작용에 의한 봉수파괴를 방지할 수 있다.

112 할로겐램프에 관한 설명으로 옳지 않은 것은?

① 휘도가 낮다.
② 형광램프에 비해 수명이 짧다.
③ 흑화가 거의 일어나지 않는다.
④ 광속이나 색온도의 저하가 작다.

해설

할로겐램프는 단위광속이 크고 휘도가 높다.

113 건축물 외벽의 표면결로 방지방법으로 옳지 않은 것은?

① 냉교현상을 없앤다.
② 실내에서 발생하는 수증기를 억제한다.
③ 환기에 의해 실내 절대습도를 저하한다.
④ 실내벽 표면온도를 실내공기의 노점온도보다 낮게 한다.

해설

실내벽 표면온도를 실내공기의 노점온도보다 높게 하여 표면결로를 예방하여야 한다.

114 일조율의 정의로 가장 알맞은 것은?

① 24시간에 대한 가조시간의 백분율
② 24시간에 대한 일조시간의 백분율
③ 가조시간에 대한 일조시간의 백분율
④ 일영시간에 대한 일조시간의 백분율

해설

$$일조율 = \frac{일조시간(어떠한\ 공간으로의\ 일조\ 유입시간)}{가조시간(태양이\ 떠\ 있는\ 시간)} \times 100(\%)$$

115 건물 외벽의 한쪽 표면에서 다른 쪽 표면으로 열이 이동되는 현상, 즉 벽체 내부에서 열이 이동하는 현상은?

① 열전도 ② 열복사
③ 열관류 ④ 열전환

해설

벽체라는 고체에서의 열이동현상을 (열)전도라고 한다.

정답 109 ② 110 ② 111 ② 112 ① 113 ④ 114 ③ 115 ①

116 다음 중 단열의 메커니즘에 속하지 않는 것은?

① 용량형 단열　② 반사형 단열
③ 저항형 단열　④ 투과형 단열

해설

단열 메커니즘
- 저항형 단열 : 재료의 높은 열저항을 이용
- 반사형 단열 : 재료의 저방사 특성을 이용
- 용량형 단열 : 재료의 높은 열용량을 이용

117 실지수(Room Index)에 관한 설명으로 옳지 않은 것은?

① 실의 형상을 나타내는 지수이다.
② 실지수는 큰 편이 조명의 효율이 좋다.
③ 일반적으로 가로, 세로가 넓은 경우 실지수가 크다.
④ 일반적으로 천장이 높은 경우가 낮은 경우보다 실지수가 크다.

해설

실지수는 조명률과 관계된 것으로 천장이 높은 경우보다 낮은 경우에 실지수가 크게 나타난다.

$$\text{실지수} = \frac{\text{실의 가로길이(m)} \times \text{실의 세로길이(m)}}{\text{램프의 높이(m)} \times [\text{실의 가로길이(m)} + \text{실의 세로길이(m)}]}$$

118 다음 설명에 알맞은 대변기의 세정방식은?

> 바닥으로부터 1.6m 이상 높은 위치에 탱크를 설치하고, 볼 탭을 통하여 공급된 일정량의 물을 저장하고 있다가 핸들 또는 레버의 조작에 의해 낙차에 의한 수압으로 대변기를 세정하는 방식

① 세출식　② 세락식
③ 로탱크식　④ 하이탱크식

해설

하이탱크식
높은 위치에서 물을 공급하여, 물의 위치에너지를 이용한 세정방식이다.

119 두께 30cm의 콘크리트 벽체(λ = 1.2W/m · K) 10m²에 1시간 동안 외부로 유출된 열량이 500W로 측정되었다. 벽체의 실내 측 표면온도가 20℃일 경우, 실외 측 표면온도는?

① 7.5℃　② 8.5℃
③ 9.5℃　④ 10.5℃

해설

$$\text{전열량}(q) = K\left(\text{열관류율}, \frac{\text{열전도율}(\lambda)}{\text{두께}(d)}\right) \times \text{벽체면적}(A)$$
$$\times \text{온도차}(\Delta T, \text{ 실내 측 표면온도} - \text{실외 측 표면온도})$$

$$\Delta T = \frac{q}{\frac{\lambda}{d} \times A} = \frac{500}{\frac{1.2}{0.3} \times 10} = 12.5℃$$

ΔT = 실내 측 표면온도 − 실외 측 표면온도 = 12.5℃
실외 측 표면온도 = 실내 측 표면온도 − 12.5℃ = 20 − 12.5 = 7.5℃

120 중력환기에 관한 설명으로 옳지 않은 것은?

① 환기량은 개구부 면적에 비례하여 증가한다.
② 실내외의 온도차에 의한 공기의 밀도차가 원동력이 된다.
③ 개구부의 전후에 압력차가 있으면 고압 측에서 저압 측으로 공기가 흐른다.
④ 어떤 경우에서도 중성대의 하부가 공기의 유입 측, 상부가 공기의 유출 측이 된다.

해설

실내에 비해 실외의 온도가 높으면(실외가 상대적으로 저기압) 중성대의 상부가 공기의 유입 측, 하부가 공기의 유출 측이 된다.

정답　116 ④　117 ④　118 ④　119 ①　120 ④

2021년 4회 실내건축기사

1과목 실내디자인론

01 면에 관한 설명으로 옳지 않은 것은?

① 곡면과 평면의 결합으로 대비효과를 얻을 수 있다.
② 면의 구성방법에는 지배적 구성, 분리 구성, 일렬 구성, 자유 구성 등이 있다.
③ 실내공간에서의 모든 형태는 면의 요소로 간주되며, 크게 이념적 면과 현실적 면으로 대별된다.
④ 면의 심리적 인상은 그 면이 놓인 위치, 질감, 색, 패턴 또는 다른 면과의 관계 등에 따라 차이를 나타낸다.

해설

실내공간에서 모든 형태는 면에 의하여 형, 형태가 되며 면이 입체화되면 덩어리(부피감)를 나타낸다.

면(Plane) : 2차원의 평면으로 모든 방향으로 펼쳐진 무한히 넓은 영역이며 형태가 없어 선의 고유한 방향과 다른 방향으로 움직임에 따라 생성된다.

02 오피스 랜드스케이프(Office Landscape)에 관한 설명으로 옳지 않은 것은?

① 소음이 발생하기 쉽다.
② 공간의 독립성 확보가 용이하다.
③ 고정된 칸막이를 사용하지 않고 이동식을 사용한다.
④ 변화하는 업무의 흐름이나 작업 패턴에 신속하게 대응할 수 있다.

해설

오피스 랜드스케이프(Office Landscape)
독립성 확보가 어렵고 개방식 평면형의 한 형태로 고정된 칸막이를 쓰지 않고 이동식 파티션이나 가구, 식물 등으로 공간이 구분되는 형식이며, 적당한 프라이버시를 유지하는 동시에 효율적인 사무공간을 연출할 수 있다.

03 블라인드(Blind)에 관한 설명으로 옳지 않은 것은?

① 롤 블라인드는 셰이드라고도 한다.
② 베네시안 블라인드는 수평형 블라인드이다.
③ 로만 블라인드는 날개의 각도로 채광량을 조절한다.
④ 베네시안 블라인드는 날개 사이에 먼지가 쌓이기 쉽다.

해설

블라인드의 종류
- 롤 블라인드 : 셰이드라고도 하며 천을 감아올려 높이 조절이 가능하며 스크린의 효과도 얻을 수 있다.
- 로만 블라인드 : 천의 내부에 설치된 체인에 의해 당겨져 아래가 접혀 올라가는 것으로 풍성한 느낌과 우아한 분위기를 조성할 수 있다.
- 베네시안 블라인드 : 수평 블라인드로, 날개 각도를 조절하여 일광, 조망 그리고 시각의 차단 정도를 조정할 수 있지만 날개 사이에 먼지가 쌓이기 쉽다.

04 공간 내 패턴의 사용에 관한 설명으로 옳지 않은 것은?

① 수평의 줄무늬는 공간을 넓고 낮게 보이게 한다.
② 패턴은 선, 형태, 조명, 색채 등의 사용으로 만들어진다.
③ 지루하게 긴 벽체는 수직의 패턴을 이용하여 지루함을 줄인다.
④ 작은 공간에서 여러 패턴을 혼용하여 사용할 경우, 공간이 크고 넓게 보이게 된다.

해설

작은 공간에서 여러 패턴을 혼용하여 사용할 경우, 공간이 좁아 보이게 된다.

문양(패턴) : 공간에서 서로 다른 문양의 혼용을 피하는 것이 좋으며 작은 공간일수록 문양을 배제하고 단순하게 처리해야 넓게 보인다.

정답 01 ③ 02 ② 03 ③ 04 ④

05 다음 중 상점의 점두(Shop Facade) 디자인에서 고려할 사항과 가장 거리가 먼 것은?

① 경제성을 배제한 시각효과
② 개성적이고 인상적인 표현
③ 상점 내부로의 고객유도 효과
④ 취급상품에 대한 시각적 표현

해설

경제성을 고려한 시각효과

파사드(Facade)
- 상품의 판매증진을 위해 개성적인 측면과 경제적인 측면을 고려하여 계획함으로써 고객에게 깊은 인상을 주어 구매욕구를 불러일으키고 도시 미관적 측면도 고려해야 한다.
- 파사드 디자인 시 고려사항 : 개성, 인상적 감각표현, 상점 내로 고객 유도, 상점의 취급상품에 대한 시각적 표현

06 의자에 관한 설명으로 옳지 않은 것은?

① 스툴(Stool)은 등받이와 팔걸이가 없는 형태의 보조 의자이다.
② 오토만(Ottoman)은 좀 더 편안한 휴식을 위해 발을 올려놓는 데도 사용된다.
③ 풀업 체어(Pull－up Chair)는 필요에 따라 이동시켜 사용할 수 있는 간이의자이다.
④ 라운지 체어(Lounge Chair)는 오래전부터 식탁과 함께 사용되어온 식사를 위한 의자로 다이닝 체어라고도 한다.

해설

라운지 체어(Lounge Chairs)
가장 편안하게 앉을 수 있는 휴식용 의자로 팔걸이, 발걸이 머리 받침대 등이 포함되어 있어 반쯤 기댄 자세에서 휴식과 수면을 취할 수 있다.

07 한 선분을 길이가 다른 두 선분으로 분할했을 때 긴 선분에 대한 짧은 선분의 길이의 비가 전체 선분에 대한 긴 선분의 길이의 비와 같을 때 이루어지는 비례는?

① 황금비 ② 정수비례
③ 비대칭 분할 ④ 피보나치 비율

해설

황금비
고대 그리스인들이 발명해낸 기하학적 분할방법으로 작은 부분과 큰 부분의 비율이 큰 부분과 전체에 대한 비율과 동일하게 되는 분할방식으로 1 : 1.618의 비율이다.

08 실내디자인 진행과정에 있어서, 조건설정 단계의 프로젝트별 조사내용으로 옳지 않은 것은?

① 미술관－전시벽면의 마감과 조명형식
② 주택－거주자의 가족구성 및 생활양식
③ 상점－취급상품의 성격과 소비자의 취향
④ 레스토랑－취급하는 음식의 종류와 고객의 연령층

해설

미술관－전시벽면의 마감과 조명형식은 계획단계이다.

※ 미술관의 조건설정 단계에서는 전시방법, 전시목적, 전시자료의 크기와 수량 등을 조사해야 한다.

09 벽에 관한 설명으로 옳지 않은 것은?

① 실내공간의 형태와 규모를 결정하는 기본적인 요소이다.
② 외부환경으로부터 인간을 보호하고 프라이버시를 지켜준다.
③ 다른 요소들에 비해 시대와 양식에 의한 변화가 거의 없다.
④ 일반적으로 벽의 높이가 600mm 정도이면 공간을 한정할 수 있지만 감싸는 효과는 없다.

정답 05 ① 06 ④ 07 ① 08 ① 09 ③

해설

- 바닥은 다른 요소들에 비해 시대와 양식에 의한 변화가 거의 없다.
- 벽은 다른 요소들에 비해 조형적으로 가장 자유롭고, 바닥은 다른 요소들에 비해 시대와 양식에 의한 변화가 거의 없다.

10 단독주택의 부엌에 관한 설명으로 옳은 것은?

① 일반적으로 부엌의 크기는 주택 연면적의 3% 정도로 한다.

② 부엌의 규모가 큰 경우 작업대의 배치방법은 일렬형이 주로 사용된다.

③ 일반적으로 작업대의 높이는 500～600mm, 깊이는 750～800mm로 한다.

④ 작업대는 작업순서를 고려하여 준비대 → 개수대 → 조리대 → 가열대 → 배선대 순서로 배치한다.

해설

① 부엌의 크기는 연면적의 8～12%(보통 10%) 정도이다.
② 부엌의 규모가 큰 경우 작업대의 배치방법은 ㄷ자형이 주로 사용된다. 일렬형(직선형)은 소규모에 적합하다.
③ 일반적으로 작업대의 높이는 800～850mm, 깊이는 550～600mm로 한다.

11 다음 설명에 알맞은 디자인 원리는?

질적, 양적으로 전혀 다른 둘 이상의 요소가 동시적 혹은 계속적으로 배열될 때 상호의 특징이 한층 강하게 느껴지는 통일적 현상

① 균형　　② 대비

③ 리듬　　④ 비례

해설

대비
모든 시각적 요소에 대하여 극적 분위기를 주는 상반된 성격의 결합에서 극적인 분위기를 연출하는 데 효과적이다.

12 수직벽면을 빛으로 쓸어내리는 듯한 효과를 주기 위해 비대칭 배광방식의 조명기구를 사용하여 수직벽면에 균일한 조도의 빛을 비추는 조명 연출기법은?

① 그레이징(Glazing)기법

② 빔플레이(Beam Play)기법

③ 월워싱(Wall Washing)기법

④ 그림자연출(Shadow Play)기법

해설

월워싱기법
균일한 조도의 빛을 수직벽면에 빛으로 쓸어내리는 듯하게 비추는 기법으로 공간 확대의 느낌을 주며 광원과 조명기구의 종류에 따라 어떤 건축화조명으로 처리하느냐에 따라 다양한 효과를 낼 수 있다.

13 호텔의 실내계획에 관한 설명으로 옳은 것은?

① 현관은 퍼블릭 스페이스의 중심으로 로비, 라운지와 분리하지 않고 통합시킨다.

② 호텔의 동선은 이동하는 대상에 따라 고객, 종업원, 물품 등으로 구분되며 물품동선과 고객동선은 교차시키는 것이 좋다.

③ 프런트 오피스는 수평동선이 수직동선으로 전이되는 공간으로, 외관과 함께 호텔의 전체적인 인상을 보여주는 역할을 한다.

④ 주 식당(Main Dining Room)은 숙박객 및 외래객을 대상으로 하며 외래객이 편리하게 이용할 수 있도록 출입구를 별도로 설치하는 것이 좋다.

해설

① 현관은 로비, 라운지와 분리되는 접객 장소이다.
② 고객과 종업원 및 물품의 동선은 서로 교차하지 않도록 한다.
③ 프런트 오피스는 관리부문으로 안내가 이루어지는 운영의 중심역할을 한다.

※ **프런트 오피스** : 호텔의 중심부로, 호텔의 주된 사무를 관장하며 안내, 객실, 회계로 구성된다.

정답　10 ④　11 ②　12 ③　13 ④

14 실내디자인에 관한 설명으로 옳은 것은?

① 실내공간을 사용목적에 따라 편리하고 쾌적한 분위기가 되도록 설계하는 것이다.

② 실내공간의 기능적, 정서적 측면을 다루는 분야로 환경적, 기술적인 부분은 제외된다.

③ 사용자를 위한 기능적 공간의 완성보다는 예술적 공간의 창조에 더 많은 가치를 둔다.

④ 사용자의 심미적이고 심리적인 면을 충족시키기 위하여 디자이너의 독창성과 개성은 배제한다.

해설

② 물리적, 환경적, 기술적인 부분도 포함된다.
③ 공간구성이 합리적이고 각 공간의 기능이 최대로 발휘되어야 한다(기능성>경제성>심미성>유행성).
④ 디자이너의 독창성과 개성이 있는 표현이 이루어져야 한다.

실내디자인 : 인간에게 적합한 환경, 즉 생활공간의 쾌적성 추구가 최대의 목표이며 가장 우선시되어야 하는 것은 기능적인 면이다.

15 사무실의 책상배치 유형 중 면적효율이 좋고 커뮤니케이션(Communication) 형성에 유리하여 공동작업의 형태로 업무가 이루어지는 사무실에 적합한 유형은?

① 동향형 ② 대향형

③ 자유형 ④ 좌우대칭형

해설

대향형
면적효율이 좋고 커뮤니케이션 형성에 유리하며 공동작업으로 자료를 처리하는 영업관리에 적합하다.

16 다음과 같은 주택의 거실의 가구배치유형은?

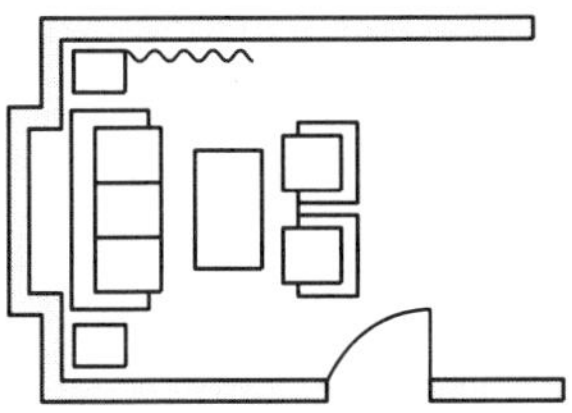

① 대면형 ② U자형

③ 직선형 ④ 코너형

해설

대면형
중앙의 테이블을 중심으로 좌석이 마주볼 수 있게 배치하는 방식으로, 가구 자체가 차지하는 면적이 커지므로 실내가 협소해 보이고 동선이 길어지는 단점이 있다.

17 다음과 같은 특징을 갖는 문의 종류는?

- 출입하는 사람이 충돌할 위험이 없으며 방풍실을 겸할 수 있는 장점이 있다.
- 호텔이나 은행 등 사람의 출입이 많은 장소에 설치된다.

① 회전문 ② 접이문

③ 미닫이문 ④ 여닫이문

해설

회전문
원통을 중심축으로 서로 직교하는 4짝문을 달아 회전시키는 문으로 출입하는 사람이 충돌할 위험이 없으며 방풍실을 겸할 수 있는 장점이 있다.

18 다음 설명에 알맞은 건축화조명방식은?

벽의 상부에 길게 설치된 반사상자 안에 광원을 설치하여 모든 빛이 하부로 향하도록 하는 조명방식

① 코퍼조명

② 광창조명

③ 코니스조명

④ 광천장 조명

해설

- 코퍼조명 : 천장면을 사각형이나 원형으로 파내고 조명기구를 매립하는 방식이다.
- 광창조명 : 광원을 넓은 면적의 벽면에 매입하는 조명방식이다.
- 광천장 조명 : 천장면 전체가 발광면이 되는 조명방식이다.

정답 14 ① 15 ② 16 ① 17 ① 18 ③

19 다음 설명에 알맞은 사무소 건축의 코어 유형은?

> • 유효율이 높은 계획이 가능한 형식이다.
> • 내진구조가 가능함으로써 구조적으로 바람직한 형식이다.

① 편심코어형 ② 독립코어형
③ 중심코어형 ④ 양단코어형

해설

중심코어형
- 코어가 중앙에 위치한 형태로 내진구조가 가능함으로써 구조적으로 바람직한 형식이다.
- 바닥면적이 클 경우 적합하며 고층, 초고층에 적합하다. 특히, 유효율이 높은 계획이 가능한 형식이다.

20 단독주택의 현관에 관한 설명으로 옳지 않은 것은?

① 거실이나 침실의 내부와 직접 연결되도록 배치한다.
② 현관의 위치는 도로와의 관계, 대지의 형태 등에 의해 결정된다.
③ 바닥 마감재료는 내수성이 강한 석재, 타일, 인조석 등이 바람직하다.
④ 현관의 크기는 주택의 규모와 가족의 수, 방문객의 예상수 등을 고려한 출입량에 중점을 두어 계획하는 것이 바람직하다.

해설

현관
- 도로의 위치와 경사도에 따라 영향을 받으며 방위의 영향이 거의 없다.
- 입지조건, 도로의 위치, 대지의 형태 등에 영향을 받아 결정되는 경우가 많다.
- 현관을 열었을 때 실내가 지나치게 노출되지 않도록 계획한다.
- 거실이나 침실의 내부와 연결이 안 되도록 배치한다.

2과목 색채학

21 다음 중 디바이스 종속적 색체계가 아닌 것은?

① RGB ② HSV
③ CIE XYZ ④ CMY

해설

디바이스 종속 색체계
디지털 색채영상을 생성하거나 출력하는 전자장비들은 인간의 시각방식과는 전혀 다른 체계로 색을 재현한다. RGB, CMY, HSV, HLS 색체계가 있다.

22 색의 주목성에 관한 설명 중 틀린 것은?

① 한색 계통이 주목성이 높다.
② 난색 계통이 주목성이 높다.
③ 고채도의 색이 주목성이 높다.
④ 명시도가 높은 색이 주목성이 높다.

해설

주목성
사람의 시선을 끄는 힘으로 눈에 잘 띄는 색을 말하며 채도가 높은 난색 계열이 주목성이 높다. 저명도보다는 고명도의 색, 저채도보다는 고채도의 색, 무채색보다는 유채색이 주목성이 높다.

23 먼셀(Munsell)의 색체계에 대한 설명이 틀린 것은?

① 중심축은 무채색으로 명도를 나타낸다.
② 중심부로 갈수록 채도가 높아진다.
③ 색상마다 최고 채도의 위치는 다르다.
④ 중심부에서 하단으로 내려가면 명도는 낮아진다.

해설

중심부로 멀어질수록 채도가 높아진다.

정답 19 ③ 20 ① 21 ③ 22 ① 23 ②

24 가산혼합에서 녹색과 파랑의 혼합색은?

① 회색(Gray) ② 시안(Cyan)
③ 보라(Purple) ④ 검정(Black)

해설

가산혼합 : 빛의 3원색
- 빨강(R)+초록(G)=노랑(Y)
- 초록(G)+파랑(B)=시안(C)
- 파랑(B)+빨강(R)=마젠타(M)
- 빨강(R)+초록(G)+파랑(B)=흰색(W)

25 디지털 이미지의 특징 중 해상도(Resolution)에 대한 설명으로 잘못된 것은?

① 동일한 해상도에서 큰 모니터가 더 선명하고, 작은 모니터일수록 선명도가 떨어진다.
② 하나의 이미지 안에 몇 개의 픽셀을 포함하는가에 대한 척도단위로는 dpi를 사용한다.
③ 해상도는 픽셀들의 집합으로 한 시스템 내에서 픽셀의 개수는 정해져 있다.
④ 해상도는 디스플레이 모니터 안에 있는 픽셀의 숫자로 가로방향과 세로방향의 픽셀의 개수를 곱하면 된다.

해설

동일한 해상도에서는 크기가 작은 모니터에서 더 선명하고 큰 모니터로 갈수록 선명도가 떨어지는데, 그 이유는 면적이 더 크면서 같은 개수의 픽셀이 분포되어 있기 때문이다.

해상도 : 픽셀의 집합이므로 시스템 내에서 최소 단위의 픽셀의 개수가 정해져 있지만, 일반적으로 모니터가 고해상도일수록 선명한 색채 영상을 제공한다.

26 파버 비렌(Faber Birren)의 색채조화론에서 사용되는 색조군에 대한 설명 중 옳은 것은?

① Tint : 흰색과 검정이 합쳐진 밝은색조
② Tone : 순색과 흰색이 합쳐진 톤
③ Shade : 순색과 검정이 합쳐진 어두운색조
④ Gray : 순색과 흰색 그리고 검정이 합쳐진 회색조

해설

파버 비렌의 색채조화론
- Tint(틴트) : 순색과 흰색이 합쳐진 밝은색조
- Tone(톤) : 순색과 흰색 그리고 검정이 합쳐진 톤
- Shade(색조) : 순색과 검정이 합쳐진 어두운색조
- Gray(회색) : 흰색과 검정이 합쳐진 회색조

27 CIE 표색방법에 관한 설명 중 옳은 것은?

① 적, 녹, 청의 3색광을 혼합하여 3자 극치에 따른 표색방법
② 색 필터의 중심으로 인한 다른 색상의 표색방법
③ 일정한 원색을 혼합하여 얻는 방법
④ 주관적인 색채 표시방법

해설

CIE 표색계
1931년 CIE(국제조명위원회)가 제정한 색채 표준으로, 색을 계량적으로 표현한 색체계이다. 가법혼색의 원리로 시신경이 빛에 흥분을 일으키는 표준 3원색인 적색(R), 녹색(G), 청색(B)의 3색광을 조합하여 모든 색을 나타낸다.

28 다음 중 수식형용사를 적용한 색채표현이 옳은 것은?(단, KS 한국산업표준 기준)

① 어두운 보랏빛 회색 ② 노린 밝은 주황
③ 자줏빛 흐린 분홍 ④ 맑은 자주

해설

수식형용사를 적용한 색채표현
기본색 이름이나 조합색 이름 앞에 수식형용사를 붙여 색채를 세분하여 표현한다.
- 유채색

수식형용사	대응영어	약호
선명한	Vivid	vv
흐린	Soft	sf
탁한	Dull	dl
밝은	Light	lt
어두운	Dark	dk
진(한)	Deep	dp
연(한)	Pale	pl

정답 24 ② 25 ① 26 ③ 27 ① 28 ①

• 무채색

수식형용사	대응영어	약호
밝은	Light	lt
어두운	Dark	dk

29 망막상에 추상체와 간상체가 모두 활동하므로 시각적인 정확성을 기대하기 어려운 상태는?

① 색약 ② 맹점
③ 박명시 ④ 부분색명

해설

박명시
명순응과 암순응이 동시에 활동하는 시점으로 추상체와 간상체가 모두 활동하고 있을 때를 말한다.

30 혼합되는 각각의 색 에너지(Energy)가 합쳐져서 더 밝은색을 나타내는 혼합은?

① 감산혼합 ② 중간혼합
③ 가산혼합 ④ 색료혼합

해설

가산혼합(가법혼합, 색광혼합)
빛의 혼합으로 빨강(Red), 초록(Green), 파랑(Blue) 3종의 색광을 혼합했을 때 원래의 색광보다 밝아지는 혼합이다.

31 오스트발트(Ostwald) 조화론의 등색상 삼각형의 조화가 아닌 것은?

① 등순색 계열의 조화 ② 등백색 계열의 조화
③ 등흑색 계열의 조화 ④ 등명도 계열의 조화

해설

단색상의 조화
동일한 색상의 색삼각형 내에서의 색채조화를 단색조화라 하며 등백색 계열의 조화, 등흑색 계열의 조화, 등순색 계열의 조화, 등색상 계열의 조화 등이 있다.

32 똑같은 에너지를 가진 각 파장의 단색광에 의하여 생기는 밝기의 감각은?

① 시감도 ② 명순응
③ 색순응 ④ 항상성

해설

시감도
파장에 따라 빛의 밝기가 다르게 느껴지는 정도를 말하며 사람의 눈이 빛을 느끼는 전자파는 380~760nm 파장범위이며 파장 555nm에서 최대감도를 갖고 있다.

33 맥스웰 디스크(Maxwell's Disk)와 관계가 있는 것은?

① 병치혼합 ② 회전혼합
③ 감산혼합 ④ 색료혼합

해설

회전혼합
다른 2가지 색을 회전판에 적당한 비례로 붙이고 2,000~3,000회/min의 속도로 돌리면 판면은 혼색되어 보인다. 이러한 현상을 맥스웰 회전판(Maxwell's Disc)이라고 하며 가산혼합에 속한다.

34 1976년 CIE가 추천하여 지각적으로 거의 균등한 간격을 가진 색공간은?

① HSV ② RGB
③ CMYK ④ CIE LAB

해설

CIE LAB
1976년 CIE에서 발표한 색체계로, XYZ가 가진 색지각의 불일치를 보완하여 지각적으로 거의 균등한 색공간을 가지도록 제안한 색체계이며 CIE LAB으로 표시한다.

35 다음 중 가장 명도차가 큰 배색은?

① 파랑 – 빨강 ② 연두 – 청록
③ 파랑 – 주황 ④ 노랑 – 남색

정답 29 ③ 30 ③ 31 ④ 32 ① 33 ② 34 ④ 35 ④

해설

명도
색의 밝고 어두운 정도로 말하며 밝음의 감각을 척도화한 것이다.

36 빨강 위에 노랑보다 회색 위의 노랑이 더욱 선명하게 보이는 현상은?

① 색상대비 ② 계속대비
③ 채도대비 ④ 보색대비

해설

채도대비
채도가 다른 두 가지 색이 배색되어 있을 때 생기는 대비로 어떤 색이 같은 색상의 선명한 색 위에 위치하면 원래의 색보다 탁한 색으로 보이고, 무채색 위에 위치하면 원래 색보다 맑은 색으로 보이는 현상이다.

37 먼셀(Munsell) 기호 중 신록이나 목장, 신선한 기운을 상징하기에 가장 적절한 색은?

① 10R 6/2 ② 10G 2/3
③ 5GY 7/6 ④ 10B 4/3

해설

한국표준색 – 먼셀 색상환
- 10R 6/2(색상 : Red, 명도 : 6, 채도 : 2)
- 10G 2/3(색상 : Green, 명도 : 2, 채도 : 3)
- 5GY 7/6(색상 : Green Yellow, 명도 : 7, 채도 : 6)
- 10B 4/3(색상 : Blue, 명도 : 4, 채도 : 3)

38 먼셀(Munsell)의 색체계에서 5R의 보색은?

① 5Y ② 5G
③ 5PB ④ 5BG

해설

보색
색상환에서 반대편에 위치한 색을 말한다.
- 5R(빨강) – 5BG(청록)
- 5Y(노랑) – 5PB(남색)
- 5G(녹색) – 5RP(자주)

39 오스트발트(Ostwald) 등가색환에 있어서의 조화를 기호로 나타낸 것 중 보색조화에 해당하는 것은?

① 2ic – 4ic ② 8ni – 14ni
③ 4Pg – 12Pg ④ 2Pa – 14Pa

해설

오스트발트 등가색환에서의 조화
- 유사색조화 : 색상차가 2~4 범위에 있는 색은 조화를 이룬다.
- 이색조화 : 색상차가 6~8 범위에 있는 색은 조화를 이룬다.
- 보색조화 : 색상차가 12 이상인 경우 두 색은 조화를 이룬다.

40 주변의 색에 순도를 올리면 그대로 색상이 유지되지 않고 채도의 단계에 따라 색상이 달라져 보이는 현상은?

① 베졸트 브뤼케 현상 ② 색음현상
③ 색각항상 현상 ④ 애브니효과 현상

해설

애브니효과
파장이 같아도 색의 채도가 변함에 따라 색상이 변화하는 현상으로, 색의 순도(채도)가 높아질수록 색상의 변화를 함께 해야 같은 색상임을 느낀다. 즉, 같은 색상이라도 채도 차이에 따라 다른 색으로 지각된다.

3과목 인간공학

41 인간의 적합, 적응, 순응, 피로상태를 형태, 생리, 운동, 심리 등의 관점에서 연구하는 방법은?

① 반응조사법
② 제품분석법
③ 직접적 관찰법
④ 라이프 스타일(Life Style) 분석법

해설

반응조사법 : 인간의 적합, 적응, 순응, 피로상태를 형태, 생리, 운동, 심리 등의 관점에서 관찰 · 측정하는 방법으로 심신반응의 정량, 정성 분석을 통한 방법이다.

정답 36 ③ 37 ③ 38 ④ 39 ④ 40 ④ 41 ①

42 주시 인정시야의 좌우, 상부, 하부의 범위가 올바르게 나열된 것은?

① 좌우 : 10~15°, 상부 : 5~8°, 하부 : 12~15°

② 좌우 : 20~30°, 상부 : 10~20°, 하부 : 15~25°

③ 좌우 : 30~40°, 상부 : 20~30°, 하부 : 25~40°

④ 좌우 : 50~60°, 상부 : 30~40°, 하부 : 35~45°

해설

주시 안정시야의 범위
- 수평시야 : 좌우측 30~40°
- 수직시야 : 상부 20~30°, 하부 25~40°

43 의자 좌면너비를 결정하는 데 가장 적합한 규격은?

① 사용자의 평균 엉덩이너비에 맞도록 규격을 정한다.

② 사용자의 중위수(Medium) 엉덩이너비에 맞도록 규격을 정한다.

③ 사용자의 5퍼센타일(Percentile) 엉덩이너비에 맞도록 규격을 정한다.

④ 사용자의 95퍼센타일(Percentile) 엉덩이너비에 맞도록 규격을 정한다.

해설

① 사용자의 허벅지너비에 맞도록 규격을 정한다.
② 체구가 큰 사람에게 적합하도록 허벅지너비에 맞도록 규격을 정한다.
③ 사용자의 95퍼센타일(Percentile) 엉덩이너비에 맞도록 규격을 정한다.

의자설계의 원칙 : 의자폭은 체구가 큰 사람에게 적합하게 설계해야 하며 최소 의자폭은 앉은 사람의 허벅지너비는 되어야 한다.

44 다음 중 신체 측정치에 영향을 끼칠 수 있는 변수(Variability)로만 나열된 것은?

① 직업, 종교, 성별 ② 인종, 계측장비, 종교

③ 나이, 직업, 계측장비 ④ 인종, 나이, 성별

해설

신체 측정치 변수

신체 측정값은 연령, 성별, 인종(민족), 직업 등의 차이 외에 지역차 혹은 장기간의 근로조건, 스포츠의 경험에 따라서도 차이가 있다.

45 안전보건표지의 색채와 용도, 사용 예시가 바르게 연결된 것은?

① 녹색 – 금지 – 유해행위의 금지

② 빨간색 – 안내 – 피난소 통행표지

③ 파란색 – 지시 – 특정 행위의 지시

④ 노란색 – 금지 – 정지신호 및 특정 행위의 금지

해설

안전색채의 용도
- 빨강 : 위험, 긴급표시, 금지, 정지(방화표시, 소방기구, 화학경고)
- 노랑 : 주의, 경고표시(장애물, 위험물에 대한 경고, 감전주의 표시, 바닥돌출물 주의 표시)
- 녹색 : 안전표시(구급장비, 상비약, 대피소 위치표시, 구호표시)

46 일반적으로 조명시스템이 시각의 안정을 위해 갖추어야 할 조건으로 적합하지 않은 것은?

① 모든 공정의 작업면에는 국소조명을 사용하는 것이 바람직하다.

② 반사눈부심의 처리를 위하여 휘도를 낮게 유지한다.

③ 직사눈부심의 처리를 위하여 광원을 시선에서 멀리 위치시킨다.

④ 시각작업의 효율을 높이기 위하여 개인별 시각차이를 고려한다.

해설

국소조명

작업면상의 필요한 장소만 높은 조도를 취하는 조명방법으로, 국부만을 조명하기 때문에 밝고 어둠의 차가 커서 눈부심현상이 나타나고 눈이 피로하기 쉽다.

정답 42 ③ 43 ④ 44 ④ 45 ③ 46 ①

47 눈의 시세포에 관한 설명으로 옳은 것은?

① 원추세포는 색을 구분할 수 없다.
② 원추세포의 수는 간상세포의 수보다 많다.
③ 간상세포는 난색계열의 색을 구분할 수 있다.
④ 사람의 눈에는 1억 개 이상의 간상세포가 있다.

해설

① 원추세포는 색을 구분할 수 있다.
② 원추세포의 수는 간상세포의 수보다 적다.
③ 간상세포는 흑백의 음영만 구분할 수 있다.

※ 눈의 시세포

원추세포 (추상체)	• 낮처럼 조도 수준이 높을 때 기능을 한다. • 색을 구별하며, 황반에 집중되어 있다. • 색상을 구분한다(이상 시 색맹 또는 색약이 나타남). 예 카메라의 컬러필름
간상세포 (간상체)	• 1억 3,000만 개의 간상세포가 망막 주변에 있다. • 밤처럼 조도 수준이 낮을 때 기능을 한다. • 흑백의 음영만을 구분하며 명암을 구분한다.

48 폰(phon)에 관한 설명으로 옳은 것은?

① 1,000Hz, 1dB인 음은 10phon이다.
② 특정 음과 같은 크기로 들리는 1,000Hz 순음의 음압 수준값이다.
③ 1,000Hz, 60dB인 음은 1,000Hz, 40phon인 음보다 100배 큰 음이다.
④ phon값은 주파수 보정효과는 없으나 상대적인 크기를 나타낸다.

해설

② 1,000Hz, 1dB인 음은 1phon이다.
③ 1,000Hz, 60dB인 음은 1,000Hz, 40phon(40dB)인 음보다 1.5배 큰 음이다.
④ phon값은 주파수 보정효과에 따른 상대적인 크기를 나타낸다.

※ **phon(폰)** : 감각적인 음의 크기를 나타내는 양을 말하며 특정 음과 같은 크기로 들리는 1,000Hz 순음의 음악수준(dB)을 의미한다.

49 조도(Illumination)의 단위에 해당하는 것은?

① lumen ② fc(foot－candle)
③ NIT(cd/m^2) ④ fL(foot－Lamberts)

해설

①은 광속, ③ · ④는 휘도의 단위이다.

조도
어떤 면이 받는 빛의 세기를 나타내는 값으로 단위는 fc과 lux가 흔히 사용된다. 단위면적당의 루멘이다(lux＝lumen/m^2).
• fc(foot－candle) : 표준 1촉광으로부터 1ft 떨어진 곡면에 비치는 빛의 밀도
• lux(meter－candel) : 표준 1촉광으로부터 1m 떨어진 곡면에 비치는 빛의 밀도

50 외이(External Ear)의 특징으로 옳은 것은?

① 내부에 귀지선이 있어 이물질의 침입을 방지한다.
② 고막, 고실, 이관, 정원창, 난원창으로 구성되어 있다.
③ 소리에너지를 받아 와우(Cochlea)까지 전달해주는 역할을 한다.
④ 중간계 속에는 청각기인 코르티기관(Organ of Corti)이 들어 있다.

해설

외이
귓바퀴에서 고막 사이를 말하며 소리를 모으고 증폭하며 청각기관을 보호하는 역할을 한다. 이개, 외이도, 고막으로 구성되어 있다.

51 시각표시장치에서 시차(Parallax)를 줄이는 방법으로 가장 적절한 것은?

① 숫자와 눈금을 같은 색으로 칠한다.
② 가능한 한 끝이 둥근 지침을 사용한다.
③ 지침을 다이얼면과 최소한으로 붙인다.
④ 지침이 계속해서 회전하는 계기의 영점은 3시 방향에 둔다.

정답 47 ④ 48 ② 49 ② 50 ① 51 ③

해설

① 숫자와 눈금의 경우 지침색은 선단에서 눈금의 중심까지 칠한다.
② 가능한 한 끝이 뾰족한 지침을 사용한다.
④ 지침이 계속해서 회전하는 계기의 영점은 12시 방향에 둔다.

지침설계
- 선각이 약 20° 정도인 뾰족한 지침을 사용한다.
- 지침의 끝은 작은 눈금과 맞닿게 하되 겹치지는 않도록 한다.
- 지침을 다이얼면에 최소한으로 밀착시킨다.
- 원형 눈금의 경우 지침색은 선단에서 눈금의 중심까지 칠한다.

52 다음과 같은 인간－기계 통합체계를 컴퓨터시스템과 비교할 때 빗금 친 (가) 부분에 해당하는 컴퓨터시스템 구성요소는?

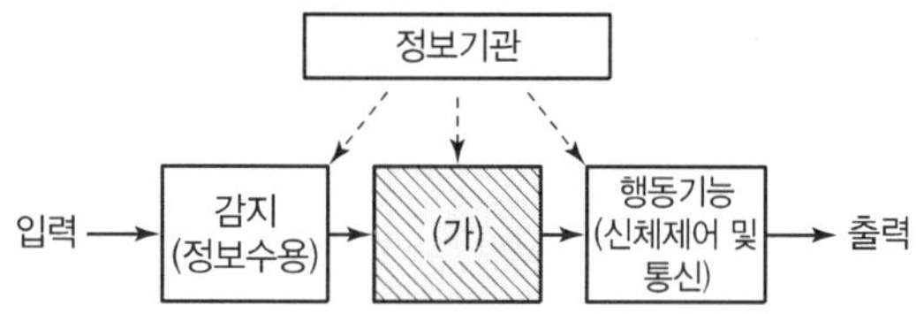

① 프린터(Printer) ② 중앙처리장치(CPU)
③ 감지장치(Sensor) ④ 펀치카드(Punch Card)

해설

인간－기계 시스템의 기본기능
정보입력 → 감지(정보수용) → 정보처리 및 의사결정(중앙처리장치) → 행동기능(신체제어 및 통신) → 출력

53 다음 재료 중 흡음률이 가장 높은 것은?

① 벽돌 ② 대리석
③ 유리 ④ 소나무

해설

흡음률
음파가 물체로 인하여 반사될 때, 입사 에너지에서 반사 에너지를 뺀 것과 입사 에너지의 비로써 1에서 반사율을 뺀 값을 말하며, 진동수나 입사각에 따라 달라진다.

※ **소나무** : 흡음성, 난연성, 단열성 현장가공의 용이성으로 인해 천장재 및 벽체에 매우 유리하며, 특히 공연장, 강의실 체육관의 시공에도 매우 적합하다.

54 인체의 감각기관을 통해 현존하는 환경의 자극에 대한 정보를 받아들이게 되는 과정을 무엇이라 하는가?

① 지각 ② 반응
③ 주의 ④ 선호도

해설

지각 : 감각기관을 통해 들어온 정보를 조직하고 해석하는 과정에서 환경 내의 사물을 인지한다.

55 조종－반응비율(C/R비)에 대한 설명으로 옳지 않은 것은?

① C/R비가 클수록 조종장치는 민감하다.
② C/R비가 작으면 조종시간은 오래 걸린다.
③ 표시장치의 반응거리에 대한 조종장치를 이동한 거리의 비율이다.
④ 최적 C/R비는 조종시간과 이동시간의 합이 최소가 되는 점을 가리킨다.

해설

C/R비가 작을수록 조종장치는 민감하다.

조종－반응비율(C/R비 : Control－Response Ratio)
- 최적통제비는 이동시간과 조종시간의 교차점이다.
- C/R비가 작을수록 이동시간은 짧고, 조종은 어려워서 민감한 조종장치이다.
- C/R비가 클수록 미세한 조종은 쉽지만 수행시간은 상대적으로 길다.

56 다음 중 짐을 나르는 방법에 따른 산소(에너지) 소비량이 가장 높은 것은?

① 배낭형태로 나른다.
② 머리에 이고 나른다.
③ 양손에 들고 나른다.
④ 등과 가슴을 이용하여 나른다.

해설

짐을 나르는 방법에 따른 산소 소비량 크기
양손>목도>어깨>이마>배낭>머리>등 · 가슴

정답 52 ② 53 ④ 54 ① 55 ① 56 ③

57 동작경제의 원칙 중 작업장의 배치에 관한 원칙에 해당하는 것은?

① 공구의 기능을 결합하여 사용하도록 한다.
② 모든 공구나 재료는 자기 위치에 있도록 한다.
③ 가능하다면 쉽고도 자연스러운 리듬이 생기도록 동작을 배치한다.
④ 눈의 초점을 모아야 작업을 할 수 있는 경우는 가능하면 없애도록 한다.

해설

①은 공구 및 설비 디자인에 관한 원칙, ③ · ④는 신체사용에 관한 원칙에 해당한다.

작업장의 배치에 관한 원칙
- 모든 공구와 재료는 자기 위치에 있도록 한다.
- 동작에 가장 편리한 순서로 배치하여야 한다.
- 가능하면 낙하식 운반방법을 이용한다.
- 작업자가 좋은 자세를 취할 수 있는 모양 및 높이의 의자를 지급해야 한다.

58 진동이 인간의 성능에 미치는 영향에 관한 설명으로 옳지 않은 것은?

① 진동은 시성능을 저하시킨다.
② 진동은 추적작업의 성능을 저하시킨다.
③ 진동은 인간의 운동성능에는 별다른 영향을 주지 않는다.
④ 진동은 주로 중앙신경계의 처리과정과 관련되는 과업의 성능에는 비교적 영향을 덜 받는다.

해설

진동은 인간의 운동성능에 영향을 준다.

진동이 인간성능에 끼치는 영향
- 전신진동은 진폭에 비례하여 시력이 손상되고 추적작업에 대한 효율을 떨어뜨린다.
- 안정되고 정확한 근육조절을 요하는 작업은 진동에 의하여 저하된다.
- 반응시간, 감시, 형태 식별 등 주로 중앙신경처리에 달린 임무는 진동의 영향을 덜 받는다.

59 다음 중 시각적 표시장치의 지침설계요령으로 적합한 것은?

① 끝이 둥근 지침을 사용하여 안정감을 높인다.
② 원형 눈금의 경우 지침의 색은 선단의 끝에만 칠한다.
③ 정확한 가독을 위하여 지침은 눈금면과 가능한 한 분리시킨다.
④ 지침의 끝은 작은 눈금과 맞닿되 겹치지는 않게 한다.

해설

지침설계
- 선각이 약 20° 정도인 뾰족한 지침을 사용한다.
- 지침의 끝은 작은 눈금과 맞닿게 하되 겹치지는 않도록 한다.
- 시차(時差)를 없애기 위해 지침을 눈금면에 밀착시킨다.
- 원형 눈금의 경우 지침색은 선단에서 눈금의 중심까지 칠한다.

60 호흡계(Respiratory System)에 관한 설명으로 옳지 않은 것은?

① 호흡계는 산소를 공급하고, 이산화탄소를 제거하는 일을 수행한다.
② 호흡계는 비강, 후두 등의 전도부와 폐포, 폐포관 등의 호흡부로 이루어진다.
③ 허파에서 공기와 혈액 사이에 일어나는 기체교환을 내호흡 또는 조직호흡이라 한다.
④ 호흡이란 생명현상을 유지하기 위하여 산소를 섭취하고 이산화탄소를 배출하는 일련의 과정을 말한다.

해설

허파에서 공기와 혈액 사이의 기체교환을 외호흡이라 한다.

호흡계 : 기체의 가스교환에 관여하는 기관들로, 입, 인두, 후두, 기관, 기관지, 세(細)기관지, 폐, 늑골 등이 호흡에 관여한다.

정답 57 ② 58 ③ 59 ④ 60 ③

4과목 건축재료

61 방사선 차단용으로 사용되는 시멘트 모르타르로 옳은 것은?

① 질석 모르타르
② 바라이트 모르타르
③ 아스팔트 모르타르
④ 활석면 모르타르

해설

바라이트 모르타르
시멘트, 모래, 바라이트(중정석)를 주재료로 한 모르타르로서 비중이 큰 바라이트 성분 때문에 방사선 차단용으로 사용한다.

62 미장재료 중 고온소성의 무수석고를 특별하게 화학처리 한 것으로 킨즈 시멘트라고도 불리는 것은?

① 경석고 플라스터 ② 혼합석고 플라스터
③ 보드용 플라스터 ④ 돌로마이트 플라스터

해설

경석고 플라스터(킨즈 시멘트)
- 고온소성의 무수석고를 특별하게 화학처리한 것
- 응결과 경화의 속도가 소석고에 비하여 매우 늦어 경화촉진제로 화학처리하여 사용하며 경화 후 강도와 경도가 높고 광택을 갖는 미장재료이다.

63 알루미늄 등 경금속의 접착에 쓰이는 합성수지는?

① 페놀수지 ② 에폭시수지
③ 요소수지 ④ 알키드수지

해설

에폭시수지
- 접착성이 매우 우수하고 휘발물의 발생이 없다.
- 금속유리, 플라스틱, 도자기, 목재, 고무 등의 접착성이 좋다.

64 목재의 방부제에 관한 설명으로 옳지 않은 것은?

① 유성 및 유용성 방부제는 물에 의해 용출하는 경우가 많으므로 습윤의 장소에는 사용하지 않는다.
② 유성 페인트를 목재에 도포하면 방습, 방부효과가 있고 착색이 자유로워 외관을 미화하는 데 효과적이다.
③ 황산동1%용액은 방부성은 좋으나 철재를 부식시키며 인체에 유해하다.
④ 크레오소트 오일은 방부성은 우수하나 악취가 있고 흑갈색이므로 외관이 미려하지 않아 토대, 기둥 등에 주로 사용된다.

해설

유성 및 유용성 방부제는 물에 의해 용출하는 경우가 적으므로 습윤의 장소에는 사용이 가능하다.

65 로이(Low−E)유리에 관한 설명으로 옳지 않은 것은?

① 로이유리는 대부분 복층유리 또는 삼중유리로 제작하여 사용한다.
② 하드로이는 유리 제조과정에서 금속이온을 스프레이 코팅하여 제작한다.
③ 소프트로이는 진공상태에서 금속코팅하여 제작한다.
④ 로이 복층유리 제작 시 알곤가스 충전은 열차단효과를 저하시키므로 사용이 불가하다.

해설

로이 복층유리 제작 시 공기층을 알곤가스로 충전하면 열저항이 높아져 단열성능이 향상된다.

66 KS L 9007에서 규정하는 미장재료로 사용되는 소석회의 주요 품질평가항목이 아닌 것은?

① 분말도 잔량 ② 점도계수
③ 경도계수 ④ 응결시간

정답 61 ② 62 ① 63 ② 64 ① 65 ④ 66 ④

해설

KS L 9007 미장용 소석회 규격에 따른 품질평가항목은 다음과 같다.
- 산화마그네슘(MgO)과 산화칼슘(CaO)의 양(CaO + MgO)(%)
- 이산화탄소(CO_2)(%)
- 분말도 잔량(%)
- 점도계수(N · sec)
- 경도계수(mm)
- 안정성 시험

67 **금속의 부식발생을 제어하기 위해 사용되는 방청 도료와 가장 거리가 먼 것은?**

① 광명단조합 페인트 ② 에칭프라이머
③ 징크로메이트 도료 ④ 수성 페인트

해설

수성 페인트
아교(접착제), 카세인, 녹말, 안료, 물을 혼합한 페인트로서, 용제형 도료에 비해 냄새가 없어 안전하고 위생적이나 방청능력은 기대하기 어렵다.

68 **재료에 하중이 반복하여 작용할 때 정적 강도보다 낮은 강도에서 파괴되는 것을 무엇이라고 하는가?**

① 크리프파괴 ② 전단파괴
③ 피로파괴 ④ 충격파괴

해설

반복하중이 작용할 경우 피로파괴에 의한 파괴가 발생할 수 있다.

69 **수직면으로 도장하였을 경우 도장 직후에 도막이 흘러내리는 현상의 발생 원인과 가장 거리가 먼 것은?**

① 얇게 도장하였을 때
② 지나친 희석으로 점도가 낮을 때
③ 저온으로 건조시간이 길 때
④ Airless 도장 시 팁이 크거나 2차압이 낮아 분무가 잘 안 되었을 때

해설

한번에 두께를 두껍게 하면 도장 직후에 도막이 흘러내리는 현상이 발생할 가능성이 높아지며, 도막을 얇게 도장하면 해당 사항을 예방할 수 있다.

70 **발포제로서 보드상으로 성형하여 단열재로 널리 사용되며 건축물의 천장재, 블라인드 등에도 널리 쓰이는 열가소성 수지는?**

① 알키드수지 ② 요소수지
③ 폴리스티렌수지 ④ 실리콘수지

해설

폴리스티렌수지
- 유기용제에 침해되고 취약하며, 내수, 내화학약품성, 전기절연성, 가공성이 우수하다.
- 건축벽 타일, 천장재, 블라인드, 도료 등에 사용되며, 특히 발포제품은 저온 단열재로 쓰인다.

71 **목재에 관한 설명으로 옳지 않은 것은?**

① 섬유포화점이란 흡착 수분만이 최대 한도로 존재하는 상태를 말하며 그때의 함수율은 약 30%이다.
② 목재는 섬유포화점 이상의 함수상태에서는 함수율의 증감에 따라 신축하지 않으나 그 이하에서는 함수율에 비례하여 신축한다.
③ 섬유포화점 이상에서는 목재의 강도는 일정하나 그 이하에서는 함수율이 감소하면 강도도 감소한다.
④ 일반적으로 비중이 큰 목재일수록 강도는 커지는 반면 수축의 양은 많아진다.

해설

섬유포화점 이상에서는 목재의 강도는 일정하나 그 이하에서는 함수율이 감소하면 강도는 증가한다.

정답 67 ④ 68 ③ 69 ① 70 ③ 71 ③

72 다음 중 건축용 세라믹제품에 관한 설명으로 옳지 않은 것은?

① 다공벽돌은 내부의 무수히 많은 구멍으로 인해 절단, 못치기 등의 가공성이 우수하다.
② 테라코타는 건축물의 패러핏, 주두 등의 장식에 사용되는 공동의 대형 점토제품이다.
③ 위생도기는 철분이 많은 장석점토를 주원료로 사용한다.
④ 일반적으로 모자이크 타일 및 내장 타일은 건식법, 외장 타일은 습식법에 의해 제조된다.

해설

위생도기는 자기를 주원료로 한다.

73 무늬유리 및 망유리의 제조방식으로 가장 적합한 것은?

① 프레스방식 ② 롤아웃방식
③ 플로트방식 ④ 인양방식

해설

롤아웃(Roll－out)방식
롤 사이에 유리를 흘려보내면서 압연하는 방식으로, 무늬유리 및 망입유리 등을 가공한다.

74 굳지 않은 콘크리트의 성질을 표시하는 용어 중 거푸집 등의 형상에 순응하여 채우기 쉽고 재료의 분리가 일어나지 않는 성질을 말하는 것은?

① 워커빌리티(Workability)
② 컨시스턴시(Consistency)
③ 플라스티시티(Palsticity)
④ 피니셔빌리티(Finishability)

해설

Plasticity(성형성)
구조체에 타설된 콘크리트가 거푸집에 잘 채워질 수 있는지의 난이 정도를 나타낸다.

75 합성수지를 전색제로 쓰고 소량의 안료와 인산을 첨부한 것으로 금속면의 바름 바탕처리를 위한 도료는?

① 워시 프라이머 ② 오일 프라이머
③ 규산염 도료 ④ 역청질 도료

해설

워시 프라이머
경금속소지와 반응하는 인산과 폴리비닐부티랄수지를 주성분으로 한 철재면의 전처리 프라이머이다.

76 표면을 연마하여 고광택을 유지하도록 만든 시유타일로 대형 타일에 많이 사용되며, 천연화강석의 색깔과 무늬가 표면에 나타나게 만들 수 있는 것은?

① 모자이크 타일 ② 징크 패널
③ 논슬립 타일 ④ 폴리싱 타일

해설

폴리싱 타일
자기질 타일의 한 종류로 흡수율이 낮고 광택효과가 높은 실내 마감자재이다.

77 판두께가 1.2mm 이하인 얇은 판에 여러 가지 모양으로 도려낸 철판으로서 환기공, 인테리어벽, 천장 등에 이용되는 금속 성형 가공제품은?

① 익스팬디드 메탈 ② 펀칭 메탈
③ 키스톤 플레이트 ④ 스팬드럴 패널

해설

펀칭 메탈(Punching Metal)
얇은 판에 여러 가지 모양으로 도려낸 철물로서 환기구 · 라디에이터 커버 등에 이용한다.

정답 72 ③ 73 ② 74 ③ 75 ① 76 ④ 77 ②

78 콘크리트 배합 시 시멘트 $1m^3$, 물 2,000L인 경우 물-시멘트비는?(단, 시멘트의 밀도는 $3.15g/cm^3$이다)

① 약 15.7%　② 약 20.5%
③ 약 50.4%　④ 약 63.5%

해설

$$W/C = \frac{2,000L \times 1kg/L}{1m^3 \times 3,150kg/m^3} = 0.6349 \fallingdotseq 63.5\%$$

79 멤브레인(Membrane) 방수층에 포함되지 않는 것은?

① 아스팔트 방수층
② 스테인리스 시트 방수층
③ 합성고분자계 시트 방수층
④ 도막 방수층

해설

멤브레인(Membrane) 방수공법
아스팔트 루핑, 시트 등의 각종 루핑류를 방수 바탕에 접착시켜 막모양의 방수층을 형성시키는 공법이다(합성고분자계 시트 방수층, 도막 방수층, 아스팔트 방수층 등이 있다).

80 점토에 관한 설명으로 옳지 않은 것은?

① 점토의 색상은 철산화물 또는 석회물질에 의해 나타난다.
② 점토의 가소성은 점토입자가 미세할수록 좋다.
③ 압축강도와 인장강도는 거의 비슷하다.
④ 소성수축은 점토 중 휘발분의 양, 조직, 용융도 등이 영향을 준다.

해설

점토의 압축강도는 인장강도의 약 5배 정도이다.

5과목 건축일반

81 로마건축의 5가지 오더(Order)에 속하지 않는 것은?

① 도리아(Doric)식
② 터스칸(Tuscan)식
③ 콤퍼지트(Composite)식
④ 로마네스크(Romanesque)식

해설

로마건축의 5가지 오더(Order)
터스칸, 도리아, 이오니아, 코린트, 콤퍼지트

82 피난용 승강기 승강장의 구조 기준으로 옳지 않은 것은?

① 승강장의 출입구를 제외한 부분은 해당 건축물의 다른 부분과 내화구조의 바닥 및 벽으로 구획할 것
② 승강장은 각 층의 내부와 연결될 수 있도록 하되, 그 출입구에는 60+ 방화문 또는 60분 방화문을 설치할 것
③ 배연설비를 설치할 것
④ 실내에 접하는 부분(바닥 및 반자 등 실내에 면한 모든 부분을 말한다)의 마감(마감을 위한 바탕을 포함한다)은 난연재료로 할 것

해설

실내에 접하는 부분(바닥 및 반자 등 실내에 면한 모든 부분을 말한다)의 마감(마감을 위한 바탕을 포함한다)은 불연재료로 할 것

83 한국의 목조건축에서 기둥을 위한 외장기법이 아닌 것은?

① 민도리　② 귀솟음
③ 안쏠림　④ 배흘림

정답 78 ④ 79 ② 80 ③ 81 ④ 82 ④ 83 ①

해설

- 민도리 : 공포를 사용하지 않고 기둥에 보와 도리를 직접 결구하는 방식으로 외장기법이 아닌 구조적 기법이다.
- 귀솟음(우주) : 건물의 귀기둥을 중간 평주보다 높게 한 것이다.
- 안쏠림(오금) : 귀기둥을 안쪽으로 기울어지게 한 것이다.
- 배흘림 : 기둥의 평행한 수직선의 중앙부가 가늘어 보이는 착시현상을 교정하기 위한 기법이다.

84 건축물의 내부에 설치하는 피난계단의 구조에서 계단실의 실내에 접하는 부분의 마감에 쓰이는 재료는?

① 난연재료　② 불연재료
③ 준불연재료　④ 내수재료

해설

계단실의 실내에 접하는 부분의 마감은 불연재료로 한다.

85 소방시설법에서 정의하는 다음 내용에 해당하는 용어는?

> 소방시설 등을 구성하거나 소방용으로 사용되는 제품 또는 기기로서 대통령령으로 정하는 것을 말한다.

① 특정소방대상물　② 소화용수설비
③ 소화설비　④ 소방용품

해설

소방용품은 소방제품 또는 기기를 포함하고 있다.

86 상업지역 및 주거지역에서 건축물에 설치하는 냉방시설 및 환기시설의 배기구와 배기장치의 설치 기준으로 옳지 않은 것은?

① 건축물의 외벽에 배기구를 설치할 때에는 배기구가 떨어지는 것을 방지할 수 있도록 하여야 한다.
② 배기구는 도로면으로부터 3m 이상의 높이에 설치하여야 한다.
③ 배기장치에서 나오는 열기가 보행자에게 직접 닿지 않도록 설치하여야 한다.
④ 건축물의 외벽에 배기구 또는 배기장치를 설치할 때에 사용하는 보호장치는 부식을 방지할 수 있는 자재를 사용하거나 도장하여야 한다.

해설

상업지역 및 주거지역에서 건축물에 설치하는 냉방시설 및 환기시설의 배기구와 배기장치의 설치 기준

- 배기구는 도로면으로부터 2m 이상의 높이에 설치할 것
- 배기장치에서 나오는 열기가 인근 건축물의 거주자나 보행자에게 직접 닿지 아니하도록 할 것

87 건축허가 등을 할 때 미리 소방본부장 또는 소방서장의 동의를 받아야 하는 건축물의 최소 연면적 기준으로 옳은 것은?(단, 학교시설인 경우)

① $100m^2$ 이상　② $200m^2$ 이상
③ $300m^2$ 이상　④ $400m^2$ 이상

해설

학교시설의 경우 $100m^2$ 이상일 경우 건축허가 등을 할 때 미리 소방본부장 또는 소방서장의 동의를 받아야 한다.

88 다음은 건축물의 지하층과 피난층 사이의 개방공간 설치에 관한 사항이다. (　) 안에 알맞은 것은?

> 바닥면적의 합계가 (　)m^2 이상인 공연장 · 집회장 · 관람장 또는 전시장을 지하층에 설치하는 경우에는 각 실에 있는 자가 지하층 각 층에서 건축물 밖으로 피난하여 옥외계단 또는 경사로 등을 이용하여 피난층으로 대피할 수 있도록 천장이 개방된 외부 공간을 설치하여야 한다.

① 1,500　② 2,000
③ 3,000　④ 4,000

정답　84 ②　85 ④　86 ②　87 ①　88 ③

해설

지하층과 피난층 사이의 개방공간 설치(건축법 시행령 제37조)
바닥면적의 합계가 3천 제곱미터 이상인 공연장 · 집회장 · 관람장 또는 전시장을 지하층에 설치하는 경우에는 각 실에 있는 자가 지하층 각 층에서 건축물 밖으로 피난하여 옥외 계단 또는 경사로 등을 이용하여 피난층으로 대피할 수 있도록 천장이 개방된 외부 공간을 설치하여야 한다.

89 주요 구조부가 내화구조 또는 불연재료로 된 연면적이 1,000m^2를 넘는 건축물에 설치하는 방화구획 기준이 옳지 않은 것은?(단, 스프링클러 기타 이와 유사한 자동식 소화설비를 설치하지 않은 경우)

① 11층 이상의 부분 중 벽 및 반자의 실내에 접하는 부분의 마감을 불연재료로 한 경우에는 바닥면적 500m^2 이내마다 구획한다.
② 매 층마다 구획한다. 다만, 지하 1층에서 지상으로 직접 연결하는 경사로 부위는 제외한다.
③ 11층 이상의 층은 바닥면적 300m^2 이내마다 구획한다.
④ 10층 이하의 층은 바닥면적 1,000m^2 이내마다 구획한다.

해설

11층 이상의 층에서 주요 구조부가 내화구조 또는 불연재료일 경우 방화구획은 500m^2 이내마다 구획한다.

90 철골구조에 대한 설명 중 옳지 않은 것은?

① 소성변형능력이 커서 안전성이 높다.
② 고층 건물이나 장스팬 구조에 적당하다.
③ 부재가 세장하므로 좌굴의 위험성이 높다.
④ 내화력이 크므로 내화피복이 필요하지 않다.

해설

철골구조는 내화력이 취약하여 뿜칠 등의 방법으로 내화피복이 필요하다.

91 건축물의 피난 · 방화구조 등의 기준에 관한 규칙상 방화구조의 기준으로 옳지 않은 것은?

① 철망모르타르로서 그 바름두께가 2cm 이상인 것
② 석고판 위에 시멘트모르타르 또는 회반죽을 바른 것으로서 그 두께의 합계가 1.5cm 이상인 것
③ 시멘트모르타르 위에 타일을 붙인 것으로서 그 두께의 합계가 2.5cm 이상인 것
④ 심벽에 흙으로 맞벽치기한 것

해설

석고판 위에 시멘트모르타르 또는 회반죽을 바른 것으로서 그 두께의 합계가 2.5cm 이상이어야 한다.

92 소방시설 중 소화설비에 해당하는 것은?

① 자동화재탐지설비
② 연결송수관설비
③ 연결살수설비
④ 소화기구

해설

① 자동화재탐지설비 : 경보설비
② 연결송수관설비 : 소화활동설비
③ 연결살수설비 : 소화활동설비

93 판매시설의 용도에 쓰이는 바닥면적이 최대인 층에 있어서의 바닥면적이 600m^2일 때 피난층에 설치하는 건축물 바깥쪽으로 출구의 유효너비의 합계는 최소 얼마 이상으로 하여야 하는가?

① 1.2m ② 2.4m
③ 3.6m ④ 4.8m

해설

출구의 총유효너비 $= \frac{600}{100} \times 0.6 = 3.6\text{m}$

정답 89 ③ 90 ④ 91 ② 92 ④ 93 ③

94 철근콘크리트구조의 성립요건에 대한 설명 중 옳지 않은 것은?

① 인장력은 콘크리트가 부담하고, 압축력은 철근이 부담한다.
② 콘크리트는 철근이 녹스는 것을 방지한다.
③ 콘크리트와 철근이 강력히 부착되면 철근의 좌굴이 방지된다.
④ 철근과 콘크리트의 선팽창계수는 거의 같다.

해설

인장력은 철근이 부담하고, 압축력은 콘크리트가 부담한다.

95 조적식 구조에서 각 층의 대린벽으로 구획된 각 벽에 있어서 개구부 폭의 합계는 그 벽의 길이의 최대 얼마 이하로 하여야 하는가?

① 1/5　　② 1/3
③ 1/2　　④ 2/3

해설

대린벽으로 구획된 벽에서의 개구부의 폭 합계는 그 벽 길이의 1/2 이하로 한다.

96 스프링클러설비를 설치하여야 하는 특정소방대상물 중 스프링클러설비를 모든 층에 설치하여야 하는 수용인원 기준으로 옳은 것은?(단, 동 · 식물원을 제외한 문화 및 집회시설의 경우)

① 50명 이상　　② 100명 이상
③ 200명 이상　　④ 300명 이상

해설

문화 및 집회시설(단, 동 · 식물원은 제외)의 경우 수용인원이 100명 이상일 경우 스프링클러설비를 모든 층에 설치하여야 한다.

97 비상조명등을 설치하여야 하는 특정소방대상물에 해당하는 것은?

① 창고시설 중 창고
② 창고시설 중 하역장
③ 위험물 저장 및 처리 시설 중 가스시설
④ 지하가 중 터널로서 그 길이가 500m 이상인 것

해설

비상조명등을 설치하여야 하는 특정소방대상물

창고시설 중 창고 및 하역장, 위험물 저장 및 처리 시설 중 가스시설은 제외

㉠ 지하층을 포함하는 층수가 5층 이상인 건축물로서 연면적 3천m^2 이상인 것
㉡ ㉠에 해당하지 않는 특정소방대상물로서 그 지하층 또는 무창층의 바닥면적이 450m^2 이상인 경우에는 그 지하층 또는 무창층
㉢ 지하가 중 터널로서 그 길이가 500m 이상인 것

98 소방시설 설치 및 관리에 관한 법령상 대통령령으로 정하는 특정소방대상물(신축하는 것만 해당)에 소방시설을 설치하려는 자는 그 용도, 위치, 구조, 수용인원, 가연물(可燃物)의 종류 및 양 등을 고려하여 설계하여야 하는데 이와 같은 설계를 무엇이라 하는가?

① 소방시설 특수설계　　② 최적화설계
③ 성능위주설계　　④ 소방시설 정밀설계

해설

성능위주설계의 정의(소방시설 설치 및 관리에 관한 법률 제2조)

"성능위주설계"란 건축물 등의 재료, 공간, 이용자, 화재 특성 등을 종합적으로 고려하여 공학적 방법으로 화재 위험성을 평가하고 그 결과에 따라 화재안전성능이 확보될 수 있도록 특정소방대상물을 설계하는 것을 말한다.

99 목구조 벽체의 수평력에 대한 보강부재로 가장 유효한 것은?

① 가새　　② 토대
③ 통재기둥　　④ 샛기둥

해설

토대, 통기둥, 샛기둥은 수직력 부재이다.

정답　94 ①　95 ③　96 ②　97 ④　98 ③　99 ①

100 방염성기준 이상의 실내장식물을 설치하여야 하는 특정소방대상물에 해당하지 않는 것은?

① 아파트를 제외한 11층 이상인 건축물
② 옥내에 있는 수영장
③ 다중이용업소
④ 노유자시설

해설

방염성능기준 이상의 실내장식물 등을 설치하여야 하는 특정소방대상물에서 운동시설은 포함되나 운동시설 중 수영장은 제외된다.

6과목 건축환경

101 다음의 급수방식 중 수질오염의 가능성이 가장 큰 것은?

① 수도직결방식 ② 고가수조방식
③ 압력수조방식 ④ 펌프직송방식

해설

고가탱크방식은 건물 옥상 부분에 물을 채워 놓기 때문에 해당 물탱크에 이물의 유입 등이 일어날 수 있어 급수방식 중 수질오염 가능성이 가장 큰 방식이다.

102 다음의 공기조화방식 중 부하특성이 다른 여러 개의 실이나 존이 있는 건물에 적용이 가장 곤란한 것은?

① 이중덕트방식 ② 팬코일유닛방식
③ 단일덕트 정풍량방식 ④ 단일덕트 변풍량방식

해설

단일덕트 정풍량방식은 부하를 조절하기 위해 동일 풍량을 취출하기 때문에 부하특성이 다른 여러 개의 실이나 존이 있는 건물에 적용이 곤란하다.

103 다음의 잔향시간에 관한 설명 중 ( )에 알맞은 것은?

> 실내에 있는 음원에서 정상음을 발생시켜 실내의 음향 에너지 밀도가 정상상태가 된 후 음원을 정지하면 수음점에서의 음향 에너지 밀도는 지수적으로 감쇠한다. 이때 음향 에너지 밀도가 정상상태일 때의 ( )이 되는 데 요하는 시간이 잔향시간이다.

① $1/10^2$ ② $1/10^4$
③ $1/10^6$ ④ $1/10^8$

해설

잔향시간이란 실내의 음압레벨이 초기값보다 60dB 감쇠할 때까지의 시간을 말하므로, 음향 에너지 밀도 관점에서는 $1/10^6$이 되는 데 필요한 시간을 의미한다.

104 벽의 차음력에 관한 설명으로 옳지 않은 것은?

① 투과율이 작을수록 차음력은 커진다.
② 투과손실(TL)이 작을수록 차음력은 커진다.
③ 일반적으로 벽의 두께가 두꺼울수록 차음력이 우수하다.
④ 흡음률이 동일할 경우 반사율이 높은 재료가 낮은 재료보다 차음력이 크다.

해설

투과손실(TL)이 클수록 차음력은 커지게 된다.

105 다음의 자동화재탐지설비의 감지기 중 연기감지기에 속하는 것은?

① 광전식 ② 보상식
③ 차동식 ④ 정온식

해설

광전식
- 광전효과를 이용, 소량의 연기도 감지한다.
- 검지부에 들어가는 연기에 의해서 광전소자의 입사광량의 변화를 감지한다(연기에 의해 반응하는 것으로 광전효과를 이용하여 감지).

정답 100 ② 101 ② 102 ③ 103 ③ 104 ② 105 ①

106 실내공기질 관리법령에 따른 신축 공동주택의 실내공기질 측정항목에 속하지 않는 것은?

① 벤젠 ② 라돈
③ 자일렌 ④ 에틸렌

해설

신축 공동주택의 실내공기질 권고기준(실내공기질 관리법 시행규칙 [별표 4의2])

- 폼알데하이드 : 210μg/m^3 이하
- 벤젠 : 30μg/m^3 이하
- 톨루엔 : 1,000μg/m^3 이하
- 에틸벤젠 : 360μg/m^3 이하
- 자일렌 : 700μg/m^3 이하
- 스티렌 : 300μg/m^3 이하
- 라돈 : 148Bq/m^3 이하

107 인체의 열적 쾌적감에 영향을 미치는 물리적 온열 4요소에 속하는 것은?

① 관류열 ② 복사열
③ 열용량 ④ 대사량

해설

물리적 온열요소
기온, 습도, 기류, 복사열

108 다음과 같은 재료로 구성된 벽체의 열관류율은? (단, 실내 표면열전달률은 9W/m^2 · K, 실외 표면열전달률은 20W/m^2 · K이다)

재료	두께(mm)	열전도율(W/m · K)
모르타르	20	1.3
콘크리트	180	1.1
석고보드	10	0.6

① 2.5W/m^2 · K ② 2.8W/m^2 · K
③ 3.1W/m^2 · K ④ 3.3W/m^2 · K

해설

열관류율(K) = 1/R

$$R = \frac{1}{\text{실내 측 표면열전달률}} + \frac{\text{두께(m)}}{\text{열전도율}} + \frac{1}{\text{실외 측 표면열전달률}}$$

$$= \frac{1}{9} + \frac{0.02}{1.3} + \frac{0.18}{1.1} + \frac{0.01}{0.6} + \frac{1}{20} = 0.357$$

∴ 열관류율(K) = 1/R = 1/0.357 = 2.8W/m^2 · K

109 습공기를 가습하였을 때의 상태변화로 옳은 것은?(단, 건구온도는 일정하다)

① 엔탈피가 커진다. ② 노점온도가 낮아진다.
③ 습구온도가 낮아진다. ④ 절대습도가 작아진다.

해설

습공기를 가습하면 엔탈피, 노점온도, 습구온도, 절대습도는 높아진다.

110 다음의 설명에 알맞은 음의 성질은?

> 음파는 파동의 하나이기 때문에 물체가 진행방향을 가로막고 있다고 해도 그 물체의 후면에도 전달된다.

① 반사 ② 흡음
③ 간섭 ④ 회절

해설

회절
음의 진행을 가로막고 있는 것을 타고 넘어가 후면으로 전달되는 현상을 말한다.

111 굴뚝효과(Stack Effect)의 가장 주된 발생원인은?

① 온도차 ② 유속차
③ 습도차 ④ 풍향차

해설

굴뚝효과
일종의 중력환기로서 실내외의 온도차에 의한 공기의 밀도차가 원동력이 된다.

정답 106 ④ 107 ② 108 ② 109 ① 110 ④ 111 ①

112 **재실자의 1인당 탄산가스 배출량이 $0.03m^3/h$이고, 외부 신선한 공기의 CO_2 함유량은 0.03%이다. 이 경우 실내에 재실자가 30명이고 실내 CO_2 허용한도를 0.12%로 하려면 필요환기량은?**

① $200m^3/h$ ② $600m^3/h$
③ $1,000m^3/h$ ④ $1,400m^3/h$

해설

$$Q(\text{필요환기량}) = \frac{M(\text{발생량})}{C_i(\text{실내허용 } CO_2 \text{ 농도}) - C_o(\text{외기 중의 } CO_2 \text{ 농도})}$$

$$= \frac{30 \times 0.03m^3/h}{(0.12 - 0.03) \times 10^{-2}} = 1,000m^3/h$$

113 **다음 설명에 알맞은 건축화조명의 종류는?**

> 벽에 형광등기구를 설치해 목재, 금속판 및 투과율이 낮은 재료로 광원을 숨기며 직접광은 아래쪽 벽이나 커튼을, 위쪽은 천장을 비추는 분위기 조명

① 코브조명 ② 광창조명
③ 광천장 조명 ④ 밸런스조명

해설

밸런스조명
창이나 벽의 커튼 상부에 부설된 조명방식으로서 코브조명과 유사하다.

114 **다음 중 조명설비의 광원에 관한 설명으로 옳지 않은 것은?**

① 형광램프는 점등장치를 필요로 한다.
② 고압나트륨램프는 할로겐전구에 비해 연색성이 좋다.
③ LED 램프는 수명이 길고 소비전력이 작다는 장점이 있다.
④ 고압수은램프는 광속이 큰 것과 수명이 긴 것이 특징이다.

해설

고압나트륨램프는 효율이 높으나, 연색성 지수가 다른 광원에 비해 낮다.

115 **대변기의 세정방식 중 플러시 밸브식에 관한 설명으로 옳은 것은?**

① 대변기의 연속사용이 불가능하다.
② 급수관경과 필요수압에 제한이 없어 급수압력이 낮은 곳에서도 사용이 용이하다.
③ 핸들 또는 레버의 조작에 의해 낙차에 의한 수압으로 대변기를 세정하는 방식이다.
④ 소음이 크고 단시간에 다량의 물이 필요하므로 가정용으로는 일반적으로 사용하지 않는다.

해설

① 대변기의 연속사용이 가능하다.
② 급수관경과 필요수압에 제한이 있어 일정 이상의 급수압력이 필요하다.
③ 하이탱크 세정식에 대한 설명이다.

116 **다음 중 눈부심을 방지하기 위한 방법으로 옳지 않은 것은?**

① 광원 주위를 밝게 한다.
② 휘도가 낮은 형광램프를 사용한다.
③ 플라스틱 커버가 설치되어 있는 조명기구를 선정한다.
④ 시선을 중심으로 해서 30° 범위 내의 글레어 존(Glare Zone)에 광원을 설치한다.

해설

글레어 존(Glare Zone, 눈부심 발생구간)에 광원을 설치하면 눈부심이 유발된다.

정답 112 ③ 113 ④ 114 ② 115 ④ 116 ④

117 배수트랩에 관한 설명으로 옳지 않은 것은?

① 트랩은 배수능력을 촉진시킨다.
② 관트랩에는 P트랩, S트랩, U트랩 등이 있다.
③ 트랩은 기구에 가능한 한 근접하여 설치하는 것이 좋다.
④ 트랩의 유효봉수깊이가 너무 낮으면 봉수가 손실되기 쉽다.

해설

트랩은 배수능력의 촉진보다 봉수를 담아 악취의 역류를 막는 역할을 한다.

118 일사, 일조 조정을 위해 수평루버보다 수직루버의 설치가 더 효과적인 방위로만 연결된 것은?

① 동면과 서면　② 남면과 북면
③ 동면과 남면　④ 서면과 남면

해설

태양방위각이 낮은 동면과 서면의 경우 수직루버 설치가 차양적인 측면에서 효과적이다.

119 실내 조도가 옥외 조도의 몇 %에 해당하는가를 나타내는 값은?

① 주광률　② 보수율
③ 반사율　④ 조명률

해설

주광률 산출식

$$\text{주광률}(DF) = \frac{\text{실내(작업면)의 수평면 조도}}{\text{실외(전천공)의 수평면 조도}} \times 100(\%)$$

120 복사에 관한 설명으로 옳지 않은 것은?

① 주위 공기온도의 영향을 받는다.
② 태양으로부터 지구로 전달되는 열은 복사열이다.
③ 열을 전달하는 매질이 없어도 발생하는 현상이다.
④ 물체에서 복사되는 열량은 그 표면의 절대온도의 4승에 비례한다.

해설

복사는 매질 없이 열을 전달하므로 주위 공기온도의 영향을 받지 않는다.

정답　117 ①　118 ①　119 ①　120 ①

2022년 1회 실내건축기사

1과목 실내디자인 계획

01 고정창에 관한 설명으로 옳지 않은 것은?

① 적정한 자연 환기량 확보를 위해 사용된다.
② 크기에 관계없이 자유롭게 디자인할 수 있다.
③ 형태에 관계없이 자유롭게 디자인할 수 있다.
④ 유리와 같이 투명재료일 경우 창이 있는 것을 알지 못해 부딪힐 위험이 있다.

해설

고정창
열리지 않는 고정된 창으로 채광과 조망을 위해 설치하여 빛을 유입시키는 기능을 한다.

02 디자인의 원리에 관한 설명으로 옳은 것은?

① 균형은 정적인 경우에만 시각적 안정성을 가져올 수 있다.
② 강조는 힘의 조절로서 전체 조화를 파괴하는 데 주로 사용된다.
③ 리듬은 청각의 원리가 시각적으로 표현된 것이라 할 수 있다.
④ 통일과 변화는 서로 대립되는 관계로, 동시 사용이 불가능하다.

해설

리듬
규칙적인 요소들의 반복에 의해 통제된 운동감으로 디자인에 시각적인 질서를 부여하며, 청각적 요소의 시각화를 꾀한다. 리듬의 원리에는 반복, 점진, 대립, 변이, 방사가 있다.

03 질감(Texture)에 관한 설명으로 옳지 않은 것은?

① 시각적으로만 지각할 수 있는 어떤 물체 표면상의 특징을 말한다.
② 질감의 선택에서 중요한 것은 스케일, 빛의 반사와 흡수 등이다.
③ 효과적인 질감표현을 위해서는 색채와 조명을 동시에 고려해야 한다.
④ 나무, 돌, 흙 등의 자연재료는 인공적인 재료에 비해 따뜻함과 친근감을 준다.

해설

질감
손으로 만져서 느낄 수 있는 촉각적 질감과 시각적으로 느껴지는 재질감으로 윤곽과 인상이 형성된다.

- 매끄러운 재료 : 빛을 많이 반사하므로 가볍고 환한 느낌을 주며 주의를 집중시키고 같은 색채라도 강하게 느껴진다.
- 거친 재료 : 빛을 흡수하고 울퉁불퉁한 표면은 음영을 나타내며 무겁고 안정적인 느낌을 준다.

04 다음 설명에 알맞은 특수전시기법은?

- 연속적인 주제를 연관성 있게 표현하기 위해 선(線)으로 연출하는 전시기법이다.
- 전체의 맥락이 중요하다고 생각될 때 사용된다.

① 디오라마 전시 ② 파노라마 전시
③ 아일랜드 전시 ④ 하모니카 전시

해설

파노라마 전시
연속적인 주제를 표현하기 위해 선형으로 연출되는 전시기법으로 전시물의 전경으로 펼쳐 전시하는 방법이다.

정답 01 ① 02 ③ 03 ① 04 ②

05 다음 각 공간의 관계가 주택 평면계획 시 고려되는 인접의 원칙에 속하지 않는 것은?

① 거실 – 현관 ② 식당 – 주방
③ 거실 – 식당 ④ 침실 – 다용도실

해설

④ 부엌 – 다용도실

주택의 평면계획 : 각 실의 크기와 평면적 상호관계를 종합적으로 분석 및 판단하여 배치한다.

※ **다용도실** : 세탁, 건조 등으로 활용되어 주방 및 현관과 연결되도록 계획하는 것이 좋으며 위치는 북쪽을 활용하는 경우가 많다.

06 단독주택의 부엌에 관한 설명으로 옳은 것은?

① 작업대의 배치유형 중 일렬형은 대규모 부엌에 주로 이용된다.
② 일반적으로 부엌의 크기는 주택 연면적의 3% 정도가 가장 적당하다.
③ 일반적으로 작업대의 높이는 500~600mm, 깊이는 750~800mm가 적당하다.
④ 작업대는 능률적인 작업을 위해 준비대 → 개수대 → 조리대 → 가열대 → 배선대 순서로 배치한다.

해설

① 부엌의 크기는 연면적의 8~12%(보통 10%) 정도이다.
② 부엌의 규모가 큰 경우 작업대의 배치방법은 ㄷ자형이 주로 사용된다. 일렬형(직선형)은 소규모에 적합하다.
③ 일반적으로 작업대의 높이는 800~850mm, 깊이는 550~600mm로 한다.

07 생활에 적합한 건축을 위해 인체와 관련된 모듈의 사용에 있어 단순한 길이의 배수보다는 황금비례를 이용함이 타당하다고 주장한 사람은?

① 알바 알토 ② 르 코르뷔지에
③ 월터 그로피우스 ④ 미스 반 데어 로에

해설

르 코르뷔지에
황금비례와 인체측정학, 피보나치수 등을 이용하여 만든 모듈러(Modulor)라는 치수를 설계에 적용했는데, 이런 정교한 법칙을 통해 건축물이 중심이 아닌 사람의 신체에 맞는 건축물과 가구 등의 치수를 정의하였다.

08 주택의 동선계획에 관한 설명으로 옳지 않은 것은?

① 가사노동의 동선은 가능한 한 남측에 위치시키도록 한다.
② 사용빈도가 높은 공간은 동선을 길게 처리하는 것이 좋다.
③ 동선이 교차하는 곳은 공간적 두께를 크게 하는 것이 좋다.
④ 개인, 사회, 가사노동권 등의 동선은 상호 간 분리하는 것이 좋다.

해설

사용빈도가 높은 공간은 동선을 짧게 처리한다.

주택 동선계획
- 서로 다른 동선은 가능한 한 분리하고 필요 이상의 교차는 피한다.
- 동선이 짧을수록 효율적이나 공간의 성격에 따라 길게 유도하기도 한다.
- 주부는 실내에 머무는 시간이 길고 작업량이 많으므로 짧고 직선적으로 처리한다.
- 동선의 분기점이 되는 곳은 거실이며 가구배치계획에 따라 동선이 변하기도 한다.

09 다음 중 VMD의 목적과 가장 거리가 먼 것은?

① 상품의 이미지를 높인다.
② 차별화 전략으로 활용한다.
③ 매장구성의 개성화를 추구한다.
④ 효율적인 유지보수가 용이하다.

해설

VMD(Visual Merchandiser)
기업(브랜드)에서 지향하는 이미지(콘셉트)를 구체화하여 제품을 매장에 디스플레이하는 기법이다.

정답 05 ④ 06 ④ 07 ② 08 ② 09 ④

10 POE(Post－Occupancy Evaluation)의 의미로 가장 알맞은 것은?

① 건축물을 사용해 본 후에 평가하는 것이다.
② 낙후 건축물의 이상 유무를 평가하는 것이다.
③ 건축물을 사용하기 전에 성능을 예상하는 것이다.
④ 건축도면 완성 후 건축주가 도면의 적정성을 평가하는 것이다.

해설

POE(거주 후 평가)
완공된 후 건물의 사용자에 대한 반응을 조사하여 설계한 본래의 요구기능이 충족되어 수행되는지 평가하는 과정을 말한다(평가방법 : 인터뷰, 현지답사, 관찰).

11 건축제도에서 다음과 같은 재료구조 표시기호(단면용)가 의미하는 것은?

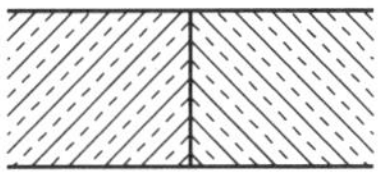

① 벽돌 ② 석재
③ 인조석 ④ 치장재

해설

벽돌	인조석	치장재
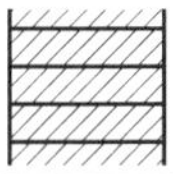	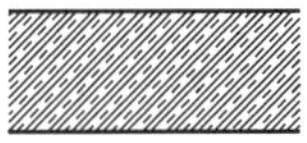	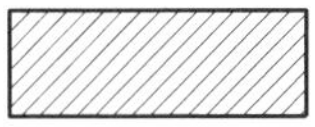

12 그리스의 오더 중 기단부는 단 사이에 수평홈이 있으며, 주두는 소용돌이 형태의 나선형인 볼류트로 구성된 것은?

① 도리아 오더
② 이오니아 오더
③ 터스칸 오더
④ 코린트 오더

해설

이오니아 오더
주초가 있고, 여성적, 나선형이며 형태로 엔타시스가 약하다(에렉테이온신전).

13 스테인드글라스(Stained Glass)에 관한 설명으로 옳지 않은 것은?

① 스테인드글라스는 빛의 투과광을 주로 이용한다.
② 르네상스 시대에 스테인드글라스 예술이 대규모로 활성화되었다.
③ 스테인드글라스의 기원은 로마시대 초기의 교회건물 내에서 찾아볼 수 있다.
④ 아르누보를 통해 스테인드글라스 예술이 부활하였으나 곧 근대건축운동에 의해 쇠퇴하였다.

해설

스테인드글라스는 고딕시대에 활성화되었다.

스테인드글라스 : 색유리를 이어 붙이거나 유리에 색을 칠하여 무늬나 그림을 나타낸 장식용 판유리이다.

14 사무소 건축의 평면유형에 관한 설명으로 옳지 않은 것은?

① 2중 지역 배치는 중복도식의 형태를 갖는다.
② 3중 지역 배치는 저층의 소규모 사무소에 주로 적용된다.
③ 2중 지역 배치에서 복도는 동서방향으로 하는 것이 좋다.
④ 단일 지역 배치는 경제성보다는 쾌적한 환경이나 분위기 등이 필요한 곳에 적합한 유형이다.

해설

3중 지역 배치는 고층 사무소건물에 적합하다.

사무소의 복도에 의한 분류
- 편복도식(단일 지역 배치) : 자연채광이 좋으며 통풍이 유리하고 경제성보다 건강, 분위기 등이 필요한 경우에 적당하며, 비교적 고가이다.

정답 10 ① 11 ② 12 ② 13 ② 14 ②

- 중복도식(2중 지역 배치) : 중간 정도 크기의 사무실에 적당하고, 동서방향으로 사무실이 면하게 한다. 또한 주계단, 부계단을 두어 사용할 수 있고 유틸리티 코어의 설계에 주의한다.
- 2중 복도식, 중앙홀식(3중 지역 배치) : 방사선 형태의 평면형식으로 고층 전용 사무실에 주로 하며 교통시설, 위생설비는 건물 내부의 제3 또는 중심지역에 위치하고 사무실은 외벽을 따라서 배치한다.

15 결정된 디자인으로 견적, 입찰, 시공 등 설계 이후의 후속 작업과 시공을 위한 제반 도서를 제작하는 설계 과정은?

① 기획설계 ② 기본설계
③ 실시설계 ④ 기본계획

해설

실시설계
기본설계 단계에서 결정된 디자인의 견적, 입찰, 시공 등 설계 이후의 후속작업과 시공을 위한 제반 도서이다.

※ **실내디자인 프로세스**
기획단계 → 계획단계 → 기본설계 → 실시설계 → 시공 → 평가

16 상점의 쇼윈도에 관한 설명으로 옳지 않은 것은?

① 쇼윈도의 평면형식 중 만입형은 점두의 진열면이 크다.
② 쇼윈도의 진열 바닥높이는 일반적으로 상품의 종류에 따라 결정된다.
③ 쇼윈도의 단면형식 중 다층형은 넓은 도로 폭을 지닌 상점에 적용하는 것이 좋다.
④ 쇼윈도의 배면처리형식 중 개방형은 폐쇄형에 비해 쇼윈도 진열 자체에 대한 주목성이 강조된다.

해설

쇼윈도의 배면처리형식 중 폐쇄형은 개방형에 비해 쇼윈도 진열 자체에 대한 주목성이 강조된다.

※ **쇼윈도 배면처리**
- 개방형 : 밖에서 내부를 볼 수 있어 상점 내부의 인상이 고객에게 전달되어 친근감을 줄 수 있으며 고객이 상점 내에 잠시 머물거나 출입이 많은 곳에 적합하다.
- 폐쇄형 : 상점 내부가 보이지 않고 쇼윈도의 디스플레이에 대한 주목성이 커지므로 상품에 대한 강조효과가 크다.

17 실내공간 구성요소 중 벽(Wall)에 관한 설명으로 옳지 않은 것은?

① 공간을 에워싸는 수직적 요소이다.
② 다른 요소에 비해 조형적으로 가장 자유롭다.
③ 외부세계에 대한 침입 방어의 기능을 갖는다.
④ 가구, 조명 등 실내에 놓이는 설치물에 대해 배경적 요소가 된다.

해설

- 천장 : 다른 요소에 비해 조형적으로 가장 자유롭다.
- 벽 : 실내공간을 형성하고 공간을 에워싸는 수직적 요소로, 수평방향을 차단하고 공간을 형성하는 기능을 갖는다. 또한 공간과 공간을 구분하고 공간의 형태에 영향을 끼치는 윤곽적 요소이다.

18 실내 기본요소 중 천장에 관한 설명으로 옳은 것은?

① 바닥과 함께 실내공간을 구성하는 수직적 요소이다.
② 바닥이나 벽에 비해 접촉빈도가 높으며 공간의 크기에 영향을 끼친다.
③ 천장을 낮추면 친근하고 아늑한 공간이 되고 높이면 확대감을 줄 수 있다.
④ 바닥은 시대와 양식에 의한 변화가 현저한 데 비해 천장은 매우 고정적이다.

해설

① 바닥과 함께 실내공간을 구성하는 수평적 요소이다.
② 바닥이나 벽에 비해 접촉빈도가 낮으며 공간의 크기에 영향을 끼친다.
④ 바닥은 시대와 양식에 의한 변화가 현저한 데 비해 천장은 가장 자유롭게 조형적으로 공간의 변화를 줄 수 있다.

천장 : 실내공간을 형성하는 수평적 요소인 소리, 빛, 열 및 습기환경의 중요한 조절매체가 되며 형태, 패턴, 색채의 변화를 통해 공간의 변화를 줄 수 있다.

정답 **15** ③ **16** ④ **17** ② **18** ③

19 포겐도르프 도형과 관련된 착시의 유형은?

① 방향의 착시 ② 길이의 착시
③ 다의도형 착시 ④ 역리도형 착시

해설

포겐도르프 도형(방향의 착시)
사선이 2개 이상의 평행선으로 어긋나 보인다.

20 사무소 건축의 실단위계획 중 개실시스템에 관한 설명으로 옳지 않은 것은?

① 독립성 확보가 용이하다.
② 공간의 길이에 변화를 줄 수 있다.
③ 전면적을 유효하게 이용할 수 있어 공간절약상 유리하다.
④ 연속된 복도 때문에 공간의 깊이에 변화를 줄 수 없다.

해설

㉠ 개방식 배치 : 전면적을 유효하게 이용할 수 있어 공간절약상 유리하다.
㉡ 개실시스템(배치)
- 독립성이 우수하고 쾌적성 및 자연채광 조건이 좋다.
- 공간의 길이에 변화를 줄 수 있다.
- 공사비가 높고 직원 간의 소통이 불리하다.
- 연속된 복도 때문에 방의 깊이에는 변화를 줄 수 없다.

2과목 실내디자인 색채 및 사용자 행태분석

21 아파트 건축물의 색채계획 시 고려해야 할 사항이 아닌 것은?

① 개인적인 기호에 의하지 않고 객관성이 있어야 한다.
② 주변에서 가장 부각될 수 있게 독특한 색채를 사용한다.
③ 전체적으로 질서가 있어야 하며 적당한 변화가 있어야 한다.
④ 주거민을 위한 편안한 색채디자인이 되어야 한다.

해설

주변지역과 조화로운 색채를 사용한다.

색채계획 : 지역특성에 맞는 통합계획으로 주변환경과 조화로운 도시경관 창출 및 지역주민의 심리적 · 쾌적성 및 질적 향상과 생활공간의 가치를 향상시킨다.

22 디지털 색채 시스템 중 HSB 시스템에 대한 설명으로 틀린 것은?

① 먼셀의 색채개념인 색상, 명도, 채도를 중심으로 선택하도록 되어 있다.
② 프로그램상에서는 H모드, S모드, B모드를 볼 수 있다.
③ H모드는 색상을 선택하는 방법이다.
④ B모드는 채도, 즉 색채의 포화도를 선택하는 방법이다.

해설

HSB 시스템
- H(Hue : 색상)
- S(Saturation : 채도)
- B(Brightness : 밝기)

23 먼셀 색체계에 관한 설명 중 잘못된 것은?

① R, Y, G, B, P의 5색과 그 보색인 5색을 추가하여 10색상을 기본으로 만든 것이다.
② 무채색의 명도는 숫자 앞에 N을 붙인다.
③ 채도단위는 2단위를 기본으로 하였으나 저채도 부분에서는 실용적으로 1과 3을 추가하였다.
④ 유채색의 명도는 0.5 단위로 배열되어 0.5부터 9.5까지 19단계로 하였다.

해설

먼셀 색체계 – 명도
명도는 1단위로 배열되어 0~10까지 총 11단계이며, 숫자가 높을수록 밝은 명도이고, 작을수록 어두운 명도를 나타낸다.

정답 19 ① 20 ③ 21 ② 22 ④ 23 ④

24 빛의 성질과 색의 지각에 관한 설명 중 틀린 것은?

① 노란 바나나의 색을 지각하는 것은 빛의 반사와 관계가 있다.

② 파란 셀로판지를 통해 색을 지각하는 것은 빛의 투과와 관계가 있다.

③ 검은 도화지의 색을 지각하는 것은 빛의 흡수와 관계가 있다.

④ 하늘의 무지개색을 지각하는 것은 빛의 회절과 관계가 있다.

해설

굴절과 회절
- 굴절 : 하나의 매질로부터 다른 매질로 진입하는 파동이 그 경계면에서 진행하는 방향을 바꾸는 현상이다.
  예 아지랑이, 무지개, 프리즘현상
- 회절 : 파동이 장애물을 만났을 때 빛이 물체의 그림자 부분에 휘어 들어가는 현상이다.
  예 CD 표면색, 곤충 날개색

25 다음 중 가장 가벼운 느낌을 주는 배색은?

① 파랑 – 검정　② 노랑 – 흰색

③ 빨강 – 보라　④ 청록 – 초록

해설

무게감

색의 무게감은 색상이 주는 가벼움과 무거움의 정도를 말하며 명도와 관계가 있다.
- 명도가 높은 밝은색 : 가벼운 느낌
- 명도가 낮은 어두운색 : 무거운 느낌

26 색에 관한 설명 중 잘못된 것은?

① 황색은 녹색보다 진출하여 보인다.

② 주황색은 녹색보다 따뜻하게 느껴진다.

③ 황색은 청색보다 커 보인다.

④ 황색은 녹색보다 무겁게 느껴진다.

해설

황색은 녹색보다 가볍게 느껴진다.

난색과 한색
- 난색 : 명도가 높고, 채도가 낮은 색은 부드러운 느낌을 준다.
- 한색 : 명도가 낮고, 채도가 높은 색은 딱딱한 느낌을 준다.

27 다음 중 색채조절의 목표가 아닌 것은?

① 안정성　② 독창성

③ 능률성　④ 심미성

해설

공공건축공간의 색채환경

생리적 · 심리적 효과를 적극적으로 활용하여 안전하고 효율적인 작업환경과 쾌적한 생활환경의 조성을 목적으로 능률성, 안전성, 쾌적성, 심미성을 고려해야 한다.

28 Pantone 색표집에 대한 설명으로 틀린 것은?

① 색의 기본 속성에 따라 논리적인 순서로 배열되어 있다.

② 1963년 미국의 로렌스 하버트가 고안하였다.

③ 매년 올해의 컬러를 발표하여 다양한 분야의 트렌드를 제안하고 있다.

④ 인쇄 및 소재별 잉크를 조색하여 제작한 실용적인 색표집이다.

해설

색의 기본 속성에 따라 논리적인 순서로 배열되어 있지 않다.

29 색채가 지닌 심리적, 생리적, 물리학적 성질을 잘 활용하는 일을 색채조절(Color Conditioning)이라고 한다. 다음 중 색채조절이 특히 중요시되는 곳은?

① 옷가게　② 공부방

③ 식료품점　④ 생산공장

정답　24 ④　25 ②　26 ④　27 ②　28 ①　29 ④

해설

공장색채
공장의 기계류와 핸들의 색을 주변과 다르게 함으로써 실수와 오류를 줄인다. 위험개소는 주의를 집중시키고 식별이 잘되도록 주황색으로 명시하고 통로는 흰색 선으로 표시하여 생산효율을 높인다.

30 색료의 3원색을 혼합한 이론상의 결과는?

① 초록 ② 검정
③ 하양 ④ 시안

해설

감법혼색 : 색료의 3원색
- 노랑(Y) + 시안(C) = 초록(G)
- 노랑(Y) + 마젠타(M) = 빨강(R)
- 시안(C) + 마젠타(M) = 파랑(B)
- 시안(C) + 마젠타(M) + 노랑(Y) = 검정(B)

31 소파의 골격에 쿠션성이 좋도록 솜, 스펀지 등의 속을 많이 채워 넣고 천으로 감싼 소파로, 구조, 형태 및 사용상 안락성이 매우 큰 것은?

① 스툴 ② 카우치
③ 풀업 체어 ④ 체스터필드

해설

체스터필드
소파의 쿠션성능을 높이기 위해 솜, 스펀지 등을 속에 채워 넣은 형태로 안락성이 좋다.

32 시스템가구에 관한 설명으로 옳지 않은 것은?

① 단순미가 강조된 가구로 수납기능은 떨어진다.
② 규격화된 단위 구성재의 결합으로 가구의 통일과 조화를 도모할 수 있다.
③ 기능에 따라 여러 가지 형태로 조립, 해체가 가능하여 배치의 합리성을 도모할 수 있다.
④ 모듈계획을 근간으로 규격화된 부품을 구성하여 시공기간 단축 등의 효과를 가져올 수 있다.

해설

단순미가 강조된 가구로 수납기능이 좋다.

시스템가구
- 기능에 따라 여러 가지 형태의 조립 및 해체가 가능하며 공간의 융통성을 도모할 수 있다.
- 규격화된 단위 구성재의 결합으로 가구의 통일과 조화를 이루며 모듈계획을 근간으로 규격화된 부품을 구성하여 시공시간 단축의 효과를 가져올 수 있다.

33 인간기준(Human Criteria)의 유형에 해당하지 않는 것은?

① 인간성능 척도 ② 체계의 성능
③ 주관적 반응 ④ 생리학적 지표

해설

인간기준
인간성능 척도, 생리학적 지표, 주관적 반응, 사고빈도

34 인체골격의 주요 기능으로 볼 수 없는 것은?

① 감각정보를 뇌와 척수로 전달한다.
② 신체를 지지하고 형상을 유지한다.
③ 골격 내부의 골수는 조혈작용을 한다.
④ 골격근의 기동적 수축에 따라 운동을 한다.

해설

감각신경 : 감각정보를 뇌와 척추로 전달한다.

※ **골격의 주요 기능** : 신체의 지지 및 형상 유지, 조혈작용, 체내의 장기 보호, 무기질 저장, 가동성 연결

정답 30 ② 31 ④ 32 ① 33 ② 34 ①

35 신체동작의 유형 중 굽은 팔꿈치를 펴는 동작과 같이 관절이 만드는 각도가 증가하는 동작은?

① 굴곡(Flexion) ② 내전(Adduction)
③ 외전(Abduction) ④ 신전(Extension)

해설

신체 부위의 동작
- 굴곡 : 관절의 각도가 감소되는 동작
- 내전 : 인체의 중심선에 가까워지도록 이동하는 동작
- 외전 : 인체의 중심선에서 멀어지도록 이동하는 동작
- 신전 : 관절의 각도가 증가되는 동작

36 눈의 구조와 기능에 관한 설명으로 옳은 것은?

① 간상세포는 색을 구별한다.
② 눈의 초점은 수정체의 두께가 조절되어 맞춰진다.
③ 어두운 상태에서는 주로 원추세포가 사용된다.
④ 빛의 망막의 전방에서 맺히는 현상을 원시라고 한다.

해설

① 간상세포는 명암을 지각한다.
③ 어두운 상태에서는 주로 간상세포가 사용된다.
④ 빛의 망막의 전방에서 맺히는 현상을 근시라고 한다.

※ **원추세포와 간상세포**

원추세포 (추상체)	• 낮처럼 조도 수준이 높을 때 기능을 한다. • 색을 구별하며, 황반에 집중되어 있다. • 색상을 구분한다(이상 시 색맹 또는 색약이 나타남). 예 카메라의 컬러필름
간상세포 (간상체)	• 1억 3,000만 개의 간상세포가 망막 주변에 있다. • 밤처럼 조도 수준이 낮을 때 기능을 한다. • 흑백의 음영만을 구분하며 명암을 구분한다.

37 인체측정 자료의 적용 시 극단치 설계방식의 최소치수로 설계해야 할 사항이 아닌 것은?

① 선반의 높이
② 조종장치까지의 거리
③ 등산용 로프의 강도
④ 엘리베이터 조작 버튼의 높이

해설

③은 평균치 설계방식에 대한 설명이다.

최소 집단치를 이용한 설계 : 팔이 짧은 사람이 잡을 수 있다면 이보다 긴 사람은 모두 잡을 수 있다는 원리이다(선반의 높이, 조종장치까지의 거리, 엘리베이터 조작버튼의 높이 등).

38 신체활동의 에너지 소비량에 대한 설명으로 옳지 않은 것은?

① 작업효율은 에너지 소비량에 반비례한다.
② 신체활동에 따른 에너지 소비량에는 개인차가 있다.
③ 어떤 작업에 대한 에너지가(價)는 수행방법에 따라 달라진다.
④ 신체적 동작속도가 증가하면 에너지 소비량은 감소한다.

해설

걷기, 뛰기와 같은 신체적 운동에서는 동작속도가 증가하면 에너지 소비량은 더 빨리 증가한다.

39 생리적 상태 변동을 전류로 변환하여 측정되는 것으로 뇌파 전위도를 기록하는 것은?

① EEG ② EMG
③ ECG ④ EOG

해설

생리적 측정방법
근전도(EMG) 측정, 뇌파계(EEG) 측정, 심전도(ECG) 측정, 청력검사, 근점거리계, 광도계

※ **뇌전도(EEG)** : 뇌의 활동에 따른 전위차를 기록한 것

40 실현 가능성이 동일한 4개의 대안이 있을 경우 총 정보량은 몇 bit인가?

① 0.5 ② 1
③ 2 ④ 4

정답 35 ④ 36 ② 37 ③ 38 ④ 39 ① 40 ③

해설

$$정보량(H) = \frac{\log 대안수}{\log_2} = \frac{\log_4}{\log_2} = 2bit$$

3과목 실내디자인 시공 및 재료

41 다음은 공사현장에서 이루어지는 업무에 관한 설명이다. 이 업무의 명칭으로 옳은 것은?

> 공사내용을 분석하고 공사관리의 목적을 명확히 제시하여 작업의 순서를 반영하며 실내공사의 작업을 세분화하고 집약한다. 공사의 종류에 따라 기술적인 순서와 상호관계를 정리하고 설계도서, 시방서, 물량산출서, 견적서를 기초로 작업에 투여되는 인력, 장비, 자재의 수량을 비교·검토한다.

① 실행예산편성 ② 공정계획
③ 작업일보작성 ④ 입찰참가신청

해설

공정계획(공정관리)

- 공정관리(공정계획)란 건축물을 지정된 공사기간 내에 공사예산에 맞추어 정밀도기 높은 우수한 질의 시공을 위하여 작성하는 계획이다.
- 즉, 우수하게, 값싸게, 빨리, 안전하게 각 건설물을 세부계획에 필요한 시간과 순서, 자재, 노무 및 기계설비 등을 일정한 형식에 의거하여 작성, 관리함을 목적으로 한다.

42 표준형 시멘트벽돌을 사용하여 1.5B쌓기로 벽을 쌓았을 때 벽의 두께로 가장 적합한 것은?

① 150mm ② 190mm
③ 290mm ④ 320mm

해설

190mm + 10mm + 90mm = 290mm

43 셀프레벨링재에 관한 설명으로 옳지 않은 것은?

① 석고계 셀프레벨링재는 석고, 모래, 경화지연제 및 유동화제로 구성된다.
② 시멘트계 셀프레벨링재는 포틀랜드 시멘트, 모래, 분산제 및 유동화제로 구성된다.
③ 석고계 셀프레벨링재는 차수성이 좋아 옥외 및 실내에서 모두 사용한다.
④ 셀프레벨링재 시공 후 요철부는 연마기로 다듬고, 기포는 된비빔 석고로 보수한다.

해설

셀프레벨링 재료는 대부분 기배합 상태로 이용되며, 석고계 재료는 물이 닿지 않는 실내에서만 사용한다.

44 목재의 일반적인 성질에 관한 설명으로 옳지 않은 것은?

① 일반적으로 대부분의 목재가 인장강도에 비하여 압축강도가 크다.
② 섬유방향에 평행하게 힘을 가한 경우가 직각으로 가하는 경우보다 압축강도가 크다.
③ 생목재를 건조할 경우 함수율이 30% 이상에서는 목재가 수축을 일으키지 않는다.
④ 일반적으로 목재의 기건상태에서의 함수율은 10~15%이다.

해설

목재의 강도 크기
인장강도 > 휨강도 > 압축강도 > 전단강도

45 파손 방지, 도난 방지 또는 진동이 심한 장소에 적합한 망입(網入)유리의 제조 시 사용되지 않는 금속선은?

① 철선 ② 황동선
③ 청동선 ④ 알루미늄선

정답 41 ② 42 ③ 43 ③ 44 ① 45 ③

해설

망입유리 제조에 쓰는 금속선은 주로 철과 알루미늄, 황동이 적용되고 있으며, 구리와 주석의 합금인 청동은 쓰이지 않고 있다.

46 공사감리자가 시공의 적정성을 판단하기 위하여 수행하는 업무가 아닌 것은?

① 소방완비대상에 포함될 경우 법에 따른 적합한 설비를 하였는지를 확인하고 시공자가 관할 관청에 점검을 받도록 지도한다.
② 설계도서에 준하여 시공되었는지에 대한 내용으로 체크리스트에 작성하고 이를 활용하여 시공의 적정성을 점검한다.
③ 현장에서 제작 설치되는 제품의 규격과 제작과정, 제작물의 작동 상태 등을 점검한다.
④ 감리자가 직접 준공도서를 작성하고 준공도서에 근거하여 시공 적정성을 파악한다.

해설

감리자가 준공도서에 근거하여 시공 적정성을 파악하는 것은 맞으나, 직접 준공도서를 작성하지는 않는다.

47 수지성형품 중에서 표면경도가 크고 아름다운 광택을 지니면서 착색이 자유롭고 내열성이 우수한 것으로 마감재, 전기부품 등에 활용되는 수지는?

① 멜라민수지　② 에폭시수지
③ 폴리우레탄수지　④ 실리콘수지

해설

멜라민수지
- 성질은 요소수지보다 우수하고 무색투명하여 착색이 자유롭다.
- 내수성 · 내약품성, 내용제성이 크고, 내후성, 내노화성, 내열성이 우수하다.
- 기계적 강도, 전기적 성질이 우수하여 카운터나 조리대 등을 만드는 데 사용된다.

48 보강 블록조에서 내력벽 길이의 총합계가 45m이고, 그 층의 건물면적이 300m²일 경우 내력벽의 벽량은?

① 10cm/m²　② 15cm/m²
③ 30cm/m²　④ 45cm/m²

해설

$$\text{벽량} = \frac{\text{내력벽 길이의 합계(cm)}}{\text{바닥면적}(m^2)} = \frac{4{,}500\text{cm}}{300m^2} = 15\text{cm}/m^2$$

49 강재의 응력 – 변형률 곡선에서 항복비란 항복점과 무엇에 대한 비율을 의미하는가?

① 인장강도점　② 탄성한계점
③ 피로강도점　④ 비례한계점

해설

강재의 항복비
항복점(항복강도)/인장강도

50 다음 점토제품 중 소성온도가 높은 것에서 낮은 순서로 옳게 배열된 것은?

① 자기 – 석기 – 도기 – 토기
② 자기 – 도기 – 석기 – 토기
③ 도기 – 자기 – 석기 – 토기
④ 도기 – 석기 – 자기 – 토기

해설

소성온도 크기
자기 > 석기 > 도기 > 토기

51 공사원가계산서에 표기되는 비목 중 순공사원가에 해당되지 않는 것은?

① 직접재료비　② 노무비
③ 경비　④ 일반관리비

정답　46 ④　47 ①　48 ②　49 ①　50 ①　51 ④

해설

공사원가계산서 구성요소

- 총공사비
  - 순공사비(공사원가)
    - 재료비(직접재료비, 간접재료비)
    - 노무비(직접노무비, 간접노무비)
    - 경비
    - 간접공사비
  - 일반관리비
  - 이윤
  - 부가가치세

52 아스팔트 방수시공을 할 때 바탕재와의 밀착용으로 사용하는 것은?

① 아스팔트 컴파운드
② 아스팔트 모르타르
③ 아스팔트 프라이머
④ 아스팔트 루핑

해설

아스팔트 프라이머
솔, 롤러 등으로 용이하게 도포할 수 있도록 블론 아스팔트를 휘발성 용제에 희석한 흑갈색의 저점도 액체로서, 방수시공의 첫 번째 공정에 쓰이는 바탕처리재이다.

53 얇은 강판에 마름모꼴의 구멍을 연속적으로 뚫어 그물처럼 만든 것으로 천장 · 벽 등의 미장 바탕에 사용되는 것은?

① 메탈 라스　　② 인서트
③ 코너 비드　　④ 논슬립

해설

메탈 라스(Metal Lath)
얇은 철판에 많은 절목을 넣어 이를 옆으로 늘여서 만든 것으로 도벽 바탕에 쓰이는 금속제품이다.

54 다음 도료 중 내알칼리성이 가장 작은 도료는?

① 페놀수지도료　　② 멜라민수지도료
③ 초산비닐도료　　④ 프탈산수지에나멜

해설

프탈산수지에나멜(합성수지에나멜) 도료는 알칼리에 부식되는 특성이 있어, 콘크리트면보다는 금속면, 목재면 등에 적용된다.

55 실내건축공사 시 주로 사용되는 이동식 비계의 안전조치에 관한 설명으로 옳지 않은 것은?

① 갑작스런 이동 및 전도를 방지하기 위하여 아웃트리거(Outrigger)를 설치한다.
② 작업발판 위에서 사다리를 안전하게 사용할 수 있도록 작업발판은 항상 유지한다.
③ 작업발판의 최대적재하중은 250킬로그램을 초과하지 않도록 한다.
④ 비계의 최상부에서 작업을 하는 경우에는 안전난간을 설치한다.

해설

작업발판 위에서 사다리를 사용하여서는 안 된다.

56 미장공사 시 사용되는 시멘트 모르타르 바름에 관한 설명으로 옳지 않은 것은?

① 시멘트와 모래를 혼합하고, 물을 부어서 잘 섞이도록 하며, 비빔은 기계로 하는 것을 원칙으로 한다.
② 1회 비빔량은 2시간 이내에 사용할 수 있는 양으로 한다.
③ 초벌바름 또는 라스먹임은 2주일 이상 방치하여 바름면 또는 라스의 겹침 부분에서 생길 수 있는 균열이나 처짐 등 흠을 충분히 발생시킨다.
④ 바름두께가 너무 얇을 경우에는 고름질을 하고 고름질 후에는 전면에서 거친 면이 생기지 않도록 한다.

정답　52 ③　53 ①　54 ④　55 ②　56 ④

해설

바름두께가 너무 두꺼울 경우에는 고름질을 하고 고름질 후에는 전면에서 거친 면이 생기지 않도록 한다.

57 동바리 마루에서 마루널 바로 밑에 오는 부재는 무엇인가?

① 동바리 ② 멍에
③ 장선 ④ 동바리돌

해설

동바리 마루의 구성
(위)마루널 – 장선 – 멍에 – 동바리 – 동바리돌(아래)

58 할렬인장강도시험에서 재하하중이 120kN에서 파괴된 지름 100mm, 길이 200mm인 콘크리트 시험체의 인장강도는?

① 약 2.0MPa ② 약 2.4MPa
③ 약 3.0MPa ④ 약 3.8MPa

해설

$$\text{할렬인장강도(MPa)} = \frac{2\times\text{재하하중(N)}}{\text{작용면적}(mm^2)}$$

$$= \frac{2\times120\times10^3}{\pi\times100(\text{지름})\times200(\text{길이})} = 3.82\text{MPa}$$

약 3.8MPa

59 타일공사 시 보양에 관한 설명으로 옳지 않은 것은?

① 타일을 붙인 후 3일간은 진동이나 보행을 금한다.
② 줄눈을 넣은 후 경화 불량의 우려가 있거나 24시간 이내에 비가 올 우려가 있는 경우에는 폴리에틸렌 필름 등으로 차단·보양한다.
③ 외부 타일 붙임인 경우에 태양의 직사광선을 최대한 받아 적정한 강도가 발현되도록 한다.
④ 한중공사 시 시공면 보호를 위해 외기의 기온이 2℃ 이상이 되도록 임시로 시공 부분을 보양하여야 한다.

해설

타일이 태양의 직사광선을 많이 받게 되면 탈락의 위험이 커지므로 태양의 직사광선을 최소로 받도록 해야 한다.

60 운모계 광석을 800~1,000℃ 정도로 가열팽창시켜 체적이 5~6배로 된 다공질 경석으로 시멘트와 배합하여 콘크리트블록, 벽돌 등을 제조하는 데 사용되는 것은?

① 암면(Rock Wool) ② 지석(Vermiculite)
③ 트래버틴(Travertine) ④ 석면(Asbestos)

4과목 실내디자인 환경

61 다음과 같은 조건에서 재실인원이 60명인 강의실의 필요 환기량은?

- 대기 중의 탄산가스 농도 : 300ppm
- 실내의 탄산가스 허용농도 : 1,000ppm
- 1인당 탄산가스 토출량 : $0.017m^3/h$

① 약 $665m^3/h$ ② 약 $845m^3/h$
③ 약 $1,085m^3/h$ ④ 약 $1,460m^3/h$

해설

$$Q(m^3/h) = \frac{\text{탄산가스 발생량}(m^3/h)}{\text{실내의 탄산가스 허용농도(ppm)} - \text{대기 중의 탄산가스 허용농도(ppm)}}$$

$$= \frac{0.017\times60}{(1,000-300)\times10^{-6}} = 1,457.14m^3/h$$

약 $1,460m^3/h$

정답 57 ③ 58 ④ 59 ③ 60 ② 61 ④

62 천장에 매달려 조명하는 조명방식으로 조명기구 자체가 빛을 발하는 액세서리 역할을 하는 것은?

① 코브(Cove) ② 브래킷(Bracket)
③ 펜던트(Pendant) ④ 코니스(Cornice)

해설

펜던트
부분적인 공간에 포인트를 주는 조명으로, 천장에 달아 늘어뜨려 설치한다.

63 다음은 소화기구의 설치에 관한 기준 내용이다. ( ) 안에 알맞은 것은?

> 각 층마다 설치하되, 특정소방대상물의 각 부분으로부터 1개의 소화기까지의 보행거리가 소형 소화기의 경우에는 ( ) 이내, 대형 소화기의 경우에는 ( ) 이내가 되도록 배치할 것. 다만, 가연성 물질이 없는 작업장의 경우에는 작업장의 실정에 맞게 보행거리를 완화하여 배치할 수 있다.

① ㉠ 15m, ㉡ 20m ② ㉠ 20m, ㉡ 15m
③ ㉠ 20m, ㉡ 30m ④ ㉠ 30m, ㉡ 20m

해설

소화기구의 설치 기준
소화기는 소방대상물의 각 부분에서 보행거리가 20m 이내가 되도록 배치하며 화재에 맞는 용도의 소화기를 사용해야 한다.
- 소방대상물의 각 부분에서 보행거리가 20m 이내가 되도록 배치(대형 소화기는 30m 이내)
- 소화기는 바닥에서 1.5m 이내에 배치

64 저압옥내배선공사 중 점검할 수 없는 은폐된 장소에서 시설할 수 없는 공사는?

① 금속관공사
② 케이블공사
③ 금속덕트공사
④ 합성수지관(CD관 제외)공사

해설

금속덕트공사
- 천장이나 벽면에 노출하여 배선하는 방식이다.
- 금속덕트 내에 부설하는 전선 및 케이블의 절연피복을 포함한 단면적의 총합은 덕트단면적의 20% 이하가 되도록 한다.

65 일반적으로 하향급수 배관방식을 사용하는 급수 방식은?

① 고가수조방식 ② 수도직결방식
③ 압력수조방식 ④ 펌프직송방식

해설

고가탱크(고가수조, 옥상탱크)방식
대규모 시설에서 일정한 수압을 얻을 때 많이 이용되며, 수돗물을 지하저수조에 모은 후 양수펌프에 의해 고가탱크로 양수하여, 고가탱크에서 급수관에 의해 필요장소로 하향급수하는 방식이다.

66 건축적 채광방식 중 측창채광에 관한 설명으로 옳은 것은?

① 통풍, 차열에 유리하다.
② 근린 상황에 따른 채광 방해가 없다.
③ 편측채광의 경우 실내 조도 분포가 균일하다.
④ 투명 부분을 설치하더라도 해방감이 들지 않는다.

해설

② 근린 상황(인접한 건축물 상황)에 따른 채광 방해가 발생할 수 있다.
③ 편측채광의 경우 조도가 실내의 안쪽까지 고르게 형성되지 못하므로 실내 조도 분포가 균일하지 않다.
④ 투명 부분을 설치하면 외부를 조망할 수 있어 해방감이 들게 된다.

67 인터폰설비의 통화망 구성방식에 따른 분류에 속하지 않는 것은?

① 모자식 ② 상호식
③ 교차식 ④ 복합식

정답 62 ③ 63 ③ 64 ③ 65 ① 66 ① 67 ③

해설

인터폰설비

방식	내용
모자식	1대의 모기에 2대 이상의 자기를 접속하여 모기와 자기가 서로 호출해서 통화하는 방식이다.
상호식	서로 어느 기기에서든지 임의의 다른 기기를 자유롭게 호출하여 통화할 수 있다.
복합식	모자식과 상호식의 조합에 의한 통화망이다.

68 음의 세기 레벨이 30dB인 음의 세기는?(단, 기준음의 세기는 $10^{-12}W/m^2$이다)

① $10^{-12}W/m^2$ ② $10^{-9}W/m^2$
③ $10^{-6}W/m^2$ ④ $10^{-3}W/m^2$

해설

음의 세기 레벨(SIL) $= 10\log\left(\frac{I}{I_0}\right)$(dB)이므로 I_0(기준음 세기)가 10^{-12} W/m²일 때 음압세기 레벨이 30dB가 나오려면 음의 세기(I)는 10^{-9} W/m²가 된다.

69 다음 중 습공기선도에 표현되어 있지 않은 것은?

① 비열 ② 엔탈피
③ 절대습도 ④ 습구온도

해설

습공기선도의 구성요소

절대습도, 상대습도, 건구온도, 습구온도, 노점온도, 엔탈피, 현열비, 열수분비, 비체적, 수증기 분압 등

70 온수난방에 관한 설명으로 옳은 것은?

① 추운 지방에서도 동결의 우려가 없다.
② 온수의 잠열을 이용하여 난방하는 방식이다.
③ 증기난방에 비하여 열용량이 커서 예열시간이 길다.
④ 증기난방에 비하여 난방부하 변동에 따른 온도 조절이 어렵다.

해설

① 물을 사용하므로 추운 지방에서도 동결의 우려가 있다.
② 온수의 온도차인 현열을 이용하여 난방하는 방식이다.
④ 증기난방에 비하여 난방부하 변동에 따른 온도 조절이 용이하다.

71 실내공기질 관리법령에 따른 신축 공동주택의 실내공기질 측정항목에 속하지 않는 것은?

① 오존 ② 벤젠
③ 라돈 ④ 폼알데하이드

해설

신축 공동주택의 실내공기질 권고기준(실내공기질 관리법 시행규칙 [별표 4의2])

- 폼알데하이드 : 210μg/m³ 이하
- 벤젠 : 30μg/m³ 이하
- 톨루엔 : 1,000μg/m³ 이하
- 에틸벤젠 : 360μg/m³ 이하
- 자일렌 : 700μg/m³ 이하
- 스티렌 : 300μg/m³ 이하
- 라돈 : 148Bq/m³ 이하

72 건축물의 면적 및 높이 등의 산정 원칙으로 옳지 않은 것은?

① 대지면적은 대지의 수평투영면적으로 한다.
② 건축물의 높이는 지표면으로부터 그 건축물의 상단까지의 높이로 한다.
③ 건축면적은 건축물의 외벽에 중심선으로 둘러싸인 부분의 수평투영면적으로 한다.
④ 용적률을 산정할 때의 연면적은 지하층의 면적을 포함한 건축물 각 층의 바닥면적의 합계로 한다.

해설

용적률을 산정할 때의 연면적은 지하층의 면적을 제외한 건축물 각 층의 바닥면적의 합계로 한다.

정답 68 ② 69 ① 70 ③ 71 ① 72 ④

73 공동주택 중 아파트로서 4층 이상인 층의 각 세대가 2개 이상의 직통계단을 사용할 수 없는 경우에는 발코니에 인접 세대와 공동으로 또는 각 세대별로 일정 요건을 모두 갖춘 대피 공간을 하나 이상 설치하여야 하는데, 대피공간이 갖추어야 할 일정 요건으로 옳지 않은 것은?

① 대피공간은 바깥의 공기와 접할 것
② 대피공간은 실내의 다른 부분과 방화구획으로 구획될 것
③ 대피공간의 바닥면적은 각 세대별로 설치하는 경우에는 $2m^2$ 이상일 것
④ 대피공간의 바닥면적은 인접 세대와 공동으로 설치하는 경우에는 $2.5m^2$ 이상일 것

해설

대피공간의 바닥면적은 인접 세대와 공동으로 설치하는 경우에는 $3m^2$ 이상, 각 세대별로 설치하는 경우에는 $2m^2$ 이상이어야 한다.

74 욕실 또는 조리장의 바닥과 그 바닥으로부터 높이 1m까지의 안쪽 벽의 마감을 내수재료로 하여야 하는 대상에 속하지 않는 것은?

① 기숙사의 욕실
② 숙박시설의 욕실
③ 제1종 근린생활시설 중 목욕장의 욕실
④ 제2종 근린생활시설 중 일반음식점의 조리장

해설

바닥과 그 바닥으로부터 높이 1m까지의 안벽 마감을 내수재료로 해야 하는 대상
- 제1종 근린생활시설 중 목욕장의 욕실과 휴게음식점의 조리장
- 제2종 근린생활시설 중 일반음식점 및 휴게음식점의 조리장과 숙박시설의 욕실

75 급수 · 배수 · 환기 · 난방 등의 건축설비를 건축물에 설치하는 경우 건축기계설비기술사 또는 공조냉동기계기술사의 협력을 받아야 하는 대상 건축물에 속하지 않는 것은?

① 연립주택
② 판매시설로서 해당 용도에 사용되는 바닥면적의 합계가 $2,000m^2$인 건축물
③ 의료시설로서 해당 용도에 사용되는 바닥면적의 합계가 $2,000m^2$인 건축물
④ 숙박시설로서 해당 용도에 사용되는 바닥면적의 합계가 $2,000m^2$인 건축물

해설

판매시설로서 해당 용도에 사용되는 바닥면적의 합계가 $3,000m^2$ 이상인 건축물이 해당된다.

76 다음의 소방시설 중 소화활동설비에 속하는 것은?

① 방화복
② 연결살수설비
③ 옥외소화전설비
④ 자동화재속보설비

해설

① 방화복 : 피난구조설비
③ 옥외소화전설비 : 소화설비
④ 자동화재속보설비 : 경보설비

77 건축법령상 건축물의 용도와 건축물의 연결이 옳지 않은 것은?

① 숙박시설 – 휴양콘도미니엄
② 제1종 근린생활시설 – 치과의원
③ 동물 및 식물관련시설 – 동물원
④ 제2종 근린생활시설 – 노래연습장

해설

동물원은 문화 및 집회시설에 해당된다.

정답 73 ④ 74 ① 75 ② 76 ② 77 ③

78 비상용 승강기 승강장의 구조에 관한 기준내용으로 옳지 않은 것은?

① 채광이 되는 창문이 있거나 예비전원에 의한 조명설비를 할 것
② 노대 또는 외부를 향하여 열 수 있는 창문이나 배연설비를 설치할 것
③ 옥내승강장의 바닥면적은 비상용 승강기 1대에 대하여 $6m^2$ 이상으로 할 것
④ 벽 및 반자가 실내에 접하는 부분의 마감재료(마감을 위한 바탕은 제외한다)는 불연재료로 할 것

해설

벽 및 반자가 실내에 접하는 부분의 마감재료는 마감을 위한 바탕을 포함하여 불연재료로 해야 한다.

79 건축물의 건축허가 등을 할 때 미리 소방본부장 또는 소방서장의 동의를 받아야 하는 건축물의 연면적 기준은?(단, 업무시설의 경우)

① $100m^2$ 이상 ② $200m^2$ 이상
③ $300m^2$ 이상 ④ $400m^2$ 이상

해설

건축허가 등의 동의대상물의 범위 등(소방시설 설치 및 관리에 관한 법률 시행령 제7조)
건축허가 등을 할 때 미리 소방본부장 또는 소방서장의 동의를 받아야 하는 건축물의 연면적 기준은 $400m^2$ 이상이다(단, 기타사항을 고려하지 않을 경우 – 업무시설은 기타사항에 해당하지 않음).

80 문화 및 집회시설 중 공연장의 개별관람실의 바닥면적이 $1,000m^2$일 때, 개별관람실 출구의 유효너비의 합계는 최소 얼마 이상으로 하여야 하는가?

① 4m ② 5m
③ 6m ④ 8m

해설

관람실의 바닥면적이 $1,000m^2$일 경우 개별관람실 출구의 유효너비의 합계는 $\frac{1,000m^2}{100m^2} \times 0.6m = 6m$ 이상으로 해야 한다.

정답 78 ④ 79 ④ 80 ③

2022년 2회 실내건축기사

1과목 실내디자인 계획

01 상점의 디스플레이 기법으로서 VMD(Visual Merchandising)의 구성요소에 속하지 않는 것은?

① IP(Item Presentation)

② VP(Visual Presentation)

③ SP(Special Presentation)

④ PP(Point of Sale Presentation)

해설

VMD의 요소

IP (Item Presentation)	상품의 분류정리, 비교구매 (행거, 선반, 진열장, 진열테이블)
PP (Point of Sale Presentation)	한 유닛에서 대표되는 상품진열 (벽면 상단, 집기 상단)
VP (Visual Presentation)	상점 이미지, 패션테마의 종합적인 표현 (쇼윈도, 파사드)

02 대칭적 균형에 대한 설명으로 옳지 않은 것은?

① 가장 완전한 균형의 상태이다.

② 공간에 질서를 주기가 용이하다.

③ 완고하거나 여유, 변화가 없이 엄격, 경직될 수 있다.

④ 풍부한 개성을 표현할 수 있어 능동의 균형이라고도 한다.

해설

- 비대칭 균형 : 풍부한 개성을 표현할 수 있어 능동의 균형이라고도 한다.
- 대칭적 균형 : 가장 완전한 균형의 상태로 공간에 질서를 주기 용이하며 완고하거나 여유, 변화가 없이 엄격, 경직될 수 있다. 또한 형이 축을 중심으로 서로 대칭적인 관계로 구성되어 있는 경우를 말한다.

03 사무소 건축의 실단위계획 중 개실시스템에 관한 설명으로 옳은 것은?

① 공용의 커뮤니티 형성이 쉽다.

② 독립성과 쾌적감의 이점이 있다.

③ 전면적을 유용하게 이용할 수 있다.

④ 칸막이벽이 없어 공사비가 저렴하다.

해설

①·③·④는 개방배치에 관한 설명이다.

개실시스템(배치)의 특징 : 방길이 변화 가능, 방깊이 변화 불가능, 독립성 양호, 공사비 고가

04 디자인요소 중 점에 관한 설명으로 옳지 않은 것은?

① 기하학적으로 점은 크기와 위치만 있다.

② 많은 점을 일렬로 근접시키면 선으로 지각된다.

③ 공간에 한 점을 두면 구심점으로서 집중효과가 생긴다.

④ 같은 크기의 점이라도 놓이는 공간의 위치와 크기에 따라 각각 다르게 지각된다.

해설

점(Point)

- 두 점의 크기가 같을 때 주의력은 균등하게 작용하고 나란히 있는 점의 간격에 따라 집합, 분리의 효과를 얻는다.
- 배경 중심에 있는 점은 크기가 없고 위치만 있으며 정적인 효과를 느끼게 한다.

05 "Less is More"와 "Universal Space(보편적 공간)"의 개념을 주장한 건축가는?

① 르 코르뷔지에 ② 루이스 설리반

③ 미스 반 데어 로에 ④ 프랭크 로이드 라이트

정답 01 ③ 02 ④ 03 ② 04 ① 05 ③

해설

미스 반 데어 로에
- 포스트모더니즘을 대표하는 건축가로 "Less is More"(단순한 것)와 "Universal Space"(보편적 공간)라는 개념을 주장하였다.
- 자연과 인간이 유연하게 함께 변화할 수 있는 자유로운 공간을 구현하기 위해 가변성을 담으려고 하였으며 대표적으로 시그램빌딩, 일리노이공과대학(IT) 크라운홀, 판스워스주택 등을 설계하였다.

06 건축제도의 글자 및 치수에 관한 설명으로 옳지 않은 것은?

① 숫자는 아라비아숫자를 원칙으로 한다.
② 문장은 왼쪽에서부터 가로쓰기를 원칙으로 한다.
③ 치수 기입은 치수선 중앙 윗부분에 기입하는 것이 원칙이다.
④ 글자체는 수직 또는 15° 경사의 명조체로 쓰는 것을 원칙으로 한다.

해설

건축제도의 글자 및 치수
㉠ 치수
- 치수는 특별히 명시하지 않는 한 마무리치수로 표시한다.
- 치수선 중앙 윗부분에 기입하는 것을 원칙이다.
- 치수선의 양끝 표시는 화살 또는 점으로 표시하며 같은 도면에 2종을 혼용하지 않는다.
- 치수의 단위는 밀리미터(mm)를 원칙으로 하며 기호는 쓰지 않는다.
- 도면의 왼쪽에서 오른쪽으로 읽을 수 있도록 기입한다.

㉡ 글자
- 글자체는 고딕체로 하고 수직 또는 15° 경사로 쓰는 것을 원칙으로 한다.
- 숫자는 아라비아숫자를 원칙으로 한다.
- 문장은 왼쪽에서부터 가로쓰기를 원칙으로 한다.

07 주방 작업대의 배치유형 중 ㄷ자형에 관한 설명으로 옳은 것은?

① 인접한 세 벽면에 작업대를 붙여 배치한 형태이다.
② 두 벽면을 따라 작업이 전개되는 전통적인 형태이다.
③ 좁은 면적 이용에 효과적이므로 소규모 부엌에 주로 이용된다.
④ 작업동선이 길고 조리면적은 좁지만 다수의 인원이 함께 작업할 수 있다.

해설

②는 ㄴ자형(ㄱ자형), ③ · ④는 일자형 배치유형에 대한 설명이다.

ㄷ자형(U자형) : 인접한 3면의 벽에 작업대를 배치하는 형식으로 가장 편리하고 수납공간이 넓으며 능률적인 배치가 가능하나 소요면적이 크다.

08 실내디자인의 계획조건을 외부적 조건과 내부적 조건으로 구분할 경우, 다음 중 외부적 조건에 속하지 않는 것은?

① 입지적 조건
② 경제적 조건
③ 건축적 조건
④ 설비적 조건

해설

실내디자인의 계획조건
- 외부적 조건 : 입지적 조건, 건축적 조건, 설비적 조건
- 내부적 조건 : 계획의 목적, 분위기, 실의 개수와 규모, 의뢰인의 요구사항과 사용자의 행위 및 성격, 개성, 경제적 예산

09 실내공간 구성요소 중 벽(Wall)에 관한 설명으로 옳지 않은 것은?

① 시각적 대상물이 되거나 공간에 초점적 요소가 되기도 한다.
② 가구, 조명 등 실내에 놓이는 설치물에 대해 배경적 요소가 되기도 한다.
③ 벽은 공간을 에워싸는 수직적 요소로 수평방향을 차단하여 공간을 형성한다.
④ 다른 요소들이 시대와 양식에 의한 변화가 현저한 데 비해 벽은 매우 고정적이다.

정답 06 ④ 07 ① 08 ② 09 ④

해설

다른 요소들이 시대와 양식에 의한 변화가 현저한 데 비해 벽은 매우 고정적이다.

벽 : 인간의 시선이나 동선을 차단하고 외부로부터의 침입 방어, 안전 및 프라이버시를 확보한다. 또한 단열 및 소음 차단, 도난 방지 등에 중요한 역할을 한다.

10 상업공간의 설계 시 고려되는 고객의 구매심리(AIDMA)에 속하지 않는 것은?

① Attention ② Interest

③ Design ④ Memory

해설

상점의 광고요소(AIDMA 법칙)

- A(Attention, 주의) : 상품에 대한 관심으로 주의를 갖게 한다.
- I(Interest, 흥미) : 고객의 흥미를 갖게 한다.
- D(Desire, 욕망) : 구매욕구를 일으킨다.
- M(Memory, 기억) : 개성적인 공간으로 기억하게 한다.
- A(Action, 행동) : 구매의 동기를 실행하게 한다.

11 블라인드(Blind)에 관한 설명으로 옳지 않은 것은?

① 롤 블라인드는 셰이드라고도 한다.

② 베네시안 블라인드는 수평형 블라인드이다.

③ 로만 블라인드는 날개의 각도로 채광량을 조절한다.

④ 베네시안 블라인드는 날개 사이에 먼지가 쌓이기 쉽다.

해설

블라인의 종류

- 롤 블라인드 : 셰이드라고도 하며 천을 감아올려 높이 조절이 가능하며 스크린의 효과도 얻을 수 있다.
- 로만 블라인드 : 천의 내부에 설치된 체인에 의해 당겨져 아래가 접혀 올라가는 것으로 풍성한 느낌과 우아한 분위기를 조성할 수 있다.
- 베네시안 블라인드 : 수평 블라인드로, 날개 각도를 조절하여 일광, 조망 그리고 시각의 차단 정도를 조정할 수 있지만 날개 사이에 먼지가 쌓이기 쉽다.

12 설치위치에 따른 창의 종류에 관한 설명으로 옳지 않은 것은?

① 편측창은 실 전체의 조도분포가 비교적 균일하지 못하다는 단점이 있다.

② 천창은 같은 면적의 측창보다 광량이 많으며 조도분포도 비교적 균일하다.

③ 고창은 천장면 가까이에 높게 위치한 창으로 주로 환기를 목적으로 설치된다.

④ 정측창은 직사광선의 실내 유입이 많아 미술관, 박물관에서는 사용이 곤란하다.

해설

정측창

지붕면 수직에 가까운 창에 의한 채광방식으로 직사광선의 실내 유입이 많아 공장, 미술관, 박물관 등 조도면을 높이고자 할 때 사용한다.

13 이질의 각 구성요소들이 전체로서 동일한 이미지를 갖게 하는 것으로, 변화와 함께 모든 조형에 대한 미의 근원이 되는 실내디자인의 구성원리는?

① 대비 ② 조화

③ 리듬 ④ 통일

해설

통일

이질의 각 구성요소들이 동일한 이미지를 갖게 하는 것으로 변화와 함께 모든 조형에 대한 미의 근원이 되며 하나의 완성체로 종합하는 것을 말한다.

14 아르누보 디자인에 관한 설명으로 옳지 않은 것은?

① 정직한 디자인과 장인정신 강조

② 색감이 풍부한 일본 예술의 영향

③ 지역의 문화적 전통을 디자인에서 배제

④ 바로크의 조형적 형태와 로코코의 비대칭원리 적용

정답 10 ③ 11 ③ 12 ④ 13 ④ 14 ③

해설

아르누보(Art – Nouveau)
1900년 초반에 파리를 중심으로 일어난 신예술운동이다. 제품의 대량 생산으로 인한 질적 하락을 수공예를 통해 예술로 승화하려는 미술공예운동의 윌리엄 모리스의 영향을 받아 자연의 유기적 형태를 통해 식물의 곡선미를 많이 이용하였다.

15 현장감을 가장 실감나게 표현하는 방법으로 하나의 사실 또는 주제의 시간상황을 일정한 시간에 고정시켜 연출하는 전시공간의 특수전시기법은?

① 디오라마 전시 ② 파노라마 전시
③ 아일랜드 전시 ④ 하모니카 전시

해설

디오라마 전시
현장감을 실감 나게 표현하는 방법으로 하나의 사실 또는 주제의 시간상황을 고정하여 연출하는 전시방법이다.

16 사무소 건축과 관련하여 다음 설명에 알맞은 용어는?

- 고대 로마건축의 실내에 설치된 넓은 마당 또는 주위에 건물이 둘러 있는 안마당을 의미한다.
- 실내에 자연광을 유입시켜 여러 환경적 이점을 갖게 할 수 있다.

① 코어
② 바실리카
③ 아트리움
④ 오피스 랜드스케이프

해설

아트리움(Atrium)
사무소 아트리움 공간은 내외부 공간의 중간영역으로서 개방감을 확보하고 외부의 자연요소를 실내로 도입할 수 있도록 계획한다. 특히, 아트리움은 휴게공간으로 중앙홀을 활용하여 휴식 및 소통의 공간으로 활용한다.

17 단독주택의 현관에 관한 설명으로 옳지 않은 것은?

① 복도나 계단실 같은 연결통로에 근접시켜 배치한다.
② 거실이나 침실의 내부와 직접 접하여 연결되도록 배치한다.
③ 현관의 위치는 도로와의 관계, 대지의 형태 등에 의해 결정된다.
④ 바닥 마감재로는 내수성이 강한 석재, 타일, 인조석 등이 바람직하다.

해설

현관
- 도로의 위치와 경사도에 따라 영향을 받으며 방위의 영향이 거의 없다.
- 입지조건, 도로의 위치, 대지의 형태 등에 영향을 받아 결정되는 경우가 많다.
- 현관을 열었을 때 실내가 지나치게 노출되지 않도록 계획한다.
- 거실이나 침실의 내부와 연결이 안 되도록 배치한다.

18 뮐러 – 리어 도형과 관련된 착시의 종류는?

① 방향의 착시 ② 길이의 착시
③ 다의도형 착시 ④ 위치에 의한 착시

해설

뮐러 – 리어의 도형
기하학적 착시도형으로 동일한 두 개의 선분이 화살표 머리의 방향 때문에 길이가 달라져 보이는 현상으로 바깥쪽으로 향한 화살표 선분이 더 길게 보인다.

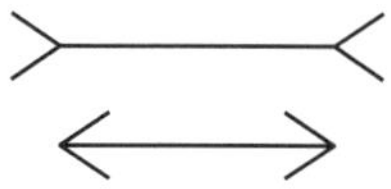

19 주택의 부엌가구 배치에 관한 설명으로 옳지 않은 것은?

① ㄷ자형의 작업대의 통로폭은 1,200~1,500mm가 적당하다.
② 작업면이 넓어 작업효율이 가장 좋은 작업대의 배치는 ㄴ자형 배치이다.

정답 15 ① 16 ③ 17 ② 18 ② 19 ②

③ 냉장고, 개수대, 가열대를 연결하는 작업삼각형의 각 변의 합은 6,600mm를 넘지 않도록 한다.
④ 작업대는 작업순서에 따라 준비대, 개수대, 조리대, 가열대, 배선대의 순으로 배열하는 것이 효율적이다.

해설

ㄷ자형
인접한 3면의 벽에 작업대를 배치하는 형식으로 작업면이 넓어 작업효율이 좋으며 가장 편리하고 능률적인 배치나 소요면적이 크다.

20 다음의 건축제도 평면표시기호 중 미들창을 나타내는 것은?

① 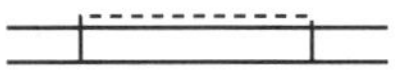
② 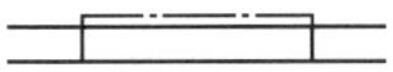
③ 
④ 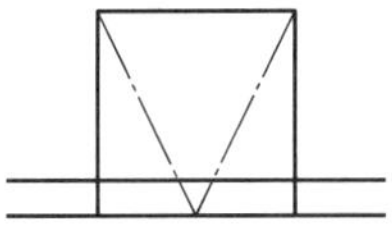

해설

① 망사창
② 셔터창
③ 오르내리기창

2과목 실내디자인 색채 및 사용자 행태분석

21 문 · 스펜서(Moon · Spencer)의 색채조화론에서 조화가 되는 색의 관계에 해당되지 않는 것은?

① 통일조화 ② 대비조화
③ 동일조화 ④ 유사조화

해설

문 · 스펜서의 색채조화론
동일조화, 유사조화, 대비조화

22 색의 명시성의 주요인이 되는 것은?

① 연상의 차이 ② 색상의 차이
③ 채도의 차이 ④ 명도의 차이

해설

명시성(시인성)
대상의 존재나 형상이 보이기 쉬운 정도를 말하며 멀리서도 잘 보이는 성질이다. 특히, 명시성에 영향을 주는 순서는 명도 – 채도 – 색상 순이며 보색에 가까운 색상차가 있는 배색일수록 시인성이 높아진다.

23 환경색채디자인을 진행하기 위한 과정이 순서대로 나열된 것은?

① 색채 설계 → 입지조건 조사 분석 → 환경색채 조사 분석 → 색채결정 및 시공
② 환경색채 조사 분석 → 색채 설계 → 입지조건 조사 분석 → 색채결정 및 시공
③ 입지조건 조사 분석 → 색채 설계 → 환경색채 조사 분석 → 색채결정 및 시공
④ 입지조건 조사 분석 → 환경색채 조사 분석 → 색채 설계 → 색채결정 및 시공

24 같은 형태(形態), 같은 면적에서 그 크기가 가장 크게 보이는 색은?(단, 그 색이 동일한 배경색 위에 있을 때)

① 고명도의 청색 ② 고명도의 녹색
③ 고명도의 황색 ④ 고명도의 자색

해설

색의 팽창과 수축
고명도의 황색은 난색으로, 팽창되어 크기가 커 보이며, 저명도의 한색은 수축되어 보인다.

정답 20 ④ 21 ① 22 ④ 23 ④ 24 ③

25 먼셀 기호 5YR 7/2의 의미는?

① 색상은 주황의 중심색, 채도 7, 명도 2
② 색상은 빨간 기미를 띤 노랑, 명도 7, 채도 2
③ 색상은 노란 기미를 띤 빨강, 명도 2, 채도 7
④ 색상은 주황의 중심색, 명도 7, 채도 2

해설

5YR(색상 : Yellow Red) 7(명도)/2(채도)

먼셀 표색계 : H V/C로 표시하며 H(Hue, 색상), V(Value, 명도), C(Chroma, 채도) 순서대로 기호화해서 표시한다.

26 조명에 의하여 물체의 색을 결정하는 광원의 성질은?

① 조명성 ② 기능성
③ 연색성 ④ 조색성

해설

연색성
같은 물체색이라도 조명에 따라 색이 달라져 보이는 현상이다.

27 다음 중 두 색료를 혼합하여 무채색이 되는 것은?

① 검정 + 보라 ② 주황 + 노랑
③ 회색 + 초록 ④ 청록 + 빨강

해설

색료혼합(감법혼색, 감산혼합)
청록은 빨강과 보색관계로 보색끼리 혼합하면 검은색에 가까워진다.

28 정확한 색채를 실현하기 위한 컬러 매니지먼트 시스템(CMS)의 필요조건으로 옳은 것은?

① 컬러 매니지먼트 시스템은 복잡해서 전문가만 이용할 수 있도록 해야 한다.
② 처리속도는 중요하지 않다.
③ 컬러로 된 그래픽의 작성이나 화상의 준비에 각종 프로그램과의 호환성을 필요로 한다.
④ 컬러 매니지먼트에 필요한 데이터를 사용자 자신이 입력할 수는 없다.

해설

CMS(컬러 매니지먼트 시스템)
디바이스(장치) 간의 색채 재현의 불일치를 보정하거나 조정하여 색상 표현을 균일하게 하는 소프트웨어 또는 하드웨어 시스템으로, 색일치 모듈을 포함하고 있어 장치 간에 ICC 프로파일을 항상 최적의 색상 재현 및 일치시키는 시스템이다.

29 색채계획 과정에서 디자인에 적용하기 위하여 컬러 매뉴얼(Color Manual)을 작성하는 데 가장 필요한 능력은?

① 색채조색 능력
② 색채구성 능력
③ 컬러 이미지의 계획 능력
④ 아트디렉션의 능력

해설

아트디렉션
색채의 규격과 색채 품목번호, 매뉴얼 작성 등 색채를 이용한 전체적인 작업과정을 조감할 수 있는 능력을 말한다.

30 공공건축공간(공장, 학교, 병원 등)의 색채환경을 위한 색채조절 시 고려해야 할 사항으로 거리가 먼 것은?

① 능률성 ② 안전성
③ 쾌적성 ④ 내구성

해설

공공건축공간의 색채환경
생리적 · 심리적 효과를 적극적으로 활용하여 안전하고 효율적인 작업환경과 쾌적한 생활환경의 조성을 목적으로 능률성, 안전성, 쾌적성을 고려해야 한다.

정답 25 ④ 26 ③ 27 ④ 28 ③ 29 ④ 30 ④

31 의자 및 소파에 관한 설명으로 옳지 않은 것은?

① 스툴은 등받이와 팔걸이가 없는 형태의 보조의자이다.
② 체스터필드는 사용상 안락성이 매우 크고 비교적 크기가 크다.
③ 풀업 체어는 필요에 따라 이동시켜 사용할 수 있는 간이 의자이다.
④ 세티는 고대 로마시대에 음식물을 먹거나 잠을 자기 위해 사용했던 긴 의자이다.

해설

- 카우치 : 고대 로마시대에 음식물을 먹거나 잠을 자기 위해 사용했던 긴의자이다.
- 세티(Settee) : 동일한 두 개의 의자를 나란히 합하여 2인이 앉을 수 있도록 한 것이다.

32 특정한 사용목적이나 많은 물품을 수납하기 위해 건축화된 가구를 의미하는 것은?

① 유닛가구
② 모듈러가구
③ 붙박이가구
④ 수납용가구

해설

붙박이가구
건물과 일체화시킨 가구로, 공간을 활용하며 효율성을 높일 수 있고 특정한 사용목적이나 많은 물품을 수납하기 위한 건축화된 가구를 의미한다.

33 인간의 눈 구조 중 망막의 감각세포에서 모양과 색을 인식할 수 있는 것은?

① 홍채
② 초자체
③ 원추세포
④ 간상세포

해설

원추세포와 간상세포

원추세포 (추상체)	• 낮처럼 조도 수준이 높을 때 기능을 한다. • 색을 구별하며, 황반에 집중되어 있다. • 색상을 구분한다(이상 시 색맹 또는 색약이 나타남). 예 카메라의 컬러필름
간상세포 (간상체)	• 1억 3,000만 개의 간상세포가 망막 주변에 있다. • 밤처럼 조도 수준이 낮을 때 기능을 한다. • 흑백의 음영만을 구분하며 명암을 구분한다.

34 인간 – 기계 시스템(Man – Machine System)을 수동, 자동, 기계화 체계로 분류할 때 기계화 체계의 예시로 적합한 것은?

① 자동교환기　　② 자동차의 운전
③ 컴퓨터공정제어　　④ 장인과 공구의 사용

해설

①·③·④는 자동 체계에 속한다.

기계화 체계(엔진, 자동차, 공작기계)
- 고도로 통합된 부품들로 구성되어 있으며, 일반적으로 변화가 거의 없는 기능들을 수행하는 시스템이다.
- 운전자의 조종에 의해 운용되며 융통성이 없는 시스템이다.
- 동력은 기계가 제공하며, 조종장치를 사용하여 통제하는 것은 사람으로 반자동 체계라고도 한다.

35 근육운동 시작 직후 혐기성 대사에 의하여 공급되어 소비되는 에너지원이 아닌 것은?

① 지방
② 글리코겐
③ 크레아틴 인산(CP)
④ 아데노신 삼인산(ATP)

해설

근육 속 에너지원
아데노신 삼인산(ATP), 크레아틴 인산(CP), 글리코겐이 있다. 이 물질이 없으면 근육은 에너지를 발생시키는 물질을 잃어버린 결과가 되므로 근수축의 능력을 잃게 된다.

정답 31 ④ 32 ③ 33 ③ 34 ② 35 ①

36 의자 좌면너비를 결정하는 데 가장 적합한 규격은?

① 사용자의 평균 엉덩이너비에 맞도록 규격을 정한다.
② 사용자의 중위수(Medium) 엉덩이너비에 맞도록 규격을 정한다.
③ 사용자의 5퍼센타일(Percentile) 엉덩이너비에 맞도록 규격을 정한다.
④ 사용자의 95퍼센타일(Percentile) 엉덩이너비에 맞도록 규격을 정한다.

해설

① 사용자의 허벅지너비에 맞도록 규격을 정한다.
② 체구가 큰 사람에게 적합하도록 허벅지너비에 맞도록 규격을 정한다.
③ 사용자의 95퍼센타일(Percentile) 엉덩이너비에 맞도록 규격을 정한다.

의자설계의 원칙 : 의자폭은 체구가 큰 사람에게 적합하게 설계해야 하며 최소 의자폭은 앉은 사람의 허벅지너비는 되어야 한다.

37 근수축의 종류 중 중추신경으로부터 오는 흥분충동을 받을 때 항상 약한 수축상태를 지속하고 있는 것은?

① 연축(Twitch)
② 긴장(Tones)
③ 강축(Tetanus)
④ 강직(Rigor)

해설

긴장
근육이 비틀어지는 이상현상으로 근육이 불수의적으로 수축하여 뒤틀리거나 반복적으로 움직이는 등 비정상적인 운동과 이상한 자세가 나타난다.

38 신체동작의 유형 중 굴곡(Flexion)에 해당하는 것은?

① 팔꿈치 굽히기
② 굽힌 팔꿈치 펴기
③ 다리를 옆으로 들기
④ 수평으로 편 팔을 수직으로 내리기

해설

굴곡(Flexion)
관절운동의 하나로서 신체 부위 간의 각도가 감소되는 운동으로 팔꿈치 굽히기 등이 있다.

39 인간공학적 효과를 평가하는 기준과 가장 거리가 먼 것은?

① 체계의 상징성
② 훈련비용의 절감
③ 사용편의성의 향상
④ 사고나 오용으로부터의 손실 감소

해설

인간공학적 효과 평가기준
훈련비 절감, 인력 이용률 향상, 사용 편의성 향상, 사고 및 오용으로부터의 손실 감소

40 정신적 피로도를 측정할 수 있는 방법으로 가장 거리가 먼 것은?

① 대뇌피질활동 측정
② 호흡순환기능 측정
③ 근전도(EMF) 측정
④ 점멸융합주파수(Flicker) 측정

해설

근전도(EMG) 측정은 생리적 피로도를 평가하기 위한 측정방법이다.

정신적 피로도 측정방법 : 대뇌피질활동 측정, 호흡순환기능 측정, 점멸융합주파수치 측정

정답 36 ④ 37 ② 38 ① 39 ① 40 ③

3과목 실내디자인 시공 및 재료

41 다음 석재 중 구조용으로 가장 적합하지 않은 것은?

① 사문암 ② 화강암
③ 안산암 ④ 사암

해설

사문암
감람석이 변질된 것으로 색조는 암녹색 바탕에 흑백색의 아름다운 무늬가 있고 경질이나 풍화성이 있어 구조용이나 외벽보다는 실내장식용으로 사용된다.

42 금속제품에 관한 설명으로 옳지 않은 것은?

① 스테인리스 강판은 내식성 및 내마모성이 우수하고 강도가 높을 뿐만 아니라 장식적으로도 광택이 미려하다.
② 메탈폼은 금속재의 콘크리트용 거푸집으로서 치장 콘크리트 등에 사용된다.
③ 조이너는 벽, 기둥 등의 모서리 부분에 미장바름을 보호하기 위하여 묻어 붙인 것으로 모서리쇠라고도 한다.
④ 꺾쇠는 강봉 토막의 양 끝을 뾰족하게 하고, c자형으로 구부려 2개의 부재를 잇거나 엇갈리게 고정시킬 때 사용된다.

해설

③은 코너 비드(Corner Bead)에 대한 설명이다.
※ **조이너(Joiner)** : 천장, 벽 등에 보드를 붙이고 그 이음새를 감추고 누르는 데 사용하는 철물이다.

43 목구조의 부재특성에 관한 설명으로 옳지 않은 것은?

① 가공 및 보수가 용이하며, 공사를 신속히 할 수 있다.
② 천연재료이므로 옹이, 엇결 등의 결점이 있다.
③ 일반적으로 중량에 비해 그 허용강도가 크고, 휨에 대하여 강한 편이다.
④ 인장력에 대한 저항성능은 압축력, 전단력에 대한 저항성능에 비하여 약하다.

해설

목재의 강도 크기
인장강도 > 휨강도 > 압축강도 > 전단강도

44 목재에 주입시켜 인화점을 높이는 방화제와 가장 거리가 먼 것은?

① 물유리 ② 붕산암모늄
③ 인산나트륨 ④ 인산암모늄

해설

물유리(Water Glass)는 규산나트륨으로 구성되며 물에 잘 녹는 성질을 가진 것으로서 목재의 방화제와는 거리가 멀다.

45 타일공사의 바탕처리에 관한 설명으로 옳지 않은 것은?

① 타일을 붙이기 전에 바탕의 들뜸, 균열 등을 검사하여 불량 부분은 보수한다.
② 여름에 외장 타일을 붙일 경우에는 하루 전에 바탕면에 물을 적시는 행위를 금하도록 한다.
③ 타일붙임 바탕에는 뿜칠 또는 솔을 사용하여 물을 골고루 뿌린다.
④ 타일을 붙이기 전에 불순물을 제거한다.

해설

여름에 외장 타일을 붙일 경우 하루 전에 바탕면에 물을 적셔, 외장 타일을 시공할 때 접착제 등의 수분을 바탕면이 흡수하지 않도록 하여야 한다.

정답 41 ① 42 ③ 43 ④ 44 ① 45 ②

46 원가절감을 목적으로 공사계약 후 당해 공사의 현장여건 및 사전조사 등을 분석한 이후 공사수행을 위하여 세부적으로 작성하는 예산은?

① 추경예산　　② 변경예산
③ 실행예산　　④ 도급예산

해설

실행예산
공사현장의 제반조건(자연조건, 공사장 내외 제조건, 측량결과 등)과 공사시공의 제반조건(계약내역서, 설계도, 시방서, 계약조건 등) 등에 대한 조사결과를 검토 · 분석한 후 계약내역과 별도로 시공사의 경영방침에 입각하여 당해 공사의 완공까지 필요한 실제 소요 공사비를 말한다.

47 다음 중 벽체 초벌미장에 대한 검측내용으로 옳지 않은 것은?

① 하절기에는 초벌미장 후 살수양생을 검토한다.
② 벽체의 선형 및 평활도를 위하여 규준점을 설치한다.
③ 면 잡은 후 쇠빗 등으로 가늘고 고르게 긁어 준다.
④ 신속한 건조를 위하여 통풍이 잘되도록 조치한다.

해설

통풍이 잘되는 곳에 놓일 경우 급격한 건조로 인해, 균열 등이 발생할 수 있다.

48 시멘트의 발열량을 저감시킬 목적으로 제조한 시멘트로 수축이 작고 화학저항성이 크며 주로 매스콘크리트용으로 사용되는 것은?

① 중용열 포틀랜드 시멘트
② 조강 포틀랜드 시멘트
③ 백색 포틀랜드 시멘트
④ 팽창 시멘트

해설

중용열 포틀랜드 시멘트
시멘트의 발열량(수화열)을 저감시킬 목적으로 제조한 시멘트로 매스콘크리트 등의 용도로 사용되며 건조수축이 작고 화학저항성이 크다.

49 실내건축공사 공정별 내역서에서 각 품목에 따라 확인할 수 있는 정보로 옳지 않은 것은?

① 품명　　② 규격
③ 제조일자　　④ 단가

해설

내역서에는 품명, 규격, 수량, 단가(재료, 노무, 경비)가 기재되어 있고, 제조일자까지는 표기되어 있지 않다.

50 타일공사의 동시 줄눈붙이기공법에 관한 설명으로 옳지 않은 것은?(단, KCS 기준)

① 붙임 모르타르를 바탕면에 5~8mm로 바르고 자막대로 눌러 평탄하게 고른다.
② 1회 붙임면적은 4.5m² 이하로 하고 붙임시간은 60분 이내로 한다.
③ 줄눈의 수정은 타일 붙임 후 15분 이내에 실시하고, 붙임 후 30분 이상이 경과했을 때에는 그 부분의 모르타르를 제거하여 다시 붙인다.
④ 타일의 줄눈 부위에 올라온 붙임 모르타르의 경화 정도를 보아 줄눈흙손으로 충분히 눌러 빈틈이 생기지 않도록 한다.

해설

KCS 41 48 01 타일공사
1회 붙임면적은 1.5m² 이하로 하고 붙임시간은 20분 이내로 한다.

정답　46 ③　47 ④　48 ①　49 ③　50 ②

51 다음 그림과 같은 보강블록조의 평면도에서 x축 방향의 벽량을 구하면?(단, 벽체두께는 150_이며, 그림의 모든 단위는 mm임)

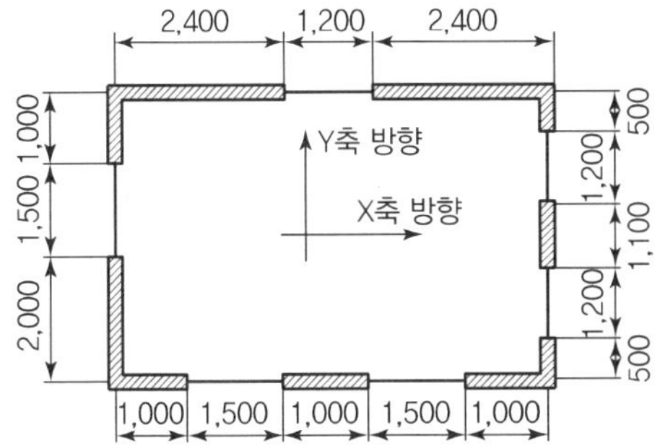

① 23.9cm/m^2 ② 28.9cm/m^2

③ 31.9cm/m^2 ④ 34.9cm/m^2

해설

X축 방향의 벽량이므로, X축의 벽길이(개구부 제외)를 실의 면적으로 나눠서 산정해 준다.

- X축의 벽길이(cm) : 2,400 + 2,400 + 1,000 + 1,000 + 1,000 = 7,800mm = 780cm
- 실의 면적(m^2) : (2.4 + 1.2 + 2.4) × (1 + 1.5 + 2.0) = 27m^2

∴ X축 방향의 벽량 = 780cm/27m^2 = 28.9cm/m^2

52 점토제품의 품질에 관한 설명으로 옳지 않은 것은?

① 점토소성벽돌 표면의 은회색 그라우트는 소성이 불충분할 때 발생한다.

② 포장도로용 벽돌이나 타일은 내마모성의 보유가 매우 중요하다.

③ 점토벽돌의 품질은 압축강도, 흡수율 등으로 평가할 수 있다.

④ 화학적 안정성은 고온에서 소성한 제품이 유리하다.

해설

소성이 지나치게 많이 되었을 때 점토소성벽돌 표면에 은회색 그라우트가 발생한다.

53 표면건조포화상태의 잔골재 500g을 건조시켜 기건상태에서 측정한 결과 460g, 절대건조상태에서 측정한 결과 440g이었다. 잔골재의 흡수율은?

① 8% ② 8.7%

③ 12% ④ 13.6%

해설

$$흡수율 = \frac{흡수량}{절건상태의\ 중량} \times 100(\%)$$
$$= \frac{표건상태중량 - 절건상태\ 중량}{절건상태\ 중량} \times 100(\%)$$
$$= \frac{500 - 440}{440} \times 100(\%)$$
$$= 13.6\%$$

54 2장 이상의 판유리 등을 나란히 넣고, 그 틈새에 대기압에 가까운 압력의 건조한 공기를 채우고 그 주변을 밀봉·봉착한 것은?

① 열선흡수유리 ② 배강도유리

③ 강화유리 ④ 복층유리

해설

복층유리(Pair Glass)
2장 또는 3장의 판유리를 일정한 간격을 두고 금속 테두리(간봉)로 기밀하게 접해서 내부를 건조공기로 채운 유리로서 단열성, 차음성이 좋고 결로현상을 예방할 수 있다.

55 미장재료 중 고온소성의 무수석고를 특별하게 화학처리한 것으로 킨즈 시멘트라고도 불리는 것은?

① 순석고 플라스터

② 혼합석고 플라스터

③ 보드용 석고 플라스터

④ 경석고 플라스터

정답 51 ② 52 ① 53 ④ 54 ④ 55 ④

해설

경석고 플라스터(킨즈 시멘트)
- 고온소성의 무수석고를 특별하게 화학처리한 것이다.
- 응결과 경화의 속도가 소석고에 비하여 매우 늦어 경화촉진제로 화학처리하여 사용하며 경화 후 강도와 경도가 높고 광택을 갖는 미장재료이다.

56 안전관리 총괄책임자의 직무에 해당하지 않는 것은?

① 작업 진행상황을 관찰하고 세부 기술에 관한 지도 및 조언을 한다.
② 안전관리계획서의 작성 · 제출 및 안전관리를 총괄한다.
③ 안전관리 관계자의 직무를 감독한다.
④ 안전관리비의 편성과 집행내용을 확인한다.

해설

①은 안전관리와 거리가 먼 사항이다.

57 표준시방서(KCS)에 따른 블라인드의 종류에 해당되지 않는 것은?

① 가로 당김 블라인드　② 세로 당김 블라인드
③ 두루마리 블라인드　④ 베네시안 블라인드

해설

KCS 41 51 06 커튼 및 블라인드공사 블라인드의 종류
- 가로 당김 블라인드
- 두루마리 블라인드
- 베네시안 블라인드

58 목재바탕의 무늬를 돋보이게 할 수 있는 도료는?

① 클리어 래커　② 에나멜 페인트
③ 수성 페인트　④ 유성 페인트

해설

클리어 래커
- 건조가 빠르므로 스프레이 시공이 가능하다.
- 안료가 들어가지 않으며, 주로 목재면의 투명도장에 사용한다.
- 내수성, 내후성이 약한 단점이 있다.

59 방사선 차단용으로 사용되는 시멘트 모르타르로 옳은 것은?

① 질석 모르타르　② 아스팔트 모르타르
③ 바라이트 모르타르　④ 활석면 모르타르

해설

바라이트 모르타르
시멘트, 모래, 바라이트(중정석)를 주재료로 한 모르타르로서 비중이 큰 바라이트 성분 때문에 방사선 차단용으로 사용한다.

60 건축용으로 판재지붕에 많이 사용되는 금속재는?

① 철　② 동
③ 주석　④ 니켈

해설

건축용 판재지붕에 많이 사용되는 금속재는 동(구리)이다.

4과목 실내디자인 환경

61 다음 옥내소화전설비의 수원과 관련한 사항에서 (　)에 들어갈 숫자로 알맞은 것은?

옥내소화전설비의 수원은 그 저수량이 옥내소화전의 설치개수가 가장 많은 층의 설치개수(두 개 이상 설치된 경우에는 두 개)에 2.6세제곱미터(호스릴옥내소화전설비를 포함한다)를 곱한 양 이상이 되도록 해야 한다.

① 2.0세제곱미터　② 2.2세제곱미터

정답　56 ①　57 ②　58 ①　59 ③　60 ②　61 ④

③ 2.4세제곱미터　　④ 2.6세제곱미터

해설

수원[옥내소화전설비의 화재안전성능기준(NFPC 102) 제4조]
옥내소화전설비의 수원은 그 저수량이 옥내소화전의 설치개수가 가장 많은 층의 설치개수(두 개 이상 설치된 경우에는 두 개)에 2.6세제곱미터(호스릴옥내소화전설비를 포함한다)를 곱한 양 이상이 되도록 해야 한다.

62 실내 조도가 옥외 조도의 몇 %에 해당하는가를 나타내는 값은?

① 주광률　　② 보수율
③ 반사율　　④ 조명률

해설

주광률의 산출식

$$주광률(DF) = \frac{실내(작업면)의\ 수평면\ 조도}{실외(전천공)의\ 수평면\ 조도} \times 100(\%)$$

63 다음 중 건축물의 소음대책과 가장 거리가 먼 것은?(단, 소음원이 외부에 있는 경우)

① 창문의 밀폐도를 높인다.
② 실내의 흡음률을 줄인다.
③ 벽체의 중량을 크게 한다.
④ 소음원의 음원세기를 줄인다.

해설

실내 흡음률은 실내에서 발생한 음의 잔향시간과 연관된 것으로 소음원이 외부에 있을 경우의 소음대책과는 거리가 멀다.

64 점광원으로부터 수조면의 거리가 4배로 증가할 경우 조도는 어떻게 변화하는가?

① 2배로 증가한다.　　② 4배로 증가한다.
③ 1/4로 감소한다.　　④ 1/16로 감소한다.

해설

조도는 거리의 제곱에 반비례하므로 점광원으로부터 수조면의 거리가 4배로 증가할 경우 조도는 1/16로 감소한다.

65 급탕배관의 설계 및 시공상의 주의점으로 옳지 않은 것은?

① 중앙식 급탕설비는 원칙적으로 강제순환방식으로 한다.
② 수시로 원하는 온도의 탕을 얻을 수 있도록 단관식으로 한다.
③ 관의 신축을 고려하여 건물의 벽관통 부분의 배관에는 슬리브를 설치한다.
④ 순환식 배관에서 탕의 순환을 방해하는 공기가 정체하지 않도록 수평관에는 일정한 구배를 둔다.

해설

수시로 원하는 온도의 탕을 얻을 수 있도록 복관식(공급관과 환수관 구성)으로 한다.

66 복사난방에 관한 설명으로 옳은 것은?

① 천장이 높은 방의 난방은 불가능하다.
② 실내의 쾌감도가 다른 방식에 비하여 가장 낮다.
③ 열용량이 크기 때문에 방열량 조절에 시간이 걸린다.
④ 외기 침입이 있는 곳에서는 난방감을 얻을 수 없다.

해설

① 복사난방을 바닥에 설치할 경우, 천장이 높은 방에서 수직 온도분포를 균일하게 할 수 있어 쾌적감이 높아지게 된다.
② 대류가 최소화되고, 실내 온도분포가 균일하여 실내의 쾌감도가 다른 방식에 비하여 좋다.
④ 외기 침입이 있는 곳에서도 난방감을 얻을 수 있는 방식이다.

67 다중이용시설 중 실내주차장의 경우, 이산화탄소의 실내공기질 유지기준으로 옳은 것은?

① 100ppm 이하　　② 500ppm 이하

정답　62 ①　63 ②　64 ④　65 ②　66 ③　67 ③

③ 1,000ppm 이하　　④ 2,000ppm 이하

해설

실내주차장의 실내허용 이산화탄소농도는 1,000ppm 이하이다.

68 다음의 공기조화방식 중 전공기방식에 속하지 않는 것은?

① 단일덕트방식　　② 2중덕트방식
③ 팬코일유닛방식　　④ 멀티존유닛방식

해설

팬코일유닛방식은 전수방식에 속한다.

69 표면결로의 발생 방지방법에 관한 설명으로 옳지 않은 것은?

① 단열 강화에 의해 표면온도를 상승시킨다.
② 직접가열이나 기류촉진에 의해 표면온도를 상승시킨다.
③ 수증기 발생이 많은 부엌이나 화장실에 배기구나 배기팬을 설치한다.
④ 높은 온도로 난방시간을 짧게 하는 것이 낮은 온도로 난방시간을 길게 하는 것보다 결로 발생 방지에 효과적이다.

해설

높은 온도로 난방시간을 짧게 하는 것보다 낮은 온도로 난방시간을 길게 하는 것이 결로 발생 방지에 효과적이다.

70 전기시설물의 감전방지, 기기손상방지, 보호계전기의 동작확보를 위해 실시하는 공사는?

① 접지공사　　② 승압공사
③ 전압강하공사　　④ 트래킹(Tracking)공사

해설

접지
기기나 전선관로에 이상전류가 흐를 경우 감전이나 화재사고를 방지하기 위해 낮은 저항을 가진 대지로 접속하여 사고를 예방하는 것을 말한다.

71 전기설비용 시설공간(실)에 관한 설명으로 옳지 않은 것은?

① 변전실은 부하의 중심에 설치한다.
② 발전기실은 변전실에서 멀리 떨어진 곳에 설치한다.
③ 중앙감시실은 일반적으로 방재센터와 겸하도록 한다.
④ 전기샤프트는 각 층에서 가능한 한 공급 대상의 중심에 위치하도록 한다.

해설

발전기실은 가급적 변전실과 가까운 곳에 설치한다.

72 문화 및 집회시설 중 공연장의 개별관람실 출구의 설치에 관한 기준 내용으로 옳지 않은 것은?(단, 개별관람실의 바닥면적은 $300m^2$ 이상이다)

① 관람실별 2개소 이상 설치할 것
② 각 출구의 유효너비는 1.5m 이상으로 할 것
③ 관람실로부터 바깥쪽으로의 출구로 쓰이는 문은 안여닫이로 할 것
④ 개별관람실 출구의 유효너비의 합계는 개별관람실의 바닥면적 $100m^2$마다 0.6m의 비율로 산정한 너비 이상으로 할 것

해설

건축물의 관람실 또는 집회실로부터 바깥쪽으로의 출구로 쓰이는 문은 안여닫이로 해서는 아니 된다.

정답　68 ③　69 ④　70 ①　71 ②　72 ③

73 다음의 소방시설 중 소화설비에 속하는 것은?

① 소화기구
② 연결살수설비
③ 연결송수관설비
④ 자동화재탐지설비

해설

② 연결살수설비 : 소화활동설비
③ 연결송수관설비 : 소화활동설비
④ 자동화재탐지설비 : 경보설비

74 건축물의 바깥쪽에 설치하는 피난계단의 구조에 관한 기준내용으로 옳지 않은 것은?

① 계단의 유효너비는 0.9m 이상으로 할 것
② 계단실에는 예비전원에 의한 조명설비를 할 것
③ 계단은 내화구조로 하고 지상까지 직접 연결되도록 할 것
④ 건축물의 내부에서 계단으로 통하는 출입구에는 60＋ 방화문 또는 60분 방화문을 설치할 것

해설

건축물의 바깥쪽에 설치하는 피난계단의 경우 계단실에 예비전원에 의한 조명설비를 설치하는 것이 의무사항은 아니다. 단, 건축물 내부에 설치하는 피난계단의 계단실에는 예비전원에 의한 조명설비를 의무적으로 설치하여야 한다.

75 다음은 옥내소화전설비를 설치하여야 하는 특정소방대상물에 관한 기준내용이다. ( ) 안에 알맞은 것은?

건축물의 옥상에 설치된 차고 또는 주차장으로서 차고 또는 주차의 용도로 사용되는 부분의 면적이 ( ) 이상인 것

① $100m^2$　② $150m^2$
③ $180m^2$　④ $200m^2$

해설

특정소방대상물의 소방시설 설치의 면제기준(소방시설 설치 및 관리에 관한 법률 시행령 제11조 [별표 4])
옥내소화전설비를 설치해야 하는 특정소방대상물
다음의 어느 하나에 해당하는 것으로 한다. 다만, 위험물 저장 및 처리 시설 중 가스시설, 지하구 및 업무시설 중 무인변전소(방재실 등에서 스프링클러설비 또는 물분무등소화설비를 원격으로 조정할 수 있는 무인변전소로 한정한다)는 제외한다.
① 다음의 어느 하나에 해당하는 경우에는 모든 층
　㉠ 연면적 3천m^2 이상인 것(지하가 중 터널은 제외한다)
　㉡ 지하층 · 무창층(축사는 제외한다)으로서 바닥면적이 $600m^2$ 이상인 층이 있는 것
　㉢ 층수가 4층 이상인 것 중 바닥면적이 $600m^2$ 이상인 층이 있는 것
② ①에 해당하지 않는 근린생활시설, 판매시설, 운수시설, 의료시설, 노유자 시설, 업무시설, 숙박시설, 위락시설, 공장, 창고시설, 항공기 및 자동차 관련 시설, 교정 및 군사시설 중 국방 · 군사시설, 방송통신시설, 발전시설, 장례시설 또는 복합건축물로서 다음의 어느 하나에 해당하는 경우에는 모든 층
　㉠ 연면적 1천5백m^2 이상인 것
　㉡ 지하층 · 무창층으로서 바닥면적이 $300m^2$ 이상인 층이 있는 것
　㉢ 층수가 4층 이상인 것 중 바닥면적이 $300m^2$ 이상인 층이 있는 것
③ 건축물의 옥상에 설치된 차고 · 주차장으로서 사용되는 면적이 $200m^2$ 이상인 경우 해당 부분
④ 지하가 중 터널로서 다음에 해당하는 터널
　㉠ 길이가 1천m 이상인 터널
　㉡ 예상교통량, 경사도 등 터널의 특성을 고려하여 행정안전부령으로 정하는 터널
⑤ ① 및 ②에 해당하지 않는 공장 또는 창고시설로서 「화재의 예방 및 안전관리에 관한 법률 시행령」 별표 2에서 정하는 수량의 750배 이상의 특수가연물을 저장 · 취급하는 것

76 건축법령상 다음과 같이 정의되는 용어는?

건축물의 노후화를 억제하거나 기능 향상 등을 위하여 대수선하거나 건축물의 일부를 증축 또는 개축하는 행위

① 재축　② 유지보수
③ 리모델링　④ 리노베이션

해설

리모델링
건축물의 노후화 억제 또는 기능 향상 등을 위하여 대수선 또는 일부를 증축하는 행위이다.

정답　73 ①　74 ②　75 ④　76 ③

77 **신축 또는 리모델링하는 공동주택은 시간당 최소 몇 회 이상의 환기가 이루어질 수 있도록 자연환기설비 또는 기계환기설비를 설치해야 하는가?(단, 30세대 이상의 공동주택의 경우)**

① 0.3회　② 0.5회
③ 0.7회　④ 1.0회

해설

자연환기설비 또는 기계환기설비 설치대상
신축 또는 리모델링하는 다음 어느 하나에 해당하는 주택 또는 건축물은 시간당 0.5회 이상의 환기가 이루어질 수 있도록 자연환기설비 또는 기계환기 설비를 설치하여야 한다.
- 30세대 이상의 공동주택
- 주택을 주택 외의 시설과 동일 건축물로 건축하는 경우로서 주택이 30세대 이상인 건축물

78 **다음 중 방화에 장애가 되는 용도제한과 관련하여 같은 건축물에 함께 설치할 수 없는 것은?**

① 문화 및 집회시설 중 공연장과 위락시설
② 노유자시설 중 노인복지시설과 의료시설
③ 제1종 근린생활시설 중 산후조리원과 공동주택
④ 노유자시설 중 아동관련시설과 판매시설 중 도매시장

해설

건축법 시행령에서 노유자시설 중 아동관련시설 또는 노인복지시설과 판매시설 중 도매시장 또는 소매시장을 같은 건축물 안에 함께 설치할 수 없도록 하고 있다.

79 **다음은 지하층과 피난층 사이의 개방공간 설치에 대한 기준내용이다. (　) 안에 알맞은 것은?**

> 바닥면적의 합계가 (　) 이상인 공연장 · 집회장 · 관람장 또는 전시장을 지하층에 설치하는 경우에는 각 실에 있는 자가 지하층 각 층에서 건축물 밖으로 피난하여 옥외 계단 또는 경사로 등을 이용하여 피난층으로 대피할 수 있도록 천장이 개방된 외부 공간을 설치하여야 한다.

① 500m^2　② 1,000m^2
③ 3,000m^2　④ 5,000m^2

해설

지하층과 피난층 사이의 개방공간 설치(건축법 시행령 제37조)
바닥면적의 합계가 3천 제곱미터 이상인 공연장 · 집회장 · 관람장 또는 전시장을 지하층에 설치하는 경우에는 각 실에 있는 자가 지하층 각 층에서 건축물 밖으로 피난하여 옥외 계단 또는 경사로 등을 이용하여 피난층으로 대피할 수 있도록 천장이 개방된 외부 공간을 설치하여야 한다.

80 **각 층의 거실면적이 각각 1,000m^2며 층수가 12층인 업무시설에 설치해야 하는 승용승강기의 최소 대수는?(단, 8인승 승용승강기의 경우)**

① 2대　② 3대
③ 4대　④ 5대

해설

업무시설 승용승강기 설치대수

$$\text{설치대수} = 1 + \frac{A - 3{,}000\text{m}^2}{2{,}000\text{m}^2} = 1 + \frac{(1{,}000 \times 7) - 3{,}000\text{m}^2}{2{,}000\text{m}^2} = 3$$

정답　77 ②　78 ④　79 ③　80 ②

2022년 4회 실내건축기사

1과목 실내디자인 계획

01 사무소 건축의 코어 유형에 관한 설명으로 옳지 않은 것은?

① 중앙코어형은 기준층 바닥면적이 작은 경우에 주로 사용된다.
② 양단코어형은 2방향 피난에 이상적인 관계로 피난상 유리하다.
③ 편단코어형은 코어의 위치를 사무소 평면상의 어느 한쪽에 편중하여 배치한 유형이다.
④ 외코어형은 설비 덕트나 배관을 코어로부터 사무실 공간으로 연결하는 데 제약이 많다.

해설

- 편단코어형(편심코어형) : 기준층 바닥면적이 작은 경우에 주로 사용된다.
- 중심코어형(중앙코어형) : 코어가 중앙에 위치한 형태로 내진구조가 가능하여 구조적으로 바람직한 형식이며 바닥면적이 클 경우 적합하다.

02 다음 중 실내디자인의 평가 시 고려하여야 할 사항과 가장 거리가 먼 것은?

① 심미성 ② 기능성
③ 경제성 ④ 유행성

해설

실내디자인 평가 시 고려사항
심미성, 기능성, 경제성, 독창성

03 공동주택의 단면형식 중 메조넷형에 관한 설명으로 옳지 않은 것은?

① 다양한 평면구성이 가능하다.
② 주로 소규모 주택에 적용된다.
③ 각 세대의 프라이버시 확보가 용이하다.
④ 통로면적이 감소되어 유효면적이 증가된다.

해설

- 단층형 : 소규모 주택에 적용된다.
- 복층형 · 메조넷형 : 한 주호가 2개 층 이상에 걸쳐 구성되는 형식으로 엘리베이터의 정지층 수를 적게 할 수 있어 효율적이면서 경제적이다. 또한 복도가 없는 층은 피난상 불리하며 소규모 주택에는 비경제적이다.

04 POE(Post-Occupancy Evaluation)의 의미로 가장 알맞은 것은?

① 건축물을 사용해 본 후에 평가하는 것이다.
② 낙후 건축물의 이상 유무를 평가하는 것이다.
③ 건축물을 사용해 보기 전에 성능을 예상하는 것이다.
④ 건축도면 완성 후 건축주가 도면의 적정성을 평가하는 것이다.

해설

POE(거주 후 평가)
완공된 후 건물의 사용자에 대한 반응을 조사하여 설계한 본래의 요구 기능이 충족되어 수행되는지 평가하는 과정을 말한다(평가방법 : 인터뷰, 현지답사, 관찰).

05 전시공간의 특수전시방법 중 사방에서 감상해야 할 필요가 있는 조각물이나 모형을 전시하기 위해 벽면에서 띄어 놓아 전시하는 방법은?

① 디오라마 전시 ② 파노라마 전시
③ 하모니카 전시 ④ 아일랜드 전시

정답 01 ① 02 ④ 03 ② 04 ① 05 ④

해설

아일랜드 전시
벽이나 바닥을 이용하지 않고 섬형으로 바닥에 배치하는 형태로 대형 전시물, 소형 전시물의 경우 배치하는 전시방법이다.

06 한국의 전통가구 중 장에 관한 설명으로 옳지 않은 것은?

① 단층장은 머릿장이라고도 불린다.
② 이층장이나 삼층장은 보통 남성공간인 사랑방에서 사용되었다.
③ 이불장은 금침과 베개를 겹겹이 쌓아두는 장으로 보통 2층으로 된 것이 많다.
④ 의걸이장은 외관의장에 따라 만살의걸이, 평의걸이, 지장의걸이로 구분할 수 있다.

해설

이층장이나 삼층장은 보통 여성공간인 안방에서 사용되었다.

한국 전통가구 : 남성공간인 사랑방에는 책장, 의걸이장, 탁자장이 사용되었고, 여성공간인 안방에는 이층장 및 삼층장 등이 사용되었다.

07 시스템가구의 디자인 조건에 관한 설명으로 옳지 않은 것은?

① 규격화된 디자인으로 한다.
② 통일된 디자인으로 조화를 추구한다.
③ 안정성 있고 가벼워 이동에 편리하도록 한다.
④ 용도를 단일화하여 영구적으로 사용할 수 있게 한다.

해설

용도를 기능에 따라 조립해체가 가능해서 영구적으로 사용할 수 있게 한다.

시스템가구
- 용도를 기능에 따라 다양한 크기와 형태로 조립 및 해체가 가능하며 공간의 융통성에 따라 설치가 가능하다.
- 격화된 단위 구성재의 결합으로 가구의 통일과 조화를 이루며 모듈 계획을 근간으로 규격화된 부품을 구성하여 시공시간 단축의 효과를 가져올 수 있다.

08 벽에 관한 설명으로 옳지 않은 것은?

① 공간을 둘러싸는 수직적 요소이다.
② 공간의 형태와 크기를 결정하는 요소이다.
③ 벽의 높이가 600mm 정도이면 공간을 시각적으로 차단하는 기능을 한다.
④ 공간과 공간을 구분하고 분리함으로써 시각적, 청각적 프라이버시를 제공할 수 있다.

해설

높이에 따른 벽의 종류
- 상징적 벽체 : 벽의 높이가 600mm 이하의 낮은 벽, 담장으로 두 공간을 상징적으로 분리하여 구분한다.
- 차단적 벽체 : 벽의 높이가 1,800mm 정도의 벽으로, 시각적으로 완전히 차단된다.

09 다음 중 VMD(Visual Merchandising)의 구성요소와 가장 거리가 먼 것은?

① IP(Item Presentation)
② VP(Visual Presentation)
③ PP(Point of Sale Presentation)
④ POP(Point of Purchase Advertising)

해설

VMD의 구성요소

IP (Item Presentation)	상품의 분류정리, 비교구매 (행거, 선반, 진열장, 진열테이블)
PP (Point of Sale Presentation)	한 유닛에서 대표되는 상품진열 (벽면 상단, 집기 상단)
VP (Visual Presentation)	상점 이미지, 패션테마의 종합적인 표현 (쇼윈도, 파사드)

10 디자인 원리 중 균형에 관한 설명으로 옳지 않은 것은?

① 비대칭적 균형은 대칭적 균형보다 질서가 있고 안정된 느낌을 준다.
② 인간의 주의력에 의해 감지되는 시각적 무게의 평형 상태를 의미한다.

정답 06 ② 07 ④ 08 ③ 09 ④ 10 ①

③ 대칭적 균형은 형, 형태의 크기, 위치, 형식, 집합의 정렬 등이 축을 중심으로 서로 대칭적인 관계로 구성되어 있는 경우를 말한다.
④ 디자인 요소들의 상호작용이 하나의 지점에서 역학적으로 평형을 갖거나 전체의 그룹 안에서 서로 균등함을 이루고 있는 상태를 말한다.

해설

대칭적 균형이 비대칭적 균형보다 질서가 있고 안정된 느낌을 준다.

균형
중량을 갖고 있는 두 개의 요소가 나누어져 하나의 지점에서 지탱되었을 때 역학적으로 평형을 이루는 상태를 말한다.
- 대칭형 균형 : 가장 완전한 균형의 상태로 형태의 크기, 위치 등이 축을 중심으로 좌우가 균등하게 대칭되는 관계로 구성되어 있다.
- 비대칭형 균형 : 물리적 불균형이나 시각적으로 균형을 이루는 것을 말하며 좌우가 불균형을 이룰 때 느껴지는 자유로움, 활발한 생명감과 긴장감을 준다.

11 19세기 말부터 20세기 초에 걸쳐 벨기에와 프랑스를 중심으로 모리스와 미술공예운동의 영향을 받아서 과거의 양식과 결별하고 식물이 갖는 단순한 곡선형태를 인테리어 가구 구성에 이용한 예술운동은?

① 아르데코 ② 아르누보
③ 아방가르드 ④ 컨템포러리

해설

아르누보(Art-Nouveau)
1900년 초반에 파리를 중심으로 일어난 신예술운동이다. 제품의 대량생산으로 인한 질적 하락을 수공예를 통해 예술로 승화하려는 미술공예운동의 윌리엄 모리스의 영향을 받아 자연의 유기적 형태를 통해 식물의 곡선미를 많이 이용하였다.

12 질감(Texture)에 관한 설명으로 옳은 것은?

① 질감의 형성은 인공적으로만 이루어진다.
② 촉각에 의한 질감과 시각에 의한 질감으로 구분된다.
③ 유리, 거울 같은 재료는 낮은 반사율을 나타내며 차갑게 느껴진다.
④ 좁은 실내공간을 넓게 느껴지도록 하기 위해서는 어둡고 거친 질감의 재료를 사용한다.

해설

질감
손으로 만져서 느낄 수 있는 촉각적 질감과 시각적으로 느껴지는 재질감으로 윤곽과 인상이 형성된다.
- 매끄러운 재료 : 빛을 많이 반사하므로 가볍고 환한 느낌을 주며 주의를 집중시키고 같은 색채라도 강하게 느껴진다.
- 거친 재료 : 빛을 흡수하고 울퉁불퉁한 표면은 음영을 나타내며 무겁고 안정적인 느낌을 준다.

13 조명의 연출기법 중 수직벽면을 빛으로 쓸어내리는 듯한 효과를 주기 위해 비대칭 배광방식의 조명기구를 사용하여 수직벽면에 균일한 조도의 빛을 비추는 기법은?

① 스파클기법 ② 월워싱기법
③ 실루엣기법 ④ 빔플레이기법

해설

월워싱기법
균일한 조도의 빛을 수직벽면에 빛으로 쓸어내리는 듯하게 비추는 기법으로 공간 확대의 느낌을 주며 광원과 조명기구의 종류에 따라 어떤 건축화조명으로 처리하느냐에 따라 다양한 효과를 낼 수 있다.

14 상품의 유효진열 범위 내에서 고객의 시선이 편하게 머물고 손으로 잡기에도 가장 편안한 높이인 골든 스페이스의 범위로 알맞은 것은?

① 450～850mm ② 850～1,250mm
③ 1,300～1,500mm ④ 1,500～1,700mm

해설

골든 스페이스(Golden Space)의 범위는 850～1,250mm이고, 상품진열장의 유효범위는 바닥에서 600～2,100mm이다.

정답 11 ② 12 ② 13 ② 14 ②

15 디자인요소 중 점에 관한 설명으로 옳지 않은 것은?

① 기하학적으로 크기가 없고 위치만 존재한다.
② 어떤 형상을 규정하거나 한정하고, 면적을 분할한다.
③ 선의 교차, 선의 굴절, 면과 선의 교차에서 나타난다.
④ 면 또는 공간에 하나의 점이 놓이면 주의력이 집중되는 효과가 있다.

해설

㉠ 선(Line) : 어떤 형상을 규정하거나 한정하고 면적을 분할한다.
㉡ 점(Point)
- 가장 단순하고 작은 시각적 요소로서 형태의 가장 기본적인 생성원이다.
- 크기가 없고 위치만 있으며 정적이고 방향성이 없어 자기중심적이며 어떠한 크기, 치수, 넓이, 깊이가 없고 위치와 장소만을 가지고 있다.

16 사무소의 실단위계획 중 개방식 배치에 관한 설명으로 옳지 않은 것은?

① 커뮤니케이션에 융통성이 있다.
② 개인 업무공간의 독립성이 좋아진다.
③ 모든 면적을 유용하게 이용할 수 있다.
④ 실의 길이나 깊이에 변화를 줄 수 있다.

해설

- 개실배치 : 개인 업무공간의 독립성이 좋아진다.
- 개방식 배치 : 방길이 및 깊이 변화 가능, 공간절약상 유리, 소음이 크고 독립성이 떨어짐

17 실내공간 구성요소 중 바닥에 관한 설명으로 옳지 않은 것은?

① 바닥차가 없는 경우 색, 질감, 재료 등으로 공간의 변화를 줄 수 있다.
② 신체와 직접 접촉되는 요소로서 촉각적인 만족감을 중요시해야 한다.
③ 상승된 바닥면은 공간의 흐름이 연속되고 주위 공간과 연계성이 강조된다.
④ 다른 요소들이 시대와 양식에 의한 변화가 현저한 데 비해 매우 고정적이다.

해설

상승된 바닥은 기준면보다 높거나 낮으면 공간의 흐름이 끊겨 공간과 분리된다.

18 강연, 콘서트, 독주, 연극공연 등에 가장 많이 사용되며, 연기자가 일정한 방향으로만 관객을 대하는 극장의 평면형은?

① 아레나(Arena)형
② 프로시니엄(Proscenium)형
③ 오픈 스테이지(Open Stage)형
④ 센트럴 스테이지(Central Stage)형

해설

프로시니엄형
프로시니엄벽에 의해 공간이 분리되어 무대 정면을 관람객들이 바라보는 형태로 연기자와 관객의 접촉면이 한정되어 있으며 많은 관람석을 두려면 거리가 멀어져 객석수용능력에 제한이 있다.

19 단독주택의 현관에 관한 설명으로 옳지 않은 것은?

① 거실, 계단, 공용 화장실과 가까이 위치하는 것이 좋다.
② 거실의 일부를 현관으로 만드는 것은 피하도록 한다.
③ 현관의 위치는 도로의 위치와 대지의 형태에 영향을 받는다.
④ 주택 측면에 현관을 배치한 경우 동선처리가 편리하고 복도길이 단축에 유리하다.

해설

현관을 주택 측면에 배치할 경우 동선처리가 불편하고 복도길이가 길어진다.

현관 : 외부에서 쉽게 알아볼 수 있어야 하며 대문과 가까이해야 한다.

정답 15 ② 16 ② 17 ③ 18 ② 19 ④

20 건축제도에서 다음과 같은 재료구조 표시기호(단면용)가 의미하는 것은?

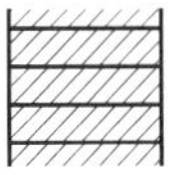

① 벽돌　　② 석재
③ 인조석　　④ 치장재

해설

석재	인조석	치장재
	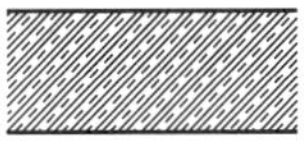	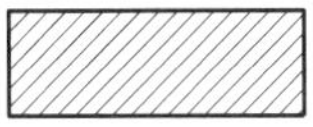

2과목 실내디자인 색채 및 사용자 행태분석

21 터널의 출입구 부분에 조명이 집중되어 있고, 중심부로 갈수록 광원의 수가 적어지며 조도수준이 낮아지고 있다. 이것은 어떤 순응을 고려한 설계인가?

① 색순응　　② 명순응
③ 암순응　　④ 무채순응

해설

암순응
밝은 곳에서 어두운 곳으로 갈 때 순간적으로 보이지 않는 현상으로 어둠에 적응하는 데 30분 정도 걸린다. 특히, 터널의 출입구 부근에 조명이 집중되어 있고 중심부로 갈수록 조명수를 적게 배치하는 이유는 암순응을 고려한 것이다.

22 명소시에서 암소시로 이행할 때 붉은색은 어둡게 되고, 청색은 상대적으로 밝아지는 것과 관련이 있는 것은?

① 메타메리즘　　② 색각이상
③ 푸르킨예현상　　④ 착시현상

해설

푸르킨예현상
명소시에서 암소시로 갑자기 이동할 때 빨간색은 어둡게, 파란색은 밝게 보이는 현상으로 추상체가 반응하지 않고 간상체가 반응하면서 발생한다.

23 혼합되는 각각의 색 에너지(Energy)가 합쳐져서 더 밝은색을 나타내는 혼합은?

① 감산혼합　　② 중간혼합
③ 가산혼합　　④ 색료혼합

해설

가산혼합(가법혼합, 색광혼합)
빛의 혼합으로 빨강(Red), 초록(Green), 파랑(Blue) 3종의 색광을 혼합했을 때 원래의 색광보다 밝아지는 혼합이다.

24 오스트발트(Ostwald) 조화론의 등색상 삼각형의 조화가 아닌 것은?

① 등순색 계열의 조화
② 등백색 계열의 조화
③ 등흑색 계열의 조화
④ 등명도 계열의 조화

해설

동일색상의 조화(등색상 삼각형의 조화)
등백색 계열의 조화, 등흑색 계열의 조화, 등순색 계열의 조화가 있다.

25 문 · 스펜서(Moon · Spencer)의 색채조화론에서 조화가 되는 색의 관계에 해당되지 않는 것은?

① 통일조화　　② 대비조화
③ 동일조화　　④ 유사조화

해설

문 · 스펜서의 색채조화론
동일조화, 유사조화, 대비조화

정답　20 ①　21 ③　22 ③　23 ③　24 ④　25 ①

26 먼셀(Munsell) 기호 중 신록이나 목장, 신선한 기운을 상징하기에 가장 적절한 색은?

① 10R 6/2
② 10G 2/3
③ 5GY 7/6
④ 10B 4/3

해설

한국표준색 – 먼셀 색상환

- 10R 6/2(색상 : Red, 명도 : 6, 채도 : 2)
- 10G 2/3(색상 : Green, 명도 : 2, 채도 : 3)
- 5GY 7/6(색상 : Green Yellow, 명도 : 7, 채도 : 6)
- 10B 4/3(색상 : Blue, 명도 : 4, 채도 : 3)

27 배색된 색채들이 서로 공통되는 상태와 속성을 가질 때의 조화원리는?

① 질서의 원리
② 비모호성의 원리
③ 유사의 원리
④ 대비의 원리

해설

저드의 색채조화 4원칙

유사의 원리, 질서의 원리, 비모호성의 원리, 친근성의 원리

28 안전보건표지의 색채와 용도, 사용 예시가 바르게 연결된 것은?

① 녹색 – 금지 – 유해행위의 금지
② 빨간색 – 안내 – 피난소 통행표지
③ 파란색 – 지시 – 특정 행위의 지시
④ 노란색 – 금지 – 정지신호 및 특정 행위의 금지

해설

안전색채의 용도

- 빨강 : 위험, 긴급표시, 금지, 정지(방화표시, 소방기구, 화학경고)
- 노랑 : 주의, 경고표시(장애물, 위험물에 대한 경고, 감전주의 표시, 바닥돌출물 주의표시)
- 녹색 : 안전표시(구급장비, 상비약, 대피소 위치표시, 구호표시)

29 디지털 색채 시스템 중 HSB 시스템에 대한 설명으로 틀린 것은?

① 먼셀의 색채개념인 색상, 명도, 채도를 중심으로 선택하도록 되어 있다.
② 프로그램상에서는 H모드, S모드, B모드를 볼 수 있다.
③ H모드는 색상을 선택하는 방법이다.
④ B모드는 채도, 즉 색채의 포화도를 선택하는 방법이다.

해설

HSB 시스템

- H(Hue) : 색상
- S(Saturation) : 채도
- B(Brightness) : 밝기

30 다음 중 근력(Strength)에 관한 설명으로 옳지 않은 것은?

① 근력은 일반적으로 등척적으로 근육이 낼 수 있는 최대 힘을 의미한다.
② 근력은 힘의 발휘조건에 따라 정적 근력과 동적 근력의 두 가지 유형으로 구분될 수 있다.
③ 동적 근력을 등척력이라 하며, 정지된 상태에서 움직이기 시작할 때의 힘을 의미한다.
④ 동적 근력의 측정이 어려운 것은 가속, 관절각도의 변화 등이 측정에 영향을 미치기 때문이다.

해설

근력

한 번의 수의적인 노력에 의해서 등척성으로 낼 수 있는 최댓값이며, 손, 팔, 다리 등의 특정근육이나 근육군과 관련이 있다.

- 정적 근력 : 신체 부위를 움직이지 않고 고정물체에 힘을 가하는 경우의 근력을 등척력이라 한다.
- 동적 근력 : 신체 부위를 움직여 물체를 이동시킬 때의 근력을 등속력이라 한다.

정답 26 ③ 27 ③ 28 ③ 29 ④ 30 ③

31 **다음 중 신체동작의 유형 중 굴곡(Flexion)에 해당하는 것은?**

① 팔꿈치 굽히기
② 굽힌 팔꿈치 펴기
③ 다리를 옆으로 들기
④ 수평으로 편 팔을 수직으로 내리기

해설

굴곡(Flexion)
관절운동의 하나로서 신체 부위 간의 각도가 감소되는 운동으로 팔꿈치 굽히기 등이 있다.

32 **신체활동의 에너지 소비량에 대한 설명으로 옳지 않은 것은?**

① 작업효율은 에너지 소비량에 반비례한다.
② 신체활동에 따른 에너지 소비량에는 개인차가 있다.
③ 어떤 작업에 대한 에너지가(價)는 수행방법에 따라 달라진다.
④ 신체적 동작속도가 증가하면 에너지 소비량은 감소한다.

해설

걷기, 뛰기와 같은 신체적 운동에서는 동작속도가 증가하면 에너지 소비량은 더 빨리 증가한다.

33 **인체골격의 주요 기능으로 볼 수 없는 것은?**

① 감각정보를 뇌와 척수로 전달한다.
② 신체를 지지하고 형상을 유지한다.
③ 골격 내부의 골수는 조혈작용을 한다.
④ 골격근의 기동적 수축에 따라 운동을 한다.

해설

①은 감각신경에 대한 설명이다.

골격의 주요 기능 : 신체의 지지 및 형상유지, 조혈작용, 체내의 장기보호, 무기질 저장, 가동성 연결

34 **인간－기계 시스템(Man－Machine System)을 수동, 자동, 기계화 체계로 분류할 때 기계화 체계의 예시로 적합한 것은?**

① 자동교환기 ② 자동차의 운전
③ 컴퓨터공정제어 ④ 장인과 공구의 사용

해설

①·③·④는 자동 체계에 속한다.

기계화 체계(엔진, 자동차, 공작기계)
- 고도로 통합된 부품들로 구성되어 있으며, 일반적으로 변화가 거의 없는 기능들을 수행하는 시스템이다.
- 운전자의 조종에 의해 운용되며 융통성이 없는 시스템이다.
- 동력은 기계가 제공하며, 조종장치를 사용하여 통제하는 것은 사람으로 반자동 체계라고도 한다.

35 **다음 중 시각적 표시장치의 지침설계요령으로 적합한 것은?**

① 끝이 둥근 지침을 사용하여 안정감을 높인다.
② 원형 눈금의 경우 지침의 색은 선단의 끝에만 칠한다.
③ 정확한 가독을 위하여 지침은 눈금면과 가능한 한 분리시킨다.
④ 지침의 끝은 작은 눈금과 맞닿되 겹치지는 않게 한다.

해설

지침설계
- 선각이 약 20° 정도인 뾰족한 지침을 사용한다.
- 지침의 끝은 작은 눈금과 맞닿게 하되 겹치지는 않도록 한다.
- 시차(時差)를 없애기 위해 지침을 눈금면에 밀착시킨다.
- 원형 눈금의 경우 지침색은 선단에서 눈금의 중심까지 칠한다.

36 **인간－기계 통합 체계에서 인간 또는 기계에 의해서 수행되는 기본 기능과 가장 거리가 먼 것은?**

① 감지기능
② 상호보완기능
③ 정보보관기능
④ 정보처리 및 의사결정 기능

정답 31 ① 32 ④ 33 ① 34 ② 35 ④ 36 ②

해설

인간기계 체계의 기본 기능
감지기능, 정보보관기능, 정보처리 및 의사결정 기능, 행동기능(신체 제어 및 통신)

37 인체측정 자료의 적용 시 극단치 설계방식의 최소치수로 설계해야 할 사항이 아닌 것은?

① 선반의 높이
② 조종장치까지의 거리
③ 등산용 로프의 강도
④ 엘리베이터 조작 버튼의 높이

해설

- 평균치 설계방식 : 등산용 로프의 강도
- 최소 집단치를 이용한 설계 : 팔이 짧은 사람이 잡을 수 있다면 이보다 긴 사람은 모두 잡을 수 있다는 원리이다(선반의 높이, 조종장치까지의 거리, 엘리베이터 조작 버튼의 높이 등).

38 동작경제의 원칙 중 작업장의 배치에 관한 원칙에 해당하는 것은?

① 공구의 기능을 결합하여 사용하도록 한다.
② 모든 공구나 재료는 자기 위치에 있도록 한다.
③ 가능하다면 쉽고도 자연스러운 리듬이 생기도록 동작을 배치한다.
④ 눈의 초점을 모아야 작업을 할 수 있는 경우는 가능하면 없애도록 한다.

해설

①은 공구 및 설비 디자인에 관한 원칙, ③ · ④는 신체사용에 관한 원칙에 해당한다.

※ **작업장의 배치에 관한 원칙**
- 모든 공구와 재료는 자기 위치에 있도록 한다.
- 동작에 가장 편리한 순서로 배치하여야 한다.
- 가능하다면 낙하식 운반방법을 이용한다.
- 작업자가 좋은 자세를 취할 수 있는 모양 및 높이의 의자를 지급해야 한다.

39 다음 중 짐을 나르는 방법에 따른 산소(에너지) 소비량이 가장 높은 것은?

① 배낭형태로 나른다.
② 머리에 이고 나른다.
③ 양손에 들고 나른다.
④ 등과 가슴을 이용하여 나른다.

해설

짐을 나르는 방법에 따른 산소 소비량 크기
양손 > 목도 > 어깨 > 이마 > 배낭 > 머리 > 등 · 가슴

40 조종－반응비율(C/R비)에 대한 설명으로 옳지 않은 것은?

① C/R비가 클수록 조종장치는 민감하다.
② C/R비가 작으면 조종시간은 오래 걸린다.
③ 표시장치의 반응거리에 대한 조종장치를 이동한 거리의 비율이다.
④ 최적 C/R비는 조종시간과 이동시간의 합이 최소가 되는 점을 가리킨다.

해설

C/R비가 작을수록 조종장치는 민감하다.

조종－반응 비율(C/R비 : Control－Response Ratio)
- 최적통제비는 이동시간과 조종시간의 교차점이다.
- C/D비가 작을수록 이동시간은 짧고, 조종은 어려워서 민감한 조종장치이다.
- C/D비가 클수록 미세한 조종은 쉽지만 수행시간은 상대적으로 길다.

정답 37 ③ 38 ② 39 ③ 40 ①

3과목 실내디자인 시공 및 재료

41 다음 건축공사 관계자에 관한 용어설명 중 옳지 않은 것은?

① 감독자라 함은 공사시공에 있어 설계도서대로 실시되는지의 여부를 확인하고 시공방법을 지도조언하는 자를 말한다.
② 현장대리인이라 함은 건설공사 도급계약 조건에 따라 공사관리 및 기술관리, 기타 공사업무를 시행하는 현장원을 말한다.
③ 시공기사라 함은 현장대리인 또는 그가 고용하여 현장시공을 담당하는 현장원을 말한다.
④ 건축주라 함은 도급공사의 주문자 또는 직영공사의 시행주 자체이고 개인, 법인, 공공단체 또는 정부기관 등이다.

해설

①은 공사감리자에 대한 설명이며, 감독자는 발주자가 임명한 자로서 해당 공사 전반에 대하여 감독업무 역할을 수행한다.

42 건축공사의 시공속도에 관한 설명으로 옳지 않은 것은?

① 공사속도를 빠르게 할수록 직접비는 감소된다.
② 급작공사를 강행할수록 공사의 질은 조잡해진다.
③ 매일 공사량은 손익분기점 이상의 공사량을 실시하는 것이 채산되는 시공속도이다.
④ 시공속도는 간접비와 직접비의 합계가 최소로 되도록 하는 것이 가장 경제적이다.

해설

공사속도를 빠르게 할수록 직접비는 증가하게 된다.

43 가설계획의 입안에 있어서 자재, 기계, 시설의 선택 시에 유의할 사항이 아닌 것은?

① 가설시설의 설계 ② 안전 양생 계획
③ 운반 및 양중 ④ 본 건물의 공정계획

해설

④는 가설이 아닌 본공사에서 고려되어야 할 사항이다.

44 미장재료의 경화작용에 관한 설명으로 옳지 않은 것은?

① 시멘트 모르타르는 물과 화학반응을 일으켜 경화한다.
② 회반죽은 물과 화학반응을 일으켜 경화한다.
③ 반수석고는 가수 후 20~30분에서 급속경화하지만, 무수석고는 경화가 늦기 때문에 경화촉진제를 필요로 한다.
④ 돌로마이트 플라스터는 공기 중의 탄산가스와 화학반응을 일으켜 경화한다.

해설

회반죽은 기경성 재료로서 공기 중에서만 경화하는 특성이 있다.

45 굳지 않은 콘크리트의 성질을 나타내는 용어에 관한 설명으로 옳지 않은 것은?

① 펌퍼빌리티(Pumpability)는 콘크리트 펌프를 사용하여 시공하는 콘크리트의 워커빌리티를 판단하는 하나의 척도로 사용된다.
② 워커빌리티(Workability)는 컨시스턴시에 의한 부어넣기의 난이도 정도 및 재료분리에 저항하는 정도를 나타낸다.
③ 플라스티시티(Plasticity)는 수량에 의해서 변화하는 콘크리트 유동성의 정도이다.
④ 피니셔빌리티(Finishability)는 마무리하기 쉬운 정도를 말한다.

정답 41 ① 42 ① 43 ④ 44 ② 45 ③

해설

③은 Consistency(반죽질기, 유동성)에 대한 설명이다.

※ Plasticity(성형성) : 구조체에 타설된 콘크리트가 거푸집에 잘 채워질 수 있는지의 난이 정도를 말한다.

46 투명도가 높으므로 유기유리라는 명칭이 있으며, 착색이 자유롭고 내충격강도가 크고, 평판, 골판 등의 각종 형태의 성형품으로 만들어 채광판, 도어판, 칸막이벽 등에 쓰이는 합성수지는?

① 폴리스티렌수지　② 에폭시수지
③ 요소수지　④ 아크릴수지

해설

아크릴수지
투명도가 85~90% 정도로 좋으면서, 내충격강도는 유리의 10배 정도로 크며 절단, 가공성, 내후성, 내약품성, 전기절연성이 좋다.

47 강재의 부식과 방식에 관한 설명으로 옳은 것은?

① 전식은 공식보다 수명예측이 비교적 어려운 부식이다.
② 금속의 부식 형태 중 건식이 습식보다 부식에 대응하기 어렵다.
③ 공식이란 강재 일부에 국부 전지를 형성하여 빠르게 부식하는 것을 말한다.
④ 강재 방식법으로 건축에서 널리 사용되는 것은 전기화학적 방법이다.

해설

① 전식은 공식보다 수명예측이 비교적 쉽다.
② 금속의 부식 형태 중 건식은 온도에 대한 제어조건만 충족하면 부식을 방지할 수 있어 습식보다 부식에 대응하기 용이하다.
④ 양극희생법 등 전기화학적 방식법은 건축보다는 토목(상하수도 관로)에 주로 적용한다.

48 목재제품에 관한 설명으로 옳지 않은 것은?

① 내수합판 제조 시 페놀수지 접착제가 쓰인다.
② 합판을 만들 때 단판(Veneer)을 홀수로 겹쳐 접착한다.
③ 집성목재는 보에 사용할 경우 응력크기에 따라 변단면재를 만들 수 있다.
④ 집성목재 제조 시 목재를 겹칠 때 섬유방향이 상호 직각이 되도록 한다.

해설

집성목재
두께가 1.5~5cm인 단판을 섬유방향이 서로 평행하도록 겹쳐서 접착한 것이다.

49 철근콘크리트 구조에서 철근과 콘크리트의 합성효과가 성립되는 이유로 옳지 않은 것은?

① 철근과 콘크리트의 온도에 의한 선팽창계수의 차가 작다.
② 콘크리트에 매립되어 있는 철근은 잘 녹슬지 않는다.
③ 철근과 콘크리트의 부착강도가 비교적 크다.
④ 콘크리트의 인장강도가 커질수록 철근의 좌굴이 방지된다.

해설

콘크리트의 휨강도 및 압축강도가 커질수록 철근의 좌굴이 방지된다.

50 조립식 철근콘크리트구조(PC)의 특성에 관한 설명으로 옳지 않은 것은?

① 공장생산이 가능하여 대량생산을 할 수 있다.
② 기계화 시공으로 단기 완성이 가능하다.
③ 각 부품의 정밀도가 높고 강도가 큰 부재를 사용할 수 있다.
④ 각 부품과의 접합부가 일체화되어 일반 라멘구조에 비하여 접합부의 강성이 매우 크다.

정답　46 ④　47 ③　48 ④　49 ④　50 ④

해설

공장에서 각 부재가 생산되고 현장에서 조립되므로 일반 라멘구조에 비해 접합부의 일체성이 낮아지고, 접합부 처리가 난해한 단점을 가지고 있다.

51 합성수지 도료를 유성 페인트와 비교한 설명으로 옳지 않은 것은?

① 건조시간이 빠르고 도막이 단단하다.
② 도막은 인화할 염려가 적어 방화성이 우수하다.
③ 비교적 두꺼운 도막을 만들 수 있다.
④ 내산, 내알칼리성이 있어 콘크리트면에 바를 수 있다.

해설

합성수지 도료는 유성 페인트에 비해 얇은 도막두께로 시공한다.

52 중량이 5kg인 목재를 건조시켜 전건중량이 4kg이 되었다. 건조 전 목재의 함수율은 몇 %인가?

① 20%
② 25%
③ 30%
④ 40%

해설

$$\text{함수율} = \frac{\text{함유된 수분의 중량}}{\text{전건중량}} \times 100\%$$

$$= \frac{\text{전체중량} - \text{전건중량}}{\text{전건중량}} \times 100\%$$

$$= \frac{5-4}{4} \times 100\% = 25\%$$

53 고강도 콘크리트란 설계기준압축강도가 일반적으로 최소 얼마 이상인 콘크리트를 지칭하는가?(단, 보통 콘크리트의 경우)

① 27MPa
② 35MPa
③ 40MPa
④ 45MPa

해설

고강도 콘크리트
보통콘크리트는 압축강도가 40MPa 이상일 경우, 경량(골재)콘크리트는 27MPa 이상인 콘크리트를 의미한다.

54 점토제품 중 흡수율이 1% 이하로 흡수율이 가장 작은 제품은?

① 토기
② 도기
③ 석기
④ 자기

해설

점토제품의 흡수율
자기(1% 이하) < 석기(8% 이하) < 도기(15~20% 이하) < 토기(20~30% 이하)

55 스트레이트 아스팔트에 관한 설명으로 옳지 않은 것은?

① 연화점이 비교적 낮고 온도에 의한 변화가 크다.
② 주로 지하실 방수공사에 사용되며, 아스팔트 루핑의 제작에 사용된다.
③ 신장성, 점착성, 방수성이 풍부하다.
④ 블론 아스팔트에 동·식물유지나 광물성 분말 등을 혼합하여 만든 것이다.

해설

④는 아스팔트 컴파운드에 대한 설명이다.

56 목구조에 사용하는 이음과 맞춤에 관한 설명으로 옳은 것은?

① 이음과 맞춤은 공작이 복잡한 것을 쓰고 모양에 치중한다.
② 이음과 맞춤의 단면은 응력의 방향에 수평으로 한다.

정답 51 ③ 52 ② 53 ③ 54 ④ 55 ④ 56 ④

③ 이음과 맞춤은 응력이 많이 작용하는 곳에서 만든다.
④ 이음과 맞춤 부재는 가급적 적게 깎아내어 약하게 되지 않도록 한다.

해설

① 이음과 맞춤은 공작이 단순한 것을 쓰고 모양보다는 구조적인 사항에 주의를 기울인다.
② 이음과 맞춤의 단면은 응력의 방향에 수직으로 한다.
③ 이음과 맞춤은 응력이 적게 작용하는 곳에서 만든다.

57 벤토나이트 방수재료에 관한 설명으로 옳지 않은 것은?

① 팽윤특성을 지닌 가소성이 높은 광물이다.
② 콘크리트 시공조인트용 수팽창 지수재로 사용된다.
③ 콘크리트 믹서를 이용하여 혼합한 벤토나이트와 토사를 롤러로 전압하여 연약한 지반을 개량한다.
④ 염분을 포함한 해수에서는 벤토나이트의 팽창반응이 강화되어 차수력이 강해진다.

해설

염분 함량이 2% 이상인 해수와 접촉 시에는 벤토나이트의 팽창성능이 저하되어 차수력이 약해질 수 있다.

58 건축용 접착제로서 요구되는 성능에 해당되지 않는 것은?

① 진동, 충격의 반복에 잘 견딜 것
② 장기부하에 의한 크리프가 클 것
③ 취급이 용이하고 독성이 없을 것
④ 고화 시 체적수축 등에 의한 내부변형을 일으키지 않을 것

해설

크리프가 커진다는 것은 지속적인 변형이 발생한다는 것을 의미하므로 옳지 않다.

59 유리블록(Glass Block)에 관한 설명으로 옳지 않은 것은?

① 유리블록은 블록모양으로 된 유리제의 중공블록이다.
② 벽에 사용 시 부드러운 광선이 들어오고 유리창보다 균일한 확산광이 얻어진다.
③ 열전도율이 벽돌의 1/4 정도여서 실내의 냉・난방에 효과가 있다.
④ 음향 투과손실은 보통 판유리보다 작다.

해설

유리블록은 음의 투과성이 낮다. 즉 보통 판유리보다 투과되지 않고 투과손실이 큰 특징을 갖고 있다.

60 다음 중 아스팔트의 물리적 성질에 있어 아스팔트의 견고성 정도를 평가한 것은?

① 신도 ② 침입도
③ 내후성 ④ 인화점

해설

침입도
- 아스팔트의 경도를 표시하는 것이다.
- 규정된 침이 시료 중에 수직으로 진입된 길이를 나타내며, 단위는 0.1mm를 1로 한다.

4과목 실내디자인 환경

61 학교 교실의 채광을 위하여 설치하는 창문 등의 면적은 교실 바닥면적의 최소 얼마 이상이어야 하는가? (단, 거실의 용도에 따른 기준 조도 이상의 조명장치를 설치한 경우는 제외한다)

① 1/5 ② 1/8
③ 1/10 ④ 1/20

정답 57 ④ 58 ② 59 ④ 60 ② 61 ③

해설

거실의 채광 및 환기 기준(건축물의 피난 · 방화구조 등의 기준에 관한 규칙 제17조)

채광 및 환기 시설의 적용대상	창문 등의 면적	제외
• 주택(단독, 공동)의 거실 • 학교의 교실 • 의료시설의 병실 • 숙박시설의 객실	채광시설 : 거실 바닥면적의 1/10 이상	기준 조도 이상의 조명장치 설치 시
	환기시설 : 거실 바닥면적의 1/20 이상	기계환기장치 및 중앙관리방식의 공기조화 설비 설치 시

62 숙박시설의 객실 간 경계벽의 구조 및 설치 기준으로 옳지 않은 것은?

① 내화구조로 하여야 한다.

② 지붕 밑 또는 바로 위층의 바닥판까지 닿게 한다.

③ 철근콘크리트조의 경우에는 그 두께가 10cm 이상이어야 한다.

④ 콘크리트블록조의 경우에는 그 두께가 15cm 이상이어야 한다.

해설

콘크리트블록조의 경우에는 그 두께가 19cm 이상이어야 한다.

63 특급 소방안전관리대상물의 관계인이 선임하여야 하는 소방안전관리자의 자격기준으로 옳지 않은 것은?

① 소방기술사

② 소방공무원으로 10년 이상 근무한 경력이 있는 사람

③ 소방설비기사의 자격을 취득한 후 5년 이상 1급 소방안전관리대상물의 소방안전관리자로 근무한 실무경력이 있는 사람

④ 소방설비산업기사의 자격을 취득한 후 7년 이상 1급 소방안전관리대상물의 소방안전관리자로 근무한 실무경력이 있는 사람

해설

소방공무원으로 20년 이상 근무한 경력이 있는 사람이 해당된다.

64 문화 및 집회시설 중 공연장의 개별 관람실의 바깥쪽에 있어 그 양쪽 및 뒤쪽에 각각 복도를 설치하여야 하는 최소 바닥면적의 기준으로 옳은 것은?

① 개별 관람실의 바닥면적이 300m² 이상

② 개별 관람실의 바닥면적이 400m² 이상

③ 개별 관람실의 바닥면적이 500m² 이상

④ 개별 관람실의 바닥면적이 600m² 이상

해설

공연장의 경우 해당 용도로 쓰는 바닥면적의 합계가 각각 300m² 이상일 경우 설치대상이 된다.

※ **설치대상**
- 제2종 근린생활시설 중 공연장 · 종교집회장(해당 용도로 쓰는 바닥면적의 합계가 각각 300m² 이상)
- 문화 및 집회시설(전시장 및 동 · 식물원은 제외)
- 종교시설, 위락시설, 장례식장

65 자연환기에 관한 설명으로 옳지 않은 것은?

① 개구부 면적이 클수록 환기량은 많아진다.

② 실내외의 온도차가 클수록 환기량은 많아진다.

③ 일반적으로 공기유입구와 유출구 높이 차이가 클수록 환기량은 많아진다.

④ 2개의 창을 한쪽 벽면에 설치하는 것이 양쪽 벽에 대면하여 설치하는 것보다 효과적이다.

해설

2개의 창을 양쪽 벽에 대면하여야 실내 전반에 환기효과가 발생할 수 있다.

정답 62 ④ 63 ② 64 ① 65 ④

66 전열에 관한 설명으로 옳은 것은?

① 벽체의 관류열량은 벽 양측 공기의 온도차에 반비례한다.

② 벽이 결로 등에 의해 습기를 포함하면 열관류저항이 커진다.

③ 유리의 열관류저항은 그 양측 표면열전달저항의 합의 2배 값과 거의 같다.

④ 벽과 같은 고체를 통하여 유체(공기)에서 유체(공기)로 열이 전해지는 현상을 열관류라고 한다.

해설

① 벽체의 관류열량은 벽 양측 공기의 온도차에 비례한다.
② 벽이 결로 등에 의해 습기를 포함하면 열관류저항이 작아진다.
③ 유리는 얇은 두께의 부재이기 때문에 유리 자체의 열저항이 미미하여, 유리의 열관류저항은 그 양측 표면열전달저항의 합과 거의 같다.

67 실내공기질 관리법령에 따른 신축 공동주택의 실내공기질 측정항목에 속하지 않는 것은?

① 오존

② 벤젠

③ 라돈

④ 폼알데하이드

해설

신축 공동주택의 실내공기질 권고기준(실내공기질 관리법 시행규칙 [별표 4의2])

- 폼알데하이드 : 210μg/m^3 이하
- 벤젠 : 30μg/m^3 이하
- 톨루엔 : 1,000μg/m^3 이하
- 에틸벤젠 : 360μg/m^3 이하
- 자일렌 : 700μg/m^3 이하
- 스티렌 : 300μg/m^3 이하
- 라돈 : 148Bq/m^3 이하

68 가로 9m, 세로 9m, 높이가 3.3m인 교실이 있다. 여기에 광속이 3,200lm인 형광등을 설치하여 평균 조도 500lx를 얻고자 할 때 필요한 램프의 개수는?(단, 보수율은 0.8, 조명률은 0.6이다)

① 20개 ② 27개

③ 35개 ④ 42개

해설

$$F=\frac{E\times A\times D}{N\times U}=\frac{E\times A}{N\times U\times M}(\text{lm})$$

여기서, F : 램프 1개당의 전광속(lm)
E : 요구하는 조도(lx)
A : 조명하는 실내의 면적(m^2)
D : 감광보상률$\left(=\frac{1}{M}\right)$
N : 필요로 하는 램프 개수
U : 기구의 그 실내에서의 조명률
M : 램프감광과 오손에 대한 보수율(유지율)

$$N=\frac{EA}{FUM}=\frac{500\times(9\times 9)}{3,200\times 0.6\times 0.8}=26.37$$

∴ 필요한 램프의 개수는 27개

※ 램프의 개수는 특별한 조건이 없으면 소수점 첫째짜리에서 올림한다.

69 문화 및 집회시설(전시장 및 동 · 식물원은 제외)의 용도로 쓰이는 건축물의 관람실 또는 집회실의 반자의 높이는 최소 얼마 이상이어야 하는가?(단, 관람실 또는 집회실로서 그 바닥면적이 200m^2 이상인 경우)

① 2.1m ② 2.3m

③ 3m ④ 4m

해설

거실의 반자높이(건축물의 피난 · 방화구조 등의 기준에 관한 규칙 제16조)

㉠ 거실의 반자는 그 높이를 2.1미터 이상으로 하여야 한다.
㉡ 문화 및 집회시설(전시장 및 동 · 식물원은 제외), 종교시설, 장례식장 또는 위락시설 중 유흥주점의 용도에 쓰이는 건축물의 관람실 또는 집회실로서 그 바닥면적이 200제곱미터 이상인 것의 반자의 높이는 ㉠의 규정에 불구하고 4미터(노대의 아랫부분의 높이는 2.7미터) 이상이어야 한다. 다만, 기계환기장치를 설치하는 경우에는 그러하지 아니하다.

정답 66 ④ 67 ① 68 ② 69 ④

70 소방시설법령에 따라 무창층은 특정 조건을 가진 개구부 합계의 기준에 따라 판단하도록 되어 있는데 이 개구부의 요건으로 옳지 않은 것은?

① 크기는 지름 50cm 이상의 원이 내접(內接)할 수 있는 크기일 것
② 해당 층의 바닥면으로부터 개구부 밑부분까지의 높이가 1.2m 이내일 것
③ 도로 또는 차량이 진입할 수 있는 빈터를 향할 것
④ 내부 또는 외부에서 쉽게 파괴되지 않도록 할 것

해설

무창층에서의 개구부는 내부 또는 외부에서 쉽게 부수거나 열 수 있도록 해야 한다.

71 다음 중 통기관의 설치목적과 가장 거리가 먼 것은?

① 배수계통 내의 배수 및 공기의 흐름을 원활히 한다.
② 모세관현상에 의해 트랩봉수가 파괴되는 것을 방지한다.
③ 사이펀작용에 의해 트랩봉수가 파괴되는 것을 방지한다.
④ 배수관 계통의 환기를 도모하여 관 내를 청결하게 유지한다.

해설

모세관현상
머리카락 등이 트랩에 끼고, 머리카락 틈을 통해 봉수가 빠져나가 봉수가 파괴되는 현상이다.

72 A실의 냉방부하를 계산한 결과 현열부하가 5,000W이다. 취출공기온도를 16℃로 할 경우 송풍량은?(단, 실온은 26℃, 공기의 밀도는 1.2kg/m³, 공기의 비열은 1.01kJ/kg · K이다)

① 약 825m³/h ② 약 1,240m³/h
③ 약 1,485m³/h ④ 약 2,340m³/h

해설

$$Q(\text{송풍량, m}^3/\text{h}) = \frac{q_s(\text{현열부하})}{\rho(\text{밀도}) \times C_P(\text{비열}) \times \Delta t(\text{취출온도차})}$$

$$= \frac{5{,}000\text{W(J/sec)} \times 3{,}600 \div 1{,}000}{1.2\text{kg/m}^3 \times 1.01\text{kJ/kgK} \times (26-16)}$$

$$= 1{,}485.15\text{m}^3/\text{h} \fallingdotseq 1{,}485\text{m}^3/\text{h}$$

73 다음 중 소방시설의 한 종류인 경보설비에 해당되지 않는 것은?

① 비상방송설비 ② 자동화재속보설비
③ 비상콘센트설비 ④ 통합감시설비

해설

비상콘센트설비는 소화활동설비에 속한다.

74 방염성능기준 이상의 실내장식물 등을 설치하여야 하는 특정소방대상물에 해당되지 않는 것은?

① 의료시설 중 종합병원
② 건축물의 옥내에 있는 운동시설(수영장은 제외)
③ 11층 이상인 아파트
④ 교육연구시설 중 합숙소

해설

방염성능기준 이상의 실내장식물 등을 설치하여야 하는 특정소방대상물에서 아파트는 제외된다.

75 건축허가 등을 할 때 미리 소방본부장 또는 소방서장의 동의를 받아야 하는 건축물 등의 범위 기준으로 옳지 않은 것은?

① 노유자시설 및 수련시설로서 연면적이 200m² 이상인 것
② 차고 · 주차장으로 사용되는 바닥면적이 200m² 이상인 층이 있는 건축물이나 주차시설

정답 70 ④ 71 ② 72 ③ 73 ③ 74 ③ 75 ③

③ 승강기 등 기계장치에 의한 주차시설로서 자동차 15대 이상을 주차할 수 있는 시설

④ 지하층 또는 무창층이 있는 건축물로서 바닥면적이 $150m^2$ 이상인 층이 있는 것

해설

건축허가 등의 동의대상물의 범위 등(소방시설 설치 및 관리에 관한 법률 시행령 제7조)

차고 · 주차장 또는 주차용도로 사용되는 시설로서 다음의 어느 하나에 해당하는 것은 건축허가 등을 할 때 미리 소방본부장 또는 소방서장의 동의를 받아야 한다.

- 차고 · 주차장으로 사용되는 바닥면적이 200제곱미터 이상인 층이 있는 건축물이나 주차시설
- 승강기 등 기계장치에 의한 주차시설로서 자동차 20대 이상을 주차할 수 있는 시설

76 다음의 설명에 알맞은 급수방식은?

- 설치비가 저렴하다.
- 수질오염의 염려가 적다.
- 수도관 내의 수압을 이용하여 필요기기까지 급수하는 방식이다.

① 고가탱크방식 ② 수도직결방식
③ 압력탱크방식 ④ 펌프직송방식

해설

수도직결방식

도로 밑의 수도 본관에서 분기하여 건물 내에 직접 급수하는 방식으로서 수질오염의 염려가 가장 적은 급수방식이다.

77 잔향시간에 관한 설명으로 옳지 않은 것은?

① 잔향시간은 실용적에 비례한다.

② 잔향시간이 너무 길면 음의 명료도가 저하된다.

③ 잔향시간은 실내가 확산음장이라고 가정하여 구해진 개념이다.

④ 음악감상을 주로 하는 실은 대화를 주로 하는 실보다 짧은 잔향시간이 요구된다.

해설

대화를 주로 하는 실은 음악감상을 주로 하는 실보다 짧은 잔향시간이 요구된다.

78 굴뚝효과(Stack Effect)의 가장 주된 발생원은?

① 온도차 ② 유속차
③ 습도차 ④ 풍향차

해설

굴뚝효과(Stack Effect)

중력환기라고도 하며, 실내외 온도차와 실내의 연속된 수직공간에 따라 발생하게 된다.

79 공기조화방식 중 이중덕트방식에 관한 설명으로 옳지 않은 것은?

① 전공기방식이다.

② 부하특성이 다른 다수의 실이나 존에도 적용할 수 있다.

③ 덕트 샤프트나 덕트 스페이스가 필요 없거나 작아도 된다.

④ 냉 · 온풍의 혼합으로 인한 혼합손실이 있어서 에너지 소비량이 많다.

해설

이중덕트방식은 온덕트와 냉덕트를 동시에 구성해야 하므로 덕트 스페이스가 크다.

80 간이스프링클러설비를 설치하여야 하는 특정소방대상물의 연면적 기준으로 옳은 것은?(단, 교육연구시설 내 합숙소의 경우)

① $50m^2$ 이상 ② $100m^2$ 이상
③ $150m^2$ 이상 ④ $200m^2$ 이상

해설

간이스프링클러설비를 설치하여야 하는 특정소방대상물(소방시설 설치 및 관리에 관한 법률 시행령 제11조 [별표 4])

교육연구시설 내에 합숙소로서 연면적 $100m^2$ 이상인 것

정답 76 ② 77 ④ 78 ① 79 ③ 80 ②

2023년 1회 실내건축기사

1과목 실내디자인 계획

01 다음 실내디자인의 개념에 대한 설명 중 옳지 않은 것은?

① 인간생활의 쾌적성을 추구하는 디자인 활동이다.
② 실내공간을 환경적, 상업적 공간으로만 완성하는 전문 과정이다.
③ 미적, 기능적 공간을 창출하는 디자인 행위이다.
④ 다양한 요소를 반영하여 인간환경을 구축하는 작업이다.

해설

실내디자인의 개념
인간에게 적합한 환경, 공간 내부를 각기 목적과 용도에 맞게 계획되고 형태화하는 과정이다. 즉 생활공간을 쾌적성 추구가 최대의 목표로 가장 우선시 되어야 하는 것은 기능적인 면이다.

02 다음 중 주거공간의 조닝(Zoning) 방법과 가장 거리가 먼 것은?

① 융통성에 의한 구분
② 주 행동에 의한 구분
③ 사용시간에 의한 구분
④ 프라이버시 정도에 따른 구분

해설

조닝 방법
사용자의 특성, 사용빈도, 행동에 의한 구분, 사용시간에 의한 구분, 프라이버시 정도에 따른 구분하여 공간을 조닝한다.

03 다음 중 실내디자인의 개념과 가장 거리가 먼 것은?

① 순수예술
② 실행과정
③ 전문과정
④ 디자인 활동

해설

실내디자인
인간이 거주하는 공간을 보다 능률적이고 쾌적하게 계획하는 작업으로 순수예술이 아닌 인간 생활을 위한 물리적, 환경적, 기능적, 심미적, 경제적 조건 등을 고려하여 공간을 창출해내는 창조적인 전문분야이다.

04 다음 중 공간의 레이아웃에 대한 설명으로 가장 알맞은 것은?

① 공간에서의 이동패턴을 계획하는 동선계획이다.
② 공간을 형성하는 부분과 설치되는 물체의 평면상배치의 계획이다.
③ 조형적 아름다움을 부각하는 작업이다.
④ 생활행위를 분석해서 분류하는 작업이다.

해설

공간의 레이아웃
공간을 형성하는 부분과 설치되는 물체의 평면상의 계획이다.

05 디자인 원리 중 점이(Gradation)에 대한 설명으로 가장 적당한 것은?

① 색채, 문양, 질감, 선이나 형태가 되풀이됨으로써 이어지는 리듬
② 중심축에서 밖으로 선이 퍼져 나가는 리듬의 일종
③ 원형 아치, 늘어진 커튼이나 둥근 의자 등에서 볼 수 있는 리듬
④ 공간, 형태, 색상 등의 점차적인 변화로 생기는 리듬

정답 01 ② 02 ① 03 ① 04 ② 05 ④

해설

①·③ : 반복, ② : 방사

디자인 원리 – 리듬

점이 : 형태의 크기, 방향, 질감, 색상 등 단계적인 변화로 나타내는 원리로 반복의 경우보다는 동적이다.

06 디자인 요소로서 선에 대한 설명으로 틀린 것은?

① 길이의 개념은 있으나 폭과 부피의 개념은 없다.

② 어떤 형상을 규정하거나 한정하고 면적을 분할한다.

③ 점이 이동한 궤적이며 면의 한계, 교차에서 나타난다.

④ 선은 수직선, 수평선, 사선, 곡선이 있으며 이 중에서 사선이 가장 안정적이다.

해설

- 사선 : 약동감, 속도감, 운동성, 불안정, 변화, 반항
- 수평선 : 안정, 균형, 침착, 평등, 고요

07 사무소 건축의 코어에 관한 설명으로 옳은 것은?

① 양단코어형은 2방향 피난에 이상적인 관계로 방재상 유리하다.

② 편심코어형은 기준층 바닥면적이 작은 경우에 적용이 불가능하다.

③ 독립코어형은 고층, 초고층의 대규모 사무소 건축에 주로 사용된다.

④ 중심코어형은 외코어라고도 하며 코어를 업무 공간에서 별도로 분리시킨 유형이다.

해설

②·③은 중심코어형, ④은 독립코어형에 대한 설명이다.

양단코어형

공간의 분할, 개방이 자유로운 형태로 재난 시 두 방향으로 대피가 가능하고 2방향 피난에 이상적인 관계로 방재, 피난상 유리하다.

08 공간의 영역을 옳게 나열한 것은?

① 사회적 영역 : 거실, 가족실, 현관, 식사실

② 개인적 영역 : 침실, 서재, 욕실, 응접실

③ 서비스 보조 영역 : 창고, 건조공간, 취미실

④ 작업 영역 : 주방, 세탁실, 주차장, 발코니

해설

- 사회적 영역 : 거실, 응접실, 식사실, 현관
- 개인적 영역 : 서재, 침실, 자녀방, 노인방
- 작업 영역 : 주방, 세탁실, 가사실, 다용도실

09 부엌의 평면형 중 작업동선이 짧고 부엌의 면적을 줄일 수 있는 이점이 있으나 평면계획상 외부로 통하는 출입구의 설치가 곤란한 형식은?

① 일렬형	② ㄷ자형
③ 병렬형	④ ㄱ자형

해설

ㄷ자형(U자형)

인접한 3면의 벽에 작업대를 배치하는 형식으로 가장 편리하고 수납공간이 넓으며 능률적인 배치가 가능하나 소요면적이 크다.

10 실내 기본요소 중 문에 대한 설명으로 옳지 않은 것은?

① 문의 치수는 기본적으로 사람의 출입을 기준으로 결정된다.

② 실내에서의 문의 위치는 내부공간에서의 동선을 결정한다.

③ 여닫이문은 문틀의 홈으로 2~4개의 문이 미끄러져 닫히는 문으로 일반적으로 슬라이딩 도어라고 한다.

④ 사람이 출입하는 문의 폭은 일반적으로 900mm 정도이다.

정답 06 ④ 07 ① 08 ① 09 ② 10 ③

해설

- 여닫이문 : 문틀에 경첩을 달아 작동이 용이하고, 개폐 시 회전을 위한 허용공간이 필요하다. 또한 개폐방법에 따라 안여닫이 밖여닫이로 구분한다.
- 미서기문 : 문틀의 홈으로 2~4개의 문이 미끄러져 닫히는 문으로 일반적으로 슬라이딩 도어라고 한다.

11 결정된 디자인으로 견적, 입찰, 시공 등 설계 이후의 후속 작업과 시공을 위한 제반 도서를 제작하는 설계 과정은?

① 기획설계 ② 기본설계
③ 실시설계 ④ 기본계획

해설

실시설계
기본 설계 단계에서 결정된 디자인을 견적, 입찰, 시공 등 설계 이후의 후속 작업과 시공을 위한 제반 도서로 제작하는 과정으로 실시설계 도서로 제작되기 위해서는 객관화된 일정한 도서표기 방식에 따라 도서로 제작해야 한다.

12 다음 중 상점의 매장 내 진열장을 배치계획할 때 가장 중심적으로 고려해야 할 사항은?

① 고객동선
② 영업시간
③ 조명의 조도
④ 진열 케이스의 수

해설

고객동선
가장 우선순위는 고객의 동선을 원할히 처리하는 것으로 충동구매를 유도하기 위해 길게 배치하는 것이 좋으며, 종업원 동선은 교차되지 않도록 한다.

13 실내디자인의 원리 중 스케일과 비례에 관한 설명으로 옳지 않은 것은?

① 비례는 물리적 크기를 선으로 측정하는 기하학적 개념이다.
② 스케일을 검토하는 데 있어 가장 중요한 대상이 되는 것은 공간이다.
③ 공간 내의 비례관계는 평면, 입면, 단면에 있어서 입체적으로 평가되어야 한다.
④ 스케일은 인간과 물체와의 관계이며, 비례는 물체와 물체 상호간의 관계를 갖는다.

해설

스케일
스케일을 검토하는 데 있어 가장 중요한 대상이 되는 것은 인간의 동작범위를 고려하여 공간 관계형성의 측정기준이 된다.

14 사무실의 개방식 배치의 한 형식으로 업무와 환경을 경영관리 및 환경적 측면에서 개선한 것으로 사무 업무를 사람의 흐름과 정보의 흐름을 매체로 효율적인 네트워크가 되도록 배치하는 방법은?

① 죠닝 ② 매트릭스
③ 버블다이어그램 ④ 오피스 랜드스케이프

해설

오피스 랜드스케이프
개방식 평면형의 한 형태로 고정된 칸막이를 쓰지 않고 이동식 파티션이나 가구, 식물 등으로 공간이 구분되는 형식으로 적당한 프라이버시를 유지하는 동시에 효율적인 사무공간을 연출할 수 있다.

15 19세기말부터 20세기초에 걸쳐 벨기에와 프랑스를 중심으로 모리스와 미술·공예운동의 영향을 받아서 과거의 양식과 결별하고 식물이 갖는 단순한 곡선형태를 인테리어 가구 구성에 이용한 예술운동은?

① 아르데코 ② 아르누보
③ 아방가르드 ④ 컨템포러리

정답 11 ③ 12 ① 13 ② 14 ④ 15 ②

해설

아르누보(Art-Nouveau)
1900년 초반에 파리를 중심으로 일어난 신예술운동이다. 제품의 대량 생산으로 인한 질적 하락을 수공예를 통해 예술로 승화시키려는 미술공예운동의 윌리엄 모리스의 영향을 받아 자연의 유기적 형태를 통해 식물의 곡선미를 많이 이용하였다.

※ **자연에서 모티브 추구** : 곡선의 장식적 가치를 강조

16 장식품(Accessory)에 관한 설명으로 옳지 않은 것은?

① 실내디자인을 완성하게 하는 보조적인 역할을 한다.
② 실내 공간의 성격, 크기, 마감재료, 색채 등을 고려하여 그 종류를 선정한다.
③ 디자인의 의도에 따라 실의 분위기나 시각적 효과를 좌우하는 요소가 될 수 있다.
④ 디자인의 완성도를 높이기 위하여 도입하는 것으로서 심미적 감상 목적의 물품만을 말한다.

해설

장식물
실내를 구성하는 여러 가지 요소들을 조합, 연출해 나가는 과정에서 기능적인 측면보다 장식적인 측면을 강조한 것으로 실용적이고 기능적인 장식품도 있다.

※ **실용적인 장식품** : 생활에 있어 실질적 기능을 담당하는 물품(조명기구, 가전제품 등)

17 건축제도의 글자 및 치수에 관한 설명으로 옳지 않은 것은?

① 글자의 크기는 각 도면의 상황에 맞추어 알아보기 쉬운 크기로 한다.
② 글자체는 수직 또는 15° 경사의 고딕체로 쓰는 것을 원칙으로 한다.
③ 문장은 왼쪽부터 세로쓰기를 원칙으로 한다.
④ 숫자는 아라비아 숫자를 원칙으로 한다.

해설

건축제도 글자
문장은 왼쪽에서부터 가로쓰기를 원칙으로 한다.

18 전통한옥의 구조에서 중채 또는 바깥채에 있어 주로 남자가 기거하고 손님을 맞이하는 데 쓰이던 곳은?

① 안방　　② 대청
③ 사랑방　　④ 건넌방

해설

사랑방
전통한옥의 구조에서 남자들이 거주하며 학문을 수양하고 손님을 맞이하기도 했던 공간으로 안방 맞은편에 위치하였다.

19 오피스 랜드스케이프(Office Landscape)에 관한 설명 중 부적합한 것은?

① 사무공간의 능률향상을 위한 배려와 개방공간에서의 근무자의 심리적 상태를 고려한 사무공간 계획 방식이다.
② 산만하고 인위적 분위기를 정리하기 위해 고정된 간막이벽으로 구획한다.
③ 시각적인 프라이버시 확보가 어렵고, 소음상의 문제가 발생할 수 있다.
④ 오피스 작업을 사람의 흐름과 정보의 흐름을 매체로 효율적인 네트워크가 되도록 배치하는 방법이다.

해설

오피스 랜드스케이프
개방식 평면형의 한 형태로 고정된 칸막이를 쓰지 않고 이동식 파티션이나 가구, 식물 등으로 공간이 구분되는 형식으로 적당한 프라이버시를 유지하는 동시에 효율적인 사무공간을 연출할 수 있다.

정답　16 ④　17 ③　18 ③　19 ②

20 쇼룸의 공간구성은 상품전시공간, 상담공간, 어트랙션(Attraction)공간, 서비스공간, 통로공간, 출입구를 포함한 파사드로 구성되어 진다. 다음 중 어트랙션(Attraction)공간에 대한 설명으로 가장 알맞은 것은?

① 진열되는 상품을 디스플레이하기 위한 공간으로 진열대와 진열대구, 연출기구 등이 필요하다.
② 입구에서 관람객의 시선을 집중시켜 쇼룸의 내부로 관람객을 유인하는 역할을 한다.
③ 전시상품에 대한 정보를 알리거나 관람자를 안내하기 위한 공간이다.
④ 구매상담을 도와주고 관람자를 통제하는 공간이다.

해설

- 어트랙션(Attraction)공간 : 입구에서 관람객의 시선을 집중시켜 쇼룸의 내부로 관람객을 유인하는 역할이다.
- 쇼룸(Showroom) : 일정기간 판매촉진을 목적으로 상품 등을 전시해서 소비자의 이해를 돕고 구매의욕을 촉진시킨다.

2과목 실내디자인 색채 및 사용자 행태분석

21 색의 동화현상이 가장 잘 발생하는 경우는?

① 좁은 시야에 복잡하고 섬세하게 배치되었을 때
② 채도 차이가 클 때
③ 명도는 비슷하며 색상이 서로 보색 관계에 있을 때
④ 조명이 밝고 무늬가 클 때

해설

색의 동화현상
두 색을 서로 인접 배색했을 때 서로의 영향으로 실제보다 인접 색에 가까운 것처럼 지각되는 현상이다.

22 슈브럴(M. E. Chevreul)의 색채 조화론과 관계가 없는 것은?

① 도미넌트 컬러
② 보색 배색의 조화
③ 세퍼레이션 컬러
④ 동일 색상의 조화

해설

슈브럴 : 색의 조화와 대비의 법칙과 4가지 조화의 법칙

동시대비의 원리	명도가 비슷한 인접 색상을 동시에 배색하면 조화된다.
도미넌트 컬러조화	지배적인 색조의 느낌, 통일감이 있어야 조화된다.
세퍼레이션 컬러조화	두 색이 부조화일 때 그 사이에 흰색, 검은색을 더하면 조화된다.
보색배색의 조화	두 색의 원색에 강한 대비로 성격을 강하게 표현하면 조화된다.

23 색채디자인의 목적으로 적합하지 않은 것은?

① 상품의 이미지를 보다 효과적으로 만들어 낸다.
② 사용자의 감성적 요구를 반영하여 상품 구매율을 높인다.
③ 색채의 체계적인 사용을 통하여 상품의 부가가치를 높인다.
④ 최대한 다양한 색상 조합을 통하여 소비자의 시선을 유도한다.

해설

사용 목적에 맞는 색을 선택하여 최소한의 색상조합을 통해 소비자의 시선을 유도한다.

24 색의 설명 중 잘못된 것은?

① 황색은 녹색보다 진출하여 보인다.
② 주황색은 녹색보다 따뜻하게 느껴진다.
③ 황색은 청색보다 커 보인다.
④ 황색은 녹색보다 무겁게 느껴진다.

정답 20 ② 21 ① 22 ④ 23 ④ 24 ④

해설

황색은 녹색보다 가볍게 느껴진다.
- 한색 : 명도가 낮고, 채도가 높은색은 딱딱한 느낌을 준다.
- 난색 : 명도가 높고, 채도가 낮은 것은 부드러운 느낌을 준다.

25 다음 색상에 대한 연상으로 일반적이지 않은 것은?

① 노랑 : 여성, 꽃, 종교, 고귀
② 검정 : 암흑, 종교, 장의
③ 녹색 : 구호, 안전, 진행
④ 주황 : 고압, 경계, 위험

해설

노랑 : 희망, 광명, 명랑, 유쾌

26 오스트발트 표색계의 색표기 방법인 "8pa" 중 "p"가 의미하는 것은?

① 색상기호 ② 흑색량
③ 백색량 ④ 순색량

해설

오스트발트 색체계 기호법
색상번호 : 8, 백색량 : p, 흑색량 : a

27 태양 빛과 형광등에서 다르게 보이는 물체색이 시간이 지나면 같은 색으로 느껴지는 현상은?

① 연색성 ② 색순응
③ 박명시 ④ 푸르킨예 현상

해설

- 색순응 : 눈이 조명 빛, 색광에 대하여 익숙해지면서 순응하는 것으로 색이 순간적으로 변해 보이는 현상이다.
- 박명시 : 어둠이 깔리기 시작하면 추상체와 간상체가 작용하여 상이 흐릿하게 보이는 상태이다.
- 연색성 : 같은 물체색이라도 조명에 따라 색이 달라져 보이는 현상이다.

28 색표로 물체의 표준색을 미리 정하여 비교하는 색 표시 체계는?

① L*a*b* 색체계 ② 먼셀 색체계
③ CIE 색체계 ④ XYZ 색체계

해설

먼셀 색체계
색상은 적(R), 황(Y), 녹(G), 청(B), 자(P) 5가지 기본색으로 보색을 추가하여 10색상을 나누어 척도화 하였다.

29 다음 중 가법혼색의 설명으로 옳은 것은?

① 마젠타(Magenta), 노랑(Yellow), 시안(Cyan)이 기본색인 안료의 혼합이다.
② 빨강, 녹색, 파랑이 기본인 색광혼합이다.
③ 기본색을 혼합하면 더 어둡고 칙칙해진다.
④ 마이너스 효과라고도 한다.

해설

가법혼합(가산혼합, 색광혼합)
빛의 혼합으로 빨강(Red), 초록(Green), 파랑(Blue) 3종의 색광을 혼합했을 때 원래의 색광보다 밝아지는 혼합이다.

30 색채조화의 공통되는 원리에 대한 설명으로 틀린 것은?

① 색채조화는 두 색 이상의 배색에 있어서 모호한 점이 있는 배색에만 얻어진다.
② 가장 가까운 색채끼리의 배색은 보는 사람에게 친근감을 주며 조화를 느끼게 한다.
③ 배색된 색채들이 서로 공통되는 상태와 속성을 가질 때 그 색채군은 조화된다.
④ 배색된 색채들의 상태와 속성이 서로 반대되면서도 모호한 점이 없을 때 조화된다.

정답 25 ① 26 ③ 27 ② 28 ② 29 ② 30 ①

해설

색채조화

2색 또는 3색 이상의 배색에 있어서 모호한 점이 있는 배색에서는 얻어지지 않는다.

31 한국의 전통가구 중 장에 관한 설명으로 옳지 않은 것은?

① 단층장은 머릿장이라고도 불린다.

② 이층장이나 삼층장은 보통 남성공간인 사랑방에 사용되었다.

③ 이불장은 금침과 베개를 겹겹이 쌓아두는 장으로 보통 2층으로 된 것이 많다.

④ 의걸이장은 외관의장에 따라 만살의걸이, 평의걸이, 지장의걸이로 구분할 수 있다.

해설

한국 전통가구

남자가 사용하는 사랑방에는 책장, 의걸이장, 탁자장이 사용되었고, 여성이 기거하는 안방에는 이층장 및 삼층장 등이 사용되었다.

32 그림과 같은 인간-기계 통합체계를 컴퓨터시스템과 비교할 때 빗금 친 (가)부분에 해당하는 것으로 옳은 것은?

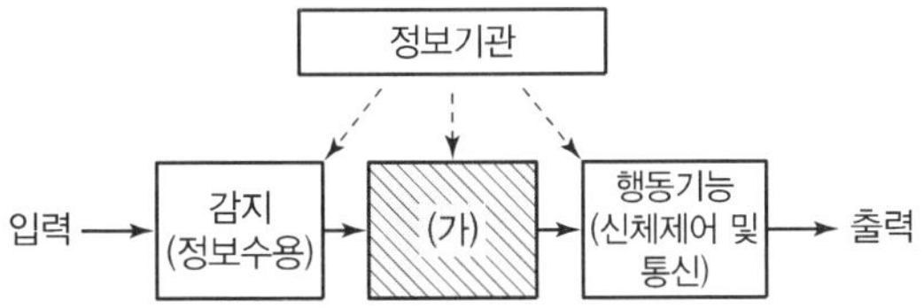

① 프린터(Printer)　　② 중앙처리장치(CPU)

③ 감지장치(Sensor)　　④ 펀치카드(Punch card)

해설

인간-기계 시스템의 기본 기능

정보입력 – 감지(정보수용)–정보처리 및 의사결정(중앙처리장치, CPU) – 행동기능(신체제어 및 통신) – 출력

33 다음은 시각적 표시장치와 조종장치(Control)를 포함하는 패널 설계 시 고려되어야 할 내용으로 우선순위가 높은 것부터 낮은 순서대로 바르게 나열한 것은?

- A : 자주 사용하는 부품은 편리한 위치에 배치
- B : 조정장치/표시장치 간의 관계(양립성 있는 운동관계)
- C : 주된 시각적 임무
- D : 주 시각임무와 교호(交互) 작용하는 주조종장치

① C－A－B－D　　② C－D－B－A

③ A－C－D－B　　④ B－A－D－C

해설

시각적 표시장치와 조정장치를 포함하는 패널 설계 시 고려사항

- 주된 시각적 임무
- 주 시각 임무와 교호작용하는 주 조종장치
- 조종장치/표시장치 간의 관계(관련되는 장치는 가까이, 양립성 있는 운동관계)
- 순서적으로 사용되는 부품의 배치
- 자주 사용되는 부품을 편리한 위치에 배치
- 체계 내 혹은 다른 체계의 여타 배치와 일관성 있게 배치

34 유닛 가구(Unit Furniture)에 관한 설명으로 옳은 것은?

① 규격화된 단일가구로 다목적으로 사용이 불가능하다.

② 가구의 형태를 변화시킬 수 없으며 고정적인 성격을 갖는다.

③ 특정한 사용목적이나 많은 물품을 수납하기 위해 건축화된 가구를 의미한다.

④ 공간의 조건에 맞도록 조합시킬 수 있으므로 공간의 이용효율을 높일 수 있다.

해설

유닛 가구

- 고정적이며 이동적인 성격을 갖는다.
- 규격화된 단일가구를 원하는 형태로 조합하여 사용할 수 있으며 다목적 사용이 가능하다.
- 공간의 조건에 맞도록 원하는 형태로 조합하여 공간의 효율을 높여 준다.

정답　31 ②　32 ②　33 ②　34 ④

35 근력(Strength)에 관한 설명으로 틀린 것은?

① 근력은 일반적으로 등척력으로 근육이 낼 수 있는 최대힘을 의미한다.

② 동적 근력을 등척력이라 하며, 정지된 상태에서 움직이기 시작할 때의 힘을 말한다.

③ 근력은 힘의 발휘조건에 따라 정적 근력과 동적 근력의 두 가지 유형으로 구분될 수 있다.

④ 동적 근력의 측정이 어려운 것은 가속, 관절 각도의 변화 등이 측정에 영향을 미치기 때문이다.

해설

- 동적근력 : 신체부위를 움직여 물체를 이동시킬 때의 근력을 등속력이라 한다.
- 정적근력 : 신체부위를 움직이지 않고 고정물체에 힘을 가하는 경우의 근력을 등척력이라 한다.

36 성인이 하루에 평균적으로 소모하는 에너지는 약 4,300kcal이고, 기초대사와 여가(Leisure)에 필요한 에너지는 2,300kcal이다. 8시간의 근로시간 동안 소요되는 분당 에너지는 약 얼마인가?

① 2kcal/min ② 4kcal/min

③ 8kcal/min ④ 10kcal/min

해설

에너지대사율

작업 강도 단위로서 산소소비량으로 측정한다.

$$R = \frac{\text{작업 시 소비에너지} - \text{안정 시 소비에너지}}{\text{기초대사량}} = \frac{\text{작업대사량}}{\text{기초대사량}}$$

$$R = \frac{2{,}300\text{kal} \times 8\text{h}}{4{,}300\text{kal}} = \frac{18{,}400}{4{,}300} = 4.279$$

37 다음 중 시각장치보다 청각장치를 사용하는 것이 바람직한 경우는?

① 정보의 내용이 복잡한 경우

② 정보의 내용이 후에 재참조되는 경우

③ 정보가 즉각적인 행동을 요구하는 경우

④ 직무상 정보의 수신자가 한 곳에 머무르는 경우

해설

청각적 표시장치

- 메시지가 간단하다.
- 메시지가 짧다.
- 메시지 후에 재참조되지 않는다.
- 메시지가 시간적 사상을 다룬다.
- 메시지가 즉각적인 행동을 요구한다(긴급할 때).
- 수신장소가 너무 밝거나 암조응 유지가 필요시
- 직무상 수신자가 자주 움직일 때
- 수신자가 시각계통이 과부하상태일 때

38 촉각에 관한 설명으로 틀린 것은?

① 촉각과 압각의 경계는 분명하게 구분된다.

② 촉각수용기의 분포와 밀도는 신체 부위에 따라 다르다.

③ 온도감각은 일반적으로 점막에는 거의 분포되어 있지 않다.

④ 통각은 피부뿐 아니라 피부 밑의 심부 및 내장에도 분포하고 있다.

해설

피부감각 – 촉각

피부 표층을 가볍게 스치듯 한 접촉은 촉각이라고 하며, 피부 표면이 물체와 접촉함으로 인해 생기는 압력을 압각이라 하고, 이 감각으로 느껴지는 피부점을 압점이라고 한다. 이처럼 촉각과 압각의 경계는 분명하게 구분할 수 없다.

39 다음 중 양립성(Compatibility)을 설명하는 내용으로 적절치 못한 것은?

① 청색은 정상을 나타내는 것과 같은 연상의 양립성은 개념적 양립성이다.

② 공간적 양립성은 표시장치의 이동방향이 조종장치의 이동방향과 일치할 때를 가리킨다.

정답 35 ② 36 ② 37 ③ 38 ① 39 ②

③ 표시장치의 이동방향과 조종장치의 이동방향이 다르면 인간실수가 증가된다.
④ 양립성이 클수록 자극에 대한 반응속도는 빨라진다.

해설

- 공간 양립성 : 조종장치와 해당하는 표시장치의 공간적 배열을 나타내는 양립성이다.
- 운동 양립성 : 조종장치와 움직임에 따른 표시장치의 움직임 또는 시스템의 동작에 따른 양립성을 나타낸다.

40 다음 중 인체 측정자료의 응용원리에서 최소 집단치를 적용하는 것이 가장 바람직한 경우는?

① 문틀 높이
② 등산용 로프의 강도
③ 제어 버튼과 조작자 사이의 거리
④ 비행기에서의 비상 탈출구 크기

해설

- 최소 집단치 : 선반의 높이, 조종장치까지의 거리(조작자와 제어버튼 사이의 거리), 비상벨의 위치 설계
- 최대 집단치 : 문(틀)의 높이, 등산용 로프의 강도, 비상 탈출구의 크기, 그네의 지지중량, 의자의 너비

3과목 실내디자인 시공 및 재료

41 공사감리자가 시공의 적정성을 판단하기 위하여 수행하는 업무가 아닌 것은?

① 소방완비대상에 포함될 경우 법에 따른 적합한 설비를 하였는지를 확인하고 시공자가 관할 관청에 점검을 받도록 지도한다.
② 설계도서에 준하여 시공되었는지에 대한 내용으로 체크리스트에 작성하고 이를 활용하여 시공의 적정성을 점검한다.
③ 현장에서 제작 설치되는 제품의 규격과 제작과정, 제작물의 작동 상태 등을 점검한다.
④ 감리자가 직접 준공도서를 작성하고 준공도서에 근거하여 시공 적정성을 파악한다.

해설

감리자가 준공도서에 근거하여 시공 적정성을 파악하는 것은 맞으나, 직접 준공도서를 작성하지는 않는다.

42 다음 중 점토제품의 품질에 관한 설명으로 옳지 않은 것은?

① 점토소성벽돌 표면의 은회색 그라우트는 소성이 불충분할 때 발생한다.
② 포장도로용 벽돌이나 타일은 내마모성의 보유가 매우 중요하다.
③ 점토벽돌의 품질은 압축강도, 흡수율 등으로 평가할 수 있다.
④ 화학적 안정성은 고온에서 소성한 제품이 유리하다.

해설

소성이 지나치게 많이 되었을 때 점토소성벽돌 표면에 은회색 그라우트가 발생한다.

43 다음 시멘트 조성광물 중 수축률이 가장 큰 것은?

① 규산 3석회(CS)
② 규산 2석회(C_2S)
③ 알루민산 3석회(C_3A)
④ 알루민산철 4석회(C_4AF)

해설

수화열, 조기강도 및 수축률 크기
알루민산 3석회>규산 3석회>규산 2석회
※ 알루민산철 4석회는 색상과 관계된 성분이다.

정답 40 ③ 41 ④ 42 ① 43 ③

44 벽 · 기둥 등의 모서리를 보호하기 위하여 미장바름질을 할 때 붙이는 보호용 철물은?

① 논슬립 ② 인서트
③ 코너 비드 ④ 크레센트

해설

코너 비드(Corner Bead)
벽, 기둥 등의 모서리를 보호하기 위하여 미장공사 전에 사용하는 철물로서 아연도금 철제, 스테인리스 철제, 황동제, 플라스틱 등이 있다.

45 강화유리에 관한 설명으로 옳지 않은 것은?

① 보통 판유리를 2장 이상으로 접합한 것이다.
② 강화열처리 후에 절단 · 구멍 뚫기 등의 재가공이 극히 곤란하다.
③ 보통유리에 비해 3~5배 정도 강하다.
④ 충격을 받아 파손되면 유리조각이 잘게 부서진다.

해설

①은 접합유리에 대한 설명이다.

46 콘크리트 블록쌓기에 관한 설명으로 옳지 않은 것은?

① 블록은 살(Shell)두께가 큰 면을 아래로 하여 쌓는다.
② 줄눈은 일반적으로 막힌줄눈으로 하며 철근으로 보강하는 등 특별한 경우에는 통줄눈으로 한다.
③ 모르타르 접촉면은 적당히 물축이기를 한다.
④ 규준틀에는 수평선을 치고 모서리, 중간요소에 먼저 기준이 되는 블록을 수평실에 맞추어 다림추 등을 써서 정확하게 설치한 다음 중간블록을 쌓는다.

해설

블록은 살(Shell)두께가 작은 면을 아래로 하여 쌓는다.

47 다음 H형강의 표기법으로 옳은 것은?

① $H - A \times B \times t_1 \times t_2$
② $H - A \times B \times t_2 \times t_1$
③ $H - B \times A \times t_1 \times t_2$
④ $H - B \times A \times t_2 \times t_1$

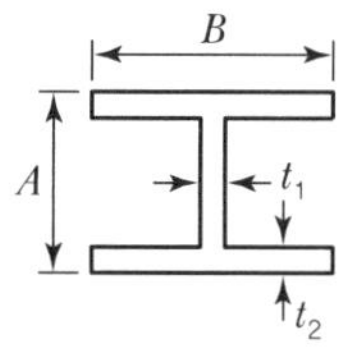

해설

형강 표기법
형강은 H(형강명) $- A$(높이)$\times B$(너비)$\times t_1$(웨브두께)$\times t_2$(플랜지두께)로 표기한다.

48 아스팔트 루핑에 관한 설명으로 옳은 것은?

① 펠트의 양면에 스트레이트 아스팔트를 가열용융시켜 피복한 것이다.
② 블론 아스팔트를 용제에 녹인 것으로 액상이다.
③ 석유, 석탄공업에서 경유, 중유 및 중유분을 뽑은 나머지로 대부분은 광택이 없는 고체로 연성이 전혀 없다.
④ 평지부의 방수층, 슬레이트평판, 금속판 등의 지붕깔기바탕 등에 이용된다.

해설

아스팔트 루핑은 아스팔트 제품 중 펠트의 양면에 블론 아스팔트를 피복하고 활석 분말 등을 부착하여 만든 제품으로서 지붕에 기와 대신 사용한다.
①은 아스팔트 펠트, ②는 아스팔트 프라이머, ③은 피치(Pitch)에 대한 설명이다.

49 금속재료에 관한 설명으로 옳지 않은 것은?

① 스테인리스강은 내화, 내열성이 크며, 녹이 잘 슬지 않는다.
② 동은 화장실 주위와 같이 암모니아가 있는 장소에서는 빨리 부식하기 때문에 주의해야 한다.
③ 알루미늄은 콘크리트에 접할 경우 부식되기 쉬우므로 주의하여야 한다.

정답 44 ③ 45 ① 46 ① 47 ① 48 ④ 49 ④

④ 청동은 구리와 아연을 주체로 한 합금으로 건축 장식 철물 또는 미술공예 재료에 사용된다.

해설

청동은 구리와 주석을 주체로 한 합금이다.

50 다음 중 경석고 플라스터에 관한 설명으로 옳지 않은 것은?

① 강도가 크며 수축균열이 작다.

② 알칼리성으로 철의 부식을 방지한다.

③ 무수석고를 화학처리하여 제조한다.

④ 킨즈 시멘트라고도 한다.

해설

경석고 플라스터는 약산성으로서 철을 부식시킬 수 있어 녹막이 칠이 필요하다.

51 원가절감을 목적으로 공사계약 후 당해 공사의 현장여건 및 사전조사 등을 분석한 이후 공사수행을 위하여 세부적으로 작성하는 예산은?

① 추경예산　② 변경예산

③ 실행예산　④ 도급예산

해설

실행예산

공사현장의 제반조건(자연조건, 공사장 내외 제조건, 측량결과 등)과 공사시공의 제반조건(계약내역서, 설계도, 시방서, 계약조건 등) 등에 대한 조사결과를 검토 · 분석한 후 계약내역과 별도로 시공사의 경영방침에 입각하여 당해 공사의 완공까지 필요한 실제 소요 공사비를 말한다.

52 횡선식 공정표에 대한 설명으로 옳지 않은 것은?

① 횡선에 의해 진도관리가 되고, 공사 착수 및 완료일이 시각적으로 명확하다.

② 전체 공정시기가 일목요연하고 경험이 적은 사람도 이용하기 쉽다.

③ 공기에 영향을 주는 작업의 발견이 용이하다.

④ 작업 상호 간에 관계가 불분명하다.

해설

작업 상호 간의 관계가 불명확하여 공기에 영향을 주는 작업의 발견이 어렵다.

53 실리콘(Silicon)수지에 관한 설명으로 옳지 않은 것은?

① 탄력성, 내수성 등이 아주 우수하기 때문에 접착제, 도료로서 주로 사용된다.

② 70～80℃의 고온에서는 연화되는 단점이 있다.

③ 가소물이나 금속을 성형할 때 이형제로 쓸 수 있을 정도로 피복력이 있다.

④ 발수성이 있기 때문에 건축물, 전기절연물 등의 방수에 쓰인다.

해설

실리콘수지

내열성이 우수하고 －60～260℃까지 탄성이 유지되며, 270℃에서도 수 시간 이용이 가능하다.

54 다음은 어떠한 품질관리수법에 대한 사항인가?

> 불량, 결점, 고장 등의 발생건수를 분류항목별로 나누어 크기 순서대로 나열해 놓은 것이다.

① 산점도　② 특성 요인도

③ 파레토도　④ 체크시트

해설

① 산점도 : 서로 대응되는 두 개의 짝으로 된 데이터를 그래프용지에 점으로 나타내어 두 변수 간의 상관관계를 짐작할 수 있다.

② 특성 요인도 : 결과에 원인이 어떻게 관계하고 있는가를 한눈에 알아보기 위하여 작성하는 것이다.

④ 체크시트 : 계수치의 데이터가 분류항목별 어디에 집중되어 있는가를 알아보기 쉽게 나타낸 것이다.

정답　50 ②　51 ③　52 ③　53 ②　54 ③

55 수직면으로 도장하였을 경우 도장 직후에 도막이 흘러내리는 현상의 발생 원인과 가장 거리가 먼 것은?

① 얇게 도장하였을 때
② 지나친 희석으로 점도가 낮을 때
③ 저온으로 건조시간이 길 때
④ Airless 도장 시 팁이 크거나 2차압이 낮아 분무가 잘 안 되었을 때

해설

한번에 두께를 두껍게 하면 도장 직후에 도막이 흘러내리는 현상이 발생할 가능성이 높아지며, 도막을 얇게 도장하면 해당 사항을 예방할 수 있다.

56 ALC(Autoclaved Lightweight Concrete)에 관한 설명으로 옳지 않은 것은?

① ALC 제품은 오토클레이브 양생을 해서 만든 기포콘크리트 제품이다.
② ALC 제품은 오토클레이브 양생을 하기 때문에 작은 비중에 비해 비교적 압축강도가 높아 기둥, 보 등의 구조재료로 주로 사용된다.
③ ALC 제품은 시공이 용이하고 내화성이 양호한 편이다.
④ ALC 제품은 우수한 음 및 열적 특성이 있고, 사용 후 변형이나 균열이 적다.

해설

ALC는 기둥 등 주요 구조부에 쓰기에는 상대적으로 강도가 작다.

57 철근콘크리트구조에서 철근과 콘크리트가 일체성이 될 수 있는 원리가 아닌 것은?

① 철근과 콘크리트는 온도에 의한 선팽창계수의 차가 크다.
② 콘크리트에 매립되어 있는 철근은 잘 녹슬지 않는다.
③ 철근과 콘크리트의 부착강도가 비교적 크다.
④ 콘크리트는 인장력에 약하므로 철근으로 보강한다.

해설

철근과 콘크리트는 선팽창계수가 유사하여 일체화 적용이 가능하다.

58 총 층수가 1층인 목구조 건축물에서 일반적으로 사용되지 않는 부재는?

① 토대 ② 통재기둥
③ 멍에 ④ 중도리

해설

통재기둥은 2층 이상에 걸쳐 하나의 목재로 구성된 기둥을 의미하므로, 1층인 목구조에는 일반적으로 사용하지 않는다.

59 다음 중 알루미늄의 성질에 관한 설명으로 옳지 않은 것은?

① 알루미늄은 비중이 철의 1/3 정도로 경량인 반면, 열・전기전도성이 크고 반사율이 높다.
② 알루미늄의 내식성은 그 표면에 치밀한 산화피막을 형성하기 때문에 부식이 쉽게 일어나지 않으며 알칼리나 해수에도 강하다.
③ 알루미늄의 부식률은 대기 중의 습도와 염분함유량, 불순물의 양과 질 등에 관계된다.
④ 알루미늄은 상온에서 판, 선으로 압연가공하면 경도와 인장강도가 증가하고 연신율이 감소한다.

해설

알루미늄은 맑은 물에 대해서는 내식성이 크나 해수, 산, 알칼리에 침식되며 콘크리트에 부식된다.

정답 55 ① 56 ② 57 ① 58 ② 59 ②

60 질이 단단하고 내구성 및 강도가 크며 외관이 수려하나 함유광물의 열팽창계수가 달라 내화성이 약한 석재로 외장 · 내장, 구조재, 도로포장재, 콘크리트 골재 등에 사용되는 것은?

① 응회암　② 화강암
③ 화산암　④ 대리석

해설

화강암
- 질이 단단하고 내구성 및 강도가 크고 외관이 수려하다.
- 견고하고 절리의 거리가 비교적 커서 대형재의 생산이 가능하다.
- 바탕색과 반점이 미려하여 구조재, 내외장재로 많이 사용된다.
- 내화도가 낮아 고열을 받는 곳에는 적당하지 않다(600℃ 정도에서 강도 저하).
- 세밀한 가공이 난해하다.

4과목 실내디자인 환경

61 반사형 단열재에 관한 설명으로 옳지 않은 것은?

① 반사하는 표면이 다른 재료와 접촉될 때 단열효과가 증가한다.
② 반사형 단열은 복사의 형태로 열이동이 이루어지는 공기층에 유효하다.
③ 중공벽 내의 중앙에 알루미늄박을 이중으로 설치하면 큰 단열효과가 있다.
④ 중공벽 내의 고온 측면에 복사율이 낮은 알루미늄박을 설치하면 표면 열전달저항이 증가한다.

해설

반사하는 표면이 다른 재료와 일부 이격되어 있을 때 복사열의 반사가 일어날 수 있다.

62 전기사업법령에 따른 저압의 범위로 옳은 것은?

① 직류 500V 이하, 교류 1,000V 이하
② 직류 1,000V 이하, 교류 500V 이하
③ 직류 600V 이하, 교류 750V 이하
④ 직류 1,500V 이하, 교류 1,000V 이하

해설

전기사업법령에 따른 전압의 분류

구분	직류	교류
저압	1,500V 이하	1,000V 이하
고압	1,500V 초과 7,000V 이하	1,000V 초과 7,000V 이하
특고압	7,000V 초과	7,000V 초과

63 온수난방 배관에서 리버스리턴(Reverse Return) 방식을 사용하는 주된 이유는?

① 배관길이를 짧게 하기 위해
② 배관의 부식을 방지하기 위해
③ 배관의 신축을 흡수하기 위해
④ 온수의 유량분배를 균일하게 하기 위해

해설

리버스리턴(Reverse Return) 방식(역환수방식)
보일러와 가장 가까운 방열기는 공급관이 가장 짧고 환수관은 가장 길게 배관한 것으로 각 방열기의 공급관과 환수관의 합은 각각 동일하게 되며, 동일저항으로 온수가 순환하므로 방열기에 온수를 균등히 공급할 수 있는 방식이다.

64 가로 9m, 세로 9m, 높이가 3.3m인 교실이 있다. 여기에 광속이 3,200lm인 형광등을 설치하여 평균 조도 500lx를 얻고자 할 때 필요한 램프의 개수는?(단, 보수율은 0.8, 조명률은 0.6이다)

① 20개　② 27개
③ 35개　④ 42개

정답　60 ②　61 ①　62 ④　63 ④　64 ②

해설

$$F=\frac{E\times A\times D}{N\times U}=\frac{E\times A}{N\times U\times M}\,(\mathrm{lm})$$

여기서, F : 램프 1개당의 전광속(lm)
E : 요구하는 조도(lx)
A : 조명하는 실내의 면적(m^2)
D : 감광보상률$\left(=\frac{1}{M}\right)$
N : 필요한 램프 개수
U : 실내에서 기구의 조명률
M : 램프감광과 오손에 대한 보수율(유지율)

$$N=\frac{EA}{FUM}=\frac{500\times(9\times9)}{3{,}200\times0.6\times0.8}=26.37$$

∴ 필요한 램프의 개수는 27개

65 공기조화방식에 관한 설명으로 옳지 않은 것은?

① 멀티존유닛방식은 전공기방식에 속한다.
② 단일덕트방식은 각 실이나 존의 부하변동에 대응이 용이하다.
③ 팬코일유닛방식은 각 실에 수배관으로 인한 누수의 우려가 있다.
④ 이중덕트방식은 냉·온풍의 혼합으로 인한 혼합손실이 있어서 에너지 소비량이 많다.

해설

단일덕트방식은 냉풍 혹은 온풍을 계절별로 한 가지만 공급할 수 있기 때문에 각 실이나 존의 부하변동에 즉각적인 대응이 어렵다. 반면 이중덕트방식은 에너지 소비량은 많지만 냉풍과 온풍을 각각의 덕트로 보내 각 실의 조건에 맞게 혼합하여 공급하므로 각 실이나 존의 부하변동에 대응이 용이하다.

66 다음의 설명에 알맞은 음의 성질은?

> 음파는 파동의 하나이기 때문에 물체가 진행방향을 가로막고 있다고 해도 그 물체의 후면에도 전달된다.

① 반사 ② 흡음
③ 간섭 ④ 회절

해설

회절
음의 진행을 가로막고 있는 것을 타고 넘어가 후면으로 전달되는 현상을 말한다.

67 겨울철 벽체의 표면결로 방지대책으로 옳지 않은 것은?

① 실내의 환기횟수를 줄인다.
② 실내의 발생 수증기량을 줄인다.
③ 벽체의 실내 측 표면온도를 높인다.
④ 벽체의 단열결함 부위와 열교발생 부위를 줄인다.

해설

환기량이 적으면 실내 습도가 높아져 표면결로 발생 가능성이 높아진다.

68 다음 중 배수관에 통기관을 설치하는 목적과 가장 거리가 먼 것은?

① 트랩의 봉수를 보호한다.
② 배수관의 신축을 흡수한다.
③ 배수관 내 기압을 일정하게 유지한다.
④ 배수관 내의 배수흐름을 원활히 한다.

해설

신축을 흡수하는 것은 통기관이 아닌 신축이음쇠(Expansion Joint)의 역할이다. 단, 배수관에는 특별한 사유가 없는 한 신축이음쇠가 설치되지 않는다. 신축이음쇠는 주로 배관 내 높은 온도의 유체가 흘러갈 때 신축을 흡수하기 위해 사용되므로 급탕이나 온수배관에 주로 적용한다.

69 실내공기오염의 종합적 지표로 사용되는 오염물질은?

① CO ② CO_2
③ SO_2 ④ 부유분진

정답 65 ② 66 ④ 67 ① 68 ② 69 ②

해설

실내공기오염의 종합적 지표로 CO_2가 사용되는데 그 이유는 CO_2의 농도상승률이 다른 오염물질의 농도상승률과 유사하게 측정되므로 CO_2의 농도를 통해 다른 오염물질의 농도를 예측할 수 있기 때문이다.

70 **변전실의 위치 결정 시 고려할 사항으로 옳지 않은 것은?**

① 부하의 중심위치에서 멀 것
② 외부로부터 전원의 인입이 편리할 것
③ 발전기실, 축전지실과 인접한 장소일 것
④ 기기를 반입, 반출하는 데 지장이 없을 것

해설

변전실은 부하의 중심위치에서 가깝게 설치하는 것이 좋다.

71 **건축물의 건축허가 등을 할 때 미리 소방본부장 또는 소방서장의 동의를 받아야 하는 건축물의 연면적 기준은?(단, 업무시설의 경우)**

① $100m^2$ 이상 ② $200m^2$ 이상
③ $300m^2$ 이상 ④ $400m^2$ 이상

해설

건축허가 등의 동의대상물의 범위 등(소방시설 설치 및 관리에 관한 법률 시행령 제7조)
건축허가 등을 할 때 미리 소방본부장 또는 소방서장의 동의를 받아야 하는 건축물의 연면적 기준은 $400m^2$ 이상이다(단, 기타사항을 고려하지 않을 경우 – 업무시설은 기타사항에 해당하지 않음).

72 **건축물의 피난 · 방화구조 등의 기준에 관한 규칙에 따른 방화구조의 기준으로 옳지 않은 것은?**

① 철망모르타르로서 그 바름두께가 2cm 이상인 것
② 석고판 위에 시멘트모르타르 또는 회반죽을 바른 것으로서 그 두께의 합계가 1.5cm 이상인 것
③ 시멘트모르타르 위에 타일을 붙인 것으로서 그 두께의 합계가 2.5cm 이상인 것
④ 심벽에 흙으로 맞벽치기한 것

해설

석고판 위에 시멘트모르타르 또는 회반죽을 바른 것으로서 그 두께의 합계가 2.5cm 이상인 것을 방화구조로 인정한다.

73 **30세대의 공동주택을 신축할 경우 시간당 최소 몇 회 이상의 환기가 이루어질 수 있도록 자연환기설비 또는 기계환기설비를 설치하여야 하는가?**

① 0.5회 ② 0.6회
③ 0.7회 ④ 0.8회

해설

30세대 이상의 공동주택을 신축할 경우에는 시간당 최소 0.5회 이상의 환기가 이루어질 수 있도록 환기계획을 수립해야 한다.

74 **피난용 승강기 승강장의 구조 기준으로 옳지 않은 것은?**

① 승강장의 출입구를 제외한 부분은 해당 건축물의 다른 부분과 내화구조의 바닥 및 벽으로 구획할 것
② 승강장은 각 층의 내부와 연결될 수 있도록 하되, 그 출입구에는 60+ 방화문 또는 60분 방화문을 설치할 것
③ 배연설비를 설치할 것
④ 실내에 접하는 부분(바닥 및 반자 등 실내에 면한 모든 부분을 말한다)의 마감(마감을 위한 바탕을 포함한다)은 난연재료로 할 것

해설

실내에 접하는 부분(바닥 및 반자 등 실내에 면한 모든 부분을 말한다)의 마감(마감을 위한 바탕을 포함한다)은 불연재료로 할 것

정답 **70** ① **71** ④ **72** ② **73** ① **74** ④

75 비상경보설비를 설치하여야 할 특정소방대상물의 연면적 기준은?(단, 지하가 중 터널 또는 사람이 거주하지 않거나 벽이 없는 축사 등 동·식물 관련시설은 제외한다)

① 300m² 이상 ② 400m² 이상

③ 500m² 이상 ④ 600m² 이상

해설

비상경보설비를 설치하여야 할 특정소방대상물

- 연면적 400m²(지하가 중 터널 또는 사람이 거주하지 않거나 벽이 없는 축사 등 동·식물 관련시설은 제외) 이상이거나 지하층 또는 무창층의 바닥면적이 150m²(공연장의 경우 100m²) 이상인 것
- 지하가 중 터널로서 길이가 500m 이상인 것
- 50명 이상의 근로자가 작업하는 옥내 작업장

76 6층 이상의 거실면적의 합계가 12,000m²인 교육연구시설에 설치하여야 할 승용승강기의 최소 설치 대수는?(단, 8인승 이상 15인승 이하의 승강기 기준)

① 2대 ② 3대

③ 4대 ④ 5대

해설

$$승강기\ 대수 = 1 + \frac{12{,}000 - 3{,}000}{3{,}000} = 4대$$

77 다음은 소화기구의 설치에 관한 기준 내용이다. ( ) 안에 알맞은 것은?

> 각 층마다 설치하되, 특정소방대상물의 각 부분으로부터 1개의 소화기까지의 보행거리가 소형 소화기의 경우에는 (㉠) 이내, 대형 소화기의 경우에는 (㉡) 이내가 되도록 배치할 것. 다만, 가연성 물질이 없는 작업장의 경우에는 작업장의 실정에 맞게 보행거리를 완화하여 배치할 수 있다.

① ㉠ 15m, ㉡ 20m ② ㉠ 20m, ㉡ 15m

③ ㉠ 20m, ㉡ 30m ④ ㉠ 30m, ㉡ 20m

해설

소화기구의 설치 기준

소화기는 소방대상물의 각 부분에서 보행거리가 20m 이내가 되도록 배치하며 화재에 맞는 용도의 소화기를 사용해야 한다.

- 소방대상물의 각 부분에서 보행거리가 20m 이내가 되도록 배치(대형 소화기는 30m 이내)
- 소화기는 바닥에서 1.5m 이내에 배치

78 건축물의 구조기준 등에 관한 규칙에 따른 조적식 구조에 관한 기준으로 옳지 않은 것은?

① 조적식 구조인 내력벽의 기초는 연속기초로 하여야 한다.

② 조적식 구조인 건축물 중 2층 건축물에 있어서 2층 내력벽의 높이는 3m를 넘을 수 없다.

③ 조적식 구조인 내력벽의 길이는 10m를 넘을 수 없다.

④ 조적식 구조인 내력벽으로 둘러싸인 부분의 바닥면적은 80m²를 넘을 수 없다.

해설

내력벽의 높이 및 길이(건축물의 구조기준 등에 관한 규칙 제31조)

- 조적식 구조인 건축물 중 2층 건축물에 있어서 2층 내력벽의 높이는 4미터를 넘을 수 없다.
- 조적식 구조인 내력벽의 길이[대린벽(對隣壁 : 서로 직각으로 교차되는 벽)의 경우에는 그 접합된 부분의 각 중심을 이은 선의 길이를 말한다]는 10미터를 넘을 수 없다.
- 조적식 구조인 내력벽으로 둘러싸인 부분의 바닥면적은 80제곱미터를 넘을 수 없다.

79 계단을 대체하여 설치하는 경사로의 경사도 기준으로 옳은 것은?

① 1 : 6을 넘지 아니할 것

② 1 : 7을 넘지 아니할 것

③ 1 : 8을 넘지 아니할 것

④ 1 : 9를 넘지 아니할 것

정답 75 ② 76 ③ 77 ③ 78 ② 79 ③

해설

계단을 대체하여 설치하는 경사로는 다음의 기준에 적합하게 설치하여야 한다.

- 경사도는 1 : 8을 넘지 아니할 것
- 표면을 거친 면으로 하거나 미끄러지지 아니하는 재료로 마감할 것
- 경사로의 직선 및 굴절 부분의 유효너비는 「장애인 · 노인 · 임산부 등의 편의증진 보장에 관한 법률」이 정하는 기준에 적합할 것

80 판매시설의 용도에 쓰이는 피난층에 설치하는 건축물의 바깥쪽으로의 출구의 유효너비의 합계는 최소 얼마 이상으로 하여야 하는가?(단, 지상 6층인 건축물로서 각 층의 바닥면적은 1층과 2층은 각각 1,000m², 3층부터 6층까지는 각각 1,500m²이다)

① 6m
② 9m
③ 12m
④ 36m

해설

출구의 총유효너비 $= \dfrac{1,500}{100} \times 0.6 = 9\text{m}$

※ 바닥면적이 최대인 층의 바닥면적인 1,500m²를 적용한다.

정답 80 ②

2023년 2회 실내건축기사

1과목 실내디자인 계획

01 디자인 요소로서 선에 관한 설명으로 옳지 않은 것은?

① 어떤 형상을 규정하거나 한정하고 면적을 분할한다.
② 점이 이동한 궤적이며 면의 한계, 교차에서 나타난다.
③ 기하학적인 관점에서 길이의 개념은 있으나 폭과 부피의 개념은 없다.
④ 선은 수직선, 수평선, 사선, 곡선이 있으며 이 중에서 사선이 가장 안정적이다.

해설

- 사선 : 약동감, 속도감, 운동성, 불안정, 변화, 반항
- 수평선 : 안정, 균형, 침착, 평등, 고요

02 디자인 원리 중 비례에 관한 설명으로 옳지 않은 것은?

① 황금비례는 1 : 1.618의 비율을 갖는다.
② 일반적으로 A : B로 표현되며 두 개만의 양적 비교를 의미한다.
③ 황금비례는 고대 그리스인들이 창안한 기하학적 분할방식이다.
④ 디자인에서 형태의 부분과 부분, 부분과 전체 사이의 크기, 모양 등의 시각적 질서, 균형을 결정하는 데 사용된다.

해설

비례
가로와 세로, 높이와 깊이 등 두 개 이상의 다른 양적 요소 사이의 비율을 비교하는 것이다.

03 다음 중 동선계획에 대한 설명으로 옳은 것은?

① 동선의 빈도가 높은 경우 동선 거리를 연장하고 곡선으로 처리한다.
② 동선의 속도가 빠른 경우 단차이를 두거나 계단을 만들어 준다.
③ 동선의 하중이 큰 경우 통로의 폭을 좁게 하고 쉽게 식별 할 수 있도록 한다.
④ 동선이 복잡해질 경우 별도의 통로공간을 두어 동선을 독립시킨다.

해설

동선계획
- 동선의 빈도가 높은 경우 동선을 가능한 짧고 직선이 되도록 해야 한다.
- 동선의 속도가 빠른 경우는 안전을 위해 단 차이 및 계단이 없도록 해야 한다.
- 동선의 하중이 큰 경우 통로의 폭을 넓게 한다.
- 동선이 복잡해질 경우는 별도의 통로공간을 두어 동선을 독립시킨다.

04 디자인이 적용되는 공간과 공간 내에 배치되는 물체들 상호간에 유지되어야 할 적정크기의 관계 등을 나타내는 디자인 원리는?

① 모듈 ② 균형
③ 황금비례 ④ 척도

해설

척도
물체와 인간의 상호관계를 말하며 관측 대상의 속성을 측정하여 그 값이 숫자로 나타나도록 일정한 규칙을 정하여 바꾸는 도구이다.

정답 01 ④ 02 ② 03 ④ 04 ④

05 오피스에서 업무를 수행하는 사람이 업무수행을 효율적으로 하기 위하여 필요한 기기, 가구, 집기를 포함하는 최소 단위의 기능공간은?

① 오피스 랜드스케이프(Office Landscape)
② 시스템 가구(System Furniture)
③ 모듈러 시스템(Modular System)
④ 워크 스테이션(Work Station)

해설

워크 스테이션(Workstation)
한 사람이 차지하는 면적을 기준으로 정해지는 사무작업공간으로서 작업을 위해 가장 기본이 되는 개인 영역이라 할 수 있다.

06 오피스 랜드스케이프(Office Landscape)에 관한 설명으로 옳지 않은 것은?

① 시각적인 프라이버시 확보가 어렵고, 소음상의 문제가 발생할 수 있다.
② 산만하고 인위적인 분위기를 정리하기 위해 고정된 칸막이 벽으로 구획한다.
③ 오피스 작업을 사람의 흐름과 정보의 흐름을 매체로 효율적인 네트워크가 되도록 배치하는 방법이다.
④ 사무공간의 능률향상을 위한 배려와 개방공간에서의 근무자의 심리적 상태를 고려한 사무공간 계획 방식이다.

해설

오피스 랜드스케이프
개방식 평면형의 한 형태로 고정된 칸막이를 쓰지 않고, 이동식 파티션이나 가구, 식물 등으로 공간이 구분되는 형식으로 적당한 프라이버시를 유지하는 동시에 효율적인 사무공간을 연출할 수 있다.

07 공간에 관한 설명으로 옳은 것은?

① 한식 침실이 양식 침실보다 가구의 점유 면적이 크다.
② 한식 침실은 소박하고 안정되기 보다는 화려하고 복잡하다.
③ 양식 침실이 한식 침실보다 용도면에 있어서 융통성이 크다.
④ 전통한옥의 공간구조는 남성과 여성의 생활공간이 분리되어 있다.

해설

전통한옥의 공간구조는 남성이 생활하는 사랑방과 여성의 생활공간인 안방으로 분리되어 있다.

08 상점의 디스플레이 기법으로서 VMD(Visual Merchandising)의 구성요소에 속하지 않는 것은?

① IP(Item Presentation)
② VP(Visual Presentation)
③ SP(Special Presentation)
④ PP(Point of sale Presentation)

해설

VMD의 요소

IP (Item Presentation)	상품의 분류정리, 비교구매 (행거, 선반, 진열장, 진열테이블)
PP (Point of SalePresentation)	한 유닛에서 대표되는 상품 진열 (벽면상단, 집기상단)
VP (Visual Presentation)	상점의 이미지의 종합적인 표현 (쇼윈도, 파사드)

09 기업체가 자사제품의 홍보, 판매 촉진 등을 위해 제품 및 기업에 관한 자료를 소비자들에게 직접 호소하여 제품의 우위성을 인식시키고자 하는 전시공간은?

① 캐럴
② 쇼룸
③ 애리나
④ 랜드스케이프

해설

쇼룸(Showroom)
일정기간 판매촉진을 목적으로 상품 등을 전시해서 소비자의 이해를 돕고 구매의욕을 촉진시킨다.

정답 05 ④ 06 ② 07 ④ 08 ③ 09 ②

10 다음 설명에 알맞은 거실의 가구배치 방법은?

- 시선이 마주치지 않아 안정감이 있다.
- 비교적 적은 면적을 차지하기 때문에 공간 활용이 높고 동선이 자연스럽게 이루어지는 장점이 있다.

① 대면형　② ㄱ자형
③ ㄷ자형　④ 자유형

해설

- ㄱ자형(ㄴ자형) : 두 벽면을 이용하여 배치한 형식으로 비교적 넓은 주방에서 능률이 좋으나 모서리 부분에 이용도가 낮다.
- U자형(ㄷ자형) : 양측 벽면을 이용하여 수납공간을 넓고 이용하기가 편리하다.

11 상점의 실내디자인에서 진열장의 유효진열범위에 대한 설명 중 옳지 않은 것은?

① 고객의 흥미를 유지시키면서 보기 쉽고 사기 쉽도록 진열하는 것이 중요하다.
② 신체조건과 시선을 고려하여 상품의 종류와 특성에 따라 합리적인 진열이 되도록 한다.
③ 유효진열범위 내에서도 고객의 시선이 가장 편하게 머물고 손으로 잡기에도 가장 편안한 높이는 850~1,250mm 높이로 이 범위를 골든 스페이스(Golden Space)라 한다.
④ 사람의 시각적 특성은 우측에서 좌측으로, 큰 상품에서 작은 상품으로 이동하므로 진열의 흐름도 이에 준하는 것이 필요하다.

해설

상점 진열계획
사람의 시각적 특성은 좌측에서 우측으로 위에서 아래로 이동하는 특성을 가지고 있다. 특히 부피가 작은 상품을 위에, 큰 상품을 아래에 두고 삼각형으로 배치한다.

12 평면이 돌출된 형태의 창으로 장식품을 두거나 간이 휴식 공간을 마련할 수 있는 창을 무엇이라 하는가?

① 베이 윈도우(Bay Window)
② 픽쳐 윈도우(Picture Window)
③ 윈도우 월(Window Wall)
④ 고창(Clerestory)

해설

- 베이 윈도우 : 평면이 밖으로 돌출된 창이다.
- 픽쳐 윈도우 : 바닥부터 천장 가까이 놓은 커다란 창(베란다 창)을 말한다.
- 윈도우 월 : 벽면 전체를 창으로 처리한 것으로 내부공간이 시각적으로 개방감을 준다.
- 고창(Clerestory) : 천장 가까이 있는 창으로 좁고 긴 창문으로 채광 및 환기용으로 사용한다.

13 한국 건축의 특징과 가장 거리가 먼 것은?

① 친밀감을 주는 인간적인 척도
② 자연과의 조화
③ 인위적인 기교의 아름다움
④ 단아한 아름다움과 순박한 맛

해설

한국 건축의 특징
인위적인 기교를 쓰지 아니하였으며, 자연적인 미를 나타내도록 하였다.

14 창문 전체를 커튼으로 처리하지 않고 반 정도만 친 형태를 갖는 커튼의 종류는?

① 새시 커튼　② 글라스 커튼
③ 드로우 커튼　④ 드레퍼리 커튼

해설

- 새시 커튼 : 창문 전체를 반 정도만 가리도록 만든 형태이다.
- 글라스 커튼 : 투시성이 있는 소재의 얇은 커튼으로 유리면 바로 앞에 설치하여 실내에 빛의 유입하는 형태이다.

정답　10 ②　11 ④　12 ①　13 ③　14 ①

- 드로우 커튼 : 반투명하거나 불투명한 직물로 창문 위에 설치하여 좌우로 끌어당겨 개폐하는 형태이다.
- 드레퍼리 커튼 : 창문에 느슨하게 걸려 있는 무거운 커튼으로 방음성, 보온성, 채광성 등의 효과를 가진다.

15 다음 건축설계도면 중 단면도에 관한 설명으로 옳은 것은?

① 각 층의 높이, 처마높이, 반자높이 등을 표기한다.
② 벽 및 기타 마감 재료명을 표기한다.
③ 각 실의 용도, 부지 경계선을 표시한다.
④ 시공자의 기술을 보여주고 싶은 부분을 작성한다.

해설

단면도
건축물 또는 구조물을 절단하여 그 절단된 면을 보이는 그대로 작도한 도면으로 각 층의 높이, 처마높이, 반자높이 등을 표기한다.

16 날개의 각도를 조절하여 일광, 조망 그리고 시각의 차단 정도를 조정하는 수평형 블라인드는?

① 롤 블라인드(Roll Blind)
② 로만 블라인드(Roman Blind)
③ 버티컬 블라인드(Vertical Blind)
④ 베네시안 블라인드(Venetian Blind)

해설

베네시안 블라인드
수평블라인드로 날개 각도를 조절하여 일광, 조망 그리고 시각의 차단 정도를 조정할 수 있지만, 날개 사이에 먼지가 쌓이기 쉽다.

17 후기 모더니즘으로 관계가 먼 것은?

① 효율성을 우선시한 시스템과 집단주의에 반대하고, 개별성과 자율성을 중시한다.
② 기존의 봉건적 사고에서 벗어나서 이성과 합리성, 효율성을 중시하는 사상이다.
③ 해체주의나 브루탈리즘 같은 모더니즘 이후 탄생한 많은 양식 등을 모두 포함한다.
④ 대표적인 건축가로 시저 벨리, 리처드 마이어, 노먼 포스터, 리처드 로저스, 아라타 이소자키 등이 있다.

해설

- 해체주의 : 포스터모더니즘 건축이며, 1980년대 후반 이후 2000년대에 이르기 건축계를 석권하고 있다.
- 블루탈리즘: 20세기 초의 모더니즘 건축의 뒤를 이어 1950년대에서 1970년대 초반까지 융성했던 건축양식이다.

18 다음 중 리듬(Rhythm)의 효과를 위해 사용되는 것과 가장 거리가 먼 것은?

① 변이 ② 비대칭
③ 반복 ④ 점층

해설

리듬의 원리
반복, 점진, 대립, 변이, 방사

19 다음 설명과 같은 특징을 갖는 전시 공간의 평면 형태는?

- 고정된 축이 없어 안정된 상태에서 지각하기 어렵다.
- 전시실 중앙에 핵이 되는 전시물을 중심으로 주변에 그와 관련되거나 유사한 성격의 전시물을 전시함으로써 공간이 주는 불확실성을 극복할 수 있다.

① 원형 ② 사각형
③ 자유형 ④ 부채꼴형

해설

전시공간 평면형태 – 원형
고정된 축이 형성되지 않아 산만해질 우려가 있으며 위치 파악이 어려워 방향 감각을 잃어버릴 수 있기 때문에 중앙에 전시물을 배치하여 공간이 주는 불확실성을 극복할 수 있다.

정답 15 ① 16 ④ 17 ③ 18 ② 19 ①

20 아트리움(Atrium)에 대한 설명으로 가장 알맞은 것은?

① 자연광을 실내에 유입시켜 실내 속에 옥외공간의 분위기를 조성하여 휴식공간으로 제공한다.
② 오피스 작업을 사람의 흐름과 정보의 흐름을 매체로 효율적인 네트워크가 되도록 배치하는 배치방법이다.
③ 오피스에서 업무를 수행하는 사람이 업무수행을 효율적으로 하기 위하여 필요한 기기, 가구, 집기를 포함하는 최소단위의 기능공간이다.
④ 집회기능을 해결하기 위한 개방된 실내공간이다.

해설

아트리움(Atrium)
내·외부 공간의 중간영역으로서 개방감을 확보하고 외부의 자연 요소를 실내로 도입할 수 있도록 계획한다. 특히 아트리움은 휴게공간으로 중앙홀을 활용하여 휴식 및 소통의 공간으로 활용한다.

2과목 실내디자인 색채 및 사용자 행태분석

21 색채조화에 관한 설명 중 틀린 것은?

① 색의 3속성을 고려한다.
② 색채조화에서 명도는 중요하지 않다.
③ 색상이 다르면 색조를 유사하게 한다.
④ 면적비에 따라 조화의 느낌이 달라질 수 있다.

해설

색채조화
색의 3속성인 색상, 명도, 채도를 고려하여 2색 또는 3색 이상의 다색배색에 질서를 부여하는 것으로 색상, 명도, 채도 중요한 요소이다.

22 비누 거품이나 전복 껍질 등에서 무지개 같은 색이 나타나는 것을 볼 수 있는데 이것은 빛의 어떠한 현상에 의해 나타나는 색인가?

① 왜곡현상 ② 투과현상
③ 간섭현상 ④ 직진현상

해설

간섭현상
두 개 이상의 파동이 한 간섭점에서 만날 때 진폭이 서로 합해지거나 상쇄되어 밝고 어두운 무늬가 반복되어 나타나는 현상이다(CD, 비눗방울, 전복껍질, 폐유, 안경 코팅 등).

23 대비현상과는 달리 인접된 색과 닮아 보이는 현상은?

① 잔상현상 ② 퇴색현상
③ 동화현상 ④ 연상감정

해설

동화현상
두 색을 서로 인접 배색했을 때 서로의 영향으로 실제보다 인접 색에 가까운 것처럼 지각되는 현상으로 옆에 있는 색이나 주위의 색과 닮아 보인다.

24 문·스펜서의 면적효과에 관한 설명 중 틀린 것은?

① N5 순응점을 중심으로 한다.
② 균형점(Balance Point)에 의해서 배색의 심리적 효과가 결정된다.
③ 순응점을 중심으로 높은 채도의 색은 넓게 배색하는 것이 조화롭다.
④ 순응점으로부터 지정된 색까지의 입체적 거리는 스칼라 모멘트이다.

해설

문·스펜서의 면적효과
무채색의 중간 지점이 되는 N_5(명도5)를 순응점으로 하고 순응점을 중심으로 저채도의 색은 넓게 배색하는 것이 조화롭다.

정답 20 ① 21 ② 22 ③ 23 ③ 24 ③

25 감법혼색에 대한 설명 중 옳은 것은?

① 혼합색의 밝기는 사용색의 면적비에 의해 평균되어 나타난다.
② 감법혼색의 삼원색은 자주(M), 황색(Y), 녹색(G)이다.
③ 혼합하면 할수록 명도가 높아진다.
④ 색을 혼합할수록 색은 점점 탁하고 어두워진다.

해설

감법혼색
3원색은 시안(Cyan), 마젠타(Magenta), 노랑(Yellow)이 기본색으로 3종의 색료를 혼합하면 명도와 채도가 낮아져 어두워지고 탁해진다.

26 다음 중 한색으로만 모여진 것으로 옳은 것은?

① 빨강－노랑 ② 자주－보라
③ 파랑－연녹색 ④ 노랑－주황

해설

- 한색 : 차가움을 느낌의 색으로 고명도, 단파장의 색인 파란색 계열 청록색 등의 색상으로서 수축 · 후퇴성이 있다.
- 난색 : 따뜻한 느낌의 색으로 저명도 장파장인 빨강, 주황, 노랑색 등의 색상들로서 팽창 · 진출성이 있다.

27 한국산업표준 KS에서 채택하여 사용하고 있는 표색계는?

① 문 · 스펜서 표기법 ② 먼셀 표색계
③ 오스트발트 표색계 ④ 비렌 표색계

해설

먼셀 표색계
한국 공업규격으로 1965년 한국산업표준 KS규격(KS A 0062)으로 채택하고 있고, 교육용으로는 교육부 고시 312호로 지정해 사용되고 있다. 주로 한국, 미국, 일본 등에서 사용되고 있다.

28 다음 중 색채조절의 목적에 해당하는 것은?

① 수익증대를 주목적으로 한다.
② 작업의 활동적인 의욕을 높인다.
③ 주변 환경과의 조화를 무엇보다 우선시 한다.
④ 심미적인 조화를 우선적으로 고려한다.

해설

색채조절
색채의 생리적 · 심리적 효과를 적극적으로 활용하여 안전하고 효율적인 작업환경과 쾌적한 생활환경의 조성을 목적이다.

29 디바이스 종속 색체계에 대한 설명으로 옳은 것은?

① CIE XYZ 색체계 예시를 들 수 있다.
② 동일한 제조 회사에서 생산하는 모든 컬러 디바이스 모델은 서로 색체계가 같다.
③ 디지털 색채를 다루는 전자장비들 간에 호환성이 없다.
④ 제조업체가 다른 컬러 디바이스 모델 간에는 색채정보가 같다.

해설

디바이스 종속 색체계
디지털 색채영상을 생성하거나 출력하는 전자장비들은 인간의 시각방식과는 전혀 다른 체계로 색을 재현한다. 이는 컬러가 각 디바이스에 의해 수치화되는 과정에서 각각의 디바이스에서만 사용되는 색공간을 사용하는 것으로 RGB색체계, CMY색체계, HSV색체계, HLS색체계가 있다.

30 유행색에 관한 설명으로 옳지 않은 것은?

① 유행색은 상업적 입장에서는 경제적 이익이 있을 뿐 대중에게는 오히려 피해가 크다.
② 유행색의 변화는 산업, 특히 유행산업 제품 생산에 활기를 준다.

정답 25 ④ 26 ③ 27 ② 28 ② 29 ③ 30 ①

③ 유행색은 그 시대의 심리적 만족감을 채워줄 수가 있다.

④ 모든 산업 제품은 최신 유행색으로만 디자인할 성격의 대상이 아니다.

해설

유행색

현재나 과거에 유행한 색으로서 어떤 모양에서 수량적으로 데이터화 되어 증명된 것으로 상업적 입장에서는 경제적 이익이 있으며 대중들에게 피해를 주지 않는다.

31 인간공학의 정의에 관한 내용 중 가장 적합하지 않은 것은?

① 인간을 위한 공학적 설계방법이다.

② 기술 발전에 부합하여 인간의 능력을 향상시키기 위한 것이다.

③ 인간이 지니고 있는 여러 가지 속성들을 연구하여 이에 맞는 환경을 제공하고자 하는 것이다.

④ 크게 심리학에 바탕을 둔 분야와 생리학이나 역학에 바탕을 둔 분야로 구분할 수 있다.

해설

인간공학

작업환경에서 작업자의 신체적 특성이나 행동하는데 받는 제약조건 등이 고려된 시스템을 디자인하여 인간과 기계 및 작업환경과의 조화가 잘 이루어질 수 있도록 작업자의 안전, 작업능률을 향상시키는 데 있다.

32 다음 중 인체측정자료의 원리에서 최소 집단치를 적용해야 하는 것은?

① 등산용 로프의 강도

② 문틀 높이

③ 제어버튼과 조작자 사이의 거리

④ 의자의 너비

해설

- 최소 집단치 : 선반의 높이, 조종장치까지의 거리(조작자와 제어버튼 사이의 거리), 비상벨의 위치 설계
- 최대 집단치 : 문(틀)의 높이, 등산용 로프의 강도, 비상 탈출구의 크기, 그네의 지지중량, 의자의 너비

33 다음 중 근력 및 지구력에 관한 설명으로 옳지 않은 것은?

① 지구력이란 근력을 사용하여 특정 힘을 유지할 수 있는 능력이다.

② 신체 부위를 실제로 움직이는 상태일 때의 근력을 등속성 근력이라 한다.

③ 신체 부위를 실제로 움직이지 않으면서 고정 물체에 힘을 가하는 상태일 때의 근력을 등척성 근력이라 한다.

④ 근력이란 여러 번의 수의적인 노력에 의하여 근육이 등속성으로 낼 수 있는 힘의 최대치를 말한다.

해설

- 근력 : 한 번의 수의적인 노력에 의해서 등척성으로 낼 수 있는 최대값이며, 손, 팔, 다리 등의 특정근육이나 근육군과 관련이 있다.
- 지구력 : 근육을 사용하여 특정한 힘을 유지할 수 있는 능력으로 최대근력으로 유지할 수 있는 것은 몇 초이며, 최대근력의 50% 힘으로는 약 1분간 유지할 수 있다.

34 다음 중 인간-기계 시스템의 인간공학적 평가방법이 아닌 것은?

① 시뮬레이션 평가법

② 자동제어 평가법

③ 관능검사 평가법

④ 체크리스트 평가법

해설

인간공학적 평가방법

시뮬레이션 평가법, 관능검사 평가법, 체크리스트 평가법

정답 31 ② 32 ③ 33 ④ 34 ②

35 **에너지대사율(RMR)을 나타내는 식으로 맞는 것은?(단, A는 작업시간의 기초대사량, B는 작업시간의 기초소비량, C는 작업시간의 전체 산소소비량, D는 작업시간 내 안정 시 산소소비량이다.)**

① C－A/D ② A－C/D
③ D－A/A ④ C－D/A

해설

에너지 대사율(RMR) 작업 강도 단위로서 산소 소비량으로 측정한다.

$$R = \frac{C-D}{A}$$

36 **다음 중 소음의 해결책으로 적합하지 않은 것은?**

① 융단으로 흡음제 역할을 하도록 한다.
② 바닥을 목재나 소판으로 만든다.
③ 마주보는 문은 서로 엇갈리게 배치한다.
④ 음원을 격리시킨다.

해설

소리의 반사 및 축적을 줄이기 위해 차폐장치 및 흡음재인 매트 또는 카펫을 사용한다.

37 **인체측정 데이터를 선정할 때 고려해야 할 사항으로 맞는 것은?**

① 평균치를 사용하는 것이 가장 적절한 방법이다.
② 계측자의 응용에 있어서 누드상태의 계측치에 여유치수를 더하여야 된다.
③ 수용공간이 중요한 고려 사항이라면 하위 5%나 이보다 작은 값이 적용되어야 한다.
④ 앉은 자세나 선 자세에서 팔의 도달을 문제점으로 한다면 상위 95%의 자료가 사용되어야 한다.

해설

인체측정 데이터 선정 시 고려해야 할 사항
- 평균치를 사용하는 것은 적합하지 않다.
- 수용공간이 중요한 고려사항이라면 상위 90%, 95%, 99% 값을 사용한다.
- 앉은 자세나 선 자세에서 팔의 도달을 문제점으로 한다면 하위 1%, 5%, 10%의 하위백분위수 기준으로 한다.

38 **다음 중 정보의 입력장치에 있어서 청각적 표시장치보다 시각적 표시장치의 사용이 더 유리한 경우는?**

① 정보가 간단한 경우
② 정보가 후에 재참조되는 경우
③ 정보가 시간적인 사상을 다루는 경우
④ 정보가 즉각적인 행동을 요구하는 경우

해설

시각적 표시장치
- 정보가 복잡하고 길다.
- 정보가 후에 재참조된다.
- 정보가 공간적 위치를 다룬다.
- 정보가 즉각적인 행동을 요구하지 않는다.
- 수신장소가 너무 시끄러울 때 사용한다.
- 직무상 수신자가 한곳에 머물 때 사용한다.
- 수신자의 청각 계통이 과부하상태일 때 사용한다.

39 **인간공학의 정의에 관한 내용 중 가장 적합하지 않은 것은?**

① 인간을 위한 공학적 설계방법이다.
② 기술 발전에 부합하여 인간의 능력을 향상시키기 위한 것이다.
③ 인간이 지니고 있는 여러 가지 속성들을 연구하여 이에 맞는 환경을 제공하고자 하는 것이다.
④ 크게 심리학에 바탕을 둔 분야와 생리학이나 역학에 바탕을 둔 분야로 구분할 수 있다.

해설

인간공학

작업환경에서 작업자의 신체적 특성이나 행동하는데 받는 제약조건 등이 고려된 시스템을 디자인하여 인간과 기계 및 작업환경과의 조화가 잘 이루어질 수 있도록 작업자의 안전, 작업능률을 향상시키는 데 있다.

정답 **35** ④ **36** ② **37** ② **38** ② **39** ②

40 다음의 의자에 대한 설명 중 옳지 않은 것은?

① 오토만(Ottoman)은 좀 더 편안한 휴식을 위해 발을 올려놓는 데도 사용된다.
② 폴업체어(Pull-up Chair)는 필요에 따라 이동시켜 사용할 수 있는 간이의자이다.
③ 스툴(Stool)은 등받이와 팔걸이가 없는 형태의 보조 의자이다.
④ 라운지 체어(Lounge Chair)는 오래전부터 식탁과 함께 사용되어온 식사를 위한 의자로 다이닝 체어라고도 한다.

해설

라운지 체어(LoungE Chairs)
가장 편안하게 앉을 수 있는 휴식용의자로 팔걸이, 발걸이 머리 받침대 등이 포함되어 있어 반쯤 기댄 자세에서 휴식과 수면을 취할 수 있다.

3과목 실내디자인 시공 및 재료

41 실내건축공사 시 주로 사용되는 이동식 비계의 안전조치에 관한 설명으로 옳지 않은 것은?

① 갑작스런 이동 및 전도를 방지하기 위하여 아웃트리거(Outrigger)를 설치한다.
② 작업발판 위에서 사다리를 안전하게 사용할 수 있도록 작업발판은 항상 유지한다.
③ 작업발판의 최대적재하중은 250킬로그램을 초과하지 않도록 한다.
④ 비계의 최상부에서 작업을 하는 경우에는 안전난간을 설치한다.

해설

작업발판 위에서 사다리를 사용하여서는 안 된다.

42 단열재료가 구비해야 할 조건이 아닌 것은?

① 열전도율이 낮을 것 ② 흡수율이 낮을 것
③ 비중이 클 것 ④ 내화성이 좋을 것

해설

단열재의 구비조건
단열재는 어느 정도 기계적 강도가 있어야 하나, 다공질 형태로서 단열 성능을 나타내기 위해서는 비중이 작아야 한다.

43 다음 중 조립식 구조의 특성이 아닌 것은?

① 공장생산에 의한 대량생산이 가능하다.
② 기계화 시공에 의한 공기단축이 가능하다.
③ 각 부품과의 접합부가 일체화되어 응력상 유리하다.
④ 정밀도가 높고 강도가 큰 콘크리트 부재를 쓸 수 있다.

해설

조립식 구조는 공기가 단축되는 장점이 있으나 일체식 구조에 비해 부재 간의 접합부 처리가 난해한 것이 단점이다.

44 목재를 조성하고 있는 원소 중 차지하는 비중이 가장 큰 것은?

① 탄소 ② 산소
③ 질소 ④ 수소

해설

목재의 조성원소
유기재로서 조성 중 탄소가 50%이며 수소가 6%, 질소 및 회분이 약 1% 정도로 구성되어 있다.

45 실내건축공사 공정별 내역서에서 각 품목에 따라 확인할 수 있는 정보로 옳지 않은 것은?

① 품명 ② 규격
③ 제조일자 ④ 단가

정답 40 ④ 41 ② 42 ③ 43 ③ 44 ① 45 ③

해설

내역서에는 품명, 규격, 수량, 단가(재료, 노무, 경비)가 기재되어 있고, 제조일자까지는 표기되어 있지 않다.

46 중량이 5kg인 목재를 건조하여 전건중량이 4kg이 되었다. 건조 전 목재의 함수율은 몇 %인가?

① 20% ② 25%
③ 30% ④ 40%

해설

$$\text{함수율} = \frac{\text{함유된 수분의 중량}}{\text{전건중량}} \times 100\%$$

$$= \frac{\text{전체중량} - \text{전건중량}}{\text{전건중량}} \times 100\%$$

$$= \frac{5-4}{4} \times 100\% = 25\%$$

47 목구조 벽체의 수평력에 대한 보강 부재로 가장 유효한 것은?

① 가새 ② 토대
③ 통재기둥 ④ 샛기둥

해설

토대, 샛기둥, 통재기둥은 압축력(수직력)에 저항하는 부재이고, 가새는 풍하중 등 수평력에 저항하는 부재이다.

48 고강도 콘크리트란 설계기준압축강도가 일반적으로 최소 얼마 이상인 콘크리트를 지칭하는가?(단, 보통 콘크리트의 경우)

① 27MPa ② 35MPa
③ 40MPa ④ 45MPa

해설

고강도 콘크리트
보통 콘크리트의 경우 압축강도가 40MPa 이상, 경량(골재) 콘크리트의 경우 27MPa 이상인 콘크리트를 의미한다.

49 보강 블록조에서 내력벽 길이의 총합계가 45m이고, 그 층의 건물면적이 300m²일 경우 내력벽의 벽량은?

① $10cm/m^2$ ② $15cm/m^2$
③ $30cm/m^2$ ④ $45cm/m^2$

해설

$$\text{벽량} = \frac{\text{내력벽 길이의 합계(cm)}}{\text{바닥면적}(m^2)} = \frac{4{,}500cm}{300m^2} = 15cm/m^2$$

50 석고보드에 관한 설명으로 옳지 않은 것은?

① 주원료인 소석고에 혼화제를 넣고 물로 반죽하여 2장의 강인한 보드용 원지 사이에 채워 넣어 제조한 것이다.
② 내수성, 탄력성은 우수하나 단열성, 방수성은 좋지 않다.
③ 벽, 천장, 칸막이 등에 주로 사용된다.
④ 연하고 부서지기 쉬우므로 고정할 때는 못 등이 주로 사용되지만 그 부근이 파손될 우려가 있다.

해설

내수성, 탄력성, 방수성이 작으나, 단열성, 방화성이 크다.

51 다음은 어떠한 품질관리수법에 대한 사항인가?

결과에 원인이 어떻게 관계하고 있는가를 한눈에 알아보기 위하여 작성하는 것이다.

① 히스토그램 ② 특성 요인도
③ 파레토도 ④ 체크시트

정답 46 ② 47 ① 48 ③ 49 ② 50 ② 51 ②

해설

① 히스토그램 : 계량치의 분포(데이터)가 어떠한 분포로 되어 있는지 알아보기 위하여 작성하는 것이다.
③ 파레토도 : 불량, 결점, 고장 등의 발생건수를 분류항목별로 나누어 크기 순서대로 나열해 놓은 것이다.
④ 체크시트 : 계수치의 데이터가 분류항목별 어디에 집중되어 있는가를 알아보기 쉽게 나타낸 것이다.

52 건축공사의 시공속도에 관한 설명으로 옳지 않은 것은?

① 공사속도를 빠르게 할수록 직접비는 감소된다.
② 급작공사를 강행할수록 공사의 질은 조잡해진다.
③ 매일 공사량은 손익분기점 이상의 공사량을 실시하는 것이 채산되는 시공속도이다.
④ 시공속도는 간접비와 직접비의 합계가 최소로 되도록 하는 것이 가장 경제적이다.

해설

공사속도를 빠르게 할수록 직접비는 증가하게 된다.

53 다음 중 수경성 재료에 해당되지 않는 것은?

① 회반죽 ② 시멘트 모르타르
③ 석고 플라스터 ④ 인조석 바름

해설

회반죽은 기경성 재료이다.

54 철골조의 접합에서 회전자유의 절점을 가지는 접합은?

① 모멘트접합 ② 아크용접접합
③ 핀접합 ④ 강접합

해설

핀접합은 회전이 구속되지 않아 모멘트가 0이 된다.

55 뒷면은 영식 쌓기 또는 화란식 쌓기로 하고 표면에는 치장벽돌을 써서 5~6켜는 길이쌓기로 하며, 다음 1켜는 마구리쌓기로 하여 뒷벽돌에 물려서 쌓는 벽돌쌓기 방식은?

① 영롱쌓기 ② 불식 쌓기
③ 엇모쌓기 ④ 미식 쌓기

미식 쌓기
5켜까지 길이 방향으로 쌓고, 다음 한 켜는 마구리쌓기로 쌓는 방식이다.

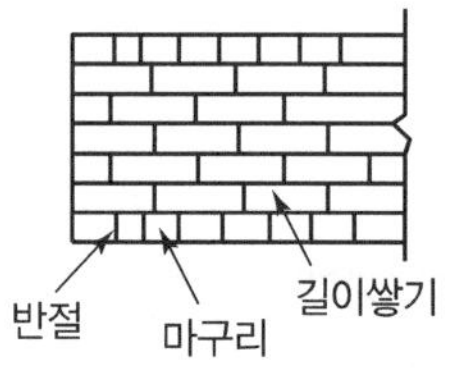

56 수밀콘크리트의 배합에 관한 설명으로 옳지 않은 것은?

① 배합은 콘크리트의 소요 품질이 얻어지는 범위 내에서 단위수량 및 물－결합재비는 되도록 작게 하고, 단위 굵은 골재량은 되도록 크게 한다.
② 콘크리트의 소요 슬럼프는 되도록 작게 하여 180mm를 넘지 않도록 하며, 콘크리트 타설이 용이할 때에는 120mm 이하로 한다.
③ 물－결합재비는 60% 이하를 표준으로 한다.
④ 콘크리트의 워커빌리티를 개선시키기 위해 공기연행제, 공기연행감수제 또는 고성능 공기연행감수제를 사용하는 경우라도 공기량은 4% 이하가 되게 한다.

해설

KCS 14 20 30 수밀 콘크리트
물－결합재비는 50% 이하를 표준으로 한다.

정답 52 ① 53 ① 54 ③ 55 ④ 56 ③

57 철근콘크리트보에 관한 설명으로 옳지 않은 것은?

① 인장 측에만 철근을 넣은 보를 단근보라 한다.
② 인장 측뿐 아니라 압축 측에도 철근을 배근한 보를 복근보라 한다.
③ 단순보에 작용하는 전단력은 중앙부에서 양단부로 갈수록 크다.
④ 내민보는 단면 하부에 인장근을 배근한다.

해설

내민보는 캔틸레버 구조의 특성을 가지며 보 상부(윗부분)의 변형량이 크게 되므로 단면 상부에 인장근을 배근한다.

58 도장재료를 사용하는 목적이 아닌 것은?

① 구조체 강도 증가 ② 표면보호 및 미화
③ 방습, 방화 ④ 녹 방지

해설

도장재료는 박막(얇은막)을 통해 구조체 등을 마감하는 역할을 하는 것으로 구조체의 강도 증가와는 관련성이 작다.

59 발포제로서 보드상으로 성형하여 단열재로 널리 사용되며 천장재, 전기용품 등에도 쓰이는 열가소성 수지는?

① 불포화폴리에스테르수지
② 실리콘수지
③ 아크릴수지
④ 폴리스티렌수지

해설

폴리스티렌수지
- 유기용제에 침해되고 취약하며, 내수, 내화학약품성, 전기절연성, 가공성이 우수하다.
- 건축벽 타일, 천장재, 블라인드, 도료 등에 사용되며, 특히 발포제품은 저온 단열재로 쓰인다.

60 판두께가 1.2mm 이하인 얇은 판에 여러 가지 모양으로 도려낸 철판으로서 환기공, 인테리어벽, 천장 등에 이용되는 금속 성형 가공제품은?

① 익스팬디드 메탈 ② 펀칭 메탈
③ 키스톤 플레이트 ④ 스팬드럴 패널

해설

펀칭 메탈(Punching Metal)
얇은 판에 여러 가지 모양으로 도려낸 철물로서 환기구 · 라디에이터 커버 등에 이용한다.

4과목 실내디자인 환경

61 두께 30cm의 콘크리트 벽체(λ = 1.2W/m · K) 10m²에 1시간 동안 외부로 유출된 열량이 500W로 측정되었다. 벽체의 실내 측 표면온도가 20℃일 경우, 실외 측 표면온도는?

① 7.5℃ ② 8.5℃
③ 9.5℃ ④ 10.5℃

해설

전열량(q) = K(열관류율, $\dfrac{\text{열전도율}(\lambda)}{\text{두께}(d)}$)×벽체면적($A$)
×온도차(ΔT, 실내 측 표면온도 − 실외 측 표면온도)

$$\Delta T = \frac{q}{\frac{\lambda}{d}\times A} = \frac{500}{\frac{1.2}{0.3}\times 10} = 12.5℃$$

ΔT = 실내 측 표면온도 − 실외 측 표면온도 = 12.5℃
실외 측 표면온도 = 실내 측 표면온도 − 12.5℃ = 20 − 12.5 = 7.5℃

62 겨울철 벽체 표면 결로의 방지대책으로 옳지 않은 것은?

① 실내의 환기 횟수를 줄인다.
② 실내의 발생 수증기량을 줄인다.

정답 57 ④ 58 ① 59 ④ 60 ② 61 ① 62 ①

③ 단열강화에 의해 실내 측 표면온도를 상승시킨다.
④ 직접가열이나 기류촉진에 의해 표면온도를 상승시킨다.

해설

실내의 환기 횟수를 늘려 절대습도를 감소시킨다.

63 흡음재료 중 연속기포 다공질재에 관한 설명으로 옳지 않은 것은?

① 표면마감처리방법에 의해 흡음특성이 변한다.
② 일반적으로 두께를 늘리면 흡음률은 작아진다.
③ 배후공기층은 중저음역의 흡음성능에 유효하다.
④ 재료로는 유리면, 암면, 펠트, 연질 섬유판 등이 있다.

해설

연속기포 다공질재의 경우 두께를 늘릴 경우 흡음이 커지는 특성이 있다.

64 불쾌 글레어의 발생 원인과 가장 거리가 먼 것은?

① 휘도가 높은 광원
② 시선에 노출된 광원
③ 눈에 입사하는 광속의 과다
④ 물체와 그 주위 사이의 저휘도 대비

해설

물체와 그 주위 사이의 고휘도 대비일 경우 불쾌 글레어가 발생할 가능성이 높아진다.

65 다음 설명에 알맞은 보일러의 출력은?

> 연속해서 운전할 수 있는 보일러의 능력으로서 난방부하, 급탕부하, 배관부하, 예열부하의 합이며, 일반적으로 보일러 선정 시에 기준이 된다.

① 상용출력 ② 정격출력
③ 정미출력 ④ 과부하출력

해설

보일러의 출력
- 정미출력 : 난방부하+급탕부하
- 상용출력 : 난방부하+급탕부하+배관부하
- 정격출력 : 난방부하+급탕부하+배관부하+예열부하

66 자연환기량에 관한 설명으로 옳은 것은?

① 풍속이 높을수록 적어진다.
② 실내외의 압력차가 클수록 적어진다.
③ 실내외의 온도차가 작을수록 많아진다.
④ 공기유입구와 유출구의 높이의 차이가 클수록 많아진다.

해설

① 풍속이 높을수록 커진다.
② 실내외의 압력차가 클수록 많아진다.
③ 실내외의 온도차가 클수록 많아진다.

67 급수방식에 관한 설명으로 옳지 않은 것은?

① 압력수조방식은 단수 시에 일정량의 급수가 가능하다.
② 펌프직송방식은 저수조의 수질관리 및 청소가 필요하다.
③ 수도직결방식은 위생성 및 유지·관리 측면에서 바람직한 방식이다.
④ 고가수조방식은 수도 본관의 영향을 그대로 받아 급수압력의 변화가 심하다.

해설

④는 수도직결방식에 대한 설명이다.

정답 63 ② 64 ④ 65 ② 66 ④ 67 ④

68 다음 설명에 알맞은 취출구의 종류는?

> • 확산형 취출구의 일종으로 몇 개의 콘(Cone)이 있어서 1차 공기에 의한 2차 공기의 유인성능이 좋다.
> • 확산반경이 크고 도달거리가 짧기 때문에 천장 취출구로 많이 사용된다.

① 팬형 ② 웨이형
③ 노즐형 ④ 아네모스탯형

해설

아네모스탯형 취출구(Anemostat Type)
- 팬형의 단점을 보완한 것이다.
- 콘(Cone)이라 불리는 여러 개의 동심원추 또는 각추형의 날개로 되어 있다.
- 풍량을 광범위하게 조절할 수 있다.
- 확산반경이 크고 도달거리가 짧다.

69 공기조화방식 중 팬코일유닛방식(FCU)에 관한 설명으로 옳지 않은 것은?

① 각 유닛마다 개별조절이 가능하다.
② 각 실에 배관으로 인한 누수의 우려가 없다.
③ 덕트방식에 비해 유닛의 위치 변경이 쉽다.
④ 덕트 샤프트나 스페이스가 필요 없거나 작아도 된다.

해설

팬코일유닛방식은 각 실에 수배관으로 인한 누수의 우려가 있다.

70 다음 중 옥내조명의 설계순서에서 가장 우선적으로 이루어져야 할 사항은?

① 광원의 선정 ② 조명방식의 결정
③ 소요조도의 결정 ④ 조명기구의 결정

해설

조명설계 순서
소요조도 결정 → 조명방식 결정 → 광원 선정 → 조명기구 선정 → 조명기구 배치 → 최종 검토

71 다음 중 방염대상물품에 해당되지 않는 것은?(단, 제조 또는 가공공정에서 방염 처리를 한 물품이다)

① 전시용 섬유판
② 무대막
③ 벽지류(종이벽지 포함)
④ 카펫

해설

방염대상물품에 두께가 2mm 미만인 벽지류가 포함되나, 벽지류 중 종이벽지는 제외한다.

72 대통령령으로 정하는 특정소방대상물(신축하는 것만 해당)에 소방시설을 설치하려는 자는 그 용도, 위치, 구조, 수용인원, 가연물(可燃物)의 종류 및 양 등을 고려하여 설계하여야 하는데 이와 같은 설계를 무엇이라 하는가?

① 소방시설 특수설계 ② 최적화설계
③ 성능위주설계 ④ 소방시설 정밀설계

해설

성능위주설계(소방시설 설치 및 관리에 관한 법률 제2조)
"성능위주설계"란 건축물 등의 재료, 공간, 이용자, 화재 특성 등을 종합적으로 고려하여 공학적 방법으로 화재 위험성을 평가하고 그 결과에 따라 화재안전성능이 확보될 수 있도록 특정소방대상물을 설계하는 것을 말한다.

73 건축물의 피난 · 방화구조 등의 기준에 관한 규칙에 따른 내화구조로 볼 수 없는 것은?(단, 벽의 경우)

① 철골철근콘크리트조로서 두께가 15cm인 것
② 철근콘크리트조로서 두께가 15cm인 것
③ 벽돌조로서 두께가 15cm인 것
④ 고온 · 고압의 증기로 양생된 경량기포 콘크리트패널 또는 경량기포 콘크리트블록조로서 두께가 10cm인 것

정답 68 ④ 69 ② 70 ③ 71 ③ 72 ③ 73 ③

해설

① 철골철근콘크리트조로서 두께가 10cm 이상인 것
② 철근콘크리트조로서 두께가 10cm 이상인 것
③ 벽돌조로서 두께가 19cm 이상인 것
④ 고온 · 고압의 증기로 양생된 경량기포 콘크리트 패널 또는 경량기포 콘크리트블록조로서 두께가 10cm 이상인 것

74 건축물에 설치하는 경계벽이 소리를 차단하는 데 장애가 되는 부분이 없도록 하여야 하는 구조 기준으로 옳지 않은 것은?

① 철근콘크리트조로서 두께가 10cm 이상인 것
② 무근콘크리트조로서 두께가 10cm 이상인 것
③ 콘크리트블록조로서 두께가 19cm 이상인 것
④ 벽돌조로서 두께가 15cm 이상인 것

해설

콘크리트블록조 또는 벽돌조는 두께가 19cm 이상이어야 한다.

75 무창층의 정의와 관련한 아래 내용에서 밑줄 친 부분에 해당하는 기준 내용이 틀린 것은?

> "무창층"이란 지상층 중 다음 각 목의 요건을 모두 갖춘 개구부의 면적의 합계가 해당 층의 바닥면적의 30분의 1 이하가 되는 층을 말한다.

① 크기는 지름 50cm 이상의 원이 내접할 수 있는 크기일 것
② 해당 층의 바닥면으로부터 개구부 밑부분까지의 높이가 1.2m 이내일 것
③ 도로 또는 차량이 진입할 수 있는 빈터를 향할 것
④ 내부 또는 외부에서 쉽게 부수거나 열 수 없는 고정창일 것

해설

무창층의 개구부는 내부 또는 외부에서 쉽게 부수거나 열 수 있어야 한다.

76 공동주택 중 아파트로서 4층 이상인 층의 각 세대가 2개 이상의 직통계단을 사용할 수 없는 경우에는 발코니에 인접 세대와 공동으로 또는 각 세대별로 일정 요건을 모두 갖춘 대피 공간을 하나 이상 설치하여야 하는데, 대피공간이 갖추어야 할 일정 요건으로 옳지 않은 것은?

① 대피공간은 바깥의 공기와 접할 것
② 대피공간은 실내의 다른 부분과 방화구획으로 구획될 것
③ 대피공간의 바닥면적은 각 세대별로 설치하는 경우에는 $2m^2$ 이상일 것
④ 대피공간의 바닥면적은 인접 세대와 공동으로 설치하는 경우에는 $2.5m^2$ 이상일 것

해설

대피공간의 바닥면적은 인접 세대와 공동으로 설치하는 경우에는 $3m^2$ 이상, 각 세대별로 설치하는 경우에는 $2m^2$ 이상이어야 한다.

77 공동주택의 난방설비를 개별난방방식으로 하는 경우에 관한 기준으로 옳지 않은 것은?

① 보일러를 설치하는 곳과 거실 사이의 경계벽은 출입구를 제외하고는 내화구조의 벽으로 구획할 것
② 보일러실의 윗부분에는 그 면적이 $0.3m^2$ 이상의 환기창을 설치할 것
③ 보일러실의 윗부분과 아랫부분에는 각각 지름 10cm 이상의 공기흡입구 및 배기구를 항상 열려 있는 상태로 바깥공기에 접하도록 설치할 것
④ 보일러의 연도는 내화구조로서 공동연도로 설치할 것

해설

보일러실의 윗부분에는 $0.5m^2$ 이상의 환기창을 설치해야 한다.

정답 74 ④ 75 ④ 76 ④ 77 ②

78 상업지역 및 주거지역에서 건축물에 설치하는 냉방시설 및 환기시설의 배기구와 배기장치의 설치 기준으로 옳지 않은 것은?

① 건축물의 외벽에 배기구를 설치할 때에는 배기구가 떨어지는 것을 방지할 수 있도록 하여야 한다.

② 배기구는 도로면으로부터 3m 이상의 높이에 설치하여야 한다.

③ 배기장치에서 나오는 열기가 보행자에게 직접 닿지 않도록 설치하여야 한다.

④ 건축물의 외벽에 배기구 또는 배기장치를 설치할 때에 사용하는 보호장치는 부식을 방지할 수 있는 자재를 사용하거나 도장하여야 한다.

해설

상업지역 및 주거지역에서 건축물에 설치하는 냉방시설 및 환기시설의 배기구와 배기장치의 설치 기준

- 배기구는 도로면으로부터 2m 이상의 높이에 설치할 것
- 배기장치에서 나오는 열기가 인근 건축물의 거주자나 보행자에게 직접 닿지 아니하도록 할 것

79 단독주택 및 공동주택의 환기를 위하여 거실에 설치하는 창문 등의 면적은 최소 얼마 이상이어야 하는가? (단, 기계환기장치 및 중앙관리방식의 공기조화설비를 설치하지 않은 경우)

① 거실 바닥면적의 5분의 1

② 거실 바닥면적의 10분의 1

③ 거실 바닥면적의 15분의 1

④ 거실 바닥면적의 20분의 1

해설

거실의 환기를 위한 창문 등의 면적은 거실 바닥면적의 1/20 이상이 필요하다.

80 비상용 승강기 승강장의 구조 기준에 대한 설명으로 틀린 것은?(단, 건축물의 설비기준 등에 관한 규칙에 따른다)

① 승강장의 바닥면적은 비상용승강기 1대에 대하여 $6m^2$ 이상이어야 한다. 다만, 옥외에 승강장을 설치하는 경우에는 그러하지 아니하다.

② 피난층이 있는 승강장의 출입구로부터 도로 또는 공지에 이르는 거리가 40m 이하이어야 한다.

③ 벽 및 반자가 실내에 접하는 부분의 마감재료는 불연재료로 하여야 한다.

④ 승강장의 창문 · 출입구 기타 개구부를 제외한 부분은 당해 건축물의 다른 부분과 내화구조의 바닥 및 벽으로 구획하여야 한다.

해설

피난층이 있는 승강장의 출입구(승강장이 없는 경우에는 승강로의 출입구)로부터 도로 또는 공지에 이르는 거리가 30m 이하이어야 한다.

정답 **78** ② **79** ④ **80** ②

2023년 4회 실내건축기사

1과목 실내디자인 계획

01 디자인 원리 중 점이(Gradation)에 관한 설명으로 옳은 것은?

① 서로 다른 요소들 사이에서 평형을 이루는 상태
② 공간, 형태, 색상 등의 점차적인 변화로 생기는 리듬
③ 이질의 각 구성요소들이 전체로서 동일한 이미지를 갖게 하는 것
④ 시각적 형식이나 한정된 공간 안에서 하나 이상의 형이나 형태 등이 단위로 계속 되풀이 되는 것

해설

① 균형, ③ 통일, ④ 반복

점이 : 형태의 크기, 방향, 질감, 색상 등 단계적인 변화로 나타내는 원리로 반복의 경우보다는 동적이다.

02 개구부에 관한 설명으로 옳지 않은 것은?

① 가구배치와 동선계획에 영향을 미친다.
② 고정창은 크기와 형태에 제약 없이 자유로이 디자인할 수 있다.
③ 측창은 같은 크기의 천창보다 3배 정도의 많은 빛을 실내로 유입시킬 수 있다.
④ 회전문은 출입하는 사람이 충돌할 위험이 없으며 방풍실을 겸할 수 있는 장점이 있다.

해설

- 측창 : 창의 면이 수직 벽면에 설치되는 창으로 같은 면적의 천창에 비해 채광량이 적어 눈부심이 적다.
- 천창 : 지붕이나 천장면에 채광 환기를 목적으로 설치하여 같은 면적의 측창보다 3배 정도 광량이 많고 조도분포를 균일하다.

03 19세기 말부터 20세기 초에 걸쳐 벨기에와 프랑스를 중심으로 모리스와 미술 · 공예운동의 영향을 받아서 과거의 양식과 결별하고 식물이 갖는 단순한 곡선형태를 인테리어 가구 구성에 이용한 예술운동은?

① 아르데코　　② 아르누보
③ 아방가르드　　④ 컨템포러리

해설

아르누보(Art – Nouveau)
1900년 초반에 파리를 중심으로 일어난 신예술운동이다. 제품의 대량생산으로 인한 질적 하락을 수공예를 통해 예술로 승화시키려는 미술공예운동의 윌리엄 모리스의 영향을 받아 자연의 유기적 형태를 통해 식물의 곡선미를 많이 이용하였다.

※ **자연에서 모티브 추구** : 곡선의 장식적 가치를 강조

04 디자인 원리 중 조화를 가장 적절히 표현한 것은?

① 중심축을 경계로 형태의 요소들이 시각적으로 균형을 이루는 상태
② 전체적인 구성 방법이 질적, 양적으로 모순 없이 질서를 이루는 것
③ 저울의 원리와 같이 중심축을 경계로 양측이 물리적으로 힘의 안정을 구하는 현상
④ 규칙적인 요소들의 반복으로 디자인에 시각적인 질서를 부여하는 통제된 운동감각

해설

① · ③ 균형, ④ 리듬에 관한 설명이다.

조화
둘 이상의 요소들이 상호 관련성에 의해 어울림을 느끼게 되는 상태로 전체적인 구성 방법이 질적 · 양적으로 모순 없이 질서를 이루는 것이다.

정답　01 ②　02 ③　03 ②　04 ②

05 다음 중 공간의 조닝(Zoning)의 방법과 가장 거리가 먼 것은?

① 융통성에 의한 구분
② 주 행동에 의한 구분
③ 사용시간에 의한 구분
④ 프라이버시 정도에 따른 구분

해설

조닝 방법
사용자의 특성, 사용빈도, 행동에 의한 구분, 사용시간에 의한 구분, 프라이버시 정도에 따라 구분하여 공간을 조닝한다.

06 전시공간의 특수전시기법에 관한 설명으로 옳은 것은?

① 하모니카 전시는 통일된 전시 내용이 규칙적이거나 반복적으로 나타날 때 적용이 용이하다.
② 파노라마 전시는 벽이나 천장을 직접 이용하지 않고 전시 공간의 중앙에 전시물을 배치하는 전시기법이다.
③ 아일랜드 전시는 현장감을 가장 실감나게 표현하는 기법으로 한정된 공간 속에서 배경스크린과 실물 종합전시가 이루어진다.
④ 디오라마 전시는 연속적인 주제를 연관성 깊게 표현하기 위해 선형으로 연출하는 전시기법으로 맥락이 중요하다고 생각될 때 사용된다.

해설

② 아일랜드, ③ 디오라마, ④ 파노라마

하모니카 전시
하모니카의 흡입구와 같은 모양으로 동일 종류의 전시물을 연속하여 배치하는 방법이다.

07 주택의 실내 치수 계획으로 가장 부적절한 것은?

① 현관의 폭 : 1,200mm
② 세면기의 높이 : 550mm
③ 부엌 작업대의 높이 : 850mm
④ 주택 내부의 복도 폭 : 900mm

해설

세면기의 높이 : 700~750mm

08 회전문 설치에 관한 설명으로 옳지 않은 것은?

① 회전문의 중심축에서 40cm를 제외하고 회전문 날개 끝부분까지의 길이가 140cm 이상이 되도록 해야 한다.
② 출입에 지장이 없도록 일정한 방향으로 회전하는 구조로 해야 한다.
③ 회전문의 회전속도는 분당 회전수가 8회를 넘기지 않도록 한다.
④ 계단이나 에스컬레이터로부터 2m 이상의 거리를 두어야 한다.

해설

회전문
- 계단이나 에스컬레이터로부터 2m 이상의 거리를 둘 것
- 회전문과 문틀 사이는 5cm 이상, 회전문과 바닥 사이는 3cm 이상
- 출입에 지장이 없도록 일정한 방향으로 회전하는 구조로 할 것
- 회전문의 중심축에서 회전문과 문틀 사이의 간격을 포함한 회전문 날개 끝부분까지의 길이는 140cm 이상 되도록 할 것
- 회전문의 회전 속도는 분당회전수가 8회를 넘지 아니하도록 할 것

09 시스템 가구에 관한 설명으로 옳은 것은?

① 기능보다 디자인 측면에서 단순미가 강조되어야 한다.
② 특정한 사용목적이나 많은 물품을 수납하기 위해 건축화된 가구이다.
③ 기능에 따라 여러 가지 형으로 조립 및 해체가 가능하여 공간의 융통성을 꾀할 수 있다.
④ 모듈화된 단위 구성재의 결합을 통해 다양한 디자인으로 변형이 가능해야 하기 때문에 대량 생산이 어렵다.

정답 05 ① 06 ① 07 ② 08 ① 09 ③

해설

시스템 가구
- 디자인 측면보다는 기능적인 측면을 강조함으로써 공간의 융통성을 도모한다.
- 모듈화된 단위 구성재의 결합을 통해 가구의 통일과 조화를 이루며 규격화된 부품을 구성하여 시공 시간 단축과 대량생산이 가능하다.

10 다음 설명에 알맞은 블라인드의 종류는?

> - 쉐이드 블라인드라고도 한다.
> - 천을 감아 올려 높이 조절이 가능하며 칸막이나 스크린의 효과도 얻을 수 있다.

① 롤 블라인드 ② 로만 블라인드
③ 버티컬 블라인드 ④ 베네시안 블라인드

해설

- 베네시안 블라인드 : 수평형 블라인드로 날개각도를 조절하여 일광, 조망, 시각의 차단정도를 조정할 수 있지만, 날개 사이에 먼지가 쌓이기 쉽다.
- 버티컬 블라인드 : 수직 블라인드로 수직의 날개가 좌우로 동작이 가능하며 좌우 개폐정도에 따라 일광, 조망의 차단 정도를 조절한다.
- 로만 블라인드 : 천의 내부에 설치된 체인에 의해 당겨져 아래가 접혀 올라가는 것으로 풍성한 느낌과 우아한 분위기를 조성할 수 있다.

11 가구를 인체공학적 입장에서 분류하였을 경우에 관한 설명으로 옳지 않은 것은?

① 침대는 인체계 가구이다.
② 책상은 준인체계 가구이다.
③ 수납장은 준인체계 가구이다.
④ 작업용 의자는 인체계 가구이다.

해설

- 인체계 가구 : 인체와 밀접하게 관계되어 가구 자체가 직접 인체를 지지하는 가구이다.(의자, 침대, 소파)
- 준인체계 가구 : 인간과 간접적으로 관계하고 동작의 보조적인 역할을 하는 가구이다.(테이블, 카운터, 책상)
- 건축계 가구 : 건축물의 일부로서의 성격을 지니며 수납크기, 수량, 중량 등과 관계하는 가구이다.(벽장, 선반, 옷장, 수납용 가구)

12 개방식 배치의 일종으로 오피스 작업을 사람의 흐름과 정보의 흐름을 매체로 효율적인 네트워크가 되도록 배치하는 것은?

① 유니버설 플랜 ② 세포형 오피스
③ 복도형 오피스 ④ 오피스 랜드스케이프

해설

오피스 랜드스케이프
개방식 평면형의 한 형태로 고정된 칸막이를 쓰지 않고 이동식 파티션이나 가구, 식물 등으로 공간이 구분되는 형식으로 적당한 프라이버시를 유지하는 동시에 효율적인 사무공간을 연출할 수 있다.

13 다음과 같은 특징을 갖는 사무소 건축의 코어 유형은?

> - 단일용도의 대규모 전용사무소에 적합한 유형
> - 2방향 피난에 이상적인 관계로 방재/피난상 유리

① 양단코어 ② 독립코어
③ 편심코어 ④ 중심코어

해설

양단코어형
공간의 분할, 개방이 자유로운 형태로 재난 시 두 방향으로 대피가 가능하고 2방향 피난에 이상적인 관계로 방재, 피난상 유리하다.

14 상점의 진열대 배치형식 중 직렬배치형에 관한 설명으로 옳은 것은?

① 고객의 이동 흐름이 늦다는 단점이 있다.
② 고객의 통행량에 따라 부분적으로 통로 폭을 조절하기 어렵다.
③ 진열대 등의 배치와 고객의 동선을 굴절 또는 곡선형으로 구성시킨 형식이다.
④ 주통로 다음의 제2통로를 주통로에 대해 45°가 이루어지도록 진열대를 배치한 형식이다.

정답 10 ① 11 ③ 12 ④ 13 ① 14 ②

해설

직렬배치형

- 상품의 전달 및 고객의 동선상 흐름이 빠르다.
- 쇼케이스 및 진열대를 일직선 형태로 배열한 형식으로 부분별로 상품진열이 용이하다.

15 건축제도에서 사용하는 척도에서 실척을 나타낸 것은?

① 2/1 ② 1/1
③ 1/5 ④ 1/10

해설

- 실척 : 물체의 크기를 실제 그대로 도면에 나타낸 척도(1/1)
- 배척 : 물체의 크기를 확대해 나타낸 척도(2/1)
- 축척 : 물체의 크기를 비율에 맞게 축소한 척도(1/5, 1/10)

16 다음 그림과 같이 연속적인 주제를 연관성 있게 표현하기 위해 선(線)형으로 연출하는 특수전시 기법은?

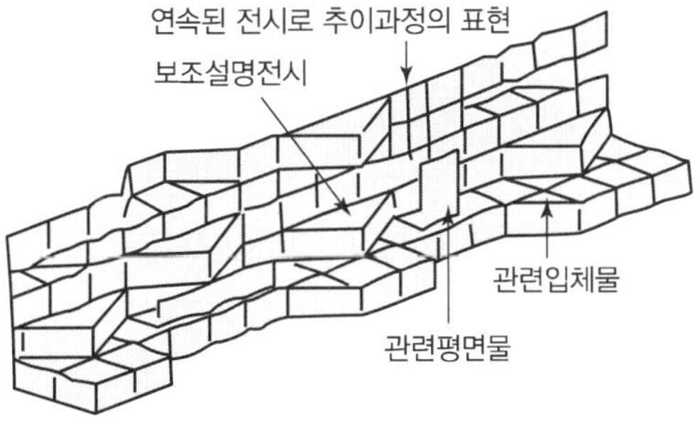

① 디오라마 전시 ② 파노라마 전시
③ 아일랜드 전시 ④ 하모니카 전시

해설

파노라마 전시

벽면전시와 입체전시가 병행되는 것으로 연속적인 주제를 표현하기 위해 선형으로 연출되는 전시기법이다.

17 건축제도에서 물체의 보이지 않는 부분의 외곽이나 절단면 이외의 상부나 좌우 면의 외부 모양을 나타낼 때 사용하는 선은?

① 파선 ② 일점쇄선
③ 단면선 ④ 이점쇄선

해설

- 파선 : 보이지 않는 부분이나 절단면보다 양면 또는 윗면에 있는 부분의 표시
- 일점쇄선 : 중심선, 절단선, 경계선, 참고선 등의 표시
- 이점쇄선 : 상상선 또는 1점쇄선과 구별할 필요가 있을 때 표시

18 형태의 지각심리(게슈탈트 심리학)에 따른 그룹핑의 법칙에 속하지 않는 것은?

① 근접성 ② 유사성
③ 연속성 ④ 개방성

해설

게슈탈트 법칙의 지각원리

근접성, 유사성, 연속성, 폐쇄성, 단순성, 공동 운명성, 대칭성

19 다음 중 인위적 형태에 관한 설명으로 옳지 않은 것은?

① 인위적 형태는 그것이 속해 있는 시대성을 갖는다.
② 디자인에 있어서 형태는 대부분이 인위적 형태이다.
③ 모든 인위적 형태는 단순한 부정형의 형태를 취한다.
④ 인간에 의해 인위적으로 만들어진 모든 사물, 구조체에서 볼 수 있는 형태이다.

해설

인위적 형태

휴먼스케일과 일정한 관계를 지니며, 인간이 만들어낸 3차원적인 물체의 형태이다.

정답 15 ② 16 ② 17 ① 18 ④ 19 ③

20 기둥 밑의 초반이 있고 2~3개의 수평 테가 있으며 주두에는 소용돌이 형상의 특징이 있는 주범 형식은?

① 콤포짓 ② 이오니아
③ 도리아 ④ 코린트

해설

이오니아 오더
기둥 밑 주초가 있고, 여성적이며 소용돌이 형상의 나선형 형태이다.

2과목 실내디자인 색채 및 사용자 행태분석

21 PANTONE 색표집에 대한 설명으로 틀린 것은?

① 색의 기본 속성에 따라 논리적인 순서로 배열되어 있다.
② 1963년 미국의 로렌스 하버트가 고안하였다.
③ 매년 올해의 컬러를 발표하여 다양한 분야의 트렌드를 제안하고 있다.
④ 인쇄 및 소재별 잉크를 조색하여 제작한 실용적인 색표집이다.

해설

색의 기본 속성에 따라 논리적인 순서로 배열되어 있지 않다.

22 조명광이나 물체색을 오랫동안 계속 쳐다보고 있을 때 색의 지각이 약해져서 생기는 현상은?

① 색온도 ② 색순응
③ 박명시 ④ 푸르킨예 현상

해설

색순응
눈이 조명 빛, 색광에 대하여 익숙해지면서 순응하는 것으로 색이 순간적으로 변해 보이는 현상으로 원래의 사물색으로 돌아간다.

23 다음 중 Lab 색 모델 설명으로 틀린 것은?

① 균일 색 모델(Uniform Color Model)이다.
② L은 밝기, a와 b는 색도 성분에 해당한다.
③ 균일 색 모델에는 Lab, Luv 등의 모델이 존재한다.
④ Green에서 Magenta 사이의 색 단계는 b축이다.

해설

Lab 컬러모드
헤링의 4원색설에 기초로 L*(명도), a*(빨강/녹색), b*(노랑/파랑)로 다른 환경에서도 최대한 색상을 유지시켜주기 위한 디지털 색채체계로 Green에서 Magenta 사이의 색 단계는 a축이다.

24 빨간 성냥불을 어두운 곳에서 돌리면 길고 선명한 빨간원이 생긴다. 이러한 현상은?

① 색의 동화 ② 색의 대비
③ 색의 잔상 ④ 색의 시인성

해설

색의 잔상
원래 자극과 색상이나 밝기가 같은 잔상을 말하며 음성잔상보다 오래 지속되며 TV, 영화, 횃불이나 성냥불을 돌릴 때 주로 볼 수 있다.

25 영 · 헬름홀츠 색지각설의 3원색은?

① 빨강(Red), 녹색(Green), 파랑(Blue)
② 시안(Cyan), 마젠타(Magenta), 노랑(Yellow)
③ 흰색(White), 회색(Gray), 검정(Black)
④ 빨강(Red), 노랑(Yellow), 파랑(Blue)

해설

영 · 헬름홀츠의 3원색설
우리 눈의 망막조직에는 R, G, B(빨강, 녹색, 파랑)의 세포가 있고 색광을 감광하는 시신경 섬유가 있어 이 세포들이 혼합이 시신경을 통해 뇌에 전달됨으로써 색을 인지한다고 주장했다.

정답 20 ② 21 ① 22 ② 23 ④ 24 ③ 25 ①

26 용도별 실내색채에 관한 다음 설명 중 틀린 것은?

① 한색계의 색채 공간은 정신적 활동에 적합하다.
② 병원 수술실에 가장 많이 쓰이는 색은 청록색이다.
③ 공장에서 안전이 요구되는 부위에는 안전색채를 배색하는 것이 좋다.
④ 독서실 벽은 순백색으로 배색한 것이 눈의 피로를 줄여서 좋다.

해설

독서실의 벽은 순백색(흰색)으로 배색하는 것은 눈의 피로를 가져오므로 피하는 것이 좋다.

27 오스트발트(Ostwald) 조화론의 등색상삼각형의 조화가 아닌 것은?

① 등순색 계열의 조화　② 등백색 계열의 조화
③ 등흑색 계열의 조화　④ 등명도 계열의 조화

해설

단색상의 조화
동일한 색상의 색삼각형 내에서의 색채조화를 단색조화라 하며 등백색 계열의 조화, 등흑색 계열의 조화, 등순색 계열의 조화, 등가색 계열의 조화 등이 있다.

28 다음 빛의 혼합 중 틀린 것은?

① Blue + Green = Cyan
② Green + Red = Yellow
③ Blue + Red = Magenta
④ Blue + Green + Red = Black

해설

가산혼합
빛의 혼합으로 빨강(Red), 초록(Green), 파랑(Blue) 3종의 색광을 혼합했을 때 원래의 색광보다 밝아지는 혼합이다.
- Blue + Green = Cyan
- Green + Red = Yellow
- Blue + Red = Magenta
- Blue + Green + Red = White

29 슈브럴(M. E. Chevreul)은 그의 저서 "Contrast on Color"에서 배색조화 이론을 체계적으로 설명하였다. 다음 중 그의 배색 조화론과 맞지 않는 것은?

① 2색의 대비적 조화는 2개의 대립색상에 의하여 나타난다.
② 2색의 부조화일 때는 그 사이에 2색의 중간색을 넣으면 조화된다.
③ 색료의 3원색(적, 황, 청)중 2색의 배색은 중간 배색보다 조화된다.
④ 전체적으로 하나의 주된 색의 배색은 조화된다.

해설

세퍼레이션 컬러의 조화
2색이 부조화일 때 그 사이에 흰색, 검은색을 더하면 조화를 이룬다.

30 색의 연상에 대한 내용 중 틀린 것은?

① 빨강, 주황 등은 식욕을 증진시키는 데 효과적인 색이다.
② 파랑, 하늘색 등은 일반적으로 청결한 이미지를 나타낸다.
③ 금속색(주로 은회색 등)은 첨단적, 현대적인 이미지를 나타낸다.
④ 검정색은 죽음, 공포, 암흑은 연상시켜 공업제품의 색으로는 부적합하므로 사용하고 있지 않다.

해설

검정색은 공업제품 등 초기 자동차 생산 때부터 대량생산의 시스템의 효율성을 위해 사용하고 있다.

31 다음 중 색채조절의 목적과 거리가 먼 것은?

① 눈의 피로를 감소시켜야 한다.
② 작업의 활동적인 의욕을 높인다.
③ 위험을 방지하는 안전을 고려한다.
④ 심미적인 조화를 우선적으로 고려한다.

정답　26 ④　27 ④　28 ④　29 ②　30 ④　31 ④

해설

색채조절
색채의 생리적 심리적 효과를 적극적으로 활용하여 안전하고 효율적인 작업환경과 쾌적한 생활환경의 조성을 목적으로 심미적 조화를 우선적으로 고려하진 않는다.

32 한국의 전통가구 중 반닫이에 관한 설명으로 옳지 않은 것은?

① 반닫이는 우리나라 전역에 걸쳐서 사용되었다.
② 전면 상반부를 문짝으로 만들어 상하로 여는 가구이다.
③ 반닫이는 주로 양반층에서 장이나 농 대신에 사용하던 가구이다.
④ 반닫이 안에는 의복, 책, 제기 등을 보관하였고, 위에는 이불을 얹거나 항아리, 소품 등을 얹어 두었다.

해설

반닫이
앞면의 반만 여닫도록 만든 수납용 목가구로, 앞닫이라고도 불렀다. 신분 계층의 구분 없이 널리 사용되었고 반닫이 위에 이불을 얹거나 기타 가정용구를 올려놓고 실내에서 다목적으로 쓰는 집기였다.

33 오스트발트 색입체를 명도를 축으로 하여 수직으로 절단했을 때의 단면 모양은?

① 삼각형 ② 타원형
③ 직사각형 ④ 마름모형

해설

오스트발트 색입체
색입체 모양은 삼각형을 회전시켜 만든 복원추체(마름모형)이다.

34 미국의 색채학자 저드(D. B. Judd)의 일반적인 4가지 색채조화의 원리가 아닌 것은?

① 유사성의 원리 ② 명료성의 원리
③ 대비성의 원리 ④ 친근성의 원리

해설

저드의 색채조화 4원칙
유사의 원리, 질서의 원리, 비모호성의 원리, 친근성의 원리

35 색의 혼합에 관한 설명으로 틀린 것은?

① 색료 혼합의 3원색은 Magenta, Yellow, Cyan이다.
② 색광 혼합의 2차색은 색료 혼합의 3원색이 된다.
③ 색료 혼합은 혼합하면 할수록 채도가 낮아진다.
④ 색료 혼합은 혼합하면 할수록 명도와 채도가 높아진다.

해설

색료혼합 : 혼합하면 혼합할수록 명도, 채도가 낮아진다.

36 명소시에서 암소시로 이행할 때 붉은색은 어둡게 되고, 청색은 상대적으로 밝아지는 것과 관련된 것은?

① 메타메리즘 ② 색각이상
③ 푸르킨예 현상 ④ 착시현상

해설

푸르킨예 현상
명소시에서 암소시로 갑자기 이동할 때 빨간색은 어둡게 파란색은 밝게 보이는 현상으로 추상체가 반응하지 않고 간상체가 반응하면서 생기는 현상이다.

37 물체색에 대한 설명 중 틀린 것은?

① 빛을 대부분 반사시키면 흰색이 된다.
② 빛을 완전히 흡수하면 이상적인 검정색이 된다.
③ 빛의 일부는 반사하고 일부는 흡수하면 회색이 된다.
④ 빛의 반사율은 0~100%가 현실적으로 존재한다.

해설

물체색
물체의 대부분은 물체 자체가 색을 발하지 않고 빛을 반사하거나 투과하여 색을 나타낸다. 빛의 파장을 완벽하게 반사시키거나 흡수하는 물체는 없으므로, 대개 88% 정도 반사하면 흰색, 3% 정도만 반사하면 검은색으로 간주한다. 빛의 반사율은 0~100%가 현실적으로 없다.

정답 32 ③ 33 ④ 34 ③ 35 ④ 36 ③ 37 ④

38 먼셀 색체계에서 색상기호 앞에 붙는 숫자로 각 색상의 대표 색상을 의미하는 숫자는?

① 2 ② 5
③ 8 ④ 3

해설

먼셀 색체계
색상의 대표색은 5로 표기하며, 색표에 표시할 때 5R, 5YR와 같이 표시한다.

39 가산혼합에서 녹색과 파랑을 혼합하면 어떤 색이 되는가?

① 회색(Gray) ② 시안(Cyan)
③ 보라(Purple) ④ 검정(Black)

해설

가산혼합 : 빛의 3원색
- 빨강(R) + 초록(G) = 노랑(Y)
- 초록(G) + 파랑(B) = 시안(C)
- 파랑(B) + 빨강(R) = 마젠타(M)
- 빨강(R) + 초록(G) + 파랑(B) = 흰색(W)

40 부의 잔상(Negative after Image)에 대한 설명으로 맞는 것은?

① 어떤 색을 응시하다가 눈을 옮기면 먼저 본 색의 반대색이 잔상으로 생긴다.
② 빨간 성냥불을 어두운 곳에서 돌리면 길고 선명한 빨간 원이 그려진다.
③ 사진원판과 같이 원자극의 흑색은 흑색으로, 백색은 백색으로 변화를 갖지 않는다.
④ 원자극과 흡사한 잔상으로 등색(等色)잔상이 있다.

해설

부의 잔상(음성잔상)
원래 자극과 반대되는 밝기나 색상을 띤 잔상을 말하며 남은 감각을 음성잔상이라고 하며 원래 색상과 보색관계로 나타나는 심리적 보색이다.

3과목 실내디자인 시공 및 재료

41 다음은 공사현장에서 이루어지는 업무에 관한 설명이다. 이 업무의 명칭으로 옳은 것은?

> 공사내용을 분석하고 공사관리의 목적을 명확히 제시하여 작업의 순서를 반영하며 실내공사의 작업을 세분화하고 집약한다. 공사의 종류에 따라 기술적인 순서와 상호관계를 정리하고 설계도서, 시방서, 물량산출서, 견적서를 기초로 작업에 투여되는 인력, 장비, 자재의 수량을 비교 · 검토한다.

① 실행예산편성 ② 공정계획
③ 작업일보작성 ④ 입찰참가신청

해설

공정계획(공정관리)
- 건축물을 지정된 공사기간 내에 공사예산에 맞추어 정밀도가 높은 우수한 질의 시공을 위하여 작성하는 계획이다.
- 우수하게, 값싸게, 빨리, 안전하게 각 건설물을 세부계획에 필요한 시간과 순서, 자재, 노무 및 기계설비 등을 일정한 형식에 의거하여 작성, 관리함을 목적으로 한다.

42 다음 유리 중 결로현상의 발생이 가장 적은 것은?

① 보통유리 ② 후판유리
③ 복층유리 ④ 형판유리

해설

복층유리
유리와 유리 사이에 공기층을 두어 단열성능을 높인 유리로서 결로현상 저감에 효과적이다.

43 다음 중 미장바탕이 갖추어야 할 조건으로 옳지 않은 것은?

① 바름층과 유해한 화학반응을 하지 않을 것
② 바름층을 지지하는 데 필요한 접착강도를 얻을 수 있을 것

정답 38 ② 39 ② 40 ① 41 ② 42 ③ 43 ③

③ 바름층보다 강도, 강성이 크지 않을 것
④ 바름층의 경화, 건조를 방해하지 않을 것

해설

바탕층은 바름층에 비해 강도, 강성을 크게 하여 구조체의 균열 · 거동 등에 대응하여야 한다.

44 안전관리 총괄책임자의 직무에 해당하지 않는 것은?

① 작업 진행상황을 관찰하고 세부 기술에 관한 지도 및 조언을 한다.
② 안전관리계획서의 작성 · 제출 및 안전관리를 총괄한다.
③ 안전관리 관계자의 직무를 감독한다.
④ 안전관리비의 편성과 집행내용을 확인한다.

해설

①은 안전관리와 거리가 먼 사항이다.

45 유성 에나멜 페인트에 관한 설명으로 옳지 않은 것은?

① 유성 바니시에 안료를 첨가한 것을 말한다.
② 내알칼리성이 우수하여 콘크리트면에 주로 사용된다.
③ 유성 페인트와 비교하여 건조시간, 도막의 평활 정도가 우수하다.
④ 유성 페인트와 비교하여 광택, 경도가 우수하다.

해설

알칼리에 부식되는 특성이 있어 콘크리트면보다는 금속면, 목재면 등에 적용된다.

46 ALC(Autoclaved Lightweight Concrete)에 관한 설명으로 옳지 않은 것은?

① ALC 제품은 오토클레이브 양생을 해서 만든 기포콘크리트 제품이다.
② ALC 제품은 오토클레이브 양생을 하기 때문에 작은 비중에 비해 비교적 압축강도가 높아 기둥, 보 등의 구조재료로 주로 사용된다.
③ ALC 제품은 시공이 용이하고 내화성이 양호한 편이다.
④ ALC 제품은 우수한 음 및 열적 특성이 있고, 사용 후 변형이나 균열이 적다.

해설

ALC는 기둥 등 주요 구조부에 쓰기에는 상대적으로 강도가 작다.

47 표건상태의 잔골재 500g을 건조시켜 기건상태에서 측정한 결과 460g, 절건상태에서 측정한 결과 450g이었다. 이 잔골재의 흡수율은?

① 8% ② 8.8%
③ 10% ④ 11.1%

해설

$$흡수율=\frac{흡수량}{절건상태\ 중량}\times 100\%$$
$$=\frac{표건상태\ 중량-절건상태\ 중량}{절건상태\ 중량}\times 100\%$$
$$=\frac{500-450}{450}\times 100\%=11.1\%$$

48 집성목재의 장점이 아닌 것은?

① 목재의 강도를 인공적으로 조절할 수 있다.
② 응력에 따라 필요한 단면을 만들 수 있다.
③ 톱밥, 대팻밥, 나무부스러기를 이용하므로 경제적이다.
④ 길고 단면이 큰 부재를 만들 수 있다.

해설

집성목재
두께가 1.5~5cm인 단판을 섬유방향이 서로 평행하도록 겹쳐서 접착한 것이다.

정답 44 ① 45 ② 46 ② 47 ④ 48 ③

49 강재(鋼材)의 인장강도가 최대로 되는 지점의 온도는 약 얼마인가?

① 상온 ② 약 100℃ 정도
③ 약 250℃ 정도 ④ 약 500℃ 정도

해설

강재의 온도특성

온도	특징
130~200℃	강재의 성질변화가 크지 않음
200~250℃	200℃ 이상에서 강재의 거동이 비선형적으로 되고 연신율은 최소이며, 청열취성 현상이 발생
250~300℃	인장강도가 최대
500~600℃	상온 인장강도 및 항복강도의 1/2로 감소

50 다음 중 플랫슬래브구조의 특징에 대한 설명으로 틀린 것은?

① 층높이를 낮게 할 수 있다.
② 실내공간 이용률이 높다.
③ 바닥판의 두께가 두꺼워져 고정하중이 증가한다.
④ 저층보다 고층 건물에 적합한 바닥구조이다.

해설

플랫슬래브구조는 보를 쓰지 않아 공간활용에는 좋지만, 전단파괴 등의 위험이 크므로 고층 건축물에는 적용이 쉽지 않다.

51 시멘트의 발열량을 저감시킬 목적으로 제조한 시멘트로 매스콘크리트용으로 사용되며, 건조수축이 작고 화학저항성이 큰 것은?

① 중용열 포틀랜드 시멘트
② 조강 포틀랜드 시멘트
③ 실리카 시멘트
④ 알루미나 시멘트

해설

중용열 포틀랜드 시멘트
- 초기 수화반응속도가 느리다.
- 수화열이 작다.
- 건조수축이 작다.

52 다음은 낙하물 방지망에 대한 설명이다. 괄호 안에 들어갈 숫자로 옳게 짝지어진 것은?

> 바닥, 도로, 통로 및 비계 등에서 자재, 공구 등의 낙하로 인한 피해를 방지하기 위하여 개구부 및 비계 외부에 수평면과 ( )° 이상 ( )° 이하로 설치하는 망

① 10, 20 ② 10, 30
③ 20, 30 ④ 20, 45

해설

낙하물 방지망은 바닥, 도로, 통로 및 비계 등에서 자재, 공구 등의 낙하로 인한 피해를 방지하기 위하여 개구부 및 비계 외부에 수평면과 20° 이상 30° 이하로 설치하는 망을 말한다.

53 표준시방서에 따른 서중 콘크리트에 관한 설명으로 옳지 않은 것은?

① 하루 평균기온이 25℃를 초과하는 것이 예상되는 경우 서중 콘크리트로 시공한다.
② 콘크리트의 배합은 소요의 강도 및 워커빌리티를 얻을 수 있는 범위 내에서 단위수량을 적게 하고 단위 시멘트량이 많아지지 않도록 적절한 조치를 취하여야 한다.
③ 일반적으로는 기온 10℃의 상승에 대하여 단위수량은 2~5% 증가하므로 소요의 압축강도를 확보하기 위해서는 단위수량에 비례하여 단위 시멘트량의 증가를 검토하여야 한다.
④ 콘크리트를 타설할 때의 콘크리트의 온도는 30℃ 이하이어야 한다.

정답 49 ③ 50 ④ 51 ① 52 ③ 53 ④

해설

KCS 14 20 41 서중 콘크리트
콘크리트를 타설할 때의 콘크리트의 온도는 35℃ 이하이어야 한다.

54 다음 건축공사 관계자에 관한 용어설명 중 옳지 않은 것은?

① 감독자라 함은 공사시공에 있어 설계도서대로 실시되는지의 여부를 확인하고 시공방법을 지도조언하는 자를 말한다.
② 현장대리인이라 함은 건설공사 도급계약 조건에 따라 공사관리 및 기술관리, 기타 공사업무를 시행하는 현장원을 말한다.
③ 시공기사라 함은 현장대리인 또는 그가 고용하여 현장시공을 담당하는 현장원을 말한다.
④ 건축주라 함은 도급공사의 주문자 또는 직영공사의 시행사 자체이고 개인, 법인, 공공단체 또는 정부기관 등이다.

해설

①은 공사감리자에 대한 설명이며, 감독자는 발주자가 임명한 자로서 해당 공사 전반에 대하여 감독업무 역할을 수행한다.

55 다음 중 타일공사 시 보양에 관한 설명으로 옳지 않은 것은?

① 타일을 붙인 후 3일간은 진동이나 보행을 금한다.
② 줄눈을 넣은 후 경화 불량의 우려가 있거나 24시간 이내에 비가 올 우려가 있는 경우에는 폴리에틸렌 필름 등으로 차단·보양한다.
③ 외부 타일 붙임인 경우에 태양의 직사광선을 최대한 받아 적정한 강도가 발현되도록 한다.
④ 한중공사 시 시공면 보호를 위해 외기의 기온이 2℃ 이상이 되도록 임시로 시공 부분을 보양하여야 한다.

해설

타일이 태양의 직사광선을 많이 받게 되면 탈락의 위험이 커지므로 태양의 직사광선을 최소로 받도록 해야 한다.

56 목재의 접합에 관한 설명으로 옳지 않은 것은?

① 한 부재가 직각 또는 경사지어 맞추어지는 자리 또는 그 맞추는 방법을 이음이라 한다.
② 목재의 널 등을 모아대어 넓게 붙여댄 것을 쪽매라 한다.
③ 접합은 응력이 작은 위치에서 한다.
④ 접합에는 공작이 간단한 것을 쓰고 모양에 치중하지 않도록 한다.

해설

한 부재가 직각 또는 경사지어 맞추어지는 자리 또는 그 맞추는 방법을 맞춤이라 한다.

57 금속재료에 관한 설명으로 옳지 않은 것은?

① 스테인리스강은 내화, 내열성이 크며, 녹이 잘 슬지 않는다.
② 동은 화장실 주위와 같이 암모니아가 있는 장소에서는 빨리 부식하기 때문에 주의해야 한다.
③ 알루미늄은 콘크리트에 접할 경우 부식되기 쉬우므로 주의하여야 한다.
④ 청동은 구리와 아연을 주체로 한 합금으로 건축 장식 철물 또는 미술공예 재료에 사용된다.

해설

청동은 구리와 주석을 주체로 한 합금이다.

정답 54 ① 55 ③ 56 ① 57 ④

58 셀프레벨링재에 관한 설명으로 옳지 않은 것은?

① 석고계 셀프레벨링재는 석고, 모래, 경화지연제 및 유동화제로 구성된다.
② 시멘트계 셀프레벨링재는 포틀랜드 시멘트, 모래, 분산제 및 유동화제로 구성된다.
③ 석고계 셀프레벨링재는 차수성이 좋아 옥외 및 실내에서 모두 사용한다.
④ 셀프레벨링재 시공 후 요철부는 연마기로 다듬고, 기포는 된비빔 석고로 보수한다.

해설

셀프레벨링 재료는 대부분 기배합 상태로 이용되며, 석고계 재료는 물이 닿지 않는 실내에서만 사용한다.

59 다공질 벽돌에 관한 설명으로 옳지 않은 것은?

① 살 두께가 매우 얇고 벽돌 속이 비어 있는 구조로 중공벽돌이라고도 한다.
② 점토에 톱밥, 겨, 탄가루 등을 30~50% 정도 혼합, 소성하여 제조된다.
③ 방음, 흡음성이 좋으나 강도가 약해 구조용으로는 사용이 불가능하다.
④ 절단, 못치기 등의 가공성이 우수하다.

해설

다공질 벽돌
저급점토, 목탄가루, 톱밥 등을 혼합하여 성형 후 소성한 것으로 단열과 방음성이 우수하며 경량벽돌이라고도 한다.

60 방사선 차단용으로 사용되는 시멘트 모르타르로 옳은 것은?

① 질석 모르타르 ② 바라이트 모르타르
③ 아스팔트 모르타르 ④ 활석면 모르타르

해설

바라이트 모르타르
시멘트, 모래, 바라이트(중정석)를 주재료로 한 모르타르로서 비중이 큰 바라이트 성분 때문에 방사선 차단용으로 사용한다.

4과목 실내디자인 환경

61 열용량에 관한 설명으로 옳지 않은 것은?

① 열용량이 큰 물체는 일반적으로 비열이 작다.
② 열용량이 큰 물체로 둘러싸인 실은 시간지연 효과가 상대적으로 크다.
③ 열용량이 큰 물체는 온도를 올리기 위해 보다 많은 열량을 필요로 한다.
④ 열용량이 큰 물체는 가열된 후 식는 데에도 상대적으로 시간이 많이 소요된다.

해설

열용량(kJ/k)은 질량(kg)과 비열(kJ/kgK)의 곱이며 비열과 질량은 비례관계이므로 열용량이 큰 물체는 일반적으로 비열이 크다.

62 공기조화방식 중 2중덕트방식에 관한 설명으로 옳지 않은 것은?

① 전수방식의 특성이 있다.
② 냉 · 온풍의 혼합으로 인한 혼합손실이 있다.
③ 부하특성이 다른 다수의 실이나 존에 적용할 수 있다.
④ 단일덕트방식에 비해 덕트 샤프트 및 덕트 스페이스를 크게 차지한다.

해설

2중덕트방식은 전공기방식이다.

정답 58 ③ 59 ① 60 ② 61 ① 62 ①

63 다음과 같은 조건을 가진 실의 잔향시간은?

- 실의 용적 : $10,000m^3$
- 실내 총표면적 : $3,000m^3$
- 실내 평균흡음률 : 0.35
- Sabine의 잔향시간 계산식 이용

① 약 1초 ② 약 1.5초

③ 약 2초 ④ 약 2.5초

해설

Sabine의 잔향식

$$잔향시간(T)=0.16\frac{V}{A}=0.16\times\frac{10,000}{3,000\times0.35}=1.5초$$

여기서, V : 실의 체적

A : 실의 흡음면적(실내 총표면적×실내 평균흡음률)

64 다음 중 주광률을 가장 올바르게 설명한 것은?

① 복사로서 전파하는 에너지의 시간적 비율

② 시야 내에 휘도의 고르지 못한 정도를 나타내는 값

③ 실내의 조도가 옥외의 조도 몇 %에 해당하는가를 나타내는 값

④ 빛을 발산하는 면을 어느 방향에서 보았을 때 그 밝기를 나타내는 정도

해설

$$주광률(DF)=\frac{실내(작업면)의\ 수평면\ 조도}{실외(전천공)의\ 수평면\ 조도}\times100(\%)$$

65 수용장소의 총전기설비 용량에 대한 최대수용전력의 비율을 백분율로 나타낸 것은?

① 부하율 ② 부등률

③ 수용률 ④ 감광보상률

해설

수용률(수요율)

설비기기의 전 용량에 대하여 실제 사용하고 있는 부하의 최대전력비율을 나타낸 계수로서 설비용량을 이용하여 최대수요전력을 결정할 때 사용한다.

$$수용률=\frac{최대수요전력[kW]}{부하설비용량[kW]}\times100\%$$

66 실내에 발생열량이 70W인 기기가 있을 때, 실내 공기를 20℃로 유지하기 위해 필요한 환기량은?(단, 외기온도 10℃, 공기의 밀도 $1.2kg/m^3$, 공기의 정압비열 1.01kJ/kg·K)

① $10.8m^3/h$ ② $20.8m^3/h$

③ $30.8m^3/h$ ④ $40.8m^3/h$

해설

$$Q(환기량,\ m^3/h)=\frac{q(발열량)}{\rho(밀도)\times C_P(정압비열)\times\Delta t(온도차)}$$

$$=\frac{70W(J/sec)\times3,600\div1,000}{1.2kg/m^3\times1.01kJ/kgK\times(20-10)}$$

$$=20.79\fallingdotseq20.8m^3/h$$

여기서, 곱하기 3,600은 sec를 h로 환산, 나누기 1,000은 J을 kJ로 환산하기 위해 적용하였다.

67 급탕배관의 설계 및 시공상 주의사항으로 옳지 않은 것은?

① 중앙식 급탕설비는 원칙적으로 중력식 순환방식으로 한다.

② 급탕밸브나 플랜지 등의 패킹은 내열성 재료를 선택하여 시공한다.

③ 관의 신축을 고려하여 건물의 벽관통 부분의 배관에는 슬리브를 끼운다.

④ 관의 신축을 고려하여 배관의 굽힘 부분에는 스위블 이음으로 접합한다.

정답 63 ② 64 ③ 65 ③ 66 ② 67 ①

해설

중앙식 급탕설비는 소요양정이 크므로 펌프를 활용한 강제식 순환방식으로 한다.

68 인체의 열적 쾌적감에 영향을 미치는 물리적 온열요소에 속하지 않는 것은?

① 기류 ② 기온
③ 복사열 ④ 공기의 밀도

해설

물리적 온열요소
기온, 습도, 기류, 복사열

69 급탕설비에 관한 설명으로 옳은 것은?

① 중앙식 급탕방식은 소규모 건물에 유리하다.
② 개별식 급탕방식은 가열기의 설치공간이 필요 없다.
③ 중앙식 급탕방식의 간접가열식은 소규모 건물에 주로 사용된다.
④ 중앙식 급탕방식의 직접가열식은 보일러 안에 스케일 부착의 우려가 있다.

해설

① 중앙식 급탕방식은 대규모 건물에 유리하다.
② 개별식 급탕방식은 가열기의 설치공간이 필요하다.
③ 중앙식 급탕방식의 간접가열식은 대규모 건물에 주로 사용된다.

70 대류난방과 바닥복사난방의 비교 설명으로 옳지 않은 것은?

① 예열시간은 대류난방이 짧다.
② 실내 상하온도차는 바닥복사난방이 작다.
③ 거주자의 쾌적성은 대류난방이 우수하다.
④ 바닥복사난방은 난방코일의 고장 시 수리가 어렵다.

해설

거주자의 쾌적성은 전체적인 실내온도분포가 균일하게 형성되는 바닥복사난방이 대류난방보다 우수하다.

71 문화 및 집회시설 중 공연장의 개별관람실의 출구 설치 기준에 관한 내용으로 틀린 것은?(단, 관람실의 바닥면적은 $300m^2$이다)

① 관람실로부터 바깥쪽으로의 출구로 쓰이는 문은 안여닫이로 하여서는 안 된다.
② 관람실별로 2개소 이상 설치한다.
③ 각 출구의 유효너비는 1.5m 이상으로 한다.
④ 개별관람실 출구의 유효너비의 합계는 최소 1.5m 이상으로 한다.

해설

관람실의 바닥면적이 $300m^2$일 경우 개별관람실 출구의 유효너비의 합계는 $\frac{300m^2}{100m^2} \times 0.6m = 1.8m$ 이상으로 해야 한다.

72 스프링클러설비를 설치하여야 하는 특정소방대상물 중 스프링클러설비를 모든 층에 설치하여야 하는 수용인원의 기준으로 옳은 것은?(단, 문화 및 집회시설로서 동·식물원은 제외)

① 50명 이상 ② 100명 이상
③ 200명 이상 ④ 300명 이상

해설

스프링클러설비를 설치하여야 하는 특정소방대상물
문화 및 집회시설(동·식물원은 제외), 종교시설(주요 구조부가 목조인 것은 제외한다), 운동시설(물놀이형 시설은 제외한다)로서 다음 어느 하나에 해당하는 경우에는 모든 층
- 수용인원이 100명 이상인 것
- 영화상영관의 용도로 쓰이는 층의 바닥면적이 지하층 또는 무창층인 경우에는 $500m^2$ 이상, 그 밖의 층의 경우에는 1천 m^2 이상인 것
- 무대부가 지하층·무창층 또는 4층 이상의 층에 있는 경우에는 무대부의 면적이 $300m^2$ 이상인 것

정답 68 ④ 69 ④ 70 ③ 71 ④ 72 ②

• 무대부가 지하층 · 무창층 또는 4층 이상의 층 외의 층에 있는 경우에는 무대부의 면적이 500m^2 이상인 것

73 건축주가 건축물의 설계자로부터 구조안전의 확인서류를 받아 착공신고를 하는 때에 그 확인서류를 허가권자에게 제출하여야 하는 경우에 해당되지 않는 것은?

① 높이가 10m인 건축물
② 기둥과 기둥 사이의 거리가 12m인 건축물
③ 층수가 2층인 건축물
④ 처마높이가 10m인 건축물

해설

① 높이가 13m 이상인 건축물
② 기둥과 기둥 사이의 거리가 10m 이상인 건축물
③ 층수가 2층 이상인 건축물
④ 처마높이가 9m 이상인 건축물

74 다음 중 헬리포트의 설치기준으로 틀린 것은?

① 헬리포트의 길이와 너비는 각각 22m 이상으로 할 것
② 헬리포트의 중앙부분에는 지름 8m의 Ⓗ 표지를 백색으로 설치할 것
③ 헬리포트의 주위 한계선은 노란색으로 하되, 그 선의 너비는 48cm로 할 것
④ 헬리포트의 중심으로부터 반경 1m 이내에는 헬리콥터의 이 · 착륙에 장애가 되는 장애물, 공작물 또는 난간 등을 설치하지 아니할 것

해설

헬리포트 주위한계선은 너비 38cm의 백색 선으로 한다.

75 제2종 근린생활시설 중 일반음식점 및 휴게음식점의 조리장의 안벽은 바닥으로부터 얼마의 높이까지 내수재료로 마감하여야 하는가?

① 0.3m　　② 0.5m
③ 1m　　④ 1.2m

해설

거실 등의 방습(건축물의 피난 · 방화구조 등의 기준에 관한 규칙 제18조)
다음 어느 하나에 해당하는 욕실 또는 조리장의 바닥과 그 바닥으로부터 높이 1미터까지의 안벽의 마감은 이를 내수재료로 하여야 한다.
• 제1종 근린생활시설 중 목욕장의 욕실과 휴게음식점의 조리장
• 제2종 근린생활시설 중 일반음식점 및 휴게음식점의 조리장과 숙박시설의 욕실

76 소방시설의 종류 및 각각에 해당하는 기계 · 기구 또는 설비의 연결이 잘못 짝지어진 것은?

① 소화설비 – 스프링클러설비
② 경보설비 – 자동화재탐지설비
③ 피난구조설비 – 방열복, 방화복
④ 소화활동설비 – 옥내소화전설비

해설

옥내소화전설비는 소화설비에 해당한다.

77 25층의 병원을 건축하는 경우에 6층 이상의 거실면적의 합계가 20,000m^{2}라고 한다면 최소 몇 대 이상의 승용승강기를 설치하여야 하는가?(단, 8인승 승용승강기이다)

① 9대　　② 10대
③ 11대　　④ 12대

해설

의료시설 승용승강기 설치대수

$$\text{설치대수} = 2 + \frac{A - 3{,}000\text{m}^2}{2{,}000\text{m}^2}$$

$$= 2 + \frac{20{,}000 - 3{,}000\text{m}^2}{2{,}000\text{m}^2} = 10.5 \rightarrow 11\text{대}$$

정답　73 ①　74 ③　75 ③　76 ④　77 ③

78 건축법령상 다음과 같이 정의되는 용어는?

> 건축물의 노후화를 억제하거나 기능 향상 등을 위하여 대수선하거나 건축물의 일부를 증축 또는 개축하는 행위

① 재축 ② 유지보수
③ 리모델링 ④ 리노베이션

해설

리모델링
건축물의 노후화 억제 또는 기능 향상 등을 위하여 대수선 또는 일부를 증축하는 행위이다.

79 건축물에서 피난층 또는 지상으로 통하는 지하층 비상탈출구의 최소 유효너비 기준은?(단, 주택이 아님)

① 1.6m 이상 ② 0.75m 이상
③ 1m 이상 ④ 1.2m 이상

해설

비상탈출구의 구조

크기	• 유효너비 : 0.75m 이상 • 유효높이 : 1.5m 이상
열리는 방향 등	문은 피난방향으로 열리도록 하고, 실내에서 항상 열 수 있는 구조, 내부 및 외부에는 비상탈출구 표시
출입구로부터	3m 이상 떨어진 곳에 설치
지하층의 바닥으로부터 비상탈출구의 아랫부분까지의 높이가 1.2m 이상 시	벽체에 발판의 너비가 20cm 이상인 사다리 설치
피난통로의 유효너비	0.75m 이상
피난통로의 실내에 접하는 부분의 마감과 그 바탕	불연재료

80 비상조명등을 설치하여야 하는 특정소방대상물에 해당하는 것은?

① 창고시설 중 창고
② 창고시설 중 하역장
③ 위험물 저장 및 처리 시설 중 가스시설
④ 지하가 중 터널로서 그 길이가 500m 이상인 것

해설

비상조명등을 설치하여야 하는 특정소방대상물
창고시설 중 창고 및 하역장, 위험물 저장 및 처리 시설 중 가스시설은 제외
㉠ 지하층을 포함하는 층수가 5층 이상인 건축물로서 연면적 3천m^2 이상인 것
㉡ ㉠에 해당하지 않는 특정소방대상물로서 그 지하층 또는 무창층의 바닥면적이 450m^2 이상인 경우에는 그 지하층 또는 무창층
㉢ 지하가 중 터널로서 그 길이가 500m 이상인 것

정답 78 ③ 79 ② 80 ④

2024년 1회 실내건축기사

1과목 실내디자인 계획

01 다음 중 실내디자인의 개념과 가장 거리가 먼 것은?

① 순수예술 ② 공간예술
③ 디자인 행위계획 ④ 실행과정, 결과

해설

실내디자인
인간과 실내환경이라는 관계성에서 필요한 요소들을 기능적, 미적, 경제적으로 구성하여 인간을 위해 쾌적한 생활문화를 유지하는 데 필요한 실내공간을 창조하는 일이다.

02 다음 중 실내디자인을 준비하는 과정에서 기본적으로 파악되어야 할 내부적 작용요소에 해당되는 것은?

① 입지적 조건 ② 건축적 조건
③ 설비적 조건 ④ 경제적 조건

해설

- 외부적 조건 : 입지적 조건, 건축적 조건, 설비적 조건
- 내부적 조건 : 계획의 목적, 분위기, 실의 개수와 규모, 의뢰인의 요구사항과 사용자의 행위 및 성격, 개성, 경제적 조건

03 점과 선에 관한 설명으로 옳지 않은 것은?

① 선은 면의 한계, 면들의 교차에서 나타난다.
② 크기가 같은 두 개의 점에는 주의력이 균등하게 작용한다.
③ 곡선은 약동감, 생동감 넘치는 에너지와 속도감을 준다.
④ 배경의 중심에 있는 하나의 점은 시선을 집중시키는 효과가 있다.

해설

곡선의 효과
우아함, 유연함, 부드러움을 나타내고 여성적인 섬세함을 준다.

04 실내디자인의 원리 중 조화에 관한 설명으로 옳지 않은 것은?

① 복합조화는 동일한 색채와 질감이 자연스럽게 조합되어 만들어진다.
② 유사조화는 시각적으로 성질이 동일한 요소의 조합에 의해 만들어진다.
③ 동일성이 높은 요소들의 결합은 조화를 이루기 쉬우나 무미건조, 지루할 수 있다.
④ 성질이 다른 요소들의 결합에 의한 조화는 구성이 어렵고 질서를 잃기 쉽지만 생동감이 있다.

해설

복합조화
다양한 주제와 이미지들이 요구될 때 주로 사용하는 방식으로, 일반적으로 다양한 요소를 사용하므로 풍부한 감성과 다양한 경험을 줄 수 있다.

05 펜던트 조명에 관한 설명으로 옳지 않은 것은?

① 천장에 매달려 조명하는 조명방식이다.
② 조명기구 자체가 빛을 발하는 액세서리 역할을 한다.
③ 노출 펜던트형은 전체조명이나 작업조명으로 주로 사용된다.
④ 시야 내에 조명이 위치하면 눈부심이 일어나므로 조명기구에 의해 휘도를 조절하는 것이 좋다.

정답 01 ① 02 ④ 03 ③ 04 ① 05 ③

해설

펜던트(Pendant)
천장에 파이프나 와이어로 조명기구를 매단 방식으로 생동감을 주고 조명 자체가 장식품과 같은 분위기를 연출한다. 특히 시야 내에 조명이 위치하면 눈부심현상이 일어나므로 휘도를 조절하는 것이 좋다.

06 개구부에 대한 설명으로 옳지 않은 것은?

① 문, 창문과 같이 벽의 일부분이 오픈된 부분을 총칭하여 이르는 말이다.
② 실내공간의 성격을 규정하는 요소이다.
③ 프라이버시 확보 역할을 한다.
④ 가구배치와 동선에 영향을 주지 않는다.

해설

개구부
개구부의 위치는 가구배치와 동선에 결정적인 영향을 미치며 개구부 수가 증가하면 일반적으로 인접공간, 외부공간과의 연속성이 높아지고 시각적 개방감이 확대된다.

07 벽의 상부에 위치하는 창으로 환기 또는 채광의 목적으로 이용되는 창은?

① 고정창 ② 미서기창
③ 천창 ④ 고창

해설

고창
눈높이보다 높고 창의 상부가 벽의 상부에 위치하는 창으로 천장면과 가깝고 높은 곳에 위치하여 주로 환기 및 채광을 목적으로 설치한다.

08 주택의 현관에 관한 설명 중 옳은 것은?

① 출입구의 폭은 최소 600mm 이상 되도록 한다.
② 남쪽에 현관을 배치하는 것은 가급적 피하는 편이 좋다.
③ 현관문은 외기와의 환기를 위해 거실과 직접 연결되도록 하는 것이 좋다.
④ 전실을 두지 않으며 출입문은 스윙도어(Swing Door)를 사용하는 것이 좋다.

해설

주택의 현관배치
동쪽이나 북쪽에 현관을 배치하고 남쪽에 주요 실을 배치하는 것이 유리하다.

09 주택의 거실에 관한 설명으로 옳지 않은 것은?

① 거실의 가구는 건축적 이미지와 양식의 조화뿐만아니라 질감과 색채에 있어서도 일관된 조화를 이루어야 한다.
② 거실은 특별히 응접실이 따로 구분되어 있지 않는 한 방문자가 머물러야 하는 공간이므로 현관과 가까이 있는 것이 좋다.
③ 거실은 실내의 각 실과 연계가 용이하도록 통로화 되어야 한다.
④ 거실의 선반가구는 다른 가구들과 조화될 수 있도록 재료와 디자인을 관련시켜서 계획하여야 한다.

해설

거실
거실의 위치는 가족이 쉽게 모일 수 있는 주택의 중심이 좋으며 옥내·외 생활공간의 접속점, 각 실을 연결하는 동선의 분기점 역할을 하도록 해야 한다. 또한 각 실로 통하는 통로로 사용되지 않도록 주의해야 한다.

10 상업공간 실내계획의 조건설정 단계에서 고려해야 할 사항으로 옳은 것은?

① 대상 고객층 및 취급상품의 결정
② 가구 배치 및 동선계획
③ 파사드 이미지 설정
④ 재료마감과 시공법의 확정

정답 06 ② 07 ④ 08 ② 09 ③ 10 ①

해설

상업공간 실내계획의 조건설정 단계
시장조사와 트렌드 파악, 주변상권 및 교통 분석, 대상 고객층 및 취급 상품의 결정 등

11 다음 설명에 알맞은 극장의 평면형식은?

- 무대와 관람석의 크기, 모양, 배열 등을 필요에 따라 변경할 수 있다.
- 공연작품의 성격에 따라 적합한 공간을 만들어 낼 수 있다.

① 가변형 ② 아레나형
③ 프로시니엄형 ④ 오픈스테이지형

해설

가변형
상황에 따라 무대와 객석이 변화될 수 있어 최소 비용으로 극장 표현이 가능하며 공연작품의 성격에 따라 가장 적합한 공간을 만들어 낼 수 있다.

12 실내디자인을 진행하는 과정 중 실시설계의 내용에 대한 설명으로 옳지 않은 것은?

① 내부적, 외부적 요구사항의 계획조건 파악에 의거하여 기본개념과 제한요소를 설정한다.
② 이미 디자인된 가구나 기성 가구 중에서 선택·결정하여 가구배치도, 기구도 등이 작성된다.
③ 디자인의 경제성, 내구성, 효과 등을 높이기 위해 사용재료 및 설치물의 치수 등을 지정한다.
④ 공사 및 조립 등의 구체적인 근거를 제시한다.

해설

실시설계
설계 이후의 후속작업과 시공을 위해 기본적인 시공치수 방법, 재료, 상세도와 시방서, 공정표 등 도면을 작성하는 단계이다.

13 가구 배치계획에 대한 설명으로 옳지 않은 것은?

① 실의 사용목적과 행위에 적합한 가구배치를 한다.
② 가구사용 시 불편하지 않도록 충분한 여유공간을 두도록 한다.
③ 평면도에 계획되며 입면계획을 고려하지 않는다.
④ 가구의 크기 및 형상은 전체공간의 스케일과 시각적, 심리적 균형을 이루도록 한다.

해설

가구배치
평면도에 계획되며 입면계획도 함께 고려해야 한다.

14 다음 중 건축제도 글자 쓰기에 관한 설명 중 잘못된 것은?

① 글자체는 고딕체로 한다.
② 숫자는 로마자를 원칙으로 한다.
③ 문자는 왼쪽에서부터 가로쓰기를 원칙으로 한다.
④ 글자체는 수직 또는 15°경사로 쓰는 것을 원칙으로 한다.

해설

숫자는 아라비아 숫자를 원칙으로 한다.

15 실내계획 중 치수 계획에 대한 설명으로 옳지 않은 것은?

① 치수계획은 생활과 물품, 공간의 적정한 상호관계를 만족시키는 치수체계를 구하는 과정이다.
② 복도의 폭과 넓이는 통행인의 수와 관계없이 넓을수록 좋다.
③ 최적치수를 구하는 방법으로는 α를 조정치수라 할 때, 최소치수 $+\alpha$, 최대치수 $-\alpha$, 목표치 $\pm\alpha$가 있다.
④ 치수계획은 인간의 심리적, 정서적 반응으로 유발시킨다.

정답 11 ① 12 ① 13 ③ 14 ② 15 ②

해설

복도의 폭과 넓이는 통행인의 수와 보행속도를 고려하여 치수계획을 해야 한다.

16 다음 중 서양건축의 변천과정으로 옳은 것은?

① 이집트 → 그리스 → 로마 → 비잔틴 → 로마네스크 → 고딕 → 르네상스 → 바로크
② 이집트 → 로마 → 그리스 → 로마네스크 → 비잔틴 → 고딕 → 바로크 → 르네상스
③ 이집트 → 그리스 → 비잔틴 → 로마 → 고딕 → 로마네스크 → 바로크 → 르네상스
④ 그리스 → 이집트 → 비잔틴 → 로마 → 로마네스크 → 고딕 → 르네상스 → 바로크

해설

서양건축의 변천과정
이집트 → 그리스 → 로마 → 비잔틴 → 로마네스크 → 고딕 → 르네상스 → 바로크

17 일종의 치수 특정단위로 미터법과 같은 절대적, 추상적 단위가 아니라 건축, 실내가구의 디자인에 있어 그 종류, 규모에 따라 계획자가 정하는 상대적, 구체적인 기준의 단위는?

① 파티션 ② 모듈
③ 패턴 ④ 모티브

해설

모듈
건축, 실내, 가구의 디자인에서 종류, 규모에 따라 계획자가 정하는 상대적, 구체적인 기준단위로 구성재의 크기를 정하기 위한 치수조직으로서 요소와의 관계에 의해 규정되는 것이 아니라 공간의 용도, 크기, 성격에 따라 상대적, 구체적으로 정해지는 기준단위이다.

18 한국의 근대건축 중 고딕양식을 가지고 있는 건축물은?

① 약현성당 ② 서울 성공회성당
③ 덕수궁 정관헌 ④ 조선총독부 청사

해설

약현성당
1892년 건립된 우리나라 최초의 근대식 벽돌조의 고딕성당이다.

19 전시공간인 쇼룸(Show Room)의 계획에 대한 설명 중 옳지 않은 것은?

① 관람의 흐름은 막힘이 없어야 한다.
② 입구에는 세심한 디스플레이를 피한다.
③ 관람자가 한 번 지나간 곳을 다시 지나가도록 한다.
④ 관람에 있어 시각적 혼란을 초래하지 않도록 전후좌우를 한꺼번에 다 보게 해서는 안 된다.

해설

쇼룸
기업체가 자사제품을 홍보, 판매촉진 등을 위해 제품 및 기업에 관한 자료를 소비자에게 직접 호소하여 제품의 우위성을 인식시키는 전시공간이므로 관람동선의 흐름에 막힘이 없도록 관람자가 한 번 지나간 곳을 다시 지나가지 않도록 한다.

20 질감에 대한 설명 중 옳지 않은 것은?

① 어떤 물체 표면상의 특징을 의미하며 시각으로만 지각할 수 있다.
② 실내 공간에서 재료의 질감 대비를 통하여 변화와 다양성, 드라마틱한 분위기를 연출할 수 있다.
③ 효과적인 질감 표현을 위해서는 색채와 조명을 동시에 고려해야 한다.
④ 좁은 실내 공간을 넓게 느껴지도록 하기 위해서는 밝은색을 많이 사용하고, 표면이 곱고 매끄러운 재료를 사용하는 것이 좋다.

정답 16 ① 17 ② 18 ① 19 ③ 20 ①

해설

질감
손으로 만져서 느낄 수 있는 촉각적 질감과 시각적으로 느껴지는 재질감으로 윤곽과 인상이 형성된다.

2과목 실내디자인 색채 및 사용자 행태분석

21 인간의 눈의 구조에서 색을 구별하는 기능을 가진 것은?

① 각막 ② 간상세포
③ 수상체 ④ 원추세포

해설

원추세포(추상체)
낮처럼 조도 수준이 높을 때 기능을 하며 색을 구별하고 황반에 집중되어 있다. 특히 색상을 구분(이상 시 색맹 또는 색약이 나타남)한다.

22 색의 3속성에 대한 설명 중 옳은 것은?

① 핑크색은 초콜릿색에 비해 명도가 낮다.
② 톤(Tone)은 색상과 채도를 포함하는 복합개념이다.
③ 새로운 안료가 개발될수록 높은 채도의 색을 표현할 수 있다.
④ 채도가 일정하면 주파장값도 같다.

해설

- 핑크색은 초콜릿색에 비해 명도가 높다.
- 톤(Tone)은 명도과 채도를 포함하는 복합개념이다.
- 파장은 색상과 관계된 것으로 채도가 같아도 파장값은 다르다.

23 먼셀 색입체 수직단면도에서 중심축 양쪽에 있는 두 색상의 관계는?

① 인접색 ② 보색
③ 유사색 ④ 약보색

해설

먼셀 색입체의 구조
먼셀의 색입체를 수직으로 절단하면 동일색상면이 나타나는데, 보색은 중심축을 기준으로 양쪽에서 서로 마주 보는 색상이다.

24 문 · 스펜서의 색채조화론에 대한 설명으로 틀린 것은?

① 먼셀 표색계로 설명이 가능하다.
② 정량적으로 표현이 가능하다.
③ 오메가 공간으로 설정되어 있다.
④ 색채의 면적관계를 고려하지 않았다.

해설

문 · 스펜서의 면적효과
무채색의 중간지점이 되는 N5(명도5)를 순응점으로 하고 작은 면적의 강한 색과 큰 면적의 약한 색은 잘 어울린다고 생각하여 색의 균형점을 찾았다.

25 색의 지각과 감정효과에 관한 설명으로 틀린 것은?

① 색의 온도감은 빨강, 주황, 노랑, 연두, 녹색, 파랑, 하양 순으로 파장이 긴 쪽이 따뜻하게 지각된다.
② 색의 온도감은 색의 삼속성 중 명도의 영향을 많이 받는다.
③ 난색계열의 고채도는 심리적 흥분을 유도하나 한색계열의 저채도는 심리적으로 침정된다.
④ 연두, 녹색, 보라 등은 때로는 차갑게, 때로는 따뜻하게 느껴질 수 있는 중성색이다.

해설

색의 온도감은 색의 삼속성 중 색상의 영향을 많이 받는다.

정답 21 ① 22 ③ 23 ② 24 ④ 25 ②

26 색의 시각적 특성에 대한 설명 중 옳은 것은?

① 난색계는 한색계보다 후퇴해 보인다.
② 배경색과 명도차가 적은 어두운색은 진출해 보인다.
③ 저채도의 배경색에 고채도의 색은 후퇴해 보인다.
④ 고명도, 고채도의 색은 진출해 보인다.

해설

- 난색계는 한색계보다 진출해 보인다.
- 배경색과 명도차가 큰 밝은색은 진출해 보인다.
- 저채도의 배경색에 고채도의 색은 진출해 보인다.

27 색채와 감정에 관한 내용 중 틀린 것은?

① 흥분상태의 환자 병실은 푸른색으로 칠해준다.
② 음식점 인테리어에 주황색을 사용한다.
③ 무거운 도구들은 저명도, 저채도로 칠해준다.
④ 증권사, 은행 등의 C.I에는 파란색 계열을 사용한다.

해설

고명도, 저채도인 난색계열의 색은 시각적으로 무게감이 적어 가벼운 느낌을 주기 때문에 무거운 작업도구를 사용하는 작업장에서 심리적으로 가볍게 느끼도록 하는 데 가장 효과적인 색이다.

28 색의 시간성에 대한 색채계획으로 잘못된 것은?

① 운동선수의 난색계열의 유니폼은 속도감이 높아져 보여 상대편의 심리를 위축시킨다.
② 대합실에 난색계열을 사용하여 기다리는 시간을 짧게 느끼게 했다.
③ 커피숍에 난색계열을 사용하여 테이블 회전수를 늘렸다.
④ 사무실에 한색계열을 사용하여 시간의 지루함을 없앴다.

해설

실내공간에 난색을 적용하면 짧은 시간을 머물러도 긴 시간이 지난 것으로 느끼게 되며, 한색계열을 사용하면 기다리는 시간이 짧게 느껴진다.

29 가구배치계획에 관한 설명으로 옳지 않은 것은?

① 평면도에 계획하며 입면계획은 고려하지 않는다.
② 실의 사용목적과 행위에 적합한 가구배치를 한다.
③ 가구 사용 시 불편하지 않도록 충분한 여유공간을 두도록 한다.
④ 가구의 크기 및 형상은 전체 공간의 스케일과 시각적, 심리적 균형을 이루도록 한다.

해설

가구배치계획 시 평면도와 입면계획을 모두 고려해야 한다.

30 다음 중 마르셀 브로이어가 디자인한 의자는?

① 바실리 의자 ② 파이미오 의자
③ 레드블루 의자 ④ 바르셀로나 의자

해설

- 바실리 의자 : 마르셀 브로이어
- 파이미오 의자 : 알바알토
- 레드블루 의자 : 게리트 리트벨트
- 바르셀로나 의자 : 미스 반 데어 로에

31 인간공학적 사고방식과 관련이 가장 먼 것은?

① 인간과 기계와의 합리성 유지
② 작업설계 시 인간 중심의 수작업화 설계
③ 인간의 특성에 알맞은 기계나 도구의 설계
④ 인간의 건강상 문제 예방과 효율성 증대

정답 26 ④ 27 ③ 28 ② 29 ① 30 ① 31 ②

해설

인간공학

인간이 사용하는 기기나 기계를 인간이 사용하는데 가장 적절하게 공학적으로 설계하여 인간의 능력, 한계 등을 극대화시키고자 한다.

32 인간공학에서 고려하여야 될 인간의 특성요인 중 비교적 거리가 먼 것은?

① 성격차이 ② 지각, 감각능력

③ 신체의 크기 ④ 민족성, 성별차이

해설

인간의 특성요인

감각, 지각의 능력, 운동 및 근력, 기술적 능력, 신체의 크기, 지적능력, 작업환경에 대응하는 능력, 집단활동에 대한 적응능력, 인간의 관습, 민족적, 성별차이, 환경의 쾌적도와 관련성 등이 있다.

33 인간이 기계보다 우수한 내용으로 알맞은 것은?

① 큰 힘과 에너지를 낸다.

② 상당한 기간 일할 수 있다.

③ 새로운 해결책을 찾아낸다.

④ 반복적인 작업에 대한 신뢰성이 높다.

해설

인간과 기계의 능력

인간	• 예기치 못하는 자극을 탐지한다. • 기억에서 적절한 정보를 꺼낸다. • 주관적인 평가를 한다. • 귀납적 추리가 가능하다. • 시각, 청각, 촉각, 후각, 미각 등의 작은 자극에도 감지한다. • 원리를 여러 문제해결에 응용한다.
기계	• 반복동작을 확실히 한다. • 명령대로 한다. • 동시에 여러 가지 활동을 한다. • 물량을 셈하거나 측량한다. • 연역적인 추리를 한다. • 신속 정확하게 정보를 꺼낸다. • 신속하면서 대량의 정보를 기억할 수 있다.

34 인간공학에 있어 시스템 설계과정의 주요 단계가 다음과 같은 경우 단계별 순서가 올바르게 나열된 것은?

㉠ 촉진물설계	㉡ 목표 및 성능명세 결정
㉢ 계면설계	㉣ 기본설계
㉤ 시험 및 평가	㉥ 체계의 정의

① ㉡ → ㉥ → ㉣ → ㉢ → ㉠ → ㉤

② ㉡ → ㉣ → ㉢ → ㉥ → ㉤ → ㉠

③ ㉥ → ㉢ → ㉣ → ㉡ → ㉠ → ㉤

④ ㉥ → ㉣ → ㉡ → ㉢ → ㉤ → ㉠

해설

목표 및 성능명세의 결정 → 시스템(체계)의 정의 → 기본설계 → 계면(인터페이스)설계 → 촉진물설계 → 시험 및 평가

35 동작경제의 원리에 관한 내용으로 틀린 것은?

① 가능하면 낙하식 운반방법을 사용한다.

② 자연스러운 리듬이 생기도록 동작을 배치한다.

③ 두 손의 동작은 동시에 시작하고 각각 끝나도록 한다.

④ 두 팔의 동작은 서로 반대방향으로 대칭되도록 움직인다.

해설

동작경제의 원칙(원리)

- 두 손의 동작은 같이 시작하고 같이 끝나도록 한다.
- 휴식시간을 제외하고는 양손이 같이 쉬지 않도록 한다.

36 다음 시각적 표시장치의 지침설계 원칙 중 틀린 것은?

① 뾰족한 지침을 사용할 것

② 지침의 눈금면과 밀착시킬 것

③ 지침의 색은 선단과 눈금의 중심까지 칠할 것

④ 지침의 끝은 작은 눈금과 겹치도록 할 것

정답 32 ① 33 ③ 34 ① 35 ③ 36 ④

해설

지침설계
- 지침의 끝은 작은 눈금과 맞닿게 하되 겹치지는 않도록 한다.
- 지침이 계속해서 회전하는 계기의 영점은 12시 방향에 둔다.
- 원형 눈금의 경우 지침색은 선단에서 눈금의 중심까지 칠한다.

37 다음 중 최대작업영역으로 옳은 것은?

① 위팔과 아래팔을 곧게 펴서 닿을 수 있는 영역
② 정상적으로 앉은 자세에서 머리는 고정하고 눈으로 확인 가능한 최대영역
③ 두 발은 고정상태에서 상체를 이용하여 손끝이 도달할 수 있는 최대영역
④ 위팔은 자연스럽게 수직으로 늘어뜨린 채 아래팔만으로 편안하게 뻗어 닿을 수 있는 영역

해설

최대작업영역
전완과 상완을 곧게 펴서 파악할 수 있는 구역이다(55~65cm).

38 다음 중 신체 각 부위의 운동에 대한 설명으로 틀린 것은?

① 굴곡 – 관절에서의 각도가 감소하는 동작
② 신전 – 관절에서의 각도가 증가하는 동작
③ 외전 – 몸의 중심선으로부터의 회전 동작
④ 내선 – 몸의 중심선을 향하여 안쪽으로 회전하는 동작

해설

외전
몸(신체)의 중심선으로부터 멀어지는 이동 동작

39 다음 중 근육에 공급되는 산소량이 부족한 경우 나타나는 현상으로 옳은 것은?

① 당원은 산소 없이 호기성 과정에 의해 젖산으로 축적된다.
② 젖산은 혐기성 과정에 의해 물과 CO_2로 분해되어 열과 에너지로 발산된다.
③ 젖산과 신체활동 수준은 관계가 없다.
④ 혈액 중에 젖산이 축적된다.

해설

젖산의 축적
산소공급이 충분할 때에는 젖산은 축적되지 않지만, 평상시의 혈액순환으로 공급되는 산소 이상을 필요로 하는 때에는 호흡수와 맥박수를 증가시켜 산소수요를 충족시킨다. 또한 신체활동 수준이 너무 높아 근육에 공급되는 산소량이 부족한 경우에는 혈액 중에 젖산이 축적된다.

40 소음 방지 방법에 관한 설명으로 적절하지 않은 것은?

① 딱딱한 충격면을 줄이고, 충격력을 제한할 것
② 반사면(벽, 천장 등)을 연결목재, 파이버보드(Fiber Board) 등으로 할 것
③ 소음원을 칸막이 등으로 분리시킬 것
④ 반사면은 반사가 잘 되는 재료를 사용하여 반대방향으로 흡수되도록 할 것

해설

반사면은 흡수가 잘 되는 재료를 사용하여 반대방향으로 흡수되도록 할 것

정답 37 ① 38 ③ 39 ④ 40 ④

3과목 실내디자인 시공 및 재료

41 다음 중 알루미늄의 성질에 관한 설명으로 옳지 않은 것은?

① 알루미늄은 비중이 철의 1/3 정도로 경량인 반면, 열 · 전기전도성이 크고 반사율이 높다.
② 알루미늄의 내식성은 그 표면에 치밀한 산화피막을 형성하기 때문에 부식이 쉽게 일어나지 않으며 알칼리나 해수에도 강하다.
③ 알루미늄의 부식률은 대기 중의 습도와 염분함유량, 불순물의 양과 질 등에 관계된다.
④ 알루미늄은 상온에서 판, 선으로 압연가공하면 경도와 인장강도가 증가하고 연신율이 감소한다.

해설

알루미늄은 맑은 물에 대해서는 내식성이 크나 해수, 산, 알칼리에 침식되며 콘크리트에 부식된다.

42 다음은 공사현장에서 이루어지는 업무에 관한 설명이다. 이 업무의 명칭으로 옳은 것은?

> 공사내용을 분석하고 공사관리의 목적을 명확히 제시하여 작업의 순서를 반영하며 실내공사의 작업을 세분화하고 집약시킨다. 공사의 종류에 따라 기술적인 순서와 상호관계를 정리하고 설계도서, 시방서, 물량산출서, 견적서를 기초로 작업에 투여되는 인력, 장비, 자재의 수량을 비교 · 검토한다.

① 실행예산 편성　　② 공정계획
③ 작업일보 작성　　④ 입찰참가 신청

해설

공정계획(공정관리)

- 공정관리(공정계획)란 건축물을 지정된 공사기간 내에 공사예산에 맞추어 정밀도가 높은 우수한 질의 시공을 위하여 작성하는 계획이다.
- 즉, 우수하게, 값싸게, 빨리, 안전하게 각 건설물을 세부계획에 필요한 시간과 순서, 자재, 노무 및 기계설비 등을 일정한 형식에 따라 작성, 관리함을 목적으로 한다.

43 실내건축공사 공정별 내역서에서 각 품목에 따라 확인할 수 있는 정보로 옳지 않은 것은?

① 품명　　② 규격
③ 제조일자　　④ 단가

해설

공정별 내역서에는 품명, 규격, 수량, 단가(재료, 노무, 경비)가 기재되어 있지만 제조일자까지는 표현되어 있지 않다.

44 다음 중 QC활동의 도구가 아닌 것은?

① 특성요인도
② 파레토그램
③ 층별
④ 기능계통도

해설

QC(품질관리)활동 도구
히스토그램, 특성요인도, 파레토도, 체크시트, 그래프, 산점도, 층별

45 건설현장에서 근무하는 공사감리자의 업무에 해당되지 않는 것은?

① 공사시공자가 사용하는 건축자재가 관계법령에 의한 기준에 적합한 건축자재인지 여부의 확인
② 상세시공도면의 작성
③ 공사현장에서의 안전관리지도
④ 품질시험의 실시여부 및 시험성과의 검토 · 확인

해설

상세시공도면은 시공을 위한 도면으로서 시공사가 작성하게 된다.

정답 41 ② 42 ② 43 ③ 44 ④ 45 ②

46 유리블록(Glass Block)에 관한 설명으로 옳지 않은 것은?

① 유리블록은 블록모양으로 된 유리제의 중공블록이다.
② 벽에 사용 시 부드러운 광선이 들어오고 유리창보다 균일한 확산광을 얻는다.
③ 열전도율이 벽돌의 1/4 정도여서 실내의 냉·난방에 효과가 있다.
④ 음향 투과손실은 보통 판유리보다 작다.

해설

유리블록은 음의 투과성이 낮으므로, 보통 판유리보다 투과되지 않고 투과손실이 크다.

47 그림과 같은 나무의 무게가 14kg이다. 이 나무의 함수율은?(단, 나무의 절건비중은 0.5이다)

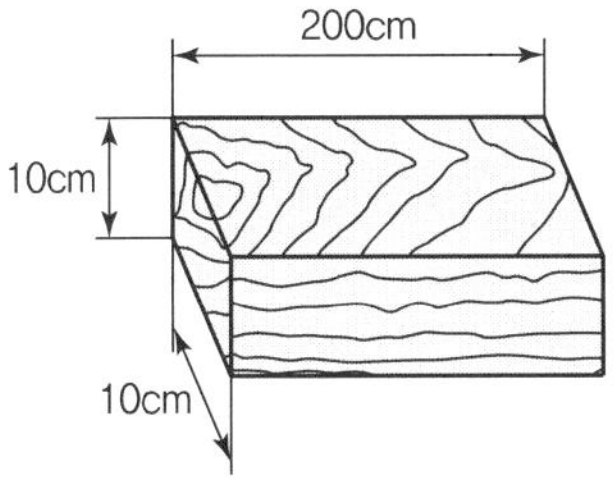

① 30%　　② 40%
③ 50%　　④ 60%

해설

$$\text{함수율} = \frac{\text{함유된 수분의 중량}}{\text{전건중량}} = \frac{\text{전체중량} - \text{전건중량}}{\text{전건중량}}$$

$$= \frac{14\text{kg} - (2 \times 0.1 \times 0.1) \times 500\text{kg/m}^3}{(2 \times 0.1 \times 0.1) \times 500\text{kg/m}^3} = 0.4 \rightarrow 40\%$$

48 유성 에나멜 페인트에 관한 설명으로 옳지 않은 것은?

① 유성 바니시에 안료를 첨가한 것을 말한다.
② 내알칼리성이 우수하여 콘크리트면에 주로 사용된다.
③ 유성 페인트와 비교하여 건조시간, 도막의 평활 정도가 우수하다.
④ 유성 페인트와 비교하여 광택, 경도가 우수하다.

해설

알칼리에 부식되는 특성이 있어 콘크리트면보다는 금속면, 목재면 등에 적용된다.

49 점토 반죽에 샤모트를 첨가하여 사용하는 경우가 있는데 이 샤모트의 사용 목적은?

① 가소성 조절용　　② 용융성 조절용
③ 경화시간 조절용　　④ 강도 조절용

해설

샤모트(Chamotte)
점토를 소성한 후 분쇄하여 놓은 가루로서, 점토 등에 배합하여 가소성을 조절하는 역할을 한다.

50 금속재료에 관한 설명으로 옳지 않은 것은?

① 스테인리스강은 내화·내열성이 크며, 녹이 잘 슬지 않는다.
② 동은 화장실 주위와 같이 암모니아가 있는 장소에서는 빨리 부식하기 때문에 주의해야 한다.
③ 알루미늄은 콘크리트에 접할 경우 부식되기 쉬우므로 주의하여야 한다.
④ 청동은 구리와 아연을 주체로 한 합금으로 건축 장식 철물 또는 미술공예 재료에 사용된다.

해설

청동은 구리와 주석을 주체로 한 합금이다.

정답　46 ④　47 ②　48 ②　49 ①　50 ④

51 질이 단단하고 내구성 및 강도가 크며 외관이 수려하나 함유광물의 열팽창계수가 달라 내화성이 약한 석재로 외장 · 내장, 구조재, 도로포장재, 콘크리트 골재 등에 사용되는 것은?

① 응회암　② 화강암
③ 화산암　④ 대리석

해설

화강암
- 질이 단단하고 내구성 및 강도가 크고 외관이 수려하다.
- 견고하고 절리의 거리가 비교적 커서 대형재의 생산이 가능하다.
- 바탕색과 반점이 미려하여 구조재, 내외장재로 많이 사용된다.
- 내화도가 낮아 고열을 받는 곳에는 적당하지 않다(600℃ 정도에서 강도 저하).
- 세밀한 가공이 난해하다.

52 수지성형폼 중에서 표면경도가 크고 아름다운 광택을 지니면서 착색이 자유롭고 내열성이 우수한 것으로 마감재, 전기부품 등에 활용되는 수지는?

① 멜라민수지　② 에폭시수지
③ 폴리우레탄수지　④ 실리콘수지

해설

멜라민수지
- 성질은 요소수지보다 우수하고 무색투명하여 착색이 자유롭다.
- 내수성 · 내약품성 · 내용제성이 크고, 내후성, 내노화성, 내열성이 우수하다.
- 기계적 강도, 전기적 성질이 우수하여 카운터나 조리대 등을 만드는 데 사용된다.

53 KS 규정에 의한 보통 포틀랜드 시멘트(1종)의 응결 시간 기준으로 옳은 것은?[단, 비카시험에 의하며, 초결(이상) – 종결(이하)로 표기한다]

① 60분 – 6시간　② 45분 – 6시간
③ 60분 – 10시간　④ 45분 – 10시간

해설

KS 규정상 초결 60분(이상) – 종결 10시간(이하)으로 규정된다.

54 다음 시멘트 조성광물 중 수축률이 가장 큰 것은?

① 규산 3석회(CS)　② 규산 2석회(C_2S)
③ 알루민산 3석회(C_3A)　④ 알루민산철 4석회(C_4AF)

해설

수화열, 조기강도 및 수축률 크기
알루민산 3석회 > 규산 3석회 > 규산 2석회

※ 알루민산철 4석회는 색상과 관계된 성분이다.

55 2장 이상의 판유리 등을 나란히 넣고, 그 틈새에 대기압에 가까운 압력의 건조한 공기를 채우고 그 주변을 밀봉 · 봉착한 것은?

① 열선흡수유리　② 배강도유리
③ 강화유리　④ 복층유리

해설

복층유리(Pair Glass)
2장 또는 3장의 판유리를 일정한 간격을 두고 금속 테두리(간봉)로 기밀하게 접해서 내부를 건조공기로 채운 유리로서 단열성, 차음성이 좋고 결로현상을 예방할 수 있다.

56 방사선 차단용으로 사용되는 시멘트 모르타르로 옳은 것은?

① 질석 모르타르　② 바라이트 모르타르
③ 아스팔트 모르타르　④ 활석면 모르타르

해설

바라이트 모르타르
시멘트, 모래, 바라이트(중정석)를 주재료로 한 모르타르로서 비중이 큰 바라이트 성분 때문에 방사선 차단용으로 사용한다.

정답　51 ②　52 ①　53 ③　54 ③　55 ④　56 ②

57 콘크리트 블록쌓기에 관한 설명으로 옳지 않은 것은?

① 블록은 살(Shell)두께가 큰 면을 아래로 하여 쌓는다.
② 줄눈은 일반적으로 막힌줄눈으로 하며 철근으로 보강하는 등 특별한 경우에는 통줄눈으로 한다.
③ 모르타르 접촉면은 적당히 물축이기를 한다.
④ 규준틀에는 수평선을 치고 모서리, 중간요소에 먼저 기준이 되는 블록을 수평실에 맞추어 다림추 등을 써서 정확하게 설치한 다음 중간블록을 쌓는다.

해설

블록은 살(Shell)두께가 작은 면을 아래로 하여 쌓는다.

58 조적식 구조에 대한 설명으로 틀린 것은?

① 조적식 구조인 내력벽의 기초 중 기초판은 철근콘크리트구조 또는 무근콘크리트구조로 한다.
② 조적식 구조인 내력벽으로 둘러싸인 부분의 바닥면적은 $80m^2$를 넘을 수 없다.
③ 조적식 구조인 내력벽의 길이는 8m를 넘을 수 없다.
④ 조적식 구조인 내력벽의 두께는 바로 위층의 내력벽의 두께 이상이어야 한다.

해설

조적식 구조인 내력벽의 길이는 10m를 넘을 수 없다.

59 다음 중 핀접합이 주로 사용되는 곳이 아닌 것은?

① 아치의 지점 ② 트러스의 단부
③ 인장재의 접합부 ④ 기둥 상부 절점

해설

기둥 상부 절점에는 강접이 주로 사용된다.

60 철골철근콘크리트보(SRC보)에 관한 설명으로 옳지 않은 것은?

① 철골보의 둘레에 철근을 배열시켜 콘크리트를 채워 넣은 것이다.
② 내화성능이 우수한 편이다.
③ 콘크리트 타설 시 밀실하게 충전되어야 한다.
④ 철골의 인성이 감소되어 좌굴현상이 생기는 단점이 있다.

해설

철골철근콘크리트보는 특성상 좌굴현상이 발생하기 어려우며, 철골의 인성 역시 감소하지 않는다.

4과목 실내디자인 환경

61 공동주택의 난방설비를 개별난방방식으로 하는 경우에 관한 기준으로 옳지 않은 것은?

① 보일러를 설치하는 곳과 거실 사이의 경계벽은 출입구를 제외하고는 내화구조의 벽으로 구획할 것
② 보일러실의 윗부분에는 그 면적이 $0.3m^2$ 이상의 환기창을 설치할 것
③ 보일러실의 윗부분과 아랫부분에는 각각 지름 10cm 이상의 공기흡입구 및 배기구를 항상 열려 있는 상태로 바깥공기에 접하도록 설치할 것
④ 보일러의 연도는 내화구조로서 공동연도로 설치할 것

해설

보일러실의 윗부분에는 $0.5m^2$ 이상의 환기창을 설치해야 한다.

정답 57 ① 58 ③ 59 ④ 60 ④ 61 ②

62 다음 중 모든 층에 스프링클러를 설치하여야 하는 경우가 아닌 것은?

① 문화 및 집회시설(동 · 식물원은 제외)로서 수용인원이 100명 이상인 것
② 층수가 11층 이상인 특정소방대상물
③ 판매시설로서 바닥면적의 합계가 1,000m^2 이상인 것
④ 노유자시설의 용도로 사용되는 시설의 바닥면적의 합계가 600m^2 이상인 것

해설

판매시설로서 바닥면적의 합계가 5,000m^2 이상이거나, 수용인원이 500명 이상인 경우 모든 층에 설치하여야 한다.

63 건축물의 피난 · 방화구조 등의 기준에 관한 규칙에 따른 30분 방화문의 비차열 성능기준으로 옳은 것은?

① 비차열 30분 이상의 성능 확보
② 비차열 40분 이상의 성능 확보
③ 비차열 50분 이상의 성능 확보
④ 비차열 1시간 이상의 성능 확보

해설

30분 방화문은 열은 막지 못하므로 화염을 30분 이상 막을 수 있는 성능(비차열 30분 이상)을 보유하여야 한다.

64 건축물의 피난 · 방화구조 등의 기준에 관한 규칙에 따라, 다음 중 거실의 용도에 따른 조도 기준이 가장 높은 것은?(단, 바닥에서 85cm의 높이에 있는 수평면의 조도를 기준으로 한다)

① 독서 ② 일반 사무
③ 제도 ④ 회의

해설

① 독서 : 150lux ② 일반 사무 : 300lux
③ 제도 : 700lux ④ 회의 : 300lux

65 30층 호텔을 건축하는 경우에 6층 이상의 거실면적의 합계가 25,000m^2이다. 16인승 승용승강기를 설치하는 경우에는 최소 몇 대 이상을 설치하여야 하는가?

① 6대 ② 8대
③ 10대 ④ 12대

해설

$$\text{승강기 대수} = 1 + \frac{25,000 - 3,000}{2,000} = 12\text{대}$$

∴ 16인승은 1대를 2대로 간주하므로 설치대수는 6대가 된다.

66 계단을 대체하여 설치하는 경사로의 경사도 기준으로 옳은 것은?

① 1 : 6을 넘지 아니할 것
② 1 : 7을 넘지 아니할 것
③ 1 : 8을 넘지 아니할 것
④ 1 : 9를 넘지 아니할 것

해설

계단을 대체하여 설치하는 경사로는 다음의 기준에 적합하게 설치하여야 한다.

- 경사도는 1 : 8을 넘지 아니할 것
- 표면을 거친 면으로 하거나 미끄러지지 아니하는 재료로 마감할 것
- 경사로의 직선 및 굴절 부분의 유효너비는 「장애인 · 노인 · 임산부 등의 편의증진 보장에 관한 법률」이 정하는 기준에 적합할 것

67 무창층의 정의와 관련한 아래 내용에서 밑줄 친 부분에 해당하는 기준의 내용 중 틀린 것은?

> "무창층"이란 지상층 중 다음 각 목의 요건을 모두 갖춘 개구부의 면적의 합계가 해당 층의 바닥면적의 30분의 1 이하가 되는 층을 말한다.

① 크기는 지름 50cm 이상의 원이 내접할 수 있는 크기일 것
② 해당 층의 바닥면으로부터 개구부 밑부분까지의 높이가 1.2m 이내일 것

정답 62 ③ 63 ④ 64 ③ 65 ① 66 ③ 67 ④

③ 도로 또는 차량이 진입할 수 있는 빈터를 향할 것

④ 내부 또는 외부에서 쉽게 부수거나 열 수 없는 고정창일 것

해설

무창층의 개구부는 내부 또는 외부에서 쉽게 부수거나 열 수 있어야 한다.

68 실내공기질 관리법령에 따른 신축 공동주택의 실내공기질 측정항목에 속하지 않는 것은?

① 벤젠 ② 라돈

③ 자일렌 ④ 에틸렌

해설

신축 공동주택의 실내공기질 권고기준(실내공기질 관리법 시행규칙 [별표 4의2])

- 폼알데하이드 : 210μg/m^3 이하
- 벤젠 : 30μg/m^3 이하
- 톨루엔 : 1,000μg/m^3 이하
- 에틸벤젠 : 360μg/m^3 이하
- 자일렌 : 700μg/m^3 이하
- 스티렌 : 300μg/m^3 이하
- 라돈 : 148Bq/m^3 이하

69 문화 및 집회시설 중 공연장의 개별관람실 출구의 설치에 관한 기준 내용으로 옳지 않은 것은?(단, 개별관람실의 바닥면적은 300m^2 이상이다)

① 관람실별 2개소 이상 설치할 것

② 각 출구의 유효너비는 1.5m 이상으로 할 것

③ 관람실로부터 바깥쪽으로의 출구로 쓰이는 문은 안여닫이로 할 것

④ 개별관람실 출구의 유효너비의 합계는 개별관람실의 바닥면적 100m^{2}마다 0.6m의 비율로 산정한 너비 이상으로 할 것

해설

건축물의 관람실 또는 집회실로부터 바깥쪽으로의 출구로 쓰이는 문은 안여닫이로 해서는 아니 된다.

70 건축주가 건축물의 설계자로부터 구조안전의 확인서류를 받아 착공신고를 하는 때에 그 확인서류를 허가권자에게 제출하여야 하는 경우에 해당되지 않는 것은?

① 높이가 10m인 건축물

② 기둥과 기둥 사이의 거리가 12m인 건축물

③ 층수가 2층인 건축물

④ 처마높이가 10m인 건축물

해설

① 높이가 13m 이상인 건축물
② 기둥과 기둥 사이의 거리가 10m 이상인 건축물
③ 층수가 2층 이상인 건축물
④ 처마높이가 9m 이상인 건축물

71 자연환기에 관한 설명으로 옳지 않은 것은?

① 개구부 면적이 클수록 환기량은 많아진다.

② 실내외의 온도차가 클수록 환기량은 많아진다.

③ 일반적으로 공기유입구와 유출구 높이 차이가 클수록 환기량은 많아진다.

④ 2개의 창을 한쪽 벽면에 설치하는 것이 양쪽 벽에 대면하여 설치하는 것보다 효과적이다.

해설

2개의 창을 양쪽 벽에 대면하여 설치해야 실내 전반에 환기효과가 발생할 수 있다.

정답 68 ④ 69 ③ 70 ① 71 ④

72 광원의 연색성에 관한 설명으로 옳지 않은 것은?

① 연색성을 수치로 나타낸 것을 연색평가수라고 한다.
② 고압 수은램프의 평균 연색평가수(Ra)는 100이다.
③ 평균 연색평가수(Ra)가 100에 가까울수록 연색성이 좋다.
④ 물체가 광원에 의하여 조명될 때, 그 물체의 색의 보임을 정하는 광원의 성질을 말한다.

해설

평균 연색평가수(Ra)가 100이라는 것은 태양광의 색을 완전히 구현하는 것을 의미하며 가장 높은 연색성 지수를 나타낸다. 반면 고압 수은램프는 연색성이 상대적으로 좋지 않은 조명이다.

73 온수난방 배관에서 리버스리턴(Reverse Return) 방식을 사용하는 주된 이유는?

① 배관길이를 짧게 하기 위해
② 배관의 부식을 방지하기 위해
③ 배관의 신축을 흡수하기 위해
④ 온수의 유량분배를 균일하게 하기 위해

해설

리버스리턴(Reverse Return) 방식(역환수방식)
보일러와 가장 가까운 방열기는 공급관이 가장 짧고 환수관은 가장 길게 배관한 것으로 각 방열기의 공급관과 환수관의 합은 각각 동일하게 되며, 동일저항으로 온수가 순환하므로 방열기에 온수를 균등히 공급할 수 있는 방식이다.

74 전기설비에서 다음과 같이 정의되는 것은?

> 정상적인 회로조건에서 전류를 보내면서 차단할 수 있고 또한 일정한 시간 동안만 전류를 보낼 수도 있으며, 단락회로와 같은 비정상적인 특별 회로조건에서 전류를 차단시키기 위한 장치

① 단로스위치　　② 절환스위치
③ 누전차단기　　④ 과전류차단기

해설

과전류차단기는 과부하전류 및 단락전류를 자동차단하는 기능을 갖고 있다.

75 통기관의 설치목적과 가장 거리가 먼 것은?

① 배수계통 내의 배수 및 공기의 흐름을 원활히 한다.
② 모세관현상에 의해 트랩 봉수가 파괴되는 것을 방지한다.
③ 사이펀작용에 의해 트랩 봉수가 파괴되는 것을 방지한다.
④ 배수관 계통의 환기를 도모하여 관 내를 청결하게 유지한다.

해설

모세관현상
머리카락 등이 트랩에 끼고, 머리카락 틈을 통해 봉수가 빠져나가 봉수가 파괴되는 현상이다.

76 용적 $3,000m^3$, 잔향시간 1.6초인 실이 있다. 잔향시간을 0.6초로 조정하려고 할 때, 이 실에 추가로 필요한 흡음력은?(단, Sabine의 식을 이용한다)

① 약 $500m^2$　　② 약 $600m^2$
③ 약 $700m^2$　　④ 약 $800m^2$

해설

- 잔향시간 = 0.16(용적 / 흡음력)
- 기존 1.6초 = 0.16(3,000 / 흡음력) → 흡음력 = 약 $300m^2$
- 개선 0.6초 = 0.16(3,000 / 흡음력) → 흡음력 = 약 $800m^2$

∴ 약 $500m^2$의 흡음력 필요

정답　72 ②　73 ④　74 ④　75 ②　76 ①

77 **건물 외벽의 열관류 저항값을 높이는 방법으로 옳지 않은 것은?**

① 벽체 내에 공기층을 둔다.
② 벽체에 단열재를 사용한다.
③ 열전도율이 낮은 재료를 사용한다.
④ 외벽의 표면열전달률을 크게 유지한다.

해설

열저항은 다음과 같이 산출되며, 표면열전달률이 커지면 작아지는 특성을 갖는다.

$$열저항(R)=\frac{1}{\text{실내 측 표면열전달률}}+\frac{\text{두께(m)}}{\text{열전도율}}+\frac{1}{\text{실외 측 표면열전달률}}$$

78 **가로 9m, 세로 9m, 높이가 3.3m인 교실이 있다. 여기에 광속이 3,200lm인 형광등을 설치하여 평균 조도 500lx를 얻고자 할 때 필요한 램프의 개수는?(단, 보수율은 0.8, 조명률은 0.6이다)**

① 20개　② 27개
③ 35개　④ 42개

해설

$$F=\frac{E\times A\times D}{N\times U}=\frac{E\times A}{N\times U\times M}\text{(lm)}$$

여기서, F : 램프 1개당의 전광속(lm)
E : 요구하는 조도(lx)
A : 조명하는 실내의 면적(m^2)
D : 감광보상률$\left(=\frac{1}{M}\right)$
N : 필요한 램프 개수
U : 실내에서 기구의 조명률
M : 램프감광과 오손에 대한 보수율(유지율)

$$N=\frac{EA}{FUM}=\frac{500\times(9\times9)}{3{,}200\times0.6\times0.8}=26.37$$

∴ 필요한 램프의 개수는 27개

79 **공기조화방식 중 팬코일 유닛 방식에 관한 설명으로 옳지 않은 것은?**

① 덕트 방식에 비해 유닛의 위치 변경이 용이하다.
② 유닛을 창문 밑에 설치하면 콜드 드래프트를 줄일 수 있다.
③ 전공기 방식으로 각 실에 수배관으로 인한 누수의 염려가 없다.
④ 각 실의 유닛은 수동으로도 제어할 수 있고, 개별 제어가 용이하다.

해설

팬코일 유닛 방식은 적용 방법에 따라 수–공기 방식 또는 전수방식에 해당하는 공기조화방식으로서, 배관을 사용하므로 수배관으로 인한 누수의 우려가 있다.

80 **소방시설의 종류 중 피난설비에 해당하는 것은?**

① 비상조명등
② 자동화재속보설비
③ 가스누설경보기
④ 무선통신보조설비

해설

②, ③ 경보설비
④ 소화활동설비

정답　77 ④　78 ②　79 ③　80 ①

2024년 2회 실내건축기사

1과목 실내디자인 계획

01 실내디자인의 프로세스를 조사분석 단계와 디자인 단계로 나눌 경우, 다음 중 조사분석 단계에 속하지 않는 것은?

① 종합분석
② 정보의 수집
③ 문제점의 인식
④ 아이디어 스케치

해설

- 조사단계 : 종합분석, 정보수집, 문제점인식, 체크리스트 분석단계
- 디자인단계 : 디자인의 개념, 분위기, 동선 및 조닝의 구상을 위한 아이디어 스케치 및 기본적인 도면을 통해 시각화하는 단계

02 실내디자인의 요소에 관한 설명으로 옳지 않은 것은?

① 디자인에서 형태는 점, 선, 면, 입체로 구성되어 있다.
② 벽면, 바닥면, 문, 창 등은 모두 실내의 면적 요소이다.
③ 수직선이 강조된 실내에서는 아늑하고 안정감이 있으며 평온한 분위기를 느낄 수 있다.
④ 실내공간에서의 선은 상대적으로 가느다란 형태를 나타내므로 폭을 갖는 창틀이나 부피를 갖는 기둥도 선적 요소이다.

해설

수직선
강조된 실내에서 구조적 높이감을 주며 심리적으로 강한 의지의 느낌을 준다(엄격성, 위엄성, 절대, 위험, 단정, 남성성, 엄숙, 의지, 신앙, 상승 등).

03 다음 중 비정형 균형에 대한 설명으로 옳은 것은?

① 좌우대칭, 방사대칭으로 주로 표현된다.
② 대칭의 구성형식이며, 가장 완전한 균형의 상태이다.
③ 단순하고 엄숙하며 완고하고 변화가 없는 정적인 것이다.
④ 물리적으로는 불균형이지만 시각적으로 힘의 정도에 의해 균형을 이룬 것이다.

해설

비정형균형(비대칭균형)
물리적으로 불균형이지만 시각적으로 힘의 정도에 의해 균형을 이룬 것으로 풍부한 개성을 표현할 수 있어 능동의 균형이라고 한다.

04 다음 중 조닝(Zoning)계획 시 고려해야 할 사항과 가장 거리가 먼 것은?

① 행동반사 ② 사용목적
③ 사용빈도 ④ 지각심리

해설

조닝계획 시 고려사항
사용자의 특성, 사용자의 목적, 사용시간, 사용빈도, 행동반사

05 다음 동선계획에 대한 설명으로 옳은 것은?

① 동선의 빈도가 높은 경우 동선 거리를 연장하고 곡선으로 처리한다.
② 동선의 속도가 빠른 경우 단차이를 두거나 계단을 만들어 준다.
③ 동선의 하중이 큰 경우 통로의 폭을 좁게 하고 쉽게 식별할 수 있도록 한다.
④ 동선이 복잡해질 경우 별도의 통로공간을 두어 동선을 독립시킨다.

정답 01 ④ 02 ③ 03 ④ 04 ④ 05 ④

해설

동선계획
- 동선의 빈도가 높은 경우 동선을 가능한 짧고 직선이 되도록 해야 한다.
- 동선의 속도가 빠른 경우는 안전을 위해 단 차이 및 계단이 없도록 해야 한다.
- 동선의 하중이 큰 경우 통로의 폭을 넓게 한다.

06 다음 설명에 알맞은 건축화 조명방식은?

> • 천장, 벽의 구조체에 의해 광원의 빛이 천장 또는 벽면으로 가려지게 하여 반사광으로 간접조명하는 방식이다.
> • 천장고가 높거나 천장높이가 변화하는 실내에 적합하다.

① 광천장조명 ② 코브조명
③ 코니스조명 ④ 캐니스조명

해설

코브조명
천장, 벽의 구조체 안에 조명기구를 매입시키고 광원의 빛을 가린 후 반사광으로 간접조명하는 방식이다. 조도가 균일하며 눈부심이 없고 보조조명으로 주로 사용된다.

07 공간 상호간에는 통행이 가능하며 자유로이 시선이 통과하므로 영역을 표시하거나 경계를 나타내는 상징적 의미의 벽높이는 최대 어느 정도인가?

① 600mm ② 1,100mm
③ 1,200mm ④ 1,800mm

해설

벽높이에 따른 종류
- 상징적 벽체 : 600mm 이하로 두 공간을 상징적으로 분리하고 구분하여 공간 상호 간에는 통행이 용이하다.
- 개방적 벽체 : 1,200mm 이상, 1,500mm 이하로 공간을 감싸는 분위기 조성과 시선의 개방 및 프라이버시를 제공하는 데 유효하다.
- 차단적 벽체 : 1,800mm 이상으로 눈높이보다 높은 벽체로 시각적으로 완전히 차단되어 프라이버시가 보장된다.

08 형태의 지각심리에 관한 설명으로 옳지 않은 것은?

① 가까이 있는 것들은 시각적으로 통합되어 무리를 짓는다.
② 사람들은 대상을 될 수 있는 한 간단한 구조로 인식하려 한다.
③ 유사성은 형태, 크기, 위치 및 의미의 유사성으로 구분될 수 있다.
④ 폐쇄되지 않은 형태는 폐쇄된 형태보다 시각적으로 더 안정감이 있다.

해설

폐쇄되지 않은 형태는 폐쇄된 형태처럼 완전한 하나의 형태로 그룹되어 지각된다.

09 주거공간을 주행동에 의해 구분할 경우 다음 중 사회적 공간에 속하지 않는 것은?

① 거실 ② 식당
③ 서재 ④ 응접실

해설

사회적 공간(공동공간)
거실, 식사실, 가족실, 현관, 복도

10 주방 작업대의 배치 유형 중 ㄷ자형에 대한 설명으로 옳은 것은?

① 가장 간결하고 기본적인 설계 형태로 길이가 4.5m 이상 되면 동선이 비효율적이다.
② 두 벽면을 따라 작업이 전개되는 전통적인 형태이다.
③ 인접한 세 벽면이 작업대를 붙여 배치한 형태이다.
④ 작업동선이 길고 조리면적은 좁지만 다수의 인원이 함께 작업할 수 있다.

정답 06 ② 07 ① 08 ④ 09 ③ 10 ③

해설

ㄷ자형(U자형)
인접한 3면의 벽에 작업대를 배치하는 형식으로 가장 편리하고 수납공간이 넓으며 능률적인 배치가 가능하나 소요면적이 크다.

11 대형 업무용 빌딩에서 공적인 문화공간의 역할을 담당하기에 가장 적절한 공간은?

① 로비공간
② 회의실공간
③ 직원 라운지
④ 비즈니스 센터

해설

로비공간
처음 맞이하는 공간으로 내외부를 유기적으로 연결해주며 공적인 문화공간의 역할을 담당한다. 또한 기업의 이미지 표현에서 중요한 공간이다.

12 사무소 건물의 엘리베이터 계획에 관한 설명으로 옳지 않은 것은?

① 조닝 영역별 관리운전의 경우 동일 조닝 내의 서비스 층은 같게 한다.
② 서비스를 균일하게 할 수 있도록 건축물의 중심부에 설치한다.
③ 교통 수요량이 많은 경우 출발기준층이 2개층 이상이 되도록 계획한다.
④ 초고층, 대규모 빌딩인 경우는 서비스 그룹을 분할(조닝)하는 것을 검토한다.

해설

엘리베이터 계획
교통 수요량이 많은 경우 출발 기준층이 1개층이 되도록 계획한다.

13 상점의 판매형식 중 측면판매에 관한 설명으로 옳지 않은 것은?

① 대면판매에 비해 넓은 진열면적을 확보할 수 있다.
② 판매원이 고정된 자리 및 위치를 설정하기 어렵다.
③ 소형 고가품인 귀금속, 시계, 화장품 판매점 등에 적합하다.
④ 고객이 직접 진열된 상품을 접촉할 수 있으므로 상품의 선택이 용이하다.

해설

측면판매
진열상품을 같은 방향으로 보며 판매하는 형식으로 서적, 의류, 침구, 운동용품, 문방구류, 전기제품판매점에 적합하다.

14 배경과 실물의 종합전시에 적합한 전시방법은?

① 파노라마 전시
② 디오라마 전시
③ 아일랜드 전시
④ 하모니카 전시

해설

디오라마 전시
현장감을 실감나게 표현하는 방법으로 하나의 사실 또는 주제의 시간 상황을 고정시켜 연출하는 전시방법이다.

15 실내디자인의 전개과정으로 가장 알맞은 것은?

① 프로젝트기획 – 디자인계획 – 기본설계 – 실시설계
② 디자인계획 – 프로젝트기획 – 실시설계 – 기본설계
③ 기본설계 – 프로젝트기획 – 실시설계 – 디자인계획
④ 실시설계 – 기본설계 – 디자인계획 – 프로젝트기획

해설

실내디자인의 전개과정
프로젝트기획 – 디자인계획 – 기본설계 – 실시설계

정답 11 ① 12 ③ 13 ③ 14 ② 15 ①

16 건물을 세로로 절단한 후 수평방향에서 본 도면으로 실내공간의 바닥, 천장 등의 내부구조를 나타내주는 도면은?

① 입면도　② 측면도
③ 전개도　④ 단면도

해설

단면도
건축물 또는 구조물을 절단하여 그 절단된 면을 보이는 바닥, 천장 등의 내부구조를 상세하게 작성하는 도면이다.

17 다음 중 척도의 종류에 관한 설명 중 옳지 않은 것은?

① 배척은 물체의 크기를 축소해 나타낸 척도이다.
② 척도의 종류는 실척, 축척, 배척으로 구분한다.
③ 실척은 물체의 크기를 실제 그대로 도면에 나타낸 척도이다.
④ 축척은 물체의 크기를 비율에 맞게 축소한 척도이다.

해설

배척
물체의 크기를 확대해 나타낸 척도이다.

18 그리스의 오더 중 기단부는 단 사이에 수평홈이 있으며, 주두는 소용돌이 형태의 나선형으로 구성된 것은?

① 도리아 오더　② 이오니아 오더
③ 터스칸 오더　④ 코린트 오더

해설

- 이오니아 오더 : 주초가 있고, 여성적이며 나선형 형태로 엔타시스가 약하다.
- 도리아 오더 : 주초가 없고 남성적이며 간소한 장중미가 특징이다.
- 터스칸 오더 : 절제된 장식으로 단순하며 장식이 거의 없다.
- 코린트 오더 : 아칸터스 나뭇잎으로 장식되어 있으며 소규모 기념건축에 사용된다.

19 다음 중 다포식 건축양식의 특징으로 옳지 않은 것은?

① 기둥 위에 평방이 있다.
② 공포는 주심과 주간에 배치한다.
③ 내부천장은 연등천장으로 한다.
④ 기둥은 민흘림기둥과 통기둥을 사용한다.

해설

다포식 건축양식의 내부천장은 우물천장으로 한다.

20 다음 중 유니버설 공간(Universal Space)의 개념적 설명으로 가장 알맞은 것은?

① 상업공간
② 표준화된 공간
③ 모듈이 적용된 공간
④ 공간의 융통성이 극대화된 공간

해설

유니버설 공간(Universal Space)
성별, 연령, 국적, 문화적 배경, 장애의 유무에도 상관없이 누구나 손쉽게 쓸 수 있는 제품 및 융통성이 극대화된 공간 및 환경을 만드는 공간이다.

2과목 실내디자인 색채 및 사용자 행태분석

21 표면색(Surface Color)에 대한 용어의 정의는?

① 광원에서 나오는 빛의 색
② 빛의 투과에 의해 나타나는 색
③ 물체에 빛이 반사하여 나타나는 색
④ 빛의 회절현상에 의해 나타나는 색

정답　16 ④　17 ①　18 ②　19 ③　20 ④　21 ③

해설

표면색
물체색으로 스스로 빛을 내는 것이 아니라 물체의 표면에서 빛이 반사되어 나타나는 물체 표면의 색으로 사물의 질감이나 상태를 알 수 있도록 한다.

22 먼셀의 색채조화이론 핵심인 균형원리에서 각 색들이 가장 조화로운 배색을 이루는 평균 명도는?

① N4 ② N3
③ N5 ④ N2

해설

명도(V, Value)
무채색임을 나타내기 위해 Neutral의 머리글자인 N에 숫자를 붙여 나타낸다. 중간 명도의 회색 N5은 균형의 중심점으로, 배색을 이루는 각 색의 평균 명도가 N5가 될 때 그 배색은 조화를 이룬다.

23 색의 지각으로 고른 감도의 오메가공간을 만들어 조화시킨 색채학자는?

① 오스트발트 ② 먼셀
③ 문·스펜서 ④ 비렌

해설

오메가공간
문·스펜서는 색을 지각적으로 고른 감도의 오메가공간을 만들어 조화를 이루는 색채와 그렇지 않은 색채라는 두 종류로 나누었다. 이러한 오메가공간은 먼셀의 색입체와 같은 개념으로 먼셀 표색계의 2속성에 대응될 수 있으며 H, V, C단위로 설명하였다.

24 문스펜서의 색채조화론에서 "미도는 (　　) 이상이 되면 그 배색은 좋다"의 (　　)에 들어갈 기준 수치는?

① 0.2 ② 0.5
③ 0.7 ④ 0.9

해설

미도(美度)
질서성의 요소를 복잡성의 요소로 나누었을 때 0.5를 기준으로 그 이상이면 좋은 배색이라고 주장하였다(3.5 이하 : 친근한느낌, 6.5 이상 : 명랑·쾌활한 느낌).

25 용도별 실내색채에 관한 다음 설명 중 잘못된 것은?

① 한색계의 색채공간은 정신적 활동에 적합하다.
② 병원의 수술실에 가장 많이 쓰이는 색은 녹색이다.
③ 공장에서 안전이 요구되는 부위에는 KS에 규정된 안전색채를 써야 한다.
④ 사무실 벽은 순백색으로 배색한 것이 눈의 피로를 줄여서 좋다.

해설

순백색은 고명도로 눈을 피로하게 한다.

26 다음 유채색과 무채색에 대한 설명 중 잘못된 것은?

① 유채색이란 채도가 있는 색이란 뜻이다.
② 빨강, 노랑 등의 색감을 미세한 정도로 느낄 수 있는 것은 무색으로 구분한다.
③ 무채색은 검정, 백색을 포함하여 그 사이 색을 말한다.
④ 반사율이 약 85%인 경우는 흰색, 약 30% 정도이면 회색, 약 3% 정도는 검정이다.

해설

- 유채색 : 인간이 볼 수 있는 가시광선 범위의 색인 빨강, 주황, 노랑, 초록, 파랑, 보라 등의 색과 이 색들의 혼합에서 나오는 색들은 모두 유채색이다.
- 무채색 : 흰색, 회색, 검정색 등과 같은 색상이 전혀 섞이지 않은 색이며 색의 밝기(명도)만 존재하고 빛의 반사율에 의해 결정된다.

정답 22 ③ 23 ③ 24 ② 25 ④ 26 ②

27 색채조화론에서 면적의 효과에 대한 설명 중 옳은 것은?

① 작은 면적의 강한 색과 큰 면적의 약한 색은 서로 잘 어울린다.
② 채도가 높고 강한 색은 어떤 면적에도 잘 어울리며 안정감을 준다.
③ 채도가 높고 강한 색을 넓은 면적에 사용하면 좋은 효과를 얻을 수 있다.
④ 배색에 수반되는 감정효과는 균형점의 색상, 명도, 채도와 관계없이 조화된다.

해설

- 색이 적용되는 면적이 넓을수록 자극이 적은 색을 사용하는 것이 좋다.
- 채도가 낮은 색은 어떤 면적에도 잘 어울리며 안정감을 준다.
- 채도가 높고 강한 색을 작은 면적에 사용하면 좋은 효과를 얻을 수 있다.
- 배색에 수반되는 감정효과는 균형점의 색상, 명도, 채도에 따라 달라진다.

28 컴퓨터 화면상의 이미지와 출력된 인쇄물의 색채가 다르게 나타나는 원인으로 거리가 먼 것은?

① 컴퓨터상에서 RGB로 작업했을 경우 CMYK 방식의 잉크는 표현될 수 없는 색채 범위가 발생한다.
② RGB의 색역이 CMYK의 색역보다 좁기 때문이다.
③ 모니터의 캘리브레이션 상태와 인쇄기, 출력용지에 따라 변수가 발생한다.
④ RGB 데이터를 CMYK 데이터로 변환하면 색상 손상 현상이 나타난다.

해설

CMYK
색료혼합방식으로 보통 인쇄 또는 출력 시 사용된다. 특히 잉크를 기본 바탕으로 표현되는 색상이다. 색역은 RGB가 CMYK보다 넓다.

29 건축계획 시 함께 계획하여 건축물과 일체화하여 설치되는 가구는?

① 유닛가구 ② 붙박이가구
③ 인체계가구 ④ 시스템가구

해설

붙박이가구
건물과 일체화시킨 가구로 공간 활용 및 효율성을 높일 수 있다.

30 미스 반 데어 로에에 의하여 디자인된 의자로 X자로 된 강철파이프 다리 및 가죽으로 된 등받이와 좌석으로 구성되어 있는 것은?

① 바실리 의자
② 체스카 의자
③ 파이미오 의자
④ 바르셀로나 의자

해설

바르셀로나 의자
미스반 데어 로에가 디자인하였고 X자로 된 강철 파이프 다리 및 가죽으로 된 등받이와 좌석으로 구성되어 있다.

31 인간공학적 산업디자인의 필요성을 표현한 것으로 가장 적절한 것은?

① 보존의 편리
② 효능의 안전
③ 비용의 절감
④ 설비의 기능강화

해설

인간공학적 산업디자인의 필요성
디자인의 생산성 및 품질의 향상, 작업능률 효능 및 근로자의 안전예방, 기업 이미지 상승

정답 27 ① 28 ② 29 ② 30 ④ 31 ②

32 시스템의 설계과정에서 가장 먼저 수행되어야 할 단계는?

① 기본설계 단계
② 시험 및 평가 단계
③ 시스템의 정의 단계
④ 목표 및 성능명세 결정 단계

해설

인간-기계 시스템의 설계과정
목표 및 성능명세 결정 → 시스템의 정의 → 기본설계 → 인터페이스 설계 → 촉진물 설계 → 시험 및 평가

33 피로에 관한 설명으로 틀린 것은?

① 심리적으로 욕구 수준을 떨어뜨린다.
② 생리적으로 근육에서 발생할 수 있는 힘의 저하를 초래한다.
③ 보통 하루 정도면 숙면 등으로 회복이 가능한 정도를 만성피로 또는 곤비라 한다.
④ 피로 발생은 부하조건과 작업능력과의 상대적 관계로 생기는 부담에 의한 것이다.

해설

만성피로
오랜 기간 동안 축적되는 피로로서 휴식에 의해서 회복되지 않으며 축적피로라고도 한다.

34 동일한 작업 시 에너지 소비량에 영향을 끼치는 인자가 아닌 것은?

① 심박수 ② 작업방법
③ 작업자세 ④ 작업속도

해설

동일한 작업 시 에너지 소비량에 영향을 끼치는 요소
작업시간, 작업자세, 작업방법, 작업조건, 작업속도

35 다음 설명에 해당하는 양립성(Compatibility)의 종류는?

"냉 · 온수기의 손잡이 색상 중 빨간색은 뜨거운 물, 파란색은 차가운 물이 나오도록 설계한다.

① 개념 양립성 ② 운동 양립성
③ 공간 양립성 ④ 지각 양립성

해설

- 양립성(Compatibility) : 자극들 간의, 반응들 간의, 자극-반응 조합의 관계가 인간의 기대와 모순되지 않는 것이다(인간이 기대하는 바와 자극 또는 반응들이 일치하는 관계).
- 개념 양립성 : 코드나 심벌의 의미를 나타내는 양립성이다(냉온수기 손잡이 색상).

36 정량적 시각 표시장치의 기본 눈금선 수열로 가장 적합한 것은?

① 0, 1, 2 ② 0, 3, 6
③ 0, 5, 10 ④ 0, 8, 16

해설

정량적 시각 표시장치
기본 눈금선의 수열은 일반적으로 0, 1, 2, 3, …처럼 1씩 증가하는 수열이 가장 사용하기 쉽다.

37 팔, 다리 또는 다른 신체 부위의 동작에서 몸의 중심선으로 향하는 이동 동작을 무엇이라고 하는가?

① 신전 ② 내전
③ 외전 ④ 상향

해설

- 신전 : 관절에서의(부위 간) 각도가 증가하는 동작
- 내전 : 몸(신체)의 중심선으로 향하는 이동 동작
- 외전 : 몸(신체)의 중심선으로부터 멀어지는 이동 동작
- 상향 : 몸(신체) 또는 손바닥을 위로 향하는 회전

정답 32 ④ 33 ③ 34 ① 35 ① 36 ① 37 ②

38 다음 중 동작경제의 원리에 관한 내용으로 틀린 것은?

① 두 팔의 동작은 서로 반대방향에서 대칭적으로 움직인다.
② 두 손의 동작은 동시에 시작하고 각각 끝나도록 한다.
③ 자연스러운 리듬이 생기도록 동작을 배치한다.
④ 가능하다면 낙하식 운반방법을 사용한다.

해설

동작경제 – 신체사용에 관한 원칙

- 두 손의 동작은 동시에 시작하고 동시에 끝나도록 한다.
- 휴식시간을 제외하고는 양손이 같이 쉬지 않도록 한다.
- 두 팔의 동작은 서로 반대방향에서 대칭적으로 움직인다.
- 손과 신체의 동작은 작업을 원만하게 처리할 수 있는 범위 내에서 최소동작만 사용한다.
- 손은 유연하고 연속적인 동작이 되도록 하며, 방향이 갑자기 크게 바뀌는 모양의 직선동작은 피하도록 한다.
- 가능하다면 쉽고도 자연스러운 리듬이 생길 수 있도록 작업을 배치한다.

39 장기적으로 소음이 노출될 때 청력 손실에 대한 내용으로 틀린 것은?

① 장기적으로 소음에 노출되더라도 청력손실을 회복할 수 있다.
② 청력손실의 정도는 노출 소음 수준에 따라 증가한다.
③ 청력손실은 4,000Hz 정도에서 크게 나타난다.
④ 강한 소음은 노출시간에 따라 청력손실이 증가한다.

해설

영구적인 청력손실

소음환경에서 장시간 일하거나 충격음에 과다 노출되면 내이의 청각조직이 손상되어 청력이 회복되거나 치료되지 않는다. 소리를 느끼게 하는 신경말단(내이의 와우관에 있는 코르티기관 속의 청각수용 세포)이 손상을 받아 청력장애가 생긴 상태이기 때문이다.

40 다음 중 지구력에 관한 설명으로 가장 적절한 것은?

① 생성면에 직각으로 작용하는 힘이다.
② 외력에 대하여 저항하는 힘을 상대적으로 나타낸 것이다.
③ 근육을 사용하여 특정한 힘을 유지할 수 있는 시간으로 나타낸다.
④ 신체의 부위를 실제로 움직이는 상태에서 나타낼 수 있는 힘이다.

해설

지구력

근육을 사용하여 특정한 힘을 유지할 수 있는 능력으로 최대근력으로 유지할 수 있는 것은 몇 초이며, 최대근력의 50% 힘으로는 약 1분간 유지할 수 있다.

3과목 실내디자인 시공 및 재료

41 공사원가계산서에 표기되는 비목 중 순공사원가에 해당되지 않는 것은?

① 직접재료비 ② 노무비
③ 경비 ④ 일반관리비

해설

공사원가계산서의 구성요소

정답 38 ② 39 ① 40 ③ 41 ④

42 건설공사 입찰에 있어 불공정 하도급거래를 예방하고 하도급 활성화를 촉진하기 위한 목적으로 시행된 입찰제도는?

① 사전자격심사제도 ② 부대입찰제도
③ 대안입찰제도 ④ 내역입찰제도

해설

부대입찰제도
원도급 입찰 시 하도급의 계약서를 같이 첨부하게 하는 입찰제도로서, 하도급의 계약상 명시를 통한 불공정 거래 등의 근절을 목적으로 하는 입찰방법이다.

43 건설공사에 사용되는 시방서에 관한 설명으로 옳지 않은 것은?

① 시방서는 계약서류에 포함되지 않는다.
② 시방서는 설계도서에 포함된다.
③ 시방서에는 공법의 일반사항, 유의사항 등이 기재된다.
④ 시방서에 재료 메이커를 지정하지 않아도 좋다.

해설

시방서도 설계도서의 일부이므로 계약서류에 포함된다.

44 아스팔트 방수재료에 관한 설명으로 옳지 않은 것은?

① 아스팔트 루핑은 펠트의 양면에 블론 아스팔트를 피복하고, 그 표면에 가는 모래나 광물질 미분말을 부착한 시트상의 제품이다.
② 개량아스팔트 방수시트는 주로 토치버너의 가열에 의해 공사가 이루어진다.
③ 아스팔트 프라이머는 콘크리트 바탕과 방수시트의 접착을 양호하게 유지하기 위한 바탕조정용 접착제이다.
④ 망상 아스팔트 루핑은 아스팔트의 절연공법에 사용된다.

해설

망상 아스팔트 루핑은 절연공법에 적용하는 것이 아니고, 시공 시 방수지 역할을 한다.

45 네트워크(Network) 공정표의 장점으로 볼 수 없는 것은?

① 작업 상호 간의 관련성을 알기 쉽다.
② 공정계획의 초기 작성시간이 단축된다.
③ 공사의 진척 관리를 정확히 할 수 있다.
④ 공기 단축 가능 요소의 발견이 용이하다.

해설

네트워크(Network) 공정표는 공정계획의 초기 작성시간이 길어지는 단점이 있다.

46 스팬드럴 유리에 관한 설명으로 옳지 않은 것은?

① 건축물의 외벽 층간이나 내·외부 장식용 유리로 사용한다.
② 판유리 한쪽 면에 세라믹질의 도료를 도장한 후 고온에서 융착, 반강화한 것으로 내구성이 뛰어나다.
③ 색상이 다양하고 중후한 질감을 갖고 있으며 건축물의 모양에 따라 선택의 폭이 넓다.
④ 열깨짐의 위험이 있으므로 유리표면에 페인트도장을 하거나, 종이테이프 등을 부착하지 않는다.

해설

스팬드럴 유리는 골조 및 단열재 등을 가려주는 역할을 하기 때문에 색유리를 쓰거나 필름을 붙이는 등의 시공을 진행하고 있다. 이때 발생할 수 있는 열깨짐의 위험을 최소화하기 위해 배강도 이상의 강도를 가진 유리를 적용하고 있다.

정답 42 ① 43 ① 44 ④ 45 ② 46 ④

47 석재의 내구성에 관한 설명으로 옳지 않은 것은?

① 조암광물이 미립자일수록 내구성이 크다.
② 흡수율이 큰 다공질일수록 동해를 받기 쉽다.
③ 조암광물 중에 황화물, 철분함유광물, 탄산마그네시아, 탄산칼슘 등은 풍화되기 어렵다.
④ 석재의 내구성은 조직, 조암광물의 종류 등에 따라 달라진다.

해설

칼슘이온과 탄산이온은 풍화의 주원인 성분으로서 탄산마그네시아, 탄산칼슘 등은 풍화의 가능성이 높다.

48 판두께가 1.2mm 이하인 얇은 판에 여러 가지 모양으로 도려낸 철판으로서 환기공, 인테리어벽, 천장 등에 이용되는 금속 성형 가공제품은?

① 익스팬디드 메탈　② 펀칭 메탈
③ 키스톤 플레이트　④ 스팬드럴 패널

해설

펀칭 메탈(Punching Metal)
얇은 판에 여러 가지 모양으로 도려낸 철물로서 환기구 · 라디에이터 커버 등에 이용한다.

49 목구조 벽체의 수평력에 대한 보강 부재로 가장 유효한 것은?

① 가새　② 토대
③ 통재기둥　④ 샛기둥

해설

토대, 샛기둥, 통재기둥은 압축력(수직력)에 저항하는 부재이고, 가새는 풍하중 등 수평력에 저항하는 부재이다.

50 래커(Lacquer)에 관한 설명으로 옳지 않은 것은?

① 도막형성은 주로 용제의 증발에 따른 건조에 의한다.
② 도막이 단단하지 않으며, 에나멜 도막은 내후성이 나쁘다.
③ 건조시간을 지연시킬 목적으로 시너(Thinner)를 첨가하는 경우도 있다.
④ 안료를 배합하지 않은 것을 클리어 래커라 한다.

해설

도막이 단단하고, 에나멜 도막의 경우 내후성도 양호하다.

51 점토제품 시공 후 발생하는 백화에 관한 설명으로 옳지 않은 것은?

① 타일 등의 시유소성한 제품은 시멘트 중의 경화체가 백화의 주된 요인이 된다.
② 작업성이 나쁠수록 모르타르의 수밀성이 저하되어 투수성이 커지게 되고, 투수성이 커지면 백화 발생이 커지게 된다.
③ 점토제품의 흡수율이 크면 모르타르 중의 함유수를 흡수하여 백화 발생을 억제한다.
④ 모르타르의 물시멘트비가 크게 되면 잉여수가 증대되고, 이 잉여수가 증발할 때 가용성분의 용출을 발생시켜 백화 발생의 원인이 된다.

해설

점토제품의 흡수율이 크면 수분을 많이 흡수하게 되고, 이러한 수분과 점토제품이 접해 있는 모르타르의 석회 간의 반응에 의해 백화 발생이 촉진될 수 있다.

정답　47 ③　48 ②　49 ①　50 ②　51 ③　52 ③

52 다음 중 미장바탕이 갖추어야 할 조건으로 옳지 않은 것은?

① 바름층과 유해한 화학반응을 하지 않을 것
② 바름층을 지지하는 데 필요한 접착강도를 얻을 수 있을 것
③ 바름층보다 강도, 강성이 크지 않을 것
④ 바름층의 경화, 건조를 방해하지 않을 것

해설

바탕층은 바름층에 비해 강도, 강성을 크게 하여 구조체의 균열 · 거동 등에 대응하여야 한다.

53 재료에 하중이 반복하여 작용할 때 정적 강도보다 낮은 강도에서 파괴되는 것을 무엇이라고 하는가?

① 크리프파괴 ② 전단파괴
③ 피로파괴 ④ 충격파괴

해설

반복하중이 작용할 경우 피로파괴에 의한 파괴가 발생할 수 있다.

54 일반적인 콘크리트의 열팽창계수로 옳은 것은?

① 1×10^{-4}/℃ ② 1×10^{-5}/℃
③ 1×10^{-6}/℃ ④ 1×10^{-7}/℃

해설

콘크리트의 선팽창(열팽창)계수 : 1×10^{-5}/℃

55 다음 중 시멘트의 수경률을 구하는 식에서 분자에 속하지 않는 것은?

① CaO ② SiO_2
③ Al_2O_3 ④ Fe_2O_3

해설

$$\text{시멘트 수경률} = \frac{\text{산성 성분}(SiO_2 + Al_2O_3 + Fe_2O_3)}{\text{염기성 성분}(CaO)}$$

56 건축재료의 화학조성에 의한 분류 중 무기재료에 포함되지 않는 것은?

① 콘크리트 ② 철강
③ 목재 ④ 석재

해설

목재는 탄소(C)원소를 포함한 유기재료이다.

57 다음 그림 중 제혀쪽매에 해당하는 것은?

①  ② 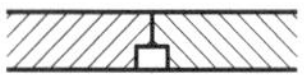
③  ④ 

해설

제혀쪽매
널 한쪽에는 홈을 파고 다른 쪽에는 혀를 내어 물리게 한 것을 말한다.

58 다음 그림과 같은 보강블록조의 평면도에서 x축 방향의 벽량을 구하면?(단, 벽체두께는 150mm이며, 그림의 모든 단위는 mm임)

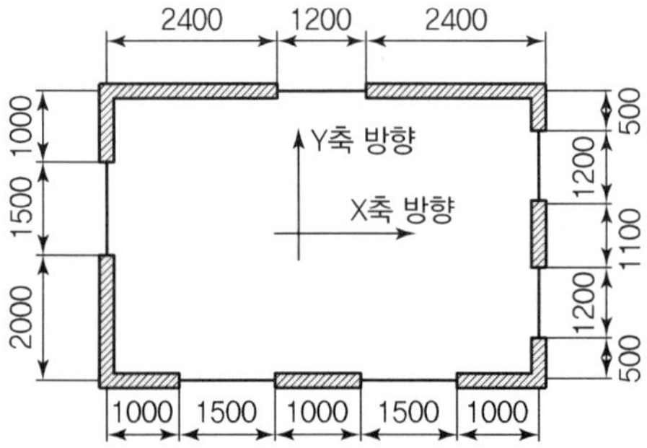

정답 53 ③ 54 ② 55 ① 56 ③ 57 ④ 58 ② 59 ④ 60 ④

① 23.9cm/m² ② 28.9cm/m²
③ 31.9cm/m² ④ 34.9cm/m²

해설

X축 방향의 벽량이므로, X축의 벽길이(개구부 제외)를 실의 면적으로 나눠서 산정해 준다.

- X축의 벽길이(cm) : 2,400+2,400+1,000+1,000+1,000 =7,800mm=780cm
- 실의 면적(m^2) : (2.4+1.2+2.4)×(1+1.5+2.0)=27m^2

∴ X축 방향의 벽량=780cm/27m^2=28.9cm/m^2

59 파티클보드의 성질에 관한 설명으로 옳지 않은 것은?

① 고습도의 조건에서 사용하기 위해서는 방습 및 방수 처리가 필요하다.
② 상판, 칸막이벽, 가구 등에 이용된다.
③ 음 및 열의 차단성이 우수하다.
④ 합판의 비해 면내 강성은 떨어지나 휨강도는 우수하다.

해설

파티클보드는 합판에 비해 면내 강성과 휨강도가 낮다.

60 발포제로서 보드상으로 성형하여 단열재로 널리 사용되며 천장재, 전기용품 등에도 쓰이는 열가소성 수지는?

① 불포화폴리에스테르수지
② 실리콘수지
③ 아크릴수지
④ 폴리스티렌수지

해설

폴리스티렌수지

- 유기용제에 침해되고 취약하며, 내수, 내화학약품성, 전기절연성, 가공성이 우수하다.
- 건축벽 타일, 천장재, 블라인드, 도료 등에 사용되며, 특히 발포제품은 저온 단열재로 쓰인다.

4과목 실내디자인 환경

61 국토교통부령으로 정하는 기준에 따라 채광을 위하여 거실에 설치하는 창문 등의 면적기준으로 옳은 것은?(단, 단독주택 및 공동주택의 거실인 경우)

① 거실 바닥면적의 5분의 1 이상
② 거실 바닥면적의 10분의 1 이상
③ 거실 바닥면적의 15분의 1 이상
④ 거실 바닥면적의 20분의 1 이상

해설

거실의 채광 및 환기 기준(건축물의 피난 · 방화구조 등의 기준에 관한 규칙 제17조)

채광 및 환기 시설의 적용대상	창문 등의 면적	제외
• 주택(단독, 공동)의 거실 • 학교의 교실 • 의료시설의 병실 • 숙박시설의 객실	채광시설 : 거실 바닥면적의 1/10 이상	기준 조도 이상의 조명장치 설치 시
	환기시설 : 거실 바닥면적의 1/20 이상	기계환기장치 및 중앙관리방식의 공기조화 설비 설치 시

62 국토교통부령으로 정하는 기준에 따라 건축물로부터 바깥쪽으로 나가는 출구를 설치해야 하는 대상이 아닌 것은?

① 종교시설
② 장례시설
③ 위락시설
④ 문화 및 집회시설 중 전시장

해설

문화 및 집회시설 중 전시장 및 동 · 식물원은 제외한다.

정답 61 ② 62 ④

63 손궤의 우려가 있는 토지에 대지를 조성하는 경우의 조치사항에 관한 내용으로 옳지 않은 것은?

① 성토 또는 절토하는 부분의 경사도가 1 : 1.5 이상으로서 높이가 1m 이상인 부분에는 옹벽을 설치한다.
② 옹벽의 높이가 4m 이상일 경우에만 콘크리트구조를 적용한다.
③ 옹벽의 외벽면에는 이의 지지 또는 배수를 위한 시설 외의 구조물이 밖으로 튀어나오지 않게 한다.
④ 건축사에 의하여 해당 토지의 구조안전이 확인된 경우는 조치가 불필요하다.

해설

대지의 조성(건축법 시행규칙 제25조)
손궤의 우려가 있는 토지에 대지를 조성하는 경우 옹벽의 높이가 2미터 이상인 경우에는 이를 콘크리트구조로 해야 한다.

64 다음 중 헬리포트의 설치기준으로 틀린 것은?

① 헬리포트의 길이와 너비는 각각 22m 이상으로 할 것
② 헬리포트의 중앙부분에는 지름 8m의 Ⓗ 표지를 백색으로 설치할 것
③ 헬리포트의 주위 한계선은 노란색으로 하되, 그 선의 너비는 48cm로 할 것
④ 헬리포트의 중심으로부터 반경 1m 이내에는 헬리콥터의 이 · 착륙에 장애가 되는 장애물, 공작물 또는 난간 등을 설치하지 아니할 것

해설

헬리포트 주위한계선은 너비 38cm의 백색 선으로 한다.

65 내화구조의 성능기준에 따른 건축물 구성부재의 품질시험을 실시할 경우 내화시간기준이 가장 낮은 구성부재는?[단, 주거시설의 경우이며, 층수/최고높이(m)의 기준은 부재 간 동일 적용]

① 기둥
② 내벽을 구성하는 내력벽
③ 지붕틀
④ 바닥

해설

내화시간
- 기둥 : 1~3시간
- 내벽을 구성하는 내력벽 : 1~3시간
- 지붕틀 : 0.5~1시간
- 바닥 : 1~2시간

66 소방시설법에서 정의하는 다음 내용에 해당하는 용어는?

> 소방시설 등을 구성하거나 소방용으로 사용되는 제품 또는 기기로서 대통령령으로 정하는 것을 말한다.

① 특정소방대상물
② 소화용수설비
③ 소화설비
④ 소방용품

해설

소방용품은 소방제품 또는 기기를 포함하고 있다.

67 다음의 소방시설 중 소화활동설비에 속하는 것은?

① 방화복
② 연결살수설비
③ 옥외소화전설비
④ 자동화재속보설비

해설

① 방화복 : 피난구조설비
③ 옥외소화전설비 : 소화설비
④ 자동화재속보설비 : 경보설비

정답 63 ② 64 ③ 65 ③ 66 ④ 67 ②

68 **건축허가 등을 할 때 미리 소방본부장 또는 소방서장의 동의를 받아야 하는 건축물의 최소 연면적 기준으로 옳은 것은?(단, 학교시설인 경우)**

① $100m^2$ 이상 ② $200m^2$ 이상
③ $300m^2$ 이상 ④ $400m^2$ 이상

해설

학교시설의 경우 $100m^2$ 이상일 경우 건축허가 등을 할 때 미리 소방본부장 또는 소방서장의 동의를 받아야 한다.

69 **상업지역 및 주거지역에서 건축물에 설치하는 냉방시설 및 환기시설의 배기구는 도로면으로부터 몇 m 이상의 높이에 설치해야 하는가?**

① 1.8m 이상 ② 2m 이상
③ 3m 이상 ④ 4.5m 이상

해설

상업지역 및 주거지역에서 건축물에 설치하는 냉방시설 및 환기시설의 배기구와 배기장치의 설치기준
- 배기구는 도로면으로부터 2m 이상의 높이에 설치할 것
- 배기장치에서 나오는 열기가 인근 건축물의 거주자나 보행자에게 직접 닿지 아니하도록 할 것

70 **건축허가 등을 할 때 미리 소방본부장 또는 소방서장의 동의를 받아야 하는 건축물의 최소 연면적 기준은? (단, 기타 사항은 고려하지 않는다)**

① $400m^2$ 이상 ② $600m^2$ 이상
③ $800m^2$ 이상 ④ $1,000m^2$ 이상

해설

건축허가 등의 동의대상물의 범위 등(소방시설 설치 및 관리에 관한 법률 시행령 제7조)
건축허가 등을 할 때 미리 소방본부장 또는 소방서장의 동의를 받아야 하는 건축물의 연면적 기준은 $400m^2$ 이상이다(단, 기타사항을 고려하지 않을 경우).

71 **개별식 급탕방식에 관한 설명으로 옳지 않은 것은?**

① 유지관리는 용이하나 배관 중의 열손실이 크다.
② 건물완공 후에도 급탕 개소의 증설이 비교적 쉽다.
③ 급탕개소가 적기 때문에 가열기, 배관 길이 등 설비 규모가 작다.
④ 용도에 따라 필요한 개소에서 필요한 온도의 탕을 비교적 간단히 얻을 수 있다.

해설

개별식은 난방부하 있는 곳에 개별적으로 설치되어 있으므로, 설치 개소가 많아져 유지관리가 난해하고, 배관의 길이가 짧아져 배관 중의 열손실은 적다.

72 **다음과 같은 조건에 있는 벽체의 실내 측 표면온도는?**

- 외기온도 : −10℃
- 실내공기온도 : 20℃
- 벽체의 열관류율 : $1.5W/m^2 \cdot K$
- 벽체의 내표면 열전달률 : $9W/m^2 \cdot K$

① 10℃ ② 15℃
③ 20℃ ④ 25℃

해설

$KA\Delta T = \alpha A \Delta T_s$

여기서, ΔT_s = 실내온도 − 실내 측 벽체 표면온도

$$\Delta T_s = \frac{KA\Delta T}{\alpha A} = \frac{K\Delta T}{\alpha} = \frac{1.5 \times (20-(-10))}{9} = 5℃$$

ΔT_s = 실내온도 − 실내 측 벽체 표면온도 = 5℃
20 − 실내 측 벽체 표면온도 = 5℃
∴ 실내 측 벽체 표면온도 = 15℃

정답 68 ① 69 ② 70 ① 71 ① 72 ②

73 다음 중 평균 연색평가수(Ra)가 가장 낮은 광원은?

① 할로겐램프
② 주광색 형광등
③ 고압 나트륨램프
④ 메탈할라이드램프

해설

고압 나트륨램프
효율이 가장 높으나, 연색성 지수가 낮다.

74 A실의 냉방부하를 계산한 결과 현열부하가 5,000W이다. 취출공기온도를 16℃로 할 경우 송풍량은?(단, 실온은 26℃, 공기의 밀도는 1.2kg/m³, 공기의 비열은 1.01kJ/kg · K이다)

① 약 825m³/h　　② 약 1,240m³/h
③ 약 1,485m³/h　　④ 약 2,340m³/h

해설

$$Q(\text{송풍량, m}^3/\text{h}) = \frac{q_s(\text{현열부하})}{\rho(\text{밀도}) \times C_p(\text{비열}) \times \Delta t(\text{취출온도차})}$$

$$= \frac{5{,}000\text{W(J/sec)} \times 3{,}600 \div 1{,}000}{1.2\text{kg/m}^3 \times 1.01\text{kJ/kgK} \times (26-16)}$$

$$= 1{,}485.15\text{m}^3/\text{h} \fallingdotseq 1{,}485\text{m}^3/\text{h}$$

75 다음 설명에 알맞은 보일러의 종류는?

- 수직으로 세운 드럼 내에 연관 또는 수관이 있는 소규모의 패키지형으로 되어 있다.
- 설치면적이 작고 취급이 용이하나 사용압력이 낮다.

① 입형 보일러
② 수관보일러
③ 관류보일러
④ 주철제보일러

해설

수직형(입형) 보일러
- 수직으로 세운 드럼 내에 연관 또는 수관이 있는 소규모의 패키지형으로 되어 있다.
- 설치면적이 작고 취급이 용이하다.
- 사용압력 : 증기 0.05MPa 이하, 온수 0.3MPa 이하

76 실지수(Room Index)에 관한 설명으로 옳지 않은 것은?

① 실의 형상을 나타내는 지수이다.
② 실지수는 큰 편이 조명의 효율이 좋다.
③ 일반적으로 가로, 세로가 넓은 경우 실지수가 크다.
④ 일반적으로 천장이 높은 경우가 낮은 경우보다 실지수가 크다.

해설

실지수는 조명률과 관계된 것으로 천장이 높은 경우보다 낮은 경우에 실지수가 크게 나타난다.

$$\text{실지수} = \frac{\text{실의 가로길이(m)} \times \text{실의 세로길이(m)}}{\text{램프의 높이(m)} \times [\text{실의 가로길이(m)} + \text{실의 세로길이(m)}]}$$

77 광원의 광색 및 색온도에 관한 설명으로 옳지 않은 것은?

① 색온도가 낮은 광색은 따뜻하게 느껴진다.
② 일반적으로 광색을 나타내는 데 색온도를 사용한다.
③ 주광색 형광램프에 비해 할로겐전구의 색온도가 높다.
④ 일반적으로 조도가 낮은 곳에서는 색온도가 낮은 광색이 좋다.

해설

색온도는 주광색 형광램프(약 6,000~7,000K)가 할로겐전구(약 3,000~4,000K)보다 높다.

정답 73 ③ 74 ③ 75 ① 76 ④ 77 ③

78 겨울철 벽체의 표면결로 방지대책으로 옳지 않은 것은?

① 실내의 환기횟수를 줄인다.
② 실내의 발생 수증기량을 줄인다.
③ 벽체의 실내 측 표면온도를 높인다.
④ 벽체의 단열결함 부위와 열교발생 부위를 줄인다.

해설

환기량이 적으면 실내 습도가 높아져 표면결로 발생 가능성이 높아진다.

79 판진동 흡음재에 관한 설명으로 옳지 않은 것은?

① 낮은 주파수 대역에 유효하다.
② 막진동하기 쉬운 얇은 것일수록 흡음률이 작다.
③ 재료의 부착방법과 배후조건에 의해 특성이 달라진다.
④ 판이 두껍거나 배후공기층이 클수록 공명주파수의 범위가 저음역으로 이동한다.

해설

막진동하기 쉬운 얇은 것일수록 흡음률이 커진다.

80 호텔의 주방이나 레스토랑의 주방에서 배출되는 배수 중의 유지분을 포집하기 위하여 사용되는 포집기는?

① 헤어 포집기 ② 오일 포집기
③ 그리스 포집기 ④ 플라스터 포집기

해설

그리스 포집기(Grease Trap)
주방 등에서 기름기가 많은 배수로부터 기름기를 제거 · 분리하는 장치이다.

정답 78 ① 79 ② 80 ③

2024년 3회 실내건축기사

1과목 실내디자인 계획

01 실내디자인에서 추구하는 목표와 가장 거리가 먼 것은?

① 기능성
② 경제성
③ 주관성
④ 심미성

해설

실내디자인의 목표
인간에게 적합한 환경, 생활공간을 쾌적하게 하는 것이 가장 중요하며 가장 우선시되어야 하는 것은 기능적인 면이고, 더불어 미적, 조형적, 기술적 면까지 함께 고려해야 한다(기능성, 경제성, 심미성, 독창성).

02 다음의 공간에 대한 설명으로 옳지 않은 것은?

① 내부공간의 형태는 바닥, 벽, 천장의 수직, 수평적 요소에 의해 이루어진다.
② 평면, 입면, 단면의 비례에 의해 내부공간의 특성이 달라지며, 사람의 심리상태에 따라 다르게 영향을 받는다.
③ 내부공간의 형태에 따라 가구 유형과 형태, 가구배치 등 실내의 요소들이 달라진다.
④ 불규칙한 형태의 공간은 일반적으로 한 개 이상의 축을 가지며 자연스럽고 대칭적이어서 안정되어 있다.

해설

불규칙한 형태의 공간은 한 개 이상의 축을 가지기 때문에 비대칭적인 것이 특징이다.

03 다음의 (　)안에 들어갈 용어로 알맞은 것은?

> (㉠)은/는 상대적인 크기, 즉 척도를 말하며 (㉡)은/는 인간의 신체를 기준으로 파악, 측정되는 척도기준이다.

① ㉠ 모듈, ㉡ 스케일
② ㉠ 스케일, ㉡ 휴먼 스케일
③ ㉠ 모듈, ㉡ 그리드
④ ㉠ 그리드, ㉡ 황금비

해설

- 척도(스케일) : 물체와 인간의 상호관계를 말하며 관측 대상의 속성을 측정하여 그 값이 숫자로 나타나도록 일정한 규칙을 정하여 바꾸는 도구이다.
- 휴먼스케일 : 인간의 신체를 기준으로 파악되고 측정되는 척도로 물체의 크기와 인체의 관계, 물체 상호간의 관계를 말한다.

04 바로크 시대의 건축적 특징과 가장 거리가 먼 것은?

① 곡선의 도입
② 풍부한 장식
③ 유동하는 벽체
④ 고전건축의 복원

해설

바로크건축의 특징
곡선의 도입, 파동치는 벽(유동하는 벽체), 현란한 장식(풍부한 장식), 타원 평면의 선호가 있다.

정답　01 ③　02 ④　03 ②　04 ④

05 점의 조형효과에 대한 설명 중 옳지 않은 것은?

① 점이 연속되면 선으로 느끼게 한다.
② 두 개의 점이 있을 경우 두 점의 크기가 같을 때 주의력은 균등하게 작용한다.
③ 배경의 중심에 있는 하나의 작은 점은 점에 시선을 집중시키고 역동적인 효과를 느끼게 한다.
④ 배경의 중심에서 벗어난 하나의 점은 점을 둘러싼 영역과의 사이에 시각적 긴장감을 생성한다.

해설

배경의 중심에 있는 점은 시선을 집중시키고 정적인 효과를 느끼게 한다.

06 공간의 레이아웃(Layout)과 가장 밀접한 관계를 가지고 있는 것은?

① 재료계획 ② 동선계획
③ 설비계획 ④ 색채계획

해설

공간의 레이아웃에서는 동선계획을 가장 우선적으로 고려해야 한다.

07 디자인 원리에 대한 설명 중 잘못된 것은?

① 리듬의 효과는 음악적 감각이 조형화된 것으로 청각의 원리가 시각적으로 표현된 것이다.
② 통일은 디자인 대상의 전체가 미적 질서를 부여하는 것으로 모든 형식의 출발점이며 구심점이다.
③ 대칭적인 균형은 안정감과 정적인 표현을 연출한다.
④ 조화에는 유사와 대비로 분류되며 시각적으로 동일한 요소들을 통해 이루어지는 조화방법을 대비조화라고 한다.

해설

조화는 유사와 대비로 분류되며, 시각적으로 동일한 요소들을 통해 이루어지는 조화방법을 유사조화라고 한다.

08 실내공간의 구성요소인 벽(Wall)에 관한 설명으로 옳지 않은 것은?

① 벽면의 형태는 동선을 유도하는 역할을 담당하기도 한다.
② 벽체는 공간의 폐쇄성과 개방성을 조절하여 공간감을 형성한다.
③ 비내력벽은 건물의 하중을 지지하며 공간과 공간을 분리하는 칸막이 역할을 한다.
④ 낮은 벽은 영역과 영역을 구분하고 높은 벽은 공간의 폐쇄성이 요구되는 곳에 사용된다.

해설

비내력벽
벽 자체만의 하중만 받는 벽체이기 때문에 공간과 공간을 분리하는 칸막이 역할을 한다.

09 다음과 같은 특징을 갖는 조명의 연출기법은?

물체의 형상만을 강조하는 기법으로 시각적인 눈부심은 없으나 물체면의 세밀한 묘사는 할 수 없다.

① 스파클 기법 ② 실루엣 기법
③ 월워싱 기법 ④ 글레이징 기법

해설

실루엣 기법
물체의 형상만을 강조하는 기법으로 눈부심은 없으나 세밀한 묘사에는 한계가 있다.

10 주택계획에서 LDK(Living Dining Kitchen)형에 관한 설명으로 옳지 않은 것은?

① 동선을 최대한 단축시킬 수 있다.
② 소요면적이 많아 소규모 주택에서는 도입이 어렵다.

정답 05 ③ 06 ② 07 ④ 08 ③ 09 ② 10 ②

③ 거실, 식당, 부엌을 개방된 하나의 공간에 배치한 것이다.

④ 부엌에서 조리를 하면서 거실이나 식당의 가족과 대화할 수 있는 장점이 있다.

해설

리빙다이닝 키친(LDK : Living Dining Kitchen)
거실과 부엌, 식탁을 한 공간에 집중시킨 경우로 소규모 주거공간에서 사용된다. 최대한 면적을 줄일 수 있고 공간의 활용도가 높다.

11 노인침실계획에 관한 설명으로 옳지 않은 것은?

① 일조량이 충분하도록 남향에 배치한다.

② 식당이나 화장실, 욕실 등에 가깝게 배치한다.

③ 바닥에 단 차이를 두어 공간에 변화를 주는 것이 바람직하다.

④ 소외감을 갖지 않도록 가족공동공간과의 연결성을 주의한다.

해설

노인침실계획
바닥에 단 차이가 없도록 해야 하며, 특히 문턱 제거, 미끄럼방지 등 노인의 활동에 편리하게 배치해야 한다.

12 OA(Office Automation)에 관한 설명 중 틀린 것은?

① 기기의 사용으로 업무절차가 간소화된다.

② 생산성은 증대하나 개인과 조직의 융통성은 결여된다.

③ 개인의 프라이버시가 침해당할 수 있다.

④ 업무의 정확성이 개선된다.

해설

OA(Office Automation)
생산성이 증대하고 사무기능을 자동화해서 사무처리의 생산성을 높여 개인과 조직의 융통성을 발휘할 수 있다.

13 오피스 랜드스케이프에 대한 설명으로 옳지 않은 것은?

① 밀접한 팀 워크가 필요할 때 유리하다.

② 독립성과 쾌적감과 같은 이점이 있다.

③ 작업의 흐름에 따라 자유로운 배치가 기본이다.

④ 유효면적이 크므로 그만큼 경제적이다.

해설

오피스 랜드스케이프
개방식 평면형의 한 형태로 고정된 칸막이를 쓰지 않고 이동식 파티션이나 가구, 식물 등으로 공간이 구분되는 형식으로 적당한 프라이버시를 유지하는 동시에 효율적인 사무공간을 연출할 수 있다.

14 상점의 판매형식 중 측면판매에 관한 설명으로 옳지 않은 것은?

① 직원동선의 이동성이 많다.

② 고객이 직접 진열된 상품을 접촉할 수 있다.

③ 대면판매에 비해 넓은 진열면적을 확보할 수 있다.

④ 시계, 귀금속점, 카메라점 등 전문성이 있는 판매에 주로 사용된다.

해설

측면판매
진열상품을 같은 방향으로 보며 판매하는 형식으로 상품에 직접 접촉하므로 선택이 용이하여 상품에 친근감을 느낄 수 있다(대규모 상점, 의류, 가구 전자제품 등).

15 전시공간에서 천장의 처리에 관한 설명으로 옳지 않은 것은?

① 천장 마감재는 흡음 성능이 높은 것이 요구된다.

② 시선을 집중시키기 위해 강한 색채를 사용한다.

③ 조명기구, 공조설비, 화재경보기 등 제반 설비를 설치한다.

④ 이동스크린이나 전시물을 매달 수 있는 시설을 설치한다.

정답 11 ③ 12 ② 13 ② 14 ④ 15 ②

해설

전시공간의 천장
천장의 조명 및 설비기기가 눈에 잘 띄지 않도록 시각적으로 편안함을 주는 색채 및 마감재를 사용한다.

16 은행의 실내계획에 대한 설명 중 옳지 않은 것은?

① 영업장과 객장의 효율적 배치로 사무동선을 단순화하여 업무가 신속히 처리되도록 한다.
② 은행 고유의 색채, 심벌마크 등을 실내에 도입하여 이미지를 부각시킨다.
③ 도난방지를 위해 고객에게 심리적 긴장감을 주도록 영업장과 객장은 시각적으로 차단시킨다.
④ 객장은 대기공간으로 고객에게 안전하고 편리한 서비스를 제공하는 시설을 구비하도록 한다.

해설

은행계획
고객 부분과 업무 부분 사이에는 구분이 없어야 하므로 시선을 차단시키는 구조 벽체나 기둥은 피하여 배치한다.

17 다음 중 건축제도 시 도면의 크기에 관한 설명으로 틀린 것은?

① 용지 끝에서 10mm 정도로 하여 테두리선을 그린다.
② A3의 사이즈는 290 × 420이다.
③ 접은 도면의 크기는 A4의 크기를 원칙으로 한다.
④ 도면을 칠하는 경우에는 좌측에 25mm 정도의 여백을 준다.

해설

도면의 크기
A3의 사이즈는 297 X 420이다.

18 현존하는 한국 목조건축 중 가장 오래된 것은?

① 송광사 국사전 ② 봉정사 극락전
③ 청경사 명정전 ④ 경북궁 근정전

해설

봉정사 극락전
1363년(공민왕 12년)에 세워진 고려후기의 가장 오래된 목조건물이다.

19 한국의 건축의 지붕 형태 중 맞배지붕에 대한 설명으로 옳지 않은 것은?

① 가장 화려하고 장식적인 지붕이다.
② 일자형 건물평면에 알맞은 형태이다.
③ 주심포 계통의 건물에 많이 사용되었다.
④ 건물의 모서리에 추녀가 없고 용마루까지 측면 벽이 삼각형으로 된 지붕이다.

해설

맞배지붕
가장 간단한 지붕형식으로 일자형 건물평면에 알맞은 형태이며 가장 간결한 구성미를 가진다. 건물의 모서리에 추녀가 없고 용마루까지 측면 벽이 삼각형으로 된 지붕으로 주심포 계통의 건물에 많이 사용되었다.

20 실내디자인 프로세스에서 실시설계에 대한 설명으로 옳지 않은 것은?

① 직접 디자인한 가구나 기성 가구 중에서 선택하여 가구배치도 등을 작성한다.
② 마감재료에 대한 도면표기는 판매되는 제품 명칭을 정확히 사용하여야 한다.
③ 조명 및 전기 사용계획에 의하여 전기배선도, 적정 조도계산서 등을 작성한다.
④ 실시설계 도서에는 샘플보드, 투시도, 특기시방서, 내역서 등을 포함한다.

정답 16 ③ 17 ② 18 ② 19 ① 20 ②

해설

실시설계
디자인을 실현시키기 위한 구체적인 설계도서를 작성하는 단계로 설계도, 시방서, 견적서 등을 작성하는 단계이다. 설계도서는 작업의 진행을 위한 지침서인 동시에 이해 당사자 간의 불미스러운 일로 문제가 생겼을 경우 법적 판단에 큰 영향을 줄 수 있는 근거자료가 되므로 특정 제품의 명칭을 기재하여서는 안 된다.

2과목 실내디자인 색채 및 사용자 행태분석

21 현재 우리나라 KS규격 색표집이며 색채교육용으로 채택된 표색계는?

① 먼셀 표색계
② 오스트발트 표색계
③ 문 · 스펜서 표색계
④ 저드 표색계

해설

먼셀 색체계
한국공업규격으로 1965년 한국산업표준 KS규격(KS A 0062)으로 채택하고 있고, 교육용으로는 교육부 고시 312호로 지정해 사용되고 있다.

22 감산혼합에 대한 설명으로 바른 것은?

① 색광의 혼합이다.
② 색료의 혼합이다.
③ 색을 혼합할수록 채도가 높다.
④ 색을 혼합하여도 명도나 채도가 변하지 않는다.

해설

감산혼합(감법혼색, 색료혼합)
색료혼합으로 시안(Cyan), 마젠타(Magenta), 노랑(Yellow)이 기본색이며, 색료를 혼합하면 명도와 채도가 낮아져 어두워지고 탁해진다.

23 비렌의 색채조화론에서 사용되는 색조군에 대한 설명 중 옳은 것은?

① 흰색과 검정이 합쳐진 밝은 색조(Tint)
② 순색과 흰색이 합쳐진 톤(Tone)
③ 순색과 검정이 합쳐진 어두운 색조(Shade)
④ 순색과 흰색, 그리고 검정이 합쳐진 회색조(Gray)

해설

파버 비렌의 색채조화론
- Tint(틴트) : 순색과 흰색이 합쳐진 밝은 색조
- Tone(톤) : 순색과 흰색 그리고 검정이 합쳐진 톤
- Shade(색조) : 순색과 검정이 합쳐진 어두운 농담
- Gray(회색) : 흰색과 검정이 합쳐진 회색조

24 가볍게 보이려면 색의 속성을 어떻게 조절해야 하는가?

① 명도를 낮추고, 채도는 높인다.
② 명도를 높인다.
③ 명도와 채도 모두 낮춘다.
④ 채도를 높인다.

해설

고명도 색상은 가벼운 색으로 느껴지며 저명도의 색상은 무거운 색으로 느껴진다.

25 먼셀 색입체에 관한 설명으로 맞는 것은?

① 모든 색은 흑+백+순색=100%가 되는 혼합비에 의하여 구성되어 있다.
② 먼셀 색상에서 기본색은 빨강, 노랑, 녹색, 파랑, 보라의 5색이다.
③ 먼셀의 색입체는 주판알과 같은 복원추체 모양이다.
④ 무채색 축을 중심으로 34색상을 가진 등색상 삼각형이 배열되어 있다.

정답 21 ① 22 ② 23 ③ 24 ② 25 ②

해설

먼셀 색체계
색상은 적(R), 황(Y), 녹(G), 청(B), 자(P) 5가지 기본색으로 보색을 추가하여 10색상을 나누어 척도화하였다.

26 사무실 색채계획에 관한 설명 중 가장 거리가 먼 것은?

① 능률적이고 쾌적한 업무환경을 위해 밝은 색상을 벽면에 사용한다.
② 정신적 업무공간에서는 한색계통을 사용한다.
③ 생동감, 시각적 효과를 위해 부분적으로 강조색을 사용한다.
④ 사무실의 이상적인 빛 반사를 위해서는 벽면의 반사율을 60% 이상으로 조정해야 한다.

해설

실내표면 추천 반사율
- 바닥 : 20% 이상~40% 이하
- 벽, 창문 : 40% 이상~60% 이하
- 천장 : 80% 이상~90% 이하
- 가구 : 25% 이상~45% 이하

27 실내 색채계획에 관한 설명 중 잘못된 것은?

① 먼저 주조색을 결정한 다음, 그 색과 조화되는 색을 적절한 비율로 선택한다.
② 휴식공간의 색채는 대비조화, 난색계열, 부드러운 색조가 좋다.
③ 명도와 채도를 점이의 수법으로 변화시켜 배색하면 리듬감이 생긴다.
④ 밝은색은 위로, 어두운색은 아래로 배색하면 안정성이 있다.

해설

휴식공간에는 대비가 강한 색상이나 강렬한 톤을 사용하면 오히려 긴장감을 유발할 수 있다.

28 색채계획과정을 단계별로 나열한 것 중 가장 합리적인 것은?

① 색채전달계획 → 색채환경분석 → 색채심리분석 → 디자인에 적용
② 색채환경분석 → 색채심리분석 → 색채전달계획 → 디자인에 적용
③ 색채전달계획 → 색채심리분석 → 색채환경분석 → 디자인에 적용
④ 색채환경분석 → 색채전달계획 → 색채심리분석 → 디자인에 적용

해설

색채계획과정
색채환경분석 → 색채심리분석 → 색채전달계획 → 디자인에 적용

29 다음의 가구에 관한 설명 중 (   ) 안에 알맞은 용어는?

> (㉠)은 등받이와 팔걸이와 없는 형태의 보조의자로 가벼운 작업이나 잠시 걸터앉아 휴식을 취할 때 사용된다. 더 편안한 휴식을 위해 발을 올려놓는 데도 사용되는 (㉠)을 (㉡)이라 한다.

① ㉠ 스툴, ㉡ 오토만
② ㉠ 스툴, ㉡ 카우치
③ ㉠ 오토만, ㉡ 스툴
④ ㉠ 오토만, ㉡ 카우치

해설

의자의 종류
- 스툴 : 등받이와 팔걸이가 없고 다리만 있는 형태의 보조의자이다.
- 오토만 : 등받이와 팔걸이가 없는 형태로 발을 올려놓는 보조의자이다.

정답 26 ④ 27 ② 28 ② 29 ①

30 다음 설명에 알맞은 전통가구는?

> • 책이나 완성품을 진열할 수 있도록 여러 층의 층널이 있다.
> • 사랑방에 쓰이는 문방가구로 선반이 정방향에 가깝다.

① 서안 ② 경축장
③ 반닫이 ④ 사방탁자

해설

사방탁자
각 층의 넓은 판재(층널)를 가는 기둥만으로 연결하여 사방이 트이게 만든 가구로 책이나 문방용품, 즐겨 감상하는 물건 등을 올려놓거나 장식하는 기능을 하였다.

31 인간공학이라는 뜻으로 사용된 에르고노믹스(Ergonomics)의 어원에 관한 내용 중 가장 거리가 먼 것은?

① 인체의 법칙을 의미한다.
② 작업의 경제적 설계를 의미한다.
③ 인간 중심으로 작업을 관리함을 의미한다.
④ 인간과 작업환경 사이의 생리 및 심리현상에 관하여 연구한다.

해설

에르고노믹스(Ergonomics)
인간공학의 어원인 Ergonomics는 그리스 단어인 Ergo(일 또는 작업) + Nomos(자연의 원리 또는 법칙)으로부터 유래되었으며 인간요소를 고려한 학문으로서 인간의 모든 작업에 대한 경제적 설계와 인간과 작업환경 사이의 생리 및 심리현상에 관하여 연구하는 학문이라고 할 수 있다.

32 인간오류(Human Error)의 근원적 대책에 대한 설명으로 적절하지 않은 것은?

① 사전에 마련된 점검표를 사용하여 위험요인을 점검하고 제거시킨다.
② 인간이 오류를 범하여도 안전하게 작업하는 Fool－Proof 개념을 도입하여 작업장을 설계한다.
③ 오류를 범하는 작업자는 다시 유사한 오류를 범할 가능성이 높으므로 반드시 작업에서 제외한다.
④ 고장이 발생하여도 시스템이 안전하게 작동하도록 설계하는 Fail－Safe 개념을 도입하여 작업장을 설계한다.

해설

인간오류((Human Error)의 근원적 대책
오류를 범하는 작업자는 휴먼에러의 예방대책을 고려하여 오류를 줄이며 사전에 마련된 점검표(Check list)를 사용하여 위험요인을 점검하고 제거한다.

33 다음 중 자동체계에서 인간의 주요 수행기능에 해당하는 것은?

① 감지 ② 행동
③ 감시 ④ 정보보관

해설

자동체계(자동 시스템)
모든 작업공정이 자동화되어 인간의 개입을 최소화하며 주로 감시, 프로그램 정비 및 유지 등의 기능을 수행한다.

34 시간적 변화를 필요로 하는 경우와 연속과정을 제어하는 데 적합한 시각표시장치의 설계형태는?

① 지침이동형
② 계수형
③ 지침고정형
④ 계산형

해설

지침이동형(정목동침형)
일정한 범위에서 수치가 자주 또는 계속 변하는 경우 가장 유용한 표시장치이다.

정답 30 ④ 31 ① 32 ③ 33 ③ 34 ①

35 다음 중 양립성(Compatibility)에 관한 설명으로 틀린 것은?

① 청색은 정상을 나타내는 것과 같은 연상의 양립성은 개념적 양립성이다.
② 공간적 양립성은 표시장치의 이동방향이 조정장치의 이동방향과 일치할 때를 가리킨다.
③ 표시장치의 이동방향과 조정장치의 이동방향이 다르면 이동방향과 일치할 때를 가리킨다.
④ 양립성이 클수록 자극에 대한 반응속도는 빨라진다.

해설

공간 양립성
조정장치와 해당하는 표시장치의 공간적 배열을 나타내는 양립성이다(오른쪽 버튼 누르면, 오른쪽 기계작동).

36 인체계측 자료의 응용원칙 중 인체계측 변수분포의 1, 5, 10% 등과 같은 하위 백분위 수의 최소 집단치를 위한 설계 시 적용할 수 있는 것과 관계가 깊은 것은?

① 문의 높이 ② 선반의 높이
③ 의자의 너비 ④ 그네의 중량

해설

최소 집단치 설계
관련 인체측정 변수분포의 1%, 5%, 10% 등과 같은 하위 백분위수를 기준으로 한다. 선반의 높이, 조정장치까지의 거리, 비상벨의 위치설계 등을 정할 때 사용된다.

37 다음 중 시각표시장치에서 시차(Parallax)를 줄이는 방법으로 가장 적합한 것은?

① 지침을 다이얼면과 밀착시킨다.
② 숫자와 눈금을 같은 색으로 칠한다.
③ 지침이 계속해서 회전하는 계기의 영점은 3시 방향에 둔다.
④ 가능한 한 끝이 둥근지침을 사용한다.

해설

지침설계
- (시차(時差)를 없애기 위해) 지침을 눈금면에 밀착시킨다.
- 숫자와 눈금의 경우 지침색은 선단에서 눈금의 중심까지 칠한다.
- 지침이 계속해서 회전하는 계기의 영점은 12시 방향에 둔다.
- (선각이 약 20° 정도) 뾰족한 지침을 사용한다.

38 인체의 골격이 하는 주요 기능이 아닌 것은?

① 몸을 지탱하며 그 외형을 지지한다.
② 체강(體腔)을 형성하며 체강 내의 장기를 보호한다.
③ 골격 내부에 골수를 넣어 조혈작용을 한다.
④ 대뇌의 지시에 따라 이완, 수축하여 골격운동에 기여한다.

해설

인체 내 골격
- 골격의 기능 : 신체의 지지 및 형상유지, 조혈작용, 체내의 장기보호, 무기질 저장, 가동성 연결을 한다.
- 근육의 기능 : 뇌의 명령에 따라 수축과 이완을 통해 몸을 미세하게 조절하고 움직이는 역할을 한다.

39 다음 중 동작경제의 원칙으로 틀린 것은?

① 동작의 범위는 최소로 한다.
② 손의 동작은 항상 직선으로 동작한다.
③ 가능한 한 관성, 중력 등을 이용하여 작업한다.
④ 휴식시간을 제외하고 양손을 동시에 쉬지 않도록 한다.

해설

동작경제 – 신체사용에 관한 원칙
- 손의 동작은 유연하고 연속적인 동작이 되도록 하며, 방향이 갑자기 크게 바뀌는 모양의 직선동작은 피하도록 한다.
- 두 손의 동작은 같이 시작하고 같이 끝나도록 한다.
- 휴식시간을 제외하고는 양손이 같이 쉬지 않도록 한다.
- 두 팔의 동작은 서로 반대방향으로 대칭적으로 움직인다.

정답 35 ② 36 ② 37 ① 38 ④ 39 ②

40 다음 중 근육의 대사(代謝)에 관한 설명으로 틀린 것은?

① 운동에 의한 산소소비량은 일정 수준 이상 증가하지 않는다.
② 신체 활동 시 산소의 공급이 충분할 때 젖산이 많이 축적된다.
③ 젖산은 유기성 과정에 의하여 물과 CO_2로 분해되어 발산된다.
④ 일정 수준 이상의 활동이 종료된 후에도 일정 기간 동안은 산소가 더 필요하게 된다.

해설

신체활동 수준이 너무 높아 근육에 공급되는 산소량이 부족한 경우에는 혈액 중에 젖산이 축적된다.

3과목 실내디자인 시공 및 재료

41 원가 절감을 목적으로 공사계약 후 당해 공사의 현장여건 및 사전조사 등을 분석한 이후 공사수행을 위하여 세부적으로 작성하는 예산은?

① 추경예산
② 변경예산
③ 실행예산
④ 도급예산

해설

실행예산
공사현장의 제반조건(자연조건, 공사장 내외 제반조건, 측량결과 등)과 공사시공의 제반조건(계약내역서, 설계도, 시방서, 계약조건 등) 등에 대한 조사결과를 검토, 분석한 후 계약내역과 별도로 시공사의 경영방침에 입각하여 당해 공사의 완공까지 필요한 실제 소요공사비를 말한다.

42 건축공사표준시방서에 기재하는 사항으로 가장 거리가 먼 것은?

① 사용 재료　　② 공법, 공사 순서
③ 공사비　　④ 시공 기계 · 기구

해설

건축공사표준시방서 기재사항
적용범위, 사전준비 필요사항, 사용재료에 관한 사항, 시공방법 및 순서, 적용장비(기계, 기구)에 관한 사항, 기타 관련사항

43 아래 공종 중 건설현장의 공사비 절감을 위해 집중 분석해야 하는 공종이 아닌 것은?

A. 공사비 금액이 큰 공종
B. 단가가 높은 공종
C. 시행실적이 많은 공종
D. 지하공사 등 어려움이 많은 공종

① A　　② B
③ C　　④ D

해설

시행실적이 많은 공정의 경우, 많은 시행(경험)을 통해 공사비 절감에 대한 요소가 이미 충분히 고려되어 있으므로 추가로 공사비 절감을 할 여지가 크지 않다.

44 파티클보드의 특징이 아닌 것은?

① 경량이다.
② 못질, 구멍뚫기 등 가공이 용이하다.
③ 음, 열의 차단성이 우수하다.
④ 방향성에 따른 강도의 차이가 크다.

해설

파티클보드(칩보드)
- 목재 또는 폐재, 부산물 등을 절삭 또는 파쇄하여 소편(나뭇조각)으로 만들고 충분히 건조한 후, 합성수지 접착제와 같은 유기질 접착제를 첨가하여 열압제판한 목재제품이다.
- 섬유방향에 따른 강도 차이는 없다.

정답 40 ② 41 ③ 42 ③ 43 ③ 44 ④

• 두께는 비교적 자유롭게 선택할 수 있다.
• 흡음성과 열의 차단성이 좋으며, 표면이 평활하고 경도가 크다.

45 **조적조에서 테두리보를 설치하는 이유로 틀린 것은?**

① 수직균열을 방지한다.
② 가로철근을 정착시킨다.
③ 벽체에 하중을 균등히 분포시킨다.
④ 집중하중을 받는 부분을 보강한다.

해설

테두리보는 세로철근을 정착시키는 역할을 한다.

46 **연강철선을 전기용접하여 정방형 또는 장방형으로 만든 것으로 블록을 쌓을 때나 보호 콘크리트를 타설할 때 사용하며 균열을 방지하고 교차 부분을 보강하기 위해 사용하는 금속제품은?**

① 와이어로프　② 코너비드
③ 와이어메시　④ 메탈폼

해설

콘크리트 균열방지용으로 주로 쓰이는 와이어 메시(Wire Mesh)에 대한 설명이다.

47 **초고층 인텔리전트 빌딩이나, 핵융합로 등과 같이 강력한 자기장이 발생할 가능성이 있는 철골 구조물의 강재나, 철근 콘크리트용 봉강으로 사용되는 것은?**

① 초고장력강
② 비정질(Amorphous) 금속
③ 구조용 비자성강
④ 고크롬강

해설

비자성강(Non－magnetic Steels)
탄소, 망간, 니켈, 크롬, 질소 등을 주성분으로 하고, 자성이 없어 자성에 반응하면 안 되는 발전기, 계전기기, 핵융합설비 등에 적용된다.

48 **중량이 5kg인 목재를 건조하여 전건중량이 4kg이 되었다. 건조 전 목재의 함수율은 몇 %인가?**

① 20%　② 25%
③ 30%　④ 40%

해설

$$\text{함수율} = \frac{\text{함유된 수분의 중량}}{\text{전건중량}} \times 100\%$$
$$= \frac{\text{전체중량} - \text{전건중량}}{\text{전건중량}} \times 100\%$$
$$= \frac{5-4}{4} \times 100\% = 25\%$$

49 **매스콘크리트에서 발생하는 균열의 제어방법이 아닌 것은?**

① 고발열성 시멘트를 사용한다.
② 파이프 쿨링을 실시한다.
③ 포졸란계 혼화재를 사용한다.
④ 온도균열지수에 의한 균열발생을 검토한다.

해설

고발열성 시멘트를 쓸 경우 내부발열이 증가하고, 콘크리트 내부와 외부 간의 온도차가 많이 발생하게 되어 온도균열이 증대될 수 있다.

50 **인서트(Insert)의 재질로 가장 적합한 것은?**

① 주철
② 알루미늄
③ 목재
④ 구리

해설

인서트(Insert)
슬래브(구조체) 부분과 천장마감재 등을 연결해주는 부재로서 강성이 큰 주철을 많이 적용한다.

정답　45 ②　46 ③　47 ③　48 ②　49 ①　50 ①

51 목재의 수분 · 습기의 변화에 따른 팽창수축을 감소시키는 방법으로 옳지 않은 것은?

① 사용하기 전에 충분히 건조시켜 균일한 함수율이 된 것을 사용할 것
② 가능한 한 곧은결 목재를 사용할 것
③ 가능한 한 저온 처리된 목재를 사용할 것
④ 파라핀 · 크레오소트 등을 침투시켜 사용할 것

해설

저온 처리될 경우 결로 등에 의해 수분이 생성되고 이에 다른 팽창수축이 일어날 가능성이 높아지게 된다.

52 열가소성 수지 중 투광성이 높고 경량이며 내후성과 내약품성, 역학적 성질이 뛰어나기 때문에 유리 대용품으로서 광범위하게 이용되고 있는 것은?

① 염화비닐수지
② 폴리에틸렌수지
③ 메타크릴수지
④ 폴리프로필렌수지

해설

메타크릴수지(아크릴수지)

- 투명도가 85~90% 정도로 좋고, 무색투명하므로 착색이 자유롭다.
- 내충격강도는 유리의 10배 정도 크며 절단, 가공성, 내후성, 내약품성, 전기절연성이 좋다.
- 평판성형되어 글라스와 같이 이용되는 경우가 많아 유기글라스라고도 한다.
- 각종 성형품, 채광판, 시멘트 혼화재료 등에 사용한다.

53 타일 108mm 각으로, 줄눈을 5mm로 벽면 $6m^2$를 붙일 때 필요한 타일의 장수는?(단, 정미량으로 계산)

① 350장 ② 400장
③ 470장 ④ 520장

해설

$$타일장수 = \frac{시공면적(m^2)}{줄눈\ 포함\ 타일\ 1장\ 면적(m^2)}$$

$$= \frac{시공면적(m^2)}{줄눈포함\ 가로길이(m) \times 줄눈포함\ 세로길이(m)}$$

$$= \frac{6m^2}{(0.108+0.005)m \times (0.108+0.005)m}$$

$= 469.88$

$= 470$장

54 다음 중 방청도료에 해당되지 않는 것은?

① 광명단조합페인트
② 클리어 래커
③ 에칭프라이머
④ 징크로메이트 도료

해설

클리어 래커

래커의 한 종류로서 목재면의 투명도장에 사용된다.

55 무늬유리 및 망유리의 제조방식으로 가장 적합한 것은?

① 프레스방식
② 롤아웃방식
③ 플로트방식
④ 인양방식

해설

롤아웃(Roll – out)방식

롤 사이에 유리를 흘려보내면서 압연하는 방식으로, 무늬유리 및 망입유리 등을 가공한다.

정답 51 ③ 52 ③ 53 ③ 54 ② 55 ②

56 **내화피복재료의 운반, 저장, 취급 시 유의해야 할 사항으로 옳지 않은 것은?**

① 내화보드는 운반 및 시공 시 옆으로 세워서 운반하여야 한다.

② 뿜칠재료는 운반 및 저장 시 포장이 터지거나 찢어지지 않도록 하여야 하며, 적재 시 한번에 100포 정도 쌓도록 한다.

③ 내화피복재료는 현장 야적 시 바닥의 통풍을 고려하여 목재 깔판 등을 사용하여 습기 또는 물에 젖지 않도록 하여야 한다.

④ 내화도료 저장실의 온도는 5℃ 이상~35℃ 이하가 되도록 유지하여야 한다.

해설

KCS 41 43 02 내화피복공사
뿜칠재료는 운반 및 저장 시 포장이 터지거나 찢어지지 않도록 하여야 하며, 적재 시 20포 이상 쌓지 않아야 한다.

57 **콘크리트 배합 시 시멘트 $1m^3$, 물 2,000L인 경우 물-시멘트비는?(단, 시멘트의 밀도는 $3.15g/cm^3$이다)**

① 약 15.7% ② 약 20.5%
③ 약 50.4% ④ 약 63.5%

해설

$$W/C비 = \frac{물의\ 양}{시멘트의\ 양} = \frac{2{,}000L \times 1kg/L}{1m^3 \times 3{,}150kg/m^3} = 0.649 = 63.5\%$$

58 **점토벽돌에 관한 설명으로 옳지 않은 것은?**

① 적색 또는 적갈색을 띠고 있는 것은 점토 내에 포함되어 있는 산화철분에 의한 것이다.

② 1종 점토벽돌의 압축강도 기준은 14.70MPa 이상이다.

③ KS표준에 의한 점토벽돌의 모양에 따른 구분은 일반형과 유공형으로 나뉜다.

④ 2종 점토벽돌의 흡수율 기준은 15.0% 이하이다.

해설

1종 점토벽돌의 압축강도 기준은 24.50MPa 이상이다.

59 **총층수가 1층인 목구조 건축물에서 일반적으로 사용되지 않는 부재는?**

① 토대 ② 통재기둥
③ 멍에 ④ 중도리

해설

통재기둥은 2층 이상에 걸쳐 하나의 목재로 구성된 기둥을 의미하므로, 1층인 목구조에는 일반적으로 사용하지 않는다.

60 **표건상태의 잔골재 500g을 건조시켜 기건상태에서 측정한 결과 460g, 절건상태에서 측정한 결과 450g이었다. 이 잔골재의 흡수율은?**

① 8% ② 8.8%
③ 10% ④ 11.1%

해설

$$흡수율 = \frac{흡수량}{절건상태\ 중량} \times 100\%$$

$$= \frac{표건상태\ 중량 - 절건상태\ 중량}{절건상태\ 중량} \times 100\%$$

$$= \frac{500-450}{450} \times 100\% = 11.1\%$$

정답 56 ② 57 ④ 58 ② 59 ② 60 ④

4과목 실내디자인 환경

61 판매시설의 용도에 쓰이는 층의 최대 바닥면적이 $500m^2$일 때 피난층에 설치하는 건축물의 바깥쪽으로의 출구의 유효너비 합계는 최소 얼마 이상으로 하여야 하는가?

① 2.5m ② 3m
③ 3.5m ④ 5m

해설

출구의 총유효너비 $= \frac{500}{100} \times 0.6 = 3m$

62 실내공기질 관리법령에 따른 신축 공동주택의 실내공기질 측정항목에 속하지 않는 것은?

① 오존 ② 벤젠
③ 라돈 ④ 폼알데하이드

해설

신축 공동주택의 실내공기질 권고기준(실내공기질 관리법 시행규칙 [별표 4의2])

- 폼알데하이드 : $210\mu g/m^3$ 이하
- 벤젠 : $30\mu g/m^3$ 이하
- 톨루엔 : $1,000\mu g/m^3$ 이하
- 에틸벤젠 : $360\mu g/m^3$ 이하
- 자일렌 : $700\mu g/m^3$ 이하
- 스티렌 : $300\mu g/m^3$ 이하
- 라돈 : $148Bq/m^3$ 이하

63 다음은 옥내소화전설비를 설치하여야 하는 특정소방대상물에 대한 기준이다. ( ) 안에 알맞은 것은?

> 건축물의 옥상에 설치된 차고 또는 주차장으로서 차고 또는 주차의 용도로 사용되는 부분의 면적이 ( ) 이상인 것

① $100m^2$ ② $150m^2$
③ $180m^2$ ④ $200m^2$

해설

옥내소화전을 설치해야 하는 특정소방대상물(소방시설 설치 및 관리에 관한 법률 시행령 [별표 4])

건축물의 옥상에 설치된 차고 · 주차장으로서 사용되는 면적이 $200m^2$ 이상인 경우 해당 부분

64 다음 중 헬리포트의 설치기준으로 틀린 것은?

① 헬리포트의 길이와 너비는 각각 22m 이상으로 할 것
② 헬리포트의 중앙부분에는 지름 8m의 Ⓗ 표지를 백색으로 설치할 것
③ 헬리포트의 주위한계선은 노란색으로 하되, 그 선의 너비는 48cm로 할 것
④ 헬리포트의 중심으로부터 반경 1m 이내에는 헬리콥터의 이 · 착륙에 장애가 되는 장애물, 공작물 또는 난간 등을 설치하지 아니할 것

해설

헬리포트 주위한계선은 너비 38cm의 백색 선으로 한다.

65 지진이 발생할 경우 소방시설이 정상적으로 작동될 수 있도록 소방청장이 정하는 내진설계기준에 맞게 설치하여야 하는 소방시설이 아닌 것은?(단, 내진설계기준의 설정대상시설에 소방시설을 설치하는 경우)

① 옥내소화전설비
② 스프링클러설비
③ 물분무등소화설비
④ 무선통신보조설비

해설

내진설계기준에 맞게 설치하여야 하는 소방시설

옥내소화전설비, 스프링클러설비, 물분무등소화설비

정답 61 ② 62 ① 63 ④ 64 ③ 65 ④

66 문화 및 집회시설(전시장 및 동 · 식물원은 제외)의 용도로 쓰이는 건축물의 관람실 또는 집회실의 반자의 높이는 최소 얼마 이상이어야 하는가?(단, 관람실 또는 집회실로서 그 바닥면적이 200m² 이상인 경우)

① 2.1m

② 2.3m

③ 3m

④ 4m

해설

거실의 반자높이(건축물의 피난 · 방화구조 등의 기준에 관한 규칙 제16조)

㉠ 거실의 반자는 그 높이를 2.1미터 이상으로 하여야 한다.

㉡ 문화 및 집회시설(전시장 및 동 · 식물원은 제외), 종교시설, 장례식장 또는 위락시설 중 유흥주점의 용도에 쓰이는 건축물의 관람실 또는 집회실로서 그 바닥면적이 200제곱미터 이상인 것의 반자의 높이는 ㉠의 규정에 불구하고 4미터(노대의 아랫부분의 높이는 2.7미터) 이상이어야 한다. 다만, 기계환기장치를 설치하는 경우에는 그러하지 아니하다.

67 벽 및 반자의 실내에 접하는 부분의 마감이 불연재료이고, 자동식 소화설비가 설치된 각 층 바닥면적이 1,000m²인 업무시설의 11층은 최소 몇 개의 영역으로 방화구획하여야 하는가?

① 2개의 영역으로 구획

② 3개의 영역으로 구획

③ 5개의 영역으로 구획

④ 층간 방화구획

해설

실내마감이 불연재료 마감이고 자동식 소화설비가 설치될 경우 11층 이상에서는 1,500m²마다 방화구획을 설정하면 되므로, 각 층 바닥면적이 1,000m²일 경우 층 내에서 별도 구획을 할 필요 없이 층간으로만 방화구획을 설정하면 된다.

68 건축법 시행령에서 노유자시설 중 아동관련시설 또는 노인복지시설과 판매시설 중 도매시장 또는 소매시장을 같은 건축물 안에 함께 설치할 수 없도록 한 이유는?

① 방화에 장애가 되는 용도를 제한하기 위해서

② 설비설치 기준이 상이하므로

③ 차음, 소음 기준을 확보하기 위해서

④ 건축물의 구조안전을 위해서

해설

화재 시 방화(防火, 화재 예방)와 화재 진압, 피난 등에 장애를 일으킬 수 있으므로 같은 건축물 안에 설치할 수 없도록 용도를 제한한 것이다.

69 지하 3층, 지상 12층 규모의 전신전화국으로 각 층 바닥면적이 2,000m², 각 층 거실면적은 각 층 바닥면적의 80%일 경우 최소로 필요한 승용승강기 대수는?(단, 승용승강기는 15인승이며 각 층의 층고는 4m이다)

① 3대 ② 4대

③ 5대 ④ 6대

해설

전신전화국은 방송통신시설로서 승용승강기 산출 기준에서 그 밖의 시설에 해당하며 다음과 같이 승용승강기 대수를 산정한다.

$$\text{승용승강기 대수} = 1 + \frac{A - 3{,}000\text{m}^2}{3{,}000\text{m}^2}$$

$$= 1 + \frac{(7 \times 2{,}000) \times 0.8 - 3{,}000\text{m}^2}{3{,}000\text{m}^2}$$

$$= 3.73 \rightarrow 4\text{대}$$

70 환기 및 채광을 위하여 거실에 설치하는 창문 등의 설비의 설치기준에 관한 설명으로 틀린 것은?

① 채광을 위하여 거실에 설치하는 창문 등의 면적은 그 거실의 바닥면적의 10분의 1 이상이어야 한다.

② 환기를 위하여 거실에 설치하는 창문 등의 면적은 그 거실의 바닥면적의 20분의 1 이상이어야 한다.

정답 66 ④ 67 ④ 68 ① 69 ② 70 ④

③ 거실의 용도에 따라 조도 기준 이상의 조명장치를 설치하는 경우, 채광을 위하여 거실에 설치하는 창문 등의 설치면적을 기준과 달리할 수 있다.
④ 학교 교실의 채광을 위한 창문의 면적은 그 교실의 바닥면적의 5분의 1 이상이어야 한다.

해설

학교 교실의 채광을 위한 창문의 면적은 그 교실의 바닥면적의 10분의 1 이상이어야 한다.

71 건축적 채광의 방법 중 측광(Lateral Lighting)에 관한 설명으로 옳은 것은?

① 통풍 · 차열에 불리하다.
② 편측채광의 경우 조도분포가 불균일하다.
③ 구조 · 시공이 어려우며 비막이가 불리하다.
④ 근린의 상황에 따라 채광을 방해받는 경우가 없다.

해설

① 천창에 비해 통풍 · 차열에 유리하다.
③ 천창에 비해 구조 · 시공이 간편하며 비막이에 비교적 유리하다.
④ 근린의 상황에 따라 채광을 방해받는 경우가 있다.

72 전기사업법령에 따른 저압의 범위로 옳은 것은?

① 직류 500V 이하, 교류 1,000V 이하
② 직류 1,000V 이하, 교류 500V 이하
③ 직류 600V 이하, 교류 750V 이하
④ 직류 1,500V 이하, 교류 1,000V 이하

해설

전기사업법령에 따른 전압의 분류

구분	직류	교류
저압	1,500V 이하	1,000V 이하
고압	1,500V 초과 7,000V 이하	1,000V 초과 7,000V 이하
특고압	7,000V 초과	7,000V 초과

73 공기조화방식 중 팬코일유닛방식(FCU)에 관한 설명으로 옳지 않은 것은?

① 각 유닛마다 개별조절이 가능하다.
② 각 실에 배관으로 인한 누수의 우려가 없다.
③ 덕트방식에 비해 유닛의 위치 변경이 쉽다.
④ 덕트 샤프트나 스페이스가 필요 없거나 작아도 된다.

해설

팬코일유닛방식은 각 실에 수배관으로 인한 누수의 우려가 있다.

74 수용장소의 총전기설비 용량에 대한 최대수용전력의 비율을 백분율로 나타낸 것은?

① 부하율 ② 부등률
③ 수용률 ④ 감광보상률

해설

수용률(수요율)
수용률이란 설비기기의 전 용량에 대하여 실제 사용하고 있는 부하의 최대전력비율을 나타낸 계수로서 설비용량을 이용하여 최대수요전력을 결정할 때 사용한다.

$$수용률 = \frac{최대수요전력[kW]}{부하설비용량[kW]} \times 100\%$$

75 바닥복사난방에 관한 설명으로 옳지 않은 것은?

① 실내의 쾌적감이 높다.
② 바닥의 이용도가 높다.
③ 방을 개방상태로 하여도 난방효과가 있다.
④ 방열량 조절이 용이하여 간헐난방에 적합하다.

해설

바닥복사난방은 외기 온도 급변에 따른 방열량 조절이 난해하며, 주택과 같은 지속난방이 필요한 곳에 적합하다.

정답 71 ② 72 ④ 73 ② 74 ③ 75 ④

76 다음 중 단열의 메커니즘에 속하지 않는 것은?

① 용량형 단열 ② 반사형 단열
③ 저항형 단열 ④ 투과형 단열

해설

단열 메커니즘
- 저항형 단열 : 재료의 높은 열저항을 이용
- 반사형 단열 : 재료의 저방사 특성을 이용
- 용량형 단열 : 재료의 높은 열용량을 이용

77 실내공기오염의 종합적 지표로 사용되는 오염물질은?

① CO ② CO_2
③ SO_2 ④ 부유분진

해설

실내공기오염의 종합적 지표로 CO_2가 사용되는데 그 이유는 CO_2의 농도상승률이 다른 오염물질의 농도상승률과 유사하게 측정되므로 CO_2의 농도를 통해 다른 오염물질의 농도를 예측할 수 있기 때문이다.

78 실의 용적이 5,000m³이고 실내의 총흡음력이 500m²일 경우, Sabine의 잔향식에 의한 잔향 시간은?

① 0.4초 ② 1.0초
③ 1.6초 ④ 2.2초

해설

Sabine의 잔향식

잔향시간$(T) = 0.16\dfrac{V}{A} = 0.16\dfrac{5{,}000}{500} = 1.6$초

79 대변기의 세정방식 중 플러시 밸브식에 관한 설명으로 옳은 것은?

① 대변기의 연속사용이 불가능하다.
② 급수관경과 필요수압에 제한이 없어 급수압력이 낮은 곳에서도 사용이 용이하다.
③ 핸들 또는 레버의 조작에 의해 낙차에 의한 수압으로 대변기를 세정하는 방식이다.
④ 소음이 크고 단시간에 다량의 물이 필요하므로 가정용으로는 일반적으로 사용하지 않는다.

해설

① 대변기의 연속사용이 가능하다.
② 급수관경과 필요수압에 제한이 있어 일정 이상의 급수압력이 필요하다.
③ 하이탱크 세정식에 대한 설명이다.

80 크기가 2m×0.8m, 두께 40mm, 열전도율이 0.14W/m·K인 목재문의 내측 표면온도가 15℃, 외측 표면온도가 5℃일 때, 이 문을 통하여 1시간 동안에 흐르는 전도열량은?

① 0.056W ② 0.56W
③ 5.6W ④ 56W

해설

q(전도열량, W) = K(열관류율, W/m²K) × A(면적, m) × ΔT(온도차, ℃)

$= \dfrac{\lambda(\text{열전도율, W/mK})}{d(\text{두께, m})} \times A(\text{면적, m}^2) \times \Delta T(\text{온도차, ℃})$

$= \dfrac{0.14}{0.04} \times (2 \times 0.8) \times (15 - 5) = 56\text{W}$

정답 76 ④ 77 ② 78 ③ 79 ④ 80 ④

PART 6

CBT 모의고사

Engineer Interior Architecture

제1회 실내건축기사 CBT 모의고사

1과목 실내디자인 계획

01 실내디자인의 개념에 관한 설명으로 옳지 않은 것은?

① 디자인 요소를 반영하여 인간환경을 구축하는 작업이다.
② 디자인의 한 분야로서 인간생활의 쾌적성을 추구하는 활동이다.
③ 목적을 위한 행위이지만 그 자체가 목적이 아니고 특정한 효과를 얻기 위한 수단이다.
④ 기능보다 장식을 고려한 심미적 공간 창조 행위이다.

02 고딕성당에 관한 설명으로 옳지 않은 것은?

① 건축형태에 수직성을 강하게 강조하였다.
② 중앙집중식 배치를 지배적으로 사용하였다.
③ 수평방향으로 통일되고 연속적인 공간을 만들었다.
④ 고딕성당으로는 랭스성당, 아미앵성당, 샤르트르대성당 등이 있다.

03 사무실 건축의 실단위계획 중 개실시스템에 관한 설명으로 옳지 않은 것은?

① 방 깊이에 변화를 줄 수 없다.
② 독립성과 쾌적감이 높다.
③ 공사비가 저렴하다.
④ 방 길이에 변화를 줄 수 없다.

04 조선시대에 田자형 주택으로 대별되는 서민주택의 지방유형은?

① 서울지방형 ② 함경도지방형
③ 남부지방형 ④ 중부지방형

05 질감(Texture)에 관한 설명으로 옳지 않은 것은?

① 물체가 갖고 있는 표면상의 특징이다.
② 매끄러운 질감은 빛을 흡수하며, 거친 질감은 빛을 반사한다.
③ 촉각적 질감과 시각적 질감으로 구분할 수 있다.
④ 효과적인 질감 표현을 위해서는 색채와 조명을 동시에 고려하여야 한다.

06 다음 설명에 알맞은 디자인 원리는?

> 질적, 양적으로 전혀 다른 둘 이상의 요소가 동시적 혹은 계속적으로 배열될 때 상호의 특징이 한층 강하게 느껴지는 통일적 현상을 말한다.

① 균형 ② 리듬
③ 조화 ④ 대비

07 다음 설명에 알맞은 형태의 종류는?

> • 인간의 지각, 즉 시각과 촉각 등으로는 직접 느낄 수 없고 개념적으로만 제시될 수 있는 형태이다.
> • 순수형태 또는 상징적 형태라고 한다.

① 자연형태 ② 이념적 형태
③ 인위형태 ④ 추상적 형태

08 조명기구의 설치방법 중 벽부형에 관한 설명으로 옳지 않은 것은?

① 부착되는 위치가 시선 내에 있으므로 휘도가 높은 광원을 사용한다.
② 선벽부형은 거울이나 수납장에 설치하여 보조조명으로 사용한다.
③ 확산벽부형은 복도나 계단 등에 사용된다.
④ 조명기구를 벽체에 설치하는 것으로 브래킷(Bracket)이라 통칭된다.

09 단독주택의 현관에 관한 설명으로 옳지 않은 것은?

① 거실, 계단, 화장실과 가까이 위치하는 것이 좋다.
② 거실의 일부를 현관으로 만드는 것은 지양하도록 한다.
③ 현관의 위치는 도로의 위치와 대지의 형태에 영향을 받는다.
④ 주택 측면에 현관을 배치한 경우 동선처리가 편리하고 복도 길이가 짧아진다.

10 사무소 건축의 실단위계획 중 개실시스템에 관한 설명으로 옳지 않은 것은?

① 공사비가 저렴하다.
② 독립성과 쾌적감이 높다.
③ 방의 길이에 변화를 줄 수 있다.
④ 방의 깊이에는 변화를 줄 수 없다.

11 상점의 동선계획에 관한 설명으로 옳지 않은 것은?

① 고객동선은 가능한 한 길게 한다.
② 상품 동선과 직원동선은 동일하게 처리한다.
③ 고객 출입구와 상품반입 출입구는 분리하는 것이 좋다.
④ 직원동선은 가능한 한 짧게 한다.

12 극장의 평면형식 중 오픈 스테이지(Open Stage)형에 관한 설명으로 옳은 것은?

① 연기자가 남측 방향으로만 관객을 대하게 된다.
② 강연, 음악회, 독주, 연극공연에 가장 적합한 형식이다.
③ 무대와 객석이 동일한 공간에 있는 것으로 관객석이 무대 대부분을 둘러싸고 있다.
④ 가장 일반적인 극장의 형식으로 어떠한 배경이라도 창출이 가능하다.

13 실시설계 단계 이전의 과정에 속하는 작업의 범위가 다음과 같을 때 순서를 올바르게 배열한 것은?

- 기획자료 검토
- 프레젠테이션
- 실시설계를 위한 리포트
- 기본설계
- 기본계획

① 기획자료 검토 → 프레젠테이션 → 실시설계를 위한 리포트 → 기본설계 → 기본계획
② 기획자료 검토 → 실시설계를 위한 리포트 → 기본계획 → 프레젠테이션 – 기본설계
③ 기획자료 검토 → 기본계획 → 프레젠테이션 → 기본설계 → 실시설계를 위한 리포트
④ 기획자료 검토 → 기본설계 → 실시설계를 위한 리포트 → 기본계획 – 프레젠테이션

14 실내디자인의 프로그래밍 전개과정으로 가장 알맞은 것은?

① 분석 – 종합 – 목표설정 – 조사 – 결정
② 목표설정 – 분석 – 조사 – 종합 – 결정
③ 목표설정 – 조사 – 분석 – 종합 – 결정
④ 조사 – 분석 – 결정 – 종합 – 목표설정

15 포겐도르프 도형과 관련된 착시와 유형은?

① 방향의 착시 ② 길이의 착시
③ 다의도형 착시 ④ 역리도형 착시

16 건축화조명에 관한 설명으로 옳지 않은 것은?

① 캐노피조명은 카운터 상부, 욕실의 세면대 상부 등에 설치된다.
② 광창조명은 광원을 넓은 면적의 벽면에 매입하여 비스타(Vista)적인 효과를 낼 수 있다.
③ 코니스조명은 벽면의 상부에 위치하여 모든 빛이 아래로 직사하도록 하는 조명방식이다.
④ 코브조명은 창이나 벽의 상부에 부설된 조명으로 하향일 경우 벽이나 커튼을 강조하는 역할을 한다.

17 은행의 영업장계획에 관한 설명으로 옳지 않은 것은?

① 고객이 지나는 동선은 되도록 짧게 한다.
② 책임자석은 담당계가 보이는 위치에 배치한다.
③ 사무의 흐름을 고려하여 서로 상관관계가 깊은 부분은 가능한 한 접근 배치한다.
④ 시선을 차단시키는 구조벽체나 기둥을 사용하여 고객 부분과 업무 부분을 차단한다.

18 다음 중 실내디자인 과정에서 실시설계 단계에 속하지 않는 것은?

① 창호도 작성
② 평면도 작성
③ 스터디 모델링 작업 실시
④ 재료 마감표 작성

19 다음 설명에 알맞은 의자의 종류는?

> • 필요에 따라 이동시켜 사용할 수 있는 간이의자로 크지 않으며 가벼운 느낌의 형태를 갖는다.
> • 이동하기 쉽도록 잡기 편하고 들기에 가볍다.

① 카우치 ② 풀업 체어
③ 이지 체어 ④ 체스터필드

20 백화점의 에스컬레이터 배치 유형 중 교차식 배치에 관한 설명으로 옳은 것은?

① 연속적으로 승강할 수 없다.
② 점유면적이 다른 유형에 비해 작다.
③ 고객의 시야가 다른 유형에 비해 넓다.
④ 고객의 시선이 1방향으로만 한정된다는 단점이 있다.

2과목 실내디자인 색채 및 사용자 행태분석

21 빛의 성질과 색의 지각에 관한 설명 중 틀린 것은?

① 노란 바나나의 색을 지각하는 것은 빛의 반사와 관계가 있다.
② 파란 셀로판지를 통해 색을 지각하는 것은 빛의 투과와 관계가 있다.

③ 검은 도화지의 색을 지각하는 것은 빛의 흡수와 관계가 있다.

④ 하늘의 무지개색을 지각하는 것은 빛의 회절과 관계가 있다.

22 **인간의 눈 구조 중 망막의 감각세포에서 모양과 색을 인식할 수 있는 것은?**

① 홍채 ② 초자체
③ 원추세포 ④ 간상세포

23 **아파트 건축물의 색채계획 시 고려해야 할 사항이 아닌 것은?**

① 개인적인 기호에 의하지 않고 객관성이 있어야 한다.
② 주변에서 가장 부각될 수 있게 독특한 색채를 사용한다.
③ 전체적으로 질서가 있어야 하며 적당한 변화가 있어야 한다.
④ 주거민을 위한 편안한 색채디자인이 되어야 한다.

24 **색채가 지닌 심리적, 생리적, 물리학적 성질을 잘 활용하는 일을 색채조절(Color Conditioning)이라고 한다. 다음 중 색채조절이 특히 중요시되는 곳은?**

① 옷가게 ② 공부방
③ 생산공장 ④ 식료품점

25 **눈의 구조와 기능에 관한 설명으로 옳은 것은?**

① 간상세포는 색을 구별한다.
② 눈의 초점은 수정체의 두께가 조절되어 맞춰진다.
③ 어두운 상태에서는 주로 원추세포가 사용된다.
④ 빛의 망막의 전방에서 맺히는 현상을 원시라고 한다.

26 **주변의 색에 순도를 올리면 그대로 색상이 유지되지 않고 채도의 단계에 따라 색상이 달라져 보이는 현상은?**

① 베졸트 브뤼케 현상
② 색음 현상
③ 색각항상 현상
④ 애브니효과 현상

27 **안전보건표지의 색채와 용도, 사용 예시가 바르게 연결된 것은?**

① 녹색 – 금지 – 유해행위의 금지
② 빨간색 – 안내 – 피난소 통행표지
③ 파란색 – 지시 – 특정 행위의 지시
④ 노란색 – 금지 – 정지신호 및 특정 행위의 금지

28 **망막상에 추상체와 간상체가 모두 활동하므로 시각적인 정확성을 기대하기 어려운 상태는?**

① 색약 ② 박명시
③ 맹점 ④ 부분색명

29 **가구를 인체공학적 입장에서 분류하였을 경우에 관한 설명으로 옳지 않은 것은?**

① 침대는 인체계 가구이다.
② 책상은 준인체계 가구이다.
③ 수납장은 준인체계 가구이다.
④ 작업용 의자는 인체계 가구이다.

30 의자의 디자인과 관련된 설명 중 틀린 것은?

① 팔 받침은 때로는 없는 편이 낫다.
② 좌판의 높이는 일반적으로 오금높이보다 높아야 한다.
③ 의자의 디자인은 작업의 특성이 고려되어야 한다.
④ 의자에 앉아 있을 때의 체중이 주로 좌골관절에 실려 있어야 한다.

31 인체계측자료의 응용원칙 중에서 인체계측 변수 분포의 1, 5, 10 백분위수 등과 같은 최소 집단치를 적용하여 설계해야 하는 것은?

① 선반의 높이
② 문의 높이
③ 그네의 지지중량
④ 의자의 너비

32 인간공학적 효과를 평가하는 기준과 가장 거리가 먼 것은?

① 사용편의성의 향상
② 훈련비용의 절감
③ 체계의 상징성
④ 사고나 오용으로부터의 손실 감소

33 인간이 신체활동을 하는 데 있어서 그 관련성이 가장 적은 것은?

① 골격　② 신경계통
③ 골격근　④ 인지능력

34 시스템의 설계에서 고려되어야 하는 요소 중 자동차의 핸들을 왼쪽으로 돌리면 자동차도 왼쪽으로 회전하도록 하는 것과 관련이 있는 것은?

① 안전성(Safety)
② 양립성(Compatibility)
③ 표준성(Standardization)
④ 판별성(Discriminability)

35 인체 골격의 주요 기능으로 볼 수 없는 것은?

① 몸을 지탱하여 그 외형을 지지한다.
② 골격 내부의 골수는 조혈작용을 한다.
③ 체형을 유지하며 신경신호를 전달한다.
④ 골격근의 기동적 수축에 따라 운동을 한다.

36 인간 – 기계 시스템의 기본기능이 아닌 것은?

① 정보보관
② 행동기능
③ 작업환경 검토
④ 정보처리 및 의사결정

37 팔꿈치를 굽히는 동작과 같이 관절이 만드는 각도가 감소하는 신체 부분의 동작을 무엇이라 하는가?

① 굴곡(Flexion)
② 신전(Extension)
③ 내전(Adduction)
④ 외전(Abduction)

38 다음과 같은 인간-기계 통합체계를 컴퓨터시스템과 비교할 때 빗금 친 (가) 부분에 해당하는 컴퓨터시스템 구성요소는?

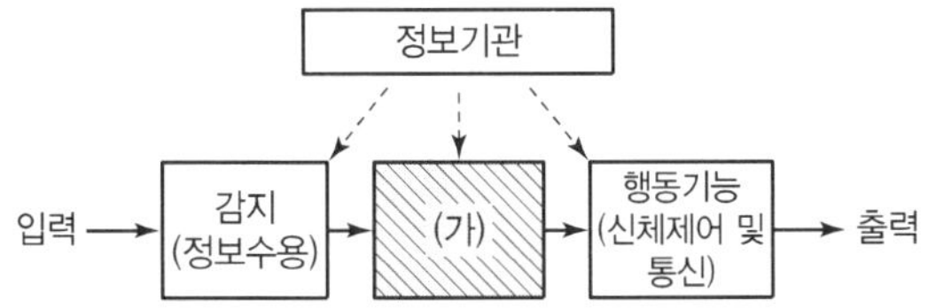

① 프린터(Printer) ② 중앙처리장치(CPU)
③ 감지장치(Sensor) ④ 펀치카드(Punch Card)

39 생체리듬에 관한 설명으로 틀린 것은?

① 육체적 리듬(Physical Rhythm)은 23일의 반복주기로 활동력, 지구력 등과 밀접한 관계가 있다.
② 위험일(Critical Day)은 각각의 리듬이 (−)의 최저점에 이르는 때를 의미하며, 한 달에 6일 정도 발생한다.
③ 지성적 리듬(Intellectual Rhythm)은 33일의 반복주기로 사고력, 기억력, 의지 판단 및 비판력과 밀접한 관계가 있다.
④ 감성적 리듬(Sensitivity Rhythm)은 28일의 반복주기로 신체 조직의 모든 기능을 통하여 발현되는 감정, 즉 정서적 희로애락, 주의력, 예감 및 통찰력 등을 좌우한다.

40 다음 중 피로회복을 위한 근로자의 휴식시간 권장사항으로 옳은 것은?

① 장시간 연속작업이 이루어지지 않도록 적정한 휴식시간을 부여하되 1회에 장시간 휴식보다는 가능한 한 조금씩 자주 휴식시간을 제공한다.
② 작업 전에 한꺼번에 충분한 휴식시간을 제공하여 작업이 끝나기 전까지는 휴식시간을 제공하지 않는다.
③ 장시간 연속작업이 이루어지지 않도록 적정한 휴식시간을 부여하되 작업 중간에 장시간 휴식시간을 제공한다.
④ 장시간 연속작업이 이루어져야 하므로 모든 작업이 끝난 후 한꺼번에 충분히 휴식시간을 제공한다.

3과목 실내디자인 시공 및 재료

41 일반 석재와 비교한 화강암의 성질에 관한 설명으로 옳지 않은 것은?

① 내구성 및 강도가 크다.
② 내화도가 낮아 가열 시 균열이 생긴다.
③ 조작재료로 매우 적합하다.
④ 절리의 거리가 비교적 커서 큰 판재로 생산할 수 있다.

42 강재의 부식과 방식에 관한 설명으로 옳은 것은?

① 전식은 공식보다 수명예측이 비교적 어려운 부식이다.
② 금속의 부식 형태 중 건식이 습식보다 부식에 대응하기 어렵다.
③ 공식이란 강재 일부에 국부 전지를 형성하여 빠르게 부식하는 것을 말한다.
④ 강재 방식법으로 건축에서 널리 사용되는 것은 전기화학적 방법이다.

43 목조건물의 내진(耐震)설계에 관여하는 요소 중 가장 중요한 것은?

① 기초의 구조형태 ② 마감재의 형태와 치수
③ 가새의 배치법과 치수 ④ 지붕의 구조와 형태

44 널의 옆물림을 위하여 한 옆에는 혀를 내고 다른 옆은 홈을 파서 물린 형태로 보행의 진동이 있는 마루널깔기에 적합한 쪽매는?

① 제혀쪽매 ② 맞댄쪽매
③ 반턱쪽매 ④ 틈막이쪽매

45 타일에 관한 설명으로 옳지 않은 것은?

① 일반적으로 모자이크 타일 및 내장 타일은 건식법, 외장타일은 습식법에 의해 제조된다.
② 바닥 타일, 외부 타일로는 주로 도기질 타일이 사용된다.
③ 내부벽용 타일은 흡수성과 마모저항성이 조금 떨어지더라도 미려하고 위생적인 것을 선택한다.
④ 타일은 일반적으로 내화적이며, 형상과 색조의 표현이 자유로운 특성이 있다.

46 다음 중 원가절감 기법으로 많이 쓰이는 VE(Value Engineering)의 적용대상이 아닌 것은?

① 원가절감효과가 큰 것
② 수량이 적은 것
③ 공사의 개선효과가 큰 것
④ 공사비 절감효과가 큰 것

47 회반죽바름 시 사용하는 해초풀은 채취 후 1~2년이 경과된 것이 좋은데 그 이유는 무엇인가?

① 염분 제거가 쉽기 때문이다.
② 점도가 높기 때문이다.
③ 알칼리도가 높기 때문이다.
④ 색상이 우수하기 때문이다.

48 철근콘크리트 구조에 관한 설명으로 옳지 않은 것은?

① 철근과 콘크리트의 선팽창계수는 거의 동일하므로 일체화가 가능하다.
② 철근콘크리트 구조에서 인장력은 철근이 부담하는 것으로 한다.
③ 습식구조이므로 동절기 공사에 유의하여야 한다.
④ 타 구조에 비해 경량구조이므로 형태의 자유도가 높다.

49 다음 중 QC활동의 도구가 아닌 것은?

① 특성요인도 ② 파레토그램
③ 층별 ④ 기능계통도

50 한국산업표준에 따른 보통 포틀랜드 시멘트가 물과 혼합한 후 응결이 시작되는 시간(초결)으로 옳은 것은?

① 30분 후 ② 1시간 후
③ 1시간 30분 후 ④ 2시간 후

51 높이 2.5m, 길이 100m의 벽을 기본벽돌 1.5B 두께로 쌓을 때 벽돌 소요량은?(단, 기본 벽돌의 규격은 190×90×57이며, 할증률을 포함)

① 47,508매 ② 48,750매
③ 50,213매 ④ 57,680매

52 점토제품 중 흡수율이 1% 이하로 흡수율이 가장 작은 제품은?

① 토기 ② 도기
③ 석기 ④ 자기

53 다음 중 시멘트의 수경률을 구하는 식에서 분자에 속하는 것은?

① CaO ② SiO_2

③ Al_2O_3 ④ Fe_2O_3

54 유리의 일반적인 성질에 관한 설명으로 옳지 않은 것은?

① 철분이 많을수록 자외선 투과율이 높아진다.

② 깨끗한 창유리의 흡수율은 2~6% 정도이다.

③ 투과율은 유리의 맑은 정도, 착색, 표면상태에 따라 달라진다.

④ 열전도율은 대리석, 타일보다 작은 편이다.

55 미장재료의 응결시간을 단축시킬 목적으로 첨가하는 촉진제의 종류로 옳은 것은?

① 옥시카르본산 ② 폴리알코올류

③ 마그네시아염 ④ 염화칼슘

56 건설공사 입찰에 있어 불공정 하도급거래를 예방하고 하도급 활성화를 촉진하기 위한 목적으로 시행된 입찰제도는?

① 사전자격심사제도 ② 부대입찰제도

③ 대안입찰제도 ④ 내역입찰제도

57 콘크리트가 시일이 경과함에 따라 공기 중의 탄산가스작용을 받아 수산화칼슘이 서서히 탄산칼슘이 되면서 알칼리성을 잃어가는 현상을 무엇이라고 하는가?

① 탄산화 ② 알칼리 골재반응

③ 백화현상 ④ 크리프(Creep) 현상

58 목재의 역학적 성질에서 가력방향이 섬유와 평행할 경우, 목재의 강도 중 크기가 가장 작은 것은?

① 압축강도 ② 휨강도

③ 인장강도 ④ 전단강도

59 다음 주 구조용 강재의 응력도 – 변형률 곡선에서 가장 먼저 나타나는 것은?

① 상위항복점 ② 비례한계점

③ 하위항복점 ④ 인장강도점

60 블록의 빈 속에 철근을 배근하고 콘크리트를 부어 넣어 수직하중과 수평하중에 안전하게 견딜 수 있도록 보강한 것으로 가장 이상적인 블록 구조는?

① 보강블록조 ② 조적식 블록조

③ 블록 장막벽 ④ 거푸집 블록구조

4과목 실내디자인 환경

61 다음 소방시설 중 소화활동설비에 해당하는 것은?

① 비상콘센트설비 ② 옥내소화전설비

③ 비상조명등 ④ 피난사다리

62 조명설계를 위해 실지수를 계산하고자 한다. 실의 폭 10m, 안 길이 5m, 작업면에서 광원까지의 높이가 2m라면 실지수는 얼마인가?

① 1.10 ② 1.43

③ 1.67 ④ 2.33

63 판 진동 흡음재에 관한 설명으로 옳지 않은 것은?

① 낮은 주파수 대역에 유효하다.
② 막진동하기 쉬운 얇은 것일수록 흡음률이 작다.
③ 재료의 부착방법과 배후조건에 의해 특성이 달라진다.
④ 판이 두껍거나 배후공기층이 클수록 공명주파수의 범위가 저음역으로 이동한다.

64 간접조명에 관한 설명으로 옳지 않은 것은?

① 조명률이 낮다.
② 실내 반사율의 영향이 크다.
③ 높은 조도가 요구되는 전반조명에는 적합하지 않다.
④ 그림자가 거의 형성되지 않으며 국부조명에 적합하다.

65 급탕량의 산정방식에 속하지 않는 것은?

① 급탕단위에 의한 방법
② 사용 기구수로부터 산정하는 방법
③ 사용 인원수로부터 산정하는 방법
④ 저탕조의 용량으로부터 산정하는 방법

66 온수난방 방식에 관한 설명으로 옳지 않은 것은?

① 증기난방에 비해 예열시간이 짧다.
② 온수의 현열을 이용하여 난방하는 방식이다.
③ 한랭지에서는 운전정지 중에 동결의 위험이 있다.
④ 보일러 정지 후에는 여열이 남아 있어 실내 난방이 어느 정도 지속된다.

67 자연환기에 관한 설명으로 옳지 않은 것은?

① 풍력환기는 건물의 외벽면에 가해지는 풍압이 원동력이 된다.
② 일반적으로 공기 유입구와 유출구 높이의 차가 클수록 중력환기량은 많아진다.
③ 자연환기량은 개구부의 위치와 관련이 있으며, 개구부의 면적에는 영향을 받지 않는다.
④ 바람이 있을 때에는 중력환기와 풍력환기가 경합하므로 양자가 서로 다른 것을 상쇄하지 않도록 개구부의 위치에 주의한다.

68 공기조화방식에 관한 설명으로 옳지 않은 것은?

① 멀티존유닛방식은 전공기방식에 속한다.
② 단일덕트방식은 각 실이나 존의 부하변동에 대응이 용이하다.
③ 팬코일유닛방식은 각 실에 수배관으로 인한 누수의 우려가 있다.
④ 이중덕트방식은 냉 · 온풍의 혼합으로 인한 혼합손실이 있어서 에너지 소비량이 많다.

69 결로에 관한 설명으로 옳지 않은 것은?

① 외측단열공법으로 시공하는 경우 내부결로 방지에 효과가 있다.
② 겨울철 결로는 일반적으로 단열성 부족이 원인이 되어 발생한다.
③ 내부결로가 발생할 경우 벽체 내의 함수율은 낮아지며 열전도율은 커진다.
④ 실내에서 발생하는 수증기를 억제할 경우 표면결로 방지에 효과가 있다.

70 전등 1개의 광속이 1,000lm인 전등 20개를 면적 $100m^2$인 실에 점등했을 때 이 실의 평균조도는?(단, 조명률은 0.5, 감광보상률은 1로 한다)

① 20lx ② 50lx
③ 100lx ④ 200lx

71 측창채광에 관한 설명으로 옳지 않은 것은?

① 개폐 등의 조작이 용이하다.
② 투명 부분을 설치하면 해방감이 있다.
③ 편측채광의 경우 조도분포가 균일하다.
④ 근린 상황에 의한 채광 방해의 우려가 있다.

72 비상용승강기를 설치하지 아니할 수 있는 건축물 기준으로 옳은 것은?

① 높이 31m를 넘는 각 층을 거실 외의 용도로 쓰는 건축물
② 높이 31m를 넘는 각 층의 바닥면적의 합계가 $800m^2$ 이하인 건축물
③ 높이 31m를 넘는 층수가 6개 층 이상인 건축물
④ 높이 31m를 넘는 층수가 4개 층 이하로서 당해 각 층의 바닥면적의 합계 $600m^2$ 이내마다 방화구획으로 구획된 건축물

73 특정소방대상물의 관계인이 소방청장이 정하여 고시하는 화재안전기준에 따라 소방시설을 갖추어야 하는 경우에 고려해야 하는 사항과 가장 거리가 먼 것은?

① 특정소방대상물의 수용인원
② 특정소방대상물의 규모
③ 특정소방대상물의 용도
④ 특정소방대상물의 위치

74 문화 및 집회시설 중 공연장의 개별 관람실의 바깥쪽에 있어, 그 양쪽 및 뒤쪽에 각각 복도를 설치하여야 하는 최소 바닥면적의 기준으로 옳은 것은?

① 개별 관람실의 바닥면적이 $300m^2$ 이상인 경우
② 개별 관람실의 바닥면적이 $400m^2$ 이상인 경우
③ 개별 관람실의 바닥면적이 $500m^2$ 이상인 경우
④ 개별 관람실의 바닥면적이 $600m^2$ 이상이 경우

75 실내장식물을 방염성능기준 이상으로 설치하여야 하는 특정소방대상물에 해당하지 않는 것은?

① 의료시설
② 근린생활시설 중 의원
③ 방송통신시설 중 방송국
④ 층수가 15층인 아파트

76 피난용승강기 승강장의 구조 기준으로 옳지 않은 것은?

① 승강장의 출입구를 제외한 부분은 해당 건축물의 다른 부분과 내화구조의 바닥 및 벽으로 구획할 것
② 승강장은 각 층의 내부와 연결될 수 있도록 하되, 그 출입구에는 60+ 방화문 또는 60분 방화문을 설치할 것
③ 배연설비를 설치할 것
④ 실내에 접하는 부분(바닥 및 반자 등 실내에 면한 모든 부분을 말한다)의 마감(마감을 위한 바탕을 포함한다)은 난연재료로 할 것

77 **상업지역 및 주거지역에서 건축물에 설치하는 냉방시설 및 환기시설의 배기구와 배기장치의 설치 기준으로 옳지 않은 것은?**

① 건축물의 외벽에 배기구를 설치할 때에는 배기구가 떨어지는 것을 방지할 수 있도록 하여야 한다.
② 배기구는 도로면으로부터 3m 이상의 높이에 설치하여야 한다.
③ 배기장치에서 나오는 열기가 보행자에게 직접 닿지 않도록 설치하여야 한다.
④ 건축물의 외벽에 배기구 또는 배기장치를 설치할 때에 사용하는 보호장치는 부식을 방지할 수 있는 자재를 사용하거나 도장하여야 한다.

78 **건축물의 피난 · 방화구조 등의 기준에 관한 규칙상 방화구조의 기준으로 옳지 않은 것은?**

① 철망모르타르로서 그 바름두께가 2cm 이상인 것
② 석고판 위에 시멘트모르타르 또는 회반죽을 바른 것으로서 그 두께의 합계가 1.5cm 이상인 것
③ 시멘트모르타르 위에 타일을 붙인 것으로서 그 두께의 합계가 2.5cm 이상인 것
④ 심벽에 흙으로 맞벽치기한 것

79 **주요구조부를 내화구조로 하여야 하는 대상 건축물의 기준으로 옳지 않은 것은?**

① 문화 및 집회시설 중 전시장의 용도로 쓰이는 건축물로서 그 용도로 쓰는 바닥면적의 합계가 500m^2 이상인 건축물
② 창고시설의 용도로 쓰는 건축물로서 그 용도로 쓰는 바닥면적의 합계가 500m^2 이상인 건축물
③ 공장의 용도로 쓰는 건축물로서 그 용도로 쓰는 바닥면적의 합계가 1,000m^2 이상인 건축물
④ 운동시설 중 체육관의 용도로 쓰는 건축물로서 그 용도로 쓰는 바닥면적의 합계가 500m^2 이상인 건축물

80 **문화 및 집회시설 중 공연장의 각 층별 거실면적이 1,000m^{2}일 때, 이 공연장에 설치하여야 하는 승용승강기의 최소대수는?(단, 공연장의 층수는 10층이며, 8인승 이상 15인승 이하 승강기 적용)**

① 3대 ② 4대
③ 5대 ④ 6대

제2회 실내건축기사 CBT 모의고사

1과목 실내디자인 계획

01 실내기본요소 중 천장에 관한 설명으로 옳은 것은?

① 바닥과 함께 실내공간을 구성하는 수직적 요소이다.
② 바닥이나 벽에 비해 접촉빈도가 높으며 공간의 크기에 영향을 끼친다.
③ 천장을 낮추면 친근하고 아늑한 공간이 되고, 높이면 확대감을 줄 수 있다.
④ 바닥은 시대와 양식에 의한 변화가 현저한 데 비해 천장은 매우 고정적이다.

02 실내디자인의 계획 조건을 외부적 조건과 내부적 조건으로 구분할 경우, 다음 중 내부적 조건에 속하는 것은?

① 일조 조건
② 개구부의 위치
③ 소화설비의 위치
④ 의뢰인의 공사예산

03 생활에 적합한 건축을 위해 인체와 관련된 모듈의 사용에 있어 단순한 길이의 배수보다는 황금비례를 이용함이 타당하다고 주장한 사람은?

① 알바 알토
② 르 코르뷔지에
③ 월터 그로피우스
④ 미스 반 데어 로에

04 상점의 쇼윈도에 관한 설명으로 옳지 않은 것은?

① 쇼윈도의 평면형식 중 만입형은 점두의 진열면이 크다.
② 쇼윈도의 진열 바닥높이는 일반적으로 상품의 종류에 따라 결정된다.
③ 쇼윈도의 단면형식 중 다층형은 넓은 도로 폭을 지닌 상점에 적용하는 것이 좋다.
④ 쇼윈도의 배면처리형식 중 개방형은 폐쇄형에 비해 쇼윈도 진열 자체에 대한 주목성이 강조된다.

05 실내기본요소 중 벽에 관한 설명으로 옳지 않은 것은?

① 공간의 형태에 영향을 끼치는 윤곽적 요소이다.
② 시점보다 낮은 벽은 공간의 폐쇄성이 요구되는 곳에 사용된다.
③ 가구, 조명 등 실내에 놓이는 설치물에 대한 배경적 요소이다.
④ 공간을 에워싸는 수직적 요소로 수평방향을 차단하여 공간을 형성하는 기능을 갖는다.

06 조명에서 불쾌 글레어의 발생원인으로 옳지 않은 것은?

① 휘도가 높은 광원
② 시선 부근에 노출된 광원
③ 눈에 입사하는 광속의 과다
④ 물체와 그 주위 사이의 저휘도 대비

07 다음 설명에 알맞은 건축화조명은?

> • 벽면의 상부에 위치하여 모든 빛이 아래로 직사하도록 하는 조명방식이다.
> • 벽면 부착물이나 벽면 자체에 시각적인 흥미를 준다.

① 광창조명 ② 코브조명
③ 코니스조명 ④ 광천장 조명

08 수직벽면을 빛으로 쓸어내리는 듯한 효과를 주기 위해 비대칭 배광방식의 조명기구를 사용하여 수직벽면에 균일한 조도의 빛을 비추는 조명 연출기법은?

① 글레이징(Glazing)기법
② 빔플레이(Beam Play)기법
③ 월워싱(Wall Washing)기법
④ 그림자연출(Shadow Play)기법

09 의자와 디자이너의 연결이 옳지 않은 것은?

① 파이미오 의자 – 알바 알토
② 체스카 의자 – 마르셀 브로이어
③ 레드블루 의자 – 미하엘 토넷
④ 바실리 의자 – 마르셀 브로이어

10 긴 직사각형 또는 다각형의 각 전시실이 연속적으로 동선을 형성하고 있으며 비교적 소규모 대지에서 효율적인 전시공간의 순회 유형은?

① 중정형식
② 중앙홀형식
③ 갤러리 및 복도형식
④ 연속순회형식

11 착시 현상의 사례 중 분트 도형의 내용으로 옳은 것은?

① 같은 길이의 수직선이 수평선보다 길어 보인다.
② 같은 길이의 직선이 화살표에 의해 길이가 다르게 보인다.
③ 사선이 2개 이상의 평행선으로 중단되면 서로 어긋나 보인다.
④ 같은 크기의 2개의 부채꼴에서 아래쪽의 것이 위의 것보다 커 보인다.

12 단독주택의 거실에 관한 설명으로 옳지 않은 것은?

① 각 실에서의 접근이 용이하도록 각 실을 연결하는 동선의 분기점이면서 각 실로의 통로역할을 하도록 한다.
② 현관에서 가까운 곳에 위치하되 직접 면하는 것은 피하는 것이 좋다.
③ 거실의 규모는 가족 수, 주택의 규모, 접객 빈도, 주 생활양식 등에 의해 결정된다.
④ 정원에 면한 창은 가능한 한 크게 하여 시각적 개방감을 얻도록 한다.

13 사무소 건축의 코어(Core)에 관한 설명으로 옳지 않은 것은?

① 독립코어는 방재상 유리하다.
② 편심코어는 기준층 바닥면적이 작은 경우에 적합하다.
③ 독립코어는 사무실 공간 배치가 자유롭다.
④ 중심코어는 바닥면적이 큰 고층, 초고층 사무소에 적합하다.

14 다음 건축물 중 주심포식 건축양식에 속하지 않는 것은?

① 강릉 객사문 ② 석왕사 응진전
③ 봉정사 극락전 ④ 부석사 무량수전

15 '루빈의 항아리'와 관련된 형태의 지각심리는?

① 유사성 ② 그룹핑 법칙
③ 형과 배경의 법칙 ④ 프래그넌츠의 법칙

16 연면적 $200m^2$를 초과하는 판매시설에 설치하는 계단의 유효너비는 최소 얼마 이상으로 하여야 하는가?

① 90cm ② 120cm
③ 150cm ④ 180cm

17 디자인요소 중 점에 관한 설명으로 옳지 않은 것은?

① 기하학적으로 크기가 없고 위치만 존재한다.
② 어떤 형상을 규정하거나 한정하고, 면적을 분할한다.
③ 선의 교차, 선의 굴절, 면과 선의 교차에서 나타난다.
④ 면 또는 공간에 하나의 점이 놓이면 주의력이 집중되는 효과가 있다.

18 다음 중 주거공간의 조닝(Zoning)의 방법과 가장 거리가 먼 것은?

① 융통성에 따른 구분
② 주 행동에 따른 구분
③ 사용시간에 따른 구분
④ 프라이버시 정도에 따른 구분

19 전통가구에 관한 설명으로 옳지 않은 것은?

① 농(籠)은 각 층이 분리되는 특징이 있다.
② 의걸이장은 보통 2칸으로 구성되며 주로 사랑방에서 사용되었다.
③ 머릿장은 주로 안방에 놓여 여성용품의 수장 기능을 담당하였다.
④ 반닫이는 책을 진열할 수 있도록 여러 층의 층널이 있고 네 면 사방이 트여 있는 문방가구이다.

20 건축제도의 글자 및 치수에 관한 설명으로 옳지 않은 것은?

① 글자체는 수직 또는 15° 경사의 명조체로 쓰는 것을 원칙으로 한다.
② 숫자는 아라비아숫자를 원칙으로 한다.
③ 문장은 왼쪽에서부터 가로쓰기를 원칙으로 한다.
④ 치수 기입은 치수선 중앙 윗부분에 기입하는 것이 원칙이다.

2과목 실내디자인 색채 및 사용자 행태분석

21 다음 중 프레젠테이션 작성 순서로 가장 적절한 것은?

① 시나리오 작성 → 자료 수집 → 내용 작성 → 스토리보드 제작 → 발표
② 내용 작성 → 시나리오작성 → 자료 수집 → 스토리보드 제작 – 발표
③ 자료 수집 → 시나리오 작성 → 스토리보드 제작 → 내용 작성 → 발표
④ 자료 수집 → 내용 작성 → 시나리오 작성 → 스토리보드 제작 → 발표

22 Pantone 색표집에 대한 설명으로 틀린 것은?

① 1963년 미국의 로렌스 하버트가 고안하였다.
② 색의 기본 속성에 따라 논리적인 순서로 배열되어 있다.
③ 매년 올해의 컬러를 발표하여 다양한 분야의 트렌드를 제안하고 있다.
④ 인쇄 및 소재별 잉크를 조색하여 제작한 실용적인 색표집이다.

23 공공건축공간(공장, 학교, 병원 등)의 색채환경을 위한 색채조절 시 고려해야 할 사항으로 거리가 먼 것은?

① 능률성 ② 안전성
③ 쾌적성 ④ 내구성

24 다음 중 음성적 잔상의 설명으로 적합한 것은?

① 원래의 감각과 반대의 밝기 또는 색상을 가지는 잔상
② 원래의 감각과 같은 질의 밝기 또는 색상을 가지는 잔상
③ 원래의 색상과 다른 무채색으로 나타나는 잔상
④ 원래 색상의 밝기 또는 색상이 약하게 나타나는 잔상

25 아파트 건축물의 색채계획 시 고려해야 할 사항이 아닌 것은?

① 개인적인 기호에 의하지 않고 객관성이 있어야 한다.
② 주변에서 가장 부각될 수 있게 독특한 색채를 사용한다.
③ 전체적으로 질서가 있어야 하며 적당한 변화가 있어야 한다.
④ 주거민을 위한 편안한 색채디자인이 되어야 한다.

26 컬러인화사진은 대부분 어떤 혼색방법을 이용한 것인가?

① 가법혼색 ② 평균혼색
③ 감법혼색 ④ 색광혼색

27 CIE(국제조명위원회)에서 규정한 표준광(光) 중 맑은 하늘의 평균 낮 광선을 대표하는 광원은?

① 표준광 A ② 표준광 D
③ 표준광 B ④ 표준광 C

28 비트(bit)에 대한 내용이 아닌 것은?

① 2의 1승인 픽셀(pixel)은 1비트(bit) 픽셀(pixel)이다.
② 더 많은 비트(bit)를 시스템에 추가하면 할수록 가능한 조합의 수가 늘어나 생성되는 컬러의 수가 증가됨을 뜻한다.
③ 24비트(bit) 컬러는 사람의 육안으로 볼 수 있는 전체 컬러를 망라하지는 못하지만 거의 그에 가깝게 표현할 수 있다.
④ 디지털 컬러에서 각 픽셀(pixel)은 CMYK의 조합으로 표현된다.

29 다음 색에 관한 설명 중 틀린 것은?

① 푸르킨예현상이란 명소시에서 암소시로 바뀔 때 단파장에 대한 효율이 높아지는 것이다.
② 적록색맹이란 적색과 녹색을 식별할 수 없는 색각 이상자를 말한다.
③ 색약은 채도가 낮은 색과 밝은 데서 보이는 색은 이상 없으나 채도가 높고 원거리의 색을 분별하는 능력이 부족한 것을 말한다.
④ 색맹이란 색을 지각하는 추상체의 결함으로 색을 분별하지 못하는 것을 말한다.

30 인간공학에 대한 설명 중 틀린 것은?

① 인간요소를 고려한 학문으로서 일본에서 태동하였다.
② 실용적 효능과 인생의 가치 기준을 높이는 데 목표를 두고 있다.
③ 인간의 특성이나 행동에 대한 적절한 정보를 체계적으로 적용하는 것이다.
④ 물건, 기구, 환경을 설계하는 과정에서 인간을 고려하는 데 초점을 두고 있다.

31 작업자의 자세에 관해 일반적으로 고려해야 될 사항이 아닌 것은?

① 자연스러운 자세를 취한다.
② 작업자가 힘을 적용하는 데 효율적이어야 한다.
③ 작업자가 반복적인 작업을 효율적으로 할 수 있게 한다.
④ 작업자의 반동효과를 최대로 하기 위해 작업자 신체 지탱물을 간소화한다.

32 반사율(%)을 구하는 식으로 맞는 것은?

① 휘도/조도　② 조도/광도
③ 광량/거리^2　④ 조도/거리^2

33 진동이 인간의 성능에 미치는 영향에 관한 설명으로 틀린 것은?

① 진동은 시성능을 저하시킨다.
② 진동은 추적작업의 성능을 저하시킨다.
③ 진동은 인간의 운동성능에는 별다른 영향을 주지 않는다.
④ 진동은 주로 중앙신경계의 처리과정과 관련되는 과업의 성능에는 비교적 영향을 덜 받는다.

34 여러 가지의 음이 귀에 들어올 때 한 음에 의하여 다른 음이 들리지 않는 것을 무엇이라 하는가?

① 가현작용　② 은폐현상
③ 절음현상　④ 방음작용

35 조종 – 반응비율(Control – Response Ratio)에 관한 설명으로 틀린 것은?

① 조종장치의 민감도를 나타내는 개념이다.
② 표시장치에 있어서 지침이 움직이는 총량에 대한 제어장치 움직임의 총량을 뜻한다.
③ 조종 – 반응비율이 클수록 표시장치의 이동시간이 적게 걸리므로 정확한 제어가 용이하다.
④ 목표물에 대한 조종시간과 목표물로의 이동시간을 고려하여 최적의 조종 – 반응비율을 결정해야 한다.

36 소리를 구성하는 3요소가 아닌 것은?

① 진폭　② 진동수
③ 파형　④ 가청최소음

37 일반적인 지침(指針)의 설계요령으로 볼 수 없는 것은?

① 선각이 약 20° 정도 되는 뾰족한 지침을 사용한다.
② 지침의 끝은 작은 눈금과 맞닿고, 겹치도록 해야 한다.
③ 시차를 줄이기 위하여 지침은 눈금면과 밀착시킨다.
④ 원형 눈금의 경우 지침의 색은 선단에서 눈금의 중심까지 칠한다.

38 사람이 근육을 사용하여 특정한 힘을 유지할 수 있는 시간(능력)을 무엇이라 하는가?

① 지구력　② 완력
③ 염력　④ 전단응력

39 일반적인 VDT(Visual Display Terminal) 사용 시 주변의 조도(lux)로 가장 적합한 것은?

① 50～150　② 300～500
③ 750～1,000　④ 2,000～3,000

40 인체측정자료의 응용원리에서 최소 집단치를 적용하는 것이 가장 바람직한 경우는?

① 문틀 높이
② 등산용 로프의 강도
③ 제어 버튼과 조작자 사이의 거리
④ 비행기에서의 비상탈출구 크기

3과목 실내디자인 시공 및 재료

41 다음 석재 중 압축강도가 일반적으로 가장 큰 것은?

① 화강암　② 사문암
③ 사암　④ 응회암

42 표면에 청록색을 띠고 있으며, 건축장식철물 또는 미술공예품으로 이용되는 금속은?

① 니켈　② 청동
③ 황동　④ 주석

43 목재의 용적변화 팽창 및 수축에 관한 설명으로 옳지 않은 것은?

① 변재는 심재보다 용적변화가 일반적으로 크다.
② 비중이 클수록 용적변화가 적다.
③ 널결폭이 곧은결 폭보다 크다.
④ 함수율이 섬유포화점보다 크게 되면 함수율이 증가하여도 용적변화는 거의 없다.

44 철근콘크리트 구조에서 철근과 콘크리트의 합성효과가 성립되는 이유로 옳지 않은 것은?

① 철근과 콘크리트의 온도에 의한 선팽창계수의 차가 작다.
② 콘크리트에 매립되어 있는 철근은 잘 녹슬지 않는다.
③ 철근과 콘크리트의 부착강도가 비교적 크다.
④ 콘크리트의 인장강도가 커질수록 철근의 좌굴이 방지된다.

45 다음 그림 중 제혀쪽매에 해당하는 것은?

① 
② 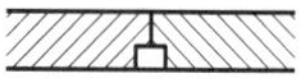
③ 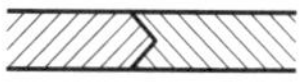
④ 

46 건축공사비의 원가구성항목이 아닌 것은?

① 재료비　② 노무비
③ 경비　④ 도급공사비

47 **인조석바름 재료에 관한 설명으로 옳지 않은 것은?**

① 주재료는 시멘트, 종석, 돌가루, 안료 등이다.
② 돌가루는 부배합의 시멘트가 건조수축할 때 생기는 균열을 방지하기 위해 혼입한다.
③ 안료는 물에 녹지 않고 내알칼리성이 있는 것을 사용한다.
④ 종석의 알의 크기는 2.5mm 체를 100% 통과하는 것으로 한다.

48 **시멘트의 조성 화합물 중 수화작용이 가장 빠르며 수화열이 가장 높고 경화과정에서 수축률도 높은 것은?**

① 규산 3석회
② 규산 2석회
③ 알루민산 3석회
④ 알루민산 철 4석회

49 **건축재료별 수량 산출 시 적용하는 할증률로 옳지 않은 것은?**

① 유리 : 1%　　② 단열재 : 5%
③ 붉은 벽돌 : 3%　　④ 이형철근 : 3%

50 **콘크리트용 혼화제에 관한 설명으로 옳은 것은?**

① 지연제는 굳지 않은 콘크리트의 운송시간에 따른 콜드 조인트 발생을 억제하기 위하여 사용된다.
② AE제는 콘크리트의 워커빌리티를 개선하지만 동결융해에 대한 저항성을 저하시키는 단점이 있다.
③ 급결제는 초미립자로 구성되며 이를 사용한 콘크리트의 초기강도는 작으나, 장기강도는 일반적으로 높다.
④ 감수제는 계면활성제의 일종으로 굳지 않은 콘크리트의 단위수량을 감소시키는 효과가 있으나 골재분리 및 블리딩현상을 유발하는 단점이 있다.

51 **강화유리에 관한 설명으로 옳지 않은 것은?**

① 보통 판유리를 600℃ 정도 가열했다가 급랭시켜 만든 것이다.
② 강도는 보통 판유리의 3~5배 정도이고 파괴 시 둔각 파편으로 파괴되어 위험이 방지된다.
③ 온도에 대한 저항성이 매우 약하므로 적당한 완충제를 사용하여 튼튼한 상자에 포장한다.
④ 가공 후 절단이 불가하므로 소요치수대로 주문제작한다.

52 **아스팔트 방수공사에서 솔, 롤러 등으로 용이하게 도포할 수 있도록 아스팔트를 휘발성 용제에 용해한 비교적 저점도의 액체로서 방수시공의 첫 번째 공정에 사용되는 바탕처리재는?**

① 아스팔트 컴파운드
② 아스팔트 루핑
③ 아스팔트 펠트
④ 아스팔트 프라이머

53 **플라스틱 재료의 특징으로 옳지 않은 것은?**

① 가소성과 가공성이 크다.
② 전성과 연성이 크다.
③ 내열성과 내화성이 작다.
④ 마모가 작으며 탄력성도 작다.

54 건축용 점토제품에 관한 설명으로 옳은 것은?

① 저온 소성제품이 화학저항성이 크다.
② 흡수율이 큰 제품이 백화의 가능성이 크다.
③ 제품의 소성온도는 동해저항성과 무관하다.
④ 규산이 많은 점토는 가소성이 나쁘다.

55 합성수지 도료를 유성 페인트와 비교한 설명으로 옳지 않은 것은?

① 건조시간이 빠르고 도막이 단단하다.
② 도막은 인화할 염려가 적어 방화성이 우수하다.
③ 비교적 두꺼운 도막을 만들 수 있다.
④ 내산, 내알칼리성이 있어 콘크리트면에 바를 수 있다.

56 다음 중 공사감리업무와 가장 거리가 먼 항목은?

① 설계도서의 적정성 검토
② 시공상의 안전관리 지도
③ 공사 실행예산의 편성
④ 사용자재와 설계도서와의 일치 여부 검토

57 건축공사표준시방서에 기재하는 사항으로 가장 거리가 먼 것은?

① 사용 재료　　② 공법, 공사 순서
③ 공사비　　④ 시공 기계 · 기구

58 중량이 5kg인 목재를 건조하여 전건중량이 4kg이 되었다. 건조 전 목재의 함수율은 몇 %인가?

① 20%　　② 25%
③ 30%　　④ 40%

59 저급점토, 목탄가루, 톱밥 등을 혼합하여 성형 후 소성한 것으로 단열과 방음성이 우수한 벽돌은?

① 내화벽돌　　② 보통벽돌
③ 중량벽돌　　④ 경량벽돌

60 석고보드에 관한 설명으로 옳지 않은 것은?

① 부식이 잘되고 충해를 받기 쉽다.
② 단열성이 높다.
③ 시공이 용이하고 표면 가공이 다양하다.
④ 흡수로 인해 강도가 현저하게 저하된다.

4과목 실내디자인 환경

61 유사 소방시설로 분류되어 설치가 면제되는 기준으로 옳게 연결된 것은?(단, 유사 소방시설이 화재안전기준에 적합하게 설치된 경우)

① 연소방지설비 설치 → 스프링클러설비 면제
② 물분무등소화설비 설치 → 스프링클러설비 면제
③ 무선통신보조설비 설치 → 비상방송설비 면제
④ 누전경보기 설치 → 비상경보설비 면제

62 다음의 조명에 관한 설명 중 ( ) 안에 알맞은 용어는?

> 실내 전체를 거의 똑같이 조명하는 경우를 (㉠)이라 하고, 어느 부분만을 강하게 조명하는 방법을 (㉡)이라 한다.

① ㉠ 직접조명, ㉡ 국부조명
② ㉠ 직접조명, ㉡ 간접조명

③ ㉠ 전반조명, ㉡ 국부조명

④ ㉠ 상시조명, ㉡ 간접조명

63 다음의 설명에 알맞은 음의 성질은?

> 음파는 파동의 하나이기 때문에 물체가 진행방향을 가로막고 있다고 해도 그 물체의 후면에도 전달된다.

① 반사　② 흡음
③ 간섭　④ 회절

64 불쾌 글레어의 발생 원인과 가장 거리가 먼 것은?

① 휘도가 높은 광원
② 시선에 노출된 광원
③ 눈에 입사하는 광속의 과다
④ 물체와 그 주위 사이의 저휘도 대비

65 개별급탕방식에 관한 설명으로 옳지 않은 것은?

① 배관의 열손실이 적다.
② 시설비가 비교적 싸다.
③ 규모가 큰 건축물에 유리하다.
④ 높은 온도의 물을 수시로 얻을 수 있다.

66 공기조화방식 중 전공기방식에 관한 설명으로 옳지 않은 것은?

① 덕트 스페이스가 필요 없다.
② 중간기에 외기냉방이 가능하다.
③ 실내 유효 스페이스를 넓힐 수 있다.
④ 실내에 배관으로 인한 누수의 염려가 없다.

67 다음의 설명에 알맞은 급수방식은?

> • 설치비가 저렴하다.
> • 수질오염의 염려가 적다.
> • 수도관 내의 수압을 이용하여 필요기기까지 급수하는 방식이다.

① 고가탱크방식　② 수도직결방식
③ 압력탱크방식　④ 펌프직송방식

68 그림과 같은 구조를 갖는 벽체의 열관류저항은?

> • 실내 측 표면열전달률 : 9.3W/m² · K
> • 실외 측 표면열전달률 : 23.2W/m² · K
> • 콘크리트 열전도율 : 1.8W/m · K
> • 모르타르 열전도율 : 1.6W/m · K

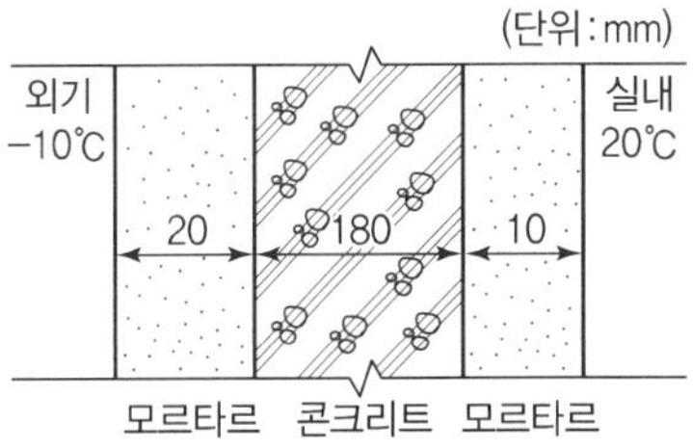

① $0.14m^2 \cdot K/W$　② $0.27m^2 \cdot K/W$
③ $0.42m^2 \cdot K/W$　④ $0.56m^2 \cdot K/W$

69 벽체의 열관류율을 작게 하여 단열효과를 얻고자 할 때, 그 방법으로 옳지 않은 것은?

① 흡수성이 큰 재료를 사용한다.
② 벽체 내부에 공기층을 구성한다.
③ 열전도율이 작은 재료를 선택한다.
④ 벽체 구성재료의 두께를 두껍게 한다.

70 균시차에 관한 설명으로 옳은 것은?

① 균시차는 항상 일정하다.
② 진태양시와 평균태양시의 차를 말한다.
③ 중앙표준시와 평균태양시의 차를 말한다.
④ 진태양시의 10년간 평균값에서 중앙표준시를 뺀 값이다.

71 휘도의 단위로 옳은 것은?

① cd　② cd/m^2
③ lm　④ lm/m^2

72 건축물에 설치하는 급수 · 배수 등의 용도로 쓰는 배관설비의 설치 및 구조에 관한 기준으로 옳지 않은 것은?

① 배관설비를 콘크리트에 묻는 경우 부식의 우려가 있는 재료는 부식방지조치를 할 것
② 건축물의 주요 부분을 관통하여 배관하는 경우에는 건축물의 구조내력에 지장이 없도록 할 것
③ 승강기의 승강로 안에는 승강기의 운행에 필요한 배관설비 외에도 건축물 유지에 필요한 배관설비를 모두 집약하여 설치하도록 할 것
④ 압력탱크 및 급탕설비에는 폭발 등의 위험을 막을 수 있는 시설을 설치할 것

73 건축관계법규에서 규정하는 방화구조가 되기 위한 철망모르타르의 최소 바름두께는?

① 1.0cm　② 2.0cm
③ 2.7cm　④ 3.0cm

74 방염대상물품의 방염성능기준으로 옳지 않은 것은?

① 버너의 불꽃을 제거한 때부터 불꽃을 올리며 연소하는 상태가 그칠 때까지 시간은 20초 이내일 것
② 버너의 불꽃을 제거한 때부터 불꽃을 올리지 아니하고 연소하는 상태가 그칠 때까지 시간은 20초 이내일 것
③ 탄화한 면적은 $50cm^2$ 이내, 탄화한 길이는 20cm 이내일 것
④ 불꽃에 의하여 완전히 녹을 때까지 불꽃의 접촉횟수는 3회 이상일 것

75 간이스프링클러설비를 설치하여야 하는 특정소방대상물의 연면적 기준으로 옳은 것은?(단, 교육연구시설 내 합숙소의 경우)

① $50m^2$ 이상　② $100m^2$ 이상
③ $150m^2$ 이상　④ $200m^2$ 이상

76 건축법령의 관련 규정에 의하여 설치하는 거실의 반자는 그 높이를 최소 얼마 이상으로 하여야 하는가?

① 2.1m　② 2.3m
③ 2.6m　④ 2.7m

77 다음 중 헬리포트의 설치기준으로 틀린 것은?

① 헬리포트의 길이와 너비는 각각 22m 이상으로 할 것
② 헬리포트의 중앙부분에는 지름 8m의 Ⓗ표지를 백색으로 설치할 것
③ 헬리포트의 주위한계선은 노란색으로 하되, 그 선의 너비는 48cm로 할 것
④ 헬리포트의 중심으로부터 반경 1m 이내에는 헬리콥터의 이 · 착륙에 장애가 되는 장애물, 공작물 또는 난간 등을 설치하지 아니할 것

78 소방시설법령에서 정의하고 있는 "무창층"을 구성하는 개구부의 최소 여건에 해당되지 않는 것은?

① 크기는 지름 60cm 이상의 원이 내접할 수 있는 크기일 것
② 해당 층의 바닥면으로부터 개구부 밑부분까지의 높이가 1.2m 이내일 것
③ 내부 또는 외부에서 쉽게 부수거나 열 수 있을 것
④ 도로 또는 차량이 진입할 수 있는 빈터를 향할 것

79 방염대상물품의 방염성능기준에서 버너의 불꽃을 제거한 때부터 불꽃을 올리며 연소하는 상태가 그칠 때까지 시간은 몇 초 이내이어야 하는가?

① 5초 이내　② 10초 이내
③ 20초 이내　④ 30초 이내

80 초등학교에 계단을 설치하는 경우 계단참의 유효너비는 최소 얼마 이상으로 하여야 하는가?

① 120cm　② 150cm
③ 160cm　④ 170cm

제3회 실내건축기사 CBT 모의고사

1과목 실내디자인 계획

01 다음 중 기능분석 내용을 바탕으로 하여 구성요소의 배치(Layout)를 행할 때 고려해야 할 사항과 가장 거리가 먼 것은?

① 공간 상호 간의 연계성
② 출입형식 및 동선체계
③ 인체공학적 치수와 가구 크기
④ 색채 및 재료의 유사성

02 공사 완료 후 디자인 책임자가 시공이 설계에 따라 성공적으로 진행되었는지의 여부를 확인할 수 있는 것은?

① 계약서
② 감리보고서
③ 공정표
④ 시방서

03 황금비를 바탕으로 모듈체계인 모듈러(Modulor)의 개념을 만든 건축가는?

① 알바 알토
② 르 코르뷔지에
③ 미스 반 데어 로에
④ 프랭크 로이드 라이트

04 형태의 지각 심리 중 도형과 배경의 법칙에 관한 설명으로 옳지 않은 것은?

① 도형은 가깝게 느껴지고 배경은 멀게 느껴진다.
② 대체적으로 면적이 작은 부분이 형이 되고, 큰 부분은 배경이 된다.
③ 명도가 낮은 것보다는 높은 것이 배경으로 인식되기 쉽다.
④ 도형과 배경이 순간적으로 번갈아 보이면서 다른 형태로 지각되는 심리의 대표적인 예로 '루빈의 항아리'를 들 수 있다.

05 이질(異質)의 각 구성요소들이 전체로서 동일한 이미지를 갖게 하는 것으로, 변화와 함께 모든 조형에 대한 미의 근원이 되는 원리는?

① 조화　② 강조
③ 통일　④ 균형

06 3차원 입체로서의 공간을 가장 적절하게 표현한 용어는?

① 점과 선　② 기둥과 보
③ 질감과 색채　④ 볼륨과 매스

07 상품의 유효진열 범위 내에서 고객의 시선이 편하게 머물고 손으로 잡기에도 가장 편안한 높이인 골든 스페이스의 범위로 알맞은 것은?

① 450～850mm　② 850～1,250mm
③ 1,300～1,500mm　④ 1,500～1,700mm

08 유닛가구에 관한 설명으로 옳은 것은?

① 규격화된 단일가구로 다목적으로 사용이 불가능하다.
② 가구의 형태를 변화시킬 수 없으며 고정적인 성격을 갖는다.
③ 특정한 사용목적이나 많은 물품을 수납하기 위해 건축화된 가구를 의미한다.
④ 공간의 조건에 맞도록 조합시킬 수 있으므로 공간의 이용효율을 높일 수 있다.

09 아르누보 디자인에 관한 설명으로 옳지 않은 것은?

① 정직한 디자인과 장인정신 강조
② 지역의 문화적 전통을 디자인에서 배제
③ 색감이 풍부한 일본 예술의 영향
④ 바로크의 조형적 형태와 로코코의 비대칭원리 적용

10 상업공간의 설계 시 고려되는 고객의 구매심리(AIDMA)에 속하지 않는 것은?

① Attention ② Interest
③ Memory ④ Design

11 한국의 전통가구 중 장에 관한 설명으로 옳지 않은 것은?

① 단층장은 머릿장이라고도 불린다.
② 이층장이나 삼층장은 보통 남성공간인 사랑방에서 사용되었다.
③ 이불장은 금침과 베개를 겹겹이 쌓아두는 장으로 보통 2층으로 된 것이 많다.
④ 의걸이장은 외관의장에 따라 만살의걸이, 평의걸이, 지장의걸이로 구분할 수 있다.

12 아파트의 평면형식 중 중복도형에 관한 설명으로 옳지 않은 것은?

① 부지의 이용률이 높다.
② 각 주호의 일조조건이 동일하다.
③ 프라이버시가 좋지 않다.
④ 도심지 내의 독신자용 아파트에 적용된다.

13 업무공간의 책상배치 유형에 관한 설명으로 옳지 않은 것은?

① 십자형은 팀 작업이 요구되는 전문직 업무에 적용할 수 있다.
② 좌우대향(대칭)형은 비교적 면적 손실이 크며 커뮤니케이션 형성도 다소 힘들다.
③ 동향형은 책상을 같은 방향으로 배치하는 형태로 비교적 프라이버시의 침해가 적다.
④ 대향형은 커뮤니케이션 형성이 불리하여, 주로 독립성 있는 데이터 처리 업무에 적용된다.

14 강연, 콘서트, 독주, 연극공연 등에 가장 많이 사용되며, 연기자가 일정한 방향으로만 관객을 대하는 극장의 평면형은?

① 아레나(Arena)형
② 프로시니엄(Proscenium)형
③ 오픈 스테이지(Open Stage)형
④ 센트럴 스테이지(Central Stage)형

15 실내디자인의 계획과정에 관한 설명 중 옳지 않은 것은?

① 기획은 공간의 사용목적, 예산, 완성 후 운영에 이르기까지의 전체 관련 사항을 종합 검토한다.
② 설계는 구체적이고 세부적인 검토를 하며 시공자, 제작자에게 제작, 시공할 수 있도록 지시하는 실제적 과정이다.
③ 계획은 공사감리 및 시공에 관한 분야를 집중적으로 다루는 마지막 과정이다.
④ 설계는 기본설계와 실시설계로 구분한다.

16 다음과 같은 재료 표시기호가 의미하는 것은 무엇인가?

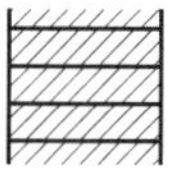

① 벽돌 ② 석재
③ 인조석 ④ 치장재

17 건축제도의 치수에 관한 설명으로 옳지 않은 것은?

① 치수선 중앙 윗부분에 기입하는 것을 원칙이다.
② 단위는 밀리미터(mm)를 원칙으로 하며 기호는 표시한다.
③ 치수선의 양끝 표시는 화살 또는 점으로 표시하며 같은 도면에 2종을 혼용하지 않는다.
④ 도면의 왼쪽에서 오른쪽으로 읽을 수 있도록 기입한다.

18 VMD(Visual Merchandising) 전개를 위한 상품 제안(Merchandising Presentation)의 세 가지 형식 중 IP(Item Presentation)의 설명으로 옳지 않은 것은?

① 색상, 사이즈, 스타일을 분류하여 진열한다.
② 개개의 상품을 분류, 정리하여 보기 쉽고 그리기 쉽게 진열한다.
③ 행거, 쇼케이스, 선반류 등 매장 내의 모든 집기류를 활용하여 진열한다.
④ 상반신, 소도구류 등을 활용하여 품목, 스타일, 색상 등을 중점적으로 표현한다.

19 다음 중 주거공간의 효율을 높이고, 데드 스페이스(Dead Space)를 줄이는 방법과 가장 거리가 먼 것은?

① 플랫폼 가구를 활용한다.
② 기능과 목적에 따라 독립된 실로 계획한다.
③ 침대, 계단 밑 등을 수납공간으로 활용한다.
④ 가구와 공간의 치수체계를 통합하여 계획한다.

20 시각적 중량감에 관한 설명으로 옳지 않은 것은?

① 밝은색이 어두운색보다 시각적 중량감이 크다.
② 크기가 큰 것이 작은 것보다 시각적 중량감이 크다.
③ 불규칙적인 형태가 기하학적 형태보다 시각적 중량감이 크다.
④ 색의 중량감은 색의 속성 중 특히 명도, 채도에 영향을 받는다.

2과목 실내디자인 색채 및 사용자 행태분석

21 프레젠테이션의 표현방법에 대한 설명 중 옳지 않은 것은?

① 스케치업 프로그램은 디자인을 모델링할 때 빠른 속도로 3D 이미지작업이 가능하다.
② 프레젠테이션 도구의 가장 기본이 되는 것이 도면이라 할 수 있다.
③ 3D 모델링은 아이디어를 구체화하는 시각화작업으로 캐드 프로그램을 활용한다.
④ 2D 그래픽 프로그램으로 다양한 이미지 색상 보정 및 편집과 수정을 할 수 있다.

22 색채계획을 세우기 위하여 어떤 연구 단계를 거치는 것이 좋은가?

① 색채환경 분석 → 색채전달 계획 → 색채심리 분석 → 디자인 적용
② 색채전달 계획 → 색채환경 분석 → 색채심리 분석 → 디자인 적용
③ 색채환경 분석 → 색채심리 분석 → 색채전달 계획 → 디자인 적용
④ 색채심리 분석 → 색채환경 분석 → 색채전달 계획 → 디자인 적용

23 초등학교의 색채계획에 관한 설명으로 틀린 것은?

① 일반교실은 실내 어느 곳이나 충분한 조도가 있게 한다.
② 일반교실은 안정된 분위기를 위해 색상의 종류를 제한한다.
③ 미술실은 정확한 색분별을 위해 벽면과 바닥을 무채색으로 하는 것이 좋다.
④ 음악실은 즐거운 분위기를 위해 한색 계통의 다양한 색채들을 사용한다.

24 먼셀 색체계에서 색의 3속성에 대한 설명으로 틀린 것은?

① 기본 5색은 R, Y, G, B, P이다.
② KS에서는 20색상환을 채택하고 있다.
③ 색의 포화도와 채도는 비례관계에 있다.
④ 유채색 중 가장 명도가 낮은 색은 남색이다.

25 다음 중 색의 혼합에 대한 설명이 옳은 것은?

① C+M+Y를 가법혼색하면 암회색이 된다.
② C+M+Y를 감법혼색하면 백색이 된다.
③ R+G+B를 감법혼색하면 백색이 된다.
④ R+G+B를 가법혼색하면 백색이 된다.

26 오스트발트 색채조화의 설명으로 틀린 것은?

① 유사색 가운데 색상 간격이 2~4인 2색의 배색은 약한 대비의 조화가 된다.
② 순도가 같은 계열의 색은 조화된다.
③ 흰색량이 같은 색은 조화된다.
④ 색생환의 중심에 대하여 반대 위치에 있는 2색의 배색을 이색조화라고 한다.

27 비누거품이나 수면에 뜬 기름, 전복껍질 등에서 무지개색처럼 나타나는 색은?

① 표면색 ② 조명색
③ 형광색 ④ 간섭색

28 모니터의 색온도에 관한 설명으로 틀린 것은?

① 색온도의 단위는 K(Kelvin)을 사용하고, 사용자가 임의로 모니터의 색온도를 설정할 수 있다.
② 모니터의 색온도가 높아지면 전반적으로 불그스레한 느낌을 준다.
③ 자연에 가까운 색을 구현하기 위해서는 모니터의 색온도를 6,500K으로 설정하는 것이 좋다.
④ 모니터의 색온도가 9,300K으로 설정되면 흰색이나 회색 계열의 색들은 청색이나 녹색조의 색을 띤다.

29 색채학자 저드(D. B. Judd)의 일반적인 4가지 색채조화의 원리가 아닌 것은?

① 유사성의 원리 ② 명료성의 원리
③ 대비성의 원리 ④ 친근성의 원리

30 일반적으로 의자의 설계에 있어 고려해야 할 사항과 가장 거리가 먼 것은?

① 등받이의 각도 ② 의자 깊이와 폭
③ 의자 다리의 위치 ④ 의자의 높이와 경사

31 문자와 도형의 디자인에서 고려되어야 할 시각특성과 가장 관련이 적은 것은?

① 감각성 ② 가시성
③ 명시성 ④ 가독성

32 다음 짐을 나르는 경우 중 산소 소비량이 가장 크게 소요되는 것은?

① 머리에 이고 옮기는 경우
② 양손으로 들고 옮기는 경우
③ 목도를 이용하여 어깨로 옮기는 경우
④ 배낭을 이용하여 어깨로 옮기는 경우

33 팔, 다리 또는 다른 신체 부위의 동작에서 몸의 중심선을 향하는 이동 동작을 무엇이라 하는가?

① 신전(Extention) ② 내전(Adduction)
③ 외전(Abduction) ④ 상향(Supination)

34 인체골격의 기능과 가장 거리가 먼 것은?

① 신체활동을 수행한다.
② 신체를 지지하고, 체형을 유지한다.
③ 신체의 중요한 부분을 보호한다.
④ 각 세포의 활동에 필요한 물질을 운반한다.

35 다음 인간 또는 기계에 의해 수행되는 기본 기능의 과정 중 ( ) 안에 해당하는 기능은?

> 입력정보(Information Input) → (   ) → 정보 보관 및 처리(Information Storage & Processing) → 행동(Action Function) → 출력(Output)

① 감지(Sensing)
② 피드백(Feedback)
③ 대응 선택(Response Selection)
④ 시스템 환경(System Environment)

36 다음 중 의자에 앉아서 작업하는 작업대의 높이를 결정할 때 참고 되는 신체치수와 가장 거리가 먼 것은?

① 오금높이 ② 가슴높이
③ 대퇴높이 ④ 팔꿈치높이

37 양팔을 곧게 편 상태로 파악할 수 있는 최대영역은?

① 정상작업영역(Normal Working Area)
② 평면작업영역(Working Area in Horizontal Plan)
③ 최대작업영역(Maximum Working Area)
④ 수직면작업영역(Working Area in Vertical Plan)

38 적온(適溫)에서 추운 환경으로 바뀔 때, 인체의 반응으로 옳지 않은 것은?

① 근육이 수축된다.
② 몸의 떨림이 생긴다.
③ 피부의 온도가 내려간다.
④ 피부를 경유하는 혈액의 순환량이 증가한다.

39 동작경제의 원칙 중 작업장의 배치에 관한 원칙에 해당하는 것은?

① 공구의 기능을 결합하여 사용하도록 한다.
② 모든 공구나 재료는 자기 위치에 있도록 한다.
③ 가능하다면 쉽고도 자연스러운 리듬이 생기도록 동작을 배치한다.
④ 눈의 초점을 모아야 작업을 할 수 있는 경우는 가능하면 없애도록 한다.

40 산업안전보건기준에 관한 규칙상 근로자가 상시 작업하는 장소의 작업면 조도 중 보통작업의 조도로 맞는 것은?(단, 갱내 작업장과 감광재료를 취급하는 작업장은 제외한다)

① 75lux 이상 ② 150lux 이상
③ 300lux 이상 ④ 750lux 이상

3과목 실내디자인 시공 및 재료

41 아래 그림과 같은 목재이음의 종류는?

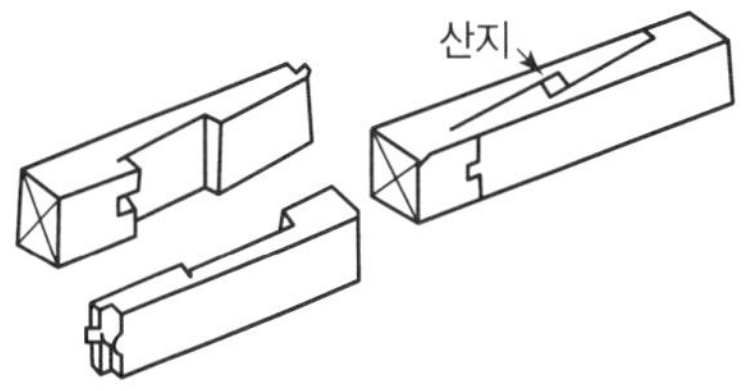

① 엇빗이음 ② 엇걸이이음
③ 겹침이음 ④ 긴촉이음

42 금속재료에 관한 설명으로 옳지 않은 것은?

① 스테인리스강은 내화, 내열성이 크며, 녹이 잘 슬지 않는다.
② 동은 화장실 주위와 같이 암모니아가 있는 장소에서는 빨리 부식하기 때문에 주의해야 한다.
③ 알루미늄은 콘크리트에 접할 경우 부식되기 쉬우므로 주의하여야 한다.
④ 청동은 구리와 아연을 주체로 한 합금으로 건축 장식 철물 또는 미술공예 재료에 사용된다.

43 석재 갈기의 공정 중 일반적으로 광택기구를 사용하여 광내기를 처리하는 공정은?

① 거친갈기 ② 물갈기
③ 본갈기 ④ 정갈기

44 그림과 같은 나무의 무게가 14kg이다. 이 나무의 함수율은?(단, 나무의 절건비중은 0.5이다)

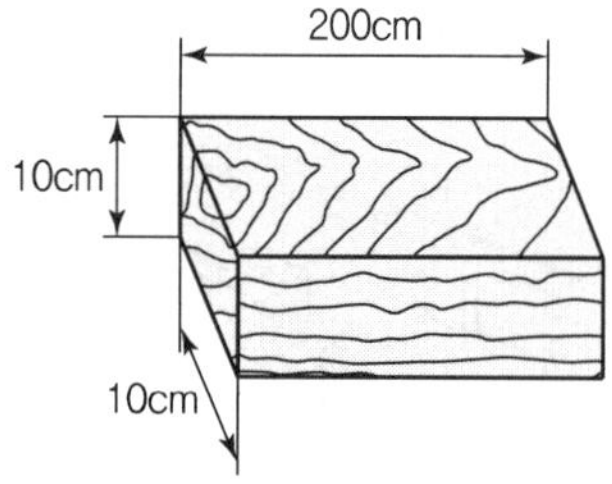

① 30% ② 40%
③ 50% ④ 60%

45 매스콘크리트에서 발생하는 균열의 제어방법이 아닌 것은?

① 고발열성 시멘트를 사용한다.
② 파이프 쿨링을 실시한다.
③ 포졸란계 혼화재를 사용한다.
④ 온도균열지수에 의한 균열발생을 검토한다.

46 아래 공종 중 건설현장의 공사비 절감을 위해 집중분석해야 하는 공종이 아닌 것은?

A. 공사비 금액이 큰 공종
B. 단가가 높은 공종
C. 시행실적이 많은 공종
D. 지하공사 등 어려움이 많은 공종

① A ② B
③ C ④ D

47 철골철근콘크리트보(SRC보)에 관한 설명으로 옳지 않은 것은?

① 철골보의 둘레에 철근을 배열시켜 콘크리트를 채워 넣은 것이다.
② 내화성능이 우수한 편이다.
③ 콘크리트 타설 시 밀실하게 충전되어야 한다.
④ 철골의 인성이 감소되어 좌굴현상이 생기는 단점이 있다.

48 시멘트 종류에 따른 사용용도를 나타낸 것으로 옳지 않은 것은?

① 조강 포틀랜드 시멘트 – 한중콘크리트 공사
② 중용열 포틀랜드 시멘트 – 매스콘크리트 및 댐공사
③ 고로 시멘트 – 타일 줄눈 시공 시
④ 내황산염 포틀랜드 시멘트 – 온천지대나 하수도공사

49 건설공사에 사용되는 시방서에 관한 설명으로 옳지 않은 것은?

① 시방서는 계약서류에 포함되지 않는다.
② 시방서는 설계도서에 포함된다.
③ 시방서에는 공법의 일반사항, 유의사항 등이 기재된다.
④ 시방서에 재료 메이커를 지정하지 않아도 좋다.

50 방수공사에서 아스팔트 품질 결정요소와 가장 거리가 먼 것은?

① 침입도 ② 신도
③ 연화점 ④ 마모도

51 다음 그림과 같은 보강블록조의 평면도에서 x축 방향의 벽량을 구하면?(단, 벽체두께는 150mm이며, 그림의 모든 단위는 mm이다)

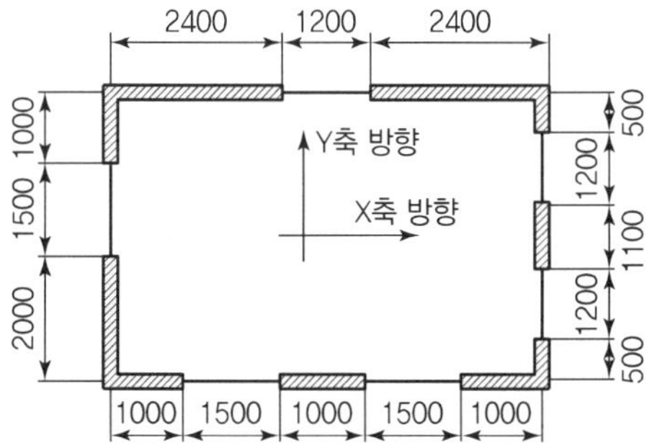

① 23.9cm/m²　② 28.9cm/m²
③ 31.9cm/m²　④ 34.9cm/m²

52 다음 미장재료 중 수경성에 해당되지 않는 것은?

① 보드용 석고 플라스터
② 돌로마이트 플라스터
③ 인조석 바름
④ 시멘트 모르타르

53 목재 접합 시 주의사항이 아닌 것은?

① 접합은 응력이 작은 곳에서 만들 것
② 목재는 될 수 있는 한 적게 깎아내어 약하게 되지 않게 할 것
③ 접합의 단면은 응력방향과 평행으로 할 것
④ 공작이 간단한 것을 쓰고 모양에 치중하지 말 것

54 유리의 종류에 따른 용도를 표기한 것으로 옳지 않은 것은?

① 강화유리 – 테두리 없는 유리문, 엘리베이터의 창
② 복층유리 – 일반주택 및 고층빌딩 등의 외부 창
③ 망입유리 – 방화 및 방범용 창
④ 자외선투과유리 – 의류의 진열창, 식품 · 약품창고의 창유리용

55 플랫슬래브구조의 특징에 대한 설명으로 틀린 것은?

① 층높이를 낮게 할 수 있다.
② 실내공간 이용률이 높다.
③ 바닥판의 두께가 두꺼워져 고정하중이 증가한다.
④ 저층보다 고층 건물에 적합한 바닥구조이다.

56 직종별 전문업자 또는 하도급자에게 고용되어 있고, 직종자에게 고용되는 전문기능노무자로서 출역일수에 따라 임금을 받는 노무자는?

① 직용노무자　② 정용노무자
③ 임시고용노무자　④ 날품노무자

57 표준시방서(KCS)에 따른 블라인드의 종류에 해당되지 않는 것은?

① 가로 당김 블라인드
② 세로 당김 블라인드
③ 두루마리 블라인드
④ 베네시안 블라인드

58 다음 중 목구조의 수평력을 보강하기 위한 부재가 아닌 것은?

① 깔도리 ② 가새
③ 버팀대 ④ 귀잡이

59 철골조의 접합에서 회전자유의 절점을 가지는 접합은?

① 모메트접합 ② 아크용접접합
③ 핀접합 ④ 강접합

60 미장재료의 경화작용에 관한 설명으로 옳지 않은 것은?

① 시멘트 모르타르는 물과 화학반응을 일으켜 경화한다.
② 회반죽은 물과 화학반응을 일으켜 경화한다.
③ 반수석고는 가수 후 20~30분에서 급속 경화하지만, 무수석고는 경화가 늦기 때문에 경화촉진제를 필요로 한다.
④ 돌로마이트 플라스터는 공기 중의 탄산가스와 화학반응을 일으켜 경화한다.

4과목 실내디자인 환경

61 학교 교실의 채광을 위하여 설치하는 창문 등의 면적은 교실 바닥면적의 최소 얼마 이상이어야 하는가? (단, 거실의 용도에 따른 기준 조도 이상의 조명장치를 설치한 경우는 제외한다)

① 1/5 ② 1/8
③ 1/10 ④ 1/20

62 실내 어느 한 점의 수평면 조도가 200lx이고, 이때 옥외 전천공 수평면 조도가 20,000lx인 경우, 이 점의 주광률은?

① 0.01% ② 0.1%
③ 1% ④ 10%

63 다음과 같은 조건을 가진 실의 잔향시간은?

- 실의 용적 : 10,000m^3
- 실내 총표면적 : 3,000m^3
- 실내 평균흡음률 : 0.35
- Sabine의 잔향시간 계산식 이용

① 약 1초 ② 약 1.5초
③ 약 2초 ④ 약 2.5초

64 전기사업법령에 따른 저압의 범위로 옳은 것은?

① 직류 500V 이하, 교류 1,000V 이하
② 직류 1,000V 이하, 교류 500V 이하
③ 직류 600V 이하, 교류 750V 이하
④ 직류 1,500V 이하, 교류 1,000V 이하

65 간접가열식 급탕방법에 관한 설명으로 옳지 않은 것은?

① 열효율은 직접가열식에 비해 낮다.
② 가열보일러로 저압보일러의 사용이 가능하다.
③ 가열보일러는 난방용 보일러와 겸용할 수 없다.
④ 저탕조는 가열코일을 내장하는 등 구조가 약간 복잡하다.

66 증기난방방식에 관한 설명으로 옳지 않은 것은?

① 한랭지에서 동결의 우려가 적다.

② 온수난방에 비하여 예열시간이 짧다.

③ 부하변동에 따른 실내방열량의 제어가 용이하다.

④ 열매온도가 높으므로 온수난방에 비하여 방열기의 방열면적이 작아진다.

67 실내에 발생열량이 70W인 기기가 있을 때, 실내 공기를 20℃로 유지하기 위해 필요한 환기량은?(단, 외기온도 10℃, '공기의 밀도 1.2kg/m³, 공기의 정압비열 1.01kJ/kg · K)

① 10.8m³/h　　② 20.8m³/h

③ 30.8m³/h　　④ 40.8m³/h

68 다음과 같은 조건에서 재실인원 40명인 강의실에 요구되는 필요환기량은?

- 실내 허용 CO_2 농도 : 0.001m³/m³
- 외기 중의 CO_2 함유량 : 0.0003m³/m³
- 1인당 실내 CO_2 발생량 : 0.021m³/h

① 900m³/h　　② 1,000m³/h

③ 1,100m³/h　　④ 1,200m³/h

69 공기조화방식 중 단일덕트 재열방식에 관한 설명으로 옳지 않은 것은?

① 전수방식의 특성이 있다.

② 재열기의 설치공간이 필요하다.

③ 잠열부하가 많은 경우나 장마철 등의 공조에 적합하다.

④ 부하특성이 다른 여러 개의 실이나 존이 있는 건물에 적합하다.

70 다음의 광원 중 일반적으로 연색성이 가장 우수한 것은?

① LED 램프　　② 할로겐전구

③ 고압수은램프　　④ 고압나트륨램프

71 수용장소의 총전기설비 용량에 대한 최대수용전력의 비율을 백분율로 나타낸 것은?

① 부하율　　② 부등률

③ 수용률　　④ 감광보상률

72 문화 및 집회시설(동 · 식물원 제외)로서 지하층 무대부의 면적이 최소 몇 m² 이상일 때 모든 층에 스프링클러설비를 설치해야 하는가?

① 100m²　　② 200m²

③ 300m²　　④ 500m²

73 비상경보설비를 설치하여야 하는 특정소방대상물의 기준으로 옳지 않은 것은?

① 연면적이 400m² 이상인 것

② 지하층 바닥면적이 150m² 이상인 것

③ 지하가 중 터널로서 길이가 500m 이상인 것

④ 30명 이상의 근로자가 작업하는 옥내작업장

74 건축물에 설치하는 지하층 비상탈출구의 유효너비 및 유효높이의 기준으로 옳은 것은?

① 유효너비 0.75m 이상, 유효높이 1.5m 이상

② 유효너비 0.75m 이상, 유효높이 1.8m 이상

③ 유효너비 1.0m 이상, 유효높이 1.5m 이상

④ 유효너비 1.0m 이상, 유효높이 1.8m 이상

75 대통령령으로 정하는 특정소방대상물(신축하는 것만 해당)에 소방시설을 설치하려는 자는 그 용도, 위치, 구조, 수용인원, 가연물(可燃物)의 종류 및 양 등을 고려하여 설계하여야 하는데 이와 같은 설계를 무엇이라 하는가?

① 소방시설 특수설계
② 최적화설계
③ 성능위주설계
④ 소방시설 정밀설계

76 건축물을 건축하거나 대수선하는 경우에 있어 국토교통부령으로 정하는 구조기준 등에 따라 구조안전을 확인한 건축물 중 그 확인서류를 허가권자에게 제출하여야 하는 경우가 아닌 것은?

① 층수가 2층 이상인 건축물
② 창고, 축사, 작물재배사 및 표준설계도서에 의하여 건축하는 건축물로 연면적 400m^2 이상인 건축물
③ 기둥과 기둥 사이의 거리가 10m 이상인 건축물
④ 국가적 문화유산으로 보존할 가치가 있는 건축물로서 국토교통부령으로 정하는 것

77 건축물의 출입구에 설치하는 회전문은 계단이나 에스컬레이터로부터 최소 얼마 이상의 거리를 두어야 하는가?

① 2m 이상 ② 3m 이상
③ 4m 이상 ④ 5m 이상

78 건축물의 피난시설 설치와 관련하여 국토교통부령이 정하는 기준에 따라 건축물로부터 바깥쪽으로 나가는 출구를 설치하여야 하는 대상이 아닌 것은?

① 위락시설
② 교육연구시설 중 학교
③ 연면적이 3,000m^{2}인 창고시설
④ 업무시설 중 국가 또는 지방자치단체의 청사

79 다음 건축물 중 그 주요 구조부를 내화구조로 하여야 하는 것은?

① 2층이 노인복지시설의 용도로 쓰는 건축물로서 그 용도로 쓰는 바닥면적의 합계가 450m^{2}인 것
② 2층이 의료시설의 용도에 쓰는 건축물로서 그 용도로 쓰는 바닥면적의 합계가 300m^{2}인 것
③ 위락시설(주점영업의 용도에 쓰이는 것을 제외한다)의 용도로 쓰는 건축물로서 그 용도로 쓰는 바닥면적의 합계가 450m^{2}인 것
④ 자동차 관련 시설의 용도로 쓰는 건축물로서 그 용도로 쓰는 바닥면적의 합계가 300m^{2}인 것

80 30층 호텔을 건축하는 경우에 6층 이상의 거실면적의 합계가 25,000m^{2}이다. 16인승 승용승강기를 설치하는 경우에는 최소 몇 대 이상을 설치하여야 하는가?

① 6대 ② 8대
③ 10대 ④ 12대

제1회 실내건축기사 CBT 모의고사 정답 및 해설

01	02	03	04	05	06	07	08	09	10
④	②	③	②	②	④	②	①	④	①
11	**12**	**13**	**14**	**15**	**16**	**17**	**18**	**19**	**20**
②	③	③	③	①	④	④	③	②	②
21	**22**	**23**	**24**	**25**	**26**	**27**	**28**	**29**	**30**
④	③	②	③	②	④	③	②	③	②
31	**32**	**33**	**34**	**35**	**36**	**37**	**38**	**39**	**40**
①	③	④	②	③	③	①	②	②	①
41	**42**	**43**	**44**	**45**	**46**	**47**	**48**	**49**	**50**
③	③	③	①	②	②	①	④	④	②
51	**52**	**53**	**54**	**55**	**56**	**57**	**58**	**59**	**60**
④	④	①	①	④	①	①	④	②	①
61	**62**	**63**	**64**	**65**	**66**	**67**	**68**	**69**	**70**
①	③	②	④	④	①	③	②	③	③
71	**72**	**73**	**74**	**75**	**76**	**77**	**78**	**79**	**80**
③	①	④	?	④	④	②	②	③	①

01

실내디자인의 개념

인간에게 적합한 환경, 즉 생활공간의 쾌적성 추구가 최대목표로서 가장 우선시되어야 하는 것은 기능적인 면이다.

02

②는 비잔틴건축에 대한 설명이다.

※ 비잔틴건축
- 펜덴티브 돔(Pendentive Dome)을 창안하였다.
- 주로 집중형, 유심형 평면을 사용하였다.
- 외부는 재료의 본질을 강조하고, 내부는 장식을 화려하게 조성하였다.
- 성소피아성당, 성마르크성당, 성비탈레성당

03

개실시스템(배치)
- 복도를 통해 각 층의 여러 부분으로 들어가는 방법이다.
- 소음이 적고 프라이버시가 좋다.
- 공사비가 비교적 높고, 채광, 환기가 유리하다.

04

평면형태에 따른 전통주거 양식의 분류
- 북부지방(폐쇄적), 남부지방(개방적)
- 서울지방 : ㄱ, ㄴ, ㅁ자형
- 북부지방 : 田자형
- 서부지방 : 방 앞에 좁은 툇마루 설치
- 남부형 : 一자형

05

질감

표면이 매끄러운 질감은 빛을 많이 반사하여 가볍고 환한 느낌을 주며, 거친 질감은 빛을 흡수하여 무겁고 안정된 시각적 느낌을 준다.

06

대비

모든 시각적 요소에 대하여 극적 분위기를 주는 상반된 성격의 결합에서 극적인 분위기를 연출하는 데 효과적이다.

07

이념적 형태

기하학적으로 취급하는 도형으로 직접적으로 지각할 수 없는 형태이다.

순수형태	자연계에 존재하는 모든 것으로부터 보이는 형태를 말한다.
인위형태	인간에 의해 인위적으로 만들어진 모든 사물, 구조체에서 볼 수 있는 형태이다.

08

부착되는 위치가 시선 내에 있으므로 휘도 조절이 가능한 조명기구나 휘도가 낮은 광원을 사용한다.

벽부형

조명기구를 벽체에 부착하여 빛이 투사하는 방식으로, 브래킷(Bracket)으로 불린다.

09

현관은 외부에서 쉽게 알아볼 수 있어야 하며 대문과 가까이 해야 한다.

10

개실시스템

- 복도를 통해 각 층의 여러 부분으로 들어가는 방법으로, 소음이 적고 프라이버시가 좋다.
- 공사비가 비교적 높고, 채광, 환기가 유리하다.
- 방길이 변화가 가능하다(방깊이에는 변화를 줄 수 없다).

11

② 상품동선과 직원동선은 교차되지 않게 계획해야 한다.

12

오픈 스테이지형(Open Stage)

- 관객이 3방향으로 둘러싸인 형태로 연기자에게 근접하게 관람할 수 있는 형태이다.
- 공연자가 다소 산만한 분위기를 느낄 수 있다.
- 혼란스러운 방향감 때문에 전체적인 통일효과를 내는 것이 쉽지 않다.

13

설계 단계

기획설계 → 기본설계 → 실시설계 → 현장설계

14

실내디자인의 프로그래밍 전개과정

목표설정(문제정의) → 조사(문제조사 및 수집) → 분석(자료해석 및 통합) → 종합(해결안 작성) → 결정(합리적 결정)

15

포겐도르프 도형(방향의 착시)

사선이 2개 이상의 평행선으로 인해 어긋나 보인다.

16

④ 밸런스조명에 대한 설명이다.

코브조명

- 천장, 벽의 구조체 안에 조명기구를 매입시키고 광원의 빛을 가린 후 반사광으로 간접조명하는 방식이다.
- 조도가 균일하며 눈부심이 없고 주로 보조조명으로 사용된다.

17

은행 계획

- 카운터를 경계로 고객과 접하며 은행의 주 업무가 이루어지는 공간으로 능률적인 업무처리가 되도록 계획한다.
- 고객 부분과 업무 부분 사이에는 구분이 없어야 하므로 시선을 차단하는 구조 벽체나 기둥은 피해 배치한다.

18

스터디 모델링 작업은 계획 단계에 속한다.

19

의자의 종류

- 카우치 : 침대와 소파의 기능을 겸한 것으로 몸을 기댈 수 있도록 좌면의 한쪽 끝이 올라간 형태로 고대 로마시대 때 음식물을 먹거나 잠을 자기 위해 사용했던 의자이다.
- 풀업 체어 : 필요에 따라 이동시켜 사용할 수 있는 간이의자이다.
- 이지 체어 : 라운지 체어보다 작으며 가볍게 휴식을 취할 수 있는 의자이다.
- 체스터필드 : 소파의 쿠션성능을 높이기 위해 솜, 스펀지 등을 속을 채워 넣은 형태로 안락성이 좋다.

20

①·③·④는 직렬식 배치에 대한 설명이다.

에스컬레이터 – 교차식 배치

승강·하강 모두 연속적으로 갈아탈 수 있으며 승강장이 혼잡하지 않다. 또한 설치하는 점유면적이 가장 작고, 승객의 시야가 좁으며 일반적으로 대형백화점에 적합하다.

※ **시야 및 점유면적**

직렬식 배치 > 병렬단속식 배치 > 병렬연속식 배치 > 교차식 배치

21

④는 굴절에 관한 설명이다.

※ **굴절과 회절**

- 굴절 : 하나의 매질로부터 다른 매질로 진입하는 파동이 그 경계면에서 진행하는 방향을 바꾸는 현상이다.
  예 아지랑이, 무지개, 프리즘현상
- 회절 : 파동이 장애물을 만났을 때 빛이 물체의 그림자 부분에 휘어 들어가는 현상이다.
  예 CD 표면색, 곤충 날개색

22

원추세포와 간상세포

원추세포(추상체)	• 낮처럼 조도 수준이 높을 때 기능을 한다. • 색을 구별하며, 황반에 집중되어 있다. • 색상을 구분한다(이상 시 색맹 또는 색약이 나타남). 예 카메라의 컬러필름
간상세포(간상체)	• 1억 3,000만 개의 간상세포가 망막 주변에 있다. • 밤처럼 조도 수준이 낮을 때 기능을 한다. • 흑백의 음영만을 구분하며 명암을 구분한다.

23

주변지역과 조화로운 색채를 사용한다.

색채계획

지역특성에 맞는 통합계획으로 주변환경과 조화로운 도시경관 창출 및 지역주민의 심리적 쾌적성 및 질적 향상과 생활공간의 가치를 향상시킨다.

24

공장색채

공장의 기계류와 핸들의 색을 주변과 다르게 함으로써 실수와 오류를 줄인다. 위험개소는 주의를 집중시키고 식별이 잘되도록 주황색으로 명시하고 통로는 흰색 선으로 표시하여 생산효율을 높인다.

25

① 간상세포는 명암을 지각한다.
③ 어두운 상태에서는 주로 간상세포가 사용된다.
④ 빛의 망막의 전방에서 맺히는 현상을 근시라고 한다.

원추세포와 간상세포

원추세포 (추상체)	• 낮처럼 조도 수준이 높을 때 기능을 한다. • 색을 구별하며, 황반에 집중되어 있다. • 색상을 구분한다(이상 시 색맹 또는 색약이 나타남). 예 카메라의 컬러필름
간상세포 (간상체)	• 1억 3,000만 개의 간상세포가 망막 주변에 있다. • 밤처럼 조도 수준이 낮을 때 기능을 한다. • 흑백의 음영만을 구분하며 명암을 구분한다.

26

애브니효과

파장이 같아도 색의 채도가 변함에 따라 색상이 변화하는 현상으로, 색의 순도(채도)가 높아질수록 색상의 변화를 함께 해야 같은 색상임을 느낀다. 즉, 같은 색상이라도 채도 차이에 따라 다른 색으로 지각된다.

27

안전색채의 용도

- 빨강 : 위험, 긴급표시, 금지, 정지(방화표시, 소방기구, 화학경고)
- 노랑 : 주의, 경고표시(장애물, 위험물에 대한 경고, 감전주의 표시, 바닥돌출물 주의 표시)
- 녹색 : 안전표시(구급장비, 상비약, 대피소 위치표시, 구호표시)

28

박명시

명순응과 암순응이 동시에 활동하는 시점으로 추상체와 간상체가 모두 활동하고 있을 때를 말한다.

29

수납장은 건축계 가구이다.

인체공학적 가구의 분류

- 인체계 가구 : 인체와 밀접하게 관계되어 가구 자체가 직접 인체를 지지하는 가구이다(의자, 침대, 소파).
- 준인체계 가구 : 인간과 간접적으로 관계하고 동작의 보조적인 역할을 하는 가구이다(테이블, 카운터, 책상).
- 건축계 가구 : 건축물의 일부로서의 성격을 지니며 수납크기, 수량, 중량 등과 관계하는 가구이다(벽장, 선반, 옷장, 수납용 가구).

30

좌판의 높이는 일반적으로 오금높이보다 낮아야 한다.

의자의 설계

- 대퇴를 압박하지 않도록 의자 앞부분은 오금보다 높지 않아야 하며 신발의 뒤꿈치도 감안해야 한다.
- 의자깊이는 엉덩이에서 무릎길이에 따라 다르나, 장딴지가 들어갈 여유를 두고 대퇴를 압박하지 않도록 작은 사람에게 맞게 설계해야 한다.
- 의자폭은 체구가 큰 사람에게 적합하게 설계해야 한다. 최소 의자폭은 앉은 사람의 허벅지너비는 되어야 한다.
- 등받침대는 요추골 부분을 지지해야 하며 좌석받침대는 일반적으로 약간 경사져야 한다.

31

②·③·④는 최대 집단치에 관한 설명이다.

※ 최소 집단치
선반의 높이, 조종장치까지의 거리(조작자와 제어버튼 사이의 거리), 비상벨의 위치 설계

32

인간공학적 효과 평가 기준(인간공학의 가치)

훈련비 절감, 인력 이용률 향상, 성능 향상, 사고 및 오용으로부터의 손실 감소

33

인지능력

지식, 이해력, 사고력, 문제해결력, 비판력 및 창의력과 같은 정신능력에 해당한다.

34

양립성

- 정의 : 자극들 간의, 반응들 간의, 자극-반응 조합의 관계가 인간의 기대와 모순되지 않는 것이다(인간이 기대하는 바와 자극 또는 반응들이 일치하는 관계).
- 종류 : 공간 양립성, 운동 양립성, 개념 양립성, 양식 양립성

35

③은 근육에 관한 설명이다.

골격의 주요 기능

신체의 지지 및 형상 유지, 조혈작용, 체내의 장기 보호, 무기질 저장, 가동성 연결

36

인간기계 체계의 기본 기능

감지기능, 정보보관기능, 정보처리 및 의사결정 기능, 행동기능(신체제어 및 통신)

37

신체 부위의 동작

- 굴곡 : 관절의 각도가 감소되는 동작
- 신전 : 관절의 각도가 증가되는 동작
- 내전 : 인체의 중심선에 가까워지도록 이동하는 동작
- 외전 : 인체의 중심선에서 멀어지도록 이동하는 동작

38

인간-기계 시스템의 기본기능

정보입력 → 감지(정보수용) → 정보처리 및 의사결정(중앙처리장치) → 행동기능(신체제어 및 통신) → 출력

39

위험일은 각각의 리듬이 (-)에서 (+)로, 또는 (+)에서 (-)로 변화하는 점을 말한다.

생체리듬

하루 24시간을 주기로 일어나는 생체 내 과정을 말한다.

40

휴식시간

- 작업부하 수준이 권장한계를 벗어나면 휴식시간을 삽입하여 초과분을 보상하여야 한다.
- 피로를 가장 효과적으로 푸는 방법은 총작업시간 동안 몇 번의 휴식을 짧게 여러 번 주는 것이다.

41

화강암은 견고성이 높아 조작재료로 활용하기 어렵다.

42

① 전식은 공식보다 수명예측이 비교적 쉽다.
② 금속의 부식 형태 중 건식은 온도에 대한 제어조건만 충족하면 부식을 방지할 수 있어 습식보다 부식에 대응하기 용이하다.
④ 양극희생법 등 전기화학적 방식법은 건축보다는 토목(상하수도 관로)에 주로 적용한다.

43

지진은 수평력(횡력)으로 작용하므로, 수평력에 저항하는 가새의 배치법과 치수가 중요한 요소이다.

44

제혀쪽매

널 한쪽에 홈을 파고 다른 쪽에는 혀를 내어 물리게 한 것을 말한다.

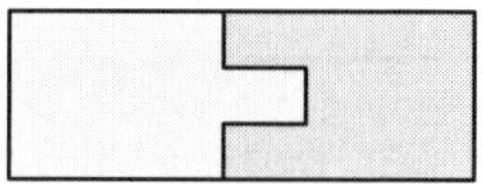

45

바닥 타일, 외부 타일로는 주로 자기질 타일이 사용된다.

46

수량이 많고 적용하였을 경우 원가절감 효과가 클 것으로 예상되는 것이 적용대상이 된다.

47

해초풀은 채취하고 어느 정도(1~2년) 기간이 경과해야 효과적으로 염분 제거가 가능하다.

48

거푸집 형상 등을 통해 형태를 어느 정도 자유롭게 구성은 가능하나, 타 구조에 비해 중량이 큰 특징을 갖는다.

49

QC(품질관리)활동 도구

히스토그램, 특성요인도, 파레토도, 체크시트, 그래프, 산점도, 층별

50

시멘트의 응결시간
실제 공사에 영향을 미치므로 응결개시와 종결시간을 측정할 필요가 있다. 일반적으로 온도 20±3℃, 습도 80% 이상 상태에서 시험하며, 일반적인 응결시간은 1(초결)~10(종결)시간 정도이다.

51

1m²당 1.5B의 벽돌매수는 224매이며, 할증률은 3%이다.
∴ 100m×2.5m×224매×1.03=57,680매

52

흡수율 크기
자기(1% 이하)<석기(8% 이하)<도기(15~20% 이하)<토기(20~30% 이하)

53

$$\text{시멘트 수경률} = \frac{\text{산성 성분}(SiO_2 + Al_2O_3 + Fe_2O_3)}{\text{염기성 성분}(CaO)}$$

54

철분이 많을수록 자외선, 가시광선 투과율이 낮아진다.

55

염화칼슘을 첨가하면 미장재료의 응결시간을 단축할 수 있다.

56

부대입찰제도
원도급 입찰 시 하도급의 계약서를 같이 첨부하게 하는 입찰제도로서, 하도급의 계약상 명시를 통한 불공정 거래 등의 근절을 목적으로 하는 입찰방법이다.

57

탄산화현상에 대한 설명이며, 탄산화의 정도는 구조물의 수명과 연관되어 있는 것으로 구조물의 내구성을 평가하는 척도로 활용되고 있다.

58

목재의 강도
인장강도>휨강도>압축강도>전단강도

59

응력도－변형률 곡선
비례한계점－탄성한도－상위항복점－하위항복점－극한강도(인장강도)－파괴점 순서로 나타낸다.

60

보강블록조
통줄눈으로 블록을 쌓고 블록의 구멍에 철근과 콘크리트를 채워 보강한 구조로서 4~5층까지 가능하다.

61

② 옥내소화전설비 : 소화설비
③ 비상조명등 : 피난구조설비
④ 피난사다리 : 피난구조설비

62

실지수

$$= \frac{\text{실의 가로 길이(m)} \times \text{실의 세로 길이(m)}}{\text{램프의 높이(m)} \times [\text{실의 가로 길이(m)} + \text{실의 세로 길이(m)}]}$$

$$= \frac{10 \times 5}{2 \times (10+5)} = 1.67$$

63

막진동하기 쉬운 얇은 것일수록 흡음률이 커진다.

64

④는 직접조명에 대한 설명이다.

65

저탕조는 급탕을 담아두는 역할을 하는 것이므로 급탕량 산정과는 관계가 없다. 오히려 급탕량에 따라 저탕조 용량이 결정된다.

66

온수는 증기에 비해 열용량이 커서 예열시간이 길게 소요된다.

67

자연환기량은 개구부의 위치와 관련이 있으며, 개구부의 면적에 영향을 받는다.

68

단일덕트방식은 냉풍 혹은 온풍을 계절별로 한 가지만 공급할 수 있기 때문에 각 실이나 존의 부하변동에 즉각적인 대응이 어렵다. 반면 이중덕트방식은 에너지 소비량은 많지만 냉풍과 온풍을 각각의 덕트로 보내 각 실의 조건에 맞게 혼합하여 공급하므로 각 실이나 존의 부하변동에 대응이 용이하다.

69

벽체 내부로 수증기의 투습량이 많아지면 내부결로 발생 가능성이 높아지므로, 내부결로가 발생할 경우 함수율은 높아지게 된다.

70

$$E = \frac{FUN}{AD} = \frac{100 \times 0.5 \times 20}{100 \times 1} = 100$$

∴ 평균조도는 100lx이다.

71

편측채광은 창과 가까운 부분의 조도와 먼 부분의 조도의 차이가 크다.

72

높이가 31m를 넘는 경우에도 비상용 승강기를 설치하지 않아도 되는 건축물

- 각 층을 거실 외의 용도로 쓰는 건축물
- 각 층의 바닥면적의 합계가 500m^2 이하인 건축물
- 층수가 4개 층 이하로서 당해 각 층 바닥면적의 합계 200m^2 이내마다 방화구획으로 구획한 건축물(벽 및 반자가 실내에 접하는 부분의 마감을 불연재료로 한 경우에는 500m^2)

73

소방시설 설치 및 관리에 관한 법률에서 특정소방대상물의 관계인이 특정소방대상물의 규모 · 용도 및 수용인원 등을 고려하여 갖추어야 하는 소방시설의 종류를 규정하고 있다.

74

설치대상

- 제2종 근린생활시설 중 공연장 · 종교집회장(해당 용도로 쓰는 바닥면적의 합계가 각각 300m^2 이상)
- 문화 및 집회시설(전시장 및 동 · 식물원은 제외)
- 종교시설, 위락시설, 장례식장

75

방염성능기준 이상의 실내장식물 등을 설치하여야 하는 특정소방대상물에서 아파트는 제외된다.

76

실내에 접하는 부분(바닥 및 반자 등 실내에 면한 모든 부분을 말한다)의 마감(마감을 위한 바탕을 포함한다)은 불연재료로 할 것

77

상업지역 및 주거지역에서 건축물에 설치하는 냉방시설 및 환기시설의 배기구와 배기장치의 설치기준

- 배기구는 도로면으로부터 2m 이상의 높이에 설치할 것
- 배기장치에서 나오는 열기가 인근 건축물의 거주자나 보행자에게 직접 닿지 아니하도록 할 것

78

석고판 위에 시멘트모르타르 또는 회반죽을 바른 것으로서 그 두께의 합계가 2.5cm 이상이어야 한다.

79

공장의 용도로 쓰는 건축물로서 그 용도로 쓰는 바닥면적의 합계가 2,000m^2 이상인 건축물을 내화구조로 하여야 한다.

80

문화 및 집회시설 중 공연장의 승용승강기 설치대수

- 6층 이상 거실 바닥면적 합계기준으로 3,000m^2 이하는 기본 2대이며, 3,000m^{2}를 초과하는 매 2,000m^{2}마다 1대를 추가한다.
- 본 건축물은 10층이며, 각 층의 연면적이 1,000m^{2}이므로, 6층 이상의 연면적의 합계는 5,000m^2(6~10층)

∴ 3,000m^2 이하 기본 2대 + 초과 2,000m^2 1대 = 3대

제2회 실내건축기사 CBT 모의고사 정답 및 해설

01	02	03	04	05	06	07	08	09	10
③	④	②	④	②	④	③	③	③	④
11	12	13	14	15	16	17	18	19	20
①	①	①	②	③	②	②	①	④	①
21	22	23	24	25	26	27	28	29	30
③	②	④	①	②	③	④	④	③	①
31	32	33	34	35	36	37	38	39	40
④	①	③	②	③	④	②	①	②	③
41	42	43	44	45	46	47	48	49	50
①	②	②	④	④	④	④	③	②	①
51	52	53	54	55	56	57	58	59	60
③	④	④	②	③	③	③	②	④	①
61	62	63	64	65	66	67	68	69	70
②	③	④	④	③	①	②	②	①	②
71	72	73	74	75	76	77	78	79	80
②	③	②	②	②	①	③	①	③	②

01

① 바닥과 함께 실내공간을 구성하는 수평적 요소이다.
② 바닥이나 벽에 비해 접촉빈도가 낮으며 공간의 크기에 영향을 끼친다.
④ 바닥은 시대와 양식에 의한 변화가 현저한 데 비해 천장은 가장 자유롭게 조형적으로 공간의 변화를 할 수 있다.

천장
실내공간을 형성하는 수평적 요소인 소리, 빛, 열 및 습기환경의 중요한 조절매체가 되며 형태, 패턴, 색채의 변화를 통해 공간의 변화를 줄 수 있다.

02

실내디자인의 계획 조건

외부적 조건	입지적 조건, 건축적 조건, 설비적 조건, 기타 조건 등
내부적 조건	계획의 목적, 공사예산, 사용자의 요구사항, 규모 및 실의 개수, 동선계획 등

03

르 코르뷔지에
황금비례와 인체측정학, 피보나치수 등을 이용하여 만든 모듈러(Modulor)라는 이 치수를 설계 적용했는데, 이런 정교한 법칙을 통해 건축물이 중심이 아닌 사람의 신체에 맞는 건축물과 가구 등의 치수를 정의하였다.

04

쇼윈도의 배면처리형식 중 폐쇄형은 개방형에 비해 쇼윈도 진열 자체에 대한 주목성이 강조된다.

※ **쇼윈도 배면처리**
- 개방형 : 밖에서 내부를 볼 수 있어 상점 내부의 인상이 고객에게 전달되어 친근감을 줄 수 있으며 고객이 상점 내에 잠시 머물거나 출입이 많은 곳에 적합하다.
- 폐쇄형 : 상점 내부가 보이지 않고 쇼윈도의 디스플레이에 대한 주목성이 커지므로 상품에 대한 강조효과가 크다.

05

벽
시점보다 높은 벽은 공간의 폐쇄성이 요구되는 곳에 사용된다.

※ **높이에 따른 벽의 종류**

상징적 벽체 (600mm 이하)	두 공간을 상징적으로 분리하고 구분하여 공간 상호 간에는 통행이 용이하다.
개방적 벽체 (1,200mm)	공간을 감싸는 분위기 조성과 시선의 개방 및 프라이버시를 제공하는 데 유효하다.
차단적 벽체 (1,800mm)	눈높이보다 높은 벽체로 시각적으로 완전히 차단되어 프라이버시가 보장된다.

06

글레어 발생원인
- 휘도가 높은 광원
- 시선 부근에 노출된 광원
- 눈에 입사하는 광속의 과다
- 물체와 그 주위 사이의 고휘도 대비

07

코니스조명
벽면의 상부에 위치하여 모든 빛이 아래로 직사하도록 하는 조명방식이다.

08

월워싱기법

균일한 조도의 빛을 수직벽면에 빛으로 쓸어내리는 듯하게 비추는 기법으로 공간 확대의 느낌을 주며 광원과 조명기구의 종류에 따라 어떤 건축화조명으로 처리하느냐에 따라 다양한 효과를 낼 수 있다.

09

레드블루 의자

게리트 리트벨트(Gerrit Rietveld)가 몬드리안 구성에 영향을 받아 3원색(적, 청, 황)을 사용하여 디자인한 의자이다.

10

연속순회형

긴 직사각형의 전시실로 전시 벽면이 최대화되고 공간 절약효과가 있어 소규모 전시에 적합하나, 많은 실을 순서에 따라 관람해야 하고 1실을 폐쇄하면 다음 실로 이동이 불가능한 단점이 있다.

11

② 길이의 착시(뮐러 – 리어 도형)
③ 방향의 착시(포겐도르프 도형)
④ 크기의 착시(자스트로 도형)

12

거실은 각 실로의 통로역할로 사용되어서는 안 된다.

거실

가족 구성원 모두가 공동으로 사용하는 다목적, 다기능적인 공간으로 전체 생활공간의 중심부에 두고 각 실을 연결하는 동선의 분기점 역할을 하도록 한다.

12

모듈과 그리드시스템

사무소, 학교, 아파트, 병원 등 규칙적으로 반복되는 가구, 설비 등을 사용하는 공간계획에 적합하다.

13

독립코어

방재상 불리하고, 바닥면적이 커지면 피난시설을 포함하는 서브코어가 필요하다.

14

주심포형식과 다포형식

주심포식 건축양식	• 봉정사 극락전 • 수덕사 대웅전	• 부석사 무량수전 • 강릉 객사문
다포식 건축양식	• 심원사 보광전 • 성불사 응진전 • 봉정사 대웅전	• 석왕사 응진전 • 서울 남대문

15

루빈의 항아리[형과 배경의 법칙(반전도형)]

서로 근접하는 두 가지의 영역이 동시에 도형으로 되어, 자극조건을 충족시키고 있는 경우 어느 쪽 하나는 도형이 되고 다른 것은 바탕으로 보인다.

16

계단의 설치기준(건축물의 피난 · 방화구조 등의 기준에 관한 규칙 제15조제1항)

- 판매시설의 계단 유효너비는 120cm 이상
- 높이 3m를 넘는 계단에는 높이 3m 이내마다 유효너비 120cm 이상인 계단참 설치
- 높이 1m를 넘는 계단 및 계단참의 양옆에는 난간 설치

17

②는 선에 대한 설명이다.

점(Point)

- 가장 단순하고 작은 시각적 요소로서 형태의 가장 기본적인 생성원이다.
- 크기가 없고 위치만 있으며 정적이고 방향성이 없어 자기중심적이며 어떠한 크기, 치수, 넓이, 깊이가 없고 위치와 장소만을 가지고 있다.

18

조닝방법

사용자의 특성, 사용빈도, 행동에 의한 구분, 사용시간, 프라이버시 정도에 따라 구분하여 공간을 조닝한다.

19

반닫이

앞면의 반만 여닫도록 만든 수납용 목가구로, 앞닫이라고도 불렸다. 신분계층의 구분 없이 널리 사용되었고 반닫이 위에 이불을 얹거나 기타 가정용구를 올려놓고 실내에서 다목적으로 쓰는 집기였다.

20

글자체는 고딕체로 하고 수직 또는 15° 경사로 쓰는 것을 원칙으로 한다.

21

프레젠테이션 작성과정

(요구사항) 자료 수집 → 시나리오 작성(콘셉트 설정, 디자인계획, 결과물 도출) → 스토리보드 제작 → 내용 작성(시각화작업) → 발표

22

색의 기본 속성에 따라 논리적인 순서로 배열되어 있지 않다.

23

공공건축공간의 색채환경

생리적 · 심리적 효과를 적극적으로 활용하여 안전하고 효율적인 작업환경과 쾌적한 생활환경의 조성을 목적으로 능률성, 안전성, 쾌적성을 고려해야 한다.

24

음성잔상(부의 잔상)

원래 자극과 반대되는 밝기나 색상을 띤 잔상을 말하며 부의 잔상, 소극적 잔상이라고 한다. 음성잔상은 원래 색상과 보색관계로 나타나는 심리적 보색이다.

25

주변지역과 조화로운 색채를 사용한다.

색채계획

지역특성에 맞는 통합계획으로 주변환경과 조화로운 도시경관 창출 및 지역주민의 심리적 쾌적성 및 질적 향상과 생활공간의 가치를 향상시킨다.

26

감법혼색

3원색은 시안(C), 마젠타(M), 노랑(Y)이 기본색으로 컬러인쇄, 컬러사진, 인쇄출력물, 색필터 겹침, 색유리판 겹침 등이 있다.

27

CIE 표준광원의 종류

- 표준광 A : 가스 충전상태의 텅스텐 백열전구이다.
- 표준광 B : 태양의 평균직사광을 나타낸다.
- 표준광 C : 맑은 하늘의 낮 평균직사광을 나타낸다
- 표준광 D : 실제 낮의 태양광을 측정하여 얻은 평균데이터, 표준광 C를 보완하고 임의의 색온도를 조정한 것이다.

28

디지털 컬러에서 각 픽셀(pixel)은 RGB의 조합으로 표현된다.

비트(bit)

컴퓨터 데이터의 가장 작은 단위이며 하나의 2진수 값(0, 1)을 가진다. 1bit는 모니터상 1개의 픽셀(pixel)당 2진수값을 표현할 수 있으므로 흑과 백 2가지만 표현할 수 있다.

29

색약은 채도가 낮은 색은 색의 분별능력이 부족하고, 채도가 높고 원거리색은 분별능력에 이상이 없다.

색약

색을 분별하는 능력이 정상보다 부족한 증상으로 적색약, 녹색약이 있다. 밝은 곳에서 채도가 높은 색을 볼 때에는 정상인과 차이가 없으나, 채도가 낮은 경우에는 식별을 못하거나, 단시간에 색을 분별하는 능력이 부족하다.

30

인간요소를 고려한 학문으로서 서구에서 태동하였다.

인간공학

인간의 신체적 특성, 정신적 특성, 심리적 특성의 한계를 정량적 또는 정성적으로 측정하여 이를 시스템, 제품, 환경설계와 인간의 안전, 평안함, 만족감을 극대화하고 작업의 효율을 증진하기 위하여 공학적으로 응용하는 학문이다.

31

작업자의 반동효과를 최대로 하기 위해 작업자 신체 지탱물을 최대화한다.

작업자의 자세에 관한 고려사항

- 자연스러운 자세를 취한다.
- 과도한 힘을 줄인다.
- 손이 닿기 쉬운 곳에 둔다.
- 적절한 높이에서 작업을 한다.
- 반복동작을 줄인다.
- 피로와 정적부하를 최소화한다.
- 신체가 압박받지 않도록 한다.
- 충분한 여유공간을 확보한다.
- 적절히 움직이고 운동과 스트레칭을 한다.
- 쾌적한 작업환경을 유지한다.
- 표시장치와 조종장치를 이해할 수 있도록 한다.
- 작업조직을 개선한다.

32

반사율

표면에 도달하는 빛의 결과로서 나오는 광도와의 관계이다.

$$반사율(\%) = \frac{휘도}{조도} \text{ 또는 } \frac{cd/m^2 \times \pi}{lux}$$

33

진동은 인간의 운동성능에 영향을 준다.

진동이 인간성능에 끼치는 영향

- 전신진동은 진폭에 비례하여 시력이 손상되고 추적작업에 대한 효율을 떨어뜨린다.
- 안정되고 정확한 근육조절을 요하는 작업은 진동에 의하여 저하된다.
- 반응시간, 감시, 형태 식별 등 주로 중앙신경처리에 달린 임무는 진동의 영향을 덜 받는다.

34

음의 은폐현상(Masking)

음의 한 성분이 다른 성분의 청각감지를 방해하는 현상으로 한 음의 가청역치가 다른 음 때문에 높아지는 것을 말한다.

35

조종–반응비율이 클수록 표시장치의 이동시간이 적게 걸리므로 정확한 제어가 어렵다.

조종–반응비율(C/R비 : Control–Response Ratio)

- 최적 통제비는 이동시간과 조종시간의 교차점이다.
- C/R비가 작을수록 이동시간은 짧고, 조종은 어려워서 민감한 조종장치이다.
- C/R비가 클수록 미세한 조종은 쉽지만 수행시간은 길어진다.

36

소리의 3요소

진폭(강도, 레벨), 진동수(고저), 파형

37

지침의 끝은 작은 눈금과 맞닿게 하되 겹치지는 않도록 한다.

지침설계

- 선각이 약 20° 정도인 뾰족한 지침을 사용한다.
- 지침의 끝은 작은 눈금과 맞닿게 하되 겹치지는 않도록 한다.
- 시차(時差)를 없애기 위해 지침을 눈금면에 밀착시킨다.
- 원형 눈금의 경우 지침색은 선단에서 눈금의 중심까지 칠한다.

38

지구력

근육을 사용하여 특정한 힘을 유지할 수 있는 능력으로 최대근력으로 유지할 수 있는 것은 몇 초이며, 최대근력의 50% 힘으로는 약 1분간 유지할 수 있다.

39

VDT 작업 사무환경의 추천 조도는 300~500lux이다.

※ 조도는 화면의 바탕이 검은색 계통이면 300~500lux, 화면의 바탕이 흰색 계통이면 500~700lux로 한다.

40

최소 집단치 설계

관련 인체측정 변수분포의 1%, 5%, 10% 등과 같은 하위 백분위수를 기준으로 한다. 선반의 높이, 조종장치까지의 거리(조작자와 제어버튼 사이의 거리), 비상벨의 위치설계 등을 정할 때 사용된다.

41

압축강도 크기 순서

화강암 > 대리석 > 안산암 > 사문암 > 점판암 > 사암 > 응회암

42

청동

- 구리와 주석의 합금이다.
- 황동보다 내식성이 크고 주조가 쉽다.
- 특유의 아름다운 청록색 광택을 띤다.
- 장식철물, 공예재료 등에 사용한다.

43

목재의 비중이 클수록 용적변화가 크게 된다.

44

콘크리트의 휨강도 및 압축강도가 커질수록 철근의 좌굴이 방지된다.

45

제혀쪽매

널 한쪽에 홈을 파고 다른 쪽에는 혀를 내어 물리게 한 것을 말한다.

※ ① – 맞댄쪽매, ② – 틈막이대쪽매, ③ – 오늬쪽매

46

공사원가는 재료비, 노무비, 경비, 간접공사비로 구성된다.

공사비의 구성

- 총공사비
  - 순공사비(공사원가)
    - 재료비(직접재료비, 간접재료비)
    - 노무비(직접노무비, 간접노무비)
    - 경비
    - 간접공사비
  - 일반관리비
  - 이윤
  - 부가가치세

47

인조석바름 재료인 종석의 알의 크기는 2.5mm 체를 50% 정도 통과하는 것으로 한다.

48

수화열 및 조기강도

알루민산 3석회＞규산 3석회＞규산 2석회

※ 알루민산 철 4석회는 색상과 관계된 성분이다.

49

재료의 할증률

할증률	재료
1%	유리, 콘크리트(철근배근)
2%	도료, 콘크리트(무근)
3%	이형철근, 붉은 벽돌, 내화벽돌, 점토타일, 일반 합판
4%	시멘트블록
5%	원형철근, 강관, 소형 형강, 시멘트 벽돌, 수장 합판, 석고보드, 목재(각재)
7%	대형 형강
10%	강판, 단열재, 목재(판재)
20%	졸대

50

② AE제는 콘크리트의 워커빌리티 개선뿐만 아니라 동결융해에 대한 저항성을 높게 한다.
③ 급결제는 초미립자로 구성되며 콘크리트의 초기강도를 높이기 위해 사용한다.
④ 감수제는 계면활성제의 일종으로 굳지 않은 콘크리트의 단위수량을 감소시켜, 골재분리 및 블리딩 현상을 최소화하는 장점이 있다.

51

강화유리는 온도에 대한 저항성이 크다.

52

아스팔트 프라이머

솔, 롤러 등으로 용이하게 도포할 수 있도록 블론 아스팔트를 휘발성 용제에 희석한 흑갈색의 저점도 액체로서, 방수시공의 첫 번째 공정에 쓰이는 바탕처리재이다.

53

플라스틱 재료는 내마모성이 우수하고 탄성이 크다.

54

① 고온 소성제품일수록 화학저항성이 크다.
③ 제품의 소성온도가 높을수록 흡수율이 작고 이에 따라 동해저항성이 커지게 된다.
④ 규산이 많은 점토는 가소성이 좋다.

55

합성수지 도료는 유성 페인트에 비해 얇은 도막 두께로 시공한다.

56

공사 실행예산은 시공자가 실제 공사를 위해 필요한 예산을 작성한 것으로서, 시공자가 작성하는 것이다.

57

건축공사표준시방서 기재사항

적용범위, 사전준비 필요사항, 사용재료에 관한 사항, 시공방법 및 순서, 적용장비(기계, 기구)에 관한 사항, 기타 관련사항

58

함수율

$$=\frac{\text{함유된 수분의 중량}}{\text{전건중량}}\times 100\%=\frac{\text{전체중량}-\text{전건중량}}{\text{전건중량}}\times 100\%$$

$$=\frac{5-4}{4}\times 100\%=25\%$$

59

경량벽돌(다공질 벽돌)

- 방음벽, 단열층, 보온벽, 칸막이벽에 사용한다.
- 점토에 톱밥, 목탄가루 등을 혼합하여 성형한 벽돌이다.
- 비중 및 강도가 보통벽돌보다 작다.
- 톱질과 못박기가 가능하다.

60

석고보드는 무기질 재료로, 제조함에 따라 부식 및 충해에 강하다.

61

특정소방대상물의 소방시설 설치의 면제기준(소방시설 설치 및 관리에 관한 법률 시행령 제14조 [별표 5])

설치가 면제되는 소방시설	설치면제 기준
스프링클러설비	• 스프링클러설비를 설치해야 하는 특정소방대상물(발전시설 중 전기저장시설은 제외한다)에 적응성 있는 자동소화장치 또는 물분무등소화설비를 화재안전기준에 적합하게 설치한 경우에는 그 설비의 유효범위에서 설치가 면제된다. • 스프링클러설비를 설치해야 하는 전기저장시설에 소화설비를 소방청장이 정하여 고시하는 방법에 따라 설치한 경우에는 그 설비의 유효범위에서 설치가 면제된다.

62

실내 전체를 거의 똑같이 조명하는 경우를 전반조명이라 하고, 어느 부분만을 강하게 조명하는 방법을 국부조명이라 한다.

63

회절

음의 진행을 가로막고 있는 것을 타고 넘어가 후면으로 전달되는 현상을 말한다.

64

물체와 그 주위 사이가 고휘대 대비일 경우 불쾌 글레어가 발생할 가능성이 높아진다.

65

규모가 큰 건축물에는 중앙식 급탕방식이 유리하다.

66

전공기방식은 공기를 열매로 쓰는 공조방식으로서, 열매인 공기는 덕트를 통해 실내로 반송(이동)된다.

67

수도직결방식

도로 밑의 수도 본관에서 분기하여 건물 내에 직접 급수하는 방식으로서 수질오염의 염려가 가장 적은 급수방식이다.

68

$$\text{열저항}(R)=\frac{1}{9.3}+\frac{0.01}{1.6}+\frac{0.18}{1.8}+\frac{0.02}{1.6}+\frac{1}{23.2}$$
$$=0.269 \fallingdotseq 0.27\text{m}^2\cdot\text{K/W}$$

69

흡수성이 클 경우 단열재의 기포층이 기체보다 열전도율이 상대적으로 높은 액체로 치환될 가능성이 높아 전반적인 열관류율이 상승하여 단열효과를 저하시킬 수 있다.

70

균시차

태양의 실제적인 움직임을 통해 시간을 설정한 진태양시와 가상의 태양궤적을 통해 시간을 설정한 평균태양시의 차를 말한다.

71

휘도(단위 : cd/m²)

- 빛을 받는 반사면에서 나오는 광도의 면적이다.
- 휘도 차에서 오는 눈부심을 적게 하는 적정 조명도와 균일한 조명도를 유지하는 것이 중요하다.

72

승강기의 승강로 안에 다른 배관을 적용할 경우 누수 시 승강기 관련 전기시설의 누전 등을 일으킬 수 있으므로 승강로 안에는 승강기의 운행에 필요한 배관설비만 설치하여야 한다.

73

방화구조

구조 부분	구조 기준
철망모르타르	그 바름 두께가 2cm 이상
• 석고판 위에 시멘트모르타르 또는 회반죽을 바른 것 • 시멘트모르타르 위에 타일을 붙인 것	두께의 합계가 2.5cm 이상
심벽에 흙으로 맞벽치기한 것	–
산업표준화법에 따른 한국산업표준이 정하는 바에 따라 시험한 결과 방화 2급 이상	–

74

방염대상물품 및 방염성능기준(소방시설 설치 및 관리에 관한 법률 시행령 제31조)

방염성능기준은 다음 각 호의 기준을 따른다.

- 버너의 불꽃을 제거한 때부터 불꽃을 올리며 연소하는 상태가 그칠 때까지 시간은 20초 이내일 것
- 버너의 불꽃을 제거한 때부터 불꽃을 올리지 아니하고 연소하는 상태가 그칠 때까지 시간은 30초 이내일 것
- 탄화(炭化)한 면적은 50제곱센티미터 이내, 탄화한 길이는 20센티미터 이내일 것
- 불꽃에 의하여 완전히 녹을 때까지 불꽃의 접촉 횟수는 3회 이상일 것
- 소방청장이 정하여 고시한 방법으로 발연량(發煙量)을 측정하는 경우 최대연기밀도는 400 이하일 것

75

간이스프링클러설비를 설치하여야 하는 특정소방대상물(소방시설 설치 및 관리에 관한 법률 시행령 제11조 [별표 4])

교육연구시설 내에 합숙소로서 연면적 $100m^2$ 이상인 것

76

건축물 거실의 반자높이(반자가 없는 경우에는 보 또는 바로 위층의 바닥판의 밑면)

<table>
<tr><th colspan="2">원칙</th><th>2.1m 이상</th></tr>
<tr><td rowspan="2">• 문화 및 집회시설 (전시장 및 동·식물원 제외)
• 장례식장
• 유흥주점
※ 단, 기계적인 환기장치가 되어 있는 경우 제외</td><td>바닥면적의 합계가 200m² 이상인 관람실 또는 집회실</td><td>4m 이상</td></tr>
<tr><td>노대 아랫부분의 높이</td><td>2.7m 이상</td></tr>
<tr><td>• 공장
• 창고시설
• 위험물 저장 및 처리시설</td><td>• 동·식물 관련 시설
• 자원순환 관련 시설
• 묘지 관련 시설</td><td>제외</td></tr>
</table>

77

헬리포트 주위한계선은 너비 38cm의 백색 선으로 한다.

78

무창층에서의 개구부는 크기는 지름 50센티미터 이상의 원이 내접(內接)할 수 있는 크기이어야 한다.

79

문제 74번 해설 참고

80

용도별 계단치수

<table>
<tr><th colspan="2">용도구분</th><th>계단 및 계단참 너비 (옥내계단에 한함)</th><th>단 너비</th><th>단 높이</th></tr>
<tr><td colspan="2">초등학교</td><td>150cm 이상</td><td>26cm 이상</td><td>16cm 이하</td></tr>
<tr><td colspan="2">중·고등학교</td><td>150cm 이상</td><td>26cm 이상</td><td>18cm 이하</td></tr>
<tr><td colspan="2">• 문화 및 집회시설 : 공연장, 집회장, 관람장
• 판매시설 : 도·소매시장, 상점
• 바로 위층의 바닥면적 합계가 200m² 이상 거실바닥면적 합계가 100m² 이상인 지하층</td><td>120cm 이상</td><td>–</td><td>–</td></tr>
<tr><td rowspan="2">준초고층 건축물</td><td>공동주택</td><td>120cm 이상</td><td>–</td><td>–</td></tr>
<tr><td>공동주택 외</td><td>120cm 이상</td><td>–</td><td>–</td></tr>
<tr><td colspan="2">기타 계단</td><td>60cm 이상</td><td>–</td><td>–</td></tr>
</table>

제3회 실내건축기사 CBT 모의고사 정답 및 해설

01	02	03	04	05	06	07	08	09	10
④	②	②	③	③	④	②	④	②	④
11	12	13	14	15	16	17	18	19	20
②	②	④	②	③	①	②	④	②	①
21	22	23	24	25	26	27	28	29	30
③	③	④	②	④	④	④	②	③	③
31	32	33	34	35	36	37	38	39	40
①	②	②	④	①	②	③	④	②	②
41	42	43	44	45	46	47	48	49	50
②	④	④	②	①	③	④	③	①	④
51	52	53	54	55	56	57	58	59	60
②	②	③	④	④	②	②	①	③	②
61	62	63	64	65	66	67	68	69	70
③	③	②	④	③	③	②	④	①	②
71	72	73	74	75	76	77	78	79	80
③	③	④	①	③	②	①	③	①	①

01

레이아웃(Layout) 시 고려사항

공간 상호 간의 연계성, 출입형식 및 동선체계, 인체공학적 치수, 가구의 크기 및 면적

02

감리보고서

감리자가 건설공사 현황이 완료될 때까지 지속적인 관리를 한 후, 결과에 대한 내용을 보고할 때 작성하는 서식이다.

03

르 코르뷔지에

황금비례와 인체측정학, 피보나치수 등을 이용하여 만든 모듈러(Modulor)라는 치수를 설계에 적용했는데, 이런 정교한 법칙을 통해 건축물이 중심이 아닌 사람의 신체에 맞는 건축물과 가구 등의 치수를 정의하였다.

04

도형과 배경의 법칙(다의도형, 반전도형)

동일한 도형이면서 두 가지로 달리 보이는 도형을 말하며 다의도형이라고도 한다. 도형과 배경이 동시에 도형으로 지각이 불가능하며, 특히 명도가 높은 것이 도형으로, 낮은 것이 배경으로 인식되기 쉽다.

05

통일

이질의 각 구성요소들이 동일한 이미지를 갖게 하는 것으로 변화와 함께 모든 조형에 대한 미의 근원이 되며 하나의 완성체로 종합하는 것을 말한다.

06

볼륨과 매스

- 볼륨(Volume) : 시각을 통해서 얻는 양의 감각으로, 입체감을 뜻한다.
- 매스(Mass) : 공간을 점유하는 양의 규모 및 내부공간을 규정하는 실체를 말한다.

07

골든 스페이스(Gold Space)는 850~1,250mm이다.

08

유닛가구

- 고정적이며 이동적인 성격을 갖는다.
- 규격화된 단일가구를 원하는 형태로 조합하여 다목적 사용이 가능하다.
- 공간의 조건에 맞도록 원하는 형태로 조합하여 공간의 효율을 높여준다.

09

아르누보(Art-Nouveau)

1900년초반에 파리를 중심으로 일어난 신예술운동이다. 제품의 대량생산으로 인한 질적 하락을 수공예를 통해 예술로 승화시키려는 미술공예운동의 윌리엄 모리스의 영향을 받아 자연의 유기적 형태를 통해 식물의 곡선미를 많이 이용하였다.

10

상점의 광고요소(AIDMA 법칙)

- A(Attention, 주의) : 상품에 대한 관심으로 주의를 갖게 한다.
- I(Interest, 흥미) : 고객의 흥미를 갖게 한다.
- D(Desire, 욕망) : 구매욕구를 일으킨다.
- M(Memory, 기억) : 개성적인 공간으로 기억하게 한다.
- A(Action, 행동) : 구매의 동기를 실행하게 한다.

11

남성공간인 사랑방에는 책장, 의걸이장, 탁자장이 사용되었고, 여성공간인 안방에는 이층장 및 삼층장 등이 사용되었다.

12

각 주호의 일조조건이 불리하다.

중복도형

- 편복도형과 유사하나 복도 양측에 세대를 배치하는 형식으로 축은 남북으로 배치한다.
- 프라이버시가 나쁘고 중앙복도가 어두우며 소음이 발생한다. 개구부 방향의 한정으로 인한 평면계획이 어렵고 채광, 통풍 조건이 불리하다.
- 대지이용률이 좋아 고층, 초고층 아파트에 가장 유리하며 독신자 아파트에 많이 사용된다.

13

④는 동향형에 대한 설명이다.

※ **대향형**
면적효율이 좋고 커뮤니케이션 형성에 유리하며 공동작업 업무에 적합하다.

14

프로시니엄형

프로시니엄벽에 의해 공간이 분리되어 무대 정면을 관람객들이 바라보는 형태로 연기자와 관객의 접촉면이 한정되어 있으며 많은 관람석을 두려면 거리가 멀어져 객석수용능력에 제한이 있다.

15

계획은 기획 및 조건설정, 개요설계, 기본설계에 관한 분야를 집중적으로 다루는 초기과정에 해당된다.

16

재료 표시기호

석재	인조석	치장재
	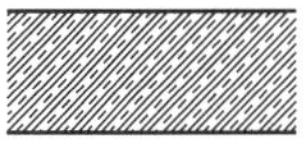	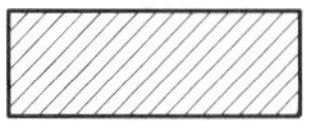

17

치수의 단위는 밀리미터(mm)를 원칙으로 하며 기호는 쓰지 않는다.

18

VMD의 요소

IP (Item Presentation)	상품의 분류정리, 비교구매 (행거, 선반, 진열장, 진열테이블)
PP (Point of Sale Presentation)	한 유닛에서 대표되는 상품진열 (벽면 상단, 집기 상단)
VP (Visual Presentation)	상점 이미지, 패션테마의 종합적인 표현 (쇼윈도, 파사드)

19

기능과 목적에 따라 독립된 실로 계획하면 데드 스페이스가 발생한다.

20

밝은색은 시각적 중량감이 작고 어두운색은 중량감이 크기 때문에 밝은색은 가볍게 느껴지고, 어두운색은 무겁게 느껴진다.

21

3D 모델링은 아이디어를 구체화하는 시각화작업으로 스케치업(Sketch Up) 및 맥스(Autodesk 3DMAX) 등 프로그램을 활용한다.

22

색채계획의 기본과정

색채환경 분석 → 색채심리 분석 → 색채전달 계획 → 디자인 적용

23

음악실은 난색 계통의 다양한 색상을 사용하고 과학실은 한색 계통으로 하는 것이 좋다.

학교 색채계획

교실의 명도는 6~7 정도의 밝은 색상이 어울리나 고채도의 색은 좋지 않고 연노랑, 산호색, 복숭아색 등의 온색의 밝은 환경을 권장한다.

24

KS에서는 10색상환을 채택하고 있다.

먼셀 색체계

- 색상은 적(R), 황(Y), 녹(G), 청(B), 자(P)의 5가지 기본색에 보색을 추가하여 10색상을 나누어 척도화하였다.
- 색의 표기는 H V/C 표시하며 H(Hue, 색상), V(Value, 명도), C(Chroma, 채도) 순서대로 기호화해서 표시한다.
- 색지각을 기초로 색상, 명도, 채도의 색의 3속성을 3차원적인 공간의 형태로 만든 것이다

25

색의 혼합

- 가법혼색(색광혼합) : 빨강(R) + 초록(G) + 파랑(B) = 흰색(W)
- 감법혼색(색료혼합) : 시안(C) + 마젠타(M) + 노랑(Y) = 검정(B)

26

①은 유사색 조화, ②는 등순색 계열의 조화, ③은 등백색 계열의 조화, ④는 2색상의 조화 중 반대색 조화에 대한 설명이다.

※ **이색조화**
색상간격이 어느 정도 떨어진 2배속의 배색은 중간대비의 조화가 된다.

27

간섭색

두 개 이상의 파동이 한 점에서 만날 때 진폭이 서로 합쳐지거나 상쇄되어 밝고 어두운 무늬가 반복되어 나타나는 현상이다(CD, 비눗방울, 폐유, 안경 코팅 등).

28

색온도

색온도가 높으면 푸른색 계열로, 낮으면 붉은색 계열로 나타난다. LCD 모니터는 보통 6,500K 또는 9,300K으로 설정되는데, 9,300K은 화면에 약간 푸른빛이 돌고 6,500K은 순백색 느낌이 난다.

29

저드의 색채조화 4원칙

유사의 원리, 질서의 원리, 비모호성(명료성)의 원리, 친근성의 원리

30

의자설계 시 고려사항

체중분포, 의자좌판의 높이, 깊이, 폭, 무게, 팔받침대, 의자의 바퀴, 등받이의 각도, 몸통의 안정성 등

31

문자 및 도형의 디자인 시 고려사항

- 가시성 : 시간, 날짜 변화 같은 영향으로 주변의 밝기가 변해도 잘 보여야 한다.
- 명시성 : 크기, 모양 색상 등이 눈에 잘 띄어야 한다.
- 가독성 : 적당한 크기, 모양으로 하고 바탕색, 글자색, 도형색과 대비되어야 한다.

32

짐을 나르는 방법에 따른 산소 소비량 크기

양손 > 목도 > 어깨 > 이마 > 배낭 > 머리 > 등 · 가슴

33

신체 부위의 동작

- 신전 : 관절의 각도가 증가되는 동작
- 내전 : 인체의 중심선에 가까워지도록 이동하는 동작
- 외전 : 인체의 중심선에서 멀어지도록 이동하는 동작
- 상향 : 손바닥을 위로 향하는 회전

34

인체골격의 기능

- 인체의 지주역할을 한다.
- 골수는 조혈기능을 갖는다.
- 체강의 기초를 만들고 내부의 장기를 보호한다.
- 가동성 연결, 관절을 만들고 골격근의 수축에 의해 운동기로서 작용한다.
- 칼슘, 인산의 중요한 저장고가 되며, 나트륨과 마그네슘 이온의 작은 저장고 역할을 한다.

35

인간 – 기계 시스템의 기본기능

정보입력 → 감지(정보수용) → 정보처리 및 의사결정 → 행동기능(신체제어 및 통신) → 출력

36

작업대의 높이

작업대의 높이는 오금높이, 대퇴높이, 팔꿈치높이 등을 참고하여 결정해야 한다.

37

- 최대작업영역 : 위팔과 아래팔을 곧게 펴서 파악할 수 있는 구역이다.
- 정상작업영역 : 위팔을 자연스럽게 수직으로 늘어뜨린 채, 아래팔만으로 편하게 뻗어 파악할 수 있는 구역이다.

38

적온에서 추운 환경으로 바뀔 때 인체의 반응

- 피부온도가 내려간다.
- 피부를 경유하는 혈액 순환량이 감소하고 많은 양의 혈액이 몸의 중심부를 순환한다.
- 직장온도가 약간 올라간다.
- 소름이 돋고 몸이 떨린다.
- 체표면적이 감소하고 피부의 혈관이 수축된다.

39

①은 공구 및 설비 디자인에 관한 원칙, ② · ④는 신체사용에 관한 원칙에 해당한다.

작업장의 배치에 관한 원칙

- 모든 공구와 재료는 자기 위치에 있도록 한다.
- 동작에 가장 편리한 순서로 배치하여야 한다.
- 가능하면 낙하식 운반방법을 이용한다.
- 작업자가 좋은 자세를 취할 수 있는 모양 및 높이의 의자를 지급해야 한다.

40

적정 조명 기준

작업의 종류	작업면 조도
초정밀작업	750lux 이상
정밀작업	300lux 이상
보통작업	150lux 이상
기타작업	75lux 이상

41

엇걸이 산지이음

옆에서 산지치기로 하고, 중간은 빗물리게 하는 방식이다.

42

청동은 구리와 주석을 주체로 한 합금이다.

43

연마제를 사용하여 광내기를 처리하는 공정은 정갈기이다.

44

$$\text{함수율} = \frac{\text{함유된 수분의 중량}}{\text{전건중량}}$$

$$= \frac{\text{전체중량} - \text{전건중량}}{\text{전건중량}}$$

$$= \frac{14\text{kg} - (2\times0.1\times0.1)\times500\text{kg/m}^3}{(2\times0.1\times0.1)\times500\text{kg/m}^3}$$

$$= 0.4 \rightarrow 40\%$$

45

고발열성 시멘트를 쓸 경우 내부발열이 증가하고, 콘크리트 내부와 외부 간의 온도차가 많이 발생하게 되어 온도균열이 증대될 수 있다.

46

시행실적이 많은 공정의 경우, 많은 시행(경험)을 통해 공사비 절감에 대한 요소가 이미 충분히 고려되어 있으므로 추가로 공사비 절감을 할 여지가 크지 않다.

47

철골철근콘크리트보는 특성상 좌굴현상이 발생하기 어려우며, 철골의 인성 역시 감소하지 않는다.

48

타일 줄눈 시공 시 적용하는 것은 백색 포틀랜드 시멘트이다.

※ **고로 시멘트**
혼합 시멘트로서 내열성 및 내식성이 우수하고 높은 장기강도 발현이 필요할 때 적용하는 시멘트이다.

49

시방서도 설계도서의 일부이므로 계약서류에 포함된다.

50

아스팔트 특성 표기

구분	내용
신도	• 아스팔트의 연성을 나타내는 것 • 규정된 모양으로 한 시료의 양끝을 규정한 온도, 규정한 속도로 인장했을 때까지 늘어나는 길이를 cm로 표시
인화점	시료를 가열하여 불꽃을 가까이했을 때 공기와 혼합된 기름 증기에 인화된 최저 온도
연화점	유리, 내화물, 플라스틱, 아스팔트, 타르 따위의 고형(固形) 물질이 열에 의하여 변형되어 연화를 일으키기 시작하는 온도
침입도	• 아스팔트의 경도를 표시하는 것 • 규정된 침이 시료 중에 수직으로 진입된 길이를 나타내며, 단위는 0.1mm를 1로 함

51

X축 방향의 벽량이므로, X축의 벽길이(개구부 제외)를 실의 면적으로 나눠서 산정해 준다.

• X축의 벽길이(cm) : 2,400+2,400+1,000+1,000+1,000
=7,800mm=780cm

• 실의 면적(m^2) : (2.4+1.2+2.4)×(1+1.5+2.0)=27m^2

∴ X축 방향의 벽량=780cm/27m^2=28.9cm/m^2

52

돌로마이트 플라스터는 석회계 플라스터로서 공기 중에서 경화하는 기경성 재료에 해당한다.

53

목재 접합의 단면은 응력방향과 직각이 되게 해야 한다.

54

자외선투과유리를 적용할 경우 의류 진열창, 식품 · 약품창고에 자외선이 투과되어 변색, 오염 등이 발생할 우려가 있다.

55

플랫슬래브구조는 보를 쓰지 않아 공간활용에는 좋지만, 전단파괴 등의 위험이 크므로 고층 건축물에는 적용이 쉽지 않다.

56

정용노무자에 대한 설명이다.

※ 직용노무자는 원도급자에게 직접 고용된 노무자이며, 임시고용노무자는 날품노무자, 보조노무자 등을 포함하는 임시로 고용된 노무자를 의미한다.

57

KCS 41 51 06 커튼 및 블라인드공사 블라인드의 종류

• 가로 당김 블라인드
• 두루마리 블라인드
• 베네시안 블라인드

58

깔도리

지붕틀의 하중을 기둥으로 전달하는 부재로서 수직력을 보강하기 위해 설치된다.

59

핀접합은 회전이 구속되지 않아 모멘트가 "0"이 된다.

60

회반죽은 기경성 재료로서 공기 중에서만 경화하는 특성이 있다.

61

거실의 채광 및 환기 기준(건축물의 피난 · 방화구조 등의 기준에 관한 규칙 제17조)

채광 및 환기 시설의 적용대상	창문 등의 면적	제외
• 주택(단독, 공동)의 거실 • 학교의 교실 • 의료시설의 병실 • 숙박시설의 객실	채광시설 : 거실 바닥면적의 1/10 이상	기준 조도 이상의 조명장치 설치 시
	환기시설 : 거실 바닥면적의 1/20 이상	기계환기장치 및 중앙관리방식의 공기조화 설비 설치 시

62

$$\text{주광률} = \frac{\text{실내(작업면)의 수평면 조도}}{\text{실외(전천공)의 수평면 조도}} \times 100$$

$$= \frac{200}{20{,}000} \times 100(\%) = 1\%$$

63

Sabine의 잔향식

$$\text{잔향시간}(T) = 0.16\frac{V}{A} = 0.16 \times \frac{10{,}000}{3{,}000 \times 0.35} = 1.5\text{초}$$

여기서, V : 실의 체적
A : 실의 흡음면적(실내 총표면적×실내 평균흡음률)

64

전기사업법령에 따른 전압의 분류

구분	직류	교류
저압	1,500V 이하	1,000V 이하
고압	1,500V 초과 7,000V 이하	1,000V 초과 7,000V 이하
특고압	7,000V 초과	7,000V 초과

65

간접가열식 급탕가열보일러는 난방용 보일러와 겸용하여 사용할 수 있다.

66

부하변동에 따른 실내방열량의 제어가 용이한 것은 온수난방의 특징이다.

67

$$Q(\text{환기량, m}^3/\text{h}) = \frac{q(\text{발열량})}{\rho(\text{밀도}) \times C_P(\text{정압비열}) \times \Delta t(\text{온도차})}$$

$$= \frac{70\text{W(J/sec)} \times 3,600 \div 1,000}{1.2\text{kg/m}^3 \times 1.01\text{kJ/kgK} \times (20-10)}$$

$$= 20.79 = 20.8\text{m}^3/\text{h}$$

여기서, 곱하기 3,600은 sec를 h로 환산, 나누기 1,000은 J을 kJ로 환산하기 위해 적용하였다.

68

$$Q(\text{필요환기량}) = \frac{M(\text{발생량})}{C_i(\text{실내 허용 }CO_2\text{ 농도}) - C_o(\text{외기 중의 }CO_2\text{ 농도})}$$

$$= \frac{40 \times 0.021\text{m}^3/\text{h}}{0.001\text{m}^3/\text{m}^3 - 0.0003\text{m}^3/\text{m}^3} = 1,200\text{m}^3/\text{h}$$

69

단일덕트 재열방식은 전공기방식이다.

70

할로겐전구(램프)

- 수명이 짧은 백열등의 단점을 개량한 것이다.
- 연색성이 좋아 태양광과 특징이 흡사하다.

71

수용률(수요율)

수용률이란 설비기기의 전 용량에 대하여 실제 사용하고 있는 부하의 최대전력비율을 나타낸 계수로서 설비용량을 이용하여 최대수요전력을 결정할 때 사용한다.

$$\text{수용률} = \frac{\text{최대수요전력[kW]}}{\text{부하설비용량[kW]}} \times 100\%$$

72

무대부가 지하층 · 무창층 또는 4층 이상의 층에 있는 경우에는 무대부의 면적이 300m^2 이상인 곳, 그 외의 경우에는 무대부의 면적이 500m^2 이상인 곳에 설치하여 한다. 문제에서 지하층을 물었으므로 정답은 300m^{2}가 된다.

73

50명 이상의 근로자가 작업하는 옥내작업장을 기준으로 한다.

74

비상탈출구의 구조

구분	내용
크기	• 유효너비 : 0.75m 이상 • 유효높이 : 1.5m 이상
열리는 방향 등	문은 피난방향으로 열리도록 하고, 실내에서 항상 열 수 있는 구조, 내부 및 외부에는 비상탈출구 표시
출입구로부터	3m 이상 떨어진 곳에 설치
지하층의 바닥으로부터 비상탈출구의 아랫부분까지의 높이가 1.2m 이상 시	벽체에 발판의 너비가 20cm 이상인 사다리 설치
피난통로의 유효너비	0.75m 이상
피난통로의 실내에 접하는 부분의 마감과 그 바탕	불연재료

75

성능위주설계(소방시설 설치 및 관리에 관한 법률 제2조)

"성능위주설계"란 건축물 등의 재료, 공간, 이용자, 화재 특성 등을 종합적으로 고려하여 공학적 방법으로 화재 위험성을 평가하고 그 결과에 따라 화재안전성능이 확보될 수 있도록 특정소방대상물을 설계하는 것을 말한다.

76

창고, 축사, 작물재배사 및 표준설계도서에 의하여 건축하는 건축물은 해당되지 않는다.

77

회전문은 계단이나 에스컬레이터로부터 2m 이상의 거리를 두어야 한다.

78

창고시설은 연면적이 5,000m^2 이상일 경우 해당된다.

79

② 2층이 의료시설의 용도에 쓰는 건축물로서 그 용도로 쓰는 바닥면적의 합계가 400m^2 이상인 것
③ 위락시설(주점영업의 용도에 쓰이는 것을 제외한다)의 용도로 쓰는 건축물로서 그 용도로 쓰는 바닥면적의 합계가 500m^2 이상인 것
④ 자동차 관련 시설의 용도로 쓰는 건축물로서 그 용도로 쓰는 바닥면적의 합계가 500m^2 이상인 것

80

$$승강기\ 대수 = 1 + \frac{25,000 - 3,000}{2,000} = 12대$$

∴ 16인승은 1대를 2대로 간주하므로 설치대수는 6대가 된다.

콕집은 자주 출제되는 문제만 콕 집어 수록한 핵심문제 모음집입니다. 예문사 **콕집**과 함께하면 합격이 빨라집니다!

콕집 120제

자주 출제되는 핵심문제만 콕 집어 수록하였습니다. 반복 학습하여 합격실력을 키워 보세요!

01 약동감과 생동감 있는 분위기를 표현하는 데 가장 적합한 선의 종류는?

① 곡선 ② 수직선
③ 수평선 ④ 사선

해설

사선의 효과
생동감, 운동감, 약동감, 불안함, 불안정, 변화, 반항을 표현한다.

02 형태를 의미구조에 의해 분류하였을 때, 다음 설명에 해당하는 것을 고르시오?

> 인간의 지각, 시각과 촉각 등으로 직접 느낄 수 없고, 개념적으로만 제시될 수 있는 형태로서 순수형태 및 상징적 형태라고도 한다.

① 현실적 형태 ② 이념적 형태
③ 인위적 형태 ④ 추상적 형태

해설

이념적 형태
인간의 지각, 시각과 촉각 등으로 직접 느낄 수 없고 개념적으로만 제시될 수 있는 형태로 기하학적으로 취급한 점, 선, 면, 입체 등이 이에 속한다.

03 실내기본요소에 관한 설명으로 옳은 것은?

① 바닥은 공간의 영역 조정 기능이 있다.
② 눈높이보다 높은 벽은 공간을 분할하고, 낮은 벽은 영역을 표시하거나 경계를 나타낸다.
③ 천장을 낮추면 친근하고 아늑한 공간이 되고, 높이면 확대감을 줄 수 없다.
④ 벽은 공간을 에워싸는 수직적 요소로 수평방향을 차단하여 공간을 형성하는 기능을 한다.

해설

벽
공간을 에워싸는 수직적 요소로 공간과 공간을 구분하고 공간의 형태에 영향을 끼치는 윤곽적 요소이다.

04 실내기본요소 중 천장에 관한 설명으로 틀린 것은?

① 바닥에 함께 실내공간을 구성하는 수평적 요소이다.
② 바닥이나 벽에 비해 접촉빈도가 높으며 공간의 크기에 영향을 끼친다.
③ 시각적 흐름이 최종적으로 멈추는 곳이다.
④ 천장을 낮추면 친근하고 아늑한 공간이 되고 높이면 확대감을 줄 수 있다.

해설

천장
바닥이나 벽에 비해 접촉빈도가 낮으나 소리, 빛, 열 및 습기환경의 중요한 조절매체가 된다.

05 다음 중 황금비례에 관한 설명으로 옳지 않은 것은?

① 고대 그리스인들이 창안하였다.
② 1 : 1.617의 비율이다.
③ 몬드리안의 작품에서 예를 들 수 있다.
④ 건축물과 조각 등에 이용된 기하학적 분할방식이다.

해설

황금비례
고대 그리스인들이 발명해낸 기하학적 분할방법으로, 작은 부분과 큰 부분의 비율이 큰 부분과 전체에 대한 비율과 동일하게 되는 분할방식이며 1 : 1.618의 비율이다.

정답 01 ④ 02 ② 03 ④ 04 ② 05 ②

06 공간 상호 간에는 통행이 가능하며 자유로이 시선이 통과하므로 영역을 표시하거나 경계를 나타내는 상징적 의미의 벽의 높이는 최대 어느 정도인가?

① 1,500mm ② 600mm
③ 1,200mm ④ 1,800mm

해설

상징적 벽체
통행이나 시각적인 방해가 되지 않는 600mm 이하의 낮은 벽은 두 공간을 상징적으로 분리하여 구분한다.

07 주택 계획에서 LDK(Living Dining Kitchen)형에 관한 설명으로 옳지 않은 것은?

① 동선을 최대한 단축시킬 수 있다.
② 부엌 일부에 식당을 배치한 형태이다.
③ 소요면적이 작아 소규모 주거공간에 이용되고 있다.
④ 부엌에서 조리를 하면서 거실이나 식당의 가족과 대화할 수 있는 장점이 있다.

해설

리빙다이닝키친(LDK : Living Dining Kitchen)
거실과 부엌, 식당을 한 공간에 집중시킨 경우로 소규모 주거공간에서 사용되며 최대한 면적을 줄일 수 있고 공간의 활용도가 높다.

08 균형의 원리에 관한 설명으로 옳지 않은 것은?

① 색의 명도가 같을 경우, 고채도의 색이 저채도의 색보다 시각적 중량감이 작다.
② 크기가 큰 것이 작은 것보다 시각적 중량감이 크다.
③ 불규칙적인 형태가 기하학적 형태보다 시각적 중량감이 크다.
④ 복잡하고 거친 질감이 단순하고 부드러운 것보다 시각적 중량감이 작다.

해설

복잡하고 거친 질감이 단순하고 부드러운 것보다 시각적 중량감이 크다.

09 리듬의 효과를 위해 사용되는 요소에 속하지 않는 것은?

① 반복 ② 방사
③ 조화 ④ 점진

해설

리듬
규칙적인 요소들의 반복에 의해 통제된 운동감으로 리듬의 원리에는 반복, 점진, 대립, 변이, 방사가 있다.

10 역리도형의 착시 사례로 가장 알맞은 것은?

① 헤링 도형 ② 쾨니히의 목걸이
③ 루빈의 항아리 ④ 펜로즈의 삼각형

해설

펜로즈의 삼각형(역리도형 착시)
모순도형, 불가능한 도형이라고 말하며 2차원 평면 위에 3차원적으로 보이는 도형으로, 특히 삼각형은 단면이 사각형인 입체인 것처럼 보이지만 2차원 그림으로만 가능하다.

11 뮐러-리어 도형과 관련된 착시의 종류는?

① 길이의 착시 ② 방향의 착시
③ 다의도형 착시 ④ 위치에 의한 착시

해설

뮐러 - 리어 도형(Muller-Lyer Figure)
기하학적 착시도형으로 동일한 두 개의 선분이 화살표 머리의 방향 때문에 길이가 달라져 보이는 현상으로 바깥쪽으로 향한 화살표 선분이 더 길게 보인다.

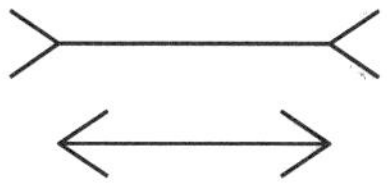

정답 06 ② 07 ② 08 ④ 09 ③ 10 ④ 11 ①

12 다음 중 질감(Texture)에 관한 설명으로 틀린 것은?

① 재료의 질감대비를 통해 실내공간의 변화와 다양성을 꾀할 수 있다.

② 매끄러운 재료는 일반적으로 낮은 반사율을 나타내며 공간을 축소되어 보이게 한다.

③ 질감 선택 시 고려해야 할 사항은 스케일, 빛의 반사와 흡수, 촉감 등의 요소이다.

④ 목재와 같은 자연 재료의 질감은 따뜻함과 친근감을 부여한다.

해설

표면이 매끄러울수록 반사율이 높아 공간이 확대되어 보이고 가볍고 환한 느낌을 준다.

13 개구부에 관한 설명으로 옳지 않은 것은?

① 가구배치와 동선계획에 영향을 미친다.

② 고정창은 크기와 형태에 제약 없이 자유로이 디자인할 수 없다.

③ 측창은 천창에 비해 채광량이 적어 눈부심이 적다.

④ 회전문은 출입하는 사람이 충돌할 위험이 없으며 방풍실을 겸할 수 있는 장점이 있다.

해설

고정창

눈높이보다 높고 창의 상부가 천장면이나 그 아래에 설치되어 조도 분포를 균일하게 할 수 있어 채광 및 프라이버시 확보에 유리하며 크기와 형태에 제약 없이 디자인할 수 있다.

14 다음과 같은 특징을 갖는 부엌의 유형은?

- 다른 유형에 비해 부엌의 기능성과 청결감을 크게 할 수 있다.
- 음식을 식탁까지 운반해야 하는 불편이 있으며 주부가 작업할 때 가족 간의 대화가 단절되기 쉽다.

④ 오픈 키친　　② 반독립형 부엌

③ 다이닝 키친　　④ 독립형 부엌

해설

독립형 부엌

거실과 완전히 독립된 공간으로 부엌의 기능성과 청결감을 크게 할 수 있다. 다만, 주부가 작업할 때 동선이 길어지고 대규모의 주택에 적합하다.

15 단독주택의 거실에 관한 설명으로 옳지 않은 것은?

① 식당, 부엌과 가까운 곳에 배치하는 것이 좋다.

② 현관과 직접 면하도록 배치하는 것이 좋다.

③ 평면의 한쪽 끝에 배치할 경우 통로의 면적 증대의 우려가 있다.

④ 거실의 규모는 가족수, 가족구성, 전체 주택의 규모 등에 따라 결정된다.

해설

현관에서 가까운 곳에 위치하되 직접 면하는 것은 피하는 것이 좋다.

16 공동주택의 평면형식에 관한 설명으로 옳지 않은 것은?

① 계단실형은 거주의 프라이버시가 낮다.

② 중복도형은 엘리베이터 이용효율이 높다.

③ 집중형은 대지의 이용률은 높고 대규모 세대의 집중적 배치가 가능하다.

④ 편복도형은 거주성이 균일한 배치구성이 가능하다.

해설

공동주택(계단실형)

계단실형은 통행부의 면적이 작아지므로 건물의 이용도가 높으며, 독립성이 좋아 거주의 프라이버시가 높다.

정답　12 ②　13 ②　14 ④　15 ②　16 ①

17 아파트의 평면형식 중 중복도형에 관한 설명으로 옳지 않은 것은?

① 부지의 이용률이 높다.
② 각 주호의 일조조건이 동일하지 않다.
③ 프라이버시가 좋다.
④ 도심지 내의 독신자용 아파트에 적용된다.

해설

공동주택(중복도형)
부지의 이용률이 높아 프라이버시가 나쁘고 시끄럽다. 특히, 각 주호의 일조조건이 동일하지 않아 통풍 및 채광상 불리하다.

18 POE(Post Occupancy Evaluation)의 의미로 가장 알맞은 것은?

① 낙후 건축물의 이상 유무를 평가하는 것이다.
② 건축물을 사용하기 전에 성능을 예상하는 것이다.
③ 건축도면 완성 후 건축주가 도면의 적정성을 평가하는 것이다.
④ 건축물을 사용해 본 후에 평가하는 것이다.

해설

POE(거주 후 평가)
완공된 후 건물의 사용자에 대한 반응을 조사하여 설계한 본래의 요구 기능이 충족되어 수행되는지 평가하는 과정을 말한다(평가방법 : 인터뷰, 현지답사, 관찰).

19 소파의 골격에 쿠션성이 좋도록 솜, 스펀지 등의 속을 많이 채워 넣고 천으로 감싼 소파로, 구조, 형태상뿐만 아니라 사용상 안락성이 매우 큰 것은?

① 스툴 ② 카우치
③ 체스터필드 ④ 풀업 체어

해설

체스터필드(Chesterfield)
소파의 쿠션성능을 높이기 위해 솜, 스펀지 등을 속에 채워 넣은 형태로 안락성이 좋다.

20 조명의 연출기법 중 수직 벽면을 빛으로 쓸어내리는 듯한 효과를 주기 위해 비대칭 배광방식의 조명기구를 사용하여 수직 벽면에 균일한 조도의 빛을 비추는 기법은?

① 월워싱기법 ② 스파클기법
③ 실루엣기법 ④ 글레이징기법

해설

월워싱기법
균일한 조도의 빛을 수직벽면에 빛으로 쓸어내리는 듯하게 비추는 기법으로 공간 확대의 느낌을 주며 광원과 조명기구의 종류에 따라 어떤 건축화조명으로 처리하느냐에 따라 다양한 효과를 낼 수 있다.

21 전시공간의 순회 유형 중 연속 순회형식에 관한 설명으로 옳지 않은 것은?

① 전시실이 연속적으로 연결된 형식이다.
② 공간 절약효과가 있어 소규모 전시실에 적당하다
③ 비교적 동선이 단순하여 다소 지루하고 피곤한 느낌을 줄 수 있다.
④ 한 실을 폐쇄하면 다음 공간으로 이동이 가능한 장점이 있다.

해설

연속 순회형
긴 직사각형 또는 다각형 평면의 전시실이 연속적으로 관람할 수 있도록 동선이 연결되는 형태로 한 실을 폐쇄하면 다음 공간으로 이동이 불가능한 단점이 있다.

22 생활에 적합한 건축을 위해 인체와 관련된 모듈의 사용에 있어 단순한 길이의 배수보다는 황금비례를 이용함이 타당하다고 주장한 사람은?

① 알바 알토
② 르 코르뷔지에
③ 월터 그로피우스
④ 미스 반 데어 로에

정답 17 ③ 18 ④ 19 ③ 20 ① 21 ④ 22 ②

해설

르 코르뷔지에
황금비례, 인체측정학, 피보나치수 등을 이용하여 만든 모듈러(Modulor)라는 치수를 설계에 적용하였다.

23 사무소 건축과 관련하여 다음 설명에 알맞은 용어는?

- 고대 로마건축의 실내에 설치된 넓은 마당 또는 주위 건물이 둘러 있는 안마당을 의미한다.
- 실내에 자연광을 유입시켜 여러 환경적 이점을 갖게 할 수 있다.

① 코어
② 바실리카
③ 아트리움
④ 오피스 랜드스케이프

해설

아트리움(Atrium)
사무소 아트리움 공간은 내외부 공간의 중간영역으로서 개방감을 확보하고 외부의 자연 요소를 실내로 도입할 수 있도록 계획한다. 특히, 아트리움은 휴게공간으로 중앙홀을 활용하여 휴식 및 소통의 공간으로 활용한다.

24 사무소의 실단위계획 중 개방식 배치에 관한 설명으로 옳지 않은 것은?

① 자연채광 외에 별도의 인공조명이 필요하다.
② 전 면적을 유효하게 이용할 수 있다.
③ 개인의 프라이버시가 결여되기 쉽다.
④ 방의 길이나 깊이에 변화를 줄 수 없다.

해설

사무실(개방식 배치)
칸막이 없이 전 면적을 사용할 수 있어 실의 길이나 깊이에 변화를 줄 수 있다.

25 사무소 건축의 실단위계획 중 개실 배치에 대한 설명으로 옳지 않은 것은?

① 전 면적을 유효하게 이용할 수 있다.
② 연속된 복도 때문에 방의 깊이에는 변화를 줄 수 없다.
③ 개방식 시스템보다 공사비가 비싸다.
④ 독립성이 우수하고 쾌적성 및 자연채광 조건이 좋다.

해설

사무실(개실 배치)
복도를 통해 각 실로 들어가는 형식으로 전 면적을 유효하게 이용할 수 없으나, 독립성이 우수하고 쾌적성 및 자연채광이 좋다.

26 개방식 배치의 한 형식으로 업무와 환경을 경영관리 및 환경적 측면에서 개선한 것으로 오피스 작업을 사람의 흐름과 정보의 흐름을 매체로 효율적인 네트워크가 되도록 배치하는 방법은?

① 세포형 오피스(Cellular Type Office)
② 집단형 오피스(Group Space Office)
③ 오피스 랜드스케이프(Office Landscape)
④ 싱글 오피스(Single Office)

해설

오피스 랜드스케이프(Office Landscape)
개방식 배치의 형식으로 고정된 칸막이를 쓰지 않고 이동식 파티션이나 가구, 식물 등으로 공간을 구분하며 적당한 프라이버시를 유지하는 동시에 효율적인 사무공간을 연출할 수 있다.

27 상업공간의 설계 시 고려되는 고객의 구매심리(AIDMA)에 속하지 않는 것은?

① A(Attention, 주의) : 눈을 끌 수 있는 충분한 매력이 있는가?
② I(Interest, 흥미) : 공감을 주는 호소력이 있는가?
③ D(Develop, 개발) : 개발 가능성이 있는가?
④ M(Memory, 기억) : 개성적인 인상을 주는가?

정답 23 ③ 24 ④ 25 ① 26 ③ 27 ③

해설

상점의 광고요소(AIDMA 법칙)
- A(Attention, 주의) : 상품에 대한 관심으로 주의를 갖게 한다.
- I(Interest, 흥미) : 고객의 흥미를 갖게 한다.
- D(Desire, 욕망) : 구매욕구를 일으킨다.
- M(Memory, 기억) : 개성적인 공간으로 기억하게 한다.
- A(Action, 행동) : 구매의 동기를 실행하게 한다.

28 상품의 유효진열 범위 내에서 고객의 시선이 편하게 머물고 손으로 잡기에도 가장 편안한 높이인 골든 스페이스의 범위로 알맞은 것은?

① 850～1,250mm
② 450～850mm
③ 1,300～1,500mm
④ 1,500～1,700mm

해설

상품진열계획에서 가장 편안한 높이는 850～1,250mm이며, 이 범위를 골든 스페이스(Golden Space)라고 한다.

29 다음 설명에 알맞은 특수전시방법은?

- 일정한 형태의 평면을 반복시켜 전시공간을 구획하는 방식이다.
- 동일 종류의 전시물을 반복하여 전시할 경우에 유리하다.

① 디오라마 전시
② 하모니카 전시
③ 아일랜드 전시
④ 파노라마 전시

해설

하모니카 전시
하모니카의 흡입구와 같은 모양으로 동일 종류의 전시물을 연속하여 배치하는 전시방법이다.

30 연속적인 주제를 시간적인 연속성을 가지고 선형으로 연출하는 특수전시기법은?

① 알코브 벽면 전시
② 아일랜드 전시
③ 하모니카 전시
④ 파노라마 전시

해설

파노라마 전시
벽면전시와 입체전시가 병행되는 것으로 시간적이고 연속적인 주제를 표현하기 위해 선형으로 연출되는 전시기법이다.

31 두 가지 색이 회전에 의해 혼합되는 경우는?

① 가산혼합 ② 중간혼합
③ 감산혼합 ④ 색광혼합

해설

중간혼합(중간혼색, 회전혼합)
다른 2가지 색을 회전판에 적당한 비례로 붙이고 2,000～3,000회/min의 속도로 돌리면 판면이 혼색되어 보인다.

32 다음 중 가법혼색의 설명으로 옳은 것은?

① 마젠타(M), 노랑(Y), 시안(C)이 기본색인 안료의 혼합이다.
② 기본색을 혼합하면 더 어둡고 칙칙해진다.
③ 빨강, 녹색, 파랑이 기본인 색광혼합이다.
④ 보색의 혼합은 검은색에 가까워진다.

해설

가법혼색(가산혼합, 색광혼합)
빛의 혼합으로 빨강(Red), 초록(Green), 파랑(Blue) 3종의 색광을 혼합했을 때 원래의 색광보다 밝아지는 혼합이다.

정답 28 ① 29 ② 30 ④ 31 ② 32 ③

33 다음 중 무채색에 대한 설명으로 맞는 것은?

① 채도는 없고 색상, 명도만 있다.

② 색상은 없고 명도, 채도만 있다.

③ 색상, 채도가 없고 명도만 있다.

④ 색상, 명도가 없고 채도만 있다.

해설

무채색

색상과 채도가 없이 오직 명도의 차이만 가지고 있는 색으로 검은색, 회색, 흰색이 있다.

34 색의 시각적 특성에 대한 설명 중 옳은 것은?

① 난색계는 한색계보다 후퇴해 보인다.

② 고명도, 고채도의 색은 진출해 보인다.

③ 배경색과 명도차가 작은 어두운 색은 진출해 보인다.

④ 저채도의 배경색에 고채도의 색은 후퇴해 보인다.

해설

색의 시각적 특성

- 난색계는 한색계보다 진출해 보인다.
- 배경색과 명도차가 작은 어두운색은 후퇴해 보인다.
- 저채도의 배경색에 고채도의 색은 진출해 보인다.
- 고명도 및 고채도의 색은 진출해 보인다.

35 색채가 주는 효과에 관한 설명 중 잘못된 것은?

① 저채도, 저명도일수록 어두운 느낌이다.

② 난색, 고채도일수록 무거운 느낌이다.

③ 고채도, 고명도일수록 화려한 느낌이다.

④ 한색, 저채도일수록 차분한 느낌이다.

해설

색채의 효과

난색은 따뜻한 느낌의 색으로 고채도일수록 가벼운 느낌이다.

36 오스트발트의 조화론 중 등백계열 조화에 해당되는 것은?

① pa – ia – ca ② ca – ga – ge

③ gc – lg – pl ④ pa – pg – pn

해설

등백색 계열의 조화

동일한 양의 백색을 가지는 색채를 일정한 간격으로 배색하면 조화를 이룬다는 의미로 기호의 앞 글자가 같으면 백색량이 같다.

37 명소시에서 암소시로 이행할 때 붉은색은 어둡게 되고, 녹과 청색은 밝아지는 현상은?

① 메타메리즘

② 푸르킨예현상

③ 색각현상

④ 착시현상

해설

푸르킨예현상

명소시에서 암소시로 갑자기 이동할 때 빨간색은 어둡게, 파란색은 밝게 보이는 현상이다.

38 오스트발트 표색계의 설명 중 맞는 것은?

① 색상환은 총 36색이다.

② 명도와 채도로 구분하여 표시한다.

③ 색입체는 원통형이다.

④ 색상환은 헤링의 반대색설에 따라 노랑, 남색, 빨강, 청록을 기본으로 한다.

해설

오스트발트 표색계

헤링의 4원색(노랑, 빨강, 파랑, 초록)을 기본으로 24색상환으로 1~24로 표기하였고, 명도는 8단계를 기본으로 하였다. 또한 색입체 모양은 삼각형을 회전시켜 만든 복원추(마름모형) 모양이다.

정답 33 ③ 34 ② 35 ② 36 ④ 37 ② 38 ④

39 파버 비렌(Faber Birren)의 색채와 형태 연결이 맞는 것은?

① 주황 : 삼각형 ② 빨강 : 정사각형
③ 노랑 : 직사각형 ④ 파랑 : 육각형

해설

비렌의 색채와 형태
- 빨강 : 정사각형
- 주황 : 직사각형
- 노랑 : 삼각형
- 초록 : 육각형
- 파랑 : 원
- 보라 : 타원

40 독일의 심리학자 카츠(David Katz)의 색채 분류에서 "맑은 하늘에서 느끼는 파란색"처럼 깊이를 알 수 없는 색으로 질감이나 음영을 알 수 없는 색의 분류는?

① 표면색 ② 공간색
③ 간섭색 ④ 면색

해설

면색
평면색이라고도 불리며 하늘색이나 작은 구멍을 통해서 보이는 색과 같은 것으로 색의 구체적인 지각표면이 배제된 색이므로 순수색의 감각을 가능하게 한다.

41 문 · 스펜서(Moon · Spence)의 색채조화론에서 조화가 되는 색의 관계 중 잘못된 것은?

① 통일조화(Unity)
② 대비조화(Contrast)
③ 동일조화(Identity)
④ 유사조화(Similarity)

해설

문 · 스펜서의 조화
동일조화(같은 색의 조화), 유사조화(유사한 색의 조화), 대비조화(반대색의 조화)가 있다.

42 미도(美度) $M = O/C$라는 버크호프(G. D. Birkhoff) 공식에서 O는 질서성의 요소일 때 C는?

① 대비성의 요소 ② 복잡성의 요소
③ 색온도의 요소 ④ 색의 중량적 요소

해설

배색의 미도
버크호프의 공식으로 미의 원리를 수량적으로 표현하기 위해 다음과 같은 미도를 구하는 공식을 제안하였다.

$$미도(M) = \frac{질서의\ 요소(O)}{복잡성의\ 요소(C)}$$

43 먼셀 표색계에서 정의한 5개의 기본 색상에 해당되지 않는 것은?

① 빨강 ② 주황
③ 보라 ④ 파랑

해설

먼셀 표색계
적(R), 황(Y), 녹(G), 청(B), 자(P)의 5가지 기본색에 보색을 추가하여 10색상을 나누어 척도화하였다.

44 감법혼색에 대한 설명 중 잘못된 것은?

① 감법혼색의 3원색은 황(Yellow), 청(Cyan), 적(Magenta)이다.
② 감법혼색이란 주로 색료의 혼합을 의미한다.
③ 3원색을 모두 동등량을 혼합하면 백색(백색광)이 된다.
④ 3원색의 비율에 따라 수많은 색을 만들 수 있다.

해설

감법혼색(감산혼합, 색료혼합)
3원색을 모두 혼합하면 명도와 채도가 낮아져 어두워지고 탁해져 검은색이 된다.

정답 39 ② 40 ④ 41 ① 42 ② 43 ② 44 ③

45 그림과 같이 짐을 나르는 방법 중 단위시간당 에너지 소비량이 가장 많은 것은?

① 머리

② 이마

③ 등 · 가슴

④ 양손
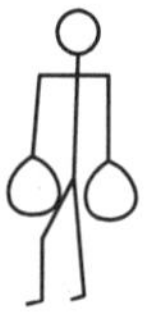

해설

짐을 나르는 방법에 따른 에너지 소비량 크기

양손>목도>어깨>이마>배낭>머리>등 · 가슴

46 신체역학에서 신체부위 간의 각도가 감소하는 동작을 부를 때 사용되는 단어는?

① 신전(Extention) ② 굴곡(Flexion)

③ 하향(Pronation) ④ 외전(Abduction)

해설

굴곡(Flexion)

관절운동의 하나로서 신체부위 간의 각도가 감소하는 관절운동으로 팔꿈치 굽히기 등이 있다.

47 다음 그림에서 가동역을 표현한 내용이 맞는 것은?

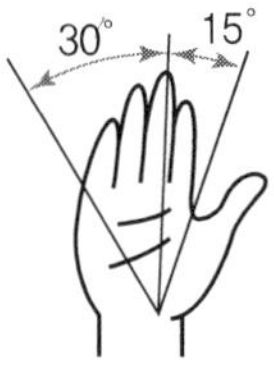

① 굴곡 ② 회선

③ 신전 ④ 내전과 외전

해설

인체동작의 유형

내전은 인체의 중심선에 가까워지도록 이동하는 동작이며, 외전은 인체의 중심선에서 멀어지도록 이동하는 동작이다.

48 피부로 느낄 수 있는 감각 중 감수성이 가장 높은 것은?

① 압각 ② 통각

③ 냉각 ④ 온각

해설

통각(고통)

"통증감각"을 줄여서 부르는 말로 피부감각기 중 통각의 감수성이 가장 높다.

49 다음 중 음에 관한 단위가 아닌 것은?

① phon ② sone

③ lux ④ dB

해설

음의 단위

음량을 나타내는 것으로 phone, sone이 있으며, 소리의 상대적인 크기를 나타내는 단위인 dB(decibel)을 사용한다.

※ lux는 빛의 조명도를 나타내는 단위이다.

50 다음과 같은 인간 – 기계 통합체계를 컴퓨터시스템과 비교할 때 빗금 친 (가) 부분에 해당하는 컴퓨터시스템 구성요소는?

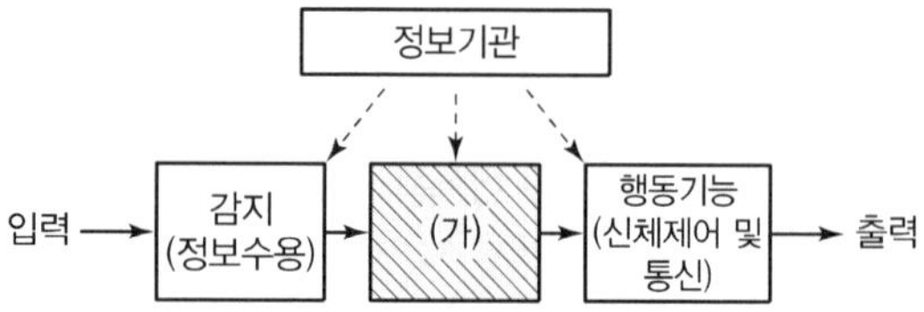

정답 45 ④ 46 ② 47 ④ 48 ② 49 ③ 50 ②

① 프린터(Printer) ② 중앙처리장치(CPU)
③ 펀치카드(Punch card) ④ 감지장치(Sensor)

해설

중앙처리장치(CPU)
컴퓨터 프로그램을 구성하는 명령어를 수행하는 전자회로 인간은 인지된 정보(기억과 경험)를 토대로 의사결정하고, 기계는 개발된 정보처리 프로그램에 의해 처리한다.

51 인체 골격의 주요 기능이 아닌 것은?

① 체강 내의 장기보호
② 조혈작용
③ 수축, 이완
④ 골격근의 기능적 수축에 따른 수동운동

해설

골격의 주요 기능
신체의 지지 및 형상유지, 조혈작용, 체내의 장기보호, 무기질 저장, 가동성연결이 있다.

52 외부의 자극과 인간의 기대가 서로 일치하는 것을 무엇이라 하는가?

① 양립성(Compatibility) ② 사용성(Usability)
③ 일관성(Consistency) ④ 신뢰성(Reliability)

해설

양립성(Compatibility)
자극들 간의, 반응들 간의, 자극-반응 조합의 관계가 인간의 기대와 모순되지 않는 것이다(인간이 기대하는 바와 자극 또는 반응들이 일치하는 관계).

53 다음 중 눈의 시세포에 관한 설명으로 옳은 것은?

① 사람의 한 눈에는 1억 3천만여 개의 간상세포가 있다.
② 원추세포는 색을 구분할 수 없다.
③ 간상세포는 난색계열의 색을 구분할 수 있다.
④ 원추세포의 수는 간상세포의 수보다 많다.

해설

간상세포(간상체)
1억 3,000만 개의 간상세포가 망막 주변에 있고 흑백의 음영만을 구분하며 명암을 구분한다.

54 다음 중 인체측정 자료의 적용 시 평균치를 이용한 설계로 디자인해야 할 사항은 무엇인가?

① 선반의 높이
② 의자의 높이
③ 등산용 로프의 강도
④ 엘리베이터 조작 버튼의 높이

해설

평균치를 이용한 설계
특정한 장비나 설비의 경우 최소 집단치 및 최대 집단치를 기준으로 설계하는 것이 부적합할 경우가 있다. 대표적인 사례로 등산용 로프의 강도, 은행·마트의 계산대, 식당 테이블 등이 있다.

55 작업환경의 고열로 체온이 상승하였을 때 나타나는 현상과 관계가 가장 먼 것은?

① 심장, 맥박의 증가
② 체내의 수분, 염분 손실
③ 피하조직의 혈액순환 증가
④ 젖산의 증가

해설

고온의 작업환경 시 인체반응
- 열사병 : 뇌 온도의 상승으로 신체 기능장애
- 열소모 : 체내의 염분손실
- 열경련 : 근육의 경련현상
- 열실신 : 뇌의 산소부족, 심박출량 부족
- 열발진 : 땀샘염증 및 피부수포 형성
- 열쇠약 : 위장장애, 불면증, 빈혈

정답 51 ③ 52 ① 53 ① 54 ③ 55 ④

56 영상표시단말기(VDT)를 취급하는 근로자에게 제공할 키보드의 경사로 가장 적합한 각도는?

① 5～25° ② 5～15°
③ 10～35° ④ 10～45°

해설

키보드의 경사범위
아래팔과 손등은 일직선을 유지하여 손목이 꺾이지 않도록 하고 키보드의 기울기는 5～15°가 적당하다.

57 실내표면에서 추천 반사율이 가장 높은 곳은?

① 벽 ② 바닥
③ 가구 ④ 천장

해설

실내표면 추천 반사율
바닥(20～40%) → 가구(25～45%) → 벽, 창문(40～60%) → 천장(80～90%)

58 영상표시단말기(VDT) 취급에 관한 설명으로 틀린 것은?

① 눈으로부터 화면까지의 시거리는 40cm 이상을 유지할 것
② 단색화면일 경우 색상은 일반적으로 어두운 배경에 밝은 청색 또는 적색 문자를 사용할 것
③ 작업자의 시선은 수평선상으로부터 아래로 10～15° 이내일 것
④ 작업자의 손목을 지지해 줄 수 있도록 작업대 끝면과 키보드의 사이는 15cm 이상을 확보할 것

해설

영상표시단말기(VDT)
단색화면일 경우 색상은 일반적으로 어두운 배경에 밝은 황 · 녹색 및 백색 문자를 사용하고 적색 문자는 가급적 사용하지 않는다.

59 인간－기계 통합체계에서 인간 또는 기계에 의해서 수행되는 기본 기능과 가장 거리가 먼 것은?

① 감지기능
② 정보보관기능
③ 상호보완기능
④ 정보처리 및 의사결정 기능

해설

인간－기계 시스템의 기본 기능
감지기능, 정보보관기능, 정보처리 및 의사결정 기능, 행동기능, 출력기능이 있다.

60 동작경제의 원칙에 관한 설명으로 적합하지 않은 것은?

① 가능하면 낙하식 운반방법을 이용한다.
② 공구의 기능을 결합하여 사용하도록 한다.
③ 양손은 움직일 때 가능하면 좌우대칭으로 한다.
④ 계속적인 곡선운동보다는 갑작스러운 방향전환을 하여 시간을 절약한다.

해설

동작경제의 원칙
- 제한된 동작 또는 급격한 방향 전환보다는 유연한 동작이 좋다.
- 직선동작보다는 연속적인 곡선동작을 취하는 것이 좋다.
- 양팔은 각기 반대방향에서 대칭적으로 동시에 움직여야 한다.

61 철근콘크리트구조에서 철근과 콘크리트가 일체성이 될 수 있는 원리가 아닌 것은?

① 철근과 콘크리트는 온도에 의한 선팽창계수의 차가 크다.
② 콘크리트에 매립되어 있는 철근은 잘 녹슬지 않는다.
③ 철근과 콘크리트의 부착강도가 비교적 크다.
④ 콘크리트는 인장력에 약하므로 철근으로 보강한다.

정답 56 ② 57 ④ 58 ② 59 ③ 60 ④ 61 ①

해설

철근과 콘크리트는 선팽창계수가 유사하여 일체화 적용이 가능하다.

62 **시멘트의 발열량을 저감시킬 목적으로 제조한 시멘트로 매스콘크리트용으로 사용되며, 건조수축이 작고 화학저항성이 큰 것은?**

① 중용열 포틀랜드 시멘트
② 조강 포틀랜드 시멘트
③ 실리카 시멘트
④ 알루미나 시멘트

해설

중용열 포틀랜드 시멘트
- 초기 수화반응속도가 느리다.
- 수화열이 작다.
- 건조수축이 작다.

63 **방사선 차단용으로 사용되는 시멘트 모르타르로 옳은 것은?**

① 질석 모르타르
② 아스팔트 모르타르
③ 바라이트 모르타르
④ 활석면 모르타르

해설

바라이트 모르타르
시멘트, 모래, 바라이트(중정석)를 주재료로 한 모르타르로서 비중이 큰 바라이트 성분 때문에 방사선 차단용으로 사용하고 있다.

64 **표건상태의 잔골재 500g을 건조시켜 기건상태에서 측정한 결과 460g, 절건상태에서 측정한 결과 450g이었다. 이 잔골재의 흡수율은?**

① 8%　　② 8.8%
③ 10%　　④ 11.1%

해설

$$흡수율=\frac{흡수량}{절건상태\ 중량}\times 100\%$$
$$=\frac{표건상태\ 중량-절건상태\ 중량}{절건상태\ 중량}\times 100\%$$
$$=\frac{500-450}{450}\times 100\%=11.1\%$$

65 **콘크리트용 잔골재의 단위용적질량이 1.5kg/L이고 절건밀도가 2.7g/cm^{3}일 때 잔골재의 공극률은 약 얼마인가?**

① 24%　　② 34%
③ 44%　　④ 54%

해설

$$공극률=100-실적률$$
$$=(1-\frac{단위용적중량}{비중(절대건조밀도)})\times 100\%$$
$$=(1-\frac{1.5kg/L\times 10^3}{2.7g/cm^3\times 10^{-3}\times 10^6})\times 100\%$$
$$=44\%$$

66 **다음 중 아스팔트의 물리적 성질에 있어 아스팔트의 견고성 정도를 평가한 것은?**

① 신도　　② 침입도
③ 내후성　　④ 인화점

해설

침입도
- 아스팔트의 경도를 표시하는 것이다.
- 규정된 침이 시료 중에 수직으로 진입된 길이를 나타내며, 단위는 0.1mm를 1로 한다.

정답　62 ①　63 ③　64 ④　65 ③　66 ②

67 아스팔트방수에서 아스팔트 방수층과 콘크리트 바탕과의 접착을 좋게 하기 위하여 도포하는 재료는?

① 스트레이트 아스팔트
② 블론 아스팔트
③ 아스팔트 프라이머
④ 아스팔트 컴파운드

해설

아스팔트 프라이머
솔, 롤러 등으로 용이하게 도포할 수 있도록 블론 아스팔트를 휘발성 용제에 희석한 흑갈색의 저점도 액체로서, 방수시공의 첫 번째 공정에 쓰이는 바탕처리재이다.

68 단열재가 구비해야 할 조건으로 옳지 않은 것은?

① 어느 정도의 기계적인 강도가 있을 것
② 열전도율이 낮고 비중이 클 것
③ 내화성 및 내부식성이 좋을 것
④ 흡수율이 낮을 것

해설

단열재는 열전도율이 낮고 비중이 작아야 한다.

69 무기질 단열재료 중 내열성이 높은 광물섬유를 이용하여 만드는 제품으로 불에 타지 않으며 가볍고, 단열성, 흡음성이 뛰어난 것은?

① 연질섬유판 ② 암면
③ 셀룰로오스 섬유판 ④ 경질우레탄폼

해설

암면
- 암석으로부터 인공적으로 만들어진 내열성이 높은 광물섬유를 이용하여 제작한다.
- 열전도율은 약 0.040W/m · K 내외로 밀도에 따라 달라진다.
- 보온성, 내화성, 내구성, 흡음성, 단열성이 우수하다.
- 음이나 열의 차단재로 사용한다.

70 목재의 일반적 성질에 관한 설명으로 옳지 않은 것은?

① 섬유포화점 이상의 함수상태에서는 함수율의 증감에도 신축을 일으키지 않는다.
② 섬유포화점 이상의 함수상태에서는 함수율이 증가할수록 강도는 감소한다.
③ 기건상태란 통상 대기의 온도 · 습도와 평형을 이룬 목재의 수분 함유 상태를 말한다.
④ 섬유방향에 따라서 전기전도율은 다르다.

해설

목재는 섬유포화점(30%) 이상에서는 강도가 일정하며, 섬유포화점 이하에서는 함수율의 감소에 따라 강도가 증대된다.

71 목재의 역학적 성질에서 가력방향이 섬유와 평행할 경우, 목재의 강도 중 크기가 가장 작은 것은?

① 압축강도 ② 휨강도
③ 인장강도 ④ 전단강도

해설

목재의 강도 크기
인장강도 > 휨강도 > 압축강도 > 전단강도

72 목구조에 사용하는 이음과 맞춤에 관한 설명으로 옳은 것은?

① 이음과 맞춤은 공작이 복잡한 것을 쓰고 모양에 치중한다.
② 이음과 맞춤의 단면은 응력의 방향에 수평으로 한다.
③ 이음과 맞춤은 응력이 많이 작용하는 곳에서 만든다.
④ 이음과 맞춤부재는 가급적 적게 깎아내어 약하게 되지 않도록 한다.

정답 67 ③ 68 ② 69 ② 70 ② 71 ④ 72 ④

해설

① 이음과 맞춤은 공작이 단순한 것을 쓰고 모양보다는 구조적인 사항에 주의를 기울인다.
② 이음과 맞춤의 단면은 응력의 방향에 수직으로 한다.
③ 이음과 맞춤은 응력이 작게 작용하는 곳에서 만든다.

73 널 한쪽에 홈을 파고 한쪽에 혀를 내어 서로 물리게 하는 방법으로 못이 빠져나올 우려가 없어 마루널쪽매에 이상적인 것은?

① 맞댄쪽매 ② 빗댄쪽매
③ 제혀쪽매 ④ 딴혀쪽매

해설

제혀쪽매
널 한쪽에는 홈을 파고 다른 쪽에는 혀를 내어 물리게 한 것을 말한다.

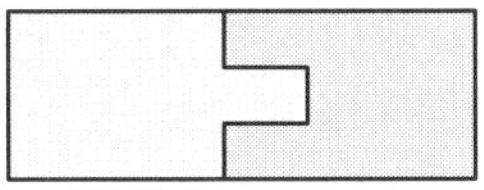

74 목구조 벽체의 수평력에 대한 보강 부재로 가장 유효한 것은?

① 가새 ② 토대
③ 통새기둥 ④ 샛기둥

해설

토대, 샛기둥, 통재기둥은 압축력(수직력)에 저항하는 부재이고, 가새는 풍하중 등 수평력에 저항하는 부재이다.

75 점토제품 중 흡수율이 가장 작은 것은?

① 자기 ② 도기
③ 석기 ④ 토기

해설

점토의 종류에 따른 흡수성

종류	흡수성	제품
토기	20~30%	붉은 벽돌, 토관, 기와
도기	15~20%	내장타일
석기	8% 이하	클링커타일
자기	1% 이하	외장타일, 바닥타일, 모자이크타일

76 알루미늄의 성질에 관한 설명으로 옳지 않은 것은?

① 알루미늄은 비중이 철의 1/3 정도로 경량인 반면, 열·전기전도성이 크고 반사율이 높다.
② 알루미늄의 내식성은 그 표면에 치밀한 산화피막을 형성하기 때문에 부식이 쉽게 일어나지 않으며 알칼리나 해수에도 강하다.
③ 알루미늄의 부식률은 대기 중의 습도와 염분함유량, 불순물의 양과 질 등에 관계된다.
④ 알루미늄은 상온에서 판, 선으로 압연가공하면 경도와 인장강도가 증가하고 연신율이 감소한다.

해설

알루미늄은 맑은 물에는 내식성이 크나 해수, 산, 알칼리에 침식되며 콘크리트에 부식된다.

77 다음 유리 중 결로현상의 발생이 가장 적은 것은?

① 보통유리 ② 후판유리
③ 복층유리 ④ 형판유리

해설

복층유리
유리와 유리 사이에 공기층을 두어 단열성능을 높인 유리로서 결로현상 저감에 효과적이다.

정답 73 ③ 74 ① 75 ① 76 ② 77 ③

78 유리 내부에 금속망을 삽입하고 압착 · 성형한 판유리로서 외부로부터의 충격에 강하고 파손될 때에도 유리파편이 튀지 않아 상해를 주지 않는 것은?

① 스팬드럴유리
② 연마판유리
③ 로이유리
④ 망입유리

해설

망입유리
유리 액을 롤러로 제판하고 그 내부에 금속망을 삽입하여 성형한 유리로서 도난(방도용) 및 화재방지용(방화용)으로 적용하며, 내부에 삽입한 금속망 때문에 깨지더라도 비산되지 않는 특성이 있다.

79 다음 중 흡수율이 가장 높은 석재는?

① 대리석 ② 점판암
③ 화강암 ④ 응회암

해설

석재의 흡수율 순서
응회암 > 사암 > 안산암 > 화강암 > 점판암 > 대리석

80 석회암이 변성된 것으로 강도가 높고 색채와 결이 아름다우나, 풍화하기 쉬우므로 주로 내장재로 사용되는 것은?

① 화강암 ② 안산암
③ 응회암 ④ 대리석

해설

대리석
변성암의 일종으로 강도가 높고 미려하나 풍화되기 쉽다.

81 트래버틴(Travertine)에 관한 설명으로 옳지 않은 것은?

① 석질이 불균일하고 다공질이다.
② 변성암으로 황갈색의 반문이 있다.
③ 탄산석회를 포함한 물에서 침전, 생성된 것이다.
④ 특수 외장용 장식재로서 주로 사용된다.

해설

트래버틴(Travertine)
대리석의 한 종류로 다공질이고, 석질이 균질하지 못하며 암갈색 무늬가 있으며, 특수한 실내장식재로 이용된다.

82 조적조에서 테두리보를 설치하는 이유로 틀린 것은?

① 수직균열을 방지한다.
② 가로철근을 정착시킨다.
③ 벽체에 하중을 균등히 분포시킨다.
④ 집중하중을 받는 부분을 보강한다.

해설

테두리보는 세로철근을 정착시키는 역할을 한다.

83 미장재료의 경화작용에 관한 설명으로 옳지 않은 것은?

① 시멘트 모르타르는 물과 화학반응을 일으켜 경화한다.
② 회반죽은 물과 화학반응을 일으켜 경화한다.
③ 반수석고는 가수 후 20~30분에서 급속 경화하지만, 무수석고는 경화가 늦기 때문에 경화촉진제를 필요로 한다.
④ 돌로마이트 플라스터는 공기 중의 탄산가스와 화학반응을 일으켜 경화한다.

해설

회반죽은 기경성 재료로서 공기 중에서만 경화한다.

정답 78 ④ 79 ④ 80 ④ 81 ④ 82 ② 83 ②

84 **미장재료 중 고온소성의 무수석고를 특별하게 화학처리한 것으로 킨즈 시멘트라고도 불리는 것은?**

① 경석고 플라스터
② 혼합석고 플라스터
③ 보드용 플라스터
④ 돌로마이트 플라스터

해설

경석고 플라스터(킨즈 시멘트)
- 고온소성의 무수석고를 특별하게 화학처리한 것이다.
- 응결과 경화의 속도가 소석고에 비하여 매우 늦어 경화촉진제로 화학처리하여 사용하며 경화 후 강도와 경도가 높고 광택을 갖는 미장재료이다.

85 **벽 · 기둥 등의 모서리를 보호하기 위하여 미장바름질을 할 때 붙이는 보호용 철물은?**

① 논슬립 ② 인서트
③ 코너 비드 ④ 크레센트

해설

코너 비드(Corner Bead)
벽, 기둥 등의 모서리를 보호하기 위하여 미장공사 전에 사용하는 철물로서 아연도금 철제, 스테인리스 철제, 황동제, 플라스틱 등이 있다.

86 **석고보드에 관한 설명으로 옳지 않은 것은?**

① 주원료인 소석고에 혼화제를 넣고 물로 반죽하여 2장의 강인한 보드용 원지 사이에 채워 넣어 제조한 것이다.
② 내수성, 탄력성은 우수하나 단열성, 방수성은 좋지 않다.
③ 벽, 천장, 칸막이 등에 주로 사용된다.
④ 연하고 부서지기 쉬우므로 고정할 때는 못 등이 주로 사용되지만 그 부근이 파손될 우려가 있다.

해설

내수성, 탄력성, 방수성이 작으나, 단열성, 방화성이 크다.

87 **다음 중 열가소성 수지가 아닌 것은?**

① 아크릴수지
② 염화비닐수지
③ 폴리스티렌수지
④ 페놀수지

해설

페놀수지는 열경화성 수지이다.

88 **투명도가 높으므로 유기유리라는 명칭이 있으며, 착색이 자유롭고 내충격강도가 크고, 평판, 골판 등의 각종 형태의 성형품으로 만들어 채광판, 도어판, 칸막이벽 등에 쓰이는 합성수지는?**

① 폴리스티렌수지
② 에폭시수지
③ 요소수지
④ 아크릴수지

해설

아크릴수지
투명도가 85~90% 정도로 좋으면서, 내충격강도는 유리의 10배 정도로 크며 절단, 가공성, 내후성, 내약품성, 전기절연성이 좋다.

89 **합성수지의 일반적인 성질에 관한 설명으로 옳지 않은 것은?**

① 착색이 자유롭고 가공성이 우수하다.
② 내열성, 내화성이 작고 비교적 저온에서 연화된다.
③ 전성, 연성이 작아 표면에 상처가 나기 쉽다.
④ 내산, 내알칼리 등의 내화학성 및 전기절연성이 우수하다.

해설

합성수지는 전성, 연성이 크다.

정답 84 ① 85 ③ 86 ② 87 ④ 88 ④ 89 ③

90 안료가 들어가지 않으며, 주로 목재면의 투명도장에 쓰이는 도료로서 내후성이 좋지 않아 외부에 사용하기에 적당하지 않고 내부용으로 주로 사용되는 것은?

① 에나멜 페인트 ② 클리어 래커
③ 유성 페인트 ④ 수성 페인트

해설

클리어 래커
- 건조가 빠르므로 스프레이 시공이 가능하다.
- 안료가 들어가지 않으며, 주로 목재면의 투명도장에 사용한다.
- 내수성, 내후성이 약한 단점이 있다.

91 열전도율에 관한 설명으로 옳은 것은?

① 열전도율의 단위는 W/m^2K이다.
② 열전도율의 역수를 열전도 비저항이라고 한다.
③ 액체는 고체보다 열전도율이 크고, 기체는 더욱더 크다.
④ 열전도율이란 두께 1cm 판의 양면에 1℃의 온도차가 있을 때 $1cm^2$의 표면적을 통해 흐르는 열량을 나타낸 것이다.

해설

① 열전도율의 단위는 W/mK이다.
③ 열전도율의 크기 순서는 고체>액체>기체이다.
④ 열전도율이란 두께 1m 판의 양면에 1℃의 온도차가 있을 때 양면 사이를 흐르는 열량을 나타낸 것이다.

92 겨울철 벽체 표면 결로의 방지대책으로 옳지 않은 것은?

① 실내의 환기 횟수를 줄인다.
② 실내의 발생 수증기량을 줄인다.
③ 단열강화에 의해 실내 측 표면온도를 상승시킨다.
④ 직접가열이나 기류촉진에 의해 표면온도를 상승시킨다.

해설

실내의 환기 횟수를 늘려 절대습도를 감소시킨다.

93 다음의 설명에 알맞은 음의 성질은?

> 음파는 파동의 하나이기 때문에 물체가 진행방향을 가로막고 있다고 해도 그 물체의 후면에도 전달된다.

① 반사 ② 흡음
③ 간섭 ④ 회절

해설

회절
음의 진행을 가로막고 있는 것을 타고 넘어가 후면으로 전달되는 현상을 말한다.

94 잔향시간에 관한 설명으로 옳지 않은 것은?

① 잔향시간은 실용적에 비례한다.
② 잔향시간이 너무 길면 음의 명료도가 저하된다.
③ 잔향시간은 실내가 확산음장이라고 가정하여 구해진 개념이다.
④ 음악감상을 주로 하는 실은 대화를 주로 하는 실보다 짧은 잔향시간이 요구된다.

해설

대화를 주로 하는 실이 음악감상을 주로 하는 실보다 짧은 잔향시간이 요구된다.

95 흡음재료 중 연속기포 다공질재료에 관한 설명으로 옳지 않은 것은?

① 유리면, 암면 등이 사용된다.
② 중·고음역에서 높은 흡음률을 나타낸다.
③ 일반적으로 두께를 늘리면 흡음률이 커진다.
④ 재료 표면의 공극을 막는 표면 처리를 할 경우 흡음률이 커진다.

해설

흡음재료에서 흡음의 주 역할을 하는 것은 공기를 포함한 공극이므로 재료 표면의 공극을 막는 표면 처리를 할 경우에는 흡음성능이 저하된다.

정답 90 ② 91 ② 92 ① 93 ④ 94 ④ 95 ④

96 **건축적 채광의 방법 중 측광(Lateral Lighting)에 관한 설명으로 옳은 것은?**

① 통풍 · 차열에 불리하다.
② 편측채광의 경우 조도 분포가 불균일하다.
③ 구조 · 시공이 어려우며 비막이가 불리하다.
④ 근린의 상황에 따라 채광을 방해받는 경우가 없다.

해설

① 천창에 비해 통풍 · 차열에 유리하다.
③ 천창에 비해 구조 · 시공이 간편하며 비막이에 비교적 유리하다.
④ 근린의 상황에 따라 채광을 방해받는 경우가 있다.

97 **자연환기에 관한 설명으로 옳은 것은?**

① 중력환기량은 개구부 면적이 크면 클수록 감소한다.
② 풍력환기량은 벽면으로 불어오는 바람의 속도에 반비례한다.
③ 중력환기는 실내외의 온도차에 의한 공기의 밀도차가 원동력이 된다.
④ 많은 환기량을 요하는 실에는 기계환기를 사용하지 않고 자연환기를 사용하여야 한다.

해설

① 중력환기량은 개구부 면적이 크면 클수록 증가한다.
② 풍력환기량은 벽면으로 불어오는 바람의 속도에 비례한다.
④ 많은 환기량을 요하는 실에는 자연환기를 사용하지 않고 기계(강제)환기를 사용하여야 한다.

98 **다음 중 습공기선도의 구성에 속하지 않는 것은?**

① 비열 ② 절대습도
③ 습구온도 ④ 상대습도

해설

습공기선도의 구성
절대습도, 상대습도, 건구온도, 습구온도, 노점온도, 엔탈피, 현열비, 열수분비, 비체적, 수증기 분압 등으로 구성된다.

99 **화장실, 주방, 욕실 등에 주로 사용되며 취기나 증기가 다른 실로 새어나감을 방지할 수 있는 환기방식은?**

① 자연환기
② 급기팬과 배기팬의 조합
③ 자연급기와 배기팬의 조합
④ 급기팬과 자연배기의 조합

해설

실내가 외부에 비해 상대적으로 부압(−)이 되는 3종 환기인 자연급기 · 강제배기(배기팬)의 조합을 적용하여야 한다.

100 **온수난방 배관에서 리버스리턴(Reverse Return) 방식을 사용하는 주된 이유는?**

① 배관길이를 짧게 하기 위해
② 배관의 부식을 방지하기 위해
③ 배관의 신축을 흡수하기 위해
④ 온수의 유량분배를 균일하게 하기 위해

해설

리버스리턴(Reverse Return) 방식(역환수방식)
보일러와 가장 가까운 방열기는 공급관이 가장 짧고 환수관은 가장 길게 배관한 것으로 각 방열기의 공급관과 환수관의 합은 각각 동일하게 되며, 동일저항으로 온수가 순환하므로 방열기에 온수를 균등히 공급할 수 있는 방식이다.

101 **복사난방에 관한 설명으로 옳은 것은?**

① 천장이 높은 방의 난방은 불가능하다.
② 실내의 쾌감도가 다른 방식에 비하여 가장 낮다.
③ 외기 침입이 있는 곳에서는 난방감을 얻을 수 없다.
④ 열용량이 크기 때문에 방열량 조절에 시간이 걸린다.

해설

① 수직적인 온도차가 작으므로 천장이 높은 방의 난방에 효과적이다.
② 실내의 쾌감도가 다른 방식에 비하여 가장 높다.
③ 대류방식이 아닌 복사방식을 활용하므로 외기 침입이 있는 곳에서도 난방감을 얻을 수 있다.

정답 96 ② 97 ③ 98 ① 99 ③ 100 ④ 101 ④

102 간접조명에 관한 설명으로 옳지 않은 것은?

① 조명률이 낮다.

② 실내 반사율의 영향이 크다.

③ 높은 조도가 요구되는 전반조명에는 적합하지 않다.

④ 그림자가 거의 형성되지 않으며 국부조명에 적합하다.

해설

간접조명은 그림자가 거의 형성되지 않으며 전반조명에 적합하다.

103 급수방식 중 고가수조방식에 관한 설명으로 옳지 않은 것은?

① 급수압력이 일정하다.

② 단수 시에도 일정량의 급수가 가능하다.

③ 대규모의 급수 수요에 쉽게 대응할 수 있다.

④ 위생성 및 유지 · 관리 측면에서 가장 바람직한 방식이다.

해설

고가수조방식은 수질오염의 가능성이 가장 높은 급수방식이다.

104 간접가열식 급탕방법에 관한 설명으로 옳지 않은 것은?

① 열효율은 직접가열식에 비해 낮다.

② 가열보일러로 저압보일러의 사용이 가능하다.

③ 가열보일러는 난방용 보일러와 겸용할 수 없다.

④ 저탕조는 가열코일을 내장하는 등 구조가 약간 복잡하다.

해설

간접가열식 급탕가열보일러는 난방용 보일러와 겸용하여 사용할 수 있다.

105 전기사업법령에 따른 저압의 범위로 옳은 것은?

① 직류 500V 이하, 교류 1,000V 이하

② 직류 1,000V 이하, 교류 500V 이하

③ 직류 600V 이하, 교류 750V 이하

④ 직류 1,500V 이하, 교류 1,000V 이하

해설

전기사업법령에 따른 전압의 분류

구분	직류	교류
저압	1,500V 이하	1,000V 이하
고압	1,500V 초과 7,000V 이하	1,000V 초과 7,000V 이하
특고압	7,000V 초과	7,000V 초과

106 변전실의 위치 결정 시 고려할 사항으로 옳지 않은 것은?

① 부하의 중심위치에서 멀 것

② 외부로부터 전원의 인입이 편리할 것

③ 발전기실, 축전지실과 인접한 장소일 것

④ 기기를 반입, 반출하는 데 지장이 없을 것

해설

변전실은 부하의 중심위치에서 가깝게 설치하는 것이 좋다.

107 실내공기질 관리법령에 따른 신축 공동주택의 실내 공기질 측정항목에 속하지 않는 것은?

① 벤젠 ② 라돈

③ 자일렌 ④ 에틸렌

해설

신축 공동주택의 실내공기질 권고기준(실내공기질 관리법 시행규칙 [별표 4의2])

- 폼알데하이드 : 210μg/m^3 이하
- 벤젠 : 30μg/m^3 이하
- 톨루엔 : 1,000μg/m^3 이하
- 에틸벤젠 : 360μg/m^3 이하
- 자일렌 : 700μg/m^3 이하

정답 102 ④ 103 ④ 104 ③ 105 ④ 106 ① 107 ④

• 스티렌 : 300μg/m^3 이하
• 라돈 : 148Bq/m^3 이하

108 학교 교실의 채광을 위하여 설치하는 창문 등의 면적은 교실 바닥면적의 최소 얼마 이상이어야 하는가?(단, 거실의 용도에 따른 기준 조도 이상의 조명장치를 설치한 경우는 제외한다)

① 1/5 ② 1/8
③ 1/10 ④ 1/20

해설

거실의 채광 및 환기 기준(건축물의 피난 · 방화구조 등의 기준에 관한 규칙 제17조)

채광 및 환기 시설의 적용대상	창문 등의 면적	제외
• 주택(단독, 공동)의 거실 • 학교의 교실 • 의료시설의 병실 • 숙박시설의 객실	채광시설 : 거실 바닥면적의 1/10 이상	기준 조도 이상의 조명장치 설치 시
	환기시설 : 거실 바닥면적의 1/20 이상	기계환기장치 및 중앙관리방식의 공기조화설비 설치 시

109 문화 및 집회시설(전시장 및 동 · 식물원은 제외)의 용도로 쓰이는 건축물의 관람실 또는 집회실의 반자의 높이는 최소 얼마 이상이어야 하는가?(단, 관람실 또는 집회실로서 그 바닥면적이 200m^2 이상인 경우)

① 2.1m ② 2.3m
③ 3m ④ 4m

해설

거실의 반자높이(건축물의 피난 · 방화구조 등의 기준에 관한 규칙 제16조)
• 거실의 반자는 그 높이를 2.1미터 이상으로 하여야 한다.
• 문화 및 집회시설(전시장 및 동 · 식물원은 제외), 종교시설, 장례식장 또는 위락시설 중 유흥주점의 용도에 쓰이는 건축물의 관람실 또는 집회실로서 그 바닥면적이 200제곱미터 이상인 것의 반자의 높이는 위의 규정에 불구하고 4미터(노대의 아랫부분의 높이는 2.7미터) 이상이어야 한다. 다만, 기계환기장치를 설치하는 경우에는 그러하지 아니하다.

110 문화 및 집회시설 중 공연장의 각 층별 거실면적이 1,000m^2일 때, 이 공연장에 설치하여야 하는 승용승강기의 최소대수는?(단, 공연장의 층수는 10층이며, 8인승 이상 15인승 이하 승강기 적용)

① 3대 ② 4대
③ 5대 ④ 6대

해설

문화 및 집회시설 중 공연장의 승용승강기 설치대수
• 6층 이상 거실 바닥면적 합계기준으로 3,000m^2 이하는 기본 2대이며, 3,000m^2를 초과하는 매 2,000m^2마다 1대를 추가한다.
• 본 건축물은 10층이며, 각 층의 연면적이 1,000m^2이므로, 6층 이상의 연면적의 합계는 5,000m^2(6~10층)
∴ 3,000m^2 이하 기본 2대 + 초과 2,000m^2 1대 = 3대

111 건축물의 피난 · 방화구조 등의 기준에 관한 규칙에 따른 방화구조의 기준으로 옳지 않은 것은?

① 철망모르타르로서 그 바름두께가 2cm 이상인 것
② 석고판 위에 시멘트모르타르 또는 회반죽을 바른 것으로서 그 두께의 합계가 1.5cm 이상인 것
③ 시멘트모르타르 위에 타일을 붙인 것으로서 그 두께의 합계가 2.5cm 이상인 것
④ 심벽에 흙으로 맞벽치기한 것

해설

석고판 위에 시멘트모르타르 또는 회반죽을 바른 것으로서 그 두께의 합계가 2.5cm 이상인 것을 방화구조로 인정한다.

112 문화 및 집회시설 중 공연장의 개별 관람실의 바깥쪽에 있어 그 양쪽 및 뒤쪽에 각각 복도를 설치하여야 하는 최소 바닥면적의 기준으로 옳은 것은?

① 개별 관람실의 바닥면적이 300m^2 이상
② 개별 관람실의 바닥면적이 400m^2 이상
③ 개별 관람실의 바닥면적이 500m^2 이상
④ 개별 관람실의 바닥면적이 600m^2 이상

정답 108 ③ 109 ④ 110 ① 111 ② 112 ①

해설

설치대상

- 제2종 근린생활시설 중 공연장 · 종교집회장(해당 용도로 쓰는 바닥면적의 합계가 각각 300m² 이상)
- 문화 및 집회시설(전시장 및 동 · 식물원은 제외)
- 종교시설, 위락시설, 장례식장

113 **판매시설의 용도에 쓰이는 피난층에 설치하는 건축물의 바깥쪽으로의 출구의 유효너비의 합계는 최소 얼마 이상으로 하여야 하는가?(단, 지상 6층인 건축물로서 각 층의 바닥면적은 1층과 2층은 각각 1,000m², 3층부터 6층까지는 각각 1,500m²이다)**

① 6m ② 9m

③ 12m ④ 36m

해설

출구의 종유효너비 $= \frac{1,500}{100} \times 0.6 = 9\text{m}$

114 **비상용승강기 승강장의 구조 기준으로 옳지 않은 것은?**

① 승강장은 각 층의 내부와 연결될 수 있도록 하되, 그 출입구(승강로의 출입구를 제외한다)에는 60+ 방화문 또는 60분 방화문을 설치할 것

② 벽 및 반자가 실내에 접하는 부분의 마감재료(마감을 위한 바탕을 포함한다)는 난연재료로 할 것

③ 채광이 되는 창문이 있거나 예비전원에 인한 조명설비를 할 것

④ 승강장 출입구 부근의 잘 보이는 곳에 당해 승강기가 비상용 승강기임을 알 수 있는 표지를 할 것

해설

벽 및 반자가 실내에 접하는 부분의 마감재료(마감을 위한 바탕을 포함한다)는 불연재료로 해야 한다.

115 **소방시설법령에 따라 무창층은 특정 조건을 가진 개구부 합계의 기준에 따라 판단하도록 되어 있는데 이 개구부의 요건으로 옳지 않은 것은?**

① 크기는 지름 50cm 이상의 원이 내접(內接)할 수 있는 크기일 것

② 해당 층의 바닥면으로부터 개구부 밑부분까지의 높이가 1.2m 이내일 것

③ 도로 또는 차량이 진입할 수 있는 빈터를 향할 것

④ 내부 또는 외부에서 쉽게 파괴되지 않도록 할 것

해설

무창층에서의 개구부는 내부 또는 외부에서 쉽게 부수거나 열 수 있도록 해야 한다.

116 **화재가 발생할 경우 피난을 위해 사용되는 피난설비에 해당되는 것은?**

① 비상조명등 ② 비상콘센트설비

③ 비상방송설비 ④ 자동화재속보설비

해설

② 비상콘센트설비 : 소화활동설비
③ 비상방송설비 : 경보설비
④ 자동화재속보설비 : 경보설비

117 **건축허가 등을 할 때 미리 소방본부장 또는 소방서장의 동의를 받아야 하는 건축물 등의 범위 기준으로 옳지 않은 것은?**

① 연면적이 300m² 이상인 건축물

② 항공기격납고

③ 차고 · 주차장으로 사용되는 바닥면적이 200m² 이상인 층이 있는 건축물이나 주차시설

④ 지하층 또는 무창층이 있는 건축물로서 바닥면적이 150m² 이상인 층이 있는 것

정답 113 ② 114 ② 115 ④ 116 ① 117 ①

해설

건축허가 등의 동의대상물의 범위 등(소방시설 설치 및 관리에 관한 법률 시행령 제7조)
건축허가 등을 할 때 미리 소방본부장 또는 소방서장의 동의를 받아야 하는 건축물의 연면적 기준은 400m² 이상이다(단, 기타사항을 고려하지 않을 경우).

118 다음은 소방시설법령상 옥내소화전설비를 설치해야 할 특정소방대상물의 기준이다. ( ) 안에 들어갈 내용으로 옳은 것은?

> 연면적 ( )m² 이상(지하가 중 터널은 제외한다)이거나 지하층 · 무창층(축사는 제외한다) 또는 층수가 4층 이상인 것 중 바닥면적이 600m² 이상인 층이 있는 것은 모든 층

① 500 ② 1,000
③ 1,500 ④ 3,000

해설

옥내소화전설비를 설치하여야 하는 특정소방대상물
연면적 3천 m² 이상(지하가 중 터널은 제외한다)이거나 지하층 · 무창층(축사는 제외한다) 또는 층수가 4층 이상인 것 중 바닥면적이 600m² 이상인 층이 있는 것은 모든 층

119 다음 중 방염성능기준 이상을 확보하여야 하는 방염대상물품이 아닌 것은?

① 창문에 설치하는 커튼류
② 암막 · 무대막
③ 전시용 합판 또는 섬유판
④ 두께가 2mm 미만인 종이벽지

해설

방염대상물품에 두께가 2mm 미만인 벽지류가 포함되나, 벽지류 중 종이벽지는 제외한다.

120 방염성능기준 이상의 실내장식물 등을 설치하여야 하는 특정소방대상물에 해당되지 않는 것은?

① 근린생활시설 중 체력단련장
② 의료시설 중 종합병원
③ 층수가 15층인 아파트
④ 숙박이 가능한 수련시설

해설

방염성능기준 이상의 실내장식물 등을 설치하여야 하는 특정소방대상물에서 아파트는 제외된다.

정답 118 ④ 119 ④ 120 ③

실내건축기사 필기
이론+문제

발행일 | 2023. 5. 10 초판 발행
2024. 2. 10 개정 1판1쇄
2025. 1. 10 개정 2판1쇄

편저자 | 유 희 징 · 이 식 훈
발행인 | 정 용 수
발행처 | 예문사

주 소 | 경기도 파주시 직지길 460(출판도시) 도서출판 예문사
T E L | 031) 955-0550
F A X | 031) 955-0660
등록번호 | 11-76호

정가 : 37,000원

ISBN 978-89-274-5546-2 13540